철도교통 관제자격증명

한권으로 끝내기

시대에듀

머리말 PREFACE

철도교통관제란 열차운행을 집중 제어 · 통제 · 감시하는 업무를 말하며, 철도교통관제 전문교육훈련기관에서 전문교육을 수료하고 자격을 갖춘 철도교통관제사가 이 업무를 수행하고 있습니다. 안전하고 효율적으로 담당선로를 운영하는 역할은 물론, 이례사항 발생 시 운전정리를 통하여 열차운행의 정상화를 도모하고 사고나 장애 발생 시에는 사고복구를 지시하는 업무를 수행합니다.

철도를 운영하는 모든 운영기관에서 철도교통관제사의 역할과 업무범위, 그리고 중요성은 나날이 증대되고 있습니다. 이러한 시기에 국가철도를 관제하는 한국철도교통관제센터(KORAIL)에서는 최초로 2022년도 공개채용 관제사를 경력직이 아닌 신입직원으로 임용하면서 철도교통관제사 전문교육기관 입소를 위한 방법과 경쟁률에 더욱 관심이 높아져 가는 상황입니다.

이 책은 실제로 2022년 철도교통 관제자격증명 시험을 준비하며 관련 서적의 부재로 어려움을 겪은 현직 직원과 그 직원을 교육해주신 두 명의 교수가 훗날 함께 근무하게 될 관제 후배님들의 보다 나은 시험공부를 위해 만들었습니다.

교수님들의 오랜 강의 경험과 노하우를 통해 꼭 필요한 부분에 대한 꼼꼼한 설명을, 출제유형을 철저히 분석한 곳에는 코멘트를 달아 합격에 도움이 되는 도서를 만들기 위해 노력하였습니다. 실제 시험을 본 수험생의 입장에서 무엇이 제일 어려웠고, 어떤 게 제일 이해하기 힘들었는지 최대한 쉽고 빠른 이해를 위해 핵심적인 부분만을 다루었습니다. 반드시 알아야 하는 개념들을 예제와 함께 구성하였으며, 중요한 내용은 기본핵심 예상문제와 모의고사를 통해 반복 학습할 수 있게 하였습니다. 철도를 전공하지 않은 일반인 수험생들도 빠르게 이해할 수 있도록 과목마다 출제경향 및 학습전략을 안내하였으니 반드시 확인하고 넘어가시길 바랍니다.

끝으로, 관제 후배들을 위해 조그마한 도움이라도 되고 싶다는 저자들의 제안에 흔쾌히 출판을 결정해주시고 지금껏 물심양면으로 도와주신 시대에듀 관계자분들과 문제 및 내용의 첨삭에 큰 도움을 준 몇 분의 예비 관제사님들께도 깊은 감사의 마음을 표합니다.

앞으로도 독자분들의 소중한 의견을 귀담아듣겠습니다. 감사합니다.

편저자 씀

이론에서 '★' 표시(p.299, 398, 401, 453, 454, 456)는 규정이 바뀌었으나 교과서에는 아직 반영되지 않은 부분입니다. 별도의 안내가 있기 전까지는 본서를 참고하여 교과서대로 공부하는 것이 맞습니다.

시험안내 INFORMATION

철도교통 관제자격증명 자격취득 절차

❶ **신체검사 및 적성검사** : 국토교통부장관이 실시하는 신체검사 및 적성검사에서 합격 판정
❷ **교육과정 이수** : 국토교통부장관이 지정하는 교육훈련기관에서 교육훈련 이수
❸ **학과시험** : 5개 과목에서 과목당 40점 이상 평균 60점 이상 득점(관제관련규정의 경우 60점 이상)
❹ **실기시험** : 5개 과목에서 과목당 60점 이상 평균 80점 이상 득점
❺ **자격증 발급** : 철도교통 관제자격증명서
❻ **관제실무 수습** : 철도운영기관에서 교육계획에 따른 관제실무 수습
❼ **관제실무 수습등록**
- 철도운영기관 : 한국교통안전공단에 실무수습 결과 통보 및 시스템 등록
- 한국교통안전공단 : 정보 확인 및 실무수습 승인처리

❽ **관제업무 종사** : 관제구간별 자격증 기재사항 변경, 갱신, 반납, 정지, 취소, 자료관리 등

2024년 시험일정

회 차	학과시험		실기시험		비 고
	접 수	시험일	접 수	시험일	
제1차	1.3~1.4	1.11 10:00, 13:30	1.22~1.23	2.1~3.24	제2종
		1.18 10:00, 13:30			
제2차	2.1~2.2	2.8 10:00	2.13~2.14	2.23~3.31	디젤, 장비
		2.8 13:30			고속, 관제
제3차	4.1~4.2	4.11 10:00, 13:30	4.22~4.23	5.2~6.23	제2종
		4.18 10:00, 13:30			
제4차	5.1~5.2	5.9 10:00	5.13~5.14	5.24~6.30	디젤, 장비
		5.9 13:30			고속, 관제
제5차	7.1~7.2	7.11 10:00, 13:30	7.22~7.23	8.1~9.22	제2종, 노면전차(최초 시행)
		7.18 10:00, 13:30			
제6차	8.1~8.2	8.8 10:00	8.12~8.13	8.23~9.29	디젤, 장비
		8.8 13:30			고속, 철도관제, 도시철도관제(최초 시행)
제7차	10.1~10.2	10.10 10:00, 13:30	10.21~10.22	10.31~12.22	제2종, 노면전차
		10.17 10:00, 13:30			
제8차	11.1~11.4	11.7 10:00	11.11~11.12	11.22~12.29	디젤, 장비
		11.7 13:30			고속, 1종, 철도관제, 도시철도관제

※ 실기시험의 경우 학과시험 합격인원, 평가에 필요한 장비 수요에 따라 일정이 변경될 수 있음
※ 실기시험 결과는 당일 시험 종료 후 18시 이후 확인 가능
※ 도시철도관제 자격증명 시험 및 노면전차 운전면허 시험 시행 시 변경 공지 예정
※ 시험일정은 변경될 수 있으니 반드시 시행처에서 확인 요망

시험안내 INFORMATION

응시자격(접수일 기준)

❶ 신체검사, 적성검사에 합격한 자
❷ 교육훈련기관에서 교육훈련을 이수한 자
❸ 철도안전법 제11조의 결격사유에 해당되지 않는 자

문제출제 방법 안내

❶ **문제출제 방법** : 다량의 문항분석 카드를 체계적으로 분류 · 정리 · 보관해 놓은 뒤 랜덤으로 문제를 출제하는 문제은행 방식
❷ **시험문제 공개 여부** : 비공개

학과시험 운영계획

❶ **시험방식**
- CBT(Computer Based Test) 시험
- 필요시 PBT(Paper Based Test) 시행

❷ **시험장소** : 구로(67석), 수원(14석), 춘천(14석), 대전(19석), 전주(5석), 광주(16석), 대구(19석), 부산(24석)

응시자별 운전면허 시험과목

구 분	학과시험	실기시험
일반응시자	• 철도관련법 • 철도시스템 일반 • 관제관련규정 • 철도교통관제운영 • 비상시 조치 등	• 열차운행계획 • 철도관제시스템 운용 및 실무 • 열차운행선 관리 • 비상시 조치 등
철도차량운전면허 소지자	• 관제관련규정 • 철도교통관제운영 • 비상시 조치 등	

학과시험

❶ 과 목

교 시	과 목	문항수	시 간
1	철도관련법	1～20번	10:00～10:40
	철도(도시철도)시스템 일반	21～40번	
2	관제관련규정	1～20번	10:50～11:30
	철도(도시철도)교통관제운영	21～40번	
3	비상시 조치 등	1～20번	11:40～12:00

❷ **합격기준** : 과목당 100점 기준으로, 각 과목 40점 이상(관제관련규정의 경우 60점 이상), 총점 평균 60점 이상 득점 시 합격

❸ **접수 기간 및 방법(실기시험 동일)**

- 접수기간 내에 인터넷을 이용한 원서접수
- 인터넷 접수 : TS 국가자격시험 홈페이지 신청 · 조회 메뉴에서 접수 실시

❹ **유의사항(실기시험 동일)**

- 수험일시와 장소는 시험일 5일 전 이후부터 출력 가능(SMS 통지)
- 수험표는 본인이 신청한 종목 및 면제과목 일치 여부 확인
- 입실시간 미준수 시 응시 불가
- 수험표, 신분증

❺ **응시수수료** : 77,000원

❻ **응시자격 서류**

- 신체검사의료기관이 발급한 신체검사 판정서(관제자격증명시험 응시원서 접수일 이전 2년 이내인 것에 한정한다)
- 적성검사기관이 발급한 적성검사 판정서(관제자격증명시험 응시원서 접수일 이전 10년 이내인 것에 한정한다)
- 관제교육훈련기관이 발급한 관제교육훈련 수료증명서
- 철도차량 운전면허증의 사본(철도차량운전면허 소지자에 한정한다)

실기시험

❶ 과 목

과 목		시 간
• 열차 운행계획 • 철도(도시철도) 관제시스템 운용 및 실무	• 열차(도시열차) 운행선 관리 • 비상시 조치 등	60분 내외

❷ **합격기준** : 과목당 100점 기준으로, 각 과목 60점 이상, 총점 평균 80점 이상 득점 시 합격

❸ **대상** : 해당 종목에 대한 학과시험 합격이 유효기간 내에 있는 자

❹ **학과시험 합격 유효기간** : 학과시험 합격한 날부터 2년이 되는 날이 속하는 해의 12월 31일까지

❺ **응시수수료** : 206,500원

구성과 특징 STURCTURE

1 핵심이론

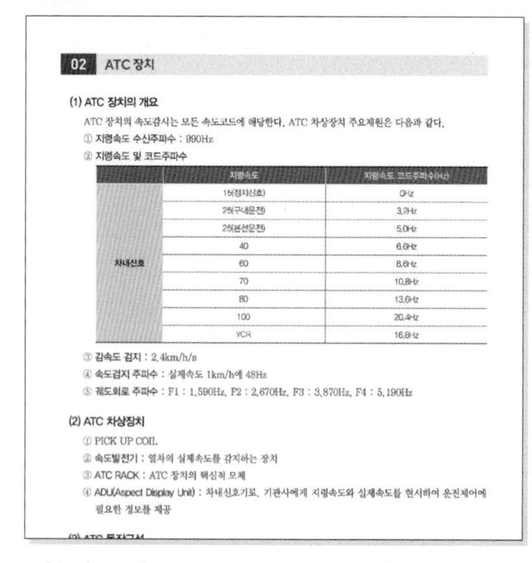

02 ATC 장치

(1) ATC 장치의 개요

ATC 장치의 속도감시는 모든 속도코드에 해당한다. ATC 차상장치 주요제원은 다음과 같다.

① **지령속도 수신주파수** : 990Hz

② **지령속도 및 코드주파수**

	지령속도	지령속도 코드주파수(Hz)
차내신호	15(정지신호)	0Hz
	25(구내운전)	3.2Hz
	25(본선운전)	5.0Hz
	40	6.6Hz
	60	8.6Hz
	70	10.8Hz
	80	13.6Hz
	100	20.4Hz
	YCR	16.8Hz

③ **감속도 검지** : 2.4km/h/s

④ **속도검지 주파수** : 실제속도 1km/h에 48Hz

⑤ **궤도회로 주파수** : F1 : 1,590Hz, F2 : 2,670Hz, F3 : 3,870Hz, F4 : 5,190Hz

(2) ATC 차상장치

① PICK UP COIL

② **속도발전기** : 열차의 실제속도를 감지하는 장치

③ **ATC RACK** : ATC 장치의 핵심적 모체

④ **ADU(Aspect Display Unit)** : 차내신호기로, 기관사에게 지령속도와 실제속도를 현시하여 운전제어에 필요한 정보를 제공

법 제24조(철도종사자에 대한 안전 및 직무교육)

① 철도운영자등 또는 철도운영자등과의 계약에 따라 철도운영이나 철도시설 등의 업무에 종사하는 사업주(이하 이 조에서 "사업주"라 한다)는 자신이 고용하고 있는 철도종사자에 대하여 정기적으로 철도안전에 관한 교육을 실시하여야 한다.

○ 안전교육을 실시하지 않거나 제2항을 위반하여 직무교육을 실시하지 않은 경우 : 1차 150만원, 2차 300만원, 3차 450만원 과태료

② 철도운영자등은 자신이 고용하고 있는 철도종사자가 적정한 직무수행을 할 수 있도록 정기적으로 직무교육을 실시하여야 한다.

③ 철도운영자등은 제1항에 따른 사업주의 안전교육 실시 여부를 확인하여야 하고, 확인 결과 사업주가 안전교육을 실시하지 아니한 경우 안전교육을 실시하도록 조치하여야 한다.

○ 철도운영자등이 안전교육 실시 여부를 확인하지 않거나 안전교육을 실시하도록 조치하지 않는 경우 : 1차 150만원, 2차 300만원, 3차 450만원 과태료

④ 제1항 및 제2항에 따라 철도운영자등 및 사업주가 실시하여야 하는 교육의 대상, 내용 및 그 밖에 필요한 사항은 국토교통부령으로 정한다.

▶시행령 제21조(신체검사 등을 받아야 하는 철도종사자)

법 제23조 제1항에서 "대통령령으로 정하는 업무에 종사하는 철도종사자"란 다음 각호의 어느 하나에 해당하는 철도종사자를 말한다.

1. 운전업무종사자
2. 관제업무종사자
3. 정거장에서 철도신호기 · 선로전환기 및 조작판 등을 취급하는 업무를 수행하는 사람

▶시행규칙 제40조(운전업무종사자 등에 대한 신체검사)

① 법 제23조 제1항에 따른 철도종사자에 대한 신체검사는 다음 각호와 같이 구분하여 실시한다.

1. 최초검사 : 해당 업무를 수행하기 전에 실시하는 신체검사
2. 정기검사 : 최초검사를 받은 후 2년마다 실시하는 신체검사
3. 특별검사 : 철도종사자가 철도사고등을 일으키거나 질병 등의 사유로 해당 업무를 적절히 수행하기가 어렵다고 철도운영자등이 인정하는 경우에 실시하는 신체검사

② 영 제21조 제1호 또는 제2호에 따른 운전업무종사자 또는 관제업무종사자는 법 제12조 또는 법 제21조의5에 따른 운전면허의 신체검사 또는 관제자격증명의 신체검사를 받은 날에 제1항 제1호에 따른 최초검사를 받은 것으로 본다. 다만, 해당 신체검사를 받은 날부터 2년 이상이 지난 후에 운전업

필수적으로 학습해야 하는 중요한 이론들을 체계적으로 정리하였으며, 법령 과목의 경우 가장 최근에 개정된 내용을 수록하였습니다. 시험에 꼭 나오는 이론을 중심으로 학습하세요.

2 출제경향

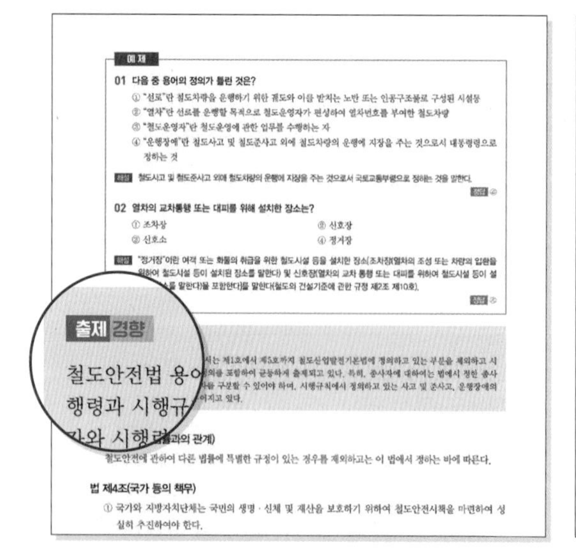

예제

01 다음 중 용어의 정의가 틀린 것은?

① "선로"란 철도차량을 운행하기 위한 궤도와 이를 받치는 노반 또는 인공구조물로 구성된 시설물
② "열차"란 선로를 운행할 목적으로 철도운영자가 편성하여 열차번호를 부여한 철도차량
③ "철도운영자"란 철도운영에 관한 업무를 수행하는 자
④ "운행장애"란 철도사고 및 철도준사고 외에 철도차량의 운행에 지장을 주는 것으로서 대통령령으로 정하는 것

해설 철도사고 및 철도준사고 외에 철도차량의 운행에 지장을 주는 것으로서 국토교통부령으로 정하는 것을 말한다.

정답 ④

02 열차의 교차통행 또는 대피를 위해 설치한 장소는?

① 조차장　③ 신호장
② 신호소　④ 정거장

해설 "정거장"이란 여객 또는 화물의 취급을 위한 철도시설 등을 설치한 장소[조차장(열차의 조성 또는 차량의 입환을 위하여 철도시설 등이 설치된 장소를 말한다) 및 신호장(열차의 교차 통행 또는 대피를 위하여 철도시설 등이 설 … 소를 말한다)을 포함한다]을 말한다(철도의 건설기준에 관한 규정 제2조 제10호).

정답 ③

출제경향

철도안전법 용어 … 시는 제1호에서 제5호까지 철도산업발전기본법에 정의하고 있는 부분을 제외하고 시행령과 시행규 … 정의를 포함하여 균등하게 출제되고 있다. 특히, 종사자에 대하여는 법에서 정한 종사자와 시행령 … 자를 구분할 수 있어야 하며, 시행규칙에서 정의하고 있는 사고 및 준사고, 운행장애의 … 어지고 있다.

… 과의 관계)

철도안전에 관하여 다른 법률에 특별한 규정이 있는 경우를 제외하고는 이 법에서 정하는 바에 따른다.

법 제4조(국가 등의 책무)

① 국가와 지방자치단체는 국민의 생명 · 신체 및 재산을 보호하기 위하여 철도안전시책을 마련하여 성실히 추진하여야 한다.

이론별 출제비중이나 숙지 사항을 친절하게 안내합니다. 어떤 부분을 중점적으로 학습해야 하는지 살펴보세요.

3 예제

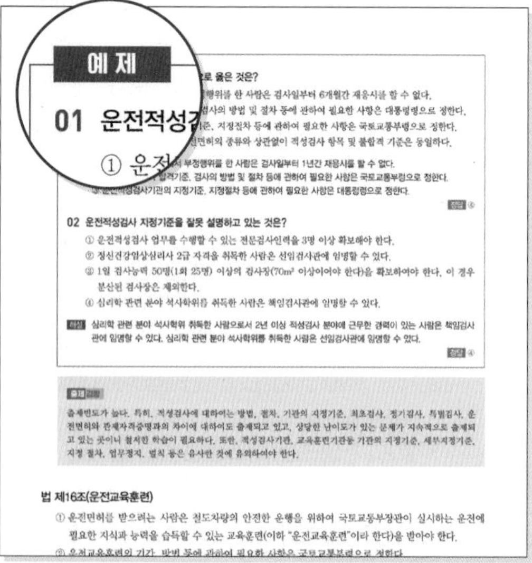

예제

01 운전적성검 … 로 옳은 것은?

① 운전 … 행위를 한 사람은 검사일부터 6개월간 재응시를 할 수 없다.
… 검사의 방법 및 절차 등에 관하여 필요한 사항은 대통령령으로 정한다.
… 기준, 지정절차 등에 관하여 필요한 사항은 국토교통부령으로 정한다.
… 면허의 종류와 상관없이 적성검사 항목 및 불합격 기준은 동일하다.

… 서 부정행위를 한 사람은 검사일부터 1년간 재응시를 할 수 없다.
… 합격기준, 검사의 방법 및 절차 등에 관하여 필요한 사항은 국토교통부령으로 정한다.
… 검사기관의 지정기준, 지정절차 등에 관하여 필요한 사항은 대통령령으로 정한다.

정답 ④

02 운전적성검사 지정기준을 잘못 설명하고 있는 것은?

① 운전적성검사 업무를 수행할 수 있는 전문검사인력을 3명 이상 확보해야 한다.
② 정신건강임상심리사 2급 자격을 취득한 사람은 선임검사관에 임명할 수 있다.
③ 1일 검사능력 50명(1회 25명) 이상의 검사장(70m² 이상이어야 한다)을 확보하여야 한다. 이 경우 분산된 검사장은 제외한다.
④ 심리학 관련 분야 석사학위를 취득한 사람은 책임검사관에 임명할 수 있다.

해설 심리학 관련 분야 석사학위 취득한 사람으로서 2년 이상 적성검사 분야에 근무한 경력이 있는 사람은 책임검사관에 임명할 수 있다. 심리학 관련 분야 석사학위를 취득한 사람은 선임검사관에 임명할 수 있다.

정답 ④

출제경향

출제빈도가 높다. 특히, 적성검사에 대하여는 방법, 절차, 기관의 지정기준, 최초검사, 정기검사, 특별검사, 운전면허와 관제자격증명과의 차이에 대하여도 출제되고 있고, 상당한 난이도가 있는 문제가 지속적으로 출제되고 있는 곳이니 철저한 학습이 필요하다. 또한, 적성검사기관, 교육훈련기관등 기관의 지정기준, 세부지정기준, 지정 절차, 업무정지, 벌칙 등은 유사한 것에 유의하여야 한다.

법 제16조(운전교육훈련)

① 운전면허를 받으려는 사람은 철도차량의 안전한 운행을 위하여 국토교통부장관이 실시하는 운전에 필요한 지식과 능력을 습득할 수 있는 교육훈련(이하 "운전교육훈련"이라 한다)을 받아야 한다.

시험의 출제경향을 분석하여 핵심이론마다 필수적으로 풀어야 할 문제를 선별하였습니다. 알찬 문제와 명쾌한 해설로 학습한 내용의 핵심을 복습할 수 있습니다.

4 기본핵심 예상문제

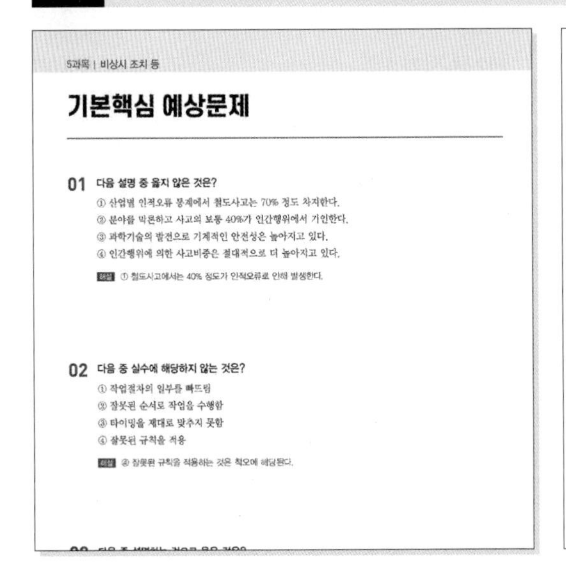
5과목 | 비상시 조치 등

기본핵심 예상문제

01 다음 설명 중 옳지 않은 것은?
① 산업별 인적오류 통계에서 철도사고는 70% 정도 차지한다.
② 분야를 막론하고 사고의 보통 40%가 인간행위에서 기인한다.
③ 과학기술의 발전으로 기계적인 안전성은 높아지고 있다.
④ 인간행위에 의한 사고비중은 절대적으로 더 높아지고 있다.
해설 ① 철도사고에서는 40% 정도가 인적오류로 인해 발생한다.

02 다음 중 실수에 해당하지 않는 것은?
① 작업절차의 일부를 빠뜨림
② 잘못된 순서로 작업을 수행함
③ 타이밍을 제대로 맞추지 못함
④ 잘못된 규칙을 적용
해설 ④ 잘못된 규칙을 적용하는 것은 착오에 해당된다.

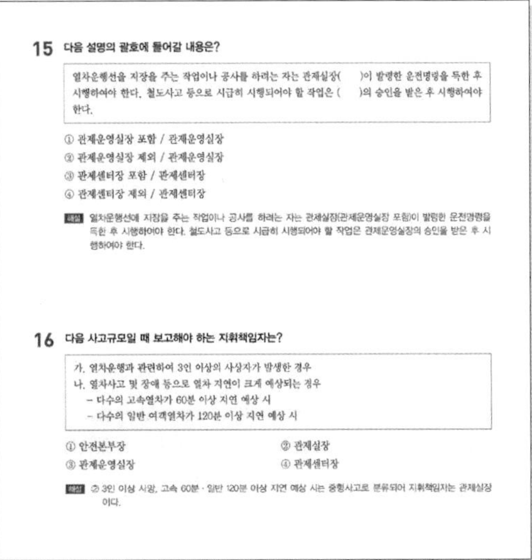
15 다음 설명의 괄호에 들어갈 내용은?

열차운행선을 지장을 주는 작업이나 공사를 하려는 자는 관제실장( )이 발행한 운전명령을 득한 후 시행하여야 한다. 철도사고 등으로 시급히 시행되어야 할 작업은 ( )의 승인을 받은 후 시행하여야 한다.

① 관제운영실장 포함 / 관제운영실장
② 관제운영실장 제외 / 관제운영실장
③ 관제센터장 포함 / 관제센터장
④ 관제센터장 제외 / 관제센터장
해설 열차운행선에 지장을 주는 작업이나 공사를 하려는 자는 관제실장(관제운영실장 포함)이 발행한 운전명령을 득한 후 시행하여야 한다. 철도사고 등으로 시급히 시행되어야 할 작업은 관제운영실장의 승인을 받은 후 시행하여야 한다.

16 다음 사고규모일 때 보고해야 하는 지휘책임자는?

가. 열차운행과 관련하여 3인 이상의 사상자가 발생한 경우
나. 열차사고 및 장애 등으로 열차 지연이 크게 예상되는 경우
– 다수의 고속열차가 60분 이상 지연 예상 시
– 다수의 일반 여객열차가 120분 이상 지연 예상 시

① 안전본부장 ② 관제실장
③ 관제운영실장 ④ 관제센터장
해설 ② 3인 이상 사상, 고속 60분·일반 120분 이상 지연 예상 시는 중형사고로 분류되어 지휘책임자는 관제실장이다.

과목별 20문제로 구성된 기본핵심 예상문제를 풀어보며 각 과목에서 중요한 내용을 체크하고 실력을 점검해 보세요. 문제를 풀어본 뒤에는 하단에 배치된 해설을 통해 빠르고 정확하게 오답풀이를 할 수 있습니다.

5 모의고사 5회분

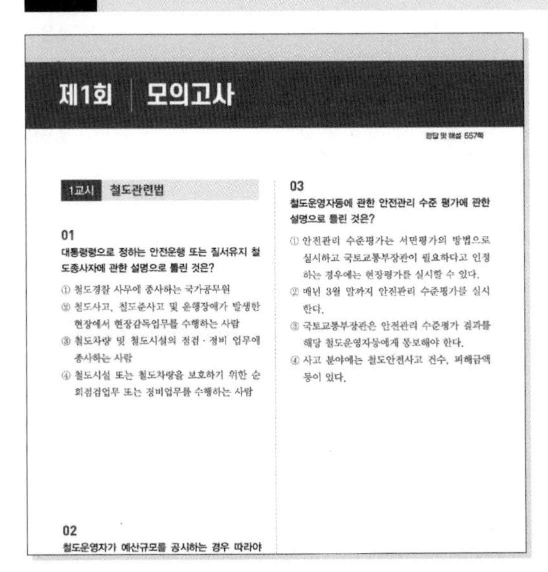
제1회 | 모의고사

정답 및 해설 557쪽

1교시 철도관련법

01
대통령령으로 정하는 안전운행 또는 질서유지 철도종사자에 관한 설명으로 틀린 것은?
① 철도경찰 사무에 종사하는 국가공무원
② 철도사고, 철도준사고 및 운행장애가 발생한 현장에서 현장감독업무를 수행하는 사람
③ 철도차량 및 철도시설의 점검·정비 업무에 종사하는 사람
④ 철도시설 또는 철도차량을 보호하기 위한 순회점검업무 또는 경비업무를 수행하는 사람

02
철도운영자가 예산규모를 공시하는 경우 따라야

03
철도운영자등에 관한 안전관리 수준 평가에 관한 설명으로 틀린 것은?
① 안전관리 수준평가는 서면평가의 방법으로 실시하고 국토교통부장관이 필요하다고 인정하는 경우에는 현장평가를 실시할 수 있다.
② 매년 3월 말까지 안전관리 수준평가를 실시한다.
③ 국토교통부장관은 안전관리 수준평가 결과를 해당 철도운영자등에게 통보해야 한다.
④ 사고 분야에는 철도안전사고 건수, 피해금액 등이 있다.

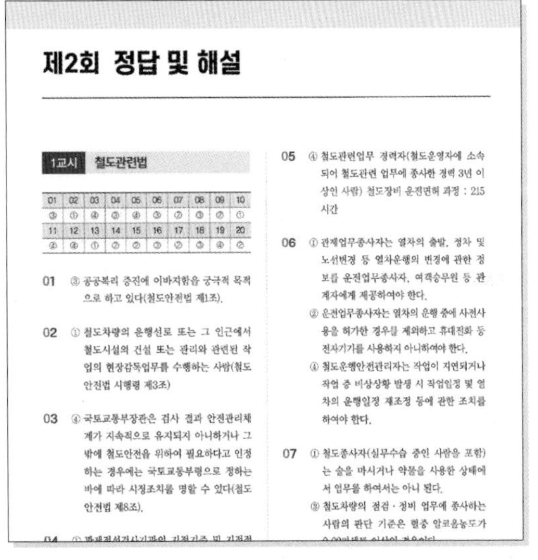
제2회 정답 및 해설

1교시 철도관련법

01	02	03	04	05	06	07	08	09	10
③	①	④	③	④	③	②	③	②	①
11	12	13	14	15	16	17	18	19	20
④	④	①	②	②	③	②	③	④	②

01 ③ 공공복리 증진에 이바지함을 궁극적 목적으로 하고 있다(철도안전법 제1조).

02 ① 철도차량의 운행선로 또는 그 인근에서 철도시설의 건설 또는 관리와 관련된 작업의 현장감독업무를 수행하는 사람(철도안전법 시행령 제3조)

03 ④ 국토교통부장관은 검사 결과 안전관리체계가 지속적으로 유지되지 아니하거나 그 밖에 철도안전을 위하여 필요하다고 인정하는 경우에는 국토교통부령으로 정하는 바에 따라 시정조치를 명할 수 있다(철도안전법 제8조).

05 ④ 철도관련업무 경력자(철도운영자에 소속되어 철도관련 업무에 종사한 경력 3년 이상인 사람) 철도장비 운전면허 과정 : 215시간

06 ① 관제업무종사자는 열차의 출발, 정차 및 노선변경 등 열차운행의 변경에 관한 정보를 운전업무종사자, 여객승무원 등 관계자에게 제공하여야 한다.
② 운전업무종사자는 열차의 운행 중에 사전사용을 허가한 경우를 제외하고 휴대전화 등 전자기기를 사용하지 아니하여야 한다.
④ 철도운행안전관리자는 작업이 지연되거나 작업 중 비상상황 발생 시 작업일정 및 열차의 운행일정 재조정 등에 관한 조치를 하여야 한다.

07 ① 철도종사자(실무수습 중인 사람을 포함)는 술을 마시거나 약물을 사용한 상태에서 업무를 하여서는 아니 된다.
③ 철도차량의 점검·정비 업무에 종사하는 사람의 판단 기준은 혈중 알코올농도가

역대 시험의 난이도, 유형, 이론 등을 분석하여 만든 모의고사입니다. 최신 시험의 출제경향을 반영한 문제로 합격 예측이 가능하며, 부족한 부분을 보완할 수 있습니다. 정답 및 해설은 정답표로 간편하게 채점 후 자세한 해설로 꼼꼼히 학습할 수 있도록 구성하였습니다.

이 책의 목차 CONTENTS

제1과목

관제관련규정

출제경향 및 학습전략

관제관련규정은 60점 이상을 무조건 맞아야 과락을 면하게 되는 중요과목으로 세세하고 꼼꼼하게 전체 규정을 보며 공부를 해야 한다. 학습량이 많지는 않지만 전체적으로 학습해야 하기 때문에 어려움이 있을 수 있다. 특히 한국철도공사, 서울교통공사 등 최근 관제직렬을 신설하여 신입사원을 채용하는 회사에서 채용 필기시험 과목으로 채택하고 있으니 관제자격증명을 획득한 이후에도 꾸준한 공부가 필요하다.

1

철도교통관제 운영규정

제1장 총 칙

제1조(목적)

이 규정은 철도교통의 안전과 질서를 도모하기 위해 철도교통관제 업무에 관한 세부적인 기준 · 절차 및 방법 등을 규정함을 목적으로 한다.

제2조(정의)

① **관제구역** : 철도에서 운행하는 철도차량 등을 대상으로 관제업무를 수행하는 구역

[제외 항목]

㉠ 정상운행 전의 신설선 또는 개량선에서 철도차량을 운행하는 경우

㉡ 철도차량을 보수 · 정비하기 위한 차량정비기지 및 차량유치시설에서 철도차량을 운행하는 경우

② **관제기관** : 국토교통부장관이 설치 · 운영하는 철도교통관제시설

㉠ 철도교통관제센터 : 관제업무종사자가 관제업무를 수행하는 관제시설

㉡ 예비철도교통관제실 : 관제센터가 지진, 테러 또는 피폭 등으로 정상적인 관제업무 수행이 불가능한 경우에도 관제업무를 계속 수행할 수 있도록 예비 철도교통관제시스템이 설치된 시설

㉢ 관제운영실 : 철도사고 또는 운행장애가 발생한 경우에 철도사고등에 대한 상황보고 · 전파, 대응 및 복구 지시 등의 업무를 수행하는 시설

③ **관제설비** : 국토교통부장관이 관제기관에 설치한 시설로 열차집중제어장치(CTC), 대형표시반(DLP), 주컴퓨터, 제어(관제)콘솔, 열차무선설비 및 관제전화설비 등

④ **관제업무**

㉠ 선로사용계획에 따라 철도차량의 운행을 제어 · 통제 · 감시

㉡ 철도시설의 운용상태 및 철도차량 등의 운행과 관련된 조언과 정보의 제공

㉢ 철도차량 등의 적법운행 여부에 대한 지도 · 감독

㉣ 철도보호지구에서 안전법 제45조 제1항 각호의 어느 하나에 해당하는 행위를 할 경우 열차운행 통제 업무

㉤ 철도사고등 발생 시 사고복구 지시

㉥ 철도교통관제시설의 관리

㉦ 기타 국토교통부장관이 철도차량의 안전운행 등을 위하여 지시한 사항

⑤ **운전정리**

㉠ 운전휴지

㉡ 운행순서변경

㉢ 운행선로변경

㉣ 단선운행

㉤ 운행시각변경

㉥ 열차합병

ⓢ 특 발
ⓞ 교행변경
ⓙ 대피변경
ⓒ 열차번호변경
ⓚ 폐색구간 또는 폐색방식 변경
ⓣ 임시서행
ⓟ 임시정차
ⓗ 편성차량변경
㉮ 임시열차운전
㉯ 그 밖에 철도교통의 안전과 질서유지에 필요한 사항

※ 교행과 대피의 차이?
교행은 단선구간에서 열차의 운행순서를 바꿀 때 사용하는 용어이고 대피는 복선구간에서 열차의 운행순서를 바꿀 때 사용하는 용어이다.

⑥ 철도종사자
㉠ 철도차량의 운전업무에 종사하는 사람
㉡ 여객에게 승무 및 역무 서비스를 제공하는 사람
㉢ 철도사고 등이 발생한 현장에서 조사 · 수습 · 복구 등의 업무를 수행하는 사람
㉣ 철도차량의 운행선로 또는 그 인근에서 철도시설의 건설 또는 관리와 관련된 작업의 현장감독업무를 수행하는 사람
㉤ 철도시설 또는 철도차량을 보호하기 위한 순회점검업무 또는 경비업무를 수행하는 사람
㉥ 정거장에서 철도신호기 · 선로전환기 또는 조작판 등을 취급하거나 열차의 조성업무를 수행하는 사람
㉦ 철도에 공급되는 전철전력의 원격제어장치를 운영하는 사람
㉧ 철도차량 및 철도시설의 점검 · 정비 등에 관한 업무를 수행하는 사람

※ 관제업무종사자와 철도특별사법경찰을 포함한다.

⑦ **관제업무수행자** : 철산법 시행령 제50조 및 같은 법 시행규칙 제12조에 따라 철도교통관제시설의 관리업무 및 관제업무를 위탁받아 수행하는 자

철도산업발전기본법 시행령 제50조(권한의 위탁)
③ 국토교통부장관은 법 제38조 본문의 규정에 의하여 제24조 제4항의 규정에 의한 철도교통관제시설의 관리업무 및 철도교통관제업무를 다음의 자 중에서 국토교통부령이 정하는 자에게 위탁한다.
1. 국가철도공단
2. 철도운영자

철도산업발전기본법 시행규칙 제12조(권한의 위탁)
① 국토교통부장관은 영 제50조 제1항에 따라 법 제12조 제2항에 따른 철도산업정보센터의 설치 · 운영업무를 국가철도공단에 위탁한다.
② 국토교통부장관은 영 제50조 제3항의 규정에 의하여 영 제24조 제4항의 규정에 의한 철도교통관제시설의 관리업무 및 철도교통관제업무를 한국철도공사에 위탁한다.
③ 국토교통부장관은 제2항의 규정에 의하여 한국철도공사에 철도교통관제업무를 위탁하는 경우에는 한국철도공사로부터 철도교통관제업무에 종사하는 자의 독립성이 보장될 수 있도록 필요한 조치를 하여야 한다.

⑧ **관제업무종사자** : 관제업무수행자의 직원으로 관제기관에서 관제업무를 수행하는 사람

⑨ **관제지시** : 관제기관 또는 관제업무종사자가 철도차량의 안전운행을 위하여 철도운영자, 철도시설관리자, 철도시설의 유지보수시행자, 철도종사자, 철도시설 내에서 운행하는 자동차의 운전자 등에게 지시 또는 필요한 조치를 하는 것

⑩ **선로사용계획** : 열차운행을 위한 선로사용계획(열차운행계획)과 선로 등의 건설과 개량 · 유지보수를 위한 선로사용계획(선로작업계획)

⑪ **선로사용자** : 철도운영자 및 선로작업시행자

㉠ 철도운영자 : 한국철도공사 또는 철도사업법 제5조에 의하여 철도사업면허를 받아 철도운영에 관한 업무를 수행하는 자

㉡ 선로작업시행자 : 선로 등의 건설과 개량 · 유지보수를 수행하는 자

⑫ **철도시설관리자** : 철도시설의 건설 또는 관리에 관한 업무를 수행하는 자

⑬ **철도운영자등** : 철도운영자 및 철도시설관리자

⑭ **공용구간** : 둘 이상의 철도운영자가 열차 또는 철도차량을 함께 운행하는 구간

⑮ **공용역** : 공용구간 내 설치된 철도역 및 이에 부대되는 역 시설(물류시설, 환승시설, 편의시설 등을 포함)

예 제

01 철도교통관제 운영규정 용어의 정의에 대한 설명 중 틀린 것은? 기출

① 관제구역에서 정상운행을 하기 전의 신설선 또는 개량선에서 철도차량을 운행하는 경우는 제외된다.

② "관제구역"이란 철도차량 등을 대상으로 관제업무를 수행하는 구역을 말한다.

③ 관제구역에서 철도차량을 보수 · 정비하기 위한 차량정비기지 및 차량유치시설에서 철도차량을 운행하는 경우는 포함된다.

④ "관제설비"란 관제업무를 수행하기 위하여 국토교통부장관이 관제기관에 설치한 시설이다.

해설 **관제구역 예외**

- 정상운행 전의 신설선 또는 개량선에서 철도차량을 운행하는 경우
- 차량정비기지 및 차량유치시설에서 철도차량을 운행하는 경우

정답 ③

02 철도교통관제 운영규정의 정의에서 "관제기관"의 종류 및 설명 중 틀린 것은? 기출

① 정상적인 관제업무 수행이 불가능한 경우에 대비한 예비철도교통관제실

② 관제업무종사자가 관제업무를 수행하는 철도교통관제센터

③ 철도사고등에 대한 상황보고 · 전파, 대응 및 복구 지시 등의 업무를 수행하는 관제운영실

④ 철도운영자가 철도사업면허를 받아 설치 운영하는 철도교통관제시설

해설 관제기관이란 철도운영자가 아니라 국토교통부장관이 설치 · 운영하는 철도교통관제시설이다.

정답 ④

출제경향

제1장은 정의에 대한 설명 중 틀린 것을 찾기, 운전정리의 종류가 아닌 것 찾기, 철도종사자가 아닌 사람 찾기 이렇게 3가지 문제 출제유형으로 구분할 수 있다. 특히 철도종사자는 철도안전법상의 철도종사자와 철도교통관제 운영규정에서의 철도종사자가 다르므로 이를 명확히 구별하는 연습이 필요하다.

제2장 | 관제운영 일반사항

제4조(관제업무 수행 및 제한)

① 관제업무수행자는 관제업무 종사자가 다음의 어느 하나에 해당하는 경우에는 관제업무에 종사하게 하여서는 아니 된다.

㉠ 관제자격증명을 받지 아니하거나 관제자격증명이 취소되거나 그 효력이 정지되거나 실무수습을 이수하지 아니한 사람(철도안전법 제21조의3, 제21조의11, 제22조 참고)

㉡ 제35조 제2항에 해당하는 사람

> 철도교통관제 운영규정 제35조(약물 · 음주 제한)
> ② 관제업무수행자는 다음에 해당되는 관제업무종사자에 대하여는 관제업무 수행을 일시 중지시켜야 한다.
> 1. 제1항(판단, 시력 또는 의식상태에서 영향을 미칠 수 있는 진정제 또는 신경안정제, 중추신경에 영향을 주는 약)에서 정한 약물을 복용한 사람
> 2. 음주측정결과 혈중알코올농도가 안전법 제41조에서 정한 음주제한 기준을 초과한 사람
> 3 심신 또는 업무수행상태 등으로 보아 관제업무를 수행하는 것이 부적절하다고 판단되는 사람

② 관제업무수행자는 관제업무 수행제한 기준에 해당하는 사유가 발생하였을 경우에는 즉시 해당 관제업무종사자에 대한 업무배제 조치 등을 시행하고 국토교통부장관(철도운행안전과장)에게 보고하여야 한다.

③ 관제업무수행자는 관제업무 수행제한 기준에 해당하여 관제업무를 수행할 수 없는 사람에 대해서는 타 보직으로 전환배치하고, 수행제한 사유가 해소되기 전까지 관제업무종사자로 재배치할 수 없다.

제5조(관제업무의 독립성 확보 등)

① 관제업무수행자는 관제업무종사자가 전문적이고 객관적인 판단에 따라 관제업무를 적정하게 수행할 수 있도록 관제업무의 독립성 및 공정성을 보장하여야 한다.

② 관제업무수행자는 관제업무의 독립성을 확보하기 위해 관제기관을 독립적으로 운영하여야 한다.

③ 관제업무수행자는 관제업무의 공정성을 확보하기 위하여 다음에서 정한 바에 따라야 한다.

㉠ 관제업무에 대한 의사결정은 반드시 관제운영조직에 명시된 인원(철도운영자등에게 알려진)에 의하여 수행할 것

㉡ 관제업무 의사결정의 투명성을 확보하고, 관제업무 수행에 있어서 선로사용자 간에 차별을 두지 말 것

㉢ 철도를 운행하는 철도차량에 대한 현상태, 예측정보는 선로사용자, 철도운영자등에게 공정하게 제공할 것

㉣ 철도운영자등이 불평등한 관계에서 불이익을 받지 않도록 할 것

제6조(관제운영 감독관의 지정 등)

① 국토교통부장관은 관제업무종사자가 관제업무를 수행함에 있어 독립성과 공정성의 보장과 비상상황 발생 시 관제상황 파악 및 지도 · 감독업무 수행 등을 위하여 철도안전감독관 또는 관제업무 관련 전문가를 관제운영 감독관으로 지정 · 운영할 수 있다.

② 관제업무 관련 전문가의 요건

㉠ 3년 이상의 관제업무의 근무경력이 있는 사람

㉡ 철도안전업무 전반에 관한 전문적인 지식을 가진 사람

㉢ 철도관제업무를 담당하고 있는 공무원

㉣ 의사소통, 문제인식 및 분석능력 등이 탁월한 사람

③ 관제운영 감독관의 임무

㉠ 관제업무종사자의 관제업무 수행의 독립성 및 공정성 파악 및 지도 · 감독업무

㉡ 관제업무 수행 관련 관계기관 간 협조업무

㉢ 관제시설 고장 · 장애 발생 시 조치사항 파악 및 지도 · 감독업무

㉣ 철도사고 등 예방 및 발생한 철도사고등의 확산을 방지하기 위한 관제상황 파악 및 지도 · 감독업무

㉤ 철도사고 등 발생 시 국토교통부 및 관계기관에 철도사고등 대응 조치 관련 정보 제공

제7조(관제업무의 범위)

① 철도차량의 정상적인 운행 유지 및 적법운행 여부에 대한 지도 · 감독

② 철도사고등으로 열차운행에 혼란이 발생하거나 혼란의 염려가 있을 경우 열차의 운행조건 및 일정 등을 변경하여 열차가 정상적으로 운행할 수 있도록 철도차량 등의 운전정리

③ 철도사고등 발생 시 사고보고 및 상황전파, 사고 확산 방지 및 피해 최소화를 위한 사고수습 · 복구 등의 조치(지시)

④ 긴급한 선로작업을 포함한 열차운행선 지장작업에 대한 승인 · 조정 · 통제

⑤ 열차 출발 또는 작업 개시 72시간 이내에 시행하여야 하는 사전계획되지 아니한 긴급 · 임시 철도차량의 운행설정 · 승인 및 작업구간의 열차운행 통제

⑥ 귀빈 승차 및 국가적 행사 등으로 특별열차가 운행하는 경우 조치

⑦ 관제업무 수행에 필요한 다음 내용의 정보의 입수 · 분석 및 판단, 전달 · 전파, 기록유지에 관한 업무

㉠ 관제운영에 관한 정보

㉡ 철도사고등 및 재해 · 재난에 관한 정보

⑧ 관제시설 관리 및 비상대응훈련

⑨ 그 밖에 국토교통부장관이 관제업무와 관련하여 지시한 사항

제8조(관제시각의 사용)

① 관제업무를 수행할 때에는 한국표준시를 사용하여야 한다.

② 관제업무에 사용하는 시계는 GPS에 의하여 제공되는 표준시각과 일치시켜야 한다.

제9조(관제업무 운영)

① 관제업무수행자는 관제기관을 24시간 계속 운영하여야 한다.

② 관제업무수행자는 제11조에 따른 관제구역 할당기준에 따라 관제업무종사자별 관제권역 · 구간을 지정하고 근무편성표를 작성, 관리하여야 한다.

> **철도교통관제 운영규정 제11조(관제구역 할당기준)**
> ① 관제업무수행자는 관제업무종사자별로 관제권역 및 관제구간을 지정할 수 있도록 관제구역 할당기준(운행 철도차량의 종별, 철도차량의 운행횟수, 관제업무 복잡도와 난이도 등)을 운영하여야 한다.

③ 근무편성표에는 관제업무시간 중 근무자 간에 중요한 사항을 전달할 수 있도록 인수인계시간을 지정하여야 한다.

④ 관제업무수행자는 관제업무종사자가 휴가, 병가 및 출장 등으로 해당 근무지정일에 근무할 수 없는 경우에는 대체 근무자 지정방안을 마련하여 근무토록 하여야 한다.

⑤ 대체 근무자가 해당 관제권역 또는 관제구간에 지정된 근무자가 아닌 경우에는 해당 관제권역 또는 관제구간의 운행열차 종류 및 철도시설 등에 관하여 사전 교육을 실시하여야 한다. 근무 지정된 관제권역 또는 관제구간을 변경하거나 관제권역 또는 관제구간의 범위를 변경하는 경우에도 또한 같다.

⑥ 철도노선이 신설되거나 열차집중제어장치(CTC) 설치 등으로 관제업무종사자를 새로이 배치하는 때에는 철도시설의 설치상태와 열차운행체계 점검 및 관제업무 숙달 등을 위하여 해당 철도노선 개통 전(영업시운전 기간) 또는 열차집중제어장치(CTC) 사용개시 전에 관제업무종사자를 배치하여야 한다.

제10조(관제운영조직과 업무분장)

① 관제업무수행자는 관제업무를 효율적으로 수행하기 위하여 본사에는 관제실과 관제운영실을 두고, 소속기관으로 관제센터를 운영하여야 한다.

제11조(관제구간 지정)

① 관제권역 또는 관제구간을 일시적으로 합병, 분할할 수 있는 경우

㉠ 열차운행 횟수 및 운행조건 등에 따라 관제업무량이 증감된 경우

㉡ 철도사고등의 발생으로 관제구역을 분할하여 관제업무를 수행하는 것이 안전하다고 판단되는 경우

② 관제구역이 나누어지는 지점의 일정구간에는 관제업무종사자가 열차운행상태를 상호 감시할 수 있도록 하여야 한다.

③ 철도운영자등과 관제업무종사자는 열차지연, 철도사고등이 발생한 경우 관제구역에 진출입하는 열차운행에 대한 정보를 교환하여야 한다.

제12조(관제업무종사자 구분 및 관제업무책임자 지정)

① 관제업무종사자의 구분

㉠ 관제구역의 관제업무총책임자로 관제센터장과 관제업무부책임자로 관제운영부장

㉡ 관제권역별 관제업무 책임자로 선임관제업무종사자

㉢ 관제구간별 관제업무 책임자로 선관제업무종사자

② 선임관제업무종사자 지정 시 고려 사항

㉠ 관제업무종사자 관리 능력

㉡ 권역별 열차 운행조정 능력

㉢ 열차 운행스케줄 관리 능력

㉣ 문제해결 및 분석 능력

㉤ 결정 및 판단 능력

㉥ 의사소통 능력

㉦ 대인관계 등

③ 철도교통관제업무일지 기록 내용

㉠ 관제권역의 열차 운행상황

㉡ 관제권역의 근무인원 및 교대관계

㉢ 관제시설의 고장 · 장애발생 및 보수의뢰 내용

㉣ 그 밖에 관제업무와 관련된 정보 등

제13조(관제업무 기록 관리)

① 관제업무수행자가 기록 · 유지해야 할 사항

㉠ 관제설비의 운용상태

㉡ 철도사고등이 발생한 경우 보고내용 및 관계열차의 지연시분, 관제업무종사자 및 철도종사자등의 조치내용

㉢ 관제지시 및 철도종사자등의 요청에 따른 조치사항

㉣ 그 밖에 국토교통부장관이 특별히 지시한 사항

② 관제업무수행자는 위의 사항을 기록한 자료에 대하여 최소한의 보존기간을 정하여 관리해야 한다.

③ 관제업무수행자는 관제업무와 직접 관련 있는 관계자에게 관련 자료를 제공할 수 있다. 다만, 다음의 내용은 공개하지 아니할 수 있다.

㉠ 사고조사과정에서 관계인들로부터 청취한 진술

㉡ 열차운행과 관계된 자들 사이에 행하여진 통신기록

㉢ 철도사고 등과 관계된 자들에 대한 의학적인 정보 또는 사생활 정보

㉣ 열차운전실 등의 음성자료 및 기록물과 그 번역물

㉤ 열차운행관련 기록장치 등의 정보와 그 정보에 대한 분석 및 제시된 의견

㉥ 철도사고등과 관련된 영상 기록물

④ 보존기간이 경과된 자료(차트 및 지도 등)는 폐기하거나 교육훈련기관에서 교육자료로 이용하도록 할 수 있다. 다만, 자료가 철도차량 기관사 또는 일반인에게 유포되거나 사용되지 않도록 하여야 한다.

제15조(철도운영 관계자 등의 의무)

① 철도운영자등과 선로배분시행자 및 선로작업시행자는 다음 사항을 관제업무수행자에게 사전 제공하여야 한다.

㉠ 열차운행계획 및 선로작업계획

㉡ 관제업무에 필요한 철도시설물의 위치, 구조 및 기능

㉢ 철도차량의 구조 및 기능

㉣ 그 밖에 관제업무에 필요하여 관제업무수행자가 요구하는 사항

② 철도운영자는 열차출발 상당시간 전에 다음 중 어느 하나를 변경하는 경우에는 관제업무수행자에게 승인을 받아야 한다. 다만, 사전에 확정된 열차운행계획과 그 내용이 동일한 경우는 예외로 한다.

㉠ 열차의 시발역 출발시각 및 출발선로

㉡ 열차의 편성형태 및 운전제한사항

㉢ 도중 역에서 철도차량을 해결하는 경우 해결역 정차시간, 해결방법

㉣ 관제업무종사자가 관제업무에 필요하다고 인정하는 사항

③ 선로작업시행자는 선로작업을 시행하기 전에 다음 중 어느 하나를 변경하는 경우에는 관제업무수행자에게 승인을 받아야 한다. 선로작업 중 이를 변경하는 경우 또한 같다.

㉠ 작업구간, 작업내용 및 작업시간

㉡ 장비 이동방법

㉢ 관제업무종사자가 관제업무에 필요하다고 인정하는 사항

제16조(철도종사자의 의무)

① 철도종사자는 업무를 수행함에 있어 관제기관의 조치 및 지시에 따라야 한다. 다만, 특별한 사정으로 이에 응할 수 없는 경우에는 관제기관과 협의하여야 한다.

② 철도종사자는 관제기관으로부터 정보요구를 받았을 때에는 즉시 정보를 제공하여야 한다.

③ 철도종사자는 철도사고등의 발생이 예상되거나 철도사고등이 발생한 경우에는 소속 기관의 보고계통에 따라 관제기관에 즉시 보고되도록 하여야 한다. 다만, 급박한 경우 철도종사자가 관할 관제구역을 담당하는 관제업무종사자에게 전화 등을 통한 구두보고를 할 수 있다.

④ 철도종사자 중 운전취급역 또는 열차집중제어장치(CTC)에 의하여 제어되지 아니하는(비CTC) 역에 배치된 역 운전취급자는 열차운행시각표 또는 관제기관의 지시에 따라 해당 역에 진 · 출입열차에 대한 신호 및 폐색취급을 하고 열차의 도착 · 출발 · 통과시각을 정보교환시스템 또는 전화 등으로 보고하여야 한다.

제17조(관제업무수행자의 운영규정 승인)

① 관제업무수행자는 이 규정에서 정한 관제업무를 안전하고 효율적으로 수행하기 위하여 필요한 세부 운영절차 등을 정하고자 하는 경우 국토교통부장관에게 승인을 요청하여야 한다.

② 국토교통부장관은 ①의 승인요청을 받은 경우, 관련 법령과 기준에 적합하다고 인정되는 경우에는 세부운영절차 등을 승인하여야 하며 승인받은 세부운영절차 등을 변경승인 요청하는 경우에도 또한 같다.

③ 관제업무수행자가 ①에 따라 정하는 세부운영절차 등에는 다음의 사항이 포함되어야 한다.

㉠ 관제운영조직의 세부적 조직 구성 및 업무분장에 관한 사항

㉡ 관제업무종사자에 대한 관제구역 할당기준과 운영절차

㉢ 철도차량의 운행통제 및 관제지시의 시행기준과 방법

㉣ 철도종사자등과의 상호 협의 및 정보교환

㉤ 관제업무수행자가 철도차량의 시 · 종착, 입환 및 조성 등이 복잡한 역으로 판단하여 지정한 운전취급역의 운영

㉥ 철도차량 운행 관련 시설의 사용 및 선로작업의 통제에 관한 사항

㉦ 철도사고등이 발생하였거나 발생할 우려가 있는 경우의 보고 및 조치

㉧ 귀빈 승차 및 국가적 행사 등과 관련 운행되는 특별열차의 운영에 관한 사항

㉨ 관제업무종사자의 교육훈련 및 배치기준, 관제업무 수행제한에 관한 사항

㉩ 관제업무 관련 자료의 기록 및 보존에 관한 사항

㉪ 비상대응계획 수립 및 비상대응연습 · 훈련에 관한 사항

㉫ 관제시설 관리, 그 밖에 관제업무의 효율적 수행에 필요한 사항

제18조(관제실 비치 목록)

① 관제업무수행자는 관제석, 관제권역 및 관제실에 비치하여야 할 목록을 정하여 관리하여야 한다.

② 관제업무수행자는 관제업무종사자가 쉽게 이용 및 연구할 수 있도록 현행 적용규정, 업무지시, 합의서(협약서), 비상대응계획(처리절차), 선로사용자 등 관계기관 연락처(비상연락망), 관련 출판물 등을 관제실의 적당한 장소에 비치하여야 한다. 다만, 파일형태로 보관된 경우에는 관련목록을 작성하여 사용 가능한 컴퓨터 옆에 비치하여야 한다.

③ 관제업무수행자는 관제석 등에 비치된 각종 규정 및 절차서 등이 정상적인 상태(최신화된 상태)를 유지하도록 정비책임자를 지정하여 운영하여야 한다.

예 제

01 철도교통관제 운영규정에서 관제업무의 독립성 확보에 관한 설명으로 틀린 것은? 기출

① 철도운영자는 관제업무의 독립성을 확보하기 위해 관제기관을 독립적으로 운영할 것
② 관제업무 의사결정은 관제운영조직에 명시된 인원에 의하여 수행할 것
③ 관제업무 의사결정의 투명성을 확보하고, 선로사용자 간 차별을 두지 말 것
④ 차량 상태, 예측정보는 선로사용자, 철도운영자등에게 공정하게 제공할 것

해설 관제업무수행자는 관제업무의 독립성을 확보하기 위해 관제기관을 독립적으로 운영하여야 한다.

정답 ①

02 관제업무 수행 및 제한에 관한 설명으로 틀린 것은?

① 관제업무수행자는 관제기관에서 관제업무를 수행하여야 한다.
② 관제자격증이 없거나 취소되거나 그 효력이 정지된 경우는 종사해서는 안 된다.
③ 진정제 · 신경안정제, 중추신경계에 영향을 주는 약물 복용 후 24시간이 경과하지 아니하거나 음주 0.02% 이상 등에 해당하는 사람은 업무를 해서는 안 된다.
④ 철도운영자는 관제업무 수행제한 기준에 해당하는 사유가 발생 시 국토교통부장관에게 보고하여야 한다.

해설 관제업무수행자는 관제업무 수행제한 기준에 해당하는 사유가 발생하였을 경우에는 즉시 해당 관제업무종사자에 대한 업무배제 조치 등을 시행하고 국토교통부장관(철도운행안전과장)에게 보고하여야 한다.

정답 ④

출제경향

제2장 관제운영 일반사항은 범위와 요건에 대한 설명으로 단어 하나를 바꿔서 틀린 설명으로 만드는 등 수험생을 헷갈리게 할 수 있는 문제가 주로 출제된다. 전 문장을 통째로 외우기보다는 규정 자체를 이해하고 해석하는 식의 접근이 필요하다. 가령, 제5조 관제업무의 독립성 확보에서 독립성, 공정성, 투명성의 구분을 할 때에는 공정성을 확보하기 위해 의사결정의 투명성을 확보하는 해야 한다는 선후 관계를 정확히 이해해야 한다. 국토교통부장관, 관제업무수행자, 관제업무종사자, 철도운영자, 선로배분시행자 등의 역할에 대한 숙지도 필요하다.

제3장 관제시설의 관리

제21조(비상대응계획에 포함되어야 하는 사항)

① 관제시설 구성요소의 치명적인 고장 · 장애 시 관제업무의 지속성에 관한 사항
② 역 운전취급자 또는 예비관제실로 가장 안전하고 신속한 관제업무의 책임 이양
③ 비상대응계획과 관련된 관계기관 간 합의서(협약서)
④ 군 · 경, 구조 · 구호기관 및 철도운영자, 유지보수자 등 관계기관 연락처
⑤ 관제시설의 구성요소별 복구 우선순위

※ 관제업무수행자는 비상대응계획에 따라 해당연도에 실시할 비상대응연습 · 훈련계획을 1월 말까지 국토교통부장관에게 제출하여야 하며 비상대응연습 · 훈련을 실시한 후 결과를 평가하여 비상대응연습 · 훈련을 실시한 날부터 30일 이내에 국토교통부장관에게 제출하여야 한다.

제22조(관제시설 보호)

① 관제업무수행자는 관제기관의 보안유지를 위하여 다음의 사항을 따라야 한다.
㉠ 업무상 보안 및 관리 책임자를 지정할 것
㉡ 관제시설을 공공대피소로 사용하지 말 것
㉢ 관제업무와 관련 있는 기관 또는 사람이 시설방문을 요구하면 다음의 조건을 충족하는 경우에 한하여 허가할 것
- 업무에 방해되지 않을 경우
- 보안 규정을 위반하지 않을 경우
- 인가된 인솔자가 동행할 경우

㉣ 관제설비에 대한 전자적 침해행위(해킹, 컴퓨터바이러스 등에 의한 공격행위)를 예방하고 침해사고 발생 시 대응 및 복구를 위한 정보보안 담당자를 지정할 것
② 관제업무수행자는 관제기관의 안전 · 보안 및 관제시설의 적정한 운용실태에 대한 매년 1회 이상의 정기점검과 필요시 수시점검을 실시해야 한다.

제4장 관제업무 절차

제23조(관제시설 점검)

① 관제업무종사자는 근무교대 시 관제구역, 관제권역 또는 관제구간의 대형표시반, 제어용 콘솔, 감시화면 및 관제전화 등의 작동상태를 별표 제1호의 관제시설 점검목록에 따라 점검하고 관제시설이 최상의 상태가 유지되도록 하여야 한다.

② 관제업무종사자는 ①에 따른 관제시설 점검결과 관제시설에 고장 · 장애가 있는 경우에는 제20조 제3항에 따라 조치하여야 한다.

> 철도교통관제 운영규정 제20조(관제시설의 운용)
> ③ 관제업무종사자는 관제시설의 고장 · 장애 발생 시 즉시 관제시설 유지보수자에 통보하여 복구될 수 있도록 필요한 조치를 하여야 하며 관제시설의 고장 · 장애 발생 및 조치내용 등을 업무일지 및 관제시설 고장 · 장애 현황일지에 기록하고 관리하여야 한다.

제24조(관제업무의 지속성)

관제업무종사자는 관제시설 고장 · 장애 또는 테러 등의 발생으로 정상적인 관제업무 수행이 불가능한 경우에는 즉시 발생 일시, 피해사항, 발생경위 및 관제업무의 지속적 수행 방안 등을 보고계통에 따라 전화 등 가능한 통신수단을 이용하여 국토교통부장관(철도운행안전과장)에게 보고하여야 한다.

제25조(관제업무종사자의 업무방법)

운전정리를 하는 경우에는 다음의 순서를 따라야 한다.

① 열차등급에 따른 상위열차

② 동일한 철도운영자의 동급열차는 속도가 빠르거나 운전구간이 긴 열차

③ 서로 다른 철도운영자 간의 등급열차는 열차운행계획에 따라 운행함을 원칙으로 하되 다음의 사유로 순서 변경이 필요한 경우에는 후속열차 연쇄지연, 여객혼란, 환승 등을 고려하여 운전정리를 시행할 수 있다.

㉠ 수서평택고속선 종점(경부고속선 접속부) 접근 하행열차 : 10분 이상 지연예상 시

㉡ 공용역 운행 열차 : 10분 이상 지연예상 시

㉢ 관제업무종사자가 필요하다고 판단하는 경우

④ 그 밖에 차량운용 및 역 구내시설 등을 고려한 운전정리

제27조(철도차량 운행통제 등의 승인)

① 철도운영자등은 다음의 사항을 시행하고자 하는 경우에는 관제기관과 협의하고 승인을 받아야 한다.

㉠ 운전휴지

㉡ 철도차량의 운행순서, 운행선로, 운행시각 변경

㉢ 승객의 치료, 부상자 긴급후송 등을 위한 열차의 임시정차
㉣ 철도차량 합병
㉤ 특 발
㉥ 구원열차 및 임시열차 운행
㉦ 그 밖에 열차운행에 관한 사항

② 선로작업시행자는 다음의 사항을 시행하고자 하는 경우 관제기관과 협의하고 승인을 받아야 한다.
㉠ 철도사고등이 발생하였거나 철도사고등의 예방을 위한 긴급조치
㉡ 선로의 긴급보수

제28조(기상특보의 발령)

관제운영실장은 기상청 기상특보 발표와 기상검측기의 검측결과, 운행 중인 철도차량의 기관사 · 승무원 및 역장 등으로부터 재해우려 또는 악천후 발생에 대한 보고를 종합 분석하여 발령하여야 한다.

① **기상특보의 발령** : 관제운영실장 → 철도기상특보 발령
관제센터장 → 안개주의보 발령 후 관제운영실장에게 보고(해제도 동일)

② **기상특보의 종류** : 호우, 홍수, 강풍, 태풍, 강설, 한파, 지진, 폭염, 안개

③ **기상특보의 발령 기준**
㉠ 기상주의보 : 철도차량 운행에 주의할 필요가 있는 경우
㉡ 기상경보 : 철도차량 운행에 지장이 예상되는 경우

※ 기상특보 발령 시 발령일시, 해당 선명 및 구간, 기상특보의 종류 등을 분명히 할 것
※ 관제업무종사자는 기상특보가 발령된 경우 2시간마다 해당 구간의 기상상황을 파악, 기록유지, 관제센터장에게 보고, 관제센터장은 관제운영실장에게 보고

제30조(철도안전 관련 정보의 환호응답)

① 관제기관에서 음성으로 전달한 철도안전과 관련된 철도교통관제의 허가 또는 지시사항을 환호응답하여야 한다.
㉠ 철도차량의 운행경로 허가사항
㉡ 착발선의 진입, 도착, 출발, 대기, 대피, 퇴행 등에 대한 허가 또는 지시사항
㉢ 사용선로, 운행속도
㉣ 선로작업 및 통행 방법 등 지시사항

제31조(관제업무의 보고 등)

① 관제업무수행자는 일일 관제업무 수행사항을 종합하여 철도교통관제업무 일일보고서를 작성하여 국토교통부장관에게 보고하여야 한다.

② 관제업무수행자는 다음의 상황발생 시 국토교통부장관에게 보고하고 필요한 조치를 취하여야 한다.
㉠ 철도사고 및 운행장애, 철도시설에 대한 테러 발생 등
㉡ 관제시설 고장 · 장애 및 관제업무종사자의 취급부주의에 관련된 철도사고등
㉢ 주요 선로장애, 천재지변 및 기타 필요한 사항

③ 관제실적 작성사항(매월 다음달 15일까지 국토교통부장관에게 보고. 12월은 해당연도 전체통계를 다음해 2월까지 보고)

㉠ 철도사고 및 운행장애 발생 현황
㉡ 관제시설 고장 · 장애, 관제 취급부주의 및 음주 제한기준을 초과한 관제업무 종사자의 조치결과 (현황)
㉢ 열차운행 실적(횟수, 거리 등)
㉣ 선로작업 승인 및 열차운행 조정 실적
㉤ 그 밖에 운행정보 제공 등 필요한 사항

제26조(관제업무 경합)

① 관제업무종사자는 관제권역 간 관제업무의 내용이 경합될 때에는 열차통제에 지장이 없도록 적정한 조치를 하여야 한다.

② 관제업무종사자는 열차통제 업무와 철도운영과 시설관리 등의 업무가 경합될 때에는 열차통제 업무를 우선적으로 처리하되 철도운영자등의 고유사무에 지장이 최소화되도록 처리하여야 한다.

예 제

01 철도교통관제 운영규정에서 기상특보의 발령에 관한 설명 중 틀린 것은?

① 안개주의보는 역장 또는 기관사의 현장상태의 통보내용에 따라 관제센터장이 발령하고 관제운영실장에게 보고하여야 한다.
② 기상주의보는 철도차량 운행에 주의할 필요가 있는 경우이며 기상경보는 철도차량 운행에 지장이 예상되는 경우이다.
③ 관제업무종사자는 기상특보가 발령된 경우 1시간마다 해당 구간의 기상상황을 파악하여 관제센터장에게 보고하여야 하며, 관제센터장은 관제운영실장에게 보고하여야 한다.
④ 기상특보 종류로는 호우, 홍수, 강풍, 태풍, 강설, 한파, 지진, 폭염, 안개가 있다.

해설 관제업무종사자는 기상특보가 발령된 경우 2시간마다 해당 구간의 기상상황을 파악하여 관제센터장에게 보고하여야 하며, 관제센터장은 이를 관제운영실장에게 보고하여야 한다.

정답 ③

02 철도교통관제 운영규정에서 관제업무의 보고 등의 내용 중 틀린 것은?

① 관제업무수행자는 일일 관제업무 수행사항을 종합하여 일일보고서를 작성하여 국토교통부장관에게 보고하여야 한다.
② 관제업무수행자는 매월 관제실적을 작성하여 다음달 15일까지 국토교통부장관에게 보고하여야 한다.
③ 관제실적 보고 시 12월에는 해당연도에 대한 전체 관제실적 통계를 작성하여 다음해 1월까지 보고하여야 한다.
④ 음주 제한기준을 초과한 관제업무종사자의 조치결과는 관제실적에 포함된다.

해설 관제실적 보고 시 12월에는 해당연도에 대한 전체 관제실적 통계를 작성하여 다음해 2월까지 보고하여야 한다.

정답 ③

출제경향

제3장과 제4장은 제28조 기상특보의 발령에서 관제센터장과 관제운영실장의 구분, 제25조 관제종사자의 업무방법, 제27조 철도차량 운행통제의 승인이 자주 나오는 문제 유형이다. 특히 운전정리를 하는 경우 어떤 순서에 따라야 하는지에 대해 유의 깊게 공부하는 것이 좋다.

제5장 관제업무종사자의 자격 등

제33조(중점관리대상자 관리)

① 관제업무 수행 경력 6월 미만의 신규자

② 관제업무 수행한 경력이 있는 자로서 3월 미만의 전입자

③ 관제 취급부주의로 판명된 날로부터 관제업무수행자가 정한 경과시간이 지나지 아니한 사람

제34조(관제인력 수급 시 고려할 사항)

① 관제업무수행자는 최소 5년 이상의 중 · 장기 관제업무종사자 인력수급계획을 수립하여 국토교통부장관에게 제출하고 운영하여야 하며, 제출된 관제인력수급계획을 변경하는 때에도 또한 같다.

㉠ 최근 5년 이상의 철도교통관제량과 관제인력 증감 추이

㉡ 최소 5년 이상의 철도여건 변화에 따른 업무량을 충족할 수 있는 숙련된 필요 관제인력 현황

㉢ 관제업무종사자 업무량 분석결과

㉣ 관제업무 증감을 고려한 관제업무종사자 교육훈련계획

㉤ 철도교통량의 급격한 증가 등의 원인으로 인하여 관제업무종사자의 인력소요가 갑자기 증가했을 때 적절히 대처할 수 있는 방안

② 관제업무수행자는 관제인력수급계획에 따른 다음연도 시행계획을 매년 10월까지, 전년도 추진실적은 매년 2월 말까지 국토교통부장관에게 제출하여야 한다.

제35조(약물 · 음주 제한)

① 다음의 약물 복용 후 24시간이 경과하지 아니한 경우 관제업무수행자에게 보고

㉠ 판단, 시력 또는 의식상태에 영향을 미칠 수 있는 진정제 또는 신경안정제

㉡ 중추신경계에 영향을 주는 약

② 관제업무 수행을 일시 중지시켜야 하는 경우

㉠ ①에서 정한 약물을 복용한 사람

㉡ 음주측정결과 혈중알코올농도가 안전법 제41조에서 정한 음주제한 기준을 초과한 사람

㉢ 심신 또는 업무수행 상태 등으로 보아 관제업무를 수행하는 것이 부적절하다고 판단되는 사람

▶ 다른 보직으로 전환배치가 원칙 → 신체 · 심리검사, 교육훈련 등으로 심의를 거친 후 다시 수행 가능

> 철도안전법 제41조 제3항(철도종사자의 음주 제한 등)
> 확인 또는 검사 결과 철도종사자가 술을 마시거나 약물을 사용하였다고 판단하는 기준
> 1. 술 : 혈중 알코올농도가 0.02퍼센트(제1항 제4호부터 제6호까지의 철도종사자는 0.03퍼센트) 이상인 경우
> 2. 약물 : 양성으로 판정된 경우

③ 관제업무수행자는 관제업무종사자가 치료를 위하여 진정제 또는 신경안정제 등의 약물을 복용할 경우에는 일정기간 관제업무를 중지시킬 수 있으며 그 기간이 14일을 넘을 것으로 판단되는 경우에는 전문의사에게 자문하여야 한다.

제36조(주정음료 측정 등)

① 음주측정을 반드시 실시하여야 하는 경우

㉠ 관제업무종사자가 근무개시 전 8시간 이내에 주정음료를 섭취하였다고 보고한 경우

㉡ 관제업무종사자가 근무시간 중에 주정음료에 의해 정상적으로 업무를 수행할 수 없는 상태라고 의심되는 경우

㉢ 관제업무종사자가 관제업무 수행 중 철도사고등을 유발한 경우

② 음주측정 결과에 따른 조치

㉠ 음주측정 결과는 음주측정기사용기록부에 기록 유지하여야 하며, 측정자 및 피측정자는 음주측정 결과지에 서명하여야 하고, 음주측정결과지를 음주측정기 사용기록부 뒷면에 첨부할 것

㉡ 음주제한 기준을 초과한 상태로 관제업무를 수행한 사실을 적발한 경우에는 전화 등 가능한 통신수단을 이용하여 구두로 즉시 철도특별사법경찰에게 통보하고 적발보고서를 작성하여 적발경위 등을 명확하게 기록 · 유지할 것

㉢ ㉡의 적발자는 즉시 관제업무에서 배제할 것

③ 관제업무수행자는 음주측정기를 다음에 따라 관리할 것

㉠ 음주측정기는 항상 사용 가능하도록 청결하게 유지 · 관리하고, 매월 1회 이상 음주측정기 점검부에 따라 점검하고 기록할 것

㉡ 관련 검 · 교정 전문 업체(기관)에서 명시하는 기간 내에 음주측정기의 검 · 교정을 의뢰할 것

예 제

01 철도교통관제 운영규정에서 주정음료 측정 등에 관한 설명으로 틀린 것은?

① 관제업무종사자가 근무개시 전 12시간 이내에 주정음료를 섭취하였다고 보고한 경우 측정하여야 한다.

② 관제업무종사자가 관제업무 수행 중 철도사고등을 유발한 경우 측정하여야 한다.

③ 음주제한 기준을 초과한 상태로 관제업무를 수행한 사실을 적발한 경우에는 철도특별사법경찰에게 구두로 즉시 통보하여야 하고 기록 및 유지를 해야 한다.

④ 음주측정기는 항상 사용 가능하도록 청결하게 유지 · 관리하고, 매월 1회 이상 점검부에 따라 점검하고 기록한다. 또한, 교정 전문 업체에서 명시된 기간 내 교정을 의뢰할 것

해설 관제업무종사자가 근무개시 전 8시간 이내에 주정음료를 섭취하였다고 보고한 경우 측정하여야 한다.

정답 ①

출제경향

제5장은 각 규정에 있는 숫자들을 정확하게 외워야 한다. '관제업무 수행경력 3월 미만의 신규자' 등과 같이 숫자 하나만 바꿔서 오답을 찾으라고 하는 문제들이 자주 출제된다.

제6장 철도사고등 발생 시 조치

제39조(철도사고등 발생 시 조치)

① 관제업무종사자는 철도사고등의 발생 현장의 철도차량 기관사·승무원, 역장(역 운전취급자 포함) 또는 철도종사자 등으로부터 철도사고등의 보고를 받은 때에는 즉시 인명·재산 등의 피해최소화 및 철도사고등의 확대를 방지하기 위한 열차방호 조치 및 구호·구조기관 등 관계기관에 철도사고 등 발생상황을 신고·통보하였는지 확인하여야 한다.

② 철도시설 또는 철도차량 등이 비상상황에 처했다고 의심되거나 정상적인 상태에 있지 않다는 보고를 받은 경우에는 이를 확인하여 철도사고 등이 발생하지 않도록 예방조치를 하거나 정상상태가 되도록 하여야 한다.

③ 철도사고 등이 발생하였음에도 ①의 조치가 제대로 이루어지지 않았다고 판단되는 경우에는 즉시 관제업무종사자가 철도차량 기관사·승무원, 역장(역 운전취급자 포함) 또는 철도종사자 등 관계자에 지시 또는 조치를 하거나 구호·구조기관 등 관계기관에 철도사고 등 발생상황을 신고·통보하여야 한다.

④ 관제운영실장은 철도사고등의 발생 사실을 인지하거나 보고를 받은 때에는 “철도사고등 보고에 관한 지침”에 따라 철도사고등 발생상황을 국토교통부(관련과)에 전화 등 가능한 통신수단을 이용하여 보고하여야 한다. 다만, 일과시간 이외에는 국토교통부 당직실에도 보고하여야 한다.

⑤ 관제운영실장은 철도사고등 발생과 관련하여 대응 및 복구 등의 업무를 직접 수행하거나 인력·장비 등을 지원, 협조하여야 할 관계자(철도시설관리자, 철도특별사법경찰 및 선로작업시행자 등)에게도 철도사고등 발생상황을 통보하여 해당 기관에서 수립한 비상대응계획 등에 따라 초기대응 및 수습·복구, 비상수송대책 및 안내방송 등 관련 조치 및 지원, 협조사항이 신속하고 원활하게 추진되도록 하여야 한다.

⑥ ⑤에 따른 철도사고 등의 발생으로 대응 및 복구 등의 업무를 수행하거나 지원, 협조하는 관계자는 관제운영실장의 철도사고 등의 대응 및 수습·복구 등 관련 조치에 적극 협력하고 그 지시에 따라야 한다.

제40조(사고관련 자료의 관리)

① 철도사고등에 관련된 정보 및 자료는 관제업무수행자의 사전승인 없이는 외부에 누설하거나 반출하지 말 것

② ①에 의하여 이미 승인된 자료에 대하여 관계자로부터 녹음 또는 녹화내용을 청취 또는 확인요청이 있을 때에는 현장책임자의 입회하에 할 것

③ 녹음내용을 복사하는 경우 기록해야 할 사항

㉠ 복사일시

㉡ 복사자의 직위 및 성명

㉢ 복사사유

㉣ “복사 시 녹음원본의 내용과 같음”이라는 서약문

제7장 별표/서식

(1) 관제시설 점검목록

① 열차집중제어장치(CTC)
② 대형표시반(DLP)
③ 제어콘솔
④ 주 컴퓨터(모니터 포함)
⑤ 열차무선설비
⑥ 관제전화설비
⑦ 직통전화기
⑧ 기타 관제설비

(2) 철도교통관제 업무일지

① 관제업무 수행 중 발생되는 모든 상황(주요사항)에 대하여 지시 · 통보 · 수보 · 통화한 사항을 기록한다.
② 관제사의 업무처리 상황을 시간대별로 수기로 기록한다.
③ 이례적으로 발생되는 특이사항에 대하여는 특이사항란에 기록하되 확인이 쉽도록 적색으로 기록한다.
④ 근무 전 · 중에 관제시설이 고장 · 장애가 발생한 경우 발생일시, 시설(장치)명, 일련번호, 고장 · 장애 및 조치사항을 간략히 기재한다.
⑤ 주요지시사항과 처리 중에 있는 사항은 다음 근무자의 확인이 쉽도록 업무처리상황을 기록한 마지막에 기록하여 인계인수한다.
⑥ 업무인계인수 등 책임관계를 명확하게 하기 위하여 상호 서명 날인한다.
⑦ 본 일지는 3년간 보존하여야 한다.

(3) 관제업무 승인사항 기록부

① 사용 시기
㉠ 역 운전취급자의 요청에 의하여 승인할 때
㉡ 기관사 및 장비운전자 등의 요청에 의하여 승인할 때
㉢ 관제사가 업무수행 상 필요에 의하여 지시가 필요할 때

② 사용방법
㉠ 승인번호는 연간 일련번호에 의하여 부여(예 : 2014-1)
㉡ 승인일시는 승인을 위한 최종협의 시각과 완료시각을 기록
㉢ 승인내용은 승인한 사항(지시사항 포함)을 구체적으로 기록
㉣ 승인요구자 및 승인자란은 해당사항을 기록

예 제

01 철도교통관제 운영규정에서 사고관련 자료의 관리에 관한 설명으로 옳은 것은?

① 철도사고등에 관련된 정보 및 자료는 관제업무수행자의 사전승인 없이도 긴급을 요하면 확인이 가능하다.

② 이미 승인된 자료에 대하여 관계자로부터 녹음 또는 녹화내용을 청취 또는 확인요청이 있을 때에는 승인 1개월 이내에 확인이 가능하다.

③ 녹음내용을 복사하는 경우 "복사 시 녹음원본의 내용과 같음"이라는 서약문을 작성하여야 한다.

④ 녹음내용을 복사하는 경우 복사일시, 복사자의 직위 및 성명, 복사사유, 관제업무수행자의 서명이 기록 및 확인되어야 한다.

해설 사고관련 자료 관리

- 관제업무수행자의 사전승인 없이 외부 누설 및 반출 금지
- 승인자료의 확인은 현장책임자의 입회하에 진행

사고관련 녹음내용 복사 시 기록사항

- 복사일시
- 복사자의 직위 및 성명
- 복사사유
- "복사 시 녹음원본의 내용과 같음"이라는 서약문

정답 ③

출제경향

제6장과 제7장은 마지막에 위치하고 분량이 적다는 이유로 소홀히 하는 경우가 많다. 하지만 출제빈도가 높은 부분 중에 하나이며 특히 제6장에서는 어떤 조치를 즉시 해야 하고 누가 조치와 지시를 해야 하는지 역할에 대한 규정이 바뀌어 출제된다. 별지에 나와 있는 철도교통관제업무일지에 대한 사용방법도 등 작은 글씨들도 무조건 숙지해야 한다.

철도차량운전규칙

제1장 철도차량운전규칙과 도시철도운전규칙 비교

철도차량운전규칙	도시철도운전규칙
제2조 정 의 ① 정거장 : 여객의 승강(여객 이용시설 및 편의시설을 포함), 화물의 적하, 열차의 조성, 열차의 교행 또는 대피를 목적으로 사용되는 장소 ② 본선 : 열차의 운전에 상용하는 선로 ③ 측선 : 본선이 아닌 선로 ④ 차량 : 열차의 구성부분이 되는 1량의 철도차량 ⑤ 전차선로 : 전차선 및 이를 지지하는 공작물 ⑥ 완급차 : 관통제동기용 제동통 · 압력계 · 차장변 및 수제동기를 장치한 차량으로서 열차승무원이 집무할 수 있는 차실이 설비된 객차 또는 화차 ⑦ 철도신호 : 신호 · 전호 및 표지 ⑧ 진행지시신호 : 진행신호 · 감속신호 · 주의신호 · 경계신호 · 유도신호 및 차내신호 등 차량의 진행을 지시하는 신호(정지신호 제외) ⑨ 폐색 : 일정 구간에 동시에 2 이상의 열차를 운전시키지 아니하기 위하여 그 구간을 하나의 열차의 운전에만 점용시키는 것 ⑩ 구내운전 : 정거장 내 또는 차량기지 내에서 입환신호에 의하여 열차 또는 차량을 운전하는 것 ⑪ 입환 : 사람의 힘에 의하거나 동력차를 사용하여 차량을 이동 · 연결 또는 분리하는 작업 ⑫ 조차장 : 차량의 입환 또는 열차의 조성을 위하여 사용되는 장소 ⑬ 신호소 : 상치신호기 등 열차제어시스템을 조작 · 취급하기 위하여 설치한 장소 ⑭ 동력차 : 기관차, 전동차, 동차 등 동력발생장치에 의하여 선로를 이동하는 것을 목적으로 제조한 철도차량 ⑮ 무인운전 : 사람이 열차 안에서 직접 운전하지 아니하고 관제실에서의 원격조종에 따라 열차가 자동으로 운행되는 방식	**제3조 정 의** ① 정거장 : 여객의 승차 · 하차, 열차의 편성, 차량의 입환 등을 위한 장소 ② 선로 : 궤도 및 이를 지지하는 인공구조물, 본선과 측선으로 구분 ③ 열차 : 본선에서 운전할 목적으로 편성되어 열차번호를 부여받은 차량 ④ 차량 : 선로에서 운전하는 열차 외의 전동차 · 궤도시험차 · 전기시험차 등 ⑤ 운전보안장치 : 열차 및 차량의 안전운전을 확보하기 위한 장치(폐색장치, 신호장치, 연동장치, 선로전환장치, 경보장치, 열차자동정지장치, 열차자동제어장치, 열차자동운전장치, 열차종합제어장치 등을 말함) ⑥ 폐색 : 선로의 일정구간에 둘 이상의 열차를 동시에 운전시키지 아니하는 것 ⑦ 전차선로 : 전차선 및 이를 지지하는 인공구조물 ⑧ 운전사고 : 열차 등의 운전으로 인하여 사상자가 발생하거나, 도시철도시설이 파손된 것 ⑨ 운전장애 : 열차 등의 운전으로 인하여 그 열차등의 운전에 지장을 주는 것 중 운전사고에 해당하지 아니하는 것 ⑩ 노면전차 : 도로면의 궤도를 이용하여 운행되는 열차 ⑪ 무인운전 : 사람이 열차 안에서 직접 운전하지 아니하고 관제실에서 원격조종에 따라 열차가 자동으로 운행되는 방식 ⑫ 시계운전 : 사람의 맨눈에 의존하여 운전하는 것
제13조 열차의 운전위치 ① 열차는 운전방향 맨 앞 차량의 운전실에서 운전하여야 한다. ② 예 외 ㉠ 철도종사자가 차량의 맨 앞에서 전호를 하는 경우 ㉡ 선로 · 전차선로 또는 차량에 고장이 있는 경우 ㉢ 공사열차 · 구원열차 또는 제설열차를 운전하는 경우 ㉣ 정거장과 그 정거장 외의 본선 도중에서 분기하는 측선과의 사이를 운전하는 경우 ㉤ 철도시설 또는 철도차량을 시험하기 위하여 운전하는 경우 ㉤ 사전에 정한 특정한 구간을 운전하는 경우 ㉥ 무인운전 하는 경우 ㉦ 그 밖에 부득이한 경우로서 운전방향 맨 앞 차량의 운전실에서 운전하지 아니하여도 열차의 안전한 운전에 지장이 없는 경우	**제33조 열차의 운전위치** 열차는 맨 앞의 차량에서 운전하여야 한다. 다만, 추진운전, 퇴행운전 또는 무인운전을 하는 경우에는 그러하지 아니하다.

철도차량운전규칙	도시철도운전규칙
제20조 열차의 운전방향 지정 〈지정된 선로의 반대선로로 열차를 운행할 수 있는 경우〉 ① 철도운영자등과 상호 협의된 방법에 따라 열차를 운행하는 경우 ② 정거장 내의 선로를 운전하는 경우 ③ 공사열차 · 구원열차 또는 제설열차를 운전하는 경우 ④ 정거장과 그 정거장 외의 본선 도중에서 분기하는 측선과의 사이를 운전하는 경우 ⑤ 입환운전을 하는 경우 ⑥ 선로 또는 열차의 시험을 위하여 운전하는 경우 ⑦ 퇴행운전을 하는 경우 ⑧ 양방향 신호설비가 설치된 구간에서 열차를 운전하는 경우 ⑨ 철도사고 또는 운행장애의 수습 또는 선로보수공사 등으로 인하여 부득이하게 지정된 선로방향을 운행할 수 없는 경우	**제36조 운전 진로** ① 열차의 운전 진로는 우측으로 한다. 다만, 좌측으로 운전하는 기존의 선로에 직통으로 연결하여 운전하는 경우에는 좌측으로 할 수 있다. ② 운전 진로를 달리하는 경우 ㉠ 선로 또는 열차에 고장이 발생하여 퇴행운전을 하는 경우 ㉡ 구원열차나 공사열차를 운전하는 경우 ㉢ 차량을 결합 · 해체하거나 차선을 바꾸는 경우 ㉣ 구내운전을 하는 경우 ㉤ 시험운전을 하는 경우 ㉥ 운전사고 등으로 인하여 일시적으로 단선운전을 하는 경우 ㉦ 그 밖에 특별한 사유가 있는 경우
제26조 열차의 퇴행운전 ① 열차는 퇴행하여서는 아니된다. ② 예 외 ㉠ 선로 · 전차선로 또는 차량에 고장이 있는 경우 ㉡ 공사열차 · 구원열차 또는 제설열차가 작업상 퇴행할 필요가 있는 경우 ㉢ 뒤의 보조기관차를 활용하여 퇴행하는 경우 ㉣ 철도사고등의 발생 등 특별한 사유가 있는 경우	**제38조 추진운전과 퇴행운전** ① 열차는 추진운전이나 퇴행운전을 하여서는 아니 된다. ② 예 외 ㉠ 선로나 열차에 고장이 발생한 경우 ㉡ 공사열차나 구원열차를 운전하는 경우 ㉢ 차량을 결합 · 해체하거나 차선을 바꾸는 경우 ㉣ 구내운전을 하는 경우 ㉤ 시설 또는 차량의 시험을 위하여 시험운전을 하는 경우 ㉥ 그 밖에 특별한 사유가 있는 경우 ③ 노면전차를 퇴행운전하는 경우에는 주변 차량 및 보행자들의 안전을 확보하기 위한 대책을 마련하여야 한다.
제28조 열차의 동시 진출 · 입 금지 ① 2 이상의 열차를 동시에 정거장에 진입시키거나 진출시킬 수 없다(진로에 지장을 줄 경우). ② 예 외 ㉠ 안전측선 · 탈선선로전환기 · 탈선기가 설치되어 있는 경우 ㉡ 열차를 유도하여 서행으로 진입시키는 경우 ㉢ 단행기관차로 운행하는 열차를 진입시키는 경우 ㉣ 다른 방향에서 진입하는 열차들이 출발신호기 또는 정차위치로부터 200m(동차 · 전동차의 경우에는 150m) 이상의 여유거리가 있는 경우 ㉤ 동일방향에서 진입하는 열차들이 각 정차위치에서 100m 이상의 여유거리가 있는 경우	**제39조 열차의 동시출발 및 도착의 금지** 둘 이상의 열차는 동시에 출발시키거나 도착시켜서는 아니 된다. 다만, 열차의 안전운전에 지장이 없도록 신호 또는 제어설비 등을 완전하게 갖춘 경우에는 그러하지 아니하다.

철도차량운전규칙	도시철도운전규칙
제32조의2 무인운전 시의 안전확보 ① 차량 출고 전 또는 무인운전 구간 진입 전에 운전방식을 무인운전 모드로 전환하고 관제업무종사자로부터 무인운전 기능을 확인받을 것 ② 열차의 운행상태를 실시간으로 감시하고 필요한 조치를 할 것 ③ 열차가 정거장의 정지선을 지나쳐서 정차한 경우 관제업무종사자의 조치 ㉠ 후속 열차의 해당 정거장 진입 차단 ㉡ 수동으로 열차를 정지선으로 이동 ㉢ ㉡의 조치가 어려운 경우 해당 열차를 다음 정거장으로 재출발 ④ 긴급상황에 신속한 대처를 위해 안전요원 배치 및 순회하도록 할 것	**제32조의2 무인운전 시의 안전확보** 〈무인운전 운행 시 준수사항〉 ① 관제실에서 열차의 운행상태를 실시간으로 감시 및 조치할 수 있을 것 ② 열차 내의 간이운전대에는 잠금장치가 설치되어 있을 것 ③ 간이운전대의 개방이나 운전모드 변경은 관제실의 사전승인을 받을 것 ④ 수동운전을 하려는 경우에는 관제실과의 통신에 이상이 없음을 먼저 확인할 것 ⑤ 긴급상황에 대한 신속한 대처를 위하여 필요한 경우에는 열차와 정거장 등에 안전요원을 배치하거나 안전요원이 순회하도록 할 것 ⑥ 무인운전 적용구간과 비적용구간의 경계 구역에서 운전모드 전환을 안전하게 하기 위한 규정을 마련해 놓을 것 ⑦ 열차운행 중 다음의 경우 승객의 안전을 확보하기 위한 조치 규정을 마련해 놓을 것 ㉠ 열차에 고장이나 화재가 발생하는 경우 ㉡ 선로 안에서 사람이나 장애물이 발견된 경우 ㉢ 그 밖에 승객의 안전에 위험한 상황이 발생하는 경우
제34조 열차의 운전속도 ① 선로 및 전차선로의 상태 ② 차량의 성능 ③ 운전방법 ④ 신호의 조건 등에 따라 안전한 속도로 운전	**제48조 운전속도** ① 열차등의 특성, 선로 및 전차선로의 구조와 강도 등을 고려하여 운전속도를 정한다. ② 내리막이나 곡선선로에서는 제동거리 및 열차등의 안전도를 고려하여 그 속도를 제한하여야 한다. ③ 노면전차의 경우 도로교통과 주행선로를 공유하는 구간에서는 도로교통법에 따른 최고속도를 초과하지 않도록 운전속도를 정하여야 한다.
제35조 운전방법 등에 의한 속도제한 ① 서행신호 현시구간을 운전하는 경우 ② 추진운전을 하는 경우(총괄제어법에 따라 열차의 맨 앞에서 제어되는 경우 제외) ③ 열차를 퇴행운전을 하는 경우 ④ 쇄정되지 않은 선로전환기를 대향으로 운전하는 경우 ⑤ 입환운전을 하는 경우 ⑥ 전령법에 의하여 열차를 운전하는 경우 ⑦ 수신호 현시구간을 운전하는 경우 ⑧ 지령운전을 하는 경우 ⑨ 무인운전 구간에서 운전업무종사자가 탑승하여 운전하는 경우 ⑩ 그 밖에 철도안전을 위하여 필요하다고 인정되는 경우	**제49조 속도제한** 〈운전속도를 제한하여야 하는 경우〉 ① 서행신호를 하는 경우 ② 추진운전이나 퇴행운전을 하는 경우 ③ 차량을 결합 · 해체하거나 차선을 바꾸는 경우 ④ 쇄정되지 아니한 선로전환기를 향하여 진행하는 경우 ⑤ 대용폐색방식으로 운전하는 경우 ⑥ 자동폐색신호의 정지신호가 있는 지점을 지나서 진행하는 경우 ⑦ 차내신호의 "0"신호가 있은 후 진행하는 경우 ⑧ 감속 · 주의 · 경계 등의 신호가 있는 지점을 지나서 진행하는 경우 ⑨ 그 밖에 안전운전을 위하여 운전속도제한이 필요한 경우

철도차량운전규칙	도시철도운전규칙
제49조 폐색에 의한 열차운행 ① 본선을 폐색구간으로 분할하여야 한다. 다만, 정거장 내의 본선은 이를 폐색구간으로 하지 아니할 수 있다. ② 하나의 폐색구간에는 둘 이상의 열차를 동시에 운행할 수 없다. 다만, 다음에 해당하는 경우에는 그렇지 않다. ㉠ 제36조 제2항 및 제3항에 따라 열차를 진입시키려는 경우 ㉡ 고장열차가 있는 폐색구간에 구원열차를 운전하는 경우 ㉢ 선로가 불통된 구간에 공사열차를 운전하는 경우 ㉣ 폐색구간에서 뒤의 보조기관차를 열차로부터 떼었을 경우 ㉤ 열차가 정차되어 있는 폐색구간으로 다른 열차를 유도하는 경우 ㉥ 폐색에 의한 방법으로 운전을 하고 있는 열차를 열차제어장치로 운전하거나 시계운전이 가능한 노선에서 열차를 서행하여 운전하는 경우 ㉦ 그 밖에 특별한 사유가 있는 경우	**제37조 폐색구간** ① 본선은 폐색구간으로 분할하여야 한다. 다만, 정거장 안의 본선은 그러하지 아니하다. ② 폐색구간은 다음의 경우를 제외하고 둘 이상의 열차를 동시에 운전할 수 없다. ㉠ 고장난 열차가 있는 폐색구간에서 구원열차를 운전하는 경우 ㉡ 선로 불통으로 폐색구간에서 공사열차를 운전하는 경우 ㉢ 다른 열차의 차선 바꾸기 지시에 따라 차선을 바꾸기 위하여 운전하는 경우 ㉣ 하나의 열차를 분할하여 운전하는 경우
제50조 폐색방식의 구분 ① 상용폐색방식 : 자동폐색식 · 연동폐색식 · 차내신호폐색식 · 통표폐색식 ② 대용폐색방식 : 통신식 · 지도통신식 · 지도식 · 지령식 **제51조 자동폐색장치의 기능** 자동폐색식을 시행하는 폐색구간의 폐색신호기 · 장내신호기 및 출발신호기는 다음의 기능을 갖추어야 한다. ① 폐색구간에 열차 또는 차량이 있을 때에는 자동으로 정지신호를 현시할 것 ② 폐색구간에 있는 선로전환기가 정당한 방향으로 개통되지 아니한 때 또는 분기선 및 교차점에 있는 차량이 폐색구간에 지장을 줄 때에는 자동으로 정지신호를 현시할 것 ③ 폐색장치에 고장이 있을 때에는 자동으로 정지신호를 현시할 것 ④ 단선구간에 있어서는 하나의 방향에 대하여 진행을 지시하는 신호를 현시한 때에는 그 반대방향의 신호기는 자동으로 정지신호를 현시할 것	**제51조 폐색방식의 구분** [도시철도운전규칙에는 대용폐색방식으로 지령식이 있고 지도식 없음] ① 열차를 운전하는 경우의 폐색방식은 일상적으로 사용하는 폐색방식(이하 "상용폐색방식"이라 함)과 폐색장치의 고장이나 그 밖의 사유로 상용폐색방식에 따를 수 없을 때 사용하는 폐색방식(이하 "대용폐색방식"이라 함)에 따른다. ② ①에 따른 폐색방식에 따를 수 없을 때에는 전령법에 따르거나 무폐색운전을 한다. **제52조 상용폐색방식** 상용폐색방식은 자동폐색식 또는 차내신호폐색식에 따른다. **제53조 자동폐색식** 자동폐색구간의 장내신호기, 출발신호기 및 폐색신호기에는 다음의 구분에 따른 신호를 할 수 있는 장치를 갖추어야 한다. ① 폐색구간에 열차등이 있을 때 : 정지신호 ② 폐색구간에 있는 선로전환기가 올바른 방향으로 되어있지 아니할 때 또는 분기선 및 교차점에 있는 다른 열차등이 폐색구간에 지장을 줄 때 : 정지신호 ③ 폐색장치에 고장이 있을 때 : 정지신호

철도차량운전규칙

제52조(연동폐색장치의 구비조건)
연동폐색식을 시행하는 폐색구간 양끝의 정거장 또는 신호소에는 다음의 기능을 갖춘 연동폐색기를 설치해야 한다.
① 신호기와 연동하여 자동으로 다음의 표시를 할 수 있을 것
  ㉠ 폐색구간에 열차 있음
  ㉡ 폐색구간에 열차 없음
② 열차가 폐색구간에 있을 때에는 그 구간의 신호기에 진행을 지시하는 신호를 현시할 수 없을 것
③ 폐색구간에 진입한 열차가 그 구간을 통과한 후가 아니면 ㉠의 표시를 변경할 수 없을 것
④ 단선구간에 있어서 하나의 방향에 대하여 폐색이 이루어지면 그 반대방향의 신호기는 자동으로 정지신호를 현시할 것

제53조 연동폐색구간에 진입시킬 경우의 취급
열차를 폐색구간에 진입시키려는 경우에는 '폐색구간에 열차 없음' 표시를 확인하고 전방의 정거장 또는 신호소의 승인을 받아야 한다.

제54조 차내신호폐색장치의 기능
차내신호폐색식을 시행하는 구간의 차내신호는 다음의 경우에는 자동으로 정지신호를 현시하는 기능을 갖추어야 한다.
① 폐색구간에 열차 또는 다른 차량이 있는 경우
② 폐색구간에 있는 선로전환기가 정당한 방향에 있지 아니한 경우
③ 다른 선로에 있는 열차 또는 차량이 폐색구간을 진입하고 있는 경우
④ 열차제어장치의 지상장치에 고장이 있는 경우
⑤ 열차 정상운행선로의 방향이 다른 경우

제55조 통표폐색장치의 기능
① 통표는 폐색구간 양끝의 정거장 또는 신호소에서 협동하여 취급하지 아니하면 이를 꺼낼 수 없을 것
② 폐색구간 양끝에 있는 통표폐색기에 넣은 통표는 1개에 한하여 꺼낼 수 있으며, 꺼낸 통표를 통표폐색기에 넣은 후가 아니면 다른 통표를 꺼내지 못하는 것일 것
③ 인접 폐색구간의 통표는 넣을 수 없는 것일 것

제56조 통표폐색 구간에 진입시킬 경우의 취급
폐색구간에 열차가 없는 것을 확인하고 운행하려는 방향의 정거장 또는 신호소 운전취급책임자의 승인을 받아야 한다.

제57조 통신식 대용폐색 방식의 통신장치
〈전용의 통신설비를 다른 통신설비로서 대신할 수 있는 경우〉
① 운전이 한산한 구간인 경우
② 전용의 통신설비에 고장이 있는 경우
③ 철도사고등의 발생 그 밖에 부득이한 사유로 인하여 전용의 통신설비를 설치할 수 없는 경우

도시철도운전규칙

제54조 차내신호폐색식
폐색구간에 있는 열차등의 운전상태를 그 폐색구간에 진입하려는 열차의 운전실에서 알 수 있는 장치를 갖추어야 한다.

제55조 대용폐색방식
① 복선운전하는 경우 : 지령식 또는 통신식
② 단선운전하는 경우 : 지도통신식

제56조 지령식 및 통신식
① 폐색장치 및 차내신호장치의 고장으로 열차의 정상적인 운전이 불가능할 때에는 관제사가 폐색구간에 열차의 진입을 지시하는 지령식에 따른다.
② 상용폐색방식 또는 지령식에 따를 수 없을 때에는 폐색구간에 열차를 진입시키려는 역장 또는 소장이 상대 역장 또는 소장 및 관제사와 협의하여 폐색구간에 열차의 진입을 지시하는 통신식에 따른다.
③ 지령식 또는 통신식에 따르는 경우에는 전용전화기를 설치·운용한다. 부득이할 경우 다른 전화를 이용할 수 있다.

제57조 지도통신식
① 지도표 또는 지도권을 발급받은 열차만 해당 폐색구간을 운전할 수 있다.
② 지도표와 지도권은 폐색구간에 열차를 진입시키려는 역장 또는 소장이 상대 역장 또는 소장 및 관제사와 협의하여 발행한다.
③ 같은 방향의 폐색구간으로 진입시키려는 열차가 하나뿐인 경우에는 지도표를 발급하고, 연속하여 둘 이상의 열차를 진입시키려는 경우에는 맨 마지막 열차에 대해서 지도표를, 나머지 열차에 대해서 지도권을 발급한다.
④ 지도표와 지도권에는 폐색구간 양쪽의 역 이름 또는 소 이름, 관제사, 명령번호, 열차번호 및 발행일과 시각을 적어야 한다.

철도차량운전규칙	도시철도운전규칙
제58조 통신식 폐색구간에 진입시킬 경우의 취급 ① 관제업무종사자 또는 운전취급담당자의 승인을 받아야 한다. ② 관제업무종사자 또는 운전취급담당자는 폐색구간에 열차 또는 차량이 없음을 확인한 경우에만 열차의 진입을 승인할 수 있다. **제59조 지도통신식의 시행** ① 폐색구간 양끝의 정거장 또는 신호소의 통신설비를 사용하여 서로 협의한 후 시행한다. ② 폐색구간 양끝의 정거장 또는 신호소가 서로 협의한 후 지도표를 발행하여야 한다. ③ 지도표는 1폐색구간에 1매로 한다. **제60조 지도표와 지도권의 사용구별** 지도통신식을 시행하는 구간에서 동일방향의 폐색구간으로 진입시키고자 하는 열차가 하나뿐인 경우에는 지도표를 교부하고, 연속하여 2 이상의 열차를 동일방향의 폐색구간으로 진입시키고자 하는 경우에는 최후의 열차에 대하여는 지도표를, 나머지 열차에 대하여는 지도권을 교부한다. **제62조 지도표 · 지도권의 기입사항** ① 지도표에는 그 구간 양끝의 정거장명 · 발행일자 및 사용열차번호를 기입하여야 한다. ② 지도권에는 사용구간 · 사용열차 · 발행일자 및 지도표 번호를 기입하여야 한다. **제63조 지도식의 시행** 지도식은 철도사고등의 수습 또는 선로보수공사 등으로 현장과 가장 가까운 정거장 또는 신호소간을 1폐색구간으로 하여 열차를 운전하는 경우에 후속열차를 운전할 필요가 없을 때에 한하여 시행한다. **제64조 지도표의 발행** ① 지도식을 시행하는 구간에는 지도표를 발행하여야 한다. ② 지도표는 1폐색구간에 1매로 하며, 열차는 당해구간의 지도표를 휴대하지 아니하면 그 구간을 운전할 수 없다. **제64조의2조 지령식의 시행** ① 지령식은 폐색구간이 다음의 요건을 모두 갖춘 경우 관제업무종사자의 승인에 따라 시행한다. ㉠ 관제업무종사자가 열차운행을 감시할 수 있을 것 ㉡ 운전용 통신장치 기능이 정상일 것 ② 관제업무종사자가 지령식을 시행하는 경우 준수해야 할 사항 ㉠ 지령식을 시행할 폐색구간의 경계를 정할 것 ㉡ 지령식을 시행할 폐색구간에 열차나 철도차량이 없음을 확인할 것 ㉢ 지령식을 시행하는 폐색구간에 진입하는 열차의 기관사에게 승인번호, 시행구간, 운전속도 등 주의사항을 통보할 것	

철도차량운전규칙	도시철도운전규칙
제74조 전령법의 시행 ① 열차 또는 차량이 정차되어 있는 폐색구간에 다른 열차를 진입시킬 때에는 전령법에 의하여 운전하여야 한다. ② 전령법은 그 폐색구간 양끝에 있는 정거장 또는 신호소의 운전취급담당자가 협의하여 이를 시행해야 한다. ③ 예외(협의 없이 시행할 수 있는 사항) ㉠ 선로고장 등으로 지도식을 시행하는 폐색구간에 전령법을 시행하는 경우 ㉡ ㉠ 외의 경우로서 전화불통으로 협의를 할 수 없는 경우(이 경우 당해 열차 또는 차량이 정차되어 있는 곳을 넘어서 열차 또는 차량을 운전할 수 없음)	**제58조 전령법의 시행** 열차등이 있는 폐색구간에 다른 열차를 운전시킬 때에는 그 열차에 대하여 전령법을 시행한다.
제75조 전령자 ① 전령법을 시행하는 구간에는 전령자를 선정하여야 한다. ② 전령자는 1폐색구간 1인에 한한다. ③ 전령법을 시행하는 구간에서는 당해구간의 전령자가 동승하지 아니하고는 열차를 운전할 수 없다.	**제59조 전령자의 선정** ① 전령법 시행구간에는 한 명의 전령자를 선정하여야 한다. ② 전령자는 백색 완장을 착용하여야 한다. ③ 전령법을 시행하는 구간에서는 그 구간의 전령자가 탑승하여야 열차를 운전할 수 있다. 다만, 관제사가 취급하는 경우에는 전령자를 탑승시키지 아니할 수 있다.
제76조 철도신호 ① 신호는 모양 · 색 또는 소리 등으로 열차나 차량에 대하여 운행의 조건을 지시하는 것으로 할 것 ② 전호는 모양 · 색 또는 소리 등으로 관계직원 상호 간에 의사를 표시하는 것으로 할 것 ③ 표지는 모양 또는 색 등으로 물체의 위치 · 방향 · 조건 등을 표시하는 것으로 할 것	**제60조 신호의 종류** ① 신호 : 형태 · 색 · 음 등으로 열차등에 대하여 운전의 조건을 지시하는 것 ② 전호 : 형태 · 색 · 음 등으로 직원 상호 간에 의사를 표시하는 것 ③ 표지 : 형태 · 색 등으로 물체의 위치 · 방향 · 조건을 표시하는 것
제77조 주간 또는 야간의 신호 주간과 야간의 현시방식을 달리하는 신호 · 전호 및 표지의 경우 일출 후부터 일몰 전까지는 주간 방식으로, 일몰 후부터 다음 날 일출 전까지는 야간 방식으로 한다. 다만, 일출 후부터 일몰 전까지의 경우에도 주간 방식에 따른 신호 · 전호 또는 표지를 확인하기 곤란한 경우에는 야간 방식에 따른다.	**제61조 주간 또는 야간의 신호** 주간과 야간의 신호방식을 달리하는 경우에는 일출부터 일몰까지는 주간의 방식, 일몰부터 다음날 일출까지는 야간방식에 따라야 한다. 다만, 일출부터 일몰까지의 사이에 기상상태로 인하여 상당한 거리로부터 주간방식에 따른 신호를 확인하기 곤란할 때에는 야간방식에 따른다.
제79조 제한신호의 추정 ① 신호를 현시할 소정의 장소에 신호의 현시가 없거나 그 현시가 정확하지 아니할 때에는 정지신호의 현시가 있는 것으로 본다 ② 상치신호기 또는 임시신호기와 수신호가 각각 다른 신호를 현시한 때에는 그 운전을 최대로 제한하는 현시에 의하여야 한다. 다만, 사전통보 있을 때에는 통보된 신호에 의한다.	**제62조 제한신호의 추정** ① 신호가 필요한 장소에 신호가 없을 때 또는 그 신호기가 분명하지 아니할 때에는 정지신호가 있는 것으로 본다. ② 상설신호기 또는 임시신호기의 신호와 수신호가 각각 다른 때에는 열차등에 가장 많은 제한을 붙인 신호에 따라야 한다.
제80조 신호의 겸용금지 하나의 신호는 하나의 선로에서 하나의 목적으로 사용되어야 한다. 다만, 진로표시기를 부설한 신호기는 그러하지 아니하다.	**제63조 신호의 겸용금지** 하나의 신호는 하나의 선로에서 하나의 목적으로 사용되어야 한다. 다만, 진로표시기를 부설한 신호기는 그러하지 아니하다.

제2장 | 철도종사자 등

제6조 교육 및 훈련을 받아야 하는 사람

① 철도차량의 운전업무에 종사하는 사람(이하 "운전업무종사자"라 함)

② 철도차량운전업무를 보조하는 사람(이하 "운전업무보조자"라 함)

③ 철도차량의 운행을 집중 제어 · 통제 · 감시하는 업무에 종사하는 사람(이하 "관제업무종사자"라 함)

④ 여객에게 승무 서비스를 제공하는 사람(이하 "여객승무원"이라 함)

⑤ 운전취급담당자

⑥ 철도차량을 연결 · 분리하는 업무를 수행하는 사람

⑦ 원격제어가 가능한 장치로 입환 작업을 수행하는 사람

제7조 열차에 탑승하여야 하는 철도종사자

① 운전업무종사자

② 여객승무원

③ 해당 선로의 상태, 열차에 연결되는 차량의 종류, 철도차량의 구조 및 장치의 수준 등을 고려하여 열차운행의 안전에 지장이 없다고 인정되는 경우에는 운전업무종사자 외의 다른 철도종사자를 탑승시키지 않거나 인원을 조정할 수 있다.

제3장 적재제한 등

제8조 차량의 적재 제한 등

① 차량에 화물을 적재할 경우에는 차량의 구조와 설계강도 등을 고려하여 허용할 수 있는 최대적재량을 초과하지 않도록 해야 한다.

② 차량에 화물을 적재할 경우에는 중량의 부담을 균등히 해야 하며, 운전 중의 흔들림으로 인하여 무너지거나 넘어질 우려가 없도록 해야 한다.

③ 차량에는 차량한계(차량의 길이, 너비 및 높이의 한계를 말함)를 초과하여 화물을 적재·운송해서는 안 된다. 다만, 열차의 안전운행에 필요한 조치를 하는 경우에는 차량한계를 초과하는 화물(이하 "특대화물"이라 함)을 운송할 수 있다.

제4장 | 열차의 운전

01 열차의 조성

제10조 열차의 최대연결차량수 등

동력차의 견인력, 차량의 성능 · 차체 등 차량의 구조 및 연결장치의 강도와 운행선로의 시설현황에 따라 이를 정하여야 한다.

제11조 동력차의 연결위치

① 동력차는 열차의 맨 앞에 연결

② 예 외

㉠ 기관차를 2 이상 연결한 경우로서 열차의 맨 앞에 위치한 기관차에서 열차를 제어하는 경우

㉡ 보조기관차를 사용하는 경우

㉢ 선로 또는 열차에 고장이 있는 경우

㉣ 구원열차 · 제설열차 · 공사열차 또는 시험운전열차를 운전할 경우

㉤ 정거장과 그 정거장 외의 본선 도중에서 분기하는 측선과의 사이를 운전할 경우

㉥ 그 밖의 특별한 사유가 있는 경우

제12조 여객열차의 연결제한

① 여객열차에는 화차를 연결할 수 없다. 다만, 회송의 경우와 그 밖에 특별한 사유가 있는 경우에는 그러하지 아니하다.

② ① 단서의 규정에 의하여 화차를 연결하는 경우에는 화차를 객차의 중간에 연결하여서는 아니 된다.

③ 파손차량, 동력을 사용하지 아니하는 기관차 또는 2차량 이상에 무게를 부담시킨 화물을 적재한 화차는 이를 여객열차에 연결하여서는 아니 된다.

제14조 열차의 제동장치

① 2량 이상의 차량으로 조성하는 열차에는 모든 차량에 연동하여 작용하고 차량이 분리되었을 때 자동으로 차량을 정차시킬 수 있는 제동장치를 구비하여야 한다.

② 예 외

㉠ 정거장에서 차량을 연결 · 분리하는 작업을 하는 경우

㉡ 차량을 정지시킬 수 있는 인력을 배치한 구원열차 및 공사열차의 경우

㉢ 그 밖에 차량이 분리된 경우에도 다른 차량에 충격을 주지 아니하도록 안전조치를 취한 경우

제15조 열차의 제동력

① 열차는 선로의 굴곡정도 및 운전속도에 따라 충분한 제동능력을 갖추어야 한다.

② 연결축수에 대한 제동축수의 비율(제동축 비율)이 100이 되도록 열차를 조성하여야 한다.

③ 고장 등으로 인하여 일부 차량의 제동력이 작용하지 아니하는 경우 제동축 비율에 따라 운전속도를 감속하여야 한다.

제16조 완급차의 연결

① 관통제동기를 사용하는 열차의 맨 뒤(추진운전의 경우에는 맨 앞)에는 완급차를 연결하여야 한다. 다만, 화물열차에는 완급차를 연결하지 아니할 수 있다

② ① 단서의 규정에 불구하고 군전용열차 또는 위험물을 운송하는 열차 등 열차승무원이 반드시 탑승하여야 할 필요가 있는 열차에는 완급차를 연결하여야 한다.

02 열차의 운전

제22조 열차의 정거장 외 정차금지

① 열차는 정거장 외에서는 정차하여서는 아니 된다.

② 예 외

㉠ 경사로가 1,000분의 30 이상인 급경사 구간에 진입하기 전의 경우

㉡ 정지신호의 현시가 있는 경우

㉢ 철도사고등이 발생하거나 철도사고등의 발생 우려가 있는 경우

㉣ 그 밖에 철도안전을 위하여 부득이 정차하여야 하는 경우

제24조 운전정리

열차운행상 혼란이 발생한 때에는 열차의 종류 · 등급 · 목적지 및 연계수송 등을 고려하여 운전정리를 행하고, 정상운전으로 복귀되도록 하여야 한다.

제31조 구원열차 요구 후 이동금지

① 구원열차를 요구하였거나 구원열차 운전의 통보가 있는 경우에는 당해 열차를 이동하여서는 아니 된다.

② 예 외

㉠ 철도사고등이 확대될 염려가 있는 경우

㉡ 응급작업을 수행하기 위하여 다른 장소로 이동이 필요한 경우

③ ②에 해당하는 열차나 철도차량을 이동시키는 경우에는 지체없이 구원열차의 운전업무종사자와 관제업무종사자 또는 운전취급담당자에게 그 이동 내용과 이동 사유를 통보하고, 열차의 방호를 위한 정지수신호 등 안전조치를 취해야 한다.

제32조 화재발생 시의 운전

① 열차에 화재가 발생한 장소가 교량 또는 터널 안인 경우에는 우선 철도차량을 교량 또는 터널 밖으로 운전하는 것을 원칙으로 한다.

② 지하구간인 경우에는 가장 가까운 역 또는 지하구간 밖으로 운전하는 것을 원칙으로 한다.

03 열차의 운전속도

제36조 열차 또는 차량의 정지

① 정지신호가 현시된 경우에는 그 현시지점을 넘어서 진행할 수 없다.

② 예 외

㉠ 수신호에 의하여 정지신호의 현시가 있는 경우

㉡ 신호기 고장 등으로 인하여 정지가 불가능한 거리에서 정지신호의 현시가 있는 경우

③ 자동폐색신호기의 정지신호에 의하여 일단 정지한 열차 또는 차량은 정지신호 현시 중이라도 운전속도의 제한 등 안전조치에 따라 서행하여 그 현시지점을 넘어서 진행할 수 있다.

④ 서행허용표지를 추가하여 부설한 자동폐색신호기가 정지신호를 현시하는 때에는 정지신호 현시 중이라도 정지하지 아니하고 운전속도의 제한 등 안전조치에 따라 서행하여 그 현시지점을 넘어서 진행할 수 있다.

04 입 환

제39조 입환계획서 작성 시 포함 사항

① 작업내용
② 대상차량
③ 입한 작업 순서
④ 작업자별 역할
⑤ 입환전호 방식
⑥ 입환 시 사용할 무선채널의 지정
⑦ 그 밖에 안전조치사항

제40조 선로전환기의 쇄정 및 정위치 유지

① 본선의 선로전환기는 관계된 신호기와 그 진로 내의 선로전환기를 연동쇄정하여 사용하여야 한다. 다만, 상시 쇄정되어 있는 선로전환기 또는 취급회수가 극히 적은 배향의 선로전환기의 경우에는 그러하지 아니하다.
② 쇄정되지 아니한 선로전환기를 대향으로 통과할 때에는 쇄정기구를 사용하여 텅레일을 쇄정하여야 한다.

제45조 인력입환

① 본선을 이용하는 인력입환은 관제업무종사자 또는 운전취급담당자의 승인을 받아야 한다.
② 운전취급담당자는 그 작업을 감시해야 한다.

제5장 | 열차 간의 안전확보

제46조 열차 간의 안전확보

① 폐색에 의한 방법

② 열차 간의 간격을 확보하는 장치(이하 "열차제어장치"라 함)에 의한 방법

③ 시계운전에 의한 방법

제66조 열차제어장치의 종류

① 열차자동정지장치(ATS, Automatic Train Stop)

② 열차자동제어장치(ATC, Automatic Train Control)

③ 열차자동방호장치(ATP, Automatic Train Protection)

제67조 열차제어장치의 기능

① 열차자동정지장치는 열차의 속도가 지상에 설치된 신호기의 현시 속도를 초과하는 경우 열차를 자동으로 정지시킬 수 있어야 한다.

② 열차자동제어장치 및 열차자동방호장치가 갖추어야 할 기능

㉠ 운행 중인 열차를 선행열차와의 간격, 선로의 굴곡, 선로전환기 등 운행조건에 따라 제어정보가 지시하는 속도로 자동으로 감속시키거나 정지시킬 수 있을 것

㉡ 장치의 조작 화면에 열차제어정보에 따른 운전속도와 열차의 실제속도를 실시간으로 나타내 줄 것

㉢ 열차를 정지시켜야 하는 경우 자동으로 제동장치를 작동하여 정지목표에 정지할 수 있을 것

제70조 시계운전에 의한 방법

① 신호기 또는 통신장치의 고장일 때 시행하여야 한다.

② 철도차량의 운전속도는 전방 가시거리 범위 내에서 열차를 정지시킬 수 있는 속도 이하로 운전하여야 한다.

③ 동일방향으로 운전하는 열차는 선행열차와 충분한 간격을 두고 운전하여야 한다.

제71조 단선구간에서의 시계운전

하나의 방향으로 운전을 하는 때에 반대방향의 열차를 운전시키지 아니하는 등 안전조치를 하여야 한다.

제72조 시계운전에 의한 열차의 운전

① 복선운전을 하는 경우

㉠ 격시법

㉡ 전령법

② 단선운전을 하는 경우

㉠ 지도격시법

㉡ 전령법

제73조 격시법 또는 지도격시법의 시행

① 최초의 열차를 운전시키기 전에 폐색구간에 열차 또는 차량이 없음을 확인하여야 한다.

② 격시법은 폐색구간의 한끝에 있는 정거장 또는 신호소의 운전취급담당자가 시행한다.

③ 지도격시법은 폐색구간의 한끝에 있는 정거장 또는 신호소의 운전취급담당자가 적임자를 파견하여 협의한 후 시행해야 한다. 다만, 지도통신식을 시행 중인 구간에서 통신두절이 된 경우 지도표를 가지고 있는 정거장 또는 신호소에서 출발하는 최초의 열차에 대해서는 적임자를 파견하지 않고 시행할 수 있다.

제6장 | 철도신호

제78조 지하구간 및 터널 안의 신호

지하구간 및 터널 안의 신호 · 전호 및 표지는 야간의 방식에 의하여야 한다. 다만, 길이가 짧아 빛이 통하는 지하구간 또는 조명시설이 설치된 터널 안 또는 지하정거장 구내의 경우 그러하지 아니하다.

철도차량운전규칙	도시철도운전규칙
제81조 상치신호기 일정한 장소에서 색등 또는 등열에 의하여 열차 또는 차량의 운전조건을 지시하는 신호기를 말한다.	**제64조 상설신호기** 일정한 장소에서 색등 또는 등열에 의하여 열차등의 운전조건을 지시하는 신호기를 말한다.
제82조 상치신호기의 종류 ① 주신호기 ㉠ 장내신호기 : 정거장에 진입하려는 열차에 대하여 신호를 현시하는 것 ㉡ 출발신호기 : 정거장을 진출하려는 열차에 대하여 신호를 현시하는 것 ㉢ 폐색신호기 : 폐색구간에 진입하려는 열차에 대하여 신호를 현시하는 것 ㉣ 엄호신호기 : 특히 방호를 요하는 지점을 통과하려는 열차에 대하여 신호를 현시하는 것 ㉤ 유도신호기 : 장내신호기에 정지신호의 현시가 있는 경우 유도를 받을 열차에 대하여 신호를 현시하는 것 ㉥ 입환신호기 : 입환차량 또는 차내신호폐색식을 시행하는 구간의 열차에 대하여 신호를 현시하는 것 ② 종속신호기 ㉠ 원방신호기 : 장내신호기 · 출발신호기 · 폐색신호기 및 엄호신호기에 종속하여 열차에 주 신호기가 현시하는 신호의 예고신호를 현시하는 것 ㉡ 통과신호기 : 출발신호기에 종속하여 정거장에 진입하는 열차에 신호기가 현시하는 신호를 예고하며, 정거장을 통과할 수 있는지에 대한 신호를 현시하는 것 ㉢ 중계신호기 : 장내신호기 · 출발신호기 · 폐색신호기 및 엄호신호기에 종속하여 열차에 주 신호기가 현시하는 신호의 중계신호를 현시하는 것 ③ 신호부속기 ㉠ 진로표시기 : 장내신호기 · 출발신호기 · 진로개통표시기 및 입환신호기에 부속하여 열차 또는 차량에 대하여 그 진로를 표시하는 것 ㉡ 진로예고기 : 장내신호기 · 출발신호기에 종속하여 다음 장내신호기 또는 출발신호기에 현시하는 진로를 열차에 대하여 예고하는 것 ㉢ 진로개통표시기 : 차내신호를 사용하는 열차가 운행하는 본선의 분기부에 설치하여 진로의 개통 상태를 표시하는 것 ④ 차내신호 : 동력차 내에 설치하여 신호를 현시하는 것	**제65조 상설신호기의 종류** ① 주신호기 ㉠ 차내신호기 : 열차등의 가장 앞쪽의 운전실에 설치하여 운전조건을 지시하는 신호기 ㉡ 장내신호기 : 정거장에 진입하려는 열차등에 대하여 신호기 뒷방향으로의 진입이 가능한지를 지시하는 신호기 ㉢ 출발신호기 : 정거장에서 출발하려는 열차등에 대하여 신호기 뒷방향으로의 진입이 가능한지를 지시하는 신호기 ㉣ 폐색신호기 : 폐색구간에 진입하려는 열차등에 대하여 운전조건을 지시하는 신호기 ㉤ 입환신호기 : 차량을 결합 · 해체하거나 차선을 바꾸려는 차량에 대하여 신호기 뒷방향으로의 진입이 가능한지를 지시하는 신호기 ② 종속신호기 ㉠ 원방신호기 : 장내신호기 및 폐색신호기에 종속되어 그 신호상태를 예고하는 신호기 ㉡ 중계신호기 : 주신호기에 종속되어 그 신호상태를 중계하는 신호기 ③ 신호부속기 ㉠ 진로표시기 : 장내신호기, 출발신호기, 진로개통표시기 또는 입환신호기에 부속되어 열차등에 대하여 그 진로를 표시하는 것 ㉡ 진로개통표시기 : 차내신호기를 사용하는 본선로의 분기부에 설치하여 진로의 개통상태를 표시하는 것

철도차량운전규칙	도시철도운전규칙

철도차량운전규칙

제83조 차내신호

① 정지신호 : 열차운행에 지장이 있는 구간으로 운행하는 열차에 대하여 정지하도록 하는 것
② 15신호 : 정지신호에 의하여 정지한 열차에 대한 신호로서 1시간에 15km 이하의 속도로 운전하게 하는 것
③ 야드신호 : 입환차량에 대한 신호로서 1시간에 25km 이하의 속도로 운전하게 하는 것
④ 진행신호 : 열차를 지정된 속도 이하로 운전하게 하는 것

제84조 신호현시방식

① 장내신호기 · 출발신호기 · 폐색신호기 및 엄호신호기

종류	신호현시방식					
	5현시	4현시	3현시	2현시		
	색등식	색등식	색등식	색등식	완목식	
					주간	야간
정지신호	적색등	적색등	적색등	적색등	완 · 수평	적색등
경계신호	• 상위 : 등황색등 • 하위 : 등황색등	–	–	–	–	–
주의신호	등황색등	등황색등	등황색등	–	–	–
감속신호	• 상위 : 등황색등 • 하위 : 녹색등	• 상위 : 등황색등 • 하위 : 녹색등	–	–	–	–
진행신호	녹색등	녹색등	녹색등	녹색등	완 · 좌하향 45도	녹색등

② 유도신호기(등열식) : 백색등열 좌 · 하향 45도

도시철도운전규칙

제66조 상설신호기의 종류 및 신호방식

① 주신호기

㉠ 차내신호기

신호의 종류 / 주간 · 야간별	정지신호	진행신호
주간 및 야간	"0" 속도를 표시	지령속도를 표시

㉡ 장내신호기, 출발신호기 및 폐색신호기

방식	신호의 종류 / 주간 · 야간별	정지신호	경계신호	주의신호	감속신호	진행신호
색등식	주간 및 야간	적색등	상하위 등황색등	등황색등	• 상위 : 등황색등 • 하위 : 녹색등	녹색등

㉢ 입환신호기

방식	신호의 종류 / 주간 · 야간별	정지신호	진행신호
색등식	주간 및 야간	적색등	등황색등

② 종속신호기

㉠ 원방신호기

방식	신호의 종류 / 주간 · 야간별	주신호기가 정지신호를 할 경우	주신호기가 진행을 지시하는 신호를 할 경우
색등식	주간 및 야간	등황색등	녹색등

㉡ 중계신호기

방식	신호의 종류 / 주간 · 야간별	주신호기가 정지신호를 할 경우	주신호기가 진행을 지시하는 신호를 할 경우
색등식	주간 및 야간	적색등	주신호기가 한 진행을 지시하는 색등

철도차량운전규칙	도시철도운전규칙

③ 입환신호기

종류	신호현시방식		
	등열식	색등식	
		차내신호 폐색구간	그 밖의 구간
정지신호	• 백색등열 수평 • 무유도등 소등	적색등	적색등
진행신호	• 백색등열 좌하향 45도 • 무유도등 점등	등황색등	• 청색등 • 무유도등 점등

④ 원방신호기(통과신호기를 포함)

종 류		신호현시방식		
		색등식	완목식	
			주 간	야 간
주신호기가 정지신호를 할 경우	주의신호	등황색등	완 · 수평	등황색등
주신호기가 진행을 지시하는 신호를 할 경우	진행신호	녹색등	완 · 좌하향 45도	녹색등

⑤ 중계신호기

종 류	등열식		색등식
주신호기가 정지신호를 할 경우	정지중계	백색등열(3등) 수평	적색등
주신호기가 진행을 지시하는 신호를 할 경우	제한중계	• 백색등열(3등) • 좌하향 45도	주신호기가 진행을 지시하는 색등
	진행중계	백색등열(3등) 수직	

③ 신호부속기

㉠ 진로표시기

방식	개통방향 / 주간 · 야간별	좌측진로	중앙진로	우측진로
색등식	주간 및 야간	흑색바탕에 좌측방향 백색화살표 ←	흑색바탕에 수직방향 백색화살표 ↑	흑색바탕에 우측방향 백색화살표 →
문자식	주간 및 야간	4각 흑색바탕에 문자 A 1		

㉡ 진로개통표시기

방식	개통방향 / 주간 · 야간별	진로가 개통되었을 경우		진로가 개통되지 아니한 경우	
색등식	주간 및 야간	등황색등	● ○	적색등	○ ●

철도차량운전규칙	도시철도운전규칙

⑥ 차내신호기

종 류	신호현시방식
정지신호	적색사각형등 점등
15신호	적색원형등 점등("15" 지시)
야드신호	노란색, 직사각형등과 적색원형등(25등 신호) 점등
진행신호	적색원형등(해당신호등) 점등

제85조 신호현시의 기본원칙

① 별도의 작동이 없는 상태에서의 상치신호기의 기본원칙은 다음과 같다

1. 장내신호기 : 정지신호
2. 출발신호기 : 정지신호
3. 폐색신호기(자동폐색신호기 제외) : 정지신호
4. 엄호신호기 : 정지신호
5. 유도신호기 : 신호를 현시하지 아니한다.
6. 입환신호기 : 정지신호
7. 원방신호기 : 주의신호

② 자동폐색신호기 및 반자동폐색신호기는 진행을 지시하는 신호를 현시함을 기본으로 한다. 다만, 단선구간의 경우에는 정지신호를 현시함을 기본으로 한다.

③ 차내신호는 진행신호를 현시함을 기본으로 한다.

제91조 임시신호기의 종류

① 서행신호기 : 서행운전할 필요가 있는 구간에 진입하려는 열차 또는 차량에 대하여 당해구간을 서행할 것을 지시하는 것

② 서행예고신호기 : 서행신호기를 향하여 진행하려는 열차에 대하여 그 전방에 서행신호의 현시 있음을 예고하는 것

③ 서행해제신호기 : 서행구역을 진출하려는 열차에 대하여 서행을 해제할 것을 지시하는 것

④ 서행발리스(Balise) : 서행운전할 필요가 있는 구간의 전방에 설치하는 송·수신용 안테나로 지상 정보를 열차로 보내 자동으로 열차의 감속을 유도하는 것

제67조 임시신호기의 설치

선로가 일시 정상운전을 하지 못하는 상태일 때에는 그 구역의 앞쪽에 임시신호기를 설치하여야 한다.

제68조 임시신호기의 종류

① 서행신호기
② 서행예고신호기
③ 서행해제신호기

철도차량운전규칙	도시철도운전규칙

제92조 신호현시방식

① 임시신호기의 신호현시방식은 다음과 같다.

종 류	신호현시방식	
	주 간	야 간
서행신호	백색테두리를 한 등황색 원판	등황색등 또는 반사재
서행예고 신호	흑색삼각형 3개를 그린 백색 삼각형	흑색삼각형 3개를 그린 백색등 또는 반사재
서행해제 신호	백색테두리를 한 녹색 원판	녹색등 또는 반사재

② 서행신호기 및 서행예고신호기에는 서행속도를 표시하여야 한다.

제69조 임시신호기의 신호방식

① 임시신호기의 형태 · 색 및 신호방식은 다음과 같다.

신호의 종류 / 주간 · 야간별	서행신호	서행예고 신호	서행해제 신호
주 간	백색테두리의 황색 원판	흑색삼각형 무늬 3개를 그린 3각형판	백색테두리의 녹색원판
야 간	등황색등	흑색삼각형 무늬 3개를 그린 백색등	녹색등

② 임시신호기의 표지 배면과 배면광은 백색으로 하고, 서행신호기에는 지정속도를 표시하여야 한다.

제93조 수신호의 현시방법

① 정지신호
- ㉠ 주간 : 적색기. 다만, 적색기가 없을 때에는 양팔을 높이 들거나 녹색기 외의 것을 급히 흔든다.
- ㉡ 야간 : 적색등. 다만, 적색등이 없을 때에는 녹색등 외의 것을 급히 흔든다.

② 서행신호
- ㉠ 주간 : 적색기와 녹색기를 모아 쥐고 머리 위에 높이 교차한다.
- ㉡ 야간 : 깜박이는 녹색등

③ 진행신호
- ㉠ 주간 : 녹색기. 다만, 녹색기가 없을 때는 한 팔을 높이 든다.
- ㉡ 야간 : 녹색등

제70조 수신호방식

신호기를 설치하지 아니한 경우 또는 신호기를 사용하지 못할 경우에는 다음의 방식으로 수신호를 하여야 한다.

① 정지신호
- ㉠ 주간 : 적색기. 다만, 부득이한 경우에는 두 팔을 높이 들거나 또는 녹색기 외의 물체를 급격히 흔드는 것으로 대신할 수 있다.
- ㉡ 야간 : 적색등. 다만, 부득이한 경우에는 녹색등 외의 등을 급격히 흔드는 것으로 대신할 수 있다.

② 진행신호
- ㉠ 주간 : 녹색기. 다만, 부득이한 경우에는 한 팔을 높이 드는 것으로 대신할 수 있다.
- ㉡ 야간 : 녹색등

③ 서행신호
- ㉠ 주간 : 적색기와 녹색기를 머리 위로 높이 교차한다. 다만, 부득이한 경우에는 양팔을 머리 위로 높이 교차하는 것으로 대신할 수 있다.
- ㉡ 야간 : 명멸하는 녹색등

제94조 선로에서 정상운행이 어려운 경우의 조치

선로에서 정상적인 운행이 어려워 열차를 정지하거나 서행시켜야 하는 경우로서 임시신호기를 설치할 수 없는 경우에는 다음의 구분에 따른 조치를 해야 한다. 다만, 열차의 무선전화로 열차를 정지하거나 서행시키는 조치를 한 경우에는 다음 의 구분에 따른 조치를 생략할 수 있다.

① 열차를 정지시켜야 하는 경우 : 철도사고등이 발생한 지점으로부터 200m 이상의 앞 지점에서 정지 수신호를 현시할 것

② 열차를 서행시켜야 하는 경우 : 서행구역의 시작지점에서 서행수신호를 현시하고 서행구역이 끝나는 지점에서 진행수신호를 현시할 것

제98조 전호현시

열차 또는 차량에 대한 전호는 전호기로 현시하여야 한다.

제71조 선로 지장 시의 방호신호

열차등을 정지시키거나 서행시킬 경우, 임시신호기에 따를 수 없을 때에는 지장지점으로부터 200m 이상의 앞 지점에서 정지수신호를 하여야 한다.

철도차량운전규칙	도시철도운전규칙
제99조 출발전호 열차를 출발시키고자 할 때에는 출발전호를 하여야 한다.	**제72조 출발전호** 열차를 출발시키려 할 때에는 출발전호를 하여야 한다. 다만, 승객안전설비를 갖추고 차장을 승무시키지 아니한 경우에는 그러하지 아니하다.
제100조 기적전호 다음의 어느 하나에 해당하는 경우에는 기관사는 기적전호를 하여야 한다. ① 위험을 경고하는 경우 ② 비상상태가 발생한 경우	**제73조 기적전호** ① 비상사고가 발생한 경우 ② 위험을 경고할 경우
제101조 입환전호 방법 ① 오너라 전호 ㉠ 주간 : 녹색기를 좌우로 흔든다. 부득이한 경우에는 한 팔을 좌우로 움직임으로써 이를 대신할 수 있다. ㉡ 야간 : 녹색등을 좌우로 흔든다. ② 가거라 전호 ㉠ 주간 : 녹색기를 위 · 아래로 흔든다. 다만, 부득이한 경우에는 한 팔을 위 · 아래로 움직임으로써 이를 대신할 수 있다. ㉡ 야간 : 녹색등을 위 · 아래로 흔든다 ③ 정지신호 ㉠ 주간 : 적색기. 다만, 부득이한 경우에는 두 팔을 높이 들어 이를 대신할 수 있다. ㉡ 야간 : 적색등	**제74조 입환전호** ① 접근전호 ㉠ 주간 : 녹색기를 좌우로 흔든다. 다만, 부득이한 경우에는 한 팔을 좌우로 움직이는 것으로 대신할 수 있다. ㉡ 야간 : 녹색등을 좌우로 흔든다. ② 퇴거전호 ㉠ 주간 : 녹색기를 상하로 흔든다. 다만, 부득이한 경우에는 한 팔을 상하로 움직이는 것으로 대신할 수 있다. ㉡ 야간 : 녹색등을 상하로 흔든다. ③ 정지신호 ㉠ 주간 : 적색기를 흔든다. 다만, 부득이한 경우에는 두 팔을 높이 드는 것으로 대신할 수 있다. ㉡ 야간 : 적색등을 흔든다.

제86조 배면광 설비

상치신호기의 현시를 후면에서 식별할 필요가 있을 경우에는 배면광을 설비하여야 한다.

제87조 신호의 배열

기둥 하나에 같은 종류의 신호 2 이상을 현시할 때에는 맨 위에 있는 것을 맨 왼쪽의 선로에 대한 것으로 하고, 순차적으로 오른쪽의 선로에 대한 것으로 한다.

제88조 신호현시의 순위

원방신호기는 그 주된 신호기가 진행신호를 현시하거나, 3위식 신호기는 그 신호기의 배면쪽 제1의 신호기에 주의 또는 진행신호를 현시하기 전에 이에 앞서 진행신호를 현시할 수 없다.

제89조 신호의 복위

열차가 상치신호기의 설치지점을 통과한 때에는 그 지점을 통과한 때마다 유도신호기는 신호를 현시하지 아니하며 원방신호기는 주의신호를, 그 밖의 신호기는 정지신호를 현시하여야 한다.

제102조 작업전호

다음의 어느 하나에 해당하는 때에는 전호의 방식을 정하여 그 전호에 따라 작업을 하여야 한다.

① 여객 또는 화물의 취급을 위하여 정지위치를 지시할 때

② 퇴행 또는 추진운전 시 열차의 맨 앞 차량에 승무한 직원이 철도차량운전자에 대하여 운전상 필요한 연락을 할 때

③ 검사 · 수선연결 또는 해방을 하는 경우에 당해 차량의 이동을 금지시킬 때

④ 신호기 취급직원 또는 입환전호를 하는 직원과 선로전환기취급 직원 간에 선로전환기의 취급에 관한 연락을 할 때

⑤ 열차의 관통제동기의 시험을 할 때

제103조 열차의 표지

열차 또는 입환 중인 동력차는 표지를 제시해야 한다.

제104조 안전표지

열차 또는 차량의 안전운전을 위하여 안전표지를 설치하여야 한다.

예 제

01 철도차량운전규칙의 용어의 정의 설명 중 틀린 것은? 기출

① "정거장"이란 여객의 승강, 화물의 적하, 열차의 조성, 열차의 교행 또는 대피를 목적으로 사용되는 장소를 말한다.

② "완급차"란 관통제동용 제동통 · 압력계 · 차장변 및 수 제동기를 장치한 차량으로서 열차승무원이 집무할 수 있는 객차 또는 화차를 말한다.

③ "조차장"이란 차량의 입환 또는 열차의 조성을 위하여 사용되는 장소를 말한다.

④ "차량"이란 선로에서 운전하는 열차 외의 전동차, 궤도시험차, 전기시험차 등을 말한다.

해설 "차량"이란 열차의 구성부분이 되는 1량의 철도차량을 말한다.

정답 ④

02 운전방향 맨 앞 차량의 운전실 외에서도 열차를 운전할 수 있는 경우로 틀린 것은? 기출

① 정거장과 그 정거장 외의 본선 도중에서 분기하는 측선과의 사이를 운전하는 경우

② 철도종사자가 차량의 맨 앞에서 전호를 하여 운전하는 경우

③ 양방향 신호설비가 설치된 구간에서 열차를 운전하는 경우

④ 사전에 정한 특정한 구간을 운전하는 경우

해설 **운전방향 맨 앞 차량의 운전실 외에서도 열차를 운전할 수 있는 경우**

- 차량 맨 앞 철도종사자의 전호에 따라 운전
- 공사열차, 구원열차, 제설열차, 시험운전 열차 운전
- 선로, 전차선로, 차량 고장
- 정거장과 그 정거장 외의 본선 도중에서 분기하는 측선과의 사이를 운전
- 사전에 정한 특별한 구간
- 무인운전
- 그 밖에 열차의 안전운전에 지장이 없는 경우

정답 ③

03 철도차량운전규칙에서 철도신호에 관한 설명으로 옳은 것은? 기출

① 전호는 모양 · 색 또는 소리 등으로 관계직원 상호 간에 방향 · 조건을 지시

② 전호는 모양 · 색 또는 소리 등으로 관계직원 상호 간에 운행의 조건을 지시

③ 표지는 모양 또는 색 등으로 물체의 위치 · 방향 · 명칭 등을 표시

④ 표지는 모양 또는 색 등으로 물체의 위치 · 방향 · 조건 등을 표시

해설 **철도신호의 종류**

- 신호 : 모양, 색, 소리로 운행조건 지시
- 전호 : 모양, 색, 소리로 상호 간 의사표시
- 표지 : 모양, 색으로 물체의 위치 · 방향 · 조건 표시

정답 ④

도시철도운전규칙

제1장 | 총 칙

제1조 목 적

「도시철도법」 제18조에 따라 도시철도의 운전과 차량 및 시설의 유지 · 보전에 필요한 사항을 정하여 도시철도의 안전운전을 도모함을 목적으로 한다.

제2조 적용범위

도시철도의 운전에 관하여 이 규칙에서 정하지 아니한 사항이나 도시교통권역별로 서로 다른 사항은 법령의 범위에서 도시철도운영자가 따로 정할 수 있다.

제4조 직원교육

도시철도운영자는 도시철도의 안전과 관련된 업무에 종사하는 직원에 대하여 적성검사와 정해진 교육을 하여 도시철도 운전지식과 기능을 습득한 것을 확인한 후 그 업무에 종사하도록 하여야 한다. 다만, 해당 업무와 관련이 있는 자격을 갖춘 사람에 대해서는 적성검사나 교육의 전부 또는 일부를 면제할 수 있다.

제5조 안전조치 및 유지 · 보수

도시철도운영자는 재해를 예방하고 안전성을 확보하기 위하여 「시설물의 안전 및 유지관리에 관한 특별법」에 따라 도시철도시설의 안전점검 등 안전조치를 하여야 한다.

제9조 신설구간 등에서의 시험운전

도시철도운영자는 선로 · 전차선로 또는 운전보안장치를 신설 · 이설 또는 개조한 경우 그 설치상태 또는 운전체계의 점검과 종사자의 업무 숙달을 위하여 정상운전을 하기 전에 60일 이상 시험운전을 하여야 한다. 다만, 이미 운영하고 있는 구간을 확장 · 이설 또는 개조한 경우 관계전문가의 안전진단을 거쳐 시험기간을 줄일 수 있다.

제2장 | 선로 및 설비의 보전

제10조(선로의 보전)

선로는 열차등이 도시철도운영자가 정하는 속도로 안전하게 운전할 수 있는 상태로 보전하여야 한다.

제11조(선로의 점검 · 정비)

① 선로는 매일 한 번 이상 순회점검하여야 하며, 필요한 경우에는 정비하여야 한다.

② 선로는 정기적으로 안전점검을 하여 안전운전에 지장이 없도록 유지 · 보수하여야 한다.

제12조(공사 후의 선로 사용)

선로를 신설 · 개조 또는 이설하거나 일시적으로 사용을 중지한 경우에는 이를 검사하고 시험운전을 하기 전에는 사용할 수 없다. 다만, 경미한 정도의 개조를 한 경우에는 그러하지 아니하다.

제14조(전차선로의 점검)

전차선로는 매일 한 번 이상 순회점검을 하여야 한다.

제15조(전력설비의 검사)

전력설비의 각 부분은 도시철도운영자가 정하는 주기에 따라 검사를 하고 안전운전에 지장이 없도록 정비하여야 한다.

제16조(공사 후의 전력설비 사용)

전력설비를 신설 · 이설 · 개조 또는 수리하거나 일시적으로 사용을 중지한 경우에는 이를 검사하고 시험운전을 하기 전에는 사용할 수 없다. 다만, 경미한 정도의 개조 또는 수리를 한 경우에는 그러하지 아니하다.

제18조(통신설비의 검사 및 사용)

① 통신설비의 각 부분은 일정한 주기에 따라 검사를 하고 안전운전에 지장이 없도록 정비하여야 한다.

② 신설 · 이설 · 개조 또는 수리한 통신설비는 검사하여 기능을 확인하기 전에는 사용할 수 없다.

제20조(운전보안장치의 검사 및 사용)

① 운전보안장치의 각 부분은 일정한 주기에 따라 검사를 하고 안전운전에 지장이 없도록 정비하여야 한다.

② 신설 · 이설 · 개조 또는 수리한 운전보안장치는 검사하여 기능을 확인하기 전에는 사용할 수 없다.

제21조(물품유치 금지)

차량운전에 지장이 없도록 궤도상에 설정한 건축한계 안에는 열차등 외의 다른 물건을 둘 수 없다.

제22조(선로 등 검사에 관한 기록보조)

선로 · 전력설비 · 통신설비 또는 운전보안장치의 검사를 하였을 때에는 검사자의 성명 · 검사상태 및 검사일시 등을 기록하여 일정기간 보존하여야 한다.

제3장 열차등의 보전

제24조(차량의 검사 및 시험운전)

① 제작 · 개조 · 수선 또는 분해검사를 한 차량과 일시적으로 사용을 중지한 차량은 검사하고 시험운전을 하기 전에는 사용할 수 없다. 다만, 경미한 개조 또는 수선을 한 경우에는 그러하지 아니하다.

② 차량의 각 부분은 일정한 기간 또는 주행거리를 기준으로 하여 그 상태와 작용에 대한 검사와 분해검사를 하여야 한다.

③ ① 및 ②에 따른 검사를 할 때 차량의 전기장치에 대해서는 절연저항시험 및 절연내력시험을 하여야 한다.

제27조(검사 및 시험의 기록)

검사종류, 검사자의 성명, 검사상태 및 검사일 등을 기록하여 일정기간 보존하여야 한다.

제4장 운전 및 신호

제29조(열차의 비상제동거리)

열차의 비상제동거리는 600미터 이하로 한다.

제30조(열차의 제동장치)

열차에 편성되는 각 차량에는 제동력이 균일하게 작용하고, 분리 시에 정차할 수 있는 제동장치를 구비하여야 한다.

제31조(열차의 제동장치 시험)

열차를 편성하거나 편성을 변경할 때에는 운전하기 전에 제동장치의 기능을 시험하여야 한다.

제32조(열차등의 운전)

차량은 열차에 함께 편성되기 전에는 정거장 외의 본선을 운전할 수 없다. 다만, 차량을 결합·해체하거나 차선을 바꾸는 경우 또는 그 밖에 특별한 사유가 있는 경우에는 그러하지 아니하다.

제35조(운전 정리)

도시철도운영자는 운전사고, 운전장애 등으로 열차를 정상적으로 운전할 수 없을 때에는 열차의 종류, 도착지, 접속 등을 고려하여 열차가 정상운전이 되도록 운전정리를 하여야 한다.

제40조(정거장 외의 승차·하차 금지)

정거장 외의 본선에서는 승객을 승차·하차시키기 위하여 열차를 정지시킬 수 없다. 다만, 운전사고 등 특별한 사유가 있을 때에는 그러하지 아니하다.

제41조(선로의 차단)

① 미리 계획을 수립한 후 그 계획에 따라야 한다.
② 긴급한 조치가 필요한 경우에는 관제사의 지시에 따라 선로를 차단할 수 있다.

제44조의2(노면전차의 시계운전)

시계운전을 하는 노면전차의 경우에는 다음의 사항을 준수하여야 한다.

① 운전자의 가시거리 범위에서 신호 등 주변상황에 따라 열차를 정지시킬 수 있도록 적정속도로 운전할 것
② 앞서가는 열차와 안전거리를 충분히 유지할 것
③ 교차로에서 앞서가는 열차를 따라서 동시에 통과하지 않을 것

제46조(차량결합 등의 장소)

정거장이 아닌 곳에서 본선을 이용하여 차량을 결합 · 해체하거나 차선을 바꾸어서는 아니 된다. 다만, 충돌방지 등 안전조치를 하였을 때에는 그러하지 아니하다.

제47조(선로전환기의 쇄정 및 정위치 유지)

① 본선의 선로전환기는 이와 관계있는 신호장치와 연동쇄정을 하여 사용하여야 한다.

② 선로전환기를 사용 후에는 지체 없이 미리 정하여진 위치에 두어야 한다.

③ 노면전차의 경우 도로에 설치하는 선로전환기는 보행자 안전을 위해 열차가 충분히 접근하였을 때에 작동하여야 하며, 운전자가 선로전환기의 개통 방향을 확인할 수 있어야 한다.

제50조(차량의 구름 방지)

차량을 선로에 두는 경우에는 차량이 저절로 구르지 않도록 필요한 조치를 하여야 한다.

제76조(노면전차 신호기의 설계)

① 도로교통 신호기와 혼동되지 않을 것

② 크기와 형태가 눈으로 볼 수 있도록 뚜렷하고 분명하게 인식될 것

예제

01 도시철도운전규칙에 관한 내용으로 틀린 것은?

① 국토교통부령으로 제정되었다.
② 도시철도운전규칙 제정으로 서울특별시도시철도운전규칙과 부산도시철도 운전규칙은 폐지되었다.
③ 도시철도운전규칙은 철도안전법에 근거하여 제정되었다.
④ 도시철도운전규칙의 제정목적은 도시철도의 운전과 차량 및 시설의 유지 · 보전에 필요한 사항을 정하여 도시철도의 안전운전을 도모하기 위함이다.

해설 도시철도운전규칙은 도시철도법에 근거하여 제정되었다.

정답 ③

02 「도시철도운전규칙」상 신설구간 등에서의 시험운전에 관한 내용으로 틀린 것은?

① 도시철도운영자가 시험운전을 해야 하는 경우는 선로 · 전차선로 또는 운전보안장치를 신설 · 이설 또는 개조한 경우이다.
② 정상운전을 하기 전에 60일 이상 시험운전을 하여야 한다.
③ 신설구간 등에서 시험운전을 하는 이유는 해당 시설의 설치상태와 운전체계를 점검하고 종사자의 업무숙달을 위해서이다.
④ 기존에 운영하고 있는 구간을 확장 또는 개조한 경우에는 별도 절차 없이 시험운전 기간을 최대 2분의 1까지 축소할 수 있다.

해설 전문가의 안전진단을 거쳐 시험운전 기간을 줄일 수 있다.

정답 ④

03 「도시철도운전규칙」상 폐색방식에 관한 내용으로 틀린 것은?

① 폐색이란 선로의 일정구간에 둘 이상의 열차를 동시에 운전시키지 않는 것을 말한다.
② 폐색방식에는 상용폐색방식과 대용폐색방식이 있다.
③ 상용폐색방식과 대용폐색방식을 사용할 수 없을 때에는 전령법을 사용하거나 무폐색운전을 한다.
④ 도시철도의 상용폐색방식은 자동폐색식과 차내신호폐색식, 연동폐색식을 사용한다.

해설 도시철도에는 연동폐색식이 없다.

정답 ④

출제경향

철도차량운전규칙과 도시철도운전규칙은 비슷한 듯 다른 부분이 많다. 위 책에 있는 규정비교표를 정확히 숙지하여 시험에서 헷갈리지 않도록 유념해야 한다. 특히 퇴행운전이나 추진운전, 운전방향 지정 등 자칫 대충 비교하지 않고 공부했다간 어려운 부분들이 많으니 이점을 반드시 숙지해야 한다. 철도차량운전규칙과 도시철도운전규칙은 평균 6문제 이상 출제되며 또한 신호기의 종류, 현시방법은 매번 시험 때 출제되는 단골문제이므로 꼼꼼히 공부해야 한다.

기본핵심 예상문제

01 운전정리에 대한 설명으로 틀린 것은?

① 운전휴지 : 열차운행을 일시 중지

② 운행순서변경 : 먼저 운행할 열차의 운행시각을 변경하지 않고 운행순서를 변경

③ 특발 : 지연된 열차를 타절하고 열차를 조성하여 출발시킴

④ 열차합병 : 운행 중 2 이상의 열차를 1개 열차로 편성하여 운행

해설 ③ 특발이란 열차사고, 선로장애, 작업 등으로 인해 운행 중인 열차의 운행을 중지시키고 지연열차의 도착을 기다리지 않고 따로 열차를 조성하여 출발시키는 것을 말한다. 특발을 한다고 해서 지연된 열차를 무조건 타절하지는 않는다. 보기의 설명을 참고하여 운전정리의 종류와 정의를 잘 기억해 놓아야 한다.

02 철도종사자로 틀린 것은?

① 철도운행안전관리자

② 철도사고등이 발생한 현장에서 조사, 수습, 복구 등의 업무를 수행하는 사람

③ 철도시설 또는 철도차량을 보호하기 위한 순회점검 업무 또는 경비업무를 수행하는 사람

④ 철도에 공급되는 전철전력의 원격제어장치를 운영하는 사람

해설 **철도종사자(철도교통관제 운영규정 제2조)**

- 철도차량의 운전업무에 종사하는 사람
- 여객에게 승무 및 역무 서비스를 제공하는 사람
- 철도사고등이 발생한 현장에서 조사 · 수습 · 복구 등의 업무를 수행하는 사람
- 철도차량의 운행선로 또는 그 인근에서 철도시설의 건설 또는 관리와 관련된 작업의 현장감독 업무를 수행하는 사람
- 철도시설 또는 철도차량을 보호하기 위한 순회점검 업무 또는 경비업무를 수행하는 사람
- 정거장에서 철도신호기 · 선로전환기 또는 조작판 등을 취급하거나 열차의 조성업무를 수행하는 사람
- 철도에 공급되는 전철전력의 원격제어장치를 운영하는 사람
- 철도차량 및 철도시설의 점검 · 정비 등에 관한 업무를 수행하는 사람

※ 관제업무종사자와 철도특별사법경찰을 포함한다.

정답 01 ③ 02 ①

03 관제운영 감독관의 지정 요건 중 틀린 것은?

① 철도안전업무 전반에 관한 전문적인 지식이 있는 사람
② 철도관제업무를 담당하는 공무원
③ 의사소통, 문제인식 및 분석능력 등이 탁월한 사람
④ 2년 이상의 관제업무 근무경력이 있는 사람

해설 ④ 관제업무 관련 전문가의 요건으로는 3년 이상의 관제업무의 근무경력이 있는 사람이 해당된다(철도교통관제 운영규정 제6조).

04 관제업무종사자의 철도교통관제업무일지에 기록사항으로 틀린 것은?

① 관제권역(구간)의 근무인원 및 교대관계
② 관제권역(구간)의 철도시설물
③ 관제시설의 고장, 장애 발생 및 보수의뢰 내용
④ 관제권역(구간)의 열차 운행상황

해설 **철도교통관제업무일지 기록내용(철도교통관제 운영규정 제12조)**

- 관제권역의 열차 운행상황
- 관제권역의 근무인원 및 교대관계
- 관제시설의 고장 · 장애 발생 및 보수의뢰 내용
- 그 밖에 관제업무와 관련된 정보 등

05 비상대응계획에 포함되어야 할 내용으로 틀린 것은?

① 관제권역별 복구 우선순위
② 관계기관의 연락처
③ 관제시설 구성요소의 치명적인 고장, 장애 시 관제업무의 지속성에 관한 사항
④ 역 운전취급자 또는 예비관제실로 가장 안전하고 신속한 관제업무의 책임 이양

해설 ① 관제권역별 복구 우선순위가 아니라 관제시설의 구성요소별 복구 우선순위가 옳다(철도교통관제 운영규정 제21조).

정답 03 ④ 04 ② 05 ①

06 관제시설 보호에 대한 내용으로 틀린 것은?

① 업무상 보안 및 관리 책임자를 지정할 것
② 정보보안 종사자를 지정할 것
③ 관제시설을 공공대피소로 사용하지 말 것
④ 관제업무수행자는 관제기관의 안전, 보안 및 관제시설의 적정한 운용실태에 대한 매년 1회 이상의 정기점검과 필요시 수시점검을 실시할 것

해설 ② 관제업무수행자는 관제설비에 대한 전자적 침해행위(해킹, 컴퓨터바이러스 등에 의한 공격행위)를 예방하고 침해사고 발생 시 대응 및 복구를 위한 정보보안 담당자를 지정해야 한다(철도교통관제 운영규정 제22조).

07 중점관리대상자에 해당하는 자로 옳은 것은?

① 관제업무 수행경력 6월 이하의 신규자
② 관제업무 수행경력이 있는 자로서 3월 이하의 전입자
③ 관제 취급부주의로 판명된 날로부터 관제업무수행자가 정한 경과기간이 지나지 아니한 사람
④ 철도종사자 경력이 10년 미만의 경력자

해설 **중점관리대상자 관리(철도교통관제 운영규정 제33조)**
- 관제업무 수행경력 6월 미만의 신규자
- 관제업무 수행한 경력이 있는 자로서 3월 미만의 전입자
- 관제 취급부주의로 판명된 날로부터 관제업무수행자가 정한 경과기간이 지나지 아니한 사람

08 관제인력수급계획 수립을 위하여 고려해야 할 요건으로 틀린 것은?

① 관제업무 증감을 고려한 관제업무종사자 교육훈련계획
② 관제업무수행자 업무량 분석결과
③ 최근 5년 이상의 철도교통관제량과 관제인력 증감 추이
④ 최근 5년 이상의 철도여건 변화에 따른 업무량을 충족할 수 있는 숙련된 필요 관제인원 현황

해설 ② 관제업무수행자의 업무량 분석이 아닌 관제업무종사자의 업무량 분석 결과가 맞다(철도교통관제 운영규정 제34조).

정답 06 ② 07 ③ 08 ②

09 철도차량운전규칙에서 용어의 정의에 대한 설명으로 틀린 것은?

① 완급차란 관통제동기용 제동통, 압력계, 차장변 및 수제동기를 장치한 차량이다.

② 동력차란 기관차, 전동차, 동차 등을 말한다.

③ 입환운전이란 정거장 내 또는 차량기지 내에서 입환신호에 의하여 열차 또는 차량을 운전하는 것을 말한다.

④ 조차장이란 차량의 입환 또는 열차의 조성을 위하여 설치한 장소이다.

해설 ③ 구내운전의 정의이다(철도차량운전규칙 제2조).

10 열차의 최대연결차량수를 규제하는 내용이 아닌 것은?

① 운행선로의 신호상황

② 동력차의 견인력

③ 차량의 성능 및 차체

④ 차량의 구조

해설 ① 최대연결차량수와 운행선로의 신호상황은 관계 없다. 열차의 최대연결차량수는 이를 조성하는 동력차의 견인력, 차량의 성능 · 차체(Frame) 등 차량의 구조 및 연결장치의 강도와 운행선로의 시설현황에 따라 이를 정하여야 한다(철도차량운전규칙 제10조).

11 철도차량운전규칙상 제동장치의 구비가 필요하지 아니한 경우는?

① 정거장에서 차량을 연결, 분리하는 작업을 하는 경우

② 제설열차

③ 시험열차

④ 열차승무원이 있는 열차

해설 **열차의 제동장치(철도차량운전규칙 제14조)**

2량 이상의 차량으로 조성하는 열차에는 모든 차량에 연동하여 작용하고 차량이 분리되었을 때 자동으로 차량을 정차시킬 수 있는 제동장치를 구비하여야 한다. 다만, 다음의 어느 하나에 해당하는 경우에는 그러하지 아니하다.

- 정거장에서 차량을 연결 · 분리하는 작업을 하는 경우
- 차량을 정지시킬 수 있는 인력을 배치한 구원열차 및 공사열차의 경우
- 그 밖에 차량이 분리된 경우에도 다른 차량에 충격을 주지 아니하도록 안전조치를 취한 경우

정답 09 ③ 10 ① 11 ①

12 열차의 동시 진출입이 가능하지 않는 경우는?

① 동일방향에서 진입하는 열차들이 각 정차위치에서 50m 이상의 여유거리가 있는 경우
② 다른 방향에서 진입하는 열차들이 출발신호기 또는 정차위치로부터 200m 이상 여유거리가 있는 경우
③ 단행기관차로 운행하는 열차를 진입시키는 경우
④ 열차를 유도하여 서행으로 진입시키는 경우

해설 ① 열차의 동시 진출입이 가능한 경우는 동일방향에서 진입하는 열차들이 각 정차위치에서 100m 이상의 여유거리가 있는 경우이다(철도차량운전규칙 제28조).

13 열차의 화재 발생 시 원칙으로 틀린 것은?

① 조속한 소화 조치 및 여객 대피
② 화재가 발생한 차량을 다른 차량에서 격리
③ 화재가 터널 안에서 발생 시 터널 밖으로 운전
④ 지하구간에서 발생 시 현 위치 즉시 정차

해설 ④ 지하구간에서 화재 발생 시에는 가장 가까운 역 또는 지하구간 밖으로 운전하는 것을 원칙으로 한다(철도차량운전규칙 제32조).

14 철도차량운전규칙상 한 폐색구간에 2 이상의 열차를 동시에 운전할 수 있는 경우가 아닌 것은?

① 폐색구간에서 뒤의 보조기관차를 열차로부터 떼었을 때
② 제설열차를 운전할 때
③ 시계운전이 가능한 노선에서 열차를 서행하여 운전할 때
④ 열차가 정차되어 있는 폐색구간으로 다른 열차를 유도하는 때

해설 **폐색에 의한 열차 운행(철도차량운전규칙 제49조)**
하나의 폐색구간에는 둘 이상의 열차를 동시에 운행할 수 없다. 다만, 다음에 해당하는 경우에는 그렇지 않다.
- 제36조 제2항 및 제3항에 따라 열차를 진입시키려는 경우
- 고장열차가 있는 폐색구간에 구원열차를 운전하는 경우
- 선로가 불통된 구간에 공사열차를 운전하는 경우
- 폐색구간에서 뒤의 보조기관차를 열차로부터 떼었을 경우
- 열차가 정차되어 있는 폐색구간으로 다른 열차를 유도하는 경우
- 폐색에 의한 방법으로 운전을 하고 있는 열차를 열차제어장치로 운전하거나 시계운전이 가능한 노선에서 열차를 서행하여 운전하는 경우
- 그 밖에 특별한 사유가 있는 경우

정답 12 ① 13 ④ 14 ②

15 도시철도에서 선로전환기의 쇄정 및 정위치 유지에 관한 내용으로 틀린 것은?

① 본선의 선로전환기는 이와 관계있는 신호장치와 연동쇄정을 하여 사용하여야 한다.
② 노면전차의 선로전환기는 보행자가 개통 방향을 확인할 수 있어야 한다.
③ 노면전차의 선로전환기는 열차가 충분히 접근하였을 때에 작동하여야 한다.
④ 선로전환기를 사용한 후에는 지체 없이 미리 정하여진 위치에 두어야 한다.

해설 ② 보행자가 아니라 운전자가 선로전환기 개통 방향을 확인할 수 있어야 한다(도시철도운전규칙 제47조).

16 도시철도에서 주간 또는 야간의 신호로 틀린 것은?

① 일출부터 일몰까지는 주간의 방식에 따라야 한다.
② 일몰부터 다음날 일출까지는 야간의 방식에 따라야 한다.
③ 일출부터 일몰까지 기상상황으로 인하여 주간방식에 따른 확인이 곤란할 시 야간방식에 따른다.
④ 차내신호방식 및 지하구간에서의 신호방식은 주간방식에 따른다.

해설 ④ 차내신호방식 및 지하구간에서의 신호방식은 야간방식에 따른다(도시철도운전규칙 제61조).

17 도시철도에서 임시신호기 신호방식으로 옳은 것은?

① 주간 서행신호는 백색테두리의 녹색 원판
② 야간 서행예고신호는 흑색 삼각형 무늬 3개를 그린 백색등
③ 주간 서행해제신호는 녹색등
④ 야간 서행신호는 백색테두리의 황색 원판

해설 임시신호기의 신호방식(도시철도운전규칙 제69조)

신호의 종류 / 주간 · 야간별	서행신호	서행예고신호	서행해제신호
주 간	백색테두리의 황색 원판	흑색 삼각형 무늬 3개를 그린 3각형판	백색테두리의 녹색원판
야 간	등황색등	흑색 삼각형 무늬 3개를 그린 백색등	녹색등

정답 15 ② 16 ④ 17 ②

18 도시철도에서 진로표시기의 신호방식으로 옳은 것은?

① 색등식 좌측진로는 백색바탕에 흑색화살표
② 색등식 중앙진로는 백색 바탕에 녹색화살표
③ 색등식 우측진로는 흑색 바탕에 백색화살표
④ 문자식은 6각 흑색바탕에 문자

해설 **진로표시기의 종류 및 신호방식(도시철도운전규칙 제66조)**

방 식	개통방향 / 주간 · 야간별	좌측진로	중앙진로	우측진로
색등식	주간 및 야간	흑색바탕에 좌측방향 백색화살표 ←	흑색바탕에 수직방향 백색화살표 ↑	흑색바탕에 우측방향 백색화살표 →
문자식	주간 및 야간	4각 흑색바탕에 문자 A 1		

19 도시철도의 주간 접근전호와 퇴거전호로 옳은 것은?

① 접근 : 녹색기를 좌우로 흔든다.
퇴거 : 적색기를 좌우로 흔든다.
② 접근 : 녹색기를 좌우로 흔든다.
퇴거 : 적색기를 상하로 흔든다.
③ 접근 : 녹색기를 좌우로 흔단다.
퇴거 : 녹색기를 상하로 흔든다.
④ 접근 : 녹색기를 상하로 흔든다.
퇴거 : 적색기를 좌우로 흔든다.

해설 **입환전호(도시철도운전규칙 제74조)**

- 접근전호
  - 주간 : 녹색기를 좌우로 흔든다. 다만, 부득이한 경우에는 한 팔을 좌우로 움직이는 것으로 대신할 수 있다.
  - 야간 : 녹색등을 좌우로 흔든다.
- 퇴거전호
  - 주간 : 녹색기를 상하로 흔든다. 다만, 부득이한 경우에는 한 팔을 상하로 움직이는 것으로 대신할 수 있다.
  - 야간 : 녹색등을 상하로 흔든다.

정답 18 ③ 19 ③

20 **도시철도 수신호 시 적색기, 녹색기를 머리 위로 높이 교차하는 것이 있다. 이것은 어떤 수신호인가?**

① 서행신호 주간

② 서행신호 야간

③ 주간신호 주간

④ 정지신호 주간

해설 **서행신호 방식(도시철도운전규칙 제70조)**

- 주간 : 적색기와 녹색기를 머리 위로 높이 교차한다. 다만, 부득이한 경우에는 양 팔을 머리 위로 높이 교차하는 것으로 대신할 수 있다.
- 야간 : 명멸하는 녹색등

정답 20 ①

제2과목

철도관련법

- 철도안전법
- 철도사고 · 장애, 철도차량고장 등에 따른 의무보고 및 철도안전 자율보고에 관한 지침
- 철도종사자 등에 관한 교육훈련 시행지침

1

철도안전법 (시행령, 시행규칙 포함)

제1장 총 칙

법 제1조(목적)

이 법은 철도안전을 확보하기 위하여 필요한 사항을 규정하고 철도안전 관리체계를 확립함으로써 공공복리의 증진에 이바지함을 목적으로 한다.

※ 철도안전법은 안전한 철도의 건설과 유지 및 운영을 위하여 철도안전과 관련된 모든 사항에 한정하여, 우선적으로 적용되는 특별법으로서 목적에서도 알 수 있듯이 공공복리의 증진에 이바지함을 궁극적인 목적으로 하고 있다.

참고

일반법(一般法)과 특별법(特別法)은 효력의 범위가 넓고 좁음에서 차이가 발생하고 있다고 보는 것이 일반적 견해이다. 법의 효력은 지역 · 사람 · 사항에 대하여 발생하고 있는데, 일반법보다는 특별법이 상대적으로 범위가 좁고, 우선 적용된다는 특징이 있다. 철도안전법은 철도에 관계된 기관, 업무종사자 및 관련사람(승객, 민원인 등), 관련업무 등에 우선 적용되는 특별법이라고 할 수 있다.

예 제

01 다음 빈칸에 들어갈 말로 옳은 것은?

> 철도안전법 제1조(목적)의 내용 중 철도안전을 확보하기 위하여 필요한 사항을 규정하고 ( )를 확립함으로써 공공복리의 증진에 이바지함을 목적으로 한다.

① 철도안전 운용체계
② 철도안전 운영체계
③ 철도안전 보고체계
④ 철도안전 관리체계

해설 철도안전법의 목적을 이해하고 있는지 묻는 문제이다.

정답 ④

02 철도안전법의 궁극적인 목적을 가장 올바르게 설명하고 있는 것은?

① 철도안전 확보
② 필요한 사항 규정
③ 철도안전 관리체계 확립
④ 공공복리의 증진

해설 철도안전법의 목적에서 보면 공공복리 증진을 궁극적 목적으로 하고 있다.

정답 ④

출제경향

철도안전법의 법률적 성격(특별법)을 묻는 문제와 주요 단어에 대한 ( ) 넣기 문제, 그리고 궁극적인 목적(공공복리의 증진)을 묻는 문제들이 출제되고 있으므로, 목적은 문장 전체를 반드시 외워야 한다.

법 제2조(정의)

이 법에서 사용하는 용어의 뜻은 다음과 같다.

1. "철도"란 「철도산업발전기본법」(이하 "기본법"이라 한다) 제3조 제1호에 따른 철도를 말한다.

> 철도산업법 제3조 제1호
> "철도"라 함은 여객 또는 화물을 운송하는 데 필요한 철도시설과 철도차량 및 이와 관련된 운영 · 지원체계가 유기적으로 구성된 운송체계를 말한다.

2. "전용철도"란 「철도사업법」 제2조 제5호에 따른 전용철도를 말한다.

> 철도사업법 제2조 제5호
> "전용철도"란 다른 사람의 수요에 따른 영업을 목적으로 하지 아니하고 자신의 수요에 따라 특수 목적을 수행하기 위하여 설치하거나 운영하는 철도를 말한다.

3. "철도시설"이란 기본법 제3조 제2호에 따른 철도시설을 말한다.

> 철도산업법 제3조 제2호
> "철도시설"이라 함은 다음 각 목의 어느 하나에 해당하는 시설(부지를 포함한다)을 말한다.
> 가. 철도의 선로(선로에 부대되는 시설을 포함한다), 역시설(물류시설 · 환승시설 및 편의시설 등을 포함한다) 및 철도 운영을 위한 건축물 · 건축설비
> 나. 선로 및 철도차량을 보수 · 정비하기 위한 선로보수기지, 차량정비기지 및 차량유치시설
> 다. 철도의 전철전력설비, 정보통신설비, 신호 및 열차제어설비
> 라. 철도노선 간 또는 다른 교통수단과의 연계운영에 필요한 시설
> 마. 철도기술의 개발 · 시험 및 연구를 위한 시설
> 바. 철도경영연수 및 철도전문인력의 교육훈련을 위한 시설
> 사. 그 밖에 철도의 건설 · 유지보수 및 운영을 위한 시설로서 대통령령으로 정하는 시설

4. "철도운영"이란 기본법 제3조 제3호에 따른 철도운영을 말한다.

> 철도산업법 제3조 제3호
> "철도운영"이라 함은 철도와 관련된 다음 각 목의 어느 하나에 해당하는 것을 말한다.
> 가. 철도 여객 및 화물 운송
> 나. 철도차량의 정비 및 열차의 운행관리
> 다. 철도시설 · 철도차량 및 철도부지 등을 활용한 부대사업개발 및 서비스

5. "철도차량"이란 기본법 제3조 제4호에 따른 철도차량을 말한다.

> 철도산업법 제3조 제4호
> "철도차량"이라 함은 선로를 운행할 목적으로 제작된 동력차 · 객차 · 화차 및 특수차를 말한다.

5의2. "철도용품"이란 철도시설 및 철도차량 등에 사용되는 부품 · 기기 · 장치 등을 말한다.
6. "열차"란 선로를 운행할 목적으로 철도운영자가 편성하여 열차번호를 부여한 철도차량을 말한다.
7. "선로"란 철도차량을 운행하기 위한 궤도와 이를 받치는 노반(路盤) 또는 인공구조물로 구성된 시설을 말한다.
8. "철도운영자"란 철도운영에 관한 업무를 수행하는 자를 말한다.
9. "철도시설관리자"란 철도시설의 건설 또는 관리에 관한 업무를 수행하는 자를 말한다.
10. "철도종사자"란 다음 각 목의 어느 하나에 해당하는 사람을 말한다.
   가. 철도차량의 운전업무에 종사하는 사람(이하 "운전업무종사자"라 한다)
   나. 철도차량의 운행을 집중 제어 · 통제 · 감시하는 업무(이하 "관제업무"라 한다)에 종사하는 사람
   다. 여객에게 승무(乘務) 서비스를 제공하는 사람(이하 "여객승무원"이라 한다)
   라. 여객에게 역무(驛務) 서비스를 제공하는 사람(이하 "여객역무원"이라 한다)
   마. 철도차량의 운행선로 또는 그 인근에서 철도시설의 건설 또는 관리와 관련한 작업의 협의 · 지휘 · 감독 · 안전관리 등의 업무에 종사하도록 철도운영자 또는 철도시설관리자가 지정한 사람(이하 "작업책임자"라 한다)
   바. 철도차량의 운행선로 또는 그 인근에서 철도시설의 건설 또는 관리와 관련한 작업의 일정을 조정하고 해당 선로를 운행하는 열차의 운행일정을 조정하는 사람(이하 "철도운행안전관리자"라 한다)
   사. 그 밖에 철도운영 및 철도시설관리와 관련하여 철도차량의 안전운행 및 질서유지와 철도차량 및 철도시설의 점검 · 정비 등에 관한 업무에 종사하는 사람으로서 대통령령으로 정하는 사람
11. "철도사고"란 철도운영 또는 철도시설관리와 관련하여 사람이 죽거나 다치거나 물건이 파손되는 사고로 국토교통부령으로 정하는 것을 말한다.
12. "철도준사고"란 철도안전에 중대한 위해를 끼쳐 철도사고로 이어질 수 있었던 것으로 국토교통부령으로 정하는 것을 말한다.
13. "운행장애"란 철도사고 및 철도준사고 외에 철도차량의 운행에 지장을 주는 것으로서 국토교통부령으로 정하는 것을 말한다.
14. "철도차량정비"란 철도차량(철도차량을 구성하는 부품 · 기기 · 장치를 포함한다)을 점검 · 검사, 교환 및 수리하는 행위를 말한다.
15. "철도차량정비기술자"란 철도차량정비에 관한 자격, 경력 및 학력 등을 갖추어 제24조의2에 따라 국토교통부장관의 인정을 받은 사람을 말한다.

▶시행령 제2조(정의)

이 영에서 사용하는 용어의 뜻은 다음 각호와 같다.
1. "정거장"이란 여객의 승하차(여객 이용시설 및 편의시설을 포함한다), 화물의 적하(積荷), 열차의 조성(組成 : 철도차량을 연결하거나 분리하는 작업을 말한다), 열차의 교차통행 또는 대피를 목적으로 사용되는 장소를 말한다.
2. "선로전환기"란 철도차량의 운행선로를 변경시키는 기기를 말한다.

▶시행령 제3조(안전운행 또는 질서유지 철도종사자)

「철도안전법」 제2조 제10호 사목에서 "대통령령으로 정하는 사람"이란 다음 각호의 어느 하나에 해당하는 사람을 말한다.

1. 철도사고, 철도준사고 및 운행장애(이하 "철도사고등"이라 한다)가 발생한 현장에서 조사 · 수습 · 복구 등의 업무를 수행하는 사람
2. 철도차량의 운행선로 또는 그 인근에서 철도시설의 건설 또는 관리와 관련된 작업의 현장감독업무를 수행하는 사람
3. 철도시설 또는 철도차량을 보호하기 위한 순회점검업무 또는 경비업무를 수행하는 사람
4. 정거장에서 철도신호기 · 선로전환기 또는 조작판 등을 취급하거나 열차의 조성업무를 수행하는 사람
5. 철도에 공급되는 전력의 원격제어장치를 운영하는 사람
6. 「사법경찰관리의 직무를 수행할 자와 그 직무범위에 관한 법률」 제5조 제11호에 따른 철도경찰 사무에 종사하는 국가공무원
7. 철도차량 및 철도시설의 점검 · 정비 업무에 종사하는 사람

▶시행규칙 제1조의2(철도사고의 범위)

「철도안전법」 제2조 제11호에서 "국토교통부령으로 정하는 것"이란 다음 각호의 어느 하나에 해당하는 것을 말한다.

1. 철도교통사고 : 철도차량의 운행과 관련된 사고로서 다음 각 목의 어느 하나에 해당하는 사고
   가. 충돌사고 : 철도차량이 다른 철도차량 또는 장애물(동물 및 조류는 제외한다)과 충돌하거나 접촉한 사고
   나. 탈선사고 : 철도차량이 궤도를 이탈하는 사고
   다. 열차화재사고 : 철도차량에서 화재가 발생하는 사고
   라. 기타철도교통사고 : 가목부터 다목까지의 사고에 해당하지 않는 사고로서 철도차량의 운행과 관련된 사고
2. 철도안전사고 : 철도시설 관리와 관련된 사고로서 다음 각 목의 어느 하나에 해당하는 사고. 다만, 「재난 및 안전관리 기본법」 제3조 제1호 가목에 따른 자연재난으로 인한 사고는 제외한다.
   가. 철도화재사고 : 철도역사, 기계실 등 철도시설에서 화재가 발생하는 사고
   나. 철도시설파손사고 : 교량 · 터널 · 선로, 신호 · 전기 · 통신 설비 등의 철도시설이 파손되는 사고
   다. 기타철도안전사고 : 가목 및 나목에 해당하지 않는 사고로서 철도시설 관리와 관련된 사고

▶시행규칙 제1조의3(철도준사고의 범위)

법 제2조 제12호에서 "국토교통부령으로 정하는 것"이란 다음 각호의 어느 하나에 해당하는 것을 말한다.

1. 운행허가를 받지 않은 구간으로 열차가 주행하는 경우
2. 열차가 운행하려는 선로에 장애가 있음에도 진행을 지시하는 신호가 표시되는 경우. 다만, 복구 및 유지 보수를 위한 경우로서 관제 승인을 받은 경우에는 제외한다.
3. 열차 또는 철도차량이 승인 없이 정지신호를 지난 경우
4. 열차 또는 철도차량이 역과 역 사이로 미끄러진 경우
5. 열차운행을 중지하고 공사 또는 보수작업을 시행하는 구간으로 열차가 주행한 경우
6. 안전운행에 지장을 주는 레일 파손이나 유지보수 허용범위를 벗어난 선로 뒤틀림이 발생한 경우
7. 안전운행에 지장을 주는 철도차량의 차륜, 차축, 차축베어링에 균열 등의 고장이 발생한 경우
8. 철도차량에서 화약류 등 「철도안전법 시행령」(이하 "영"이라 한다) 제45조에 따른 위험물 또는 제78조 제1항에 따른 위해물품이 누출된 경우
9. 제1호부터 제8호까지의 준사고에 준하는 것으로서 철도사고로 이어질 수 있는 것

▶시행규칙 제1조의4(운행장애의 범위)

법 제2조 제13호에서 "국토교통부령으로 정하는 것"이란 다음 각호의 어느 하나에 해당하는 것을 말한다.

1. 관제의 사전승인 없는 정차역 통과
2. 다음 각 목의 구분에 따른 운행지연. 다만, 다른 철도사고 또는 운행장애로 인한 운행지연은 제외한다.
   가. 고속열차 및 전동열차 : 20분 이상
   나. 일반여객열차 : 30분 이상
   다. 화물열차 및 기타열차 : 60분 이상

※ 용어의 정의는 철도안전법을 이해하는 기본이며, 각호마다의 단어와 전달하고자 하는 의미를 정확하게 이해하고 반드시 외워 놓아야 할 중요한 곳이다.

예 제

01 다음 중 용어의 정의가 틀린 것은?

① “선로”란 철도차량을 운행하기 위한 궤도와 이를 받치는 노반 또는 인공구조물로 구성된 시설통
② “열차”란 선로를 운행할 목적으로 철도운영자가 편성하여 열차번호를 부여한 철도차량
③ “철도운영자”란 철도운영에 관한 업무를 수행하는 자
④ “운행장애”란 철도사고 및 철도준사고 외에 철도차량의 운행에 지장을 주는 것으로서 대통령령으로 정하는 것

해설 철도사고 및 철도준사고 외에 철도차량의 운행에 지장을 주는 것으로서 국토교통부령으로 정하는 것을 말한다.

정답 ④

02 열차의 교차통행 또는 대피를 위해 설치한 장소는?

① 조차장
② 신호장
③ 신호소
④ 정거장

해설 “정거장”이란 여객 또는 화물의 취급을 위한 철도시설 등을 설치한 장소[조차장(열차의 조성 또는 차량의 입환을 위하여 철도시설 등이 설치된 장소를 말한다) 및 신호장(열차의 교차 통행 또는 대피를 위하여 철도시설 등이 설치된 장소를 말한다)을 포함한다]를 말한다(철도의 건설기준에 관한 규정 제2조 제10호).

정답 ④

출제경향

철도안전법 용어의 정의에서는 제1호에서 제5호까지 철도산업발전기본법에 정의하고 있는 부분을 제외하고 시행령과 시행규칙에 있는 정의를 포함하여 균등하게 출제되고 있다. 특히, 종사자에 대하여는 법에서 정한 종사자와 시행령에 있는 종사자를 구분할 수 있어야 하며, 시행규칙에서 정의하고 있는 사고 및 준사고, 운행장애의 종류도 출제가 계속 이루어지고 있다.

법 제3조(다른 법률과의 관계)

철도안전에 관하여 다른 법률에 특별한 규정이 있는 경우를 제외하고는 이 법에서 정하는 바에 따른다.

법 제4조(국가 등의 책무)

① 국가와 지방자치단체는 국민의 생명 · 신체 및 재산을 보호하기 위하여 철도안전시책을 마련하여 성실히 추진하여야 한다.
② 철도운영자 및 철도시설관리자(이하 “철도운영자등”이라 한다)는 철도운영이나 철도시설관리를 할 때에는 법령에서 정하는 바에 따라 철도안전을 위하여 필요한 조치를 하고, 국가나 지방자치단체가 시행하는 철도안전시책에 적극 협조하여야 한다.

출제경향

거의 출제되지 않고 있다.

제2장 철도안전 관리체계

구 분	주요내용	수립 및 시기	수립자	승인(심의)
철도안전 종합계획	철도안전에 관한 종합계획	5개년 계획	국토교통부장관	철도산업위원회
시행계획	철도안전 종합계획의 단계적 시행에 필요한 연차별 시행계획 수립 · 추진	• 1년마다 수립 • 10월 말까지 계획 수립 • 2월 말까지 추진실적 제출	• 국토교통부장관 • 시 · 도지사 • 철도운영자 • 철도시설관리자	국토교통부장관
철도안전투자의 공시	• 철도차량의 교체 • 철도시설의 개량 등 예산	매년 5월 말까지	철도운영자	철도안전정보종합관리 시스템과 홈페이지에 게시
안전관리체계의 승인	철도 및 철도시설의 안전관리에 관한 유기적 체계	운영 · 관리 시작	• 철도운영자 • 철도시설관리자	국토교통부장관 (교통안전공단 위탁)
안전관리체계의 유지 등	승인받은 안전관리체계의 지속적인 유지	• 정기 · 수시검사 • 시정조치	• 철도운영자 • 철도시설관리자	국토교통부장관
승인의 취소 등	• 안전관리체계 승인 취소 • 6개월 이내 업무제한 · 정지	안전관리체계 무단변경 및 미이행 시	• 철도운영자 • 철도시설관리자	국토교통부장관
과징금	30억원 이하의 과징금 부과	업무의 제한이나 정지를 갈음하여 부과	• 철도운영자 • 철도시설관리자	국토교통부장관

〈철도안전 관리체계 요약〉

법 제5조(철도안전 종합계획)

① 국토교통부장관은 5년마다 철도안전에 관한 종합계획을 수립하여야 한다.

② 철도안전 종합계획에는 다음 각호의 사항이 포함되어야 한다.

1. 철도안전 종합계획의 추진 목표 및 방향
2. 철도안전에 관한 시설의 확충, 개량 및 점검 등에 관한 사항
3. 철도차량의 정비 및 점검 등에 관한 사항
4. 철도안전 관계 법령의 정비 등 제도개선에 관한 사항
5. 철도안전 관련 전문 인력의 양성 및 수급관리에 관한 사항
6. 철도종사자의 안전 및 근무환경 향상에 관한 사항
7. 철도안전 관련 교육훈련에 관한 사항
8. 철도안전 관련 연구 및 기술개발에 관한 사항
9. 그 밖에 철도안전에 관한 사항으로서 국토교통부장관이 필요하다고 인정하는 사항

③ 국토교통부장관은 철도안전 종합계획을 수립할 때에는 미리 관계 중앙행정기관의 장 및 철도운영자등과 협의한 후 기본법 제6조 제1항에 따른 철도산업위원회의 심의를 거쳐야 한다. 수립된 철도안전 종합계획을 변경(대통령령으로 정하는 경미한 사항의 변경은 제외한다)할 때에도 또한 같다.

④ 국토교통부장관은 철도안전 종합계획을 수립하거나 변경하기 위하여 필요하다고 인정하면 관계 중앙행정기관의 장 또는 특별시장 · 광역시장 · 특별자치시장 · 도지사 · 특별자치도지사(이하 "시 · 도지사"라 한다)에게 관련 자료의 제출을 요구할 수 있다. 자료 제출 요구를 받은 관계 중앙행정기관의 장 또는 시 · 도지사는 특별한 사유가 없으면 이에 따라야 한다.

⑤ 국토교통부장관은 제3항에 따라 철도안전 종합계획을 수립하거나 변경하였을 때에는 이를 관보에 고시하여야 한다.

▶시행령 제4조(철도안전 종합계획의 경미한 변경)

법 제5조 제3항 후단에서 "대통령령으로 정하는 경미한 사항의 변경"이란 다음 각호의 어느 하나에 해당하는 변경을 말한다.

1. 법 제5조 제1항에 따른 철도안전 종합계획에서 정한 총사업비를 원래 계획의 100분의 10 이내에서의 변경
2. 철도안전 종합계획에서 정한 시행기한 내에 단위사업의 시행시기의 변경
3. 법령의 개정, 행정구역의 변경 등과 관련하여 철도안전 종합계획을 변경하는 등 당초 수립된 철도안전 종합계획의 기본방향에 영향을 미치지 아니하는 사항의 변경

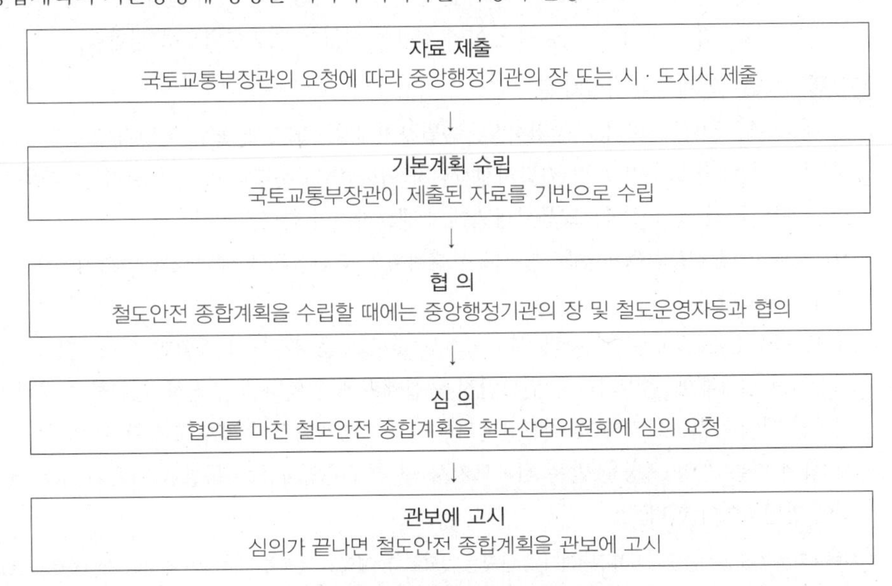

〈철도안전종합계획의 수립 및 변경절차〉

※ 철도안전 종합계획에 포함되어야 할 사항과 수립 및 변경절차를 설명하고 있고, 경미한 사항에 대하여는 대통령령으로 변경절차를 거치지 않도록 하고 있다.

예 제

01 철도안전 종합계획에 포함될 사항으로 틀린 것은?

① 철도안전 종합계획의 추진 목표 및 방향
② 철도안전 관계 법령의 정비 등 제도개선에 관한 사항
③ 철도안전 사고 시 대응계획
④ 철도안전 관련 교육훈련에 관한 사항

해설 철도안전 사고 시 대응계획은 포함사항이 아니다(법 제5조 제2항).

정답 ③

출제경향

비중이 있는 문제가 출제되고 있다. 포함사항은 반드시 외우고 수립 및 변경과정에서 자료제출 대상자, 협의 대상자, 그리고 국토교통부장관의 역할에 유의하여야 한다.

법 제6조(시행계획)

① 국토교통부장관, 시 · 도지사 및 철도운영자등은 철도안전 종합계획에 따라 소관별로 철도안전 종합계획의 단계적 시행에 필요한 연차별 시행계획(이하 "시행계획"이라 한다)을 수립 · 추진하여야 한다.
② 시행계획의 수립 및 시행절차 등에 관하여 필요한 사항은 대통령령으로 정한다.

▶시행령 제5조(시행계획 수립절차 등)

① 법 제6조에 따라 특별시장 · 광역시장 · 특별자치시장 · 도지사 또는 특별자치도지사(이하 "시 · 도지사"라 한다)와 철도운영자 및 철도시설관리자(이하 "철도운영자등"이라 한다)는 다음 연도의 시행계획을 매년 10월 말까지 국토교통부장관에게 제출하여야 한다.
② 시 · 도지사 및 철도운영자등은 전년도 시행계획의 추진실적을 매년 2월 말까지 국토교통부장관에게 제출하여야 한다.
③ 국토교통부장관은 제1항에 따라 시 · 도지사 및 철도운영자등이 제출한 다음 연도의 시행계획이 철도안전 종합계획에 위반되거나 철도안전 종합계획을 원활하게 추진하기 위하여 보완이 필요하다고 인정될 때에는 시 · 도지사 및 철도운영자등에게 시행계획의 수정을 요청할 수 있다.
④ 제3항에 따른 수정 요청을 받은 시 · 도지사 및 철도운영자등은 특별한 사유가 없는 한 이를 시행계획에 반영하여야 한다.

※ 시행계획은 철도안전종합계획이 5년마다 수립되는 것으로 이 계획의 목표를 달성하기 위하여 소관별로(국토교통부, 시 · 도지사, 철도운영자, 철도시설관리자) 매년 연차별로 시행계획을 수립하고 실적을 제출하고 있다. 여기서 철도운영자등은 철도운영자와 시설관리자를 포함하는 단어이므로 반드시 구별할 수 있어야 한다.

예 제

01 빈칸에 들어갈 내용으로 옳은 것은?

철도안전 종합계획의 연차별 시행계획은 매년 (　　) 말까지 제출해야 하며, 추진실적은 매년 (　　) 말까지 제출해야 한다.

① 10월, 02월　　② 02월, 10월
③ 11월, 03월　　④ 03월, 11월

해설 계획은 매년 10월 말까지, 실적은 매년 2월 말까지 제출한다.

정답 ①

02 철도안전 종합계획의 연차별 시행계획을 수립하여야 하는 사람으로 틀린 것은?

① 국토교통부장관　　② 중앙행정기관의 장
③ 시 · 도지사　　④ 철도운영자등

해설 중앙행정기관의 장은 시행계획과 관련이 없고, 오직 철도안전 종합계획에만 관련된다.

정답 ②

출제경향

시행계획의 수립자, 계획수립과 실적제출 시기 등이 출제되고 있고, 제2장에서는 가장 비중과 빈도가 높은 곳이다.

참고

1. 임의규정 : 법률행위가 당사자의 의사에 따라 배제 또는 변경되는 것을 말하며, 철도안전법에서는 '~을 할 수 있다'로 표현되고 있다. 당사자의 의사에 따라 선택할 수 있는 규정이다.
2. 강행규정 : 당사자의 의사에 상관없이 강행되는 것이 강행규정이며, 철도안전법에서는 '~을 하여야 한다'로 표현되고 있다. 당사자의 의사에 상관없이 반드시 하여야만 하는 규정이다.

법 제6조의2(철도안전투자의 공시)

① 철도운영자는 철도차량의 교체, 철도시설의 개량 등 철도안전 분야에 투자(이하 이 조에서 "철도안전투자"라 한다)하는 예산 규모를 매년 공시하여야 한다.

② 제1항에 따른 철도안전투자의 공시 기준, 항목, 절차 등에 필요한 사항은 국토교통부령으로 정한다.

▶시행규칙 제1조의5(철도안전투자의 공시 기준 등)

① 철도운영자는 법 제6조의2 제1항에 따라 철도안전투자의 예산 규모를 공시하는 경우에는 다음 각호의 기준에 따라야 한다.

1. 예산 규모에는 다음 각 목의 예산이 모두 포함되도록 할 것
   가. 철도차량 교체에 관한 예산
   나. 철도시설 개량에 관한 예산
   다. 안전설비의 설치에 관한 예산
   라. 철도안전 교육훈련에 관한 예산

마. 철도안전 연구개발에 관한 예산
바. 철도안전 홍보에 관한 예산
사. 그 밖에 철도안전에 관련된 예산으로서 국토교통부장관이 정해 고시하는 사항

2. 다음 각 목의 사항이 모두 포함된 예산 규모를 공시할 것
가. 과거 3년간 철도안전투자의 예산 및 그 집행 실적
나. 해당 년도 철도안전투자의 예산
다. 향후 2년간 철도안전투자의 예산

3. 국가의 보조금, 지방자치단체의 보조금 및 철도운영자의 자금 등 철도안전투자 예산의 재원을 구분해 공시할 것

4. 그 밖에 철도안전투자와 관련된 예산으로서 국토교통부장관이 정해 고시하는 예산을 포함해 공시할 것

② 철도운영자는 철도안전투자의 예산 규모를 매년 5월 말까지 공시해야 한다.
③ 제2항에 따른 공시는 법 제71조 제1항에 따라 구축된 철도안전정보종합관리시스템과 해당 철도운영자의 인터넷 홈페이지에 게시하는 방법으로 한다.
④ 제1항부터 제3항까지에서 규정한 사항 외에 철도안전투자의 공시 기준 및 절차 등에 관해 필요한 사항은 국토교통부장관이 정해 고시한다.

※ 철도운영자가 공시해야 할 철도안전투자에 대한 내용을 규정하고 있다.

예 제

01 철도안전투자와 관련된 사항이 아닌 것은?

① 철도운영자등은 철도차량의 교체 등 철도안전 분야에 투자하는 예산 규모를 매년 공시하여야 한다.
② 철도차량 교체에 관한 예산이 포함되도록 하여야 한다.
③ 철도안전투자의 예산 규모를 매년 5월 말까지 공시해야 한다.
④ 공시는 철도안전정보종합관리시스템과 해당 철도운영자의 인터넷 홈페이지에 게시하는 방법으로 한다.

해설 철도안전투자의 공시는 철도운영자만 한다(법 제6조의2 제1항).

정답 ①

출제경향

철도운영자등이 아닌, 철도운영자의 철도안전투자에 대한 내용, 절차, 방법 등이 출제되고 있다. 또한, 해당조문이 법에 있는지, 대통령령인지, 국토교통부령인지를 구분할 수 있도록 '대통령령, 국토교통부령으로 정한다' 하는 부분을 유의하여 정독하여야 한다.

법 제7조(안전관리체계의 승인)

① 철도운영자등(전용철도의 운영자는 제외한다. 이하 이 조 및 제8조에서 같다)은 철도운영을 하거나 철도시설을 관리하려는 경우에는 인력, 시설, 차량, 장비, 운영절차, 교육훈련 및 비상대응계획 등 철도 및 철도시설의 안전관리에 관한 유기적 체계(이하 "안전관리체계"라 한다)를 갖추어 국토교통부장관의 승인을 받아야 한다.

- 안전관리체계의 승인을 받지 아니하고 철도운영을 하거나 철도시설을 관리한 자 : 3년 이하의 징역 또는 3천만 원 이하의 벌금
- 거짓이나 그 밖의 부정한 방법으로 안전관리체계 승인을 받은 자 : 2년 이하의 징역 또는 2천만원 이하의 벌금

② 전용철도의 운영자는 자체적으로 안전관리체계를 갖추고 지속적으로 유지하여야 한다.

③ 철도운영자등은 제1항에 따라 승인받은 안전관리체계를 변경(제5항에 따른 안전관리기준의 변경에 따른 안전관리체계의 변경을 포함한다. 이하 이 조에서 같다)하려는 경우에는 국토교통부장관의 변경승인을 받아야 한다. 다만, 국토교통부령으로 정하는 경미한 사항을 변경하려는 경우에는 국토교통부장관에게 신고하여야 한다.

- 안전관리체계의 변경승인을 받지 않고 안전관리체계를 변경한 경우 : 1회 300만원, 2회 600만원, 3회 900만 원 과태료
- 안전관리체계의 변경신고를 하지 않고 안전관리체계를 변경한 경우 : 1회 150만원, 2회 300만원, 3회 450만 원 과태료

④ 국토교통부장관은 제1항 또는 제3항 본문에 따른 안전관리체계의 승인 또는 변경승인의 신청을 받은 경우에는 해당 안전관리체계가 제5항에 따른 안전관리기준에 적합한지를 검사한 후 승인 여부를 결정하여야 한다.

⑤ 국토교통부장관은 철도안전경영, 위험관리, 사고 조사 및 보고, 내부점검, 비상대응계획, 비상대응훈련, 교육훈련, 안전정보관리, 운행안전관리, 차량 · 시설의 유지관리(차량의 기대수명에 관한 사항을 포함한다) 등 철도운영 및 철도시설의 안전관리에 필요한 기술기준을 정하여 고시하여야 한다.

⑥ 제1항부터 제5항까지의 규정에 따른 승인절차, 승인방법, 검사기준, 검사방법, 신고절차 및 고시방법 등에 관하여 필요한 사항은 국토교통부령으로 정한다.

▶시행규칙 제2조(안전관리체계 승인 신청 절차 등)

① 철도운영자 및 철도시설관리자(이하 "철도운영자등"이라 한다)가 법 제7조 제1항에 따른 안전관리체계를 승인받으려는 경우에는 철도운용 또는 철도시설 관리 개시 예정일 90일 전까지 철도안전관리체계 승인신청서에 다음 각호의 서류를 첨부하여 국토교통부장관에게 제출하여야 한다.

1. 「철도사업법」 또는 「도시철도법」에 따른 철도사업면허증 사본
2. 조직 · 인력의 구성, 업무분장 및 책임에 관한 서류
3. 다음 각호의 사항을 적시한 철도안전관리시스템에 관한 서류
   가. 철도안전관리시스템 개요
   나. 철도안전경영
   다. 문서화
   라. 위험관리
   마. 요구사항 준수
   바. 철도사고 조사 및 보고

사. 내부 점검
아. 비상대응
자. 교육훈련
차. 안전정보
카. 안전문화

4. 다음 각호의 사항을 적시한 열차운행체계에 관한 서류
   가. 철도운영 개요
   나. 철도사업면허
   다. 열차운행 조직 및 인력
   라. 열차운행 방법 및 절차
   마. 열차운행계획
   바. 승무 및 역무
   사. 철도관제업무
   아. 철도보호 및 질서유지
   자. 열차운영 기록관리
   차. 위탁 계약자 감독 등 위탁업무 관리에 관한 사항
5. 다음 각호의 사항을 적시한 유지관리체계에 관한 서류
   가. 유지관리 개요
   나. 유지관리 조직 및 인력
   다. 유지관리 방법 및 절차(법 제38조에 따른 종합시험운행 실시 결과(완료된 결과를 말한다. 이하 이 조에서 같다)를 반영한 유지관리 방법을 포함한다)
   라. 유지관리 이행계획
   마. 유지관리 기록
   바. 유지관리 설비 및 장비
   사. 유지관리 부품
   아. 철도차량 제작 감독
   자. 위탁 계약자 감독 등 위탁업무 관리에 관한 사항
6. 법 제38조에 따른 종합시험운행 실시 결과 보고서

② 철도운영자등이 법 제7조 제3항 본문에 따라 승인받은 안전관리체계를 변경하려는 경우에는 변경된 철도운용 또는 철도시설 관리 개시 예정일 30일 전(제3조 제1항 제4호에 따른 변경사항의 경우에는 90일 전)까지 철도안전관리체계 변경승인신청서에 다음 각호의 서류를 첨부하여 국토교통부장관에게 제출하여야 한다.
1. 안전관리체계의 변경내용과 증빙서류
2. 변경 전후의 대비표 및 해설서

③ 제1항 및 제2항에도 불구하고 철도운영자등이 안전관리체계의 승인 또는 변경승인을 신청하는 경우 제1항 제5호 다목 및 같은 항 제6호에 따른 서류는 철도운용 또는 철도시설 관리 개시 예정일 14일 전까지 제출할 수 있다.

④ 국토교통부장관은 제1항 및 제2항에 따라 안전관리체계의 승인 또는 변경승인 신청을 받은 경우에는 15일 이내에 승인 또는 변경승인에 필요한 검사 등의 계획서를 작성하여 신청인에게 통보하여야 한다.

▶시행규칙 제3조(안전관리체계의 경미한 사항 변경)

① 법 제7조 제3항 단서에서 "국토교통부령으로 정하는 경미한 사항"이란 다음 각호의 어느 하나에 해당하는 사항을 제외한 변경사항을 말한다.

1. 안전 업무를 수행하는 전담조직의 변경(조직 부서명의 변경은 제외한다)
2. 열차운행 또는 유지관리 인력의 감소
3. 철도차량 또는 다음 각 목의 어느 하나에 해당하는 철도시설의 증가
   가. 교량, 터널, 옹벽
   나. 선로(레일)
   다. 역사, 기지, 승강장안전문
   라. 전차선로, 변전설비, 수전실, 수 · 배전선로
   마. 연동장치, 열차제어장치, 신호기장치, 선로전환기장치, 궤도회로장치, 건널목보안장치
   바. 통신선로설비, 열차무선설비, 전송설비
4. 철도노선의 신설 또는 개량
5. 사업의 합병 또는 양도 · 양수
6. 유지관리 항목의 축소 또는 유지관리 주기의 증가
7. 위탁 계약자의 변경에 따른 열차운행체계 또는 유지관리체계의 변경

② 철도운영자등은 법 제7조 제3항 단서에 따라 경미한 사항을 변경하려는 경우에는 철도안전관리체계 변경신고서에 다음 각호의 서류를 첨부하여 국토교통부장관에게 제출하여야 한다.

1. 안전관리체계의 변경내용과 증빙서류
2. 변경 전후의 대비표 및 해설서

③ 국토교통부장관은 제2항에 따라 신고를 받은 때에는 제2항 각호의 첨부서류를 확인한 후 철도안전관리체계 변경신고확인서를 발급하여야 한다.

▶시행규칙 제4조(안전관리체계의 승인 방법 및 증명서 발급 등)

① 법 제7조 제4항에 따른 안전관리체계의 승인 또는 변경승인을 위한 검사는 다음 각호에 따른 서류검사와 현장검사로 구분하여 실시한다. 다만, 서류검사만으로 법 제7조 제5항에 따른 안전관리에 필요한 기술기준(이하 "안전관리기준"이라 한다)에 적합 여부를 판단할 수 있는 경우에는 현장검사를 생략할 수 있다.

1. 서류검사 : 제2조 제1항 및 제2항에 따라 철도운영자등이 제출한 서류가 안전관리기준에 적합한지 검사
2. 현장검사 : 안전관리체계의 이행가능성 및 실효성을 현장에서 확인하기 위한 검사

② 국토교통부장관은 「도시철도법」 제3조 제2호에 따른 도시철도 또는 같은 법 제24조 또는 제42조에 따라 도시철도건설사업 또는 도시철도운송사업을 위탁받은 법인이 건설 · 운영하는 도시철도에 대하여 법 제7조 제4항에 따른 안전관리체계의 승인 또는 변경승인을 위한 검사를 하는 경우에는 해당 도시철도의 관할 시 · 도지사와 협의할 수 있다. 이 경우 협의 요청을 받은 시 · 도지사는 협의를 요청받은 날부터 20일 이내에 의견을 제출하여야 하며, 그 기간 내에 의견을 제출하지 아니하면 의견이

없는 것으로 본다.

③ 국토교통부장관은 제1항에 따른 검사 결과 안전관리기준에 적합하다고 인정하는 경우에는 철도안전관리체계 승인증명서를 신청인에게 발급하여야 한다.

④ 제1항에 따른 검사에 관한 세부적인 기준, 절차 및 방법 등은 국토교통부장관이 정하여 고시한다.

▶시행규칙 제5조(안전관리기준의 고시)

① 국토교통부장관은 법 제7조 제5항에 따른 안전관리기준을 정할 때 전문기술적인 사항에 대해 제44조에 따른 철도기술심의위원회의 심의를 거칠 수 있다.

② 국토교통부장관은 법 제7조 제5항에 따른 안전관리기준을 정한 경우에는 이를 관보에 고시해야 한다.

※ 철도운영자등은 철도를 운영하거나 시설을 관리하고자 하는 경우 어떻게 안전을 확보하고 운영 및 관리를 할 것인가를 기준에 맞게 안전관리체계를 만들어 국토교통부장관에게 승인을 받도록 하고 있고, 경미한 사항의 변경도 신고를 하도록 하고 있다.

예 제

01 안전관리체계의 경미한 변경사항 중 제외사항이 아닌 것은?

① 열차운행 또는 유지관리 인력의 감소
② 교량, 터널, 옹벽의 시설 증가
③ 통신선로설비, 열차무선설비, 전송설비의 감소
④ 철도노선의 신설 또는 개량

해설 통신선로설비 등의 감소는 경미한 변경이므로 제외사항에 해당되지 않으며 신고만으로 가능하다.

정답 ③

출제경향

안전관리체계에 포함되어야 할 사항, 경미한 변경 중 제외사항 등은 시험에 계속 출제되고 있으니 정확하게 내용을 파악하는 것이 중요하다.

법 제8조(안전관리체계의 유지 등)

① 철도운영자등은 철도운영을 하거나 철도시설을 관리하는 경우에는 제7조에 따라 승인받은 안전관리체계를 지속적으로 유지하여야 한다.

- 안전관리체계의 지속적 유지조항을 위반하여 철도운영이나 철도시설 관리에 중대하고 명백한 지장을 초래한 자 : 2년 이하의 징역 또는 2천만원 이하의 벌금

② 국토교통부장관은 안전관리체계 위반 여부 확인 및 철도사고 예방 등을 위하여 철도운영자등이 제1항에 따른 안전관리체계를 지속적으로 유지하는지 다음 각호의 검사를 통해 국토교통부령으로 정하는 바에 따라 점검 · 확인할 수 있다.

1. 정기검사 : 철도운영자등이 국토교통부장관으로부터 승인 또는 변경승인받은 안전관리체계를 지속적으로 유지하는지를 점검 · 확인하기 위하여 정기적으로 실시하는 검사
2. 수시검사 : 철도운영자등이 철도사고 및 운행장애 등을 발생시키거나 발생시킬 우려가 있는 경우에 안전관리체계 위반사항 확인 및 안전관리체계 위해요인 사전예방을 위해 수행하는 검사

③ 국토교통부장관은 제2항에 따른 검사 결과 안전관리체계가 지속적으로 유지되지 아니하거나 그 밖에 철도안전을 위하여 필요하다고 인정하는 경우에는 국토교통부령으로 정하는 바에 따라 시정조치를 명할 수 있다.

➡ 정당한 사유 없이 시정조치 명령에 따르지 않는 경우 : : 1회 300만원, 2회 600만원, 3회 900만원 과태료

▶시행규칙 제6조(안전관리체계의 유지 · 검사 등)

① 국토교통부장관은 법 제8조 제2항 제1호에 따른 정기검사를 1년마다 1회 실시해야 한다.

② 국토교통부장관은 법 제8조 제2항에 따른 정기검사 또는 수시검사를 시행하려는 경우에는 검사 시행일 7일 전까지 다음 각호의 내용이 포함된 검사계획을 검사 대상 철도운영자등에게 통보해야 한다. 다만, 철도사고, 철도준사고 및 운행장애(이하 "철도사고등"이라 한다)의 발생 등으로 긴급히 수시검사를 실시하는 경우에는 사전 통보를 하지 않을 수 있고, 검사 시작 이후 검사계획을 변경할 사유가 발생한 경우에는 철도운영자등과 협의하여 검사계획을 조정할 수 있다.

1. 검사반의 구성
2. 검사 일정 및 장소
3. 검사 수행 분야 및 검사 항목
4. 중점 검사 사항
5. 그 밖에 검사에 필요한 사항

③ 국토교통부장관은 다음 각호의 사유로 철도운영자등이 안전관리체계 정기검사의 유예를 요청한 경우에 검사 시기를 유예하거나 변경할 수 있다.

1. 검사 대상 철도운영자등이 사법기관 및 중앙행정기관의 조사 및 감사를 받고 있는 경우
2. 「항공 · 철도 사고조사에 관한 법률」 제4조 제1항에 따른 항공 · 철도사고조사위원회가 같은 법 제19조에 따라 철도사고에 대한 조사를 하고 있는 경우
3. 대형 철도사고의 발생, 천재지변, 그 밖의 부득이한 사유가 있는 경우

④ 국토교통부장관은 정기검사 또는 수시검사를 마친 경우에는 다음 각호의 사항이 포함된 검사 결과보고서를 작성하여야 한다.

1. 안전관리체계의 검사 개요 및 현황
2. 안전관리체계의 검사 과정 및 내용
3. 법 제8조 제3항에 따른 시정조치사항
4. 제6항에 따라 제출된 시정조치계획서에 따른 시정조치명령의 이행 정도
5. 철도사고에 따른 사망자 · 중상자의 수 및 철도사고등에 따른 재산피해액

⑤ 국토교통부장관은 법 제8조 제3항에 따라 철도운영자등에게 시정조치를 명하는 경우에는 시정에 필요한 적정한 기간을 주어야 한다.

⑥ 철도운영자등이 법 제8조 제3항에 따라 시정조치명령을 받은 경우에 14일 이내에 시정조치계획서를 작성하여 국토교통부장관에게 제출하여야 하고, 시정조치를 완료한 경우에는 지체 없이 그 시정내용을 국토교통부장관에게 통보하여야 한다.

⑦ 제1항부터 제6항까지의 규정에서 정한 사항 외에 정기검사 또는 수시검사에 관한 세부적인 기준 · 방법 및 절차는 국토교통부장관이 정하여 고시한다.

※ 국토교통부장관은 철도운영자등이 안전관리체계를 운영, 유지하고 있는지를 확인하기 위하여 1년에 한 번씩 정기검사, 사고 발생 시 수시검사를 시행하고 있다. 이를 통하여 과태료를 부과하기도 하고 시정조치 등을 하게 하는 등 관리를 하고 있다.

예 제

01 안전관리체계의 유지 등에 관한 사항으로 틀린 것은?

① 철도운영자등이 안전관리체계 정기 및 수시검사의 유예를 요청한 경우에 검사 시기를 유예하거나 변경할 수 있다.

② 검사 대상 철도운영자등이 사법기관의 조사를 받고 있는 경우 검사 시기를 유예할 수 있다.

③ 항공 · 철도사고조사위원회가 철도사고에 대한 조사를 하고 있는 경우 검사 시기를 유예할 수 있다.

④ 검사 대상 철도운영자등이 중앙행정기관의 감사를 받고 있는 경우 검사 시기를 유예할 수 있다.

해설 수시검사는 유예 등에 관한 사항에 규정되어 있지 않다.

정답 ①

출제경향

정기검사, 수시검사를 구별할 수 있어야 하며, 검사반의 구성, 포함사항, 유예하는 경우 등이 집중 출제되고 있다.

법 제9조(승인의 취소 등)

① 국토교통부장관은 안전관리체계의 승인을 받은 철도운영자등이 다음 각호의 어느 하나에 해당하는 경우에는 그 승인을 취소하거나 6개월 이내의 기간을 정하여 업무의 제한이나 정지를 명할 수 있다. 다만, 제1호에 해당하는 경우에는 그 승인을 취소하여야 한다.

1. 거짓이나 그 밖의 부정한 방법으로 승인을 받은 경우
2. 제7조 제3항을 위반하여 변경승인을 받지 아니하거나 변경신고를 하지 아니하고 안전관리체계를 변경한 경우
3. 제8조 제1항을 위반하여 안전관리체계를 지속적으로 유지하지 아니하여 철도운영이나 철도시설의 관리에 중대한 지장을 초래한 경우
4. 제8조 제3항에 따른 시정조치명령을 정당한 사유 없이 이행하지 아니한 경우

② 제1항에 따른 승인 취소, 업무의 제한 또는 정지의 기준 및 절차 등에 관하여 필요한 사항은 국토교통부령으로 정한다.

▶시행규칙 제7조(안전관리체계 승인의 취소 등 처분기준)

법 제9조에 따른 철도운영자등의 안전관리체계 승인의 취소 또는 업무의 제한 · 정지 등의 처분기준은 별표 1과 같다.

▶시행규칙 [별표 1] 안전관리체계 관련 처분기준(개별기준)

위반행위	근거 법조문	처분 기준
가. 거짓이나 그 밖의 부정한 방법으로 승인을 받은 경우	법 제9조 제1항 제1호	
1) 1차 위반		승인취소
나. 법 제7조 제3항을 위반하여 변경승인을 받지 않고 안전관리체계를 변경한 경우	법 제9조 제1항 제2호	
1) 1차 위반		업무정지(업무제한) 10일
2) 2차 위반		업무정지(업무제한) 20일
3) 3차 위반		업무정지(업무제한) 40일
4) 4차 이상 위반		업무정지(업무제한) 80일
다. 법 제7조 제3항을 위반하여 변경신고를 하지 않고 안전관리체계를 변경한 경우	법 제9조 제1항 제2호	
1) 1차 위반		경 고
2) 2차 위반		업무정지(업무제한) 10일
3) 3차 이상 위반		업무정지(업무제한) 20일
라. 법 제8조 제1항을 위반하여 안전관리체계를 지속적으로 유지하지 않아 철도운영이나 철도시설의 관리에 중대한 지장을 초래한 경우	법 제9조 제1항 제3호	
1) 철도사고로 인한 사망자 수		
가) 1명 이상 3명 미만		업무정지(업무제한) 30일
나) 3명 이상 5명 미만		업무정지(업무제한) 60일
다) 5명 이상 10명 미만		업무정지(업무제한) 120일
라) 10명 이상		업무정지(업무제한) 180일
2) 철도사고로 인한 중상자 수		
가) 5명 이상 10명 미만		업무정지(업무제한) 15일
나) 10명 이상 30명 미만		업무정지(업무제한) 30일
다) 30명 이상 50명 미만		업무정지(업무제한) 60일
라) 50명 이상 100명 미만		업무정지(업무제한) 120일
마) 100명 이상		업무정지(업무제한) 180일
3) 철도사고 또는 운행장애로 인한 재산피해액		
가) 5억원 이상 10억원 미만		업무정지(업무제한) 15일
나) 10억원 이상 20억원 미만		업무정지(업무제한) 30일
다) 20억원 이상		업무정지(업무제한) 60일

마. 법 제8조 제3항에 따른 시정조치명령을 정당한 사유 없이 이행하지 않은 경우	법 제9조 제1항 제4호	
1) 1차 위반		업무정지(업무제한) 20일
2) 2차 위반		업무정지(업무제한) 40일
3) 3차 위반		업무정지(업무제한) 80일
4) 4차 이상 위반		업무정지(업무제한) 160일

비 고
1. "사망자"란 철도사고가 발생한 날부터 30일 이내에 그 사고로 사망한 경우를 말한다.
2. "중상자"란 철도사고로 인해 부상을 입은 날부터 7일 이내 실시된 의사의 최초 진단결과 24시간 이상 입원 치료가 필요한 상해를 입은 사람(의식불명, 시력상실을 포함)을 말한다.
3. "재산피해액"이란 시설피해액(인건비와 자재비등 포함), 차량피해액(인건비와 자재비등 포함), 운임환불 등을 포함한 직접손실액을 말한다.

※ 안전관리체계를 위반하여 운영한 철도운영자등에 대한 행정처분을 설명하고 있다. 승인을 반드시 취소하여야 하는 경우와 경고 및 6개월 이하의 업무정지를 명하는 경우, [별표 1]의 세부내용과 비고의 내용도 학습이 필요하다.

예 제

01 안전관리체계 승인의 취소 등 처분에 관한 사항으로 틀린 것은?

① 국토교통부장관은 안전관리체계의 승인을 받은 내용과 다르게 운영한 경우에는 철도운영자등에 대하여 그 승인을 취소하거나 6개월 이내의 기간을 정하여 업무의 제한이나 정지를 명할 수 있다.
② 거짓이나 그 밖의 부정한 방법으로 승인을 받은 경우에는 승인을 취소한다.
③ 시정조치명령을 정당한 사유 없이 이행하지 아니한 경우 2차 위반인 경우에는 업무정지 80일이다.
④ "사망자"란 철도사고가 발생한 날부터 30일 이내에 그 사고로 사망한 경우를 말한다.

해설 시정조치명령을 정당한 사유 없이 이행하지 아니한 경우 2차 위반인 경우에는 업무정지 40일이다.

정답 ③

출제경향

승인의 취소 등에서는 [별표 1]의 세부내용과 비고가 출제되고 있다.

법 제9조의2(과징금)

① 국토교통부장관은 제9조 제1항에 따라 철도운영자등에 대하여 업무의 제한이나 정지를 명하여야 하는 경우로서 그 업무의 제한이나 정지가 철도 이용자 등에게 심한 불편을 주거나 그 밖에 공익을 해할 우려가 있는 경우에는 업무의 제한이나 정지를 갈음하여 30억원 이하의 과징금을 부과할 수 있다.
② 제1항에 따라 과징금을 부과하는 위반행위의 종류, 과징금의 부과기준 및 징수방법, 그 밖에 필요한 사항은 대통령령으로 정한다.
③ 국토교통부장관은 제1항에 따른 과징금을 내야 할 자가 납부기한까지 과징금을 내지 아니하는 경우에는 국세 체납처분의 예에 따라 징수한다.

▶시행령 제6조(안전관리체계 관련 과징금의 부과기준)

법 제9조의2 제2항에 따른 과징금을 부과하는 위반행위의 종류와 과징금의 금액은 별표 1과 같다.

▶시행령 [별표 1] 안전관리체계 관련 과징금의 부과기준(개별기준) (단위 : 백만원)

위반행위	근거 법조문	과징금 금액
가. 법 제7조 제3항을 위반하여 변경승인을 받지 않고 안전관리체계를 변경한 경우	법 제9조 제1항 제2호	
1) 1차 위반		120
2) 2차 위반		240
3) 3차 위반		480
4) 4차 이상 위반		960
나. 법 제7조 제3항을 위반하여 변경신고를 하지 않고 안전관리체계를 변경한 경우	법 제9조 제1항 제2호	
1) 1차 위반		경 고
2) 2차 위반		120
3) 3차 이상 위반		240
다. 법 제8조 제1항을 위반하여 안전관리체계를 지속적으로 유지하지 않아 철도 운영이나 철도시설의 관리에 중대한 지장을 초래한 경우	법 제9조 제1항 제3호	
1) 철도사고로 인한 사망자 수		
가) 1명 이상 3명 미만		360
나) 3명 이상 5명 미만		720
다) 5명 이상 10명 미만		1,440
라) 10명 이상		2,160
2) 철도사고로 인한 중상자 수		
가) 5명 이상 10명 미만		180
나) 10명 이상 30명 미만		360
다) 30명 이상 50명 미만		720
라) 50명 이상 100명 미만		1,440
마) 100명 이상		2,160
3) 철도사고 또는 운행장애로 인한 재산피해액		
가) 5억원 이상 10억원 미만		180
나) 10억원 이상 20억원 미만		360
다) 20억원 이상		720

라. 법 제8조 제3항에 따른 시정조치명령을 정당한 사유 없이 이행하지 않은 경우	법 제9조 제1항 제4호	
1) 1차 위반		240
2) 2차 위반		480
3) 3차 위반		960
4) 4차 이상 위반		1,920

비 고

1. "사망자"란 철도사고가 발생한 날부터 30일 이내에 그 사고로 사망한 사람을 말한다.
2. "중상자"란 철도사고로 인해 부상을 입은 날부터 7일 이내 실시된 의사의 최초 진단결과 24시간 이상 입원 치료가 필요한 상해를 입은 사람(의식불명, 시력상실을 포함한다)를 말한다.
3. "재산피해액"이란 시설피해액(인건비와 자재비등 포함한다), 차량피해액(인건비와 자재비등 포함한다), 운임환불 등을 포함한 직접손실액을 말한다.
4. 위 표의 다목 1)부터 3)까지의 규정에 따른 과징금을 부과하는 경우에 사망자, 중상자, 재산피해가 동시에 발생한 경우는 각각의 과징금을 합산하여 부과한다. 다만, 합산한 금액이 법 제9조의2 제1항에 따른 과징금 금액의 상한을 초과하는 경우에는 법 제9조의2 제1항에 따른 상한금액을 과징금으로 부과한다.
5. 위 표 및 제4호에 따른 과징금 금액이 해당 철도운영자등의 전년도(위반행위가 발생한 날이 속하는 해의 직전 연도를 말한다) 매출액의 100분의 4를 초과하는 경우에는 전년도 매출액의 100분의 4에 해당하는 금액을 과징금으로 부과한다.

▶시행령 제7조(과징금의 부과 및 납부)

① 국토교통부장관은 법 제9조의2 제1항에 따라 과징금을 부과할 때에는 그 위반행위의 종류와 해당 과징금의 금액을 명시하여 이를 납부할 것을 서면으로 통지하여야 한다.

② 제1항에 따라 통지를 받은 자는 통지를 받은 날부터 20일 이내에 국토교통부장관이 정하는 수납기관에 과징금을 내야 한다. 다만, 천재지변이나 그 밖의 부득이한 사유로 그 기간에 과징금을 낼 수 없는 경우에는 그 사유가 없어진 날부터 7일 이내에 내야 한다.

③ 제2항에 따라 과징금을 받은 수납기관은 그 과징금을 낸 자에게 영수증을 내주어야 한다.

④ 과징금의 수납기관은 제2항에 따른 과징금을 받으면 지체 없이 그 사실을 국토교통부장관에게 통보하여야 한다.

※ 안전관리체계를 위반하여 운영한 철도운영자등에 대하여 업무정지나 업무제한을 명하는 경우, 시민들에게 불편을 초래할 수 있으므로 그 처분에 해당하는 과징금을 대신 부과할 수 있도록 하고 있다. 시행령 [별표 1]의 세부내용에 대한 학습이 필요하다.

예 제

01 안전관리체계 관련 과징금의 부과기준에 관한 사항으로 틀린 것은?

① 변경승인을 받지 않고 안전관리체계를 변경한 경우 1차 위반 : 1억 2천만원
② 변경신고를 하지 않고 안전관리체계를 변경한 경우 2차 위반 : 1억 2천만원
③ 안전관리체계 위반 철도사고로 인한 사망자가 5명 이상 10명 미만인 경우 : 14억 4천만원
④ 시정조치명령을 정당한 사유 없이 이행하지 않은 경우 1차 위반 : 1억 2천만원

해설 시정조치명령을 정당한 사유 없이 이행하지 않은 경우 1차 위반 : 2억 4천만원

정답 ④

출제경향

[별표 1]의 과징금 세부내용과 비고가 출제되고 있다.

법 제9조의3(철도운영자등에 대한 안전관리 수준평가)

① 국토교통부장관은 철도운영자등의 자발적인 안전관리를 통한 철도안전 수준의 향상을 위하여 철도운영자등의 안전관리 수준에 대한 평가를 실시할 수 있다.

② 국토교통부장관은 제1항에 따른 안전관리 수준평가를 실시한 결과 그 평가결과가 미흡한 철도운영자등에 대하여 제8조 제2항에 따른 검사를 시행하거나 같은 조 제3항에 따른 시정조치 등 개선을 위하여 필요한 조치를 명할 수 있다.

③ 제1항에 따른 안전관리 수준평가의 대상, 기준, 방법, 절차 등에 필요한 사항은 국토교통부령으로 정한다.

▶시행규칙 제8조(철도운영자등에 대한 안전관리 수준평가의 대상 및 기준 등)

① 법 제9조의3 제1항에 따른 철도운영자등의 안전관리 수준에 대한 평가(이하 "안전관리 수준평가"라 한다)의 대상 및 기준은 다음 각호와 같다. 다만, 철도시설관리자에 대해서 안전관리 수준평가를 하는 경우 제2호를 제외하고 실시할 수 있다.

1. 사고 분야
   가. 철도교통사고 건수
   나. 철도안전사고 건수
   다. 운행장애 건수
   라. 사상자 수
2. 철도안전투자 분야 : 철도안전투자의 예산 규모 및 집행 실적
3. 안전관리 분야
   가. 안전성숙도 수준
   나. 정기검사 이행실적
4. 그 밖에 안전관리 수준평가에 필요한 사항으로서 국토교통부장관이 정해 고시하는 사항

② 국토교통부장관은 매년 3월 말까지 안전관리 수준평가를 실시한다.

③ 안전관리 수준평가는 서면평가의 방법으로 실시한다. 다만, 국토교통부장관이 필요하다고 인정하는 경우에는 현장평가를 실시할 수 있다.

④ 국토교통부장관은 안전관리 수준평가 결과를 해당 철도운영자등에게 통보해야 한다. 이 경우 해당 철도운영자등이 「지방공기업법」에 따른 지방공사인 경우에는 같은 법 제73조 제1항에 따라 해당 지방공사의 업무를 관리·감독하는 지방자치단체의 장에게도 함께 통보할 수 있다.

⑤ 제1항부터 제4항까지에서 규정한 사항 외에 안전관리 수준평가의 기준, 방법 및 절차 등에 관해 필요한 사항은 국토교통부장관이 정해 고시한다.

※ 철도안전 수준의 향상을 위하여 철도운영자등에 대한 국토교통부장관의 평가항목 기준 등에 대한 내용을 규정하고 있다.

예 제

01 철도운영자등에 대한 안전관리 수준평가와 관련된 사항으로 틀린 것은?

① 국토교통부장관은 철도운영자등의 자발적인 안전관리를 통한 철도안전 수준의 향상을 위하여 철도운영자등의 안전관리 수준에 대한 평가를 실시할 수 있다.
② 철도교통사고 건수는 철도운영자등에 대한 평가항목이다.
③ 철도안전투자의 예산 규모 및 집행 실적은 철도운영자등에 대한 평가항목이다.
④ 국토교통부장관은 매년 3월 말까지 안전관리 수준평가를 실시한다.

해설 철도안전투자의 예산 규모 및 집행 실적은 철도운영자에게만 해당되는 평가항목이다.

정답 ③

출제경향

대상 및 기준 등이 출제되고 있다.

법 제9조의4(철도안전 우수운영자 지정)

① 국토교통부장관은 제9조의3에 따른 안전관리 수준평가 결과에 따라 철도운영자등을 대상으로 철도안전 우수운영자를 지정할 수 있다.
② 제1항에 따른 철도안전 우수운영자로 지정을 받은 자는 철도차량, 철도시설이나 관련 문서 등에 철도안전 우수운영자로 지정되었음을 나타내는 표시를 할 수 있다.
③ 제1항에 따른 지정을 받은 자가 아니면 철도차량, 철도시설이나 관련 문서 등에 우수운영자로 지정되었음을 나타내는 표시를 하거나 이와 유사한 표시를 하여서는 아니 된다.
➲ 우수운영자 지정 없이 표시하거나 이와 유사한 표시를 한 경우 : 1회 90만원, 2회 180만원, 3회 270만원 과태료
④ 국토교통부장관은 제3항을 위반하여 우수운영자로 지정되었음을 나타내는 표시를 하거나 이와 유사한 표시를 한 자에 대하여 해당 표시를 제거하게 하는 등 필요한 시정조치를 명할 수 있다.
➲ 시정조치를 따르지 않는 경우 : 1회 300만원, 2회 600만원, 3회 900만원 과태료
⑤ 제1항에 따른 철도안전 우수운영자 지정의 대상, 기준, 방법, 절차 등에 필요한 사항은 국토교통부령으로 정한다.

법 제9조의5(우수운영자 지정의 취소)

국토교통부장관은 제9조의4에 따라 철도안전 우수운영자 지정을 받은 자가 다음 각호의 어느 하나에 해당하는 경우에는 그 지정을 취소할 수 있다. 다만, 제1호 또는 제2호에 해당하는 경우에는 지정을 취소하여야 한다.

1. 거짓이나 그 밖의 부정한 방법으로 철도안전 우수운영자 지정을 받은 경우
2. 제9조에 따라 안전관리체계의 승인이 취소된 경우
3. 제9조의4 제5항에 따른 지정기준에 부적합하게 되는 등 그 밖에 국토교통부령으로 정하는 사유가 발생한 경우

▶시행규칙 **제9조(철도안전 우수운영자 지정 대상 등)**

① 국토교통부장관은 법 제9조의4 제1항에 따라 안전관리 수준평가 결과가 최상위 등급인 철도운영자 등을 철도안전 우수운영자로 지정하여 철도안전 우수운영자로 지정되었음을 나타내는 표시를 사용하게 할 수 있다.

② 철도안전 우수운영자 지정의 유효기간은 지정받은 날부터 1년으로 한다.

③ 철도안전 우수운영자는 제1항에 따라 철도안전 우수운영자로 지정되었음을 나타내는 표시를 하려면 국토교통부장관이 정해 고시하는 표시를 사용해야 한다.

④ 국토교통부장관은 철도안전 우수운영자에게 포상 등의 지원을 할 수 있다.

⑤ 제1항부터 제4항까지에서 규정한 사항 외에 철도안전 우수운영자 지정 표시 및 지원 등에 관해 필요한 사항은 국토교통부장관이 정해 고시한다.

▶시행규칙 **제9조의2(철도안전 우수운영자 지정의 취소)**

법 제9조의5 제3호에서 "제9조의4 제5항에 따른 지정기준에 부적합하게 되는 등 그 밖에 국토교통부령으로 정하는 사유"란 다음 각호의 사유를 말한다.

1. 계산 착오, 자료의 오류 등으로 안전관리 수준평가 결과가 최상위 등급이 아닌 것으로 확인된 경우
2. 제9조 제3항을 위반하여 국토교통부장관이 정해 고시하는 표시가 아닌 다른 표시를 사용한 경우

※ 철도안전 수준의 평가 결과에 따라 우수운영자를 지정할 수 있고, 지정된 철도안전 우수운영자는 1년간 우수운영자로 지정되었음을 표시할 수 있으며, 지정 이후 잘못이 확인된 경우 취소할 수 있다.

예 제

01 철도안전 우수운영자 지정 및 취소와 관련된 사항으로 잘못된 것은?

① 철도안전 우수운영자 지정의 유효기간은 지정받은 날부터 1년으로 한다.
② 국토교통부장관은 철도안전 우수운영자 지정을 받은 자가 거짓으로 지정을 받은 경우 그 지정을 취소하여야 한다.
③ 국토교통부장관은 철도안전 우수운영자에게 포상 등의 지원을 할 수 있다.
④ 국토교통부장관이 정해 고시하는 표시가 아닌 다양한 창의적 표시를 사용할 수 있다.

해설 철도안전 우수운영자의 표시는 반드시 국토교통부장관이 정해 고시하는 표시를 사용해야 한다.

정답 ④

출제경향

출제빈도가 떨어지기는 하지만 지정 관련 사항 및 취소 등에 대하여 간간히 출제되고 있다.

제3장 철도종사자의 안전관리

01 철도차량 운전면허

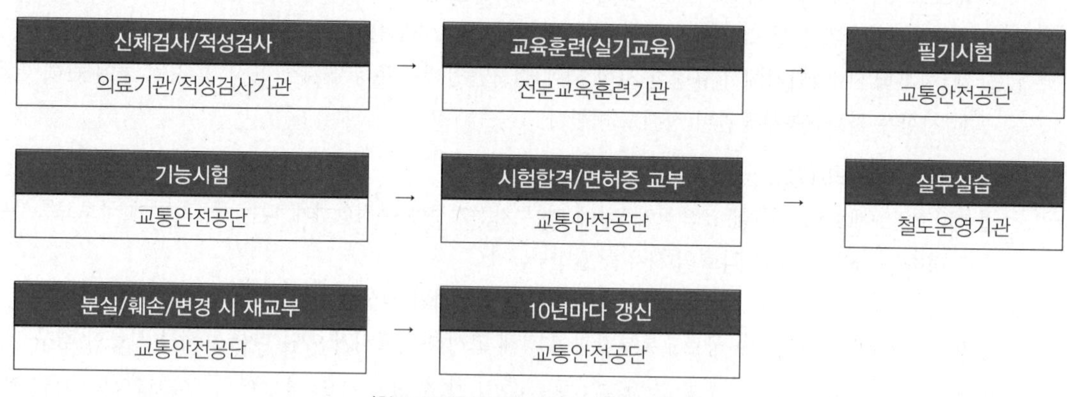

〈철도차량 운전면허 취득 및 갱신 절차〉

법 제10조(철도차량 운전면허)

① 철도차량을 운전하려는 사람은 국토교통부장관으로부터 철도차량 운전면허(이하 "운전면허"라 한다)를 받아야 한다. 다만, 제16조에 따른 교육훈련 또는 제17조에 따른 운전면허시험을 위하여 철도차량을 운전하는 경우 등 대통령령으로 정하는 경우에는 그러하지 아니하다.

➲ 운전면허를 받지 아니하고(운전면허가 취소되거나 그 효력이 정지된 경우를 포함) 철도차량을 운전한 사람 : 1년 이하의 징역 또는 1천만원 이하의 벌금

② 「도시철도법」 제2조 제2호에 따른 노면전차를 운전하려는 사람은 제1항에 따른 운전면허 외에 「도로교통법」 제80조에 따른 운전면허를 받아야 한다.

③ 제1항에 따른 운전면허는 대통령령으로 정하는 바에 따라 철도차량의 종류별로 받아야 한다.

▶시행령 제10조(운전면허 없이 운전할 수 있는 경우)

① 법 제10조 제1항 단서에서 "대통령령으로 정하는 경우"란 다음 각호의 어느 하나에 해당하는 경우를 말한다.

1. 법 제16조 제3항에 따른 철도차량 운전에 관한 전문 교육훈련기관(이하 "운전교육훈련기관"이라 한다)에서 실시하는 운전교육훈련을 받기 위하여 철도차량을 운전하는 경우
2. 법 제17조 제1항에 따른 운전면허시험을 치르기 위하여 철도차량을 운전하는 경우
3. 철도차량을 제작 · 조립 · 정비하기 위한 공장 안의 선로에서 철도차량을 운전하여 이동하는 경우
4. 철도사고등을 복구하기 위하여 열차운행이 중지된 선로에서 사고복구용 특수차량을 운전하여 이동하는 경우

② 제1항 제1호 또는 제2호에 해당하는 경우에는 해당 철도차량에 운전교육훈련을 담당하는 사람이나

운전면허시험에 대한 평가를 담당하는 사람을 승차시켜야 하며, 국토교통부령으로 정하는 표지를 해당 철도차량의 앞면 유리에 붙여야 한다.

▶시행령 제11조(운전면허 종류)

① 법 제10조 제3항에 따른 철도차량의 종류별 운전면허는 다음 각호와 같다.

1. 고속철도차량 운전면허
2. 제1종 전기차량 운전면허
3. 제2종 전기차량 운전면허
4. 디젤차량 운전면허
5. 철도장비 운전면허
6. 노면전차(路面電車) 운전면허

② 제1항 각호에 따른 운전면허를 받은 사람이 운전할 수 있는 철도차량의 종류는 국토교통부령으로 정한다.

▶시행규칙 제10조(교육훈련 철도차량 등의 표지)

영 제10조 제2항에 따른 표지는 별지 제3호 서식에 따른다.

▶시행규칙 제11조(운전면허의 종류에 따라 운전할 수 있는 철도차량의 종류)

영 제11조 제1항에 따른 철도차량의 종류별 운전면허를 받은 사람이 운전할 수 있는 철도차량의 종류는 [별표 1의2]와 같다.

▶시행규칙 [별표 1의2] 철도차량 운전면허 종류별 운전이 가능한 철도차량

운전면허의 종류	운전할 수 있는 철도차량의 종류
1. 고속철도차량 운전면허	가. 고속철도차량 나. 철도장비 운전면허에 따라 운전할 수 있는 차량
2. 제1종 전기차량 운전면허	가. 전기기관차 나. 철도장비 운전면허에 따라 운전할 수 있는 차량
3. 제2종 전기차량 운전면허	가. 전기동차 나. 철도장비 운전면허에 따라 운전할 수 있는 차량
4. 디젤차량 운전면허	가. 디젤기관차 나. 디젤동차 다. 증기기관차 라. 철도장비 운전면허에 따라 운전할 수 있는 차량
5. 철도장비 운전면허	가. 철도건설과 유지보수에 필요한 기계나 장비 나. 철도시설의 검측장비 다. 철도 · 도로를 모두 운행할 수 있는 철도복구장비 라. 전용철도에서 시속 25킬로미터 이하로 운전하는 차량 마. 사고복구용 기중기 바. 입환(入換)작업을 위해 원격제어가 가능한 장치를 설치하여 시속 25킬로미터 이하로 운전하는 동력차
6. 노면전차 운전면허	노면전차

비 고

1. 시속 100킬로미터 이상으로 운행하는 철도시설의 검측장비 운전은 고속철도차량 운전면허, 제1종 전기차량 운전면허, 제2종 전기차량 운전면허, 디젤차량 운전면허 중 하나의 운전면허가 있어야 한다.
2. 선로를 시속 200킬로미터 이상의 최고운행 속도로 주행할 수 있는 철도차량을 고속철도차량으로 구분한다.
3. 동력장치가 집중되어 있는 철도차량을 기관차, 동력장치가 분산되어 있는 철도차량을 동차로 구분한다.
4. 도로 위에 부설한 레일 위를 주행하는 철도차량은 노면전차로 구분한다.
5. 철도차량 운전면허(철도장비 운전면허는 제외한다) 소지자는 철도차량 종류에 관계없이 차량기지 내에서 시속 25킬로미터 이하로 운전하는 철도차량을 운전할 수 있다. 이 경우 다른 운전면허의 철도차량을 운전하는 때에는 국토교통부장관이 정하는 교육훈련을 받아야 한다.
6. "전용철도"란 「철도사업법」 제2조 제5호에 따른 전용철도를 말한다.

※ 철도종사자의 안전관리는 철도안전법의 핵심이면서, 철도교통관제사 자격증명시험 및 각종 자격, 입교, 입사시험에서 핵심부분이다. 따라서 법, 시행령, 시행규칙과 관련된 별표 내용까지 완전한 숙달이 필요한 곳이다. 철도차량운전은 국토교통부장관에게 면허를 발급 받아야 가능하지만, 몇 가지 예외를 주고 있으니 예외사항과 운전 가능한 철도차량은 절대적인 숙지가 필요하다.

예 제

01 철도차량 운전면허와 관련된 사항을 잘못 설명한 것은?

① 철도차량을 운전하려는 사람은 국토교통부장관으로부터 철도차량 운전면허를 받아야 한다.
② 노면전차를 운전하려는 사람은 운전면허 외에 「도로교통법」 제80조에 따른 운전면허를 받아야 한다.
③ 운전교육훈련을 받기 위하여 철도차량을 운전하는 경우는 면허 없이 운전할 수 있다.
④ 철도차량을 제작하기 위한 공장 안의 선로에서 철도차량을 운전하여 이동하는 경우는 면허 없이 운전할 수 있다.

해설 전문 교육훈련기관으로 지정된 경우에만 운전교육 훈련 시 예외 조항이 인정된다.

정답 ③

02 철도차량 운전면허의 종류에 따른 운전 가능한 철도차량에 관한 내용으로 틀린 것은?

① 노면전차 운전면허 소지자 : 노면전차
② 제2종 전기차량 운전면허 소지자 : 전기동차, 철도장비 운전면허에 따라 운전할 수 있는 차량
③ 철도장비 운전면허 소지자 : 시속 100킬로미터 이상으로 운행하는 철도시설의 검측장비
④ 제1종 전기차량 운전면허 소지자 : 전기기관차, 철도장비 운전면허에 따라 운전할 수 있는 차량

해설 시속 100킬로미터 이상으로 운행하는 철도시설의 검측장비 운전은 고속철도차량, 제1종 전기차량, 제2종 전기차량, 디젤차량 운전면허 소지자만 가능하다.

정답 ③

출제경향
모든 시험에서 이곳을 빼놓을 수 없을 정도로 중요한 곳이다. 철저한 암기가 필요하다.

법 제11조(운전면허의 결격사유)

다음 각호의 어느 하나에 해당하는 사람은 운전면허를 받을 수 없다.

1. 19세 미만인 사람
2. 철도차량 운전상의 위험과 장해를 일으킬 수 있는 정신질환자 또는 뇌전증환자로서 대통령령으로 정하는 사람
3. 철도차량 운전상의 위험과 장해를 일으킬 수 있는 약물(「마약류 관리에 관한 법률」 제2조 제1호에 따른 마약류 및 「화학물질관리법」 제22조 제1항에 따른 환각물질을 말한다) 또는 알코올 중독자로서 대통령령으로 정하는 사람
4. 두 귀의 청력 또는 두 눈의 시력을 완전히 상실한 사람
5. 운전면허가 취소된 날부터 2년이 지나지 아니하였거나 운전면허의 효력정지기간 중인 사람

▶시행령 제12조(운전면허를 받을 수 없는 사람)

법 제11조 제2호 및 제3호에서 "대통령령으로 정하는 사람"이란 해당 분야 전문의가 정상적인 운전을 할 수 없다고 인정하는 사람을 말한다.

※ 철도차량 운전면허를 취득하기 위해서는 19세 이상이어야 하며, 청력, 시력을 완전히 상실하지 않아야 하고, 대통령령으로 정하는 정신질환, 뇌전증 환자가 아니어야 하며, 대통령으로 정한 약물 중독자는 제외되며, 취소처분을 받고 2년이 경과되어야 한다. 또한, 현재 면허가 효력정지 중이면 취득할 수 없다.

예 제

01 철도차량 운전면허의 결격사유자에 대하여 잘못 설명하고 있는 것은?

① 19세 미만인 사람
② 정신질환자 또는 뇌전증환자
③ 두 귀의 청력 또는 두 눈의 시력을 완전히 상실한 사람
④ 운전면허가 취소된 날부터 2년이 지나지 아니하였거나 운전면허의 효력정지기간 중인 사람

해설 철도차량 운전상의 위험과 장애를 일으킬 수 있는 정신질환자 · 뇌전증환자로서 해당 분야의 전문의가 운전할 수 없다는 판정이 있는 사람이어야 한다.

정답 ②

출제경향

출제빈도가 높고, 지속적으로 출제되고 있는 곳이니 철저한 학습이 필요하다.

법 제12조(운전면허의 신체검사)

① 운전면허를 받으려는 사람은 철도차량 운전에 적합한 신체 상태를 갖추고 있는지를 판정받기 위하여 국토교통부장관이 실시하는 신체검사에 합격하여야 한다.
② 국토교통부장관은 제1항에 따른 신체검사를 제13조에 따른 의료기관에서 실시하게 할 수 있다.
③ 제1항에 따른 신체검사의 합격기준, 검사방법 및 절차 등에 관하여 필요한 사항은 국토교통부령으로 정한다.

➜ 신체검사를 받지 아니하고 운전을 하거나 운전을 시킨 자 : 1년 이하의 징역 또는 1천만원 이하의 벌금

법 제13조(신체검사 실시 의료기관)

제12조 제1항에 따른 신체검사를 실시할 수 있는 의료기관은 다음 각호와 같다.

1. 「의료법」 제3조 제2항 제1호 가목의 의원
2. 「의료법」 제3조 제2항 제3호 가목의 병원
3. 「의료법」 제3조 제2항 제3호 마목의 종합병원

▶시행규칙 제12조(신체검사 방법 · 절차 · 합격기준 등)

① 법 제12조 제1항에 따른 운전면허의 신체검사 또는 법 제21조의5 제1항에 따른 관제자격증명의 신체검사를 받으려는 사람은 신체검사 판정서에 성명 · 주민등록번호 등 본인의 기록사항을 작성하여 법 제13조에 따른 신체검사 실시 의료기관(이하 "신체검사의료기관"이라 한다)에 제출하여야 한다.

② 법 제12조 제3항 및 법 제21조의5 제2항에 따른 신체검사의 항목과 합격기준은 별표 2 제1호와 같다.

③ 신체검사의료기관은 신체검사 판정서의 각 신체검사 항목별로 신체검사를 실시한 후 합격여부를 기록하여 신청인에게 발급하여야 한다.

④ 그 밖에 신체검사의 방법 및 절차 등에 관하여 필요한 세부사항은 국토교통부장관이 정하여 고시한다.

▶시행규칙 [별표 2] 신체검사 항목 및 불합격 기준

1. 운전면허 또는 관제자격증명 취득을 위한 신체검사

검사 항목	불합격 기준
가. 일반 결함	1) 신체 각 장기 및 각 부위의 악성종양 2) 중증인 고혈압증(수축기 혈압 180mmHg 이상이고, 확장기 혈압 110mmHg 이상인 사람) 3) 이 표에서 달리 정하지 아니한 법정 감염병 중 직접 접촉, 호흡기 등을 통하여 전파가 가능한 감염병
나. 코 · 구강 · 인후 계통	의사소통에 지장이 있는 언어장애나 호흡에 장애를 가져오는 코, 구강, 인후, 식도의 변형 및 기능장애
다. 피부 질환	다른 사람에게 감염될 위험성이 있는 만성 피부질환자 및 한센병 환자
라. 흉부 질환	1) 업무수행에 지장이 있는 급성 및 만성 늑막질환 2) 활동성 폐결핵, 비결핵성 폐질환, 중증 만성천식증, 중증 만성기관지염, 중증 기관지확장증 3) 만성폐쇄성 폐질환
마. 순환기 계통	1) 심부전증 2) 업무수행에 지장이 있는 발작성 빈맥(분당 150회 이상)이나 기질성 부정맥 3) 심한 방실전도장애 4) 심한 동맥류 5) 유착성 심낭염 6) 폐성심 7) 확진된 관상동맥질환(협심증 및 심근경색증)
바. 소화기 계통	1) 빈혈증 등의 질환과 관계있는 비장종대 2) 간경변증이나 업무수행에 지장이 있는 만성 활동성 간염 3) 거대결장, 게실염, 회장염, 궤양성 대장염으로 고치기 어려운 경우

사. 생식이나 비뇨기 계통	1) 만성 신장염 2) 중증 요실금 3) 만성 신우염 4) 고도의 수신증이나 농신증 5) 활동성 신결핵이나 생식기 결핵 6) 고도의 요도협착 7) 진행성 신기능장애를 동반한 양측성 신결석 및 요관결석 8) 진행성 신기능장애를 동반한 만성신증후군
아. 내분비 계통	1) 중증의 갑상샘 기능 이상 2) 거인증이나 말단비대증 3) 애디슨병 4) 그 밖에 쿠싱증후군 등 뇌하수체의 이상에서 오는 질환 5) 중증인 당뇨병(식전 혈당 140 이상) 및 중증의 대사질환(통풍 등)
자. 혈액이나 조혈 계통	1) 혈우병 2) 혈소판 감소성 자반병 3) 중증의 재생불능성 빈혈 4) 용혈성 빈혈(용혈성 황달) 5) 진성적혈구 과다증 6) 백혈병
차. 신경 계통	1) 다리 · 머리 · 척추 등 그 밖에 이상으로 앉아 있거나 걷지 못하는 경우 2) 중추신경계 염증성 질환에 따른 후유증으로 업무수행에 지장이 있는 경우 3) 업무에 적응할 수 없을 정도의 말초신경질환 4) 머리뼈 이상, 뇌 이상이나 뇌 순환장애로 인한 후유증(신경이나 신체증상)이 남아 업무수행에 지장이 있는 경우 5) 뇌 및 척추종양, 뇌기능장애가 있는 경우 6) 전신성 · 중증 근무력증 및 신경근 접합부 질환 7) 유전성 및 후천성 만성근육질환 8) 만성 진행성 · 퇴행성 질환 및 탈수조성 질환(유전성 무도병, 근위축성 측색경화증, 보행실조증, 다발성경화증)
카. 사지	1) 손의 필기능력과 두 손의 악력이 없는 경우 2) 난치의 뼈 · 관절 질환이나 기형으로 업무수행에 지장이 있는 경우 3) 한쪽 팔이나 한쪽 다리 이상을 쓸 수 없는 경우(운전업무에만 해당)
타. 귀	귀의 청력이 500Hz, 1,000Hz, 2,000Hz에서 측정하여 측정치의 산술평균이 두 귀 모두 40dB 이상인 사람
파. 눈	1) 두 눈의 나안(맨눈) 시력 중 어느 한쪽의 시력이라도 0.5 이하인 경우(다만, 한쪽 눈의 시력이 0.7 이상이고 다른 쪽 눈의 시력이 0.3 이상인 경우는 제외한다)로서 두 눈의 교정시력 중 어느 한쪽의 시력이라도 0.8 이하인 경우(다만, 한쪽 눈의 교정시력이 1.0 이상이고 다른 쪽 눈의 교정시력이 0.5 이상인 경우는 제외) 2) 시야의 협착이 1/3 이상인 경우 3) 안구 및 그 부속기의 기질성 · 활동성 · 진행성 질환으로 인하여 시력 유지에 위협이 되고, 시기능장애가 되는 질환 4) 안구 운동장애 및 안구진탕 5) 색각이상(색약 및 색맹)
하. 정신 계통	1) 업무수행에 지장이 있는 지적장애 2) 업무에 적응할 수 없을 정도의 성격 및 행동장애 3) 업무에 적응할 수 없을 정도의 정신장애 4) 마약 · 대마 · 향정신성 의약품이나 알코올 관련 장애 등 5) 뇌전증 6) 수면장애(폐쇄성 수면 무호흡증, 수면발작, 몽유병, 수면 이상증 등)이나 공황장애

2. 운전업무종사자 등에 대한 신체검사

검사 항목	불합격 기준	
	최초검사 · 특별검사	정기검사
가. 일반 결함	1) 신체 각 장기 및 각 부위의 악성종양 2) 중증인 고혈압증(수축기 혈압 180mmHg 이상이고, 확장기 혈압 110mmHg 이상인 경우) 3) 이 표에서 달리 정하지 아니한 법정 감염병 중 직접 접촉, 호흡기 등을 통하여 전파가 가능한 감염병	1) 업무수행에 지장이 있는 악성종양 2) 조절되지 아니하는 중증인 고혈압증 3) 이 표에서 달리 정하지 아니한 법정 감염병 중 직접 접촉, 호흡기 등을 통하여 전파가 가능한 감염병
나. 코 · 구강 · 인후 계통	의사소통에 지장이 있는 언어장애나 호흡에 장애를 가져오는 코 · 구강 · 인후 · 식도의 변형 및 기능장애	의사소통에 지장이 있는 언어장애나 호흡에 장애를 가져오는 코 · 구강 · 인후 · 식도의 변형 및 기능장애
다. 피부 질환	다른 사람에게 감염될 위험성이 있는 만성 피부질환자 및 한센병 환자	–
라. 흉부 질환	1) 업무수행에 지장이 있는 급성 및 만성 늑막질환 2) 활동성 폐결핵, 비결핵성 폐질환, 중증 만성천식증, 중증 만성기관지염, 중증 기관지확장증 3) 만성 폐쇄성 폐질환	1) 업무수행에 지장이 있는 활동성 폐결핵, 비결핵성 폐질환, 만성 천식증, 만성 기관지염, 기관지확장증 2) 업무수행에 지장이 있는 만성 폐쇄성 폐질환
마. 순환기 계통	1) 심부전증 2) 업무수행에 지장이 있는 발작성 빈맥(분당 150회 이상)이나 기질성 부정맥 3) 심한 방실전도장애 4) 심한 동맥류 5) 유착성 심낭염 6) 폐성심 7) 확진된 관상동맥질환(협심증 및 심근경색증)	1) 업무수행에 지장이 있는 심부전증 2) 업무수행에 지장이 있는 발작성 빈맥(분당 150회 이상)이나 기질성 부정맥 3) 업무수행에 지장이 있는 심한 방실전도장애 4) 업무수행에 지장이 있는 심한 동맥류 5) 업무수행에 지장이 있는 유착성 심낭염 6) 업무수행에 지장이 있는 폐성심 7) 업무수행에 지장이 있는 관상동맥질환(협심증 및 심근경색증)
바. 소화기 계통	1) 빈혈증 등의 질환과 관계있는 비장종대 2) 간경변증이나 업무수행에 지장이 있는 만성 활동성 간염 3) 거대결장, 게실염, 회장염, 궤양성 대장염으로 난치인 경우	업무수행에 지장이 있는 만성 활동성 간염이나 간경변증
사. 생식이나 비뇨기 계통	1) 만성 신장염 2) 중증 요실금 3) 만성 신우염 4) 고도의 수신증이나 농신증 5) 활동성 신결핵이나 생식기 결핵 6) 고도의 요도협착 7) 진행성 신기능장애를 동반한 양측성 신결석 및 요관결석 8) 진행성 신기능장애를 동반한 만성신증후군	1) 업무수행에 지장이 있는 만성 신장염 2) 업무수행에 지장이 있는 진행성 신기능장애를 동반한 양측성 신결석 및 요관결석

아. 내분비 계통	1) 중증의 갑상샘 기능 이상 2) 거인증이나 말단비대증 3) 애디슨병 4) 그 밖에 쿠싱증후군 등 뇌하수체의 이상에서 오는 질환 5) 중증인 당뇨병(식전 혈당 140 이상) 및 중증의 대사질환(통풍 등)	업무수행에 지장이 있는 당뇨병, 내분비질환, 대사질환(통풍 등)
자. 혈액이나 조혈 계통	1) 혈우병 2) 혈소판 감소성 자반병 3) 중증의 재생불능성 빈혈 4) 용혈성 빈혈(용혈성 황달) 5) 진성적혈구 과다증 6) 백혈병	1) 업무수행에 지장이 있는 혈우병 2) 업무수행에 지장이 있는 혈소판 감소성 자반병 3) 업무수행에 지장이 있는 재생불능성 빈혈 4) 업무수행에 지장이 있는 용혈성 빈혈(용혈성 황달) 5) 업무수행에 지장이 있는 진성적혈구 과다증 6) 업무수행에 지장이 있는 백혈병
차. 신경 계통	1) 다리 · 머리 · 척추 등 그 밖에 이상으로 앉아 있거나 걷지 못하는 경우 2) 중추신경계 염증성 질환에 따른 후유증으로 업무수행에 지장이 있는 경우 3) 업무에 적응할 수 없을 정도의 말초신경 질환 4) 머리뼈 이상, 뇌 이상이나 뇌 순환장애로 인한 후유증(신경이나 신체증상)이 남아 업무수행에 지장이 있는 경우 5) 뇌 및 척추종양, 뇌기능장애가 있는 경우 6) 전신성 · 중증 근무력증 및 신경근 접합부 질환 7) 유전성 및 후천성 만성근육질환 8) 만성 진행성 · 퇴행성 질환 및 탈수조성 질환(유전성 무도병, 근위축성 측색경화증, 보행 실조증, 다발성 경화증)	1) 다리 · 머리 · 척추 등 그 밖에 이상으로 앉아 있거나 걷지 못하는 경우 2) 중추신경계 염증성 질환에 따른 후유증으로 업무수행에 지장이 있는 경우 3) 업무에 적응할 수 없을 정도의 말초신경 질환 4) 머리뼈 이상, 뇌 이상이나 뇌 순환장애로 인한 후유증(신경이나 신체증상)이 남아 업무수행에 지장이 있는 경우 5) 뇌 및 척추종양, 뇌기능장애가 있는 경우 6) 전신성 · 중증 근무력증 및 신경근 접합부 질환 7) 유전성 및 후천성 만성근육질환 8) 업무수행에 지장이 있는 만성 진행성 · 퇴행성 질환 및 탈수조성 질환(유전성 무도병, 근위축성 측색경화증, 보행 실조증, 다발성 경화증)
카. 사지	1) 손의 필기능력과 두 손의 악력이 없는 경우 2) 난치의 뼈 · 관절 질환이나 기형으로 업무수행에 지장이 있는 경우 3) 한쪽 팔이나 한쪽 다리 이상을 쓸 수 없는 경우(운전업무에만 해당)	1) 손의 필기능력과 두 손의 악력이 없는 경우 2) 난치의 뼈 · 관절 질환이나 기형으로 업무수행에 지장이 있는 경우 3) 한쪽 팔이나 한쪽 다리 이상을 쓸 수 없는 경우(운전업무에만 해당)
타. 귀	귀의 청력이 500Hz, 1,000Hz, 2,000Hz에서 측정하여 측정치의 산술평균이 두 귀 모두 40dB 이상인 경우	귀의 청력이 500Hz, 1,000Hz, 2,000Hz에서 측정하여 측정치의 산술평균이 두 귀 모두 40dB 이상인 경우

파. 눈	1) 두 눈의 나안 시력 중 어느 한쪽의 시력이라도 0.5 이하인 경우(다만, 한쪽 눈의 시력이 0.7 이상이고 다른 쪽 눈의 시력이 0.3 이상인 경우는 제외한다)로서 두 눈의 교정시력 중 어느 한쪽의 시력이라도 0.8 이하인 경우(다만, 한쪽 눈의 교정시력이 1.0 이상이고 다른 쪽 눈의 교정시력이 0.5 이상인 경우는 제외) 2) 시야의 협착이 1/3 이상인 경우 3) 안구 및 그 부속기의 기질성, 활동성, 진행성 질환으로 인하여 시력 유지에 위협이 되고, 시기능장애가 되는 질환 4) 안구 운동장애 및 안구진탕 5) 색각이상(색약 및 색맹)	1) 두 눈의 나안 시력 중 어느 한쪽의 시력이라도 0.5 이하인 경우(다만, 한쪽 눈의 시력이 0.7 이상이고 다른 쪽 눈의 시력이 0.3 이상인 경우는 제외)로서 두 눈의 교정시력 중 어느 한쪽의 시력이라도 0.8 이하인 경우(다만, 한쪽 눈의 교정시력이 1.0 이상이고 다른 쪽 눈의 교정시력이 0.5 이상인 경우는 제외) 2) 시야의 협착이 1/3 이상인 경우 3) 안구 및 그 부속기의 기질성, 활동성, 진행성 질환으로 인하여 시력 유지에 위협이 되고, 시기능장애가 되는 질환 4) 안구 운동장애 및 안구진탕 5) 색각이상(색약 및 색맹)
하. 정신 계통	1) 업무수행에 지장이 있는 지적장애 2) 업무에 적응할 수 없을 정도의 성격 및 행동장애 3) 업무에 적응할 수 없을 정도의 정신장애 4) 마약 · 대마 · 향정신성 의약품이나 알코올 관련 장애 등 5) 뇌전증 6) 수면장애(폐쇄성 수면 무호흡증, 수면발작, 몽유병, 수면 이상증 등)이나 공황장애	1) 업무수행에 지장이 있는 지적장애 2) 업무에 적응할 수 없을 정도의 성격 및 행동장애 3) 업무에 적응할 수 없을 정도의 정신장애 4) 마약 · 대마 · 향정신성 의약품이나 알코올 관련 장애 등 5) 뇌전증 6) 업무수행에 지장이 있는 수면장애(폐쇄성 수면 무호흡증, 수면발작, 몽유병, 수면 이상증 등)이나 공황장애

※ 신체검사는 면허취득 또는 관제자격증명 취득을 위한 신체검사와 종사자등에 대한 특별검사, 정기검사로 구분하여 되어 있으며, 사지에서 한쪽 팔이나 다리를 쓸 수 없는 경우는 철도차량운전업무에만 해당된다는 것도 반드시 확인하고 숙지하여야 한다.

예 제

01 철도차량 운전면허 또는 철도교통관제 자격증명 취득을 위한 신체검사 항목의 불합격 기준으로 틀린 것은?

① 신체 각 장기 및 각 부위의 악성종양
② 중증인 고혈압증(수축기 혈압 160mmHg 이상이고, 확장기 혈압 110mmHg 이상인 사람)
③ 비결핵성 폐질환
④ 귀의 청력이 500Hz, 1,000Hz, 2,000Hz에서 측정하여 측정치의 산술평균이 두 귀 모두 40dB 이상인 사람

해설 중증인 고혈압증(수축기 혈압 180mmHg 이상이고, 확장기 혈압 110mmHg 이상인 사람)

정답 ②

출제경향

출제빈도가 높고, 지속적으로 출제되고 있는 곳이니 철저한 학습이 필요하다.

법 제15조(운전적성검사)

① 운전면허를 받으려는 사람은 철도차량 운전에 적합한 적성을 갖추고 있는지를 판정받기 위하여 국토교통부장관이 실시하는 적성검사(이하 "운전적성검사"라 한다)에 합격하여야 한다.

② 운전적성검사에 불합격한 사람 또는 운전적성검사 과정에서 부정행위를 한 사람은 다음 각호의 구분에 따른 기간 동안 운전적성검사를 받을 수 없다.

1. 운전적성검사에 불합격한 사람 : 검사일부터 3개월
2. 운전적성검사 과정에서 부정행위를 한 사람 : 검사일부터 1년

③ 운전적성검사의 합격기준, 검사의 방법 및 절차 등에 관하여 필요한 사항은 국토교통부령으로 정한다.

④ 국토교통부장관은 운전적성검사에 관한 전문기관(이하 "운전적성검사기관"이라 한다)을 지정하여 운전적성검사를 하게 할 수 있다.

➲ 거짓이나 그 밖의 부정한 방법으로 운전적성검사기관 지정을 받은 자 : 2년 이하의 징역 또는 2천만원 이하의 벌금

⑤ 운전적성검사기관의 지정기준, 지정절차 등에 관하여 필요한 사항은 대통령령으로 정한다.

⑥ 운전적성검사기관은 정당한 사유 없이 운전적성검사 업무를 거부하여서는 아니 되고, 거짓이나 그 밖의 부정한 방법으로 운전적성검사 판정서를 발급하여서는 아니 된다.

법 제15조의2(운전적성검사기관의 지정취소 및 업무정지)

① 국토교통부장관은 운전적성검사기관이 다음 각호의 어느 하나에 해당할 때에는 지정을 취소하거나 6개월 이내의 기간을 정하여 업무의 정지를 명할 수 있다. 다만, 제1호 및 제2호에 해당할 때에는 지정을 취소하여야 한다.

1. 거짓이나 그 밖의 부정한 방법으로 지정을 받았을 때
2. 업무정지 명령을 위반하여 그 정지기간 중 운전적성검사 업무를 하였을 때
3. 제15조 제5항에 따른 지정기준에 맞지 아니하게 되었을 때
4. 제15조 제6항을 위반하여 정당한 사유 없이 운전적성검사 업무를 거부하였을 때
5. 제15조 제6항을 위반하여 거짓이나 그 밖의 부정한 방법으로 운전적성검사 판정서를 발급하였을 때

② 제1항에 따른 지정취소 및 업무정지의 세부기준 등에 관하여 필요한 사항은 국토교통부령으로 정한다.

③ 국토교통부장관은 제1항에 따라 지정이 취소된 운전적성검사기관이나 그 기관의 설립 · 운영자 및 임원이 그 지정이 취소된 날부터 2년이 지나지 아니하고 설립 · 운영하는 검사기관을 운전적성검사기관으로 지정하여서는 아니 된다.

➲ 업무정지 기간 중에 해당 업무를 한 자 : 2년 이하의 징역 또는 2천만원 이하의 벌금

▶시행령 제13조(운전적성검사기관 지정절차)

① 법 제15조 제4항에 따른 운전적성검사에 관한 전문기관(이하 "운전적성검사기관"이라 한다)으로 지정을 받으려는 자는 국토교통부장관에게 지정 신청을 하여야 한다.

② 국토교통부장관은 제1항에 따라 운전적성검사기관 지정 신청을 받은 경우에는 제14조에 따른 지정기준을 갖추었는지 여부, 운전적성검사기관의 운영계획, 운전업무종사자의 수급상황 등을 종합적으로 심사한 후 그 지정 여부를 결정하여야 한다.

③ 국토교통부장관은 제2항에 따라 운전적성검사기관을 지정한 경우에는 그 사실을 관보에 고시하여야 한다.

④ 제1항부터 제3항까지의 규정에 따른 운전적성검사기관 지정절차에 관한 세부적인 사항은 국토교통부령으로 정한다.

▶시행령 제14조(운전적성검사기관 지정기준)

① 운전적성검사기관의 지정기준은 다음 각호와 같다.

1. 운전적성검사 업무의 통일성을 유지하고 운전적성검사 업무를 원활히 수행하는 데 필요한 상설 전담조직을 갖출 것
2. 운전적성검사 업무를 수행할 수 있는 전문검사인력을 3명 이상 확보할 것
3. 운전적성검사 시행에 필요한 사무실, 검사장과 검사 장비를 갖출 것
4. 운전적성검사기관의 운영 등에 관한 업무규정을 갖출 것

② 제1항에 따른 운전적성검사기관 지정기준에 관한 세부적인 사항은 국토교통부령으로 정한다.

▶시행령 제15조(운전적성검사기관의 변경사항 통지)

① 운전적성검사기관은 그 명칭 · 대표자 · 소재지나 그 밖에 운전적성검사 업무의 수행에 중대한 영향을 미치는 사항의 변경이 있는 경우에는 해당 사유가 발생한 날부터 15일 이내에 국토교통부장관에게 그 사실을 알려야 한다.

② 국토교통부장관은 제1항에 따라 통지를 받은 때에는 그 사실을 관보에 고시하여야 한다.

▶시행규칙 제16조(적성검사 방법 · 절차 및 합격기준 등)

① 법 제15조 제1항에 따른 운전적성검사 또는 법 제21조의6 제1항에 따른 관제적성검사를 받으려는 사람은 적성검사 판정서에 성명 · 주민등록번호 등 본인의 기록사항을 작성하여 법 제15조 제4항에 따른 운전적성검사기관 또는 법 제21조의6 제3항에 따른 관제적성검사기관에 제출하여야 한다.

② 법 제15조 제3항 및 법 제21조의6 제2항에 따른 적성검사의 항목 및 합격기준은 별표 4와 같다.

③ 운전적성검사기관 또는 관제적성검사기관은 적성검사 판정서의 각 적성검사 항목별로 적성검사를 실시한 후 합격 여부를 기록하여 신청인에게 발급하여야 한다.

④ 그 밖에 운전적성검사 또는 관제적성검사의 방법 · 절차 · 판정기준 및 항목별 배점기준 등에 관하여 필요한 세부사항은 국토교통부장관이 정한다.

▶시행규칙 [별표 4] 적성검사 항목 및 불합격 기준

검사대상	검사항목		불합격기준
	문답형 검사	반응형 검사	
1. 고속철도차량, 제1종전기차량, 제2종전기차량, 디젤차량, 노면전차, 철도장비 운전업무종사자	• 인 성 – 일반성격 – 안전성향	• 주의력 – 복합기능 – 선택주의 – 지속주의 • 인식 및 기억력 – 시각변별 – 공간지각 • 판단 및 행동력 – 추 론 – 민첩성	• 문답형 검사항목 중 안전성향 검사에서 부적합으로 판정된 사람 • 반응형 검사 평가점수가 30점 미만인 사람
2. 철도교통관제사 자격증명 응시자	• 인 성 – 일반성격 – 안전성향	• 주의력 – 복합기능 – 선택주의 • 인식 및 기억력 – 시각변별 – 공간지각 – 작업기억 • 판단 및 행동력 – 추 론 – 민첩성	• 문답형 검사항목 중 안전성향 검사에서 부적합으로 판정된 사람 • 반응형 검사 평가점수가 30점 미만인 사람

비 고
1. 문답형 검사 판정은 적합 또는 부적합으로 한다.
2. 반응형 검사 점수 합계는 70점으로 한다.
3. 안전성향검사는 전문의(정신건강의학) 진단결과로 대체할 수 있으며, 부적합 판정을 받은 자에 대해서는 당일 1회에 한하여 재검사를 실시하고 그 재검사 결과를 최종적인 검사결과로 할 수 있다.
4. 철도차량 운전면허 소지자가 다른 종류의 철도차량 운전면허를 취득하려는 경우에는 운전적성검사를 받은 것으로 본다. 다만, 철도장비 운전면허 소지자(2020년 10월 8일 이전에 적성검사를 받은 사람만 해당한다)가 다른 종류의 철도차량 운전면허를 취득하려는 경우에는 적성검사를 받아야 한다.
5. 도시철도 관제자격증명을 취득한 사람이 철도 관제자격증명을 취득하려는 경우에는 관제적성검사를 받은 것으로 본다.

▶시행규칙 제17조(운전적성검사기관 또는 관제적성검사기관의 지정절차 등)

① 운전적성검사기관 또는 관제적성검사기관으로 지정받으려는 자는 적성검사기관 지정신청서에 다음 각호의 서류를 첨부하여 국토교통부장관에게 제출하여야 한다. 이 경우 국토교통부장관은 「전자정부법」 제36조 제1항에 따른 행정정보의 공동이용을 통하여 법인 등기사항증명서(신청인이 법인인 경우만 해당한다)를 확인하여야 한다.

1. 운영계획서
2. 정관이나 이에 준하는 약정(법인 그 밖의 단체만 해당한다)
3. 운전적성검사 또는 관제적성검사를 담당하는 전문인력의 보유 현황 및 학력 · 경력 · 자격 등을 증명할 수 있는 서류
4. 운전적성검사시설 또는 관제적성검사시설 내역서

5. 운전적성검사장비 또는 관제적성검사장비 내역서

6. 운전적성검사기관 또는 관제적성검사기관에서 사용하는 직인의 인영

② 국토교통부장관은 제1항에 따라 운전적성검사기관 또는 관제적성검사기관의 지정 신청을 받은 경우에는 영 제13조 제2항(영 제20조의3에서 준용하는 경우를 포함한다)에 따라 그 지정 여부를 종합적으로 심사한 후 지정에 적합하다고 인정되는 경우 적성검사기관 지정서를 신청인에게 발급해야 한다.

▶시행규칙 제18조(운전적성검사기관 및 관제적성검사기관의 세부 지정기준 등)

① 영 제14조 제2항 및 영 제20조의3에 따른 운전적성검사기관 및 관제적성검사기관의 세부 지정기준은 별표 5와 같다.

② 국토교통부장관은 운전적성검사기관 또는 관제적성검사기관이 제1항 및 영 제14조 제1항(영 제20조의3에서 준용하는 경우를 포함한다)에 따른 지정기준에 적합한지를 2년마다 심사해야 한다.

③ 영 제15조 및 영 제20조의3에 따른 운전적성검사기관 및 관제적성검사기관의 변경사항 통지는 별지 제11호의2 서식에 따른다.

▶시행규칙 [별표 5] 운전적성검사기관 또는 관제적성검사기관의 세부 지정기준

1. 검사인력

가. 자격기준

등 급	자격자	학력 및 경력자
책임검사관	1) 정신건강임상심리사 1급 자격을 취득한 사람 2) 정신건강임상심리사 2급 자격을 취득한 사람으로서 2년 이상 적성검사 분야에 근무한 경력이 있는 사람 3) 임상심리사 1급 자격을 취득한 사람 4) 임상심리사 2급 자격을 취득한 사람으로서 2년 이상 적성검사 분야에 근무한 경력이 있는 사람	1) 심리학 관련 분야 박사학위를 취득한 사람 2) 심리학 관련 분야 석사학위 취득한 사람으로서 2년 이상 적성검사 분야에 근무한 경력이 있는 사람 3) 대학을 졸업한 사람(법령에 따라 이와 같은 수준 이상의 학력이 있다고 인정되는 사람을 포함한다)으로서 선임검사관 경력이 2년 이상 있는 사람
선임검사관	1) 정신건강임상심리사 2급 자격을 취득한 사람 2) 임상심리사 2급 자격을 취득한 사람	1) 심리학 관련 분야 석사학위를 취득한 사람 2) 심리학 관련 분야 학사학위 취득한 사람으로서 2년 이상 적성검사 분야에 근무한 경력이 있는 사람 3) 대학을 졸업한 사람(법령에 따라 이와 같은 수준 이상의 학력이 있다고 인정되는 사람을 포함한다)으로서 검사관 경력이 5년 이상 있는 사람
검사관	–	학사학위 이상 취득자

비 고

가목의 자격기준 중 책임검사관 및 선임검사관의 경력은 해당 자격 · 학위 · 졸업 또는 학력을 취득 · 인정받기 전과 취득 · 인정받은 후의 경력을 모두 포함한다.

나. 보유기준

1) 운전적성검사 또는 관제적성검사(이하 이 표에서 "적성검사"라 한다) 업무를 수행하는 상설 전담조직을 1일 50명을 검사하는 것을 기준으로 하며, 책임검사관과 선임검사관 및 검사관은 각각 1명 이상 보유하여야 한다.

2) 1일 검사인원이 25명 추가될 때마다 적성검사를 진행할 수 있는 검사관을 1명씩 추가로 보유하여야 한다.

2. 시설 및 장비

가. 시설기준

1) 1일 검사능력 50명(1회 25명) 이상의 검사장($70m^2$ 이상이어야 한다)을 확보하여야 한다. 이 경우 분산된 검사장은 제외한다.

나. 장비기준

1) 별표 4 또는 별표 13에 따른 문답형 검사 및 반응형 검사를 할 수 있는 검사장비와 프로그램을 갖추어야 한다.

2) 적성검사기관 공동으로 활용할 수 있는 프로그램(별표 4 및 별표 13에 따른 문답형 검사 및 반응형 검사)을 개발할 수 있어야 한다.

3. 업무규정

가. 조직 및 인원

나. 검사 인력의 업무 및 책임

다. 검사체제 및 절차

라. 각종 증명의 발급 및 대장의 관리

마. 장비운용 · 관리계획

바. 자료의 관리 · 유지

사. 수수료 징수기준

아. 그 밖에 국토교통부장관이 적성검사 업무수행에 필요하다고 인정하는 사항

4. 일반사항

가. 국토교통부장관은 2개 이상의 운전적성검사기관 또는 관제적성검사기관을 지정한 경우에는 모든 운전적성검사기관 또는 관제적성검사기관에서 실시하는 적성검사의 방법 및 검사항목 등이 동일하게 이루어지도록 필요한 조치를 하여야 한다.

나. 국토교통부장관은 철도차량운전자 등의 수급계획과 운영계획 및 검사에 필요한 프로그램개발 등을 종합 검토하여 필요하다고 인정하는 경우에는 1개 기관만 지정할 수 있다. 이 경우 전국의 분산된 5개 이상의 장소에서 검사를 할 수 있어야 한다.

▶시행규칙 제19조(운전적성검사기관 및 관제적성검사기관의 지정취소 및 업무정지)

① 법 제15조의2 제2항 및 법 제21조의6 제5항에 따른 운전적성검사기관 및 관제적성검사기관의 지정취소 및 업무정지의 기준은 별표 6과 같다.

② 국토교통부장관은 운전적성검사기관 또는 관제적성검사기관의 지정을 취소하거나 업무정지의 처분을 한 경우에는 지체 없이 운전적성검사기관 또는 관제적성검사기관에 지정기관 행정처분서를 통지하고, 그 사실을 관보에 고시하여야 한다.

▶시행규칙 [별표 6] 운전적성검사기관 및 관제적성검사기관의 지정취소 및 업무정지의 기준

위반사항	해당 법조문	처분기준			
		1차 위반	2차 위반	3차 위반	4차 위반
1. 거짓이나 그 밖의 부정한 방법으로 지정을 받은 경우	법 제15조의2 제1항 제1호	지정취소	-	-	-
2. 업무정지 명령을 위반하여 그 정지기간 중 운전적성검사업무 또는 관제적성검사업무를 한 경우	법 제15조의2 제1항 제2호	지정취소	-	-	-
3. 법 제15조 제5항 또는 제21조의6 제4항에 따른 지정기준에 맞지 아니하게 된 경우	법 제15조의2 제1항 제3호	경고 또는 보완명령	업무정지 1개월	업무정지 3개월	지정취소
4. 정당한 사유 없이 운전적성검사업무 또는 관제적성검사업무를 거부한 경우	법 제15조의2 제1항 제4호	경 고	업무정지 1개월	업무정지 3개월	지정취소
5. 법 제15조 제6항을 위반하여 거짓이나 그 밖의 부정한 방법으로 운전적성검사 판정서 또는 관제적성검사 판정서를 발급한 경우	법 제15조의2 제1항 제5호	업무정지 1개월	업무정지 3개월	지정취소	-

비 고

1. 위반행위가 둘 이상인 경우로서 그에 해당하는 각각의 처분기준이 다른 경우에는 그중 무거운 처분기준에 따르며, 위반행위가 둘 이상인 경우로서 그에 해당하는 각각의 처분기준이 같은 경우에는 무거운 처분기준의 2분의 1까지 가중할 수 있되, 각 처분기준을 합산한 기간을 초과할 수 없다.
2. 위반행위의 횟수에 따른 행정처분의 가중된 부과기준은 최근 1년간 같은 위반행위로 행정처분을 받은 경우에 적용한다. 이 경우 기간의 계산은 위반행위에 대하여 행정처분을 받은 날과 그 처분 후 다시 같은 위반행위를 하여 적발된 날을 기준으로 한다.
3. 비고 제2호에 따라 가중된 행정처분을 하는 경우 가중처분의 적용 차수는 그 위반행위 전 부과처분 차수(비고 제2호에 따른 기간 내에 행정처분이 둘 이상 있었던 경우에는 높은 차수를 말한다)의 다음 차수로 한다.
4. 처분권자는 위반행위의 동기 · 내용 및 위반의 정도 등 다음 각 목에 해당하는 사유를 고려하여 그 처분을 감경할 수 있다. 이 경우 그 처분이 업무정지인 경우에는 그 처분기준의 2분의 1 범위에서 감경할 수 있고, 지정취소인 경우(거짓이나 그 밖의 부정한 방법으로 지정을 받은 경우나 업무정지 명령을 위반하여 그 정지기간 중 적성검사업무를 한 경우는 제외한다)에는 3개월의 업무정지 처분으로 감경할 수 있다.
   가. 위반행위가 고의나 중대한 과실이 아닌 사소한 부주의나 오류로 인한 것으로 인정되는 경우
   나. 위반의 내용 · 정도가 경미하여 이해관계인에게 미치는 피해가 적다고 인정되는 경우

※ 철도차량 운전면허와 철도교통 관제자격증명은 각각 다른 분야임에도 불구하고 우리나라에 적성검사 기관은 현재 철도공사에서 운영하고 있는 철도인재개발원이 지정받아 운영하고 있다. 운전면허와 관제자격증명을 취득하기 위해서는 반드시 최초 적성검사를 응시하여 합격하여야 하며, 업무 중이라고 하더라도 10년마다(단, 50세 이상은 5년마다) 정기적으로 적성검사를 받아야 업무를 수행할 수 있다. 또한, 이러한 적성검사기관으로 지정받기 위해서는 검사인력 및 시설, 장비 등을 기준에 맞게 갖추어야 한다.

예 제

01 운전적성검사와 관련된 사항으로 옳은 것은?

① 운전적성검사 과정에서 부정행위를 한 사람은 검사일부터 6개월간 재응시를 할 수 없다.
② 운전적성검사의 합격기준, 검사의 방법 및 절차 등에 관하여 필요한 사항은 대통령령으로 정한다.
③ 운전적성검사기관의 지정기준, 지정절차 등에 관하여 필요한 사항은 국토교통부령으로 정한다.
④ 운전적성검사의 경우 운전면허의 종류와 상관없이 적성검사 항목 및 불합격 기준은 동일하다.

해설 ① 운전적성검사 과정에서 부정행위를 한 사람은 검사일부터 1년간 재응시를 할 수 없다.
② 운전적성검사의 합격기준, 검사의 방법 및 절차 등에 관하여 필요한 사항은 국토교통부령으로 정한다.
③ 운전적성검사기관의 지정기준, 지정절차 등에 관하여 필요한 사항은 대통령령으로 정한다.

정답 ④

02 운전적성검사 지정기준을 잘못 설명하고 있는 것은?

① 운전적성검사 업무를 수행할 수 있는 전문검사인력을 3명 이상 확보해야 한다.
② 정신건강임상심리사 2급 자격을 취득한 사람은 선임검사관에 임명할 수 있다.
③ 1일 검사능력 50명(1회 25명) 이상의 검사장(70m^2 이상이어야 한다)을 확보하여야 한다. 이 경우 분산된 검사장은 제외한다.
④ 심리학 관련 분야 석사학위를 취득한 사람은 책임검사관에 임명할 수 있다.

해설 심리학 관련 분야 석사학위 취득한 사람으로서 2년 이상 적성검사 분야에 근무한 경력이 있는 사람은 책임검사관에 임명할 수 있다. 심리학 관련 분야 석사학위를 취득한 사람은 선임검사관에 임명할 수 있다.

정답 ④

출제경향

출제빈도가 높다. 특히, 적성검사에 대하여는 방법, 절차, 기관의 지정기준, 최초검사, 정기검사, 특별검사, 운전면허와 관제자격증명과의 차이에 대하여도 출제되고 있고, 상당한 난이도가 있는 문제가 지속적으로 출제되고 있는 곳이니 철저한 학습이 필요하다. 또한, 적성검사기관, 교육훈련기관등 기관의 지정기준, 세부지정기준, 지정 절차, 업무정지, 벌칙 등은 유사한 것에 유의하여야 한다.

법 제16조(운전교육훈련)

① 운전면허를 받으려는 사람은 철도차량의 안전한 운행을 위하여 국토교통부장관이 실시하는 운전에 필요한 지식과 능력을 습득할 수 있는 교육훈련(이하 "운전교육훈련"이라 한다)을 받아야 한다.
② 운전교육훈련의 기간, 방법 등에 관하여 필요한 사항은 국토교통부령으로 정한다.
③ 국토교통부장관은 철도차량 운전에 관한 전문 교육훈련기관(이하 "운전교육훈련기관"이라 한다)을 지정하여 운전교육훈련을 실시하게 할 수 있다.
  - 거짓이나 그 밖의 부정한 방법으로 운전교육훈련기관의 지정을 받은 자 : 2년 이하의 징역 또는 2천만원 이하의 벌금
④ 운전교육훈련기관의 지정기준, 지정절차 등에 관하여 필요한 사항은 대통령령으로 정한다.
⑤ 운전교육훈련기관의 지정취소 및 업무정지 등에 관하여는 제15조 제6항 및 제15조의2를 준용한다. 이 경우 "운전적성검사기관"은 "운전교육훈련기관"으로, "운전적성검사 업무"는 "운전교육훈련 업무"로, "제15조 제5항"은 "제16조 제4항"으로, "운전적성검사 판정서"는 "운전교육훈련 수료증"으로 본다.

➲ 업무정지 기간 중에 해당 업무를 한 자 : 2년 이하의 징역 또는 2천만원 이하의 벌금

▶시행령 제16조(운전교육훈련기관 지정절차)

① 운전교육훈련기관으로 지정을 받으려는 자는 국토교통부장관에게 지정 신청을 하여야 한다.

② 국토교통부장관은 제1항에 따라 운전교육훈련기관의 지정 신청을 받은 경우에는 제17조에 따른 지정기준을 갖추었는지 여부, 운전교육훈련기관의 운영계획 및 운전업무종사자의 수급 상황 등을 종합적으로 심사한 후 그 지정 여부를 결정하여야 한다.

③ 국토교통부장관은 제2항에 따라 운전교육훈련기관을 지정한 때에는 그 사실을 관보에 고시하여야 한다.

④ 제1항부터 제3항까지의 규정에 따른 운전교육훈련기관의 지정절차에 관한 세부적인 사항은 국토교통부령으로 정한다.

▶시행령 제17조(운전교육훈련기관 지정기준)

① 운전교육훈련기관 지정기준은 다음 각호와 같다.

1. 운전교육훈련 업무수행에 필요한 상설 전담조직을 갖출 것
2. 운전면허의 종류별로 운전교육훈련 업무를 수행할 수 있는 전문인력을 확보할 것
3. 운전교육훈련 시행에 필요한 사무실 · 교육장과 교육 장비를 갖출 것
4. 운전교육훈련기관의 운영 등에 관한 업무규정을 갖출 것

② 제1항에 따른 운전교육훈련기관 지정기준에 관한 세부적인 사항은 국토교통부령으로 정한다.

▶시행령 제18조(운전교육훈련기관의 변경사항 통지)

① 운전교육훈련기관은 그 명칭 · 대표자 · 소재지나 그 밖에 운전교육훈련 업무의 수행에 중대한 영향을 미치는 사항의 변경이 있는 경우에는 해당 사유가 발생한 날부터 15일 이내에 국토교통부장관에게 그 사실을 알려야 한다.

② 국토교통부장관은 제1항에 따라 통지를 받은 경우에는 그 사실을 관보에 고시하여야 한다.

▶시행규칙 제20조(운전교육훈련의 기간 및 방법 등)

① 법 제16조 제1항에 따른 교육훈련(이하 "운전교육훈련"이라 한다)은 운전면허 종류별로 실제 차량이나 모의운전연습기를 활용하여 실시한다.

② 운전교육훈련을 받으려는 사람은 법 제16조 제3항에 따른 운전교육훈련기관에 운전교육훈련을 신청하여야 한다.

③ 운전교육훈련의 과목과 교육훈련시간은 별표 7과 같다.

④ 운전교육훈련기관은 운전교육훈련과정별 교육훈련신청자가 적어 그 운전교육훈련과정의 개설이 곤란한 경우에는 국토교통부장관의 승인을 받아 해당 운전교육훈련과정을 개설하지 아니하거나 운전교육훈련시기를 변경하여 시행할 수 있다.

⑤ 운전교육훈련기관은 운전교육훈련을 수료한 사람에게 별지 제12호 서식의 운전교육훈련 수료증을 발급하여야 한다.

⑥ 그 밖에 운전교육훈련의 절차 · 방법 등에 관하여 필요한 세부사항은 국토교통부장관이 정한다.

▶시행규칙 [별표 7] 운전면허 취득을 위한 교육훈련 과정별 교육시간 및 교육훈련과목

1. 일반응시자

교육과정	교육과목 및 시간	
	이론교육	기능교육
가. 디젤차량 운전면허 (810)	• 철도관련법(50) • 철도시스템 일반(60) • 디젤 차량의 구조 및 기능(170) • 운전이론 일반(30) • 비상시 조치(인적오류 예방 포함) 등(30)	• 현장실습교육 • 운전실무 및 모의운행 훈련 • 비상시 조치 등
	340시간	470시간
나. 제1종 전기차량 운전면허 (810)	• 철도관련법(50) • 철도시스템 일반(60) • 전기기관차의 구조 및 기능(170) • 운전이론 일반(30) • 비상시 조치(인적오류 예방 포함) 등(30)	• 현장실습교육 • 운전실무 및 모의운행 훈련 • 비상시 조치 등
	340시간	470시간
다. 제2종 전기차량 운전면허 (680)	• 철도관련법(50) • 도시철도시스템 일반(50) • 전기동차의 구조 및 기능(110) • 운전이론 일반(30) • 비상시 조치(인적오류 예방 포함) 등(30)	• 현장실습교육 • 운전실무 및 모의운행 훈련 • 비상시 조치 등
	270시간	410시간
라. 철도장비 운전면허 (340)	• 철도관련법(50) • 철도시스템 일반(40) • 기계 · 장비의 구조 및 기능(60) • 비상시 조치(인적오류 예방 포함) 등(20)	• 현장실습교육 • 운전실무 및 모의운행 훈련 • 비상시 조치 등
	170시간	170시간
마. 노면전차 운전면허 (440)	• 철도관련법(50) • 노면전차 시스템 일반(40) • 노면전차의 구조 및 기능(80) • 비상시 조치(인적오류 예방 포함) 등(30)	• 현장실습교육 • 운전실무 및 모의운행 훈련 • 비상시 조치 등
	200시간	240시간

* 이론교육의 과목별 교육시간은 100분의 20 범위 내에서 조정 가능

2. 운전면허 소지자

( ) : 시간

소지면허	교육과목 및 시간		
	교육과정	이론교육	기능교육
가. 디젤차량 운전면허, 제1종전기차량 운전면허, 제2종전기차량 운전면허	고속철도차량 운전면허 (420)	• 고속철도 시스템 일반(15) • 고속전기차량의 구조 및 기능(85) • 고속철도 운전이론 일반(10) • 고속철도 운전관련 규정(20) • 비상시 조치(인적오류 예방 포함) 등(10)	• 현장실습교육 • 운전실무 및 모의운행 훈련 • 비상시 조치 등
		140시간	280시간

	1) 제1종 전기차량 운전면허 (85)	• 전기기관차의 구조 및 기능(40) • 비상시 조치(인적오류 예방 포함) 등(10)	• 현장실습교육 • 운전실무 및 모의운행 훈련
		50시간	35시간
나. 디젤차량 운전면허	2) 제2종 전기차량 운전면허 (85)	• 도시철도 시스템 일반(10) • 전기동차의 구조 및 기능(30) • 비상시 조치(인적오류 예방 포함) 등(10)	• 현장실습교육 • 운전실무 및 모의운행 훈련
		50시간	35시간
	3) 노면전차 운전면허 (60)	• 노면전차 시스템 일반(10) • 노면전차의 구조 및 기능(25) • 비상시 조치(인적오류 예방 포함) 등(5)	• 현장실습교육 • 운전실무 및 모의운행 훈련
		40시간	20시간
	1) 디젤차량 운전면허 (85)	• 디젤 차량의 구조 및 기능(40) • 비상시 조치(인적오류 예방 포함) 등(10)	• 현장실습교육 • 운전실무 및 모의운행 훈련
		50시간	35시간
다. 제1종 전기차량 운전면허	2) 제2종 전기차량 운전면허 (85)	• 도시철도 시스템 일반(10) • 전기동차의 구조 및 기능(30) • 비상시 조치(인적오류 예방 포함) 등(10)	• 현장실습교육 • 운전실무 및 모의운행 훈련
		50시간	35시간
	3) 노면전차 운전면허 (50)	• 노면전차 시스템 일반(10) • 노면전차의 구조 및 기능(15) • 비상시 조치(인적오류 예방 포함) 등(5)	• 현장실습교육 • 운전실무 및 모의운행 훈련
		30시간	20시간
	1) 디젤차량 운전면허 (130)	• 철도시스템 일반(10) • 디젤 차량의 구조 및 기능(45) • 비상시 조치(인적오류 예방 포함) 등(5)	• 현장실습교육 • 운전실무 및 모의운행 훈련
		60시간	70시간
라. 제2종 전기차량 운전면허	2) 제1종 전기차량 운전면허 (130)	• 철도시스템 일반(10) • 전기기관차의 구조 및 기능(45) • 비상시 조치(인적오류 예방 포함) 등(5)	• 현장실습교육 • 운전실무 및 모의운행 훈련
		60시간	70시간
	3) 노면전차 운전면허 (50)	• 노면전차 시스템 일반(10) • 노면전차의 구조 및 기능(15) • 비상시 조치(인적오류 예방 포함) 등(5)	• 현장실습교육 • 운전실무 및 모의운행 훈련
		30시간	20시간

마. 철도장비 운전면허	1) 디젤차량 운전면허 (460)	• 철도관련법(30) • 철도시스템 일반(30) • 디젤차량의 구조 및 기능(100) • 운전이론(30) • 비상시 조치(인적오류 예방 포함) 등(10)	• 현장실습교육 • 운전실무 및 모의운행 훈련 • 비상시 조치 등
		200시간	260시간
	2) 제1종 전기차량 운전면허 (460)	• 철도관련법(30) • 철도시스템 일반(30) • 전기기관차의 구조 및 기능(100) • 운전이론(30) • 비상시 조치(인적오류 예방 포함) 등(10)	• 현장실습교육 • 운전실무 및 모의운행 훈련 • 비상시 조치 등
		200시간	260시간
	3) 제2종 전기차량 운전면허 (340)	• 철도관련법(30) • 도시철도시스템 일반(30) • 전기동차의 구조 및 기능(70) • 운전이론(30) • 비상시 조치(인적오류 예방 포함) 등(10)	• 현장실습교육 • 운전실무 및 모의운행 훈련 • 비상시 조치 등
		170시간	170시간
	4) 노면전차 운전면허 (220)	• 철도관련법(30) • 노면전차시스템 일반(20) • 노면전차의 구조 및 기능(60) • 비상시 조치(인적오류 예방 포함) 등(10)	• 현장실습교육 • 운전실무 및 모의운행 훈련 • 비상시 조치 등
		120시간	100시간
바. 노면전차 운전면허	1) 디젤차량 운전면허 (320)	• 철도관련법(30) • 철도시스템 일반(30) • 디젤 차량의 구조 및 기능(100) • 운전이론(30) • 비상시 조치(인적오류 예방 포함) 등(10)	• 현장실습교육 • 운전실무 및 모의운행 훈련 • 비상시 조치 등
		200시간	120시간
	2) 제1종 전기차량 운전면허 (320)	• 철도관련법(30) • 철도시스템 일반(30) • 전기기관차의 구조 및 기능(100) • 운전이론(30) • 비상시 조치(인적오류 예방 포함) 등(10)	• 현장실습교육 • 운전실무 및 모의운행 훈련 • 비상시 조치 등
		200시간	120시간
	3) 제2종 전기차량 운전면허 (275)	• 철도관련법(30) • 도시철도시스템 일반(30) • 전기동차의 구조 및 기능(70) • 운전이론(30) • 비상시 조치(인적오류 예방 포함) 등(10)	• 현장실습교육 • 운전실무 및 모의운행 훈련 • 비상시 조치 등
		170시간	105시간
	4) 철도장비 운전면허 (165)	• 철도관련법(30) • 철도시스템 일반(20) • 기계 · 장비의 구조 및 기능(60) • 비상시 조치(인적오류 예방 포함) 등(10)	• 현장실습교육 • 운전실무 및 모의운행 훈련 • 비상시 조치 등
		120시간	45시간

* 이론교육의 과목별 교육시간은 100분의 20 범위 내에서 조정 가능

3. 관제자격증명 취득자

( ) : 시간

소지면허	교육과목 및 시간		
	교육과정	이론교육	기능교육
가. 철도관제 자격증명	1) 디젤차량 운전면허 (260)	• 디젤 차량의 구조 및 기능(100) • 운전이론(30) • 비상시 조치(인적오류 예방 포함) 등(10)	• 현장실습교육 • 운전실무 및 모의운행 훈련 • 비상시 조치 등
		140시간	120시간
	2) 제1종 전기차량 운전면허 (260)	• 전기기관차의 구조 및 기능(100) • 운전이론(30) • 비상시 조치(인적오류 예방 포함) 등(10)	• 현장실습교육 • 운전실무 및 모의운행 훈련 • 비상시 조치 등
		140시간	120시간
	3) 제2종 전기차량 운전면허 (215)	• 전기동차의 구조 및 기능(70) • 운전이론(30) • 비상시 조치(인적오류 예방 포함) 등(10)	• 현장실습교육 • 운전실무 및 모의운행 훈련 • 비상시 조치 등
		110시간	105시간
	4) 철도장비 운전면허 (115)	• 기계 · 장비의 구조 및 기능(60) • 비상시 조치(인적오류 예방 포함) 등(10)	• 현장실습교육 • 운전실무 및 모의운행 훈련 • 비상시 조치 등
		70시간	45시간
	5) 노면전차 운전면허 (170)	• 노면전차의 구조 및 기능(60) • 비상시 조치(인적오류 예방 포함) 등(10)	• 현장실습교육 • 운전실무 및 모의운행 훈련 • 비상시 조치 등
		70시간	100시간
나. 도시철도 관제자격 증명	1) 디젤차량 운전면허 (290)	• 철도시스템 일반(30) • 디젤 차량의 구조 및 기능(100) • 운전이론(30) • 비상시 조치(인적오류 예방 포함) 등(10)	• 현장실습교육 • 운전실무 및 모의운행 훈련 • 비상시 조치 등
		170시간	120시간
	2) 제1종 전기차량 운전면허 (290)	• 철도시스템 일반(30) • 전기기관차의 구조 및 기능(100) • 운전이론(30) • 비상시 조치(인적오류 예방 포함) 등(10)	• 현장실습교육 • 운전실무 및 모의운행 훈련 • 비상시 조치 등
		170시간	120시간
	3) 제2종 전기차량 운전면허 (215)	• 전기동차의 구조 및 기능(70) • 운전이론(30) • 비상시 조치(인적오류 예방 포함) 등(10)	• 현장실습교육 • 운전실무 및 모의운행 훈련 • 비상시 조치 등
		110시간	105시간
	4) 철도장비 운전면허 (135)	• 철도시스템 일반(20) • 기계 · 장비의 구조 및 기능(60) • 비상시 조치(인적오류 예방 포함) 등(10)	• 현장실습교육 • 운전실무 및 모의운행 훈련 • 비상시 조치 등
		90시간	45시간

5) 노면전차 운전면허 (170)	• 노면전차의 구조 및 기능(60) • 비상시 조치(인적오류 예방 포함) 등(10)	• 현장실습교육 • 운전실무 및 모의운행 훈련 • 비상시 조치 등
	70시간	100시간

* 이론교육의 과목별 교육시간은 100분의 20 범위 내에서 조정 가능

4. 철도차량 운전 관련 업무경력자

( ) : 시간

경 력	교육과목 및 시간		
	교육과정	이론교육	기능교육
가. 철도차량 운전 업무 보조경력 1년 이상(철도장비의 경우 철도장비운전 업무수행경력 3년 이상)	디젤 또는 제1종 차량 운전면허 (290)	• 철도관련법(30) • 철도시스템 일반(20) • 디젤 차량 또는 전기기관차의 구조 및 기능(100) • 운전이론 일반(20) • 비상시 조치(인적오류 예방 포함) 등(20)	• 현장실습교육 • 운전실무 및 모의운행 훈련 • 비상시 조치 등
		190시간	100시간
나. 철도차량 운전업무 보조경력 1년 이상 또는 전동차 차장 경력이 2년 이상	1) 제2종 전기차량 운전면허 (290)	• 철도관련법(30) • 도시철도시스템 일반(30) • 전기동차의 구조 및 기능(90) • 운전이론 일반(30) • 비상시 조치(인적오류 예방 포함) 등(10)	• 현장실습교육 • 운전실무 및 모의운행 훈련 • 비상시 조치 등
		190시간	100시간
	2) 노면전차 운전면허 (140)	• 철도관련법(20) • 노면전차시스템 일반(10) • 노면전차의 구조 및 기능(40) • 비상시 조치(인적오류 예방 포함) 등(10)	• 현장실습교육 • 운전실무 및 모의운행 훈련 • 비상시 조치 등
		80시간	60시간
다. 철도차량 운전업무 보조경력 1년 이상	철도장비 운전면허 (100)	• 철도관련법(20) • 철도시스템 일반(10) • 기계 · 장비의 구조 및 기능(40) • 비상시 조치(인적오류 예방 포함) 등(10)	• 현장실습교육 • 운전실무 및 모의운행 훈련 • 비상시 조치 등
		80시간	20시간
라. 철도건설 및 유지보수에 필요한 기계 또는 장비작업경력 1년 이상	철도장비 운전면허 (185)	• 철도관련법(20) • 철도시스템 일반(20) • 기계 · 장비의 구조 및 기능(70) • 비상시 조치(인적오류 예방 포함) 등(10)	• 현장실습교육 • 운전실무 및 모의운행 훈련 • 비상시 조치 등
		120시간	65시간

* 이론교육의 과목별 교육시간은 100분의 20 범위 내에서 조정 가능

5. 철도 관련 업무경력자

( ) : 시간

<table>
<tr><th rowspan="2">경 력</th><th colspan="3">교육과목 및 시간</th></tr>
<tr><th>교육과정</th><th>이론교육</th><th>기능교육</th></tr>
<tr><td rowspan="8">철도운영자에 소속되어 철도관련 업무에 종사한 경력이 3년 이상인 사람</td><td rowspan="2">1) 디젤 또는 제1종 차량 운전면허 (395)</td><td>• 철도관련법(30)
• 철도시스템 일반(30)
• 디젤 차량 또는 전기기관차의 구조 및 기능(150)
• 운전이론 일반(20)
• 비상시 조치(인적오류 예방 포함) 등 (20)</td><td>• 현장실습교육
• 운전실무 및 모의운행 훈련
• 비상시 조치 등</td></tr>
<tr><td>250시간</td><td>145시간</td></tr>
<tr><td rowspan="2">2) 제2종 전기차량 운전면허 (340)</td><td>• 철도관련법(30)
• 도시철도시스템 일반(30)
• 전기동차의 구조 및 기능(100)
• 운전이론 일반(20)
• 비상시 조치(인적오류 예방 포함) 등 (20)</td><td>• 현장실습교육
• 운전실무 및 모의운행 훈련
• 비상시 조치 등</td></tr>
<tr><td>200시간</td><td>140시간</td></tr>
<tr><td rowspan="2">3) 철도장비 운전면허 (215)</td><td>• 철도관련법(30)
• 철도시스템 일반(20)
• 기계 · 장비의 구조 및 기능(70)
• 비상시 조치(인적오류 예방 포함) 등 (10)</td><td>• 현장실습교육
• 운전실무 및 모의운행 훈련
• 비상시 조치 등</td></tr>
<tr><td>130시간</td><td>85시간</td></tr>
<tr><td rowspan="2">4) 노면전차 운전면허 (215)</td><td>• 철도관련법(30)
• 노면전차시스템 일반(20)
• 노면전차의 구조 및 기능(70)
• 비상시 조치(인적오류 예방 포함) 등 (10)</td><td>• 현장실습교육
• 운전실무 및 모의운행 훈련
• 비상시 조치 등</td></tr>
<tr><td>130시간</td><td>85시간</td></tr>
</table>

* 이론교육의 과목별 교육시간은 100분의 20 범위 내에서 조정 가능

6. 버스 운전 경력자

( ) : 시간

<table>
<tr><th rowspan="2">경 력</th><th colspan="3">교육과목 및 시간</th></tr>
<tr><th>교육과정</th><th>이론교육</th><th>기능교육</th></tr>
<tr><td rowspan="2">「여객자동차운수사업법 시행령」 제3조 제1호에 따른 노선 여객자동차운송사업에 종사한 경력이 1년 이상인 사람</td><td rowspan="2">노면전차 운전면허 (250)</td><td>• 철도관련법(30)
• 노면전차시스템 일반(20)
• 노면전차의 구조 및 기능(70)
• 비상시 조치(인적오류 예방 포함) 등 (10)</td><td>• 현장실습교육
• 운전실무 및 모의운행 훈련
• 비상시 조치 등</td></tr>
<tr><td>130시간</td><td>120시간</td></tr>
</table>

* 이론교육의 과목별 교육시간은 100분의 20 범위 내에서 조정 가능

7. 일반사항

가. 철도관련법은「철도안전법」과 그 하위법령 및 철도차량운전에 필요한 규정을 말한다.

나. 고속철도차량 운전면허를 취득하기 위해 교육훈련을 받으려는 사람은 법 제21조에 따른 디젤차량, 제1종 전기차량 또는 제2종 전기차량의 운전업무 수행경력이 3년 이상 있어야 한다. 이 경우 운전업무 수행경력이란 운전업무종자사로서 운전실에 탑승하여 전방 선로감시 및 운전관련 기기를 실제로 취급한 기간을 말한다.

다. 모의운행훈련은 전(全) 기능 모의운전연습기를 활용한 교육훈련과 병행하여 실시하는 기본기능 모의운전연습기 및 컴퓨터지원교육시스템을 활용한 교육훈련을 포함한다.

라. 노면전차 운전면허를 취득하기 위한 교육훈련을 받으려는 사람은「도로교통법」제80조에 따른 운전면허를 소지하여야 한다.

마. 법 제16조 제3항에 따른 운전훈련교육기관으로 지정받은 대학의 장은 해당 대학의 철도운전 관련 학과의 정규과목 이수를 제1호부터 제5호까지의 규정에 따른 이론교육의 과목 이수로 인정할 수 있다.

바. 제1호부터 제6호까지에 동시에 해당하는 자에 대해서는 이론교육 · 기능교육 훈련 시간의 합이 가장 적은 기준을 적용한다.

▶시행규칙 제21조(운전교육훈련기관의 지정절차 등)

① 운전교육훈련기관으로 지정받으려는 자는 운전교육훈련기관 지정신청서에 다음 각호의 서류를 첨부하여 국토교통부장관에게 제출하여야 한다. 이 경우 국토교통부장관은「전자정부법」제36조 제1항에 따른 행정정보의 공동이용을 통하여 법인 등기사항증명서(신청인이 법인인 경우만 해당한다)를 확인하여야 한다.

1. 운전교육훈련계획서(운전교육훈련평가계획을 포함한다)
2. 운전교육훈련기관 운영규정
3. 정관이나 이에 준하는 약정(법인 그 밖의 단체에 한정한다)
4. 운전교육훈련을 담당하는 강사의 자격 · 학력 · 경력 등을 증명할 수 있는 서류 및 담당업무
5. 운전교육훈련에 필요한 강의실 등 시설 내역서
6. 운전교육훈련에 필요한 철도차량 또는 모의운전연습기 등 장비 내역서
7. 운전교육훈련기관에서 사용하는 직인의 인영

② 국토교통부장관은 제1항에 따라 운전교육훈련기관의 지정 신청을 받은 때에는 영 제16조 제2항에 따라 그 지정 여부를 종합적으로 심사한 후 운전교육훈련기관 지정서를 신청인에게 발급하여야 한다.

▶시행규칙 제22조(운전교육훈련기관의 세부 지정기준 등)

① 영 제17조 제2항에 따른 운전교육훈련기관의 세부 지정기준은 별표 8과 같다.

② 국토교통부장관은 운전교육훈련기관이 제1항 및 영 제17조 제1항에 따른 지정기준에 적합한지의 여부를 2년마다 심사하여야 한다.

③ 영 제18조에 따른 운전교육훈련기관의 변경사항 통지는 별지 제11호의2 서식에 따른다.

▶시행규칙 [별표 8] 교육훈련기관의 세부 지정기준

1. 인력기준

가. 자격기준

등 급	학력 및 경력
책임교수	1) 박사학위 소지자로서 철도교통에 관한 업무에 10년 이상 또는 철도차량 운전 관련 업무에 5년 이상 근무한 경력이 있는 사람 2) 석사학위 소지자로서 철도교통에 관한 업무에 15년 이상 또는 철도차량 운전 관련 업무에 8년 이상 근무한 경력이 있는 사람 3) 학사학위 소지자로서 철도교통에 관한 업무에 20년 이상 또는 철도차량 운전 관련 업무에 10년 이상 근무한 경력이 있는 사람 4) 철도 관련 4급 이상의 공무원 경력 또는 이와 같은 수준 이상의 자격 및 경력이 있는 사람 5) 대학의 철도차량 운전 관련 학과에서 조교수 이상으로 재직한 경력이 있는 사람 6) 선임교수 경력이 3년 이상 있는 사람
선임교수	1) 박사학위 소지자로서 철도교통에 관한 업무에 5년 이상 또는 철도차량 운전 관련 업무에 3년 이상 근무한 경력이 있는 사람 2) 석사학위 소지자로서 철도교통에 관한 업무에 10년 이상 또는 철도차량 운전 관련 업무에 5년 이상 근무한 경력이 있는 사람 3) 학사학위 소지자로서 철도교통에 관한 업무에 15년 이상 또는 철도차량 운전 관련 업무에 8년 이상 근무한 경력이 있는 사람 4) 철도차량 운전업무에 5급 이상의 공무원 경력 또는 이와 같은 수준 이상의 자격 및 경력이 있는 사람 5) 대학의 철도차량 운전 관련 학과에서 전임강사 이상으로 재직한 경력이 있는 사람 6) 교수 경력이 3년 이상 있는 사람
교 수	1) 학사학위 소지자로서 철도차량 운전업무수행자에 대한 지도교육 경력이 2년 이상 있는 사람 2) 전문학사 소지자로서 철도차량 운전업무수행자에 대한 지도교육 경력이 3년 이상 있는 사람 3) 고등학교 졸업자로서 철도차량 운전업무수행자에 대한 지도교육 경력이 5년 이상 있는 사람 4) 철도차량 운전과 관련된 교육기관에서 강의 경력이 1년 이상 있는 사람

비 고

1. "철도교통에 관한 업무"란 철도운전 · 안전 · 차량 · 기계 · 신호 · 전기 · 시설에 관한 업무를 말한다.
2. "철도차량운전 관련 업무"란 철도차량 운전업무수행자에 대한 안전관리 · 지도교육 및 관리감독 업무를 말한다.
3. 교수의 경우 해당 철도차량 운전업무수행경력이 3년 이상인 사람으로서 학력 및 경력의 기준을 갖추어야 한다.
4. 고속철도차량 교수의 경우 종전 철도청에서 실시한 교수요원 양성과정(해외교육 이수자를 포함한다) 이수자 중 학력 및 경력 미달자도 고속철도차량 교수를 할 수 있다.
5. 해당 철도차량 운전업무수행경력이 있는 사람으로서 현장 지도교육의 경력은 운전업무수행경력으로 합산할 수 있다.
6. 책임교수 · 선임교수의 학력 및 경력란 1)부터 3)까지의 "근무한 경력" 및 교수의 학력 및 경력란 1)부터 3)까지의 "지도교육 경력"은 해당 학위를 취득 또는 졸업하기 전과 취득 또는 졸업한 후의 경력을 모두 포함한다.

나. 보유기준

1) 1회 교육생 30명을 기준으로 철도차량 운전면허 종류별 전임 책임교수, 선임교수, 교수를 각 1명 이상 확보하여야 하며, 운전면허 종류별 교육인원이 15명 추가될 때마다 운전면허 종류별 교수 1명 이상을 추가로 확보하여야 한다. 이 경우 추가로 확보하여야 하는 교수는 비전임으로 할 수 있다.

2) 두 종류 이상의 운전면허 교육을 하는 지정기관의 경우 책임교수는 1명만 둘 수 있다.

2. 시설기준

가. 강의실

– 면적은 교육생 30명 이상 한 번에 수용할 수 있어야 한다(60m^2 이상). 이 경우 1m^2당 수용인원은 1명을 초과하지 아니하여야 한다.

나. 기능교육장

1) 전 기능 모의운전연습기 · 기본기능 모의운전연습기 등을 설치할 수 있는 실습장을 갖추어야 한다.

2) 30명이 동시에 실습할 수 있는 컴퓨터지원시스템 실습장(면적 90m^2 이상)을 갖추어야 한다.

다. 그 밖에 교육훈련에 필요한 사무실 · 편의시설 및 설비를 갖출 것

3. 장비기준

가. 실제차량

– 철도차량 운전면허별로 교육훈련기관으로 지정받기 위하여 고속철도차량 · 전기기관차 · 전기동차 · 디젤기관차 · 철도장비 · 노면전차를 각각 보유하고, 이를 운용할 수 있는 선로, 전기 · 신호 등의 철도시스템을 갖출 것

나. 모의운전연습기

장비명	성능기준	보유기준	비 고
전 기능 모의운전 연습기	• 운전실 및 제어용 컴퓨터시스템 • 선로영상시스템 • 음향시스템 • 고장처치시스템 • 교수제어대 및 평가시스템	1대 이상 보유	–
	• 플랫홈시스템 • 구원운전시스템 • 진동시스템	권 장	–
기본기능 모의운전 연습기	• 운전실 및 제어용 컴퓨터시스템 • 선로영상시스템 • 음향시스템 • 고장처치시스템	5대 이상 보유	1회 교육수요(10명 이하)가 적어 실제차량으로 대체하는 경우 1대 이상으로 조정할 수 있음
	• 교수제어대 및 평가시스템	권 장	–

비 고

1. "전 기능 모의운전연습기"란 실제차량의 운전실과 유사하게 제작한 장비를 말한다.
2. "기본기능 모의운전연습기"란 철도차량의 운전훈련에 꼭 필요한 부분만을 제작한 장비를 말한다.
3. "보유"란 교육훈련을 위하여 설비나 장비를 필수적으로 갖추어야 하는 것을 말한다.
4. "권장"이란 원활한 교육의 진행을 위하여 설비나 장비를 향후 갖추어야 하는 것을 말한다.
5. 교육훈련기관으로 지정받기 위하여 철도차량 운전면허 종류별로 모의운전연습기나 실제차량을 갖추어야 한다. 다만, 부득이한 경우 등 국토교통부장관이 인정하는 경우에는 기본기능 모의운전연습기의 보유기준은 조정할 수 있다.

다. 컴퓨터지원교육시스템

성능기준	보유기준	비 고
• 운전기기 설명 및 취급법 • 운전이론 및 규정 • 신호(ATS, ATC, ATO, ATP) 및 제동이론 • 차량의 구조 및 기능 • 고장처치 목록 및 절차 • 비상시 조치 등	지원교육프로그램 및 컴퓨터 30대 이상 보유	컴퓨터지원교육시스템은 차종별 프로그램만 갖추면 다른 차종과 공유하여 사용할 수 있음

비 고
"컴퓨터지원교육시스템"이란 컴퓨터의 멀티미디어 기능을 활용하여 운전 · 차량 · 신호 등을 학습할 수 있도록 제작된 프로그램 및 이를 지원하는 컴퓨터시스템 일체를 말한다.

라. 제1종 전기차량 운전면허 및 제2종 전기차량 운전면허의 경우는 팬터그래프, 변압기, 컨버터, 인버터, 견인전동기, 제동장치에 대한 설비교육이 가능한 실제 장비를 추가로 갖출 것. 다만, 현장교육이 가능한 경우에는 장비를 갖춘 것으로 본다.

4. 국토교통부장관이 정하는 필기시험 출제범위에 적합한 교재를 갖출 것
5. 교육훈련기관 업무규정의 기준
   가. 교육훈련기관의 조직 및 인원
   나. 교육생 선발에 관한 사항
   다. 연간 교육훈련계획 : 교육과정 편성, 교수인력의 지정 교과목 및 내용 등
   라. 교육기관 운영계획
   마. 교육생 평가에 관한 사항
   바. 실습설비 및 장비 운용방안
   사. 각종 증명의 발급 및 대장의 관리
   아. 교수인력의 교육훈련
   자. 기술도서 및 자료의 관리 · 유지
   차. 수수료 징수에 관한 사항
   카. 그 밖에 국토교통부장관이 철도전문인력 교육에 필요하다고 인정하는 사항

▶시행규칙 **제23조(운전교육훈련기관의 지정취소 및 업무정지 등)**

① 법 제16조 제5항에 따른 운전교육훈련기관의 지정취소 및 업무정지의 기준은 별표 9와 같다.
② 국토교통부장관은 운전교육훈련기관의 지정을 취소하거나 업무정지의 처분을 한 경우에는 지체 없이 그 운전교육훈련기관에 지정기관 행정처분서를 통지하고 그 사실을 관보에 고시하여야 한다.

▶시행규칙 [별표 9] 운전교육훈련기관의 지정취소 및 업무정지의 기준

위반사항	근거 법조문	처분기준			
		1차 위반	2차 위반	3차 위반	4차 위반
1. 거짓이나 그 밖의 부정한 방법으로 지정을 받은 경우	법 제16조 제5항 제1호	지정취소	–	–	–
2. 업무정지 명령을 위반하여 그 정지기간 중 운전교육훈련업무를 한 경우	법 제16조 제5항 제2호	지정취소	–	–	–
3. 법 제16조 제4항에 따른 지정기준에 맞지 아니한 경우	법 제16조 제5항 제3호	경고 또는 보완명령	업무정지 1개월	업무정지 3개월	지정취소
4. 정당한 사유 없이 운전교육훈련업무를 거부한 경우	법 제16조 제5항 제4호	경 고	업무정지 1개월	업무정지 3개월	지정취소
5. 법 제16조 제5항을 위반하여 거짓이나 그 밖의 부정한 방법으로 운전교육훈련 수료증을 발급한 경우	법 제16조 제5항 제5호	업무정지 1개월	업무정지 3개월	지정취소	–

비 고

1. 위반행위가 둘 이상인 경우로서 그에 해당하는 각각의 처분기준이 다른 경우에는 그중 무거운 처분기준에 따르며, 위반행위가 둘 이상인 경우로서 그에 해당하는 각각의 처분기준이 같은 경우에는 무거운 처분기준의 2분의 1까지 가중할 수 있되, 각 처분기준을 합산한 기간을 초과할 수 없다.
2. 위반행위의 횟수에 따른 행정처분의 가중된 부과기준은 최근 1년간 같은 위반행위로 행정처분을 받은 경우에 적용한다. 이 경우 기간의 계산은 위반행위에 대하여 행정처분을 받은 날과 그 처분 후 다시 같은 위반행위를 하여 적발된 날을 기준으로 한다.
3. 비고 제2호에 따라 가중된 행정처분을 하는 경우 가중처분의 적용 차수는 그 위반행위 전 부과처분 차수(비고 제2호에 따른 기간 내에 행정처분이 둘 이상 있었던 경우에는 높은 차수를 말한다)의 다음 차수로 한다.
4. 처분권자는 위반행위의 동기 · 내용 및 위반의 정도 등 다음 각 목에 해당하는 사유를 고려하여 그 처분을 감경할 수 있다. 이 경우 그 처분이 업무정지인 경우에는 그 처분기준의 2분의 1 범위에서 감경할 수 있고, 지정취소인 경우(거짓이나 그 밖의 부정한 방법으로 지정을 받은 경우나 업무정지 명령을 위반하여 정지기간 중 교육훈련업무를 한 경우는 제외한다)에는 3개월의 업무정지 처분으로 감경할 수 있다.
   가. 위반행위가 고의나 중대한 과실이 아닌 사소한 부주의나 오류로 인한 것으로 인정되는 경우
   나. 위반의 내용 · 정도가 경미하여 이해관계인에게 미치는 피해가 적다고 인정되는 경우

※ 운전면허의 교육훈련은 면허의 종별로 시행된다. 또한, 동일한 면허의 종별이라고 하더라도 최초교육을 받는 일반응시자 과정과 다른 종류의 면허를 소지하고 있는 면허소지자 과정, 업무경력자 과정별로 교육훈련 시간이 다름에 유의할 필요가 있다. 그리고 이러한 교육 훈련을 받기 위해서는 전문교육훈련기관이 지정되어 있어야 한다. 교육훈련기관의 지정기준 · 지정절차 · 업무정지 및 취소기준은 적성검사기관과 약간의 차이가 있기는 하나 많은 부분이 동일하다.

예 제

01 철도차량 운전면허 취득을 위한 철도관련 업무경력자 과정의 교육훈련 내용으로 틀린 것은?

① 철도운영자등에 소속되어 철도관련 업무에 종사한 경력 3년 이상인 사람을 대상으로 한다.

② 디젤 또는 제1종 차량 운전면허(395)

③ 제2종 전기차량 운전면허(340)

④ 철도장비 운전면허(215)

해설 철도운영자에 소속되어 철도관련 업무에 종사한 경력 3년 이상인 사람을 대상으로 한다.

정답 ①

02 운전교육훈련기관 지정기준을 잘못 설명하고 있는 것은?

① 운전교육훈련 업무수행에 필요한 상설 전담조직을 갖춰야 한다.

② 운전면허의 종류별로 운전교육훈련 업무를 수행할 수 있는 전문인력을 확보해야 한다.

③ 철도 관련 4급 이상의 공무원 경력 또는 이와 같은 수준 이상의 자격 및 경력이 있는 사람은 책임교수에 임명할 수 있다.

④ 기본기능 모의운전연습기의 교수제어대 및 평가시스템은 보유 사항이다.

해설 기본기능 모의운전연습기의 교수제어대 및 평가시스템은 권장 사항이다.

정답 ④

출제경향

출제빈도가 높다. 특히, 과정별 또는 응시자별 교육훈련의 기간 및 과목, 교육훈련기관에 대한 지정기준 및 절차, 업무의 정지 및 취소 등 균등하게 빠짐없이 출제가 되고 있으니 철저한 학습이 필요하다.

법 제17조(운전면허시험)

① 운전면허를 받으려는 사람은 국토교통부장관이 실시하는 철도차량 운전면허시험(이하 "운전면허시험"이라 한다)에 합격하여야 한다.

② 운전면허시험에 응시하려는 사람은 제12조에 따른 신체검사 및 운전적성검사에 합격한 후 운전교육훈련을 받아야 한다.

③ 운전면허시험의 과목, 절차 등에 관하여 필요한 사항은 국토교통부령으로 정한다.

➲ 면허 없이 운전하거나 운전을 시킨 자 : 1년 이하의 징역 또는 1천만원 이하의 벌금

▶시행규칙 제24조(운전면허시험의 과목 및 합격기준)

① 법 제17조 제1항에 따른 철도차량 운전면허시험(이하 "운전면허시험"이라 한다)은 영 제11조 제1항에 따른 운전면허의 종류별로 필기시험과 기능시험으로 구분하여 시행한다. 이 경우 기능시험은 실제차량이나 모의운전연습기를 활용하여 시행한다.

② 제1항에 따른 필기시험과 기능시험의 과목 및 합격기준은 별표 10과 같다. 이 경우 기능시험은 필기시험을 합격한 경우에만 응시할 수 있다.

③ 제1항에 따른 필기시험에 합격한 사람에 대해서는 필기시험에 합격한 날부터 2년이 되는 날이 속하는 해의 12월 31일까지 실시하는 운전면허시험에 있어 필기시험의 합격을 유효한 것으로 본다.

④ 운전면허시험의 방법 · 절차, 기능시험 평가위원의 선정 등에 관하여 필요한 세부사항은 국토교통부장관이 정한다.

▶시행규칙 [별표 10] 철도차량 운전면허 시험의 과목 및 합격기준

1. 운전면허 시험의 응시자별 면허시험 과목

가. 일반응시자 · 철도차량 운전 관련 업무경력자 · 철도 관련 업무 경력자 · 버스 운전 경력자

응시면허	필기시험	기능시험
디젤차량 운전면허	• 철도관련법 • 철도시스템 일반 • 디젤차량의 구조 및 기능 • 운전이론 일반 • 비상시 조치 등	• 준비점검 • 제동취급 • 제동기 외의 기기 취급 • 신호준수, 운전취급, 신호 · 선로 숙지 • 비상시 조치 등
제1종 전기차량 운전면허	• 철도관련법 • 철도시스템 일반 • 전기기관차의 구조 및 기능 • 운전이론 일반 • 비상시 조치 등	• 준비점검 • 제동취급 • 제동기 외의 기기 취급 • 신호준수, 운전취급, 신호 · 선로 숙지 • 비상시 조치 등
제2종 전기차량 운전면허	• 철도관련법 • 도시철도시스템 일반 • 전기동차의 구조 및 기능 • 운전이론 일반 • 비상시 조치 등	• 준비점검 • 제동취급 • 제동기 외의 기기 취급 • 신호준수, 운전취급, 신호 · 선로 숙지 • 비상시 조치 등
철도장비 운전면허	• 철도관련법 • 철도시스템 일반 • 기계 · 장비차량의 구조 및 기능 • 비상시 조치 등	• 준비점검 • 제동취급 • 제동기 외의 기기 취급 • 신호준수, 운전취급, 신호 · 선로 숙지 • 비상시 조치 등
노면전차 운전면허	• 철도관련법 • 노면전차 시스템 일반 • 노면전차의 구조 및 기능 • 비상시 조치 등	• 준비점검 • 제동취급 • 제동기 외의 기기 취급 • 신호준수, 운전취급, 신호 · 선로 숙지 • 비상시 조치 등

비 고
철도관련법은 「철도안전법」과 그 하위 법령 및 철도차량 운전에 필요한 규정을 말한다.

나. 운전면허 소지자

소지면허	응시면허	필기시험	기능시험
1) 디젤차량 운전면허, 제1종 전기차량 운전면허, 제2종 전기차량 운전면허	고속철도 차량 운전면허	• 고속철도 시스템 일반 • 고속철도차량의 구조 및 기능 • 고속철도 운전이론 일반 • 고속철도 운전 관련 규정 • 비상시 조치 등	• 준비점검 • 제동 취급 • 제동기 외의 기기 취급 • 신호 준수, 운전 취급, 신호 · 선로 숙지 • 비상시 조치 등
		주) 고속철도차량 운전면허시험 응시자는 디젤차량, 제1종 전기차량 또는 제2종 전기차량에 대한 운전업무 수행 경력이 3년 이상 있어야 한다.	
2) 디젤차량 운전면허	제1종 전기차량 운전면허	전기기관차의 구조 및 기능	• 준비점검 • 제동 취급 • 제동기 외의 기기 취급 • 비상시 조치 등
		주) 디젤차량 운전업무수행 경력이 2년 이상 있고 별표 7 제2호에 따른 교육훈련을 받은 사람은 필기시험 및 기능시험을 면제한다.	
	제2종 전기차량 운전면허	• 도시철도 시스템 일반 • 전기동차의 구조 및 기능	• 준비점검 • 제동 취급 • 제동기 외의 기기 취급 • 비상시 조치 등
		주) 디젤차량 운전업무수행 경력이 2년 이상 있고 별표 7 제2호에 따른 교육훈련을 받은 사람은 필기시험을 면제한다.	
	노면전차 운전면허	• 노면전차 시스템 일반 • 노면전차의 구조 및 기능	• 준비점검 • 제동 취급 • 제동기 외의 기기 취급 • 비상시 조치 등
		주) 디젤차량 운전업무수행 경력이 2년 이상 있고 별표 7 제2호에 따른 교육훈련을 받은 사람은 필기시험을 면제한다.	
3) 제1종 전기차량 운전면허	디젤차량 운전면허	디젤차량의 구조 및 기능	• 준비점검 • 제동 취급 • 제동기 외의 기기 취급 • 비상시 조치 등
		주) 제1종 전기차량 운전업무수행 경력이 2년 이상 있고 별표 7 제2호에 따른 교육훈련을 받은 사람은 필기시험 및 기능시험을 면제한다.	
	제2종 전기차량 운전면허	• 도시철도 시스템 일반 • 전기동차의 구조 및 기능	• 준비점검 • 제동 취급 • 제동기 외의 기기 취급 • 비상시 조치 등
		주) 제1종 전기차량 운전업무수행 경력이 2년 이상 있고 별표 7 제2호에 따른 교육훈련을 받은 사람은 필기시험을 면제한다.	
	노면전차 운전면허	• 노면전차 시스템 일반 • 노면전차의 구조 및 기능	• 준비점검 • 제동 취급 • 제동기 외의 기기 취급 • 비상시 조치 등
		주) 제1종 전기차량 운전업무수행 경력이 2년 이상 있고 별표 7 제2호에 따른 교육훈련을 받은 사람은 필기시험을 면제한다.	

4) 제2종 전기차량 운전면허	디젤차량 운전면허	• 철도시스템 일반 • 디젤차량의 구조 및 기능	• 준비점검 • 제동 취급 • 제동기 외의 기기 취급 • 비상시 조치 등
		주) 제2종 전기차량 운전업무수행 경력이 2년 이상 있고 별표 7 제2호에 따른 교육훈련을 받은 사람은 필기시험을 면제한다.	
	제1종 전기차량 운전면허	• 철도시스템 일반 • 전기기관차의 구조 및 기능	• 준비점검 • 제동 취급 • 제동기 외의 기기 취급 • 비상시 조치 등
		주) 제2종 전기차량 운전업무수행 경력이 2년 이상 있고 별표 7 제2호에 따른 교육훈련을 받은 사람은 필기시험을 면제한다.	
	노면전차 운전면허	• 노면전차 시스템 일반 • 노면전차의 구조 및 기능	• 준비점검 • 제동 취급 • 제동기 외의 기기 취급 • 비상시 조치 등
		주) 제2종 전기차량 운전업무수행 경력이 2년 이상 있고 별표 7 제2호에 따른 교육훈련을 받은 사람은 필기시험을 면제한다.	
5) 철도장비 운전면허	디젤차량 운전면허	• 철도관련법 • 철도시스템 일반 • 디젤차량의 구조 및 기능	• 준비점검 • 제동 취급 • 제동기 외의 기기 취급 • 신호 준수, 운전 취급, 신호 · 선로 숙지 • 비상시 조치 등
	제1종 전기차량 운전면허	• 철도관련법 • 철도시스템 일반 • 전기기관차의 구조 및 기능	
	제2종 전기차량 운전면허	• 철도관련법 • 도시철도 시스템 일반 • 전기동차의 구조 및 기능	
	노면전차 운전면허	• 철도관련법 • 노면전차 시스템 일반 • 노면전차의 구조 및 기능	
6) 노면전차 운전면허	디젤차량 운전면허	• 철도관련법 • 철도시스템 일반 • 디젤차량의 구조 및 기능 • 운전이론 일반	• 준비점검 • 제동 취급 • 제동기 외의 기기 취급 • 신호 준수, 운전 취급, 신호 · 선로 숙지 • 비상시 조치 등
	제1종 전기차량 운전면허	• 철도관련법 • 철도시스템 일반 • 전기기관차의 구조 및 기능 • 운전이론 일반	
	제2종 전기차량 운전면허	• 철도관련법 • 도시철도 시스템 일반 • 전기동차의 구조 및 기능 • 운전이론 일반	
	철도장비 운전면허	• 철도관련법 • 철도시스템 일반 • 기계 · 장비차량의 구조 및 기능	

비 고
운전면허 소지자가 다른 종류의 운전면허를 취득하기 위하여 운전면허시험에 응시하는 경우에는 신체검사 및 적성검사의 증명서류를 운전면허증 사본으로 갈음한다. 다만, 철도장비 운전면허 소지자의 경우에는 적성검사 증명서류를 첨부하여야 한다.

다. 관제자격증명 취득자

소지면허	응시면허	필기시험	기능시험
1) 철도관제 자격증명	디젤차량 운전면허	• 디젤차량의 구조 및 기능 • 운전이론 일반 • 비상시 조치 등	• 준비점검 • 제동 취급 • 제동기 외의 기기 취급 • 신호 준수, 운전 취급, 신호 · 선로 숙지 • 비상시 조치 등
	제1종 전기차량 운전면허	• 전기기관차의 구조 및 기능 • 운전이론 일반 • 비상시 조치 등	
	제2종 전기차량 운전면허	• 전기동차의 구조 및 기능 • 운전이론 일반 • 비상시 조치 등	
	철도장비 운전면허	• 기계 · 장비차량의 구조 및 기능 • 비상시 조치 등	
	노면전차 운전면허	• 노면전차의 구조 및 기능 • 비상시 조치 등	
2) 도시철도 관제자격증명	디젤차량 운전면허	• 철도시스템 일반 • 디젤차량의 구조 및 기능 • 운전이론 일반 • 비상시 조치 등	• 준비점검 • 제동 취급 • 제동기 외의 기기 취급 • 신호 준수, 운전 취급, 신호 · 선로 숙지 • 비상시 조치 등
	제1종 전기차량 운전면허	• 철도시스템 일반 • 전기기관차의 구조 및 기능 • 운전이론 일반 • 비상시 조치 등	
	제2종 전기차량 운전면허	• 전기동차의 구조 및 기능 • 운전이론 일반 • 비상시 조치 등	
	철도장비 운전면허	• 철도시스템 일반 • 기계 · 장비차량의 구조 및 기능 • 비상시 조치 등	
	노면전차 운전면허	• 노면전차의 구조 및 기능 • 비상시 조치 등	

2. 철도차량 운전면허 시험의 합격기준은 다음과 같다.
   가. 필기시험 합격기준은 과목당 100점을 만점으로 하여 매 과목 40점 이상(철도관련법의 경우 60점 이상), 총점 평균 60점 이상 득점한 사람
   나. 기능시험의 합격기준은 시험 과목당 60점 이상, 총점 평균 80점 이상 득점한 사람
3. 기능시험은 실제차량이나 모의운전연습기를 활용한다.
4. 제1호 나목 및 다목에 동시에 해당하는 경우에는 나목을 우선 적용한다. 다만, 응시자가 원하는 경우에는 다목의 규정을 적용할 수 있다.

▶시행규칙 제25조(운전면허시험 시행계획의 공고)

① 「한국교통안전공단법」에 따른 한국교통안전공단은 운전면허시험을 실시하려는 때에는 매년 11월 30일까지 필기시험 및 기능시험의 일정 · 응시과목 등을 포함한 다음 해의 운전면허시험 시행계획을 인터넷 홈페이지 등에 공고하여야 한다.

② 한국교통안전공단은 운전면허시험의 응시 수요 등을 고려하여 필요한 경우에는 제1항에 따라 공고한 시행계획을 변경할 수 있다. 이 경우 미리 국토교통부장관의 승인을 받아야 하며 변경되기 전의 필기시험일 또는 기능시험일(필기시험일 또는 기능시험일이 앞당겨진 경우에는 변경된 필기시험일 또는 기능시험일을 말한다)의 7일 전까지 그 변경사항을 인터넷 홈페이지 등에 공고하여야 한다.

▶시행규칙 제26조(운전면허시험 응시원서의 제출 등)

① 운전면허시험에 응시하려는 사람은 필기시험 응시 전까지 철도차량 운전면허시험 응시원서에 다음 각호의 서류를 첨부하여 한국교통안전공단에 제출해야 한다. 다만, 제3호의 서류는 기능시험 응시 전까지 제출할 수 있다.

1. 신체검사의료기관이 발급한 신체검사 판정서(운전면허시험 응시원서 접수일 이전 2년 이내인 것에 한정한다)
2. 운전적성검사기관이 발급한 운전적성검사 판정서(운전면허시험 응시원서 접수일 이전 10년 이내인 것에 한정한다)
3. 운전교육훈련기관이 발급한 운전교육훈련 수료증명서

3의2. 법 제16조 제3항에 따라 운전교육훈련기관으로 지정받은 대학의 장이 발급한 철도운전관련 교육과목 이수증명서(별표 7 제6호 바목에 따라 이론교육 과목의 이수로 인정받으려는 경우에만 해당한다)

4. 철도차량 운전면허증의 사본(철도차량 운전면허 소지자가 다른 철도차량 운전면허를 취득하고자 하는 경우에 한정한다)
5. 관제자격증명서 사본[제38조의12 제2항에 따라 관제자격증명서를 발급받은 사람(이하 "관제자격증명 취득자"라 한다)만 제출한다]
6. 운전업무 수행 경력증명서(고속철도차량 운전면허시험에 응시하는 경우에 한정한다)

② 한국교통안전공단은 제1항 제1호부터 제5호까지의 서류를 영 제63조 제1항 제7호에 따라 관리하는 정보체계에 따라 확인할 수 있는 경우에는 그 서류를 제출하지 않도록 할 수 있다.

③ 한국교통안전공단은 제1항에 따라 운전면허시험 응시원서를 접수한 때에는 철도차량 운전면허시험 응시원서 접수대장에 기록하고 운전면허시험 응시표를 응시자에게 발급하여야 한다. 다만, 응시원서 접수 사실을 영 제63조 제1항 제7호에 따라 관리하는 정보체계에 따라 관리하는 경우에는 응시원서 접수 사실을 철도차량 운전면허시험 응시원서 접수대장에 기록하지 아니할 수 있다.

④ 한국교통안전공단은 운전면허시험 응시원서 접수마감 7일 이내에 시험일시 및 장소를 한국교통안전공단 게시판 또는 인터넷 홈페이지 등에 공고하여야 한다.

▶시행규칙 제27조(운전면허시험 응시표의 재발급)

운전면허시험 응시표를 발급받은 사람이 응시표를 잃어버리거나 헐어서 못 쓰게 된 경우에는 사진(3.5센티미터×4.5센티미터) 1장을 첨부하여 한국교통안전공단에 재발급을 신청(「정보통신망 이용촉진 및 정보보호 등에 관한 법률」 제2조 제1항 제1호에 따른 정보통신망을 이용한 신청을 포함한다)하여야 하고, 한국교통안전공단은 응시원서 접수 사실을 확인한 후 운전면허시험 응시표를 신청인에게 재발급하여야 한다.

▶시행규칙 제28조(시험실시결과의 게시 등)

① 한국교통안전공단은 운전면허시험을 실시하여 합격자를 결정한 때에는 한국교통안전공단 게시판 또는 인터넷 홈페이지에 게재하여야 한다.

② 한국교통안전공단은 운전면허시험을 실시한 경우에는 운전면허 종류별로 필기시험 및 기능시험 응시자 및 합격자 현황 등의 자료를 국토교통부장관에게 보고하여야 한다.

※ 운전면허를 받으려면 국토교통부장관이 실시하는 시험에 합격하여야 한다. 시험을 보기 위하여는 신체검사 및 적성검사에 합격 한 후 전문교육훈련기관에서 교육훈련을 수료한 사람이어야 한다. 또한, 시험에 응시하기 위해서는 응시원서와 함께 첨부서류가 있어야 한다. 신체검사의료기관이 발급한 신체검사 판정서, 운전적성검사기관이 발급한 운전적성검사 판정서, 운전교육훈련기관이 발급한 운전교육훈련 수료증명서는 반드시 첨부하여야 하는 서류이며, 운전교육훈련기관으로 지정받은 대학의 장이 발급한 철도운전관련 교육과목 이수증명서, 철도차량 운전면허증의 사본, 관제자격증명서 사본, 운전업무 수행 경력증명서는 선택적으로 필요한 서류이다. 필기시험의 유효기간은 필기시험에 합격한 날부터 2년이 되는 날이 속하는 해의 12월 31일까지 실시하는 운전면허시험에 있어 유효하다. 필기시험의 합격 기준은 평균 60점 이상이며, 기능시험의 합격 기준은 평균 80점 이상 득점하여야 한다.

예 제

01 철도차량 운전면허 시험에 응시하려는 사람이 반드시 제출해야 할 서류가 아닌 것은?

① 신체검사의료기관이 발급한 신체검사 판정서(운전면허시험 응시원서 접수일 이전 2년 이내인 것에 한정한다)

② 운전적성검사기관이 발급한 운전적성검사 판정서(운전면허시험 응시원서 접수일 이전 10년 이내인 것에 한정한다)

③ 운전교육훈련기관이 발급한 운전교육훈련 수료증명서

④ 운전교육훈련기관으로 지정받은 대학의 장이 발급한 철도운전관련 교육과목 이수증명서

해설 운전교육훈련기관으로 지정받은 대학의 장이 발급한 철도운전관련 교육과목 이수증명서는 반드시 제출해야 할 서류는 아니고 해당자만 제출하면 되는 서류이다. 철도차량 운전면허증의 사본, 운전업무 수행 경력증명서 사본 또한 마찬가지이다.

정답 ④

02 철도차량 운전면허 취득을 위한 시험관련 내용으로 틀린 것은?

① 운전면허 시험의 응시조건에 운전교육훈련수료, 신체검사 합격, 운전적성검사합격이 있다.

② 일반응시자 및 철도 관련 업무 경력자 과정을 이수한 사람은 고속철도차량 운전면허 시험에 응시할 수 없다.

③ 필기시험의 유효기간은 합격한 날로부터 2년이 되는 날이 속하는 해의 12월 31일까지이다.

④ 디젤차량 운전업무수행 경력이 2년 이상 있고 소정의 제2종 운전면허 교육훈련을 받은 사람은 필기시험을 면제한다.

해설 운전면허 시험에 응시하기 위하여는 신체검사 및 운전적성검사에 합격한 후 운전교육훈련을 수료하여야 한다.

정답 ①

출제경향

출제빈도가 높다. 법 및 시행규칙의 본문 외에도 별표 내용까지 세심하게 숙지하여야 한다.

법 제18조(운전면허증의 발급 등)

① 국토교통부장관은 운전면허시험에 합격하여 운전면허를 받은 사람에게 국토교통부령으로 정하는 바에 따라 철도차량 운전면허증(이하 "운전면허증"이라 한다)을 발급하여야 한다.

② 제1항에 따라 운전면허를 받은 사람(이하 "운전면허 취득자"라 한다)이 운전면허증을 잃어버렸거나 운전면허증이 헐어서 쓸 수 없게 되었을 때 또는 운전면허증의 기재사항이 변경되었을 때에는 국토교통부령으로 정하는 바에 따라 운전면허증의 재발급이나 기재사항의 변경을 신청할 수 있다.

법 제19조(운전면허의 갱신)

① 운전면허의 유효기간은 10년으로 한다.

② 운전면허 취득자로서 제1항에 따른 유효기간 이후에도 그 운전면허의 효력을 유지하려는 사람은 운전면허의 유효기간 만료 전에 국토교통부령으로 정하는 바에 따라 운전면허의 갱신을 받아야 한다.

③ 국토교통부장관은 제2항 및 제5항에 따라 운전면허의 갱신을 신청한 사람이 다음 각호의 어느 하나에 해당하는 경우에는 운전면허증을 갱신하여 발급하여야 한다.

1. 운전면허의 갱신을 신청하는 날 전 10년 이내에 국토교통부령으로 정하는 철도차량의 운전업무에 종사한 경력이 있거나 국토교통부령으로 정하는 바에 따라 이와 같은 수준 이상의 경력이 있다고 인정되는 경우
2. 국토교통부령으로 정하는 교육훈련을 받은 경우

④ 운전면허 취득자가 제2항에 따른 운전면허의 갱신을 받지 아니하면 그 운전면허의 유효기간이 만료되는 날의 다음 날부터 그 운전면허의 효력이 정지된다.

⑤ 제4항에 따라 운전면허의 효력이 정지된 사람이 6개월의 범위에서 대통령령으로 정하는 기간 내에 운전면허의 갱신을 신청하여 운전면허의 갱신을 받지 아니하면 그 기간이 만료되는 날의 다음 날부터 그 운전면허는 효력을 잃는다.

⑥ 국토교통부장관은 운전면허 취득자에게 그 운전면허의 유효기간이 만료되기 전에 국토교통부령으로 정하는 바에 따라 운전면허의 갱신에 관한 내용을 통지하여야 한다.

⑦ 국토교통부장관은 제5항에 따라 운전면허의 효력이 실효된 사람이 운전면허를 다시 받으려는 경우 대통령령으로 정하는 바에 따라 그 절차의 일부를 면제할 수 있다.

법 제19조의2(운전면허증의 대여 등 금지)

누구든지 운전면허증을 다른 사람에게 빌려주거나 빌리거나 이를 알선하여서는 아니 된다.

➲ 운전면허증을 다른 사람에게 빌려주거나 빌리거나 이를 알선한 사람 : 1년 이하의 징역 또는 1천만원 이하의 벌금

▶시행령 제19조(운전면허 갱신 등)

① 법 제19조 제4항에 따라 운전면허의 효력이 정지된 사람이 제2항에 따른 기간 내에 운전면허 갱신을 받은 경우 해당 운전면허의 유효기간은 갱신받기 전 운전면허의 유효기간 만료일 다음 날부터 기산한다.

② 법 제19조 제5항에서 "대통령령으로 정하는 기간"이란 6개월을 말한다.

▶시행령 제20조(운전면허 취득절차의 일부 면제)

법 제19조 제7항에 따라 운전면허의 효력이 실효된 사람이 운전면허가 실효된 날부터 3년 이내에 실효된 운전면허와 동일한 운전면허를 취득하려는 경우에는 다음 각호의 구분에 따라 운전면허 취득절차의 일부를 면제한다.

1. 법 제19조 제3항 각호에 해당하지 아니하는 경우 : 법 제16조에 따른 운전교육훈련 면제
2. 법 제19조 제3항 각호에 해당하는 경우 : 법 제16조에 따른 운전교육훈련과 법 제17조에 따른 운전면허시험 중 필기시험 면제

▶시행규칙 제29조(운전면허증의 발급 등)

① 운전면허시험에 합격한 사람은 한국교통안전공단에 철도차량 운전면허증 (재)발급신청서를 제출(정보통신망을 이용한 제출을 포함한다)하여야 한다.

② 제1항에 따라 철도차량 운전면허증 발급 신청을 받은 한국교통안전공단은 법 제18조 제1항에 따라 철도차량 운전면허증을 발급하여야 한다.

③ 제2항에 따라 철도차량 운전면허증을 발급받은 사람(이하 "운전면허 취득자"라 한다)이 철도차량 운전면허증을 잃어버렸거나 헐어 못 쓰게 된 때에는 철도차량 운전면허증 (재)발급신청서에 분실사유서나 헐어 못 쓰게 된 운전면허증을 첨부하여 한국교통안전공단에 제출하여야 한다.

▶시행규칙 제30조(철도차량 운전면허증 기록사항 변경)

① 운전면허 취득자가 주소 등 철도차량 운전면허증의 기록사항을 변경하려는 경우에는 이를 증명할 수 있는 서류를 첨부하여 한국교통안전공단에 기록사항의 변경을 신청하여야 한다. 이 경우 한국교통안전공단은 기록사항을 변경한 때에는 철도차량 운전면허증 관리대장에 이를 기록·관리하여야 한다.

② 제1항 후단에도 불구하고 철도차량 운전면허증의 기록사항의 변경을 영 제63조 제1항 제7호에 따라 관리하는 정보체계에 따라 관리하는 경우에는 철도차량 운전면허증 관리대장에 이를 기록·관리하지 아니할 수 있다.

▶시행규칙 제31조(운전면허의 갱신절차)

① 법 제19조 제2항에 따라 철도차량운전면허(이하 "운전면허"라 한다)를 갱신하려는 사람은 운전면허의 유효기간 만료일 전 6개월 이내에 철도차량 운전면허 갱신신청서에 다음 각호의 서류를 첨부하여 한국교통안전공단에 제출하여야 한다.

1. 철도차량 운전면허증
2. 법 제19조 제3항 각호에 해당함을 증명하는 서류

② 제1항에 따라 갱신받은 운전면허의 유효기간은 종전 운전면허 유효기간의 만료일 다음 날부터 기산한다.

▶시행규칙 제32조(운전면허 갱신에 필요한 경력 등)

① 법 제19조 제3항 제1호에서 "국토교통부령으로 정하는 철도차량의 운전업무에 종사한 경력"이란 운전면허의 유효기간 내에 6개월 이상 해당 철도차량을 운전한 경력을 말한다.

② 법 제19조 제3항 제1호에서 "이와 같은 수준 이상의 경력"이란 다음 각호의 어느 하나에 해당하는 업무에 2년 이상 종사한 경력을 말한다.

1. 관제업무
2. 운전교육훈련기관에서의 운전교육훈련업무
3. 철도운영자등에게 소속되어 철도차량 운전자를 지도·교육·관리하거나 감독하는 업무

③ 법 제19조 제3항 제2호에서 "국토교통부령으로 정하는 교육훈련을 받은 경우"란 운전교육훈련기관이나 철도운영자등이 실시한 철도차량 운전에 필요한 교육훈련을 운전면허 갱신신청일 전까지 20시간 이상 받은 경우를 말한다.

④ 제1항 및 제2항에 따른 경력의 인정, 제3항에 따른 교육훈련의 내용 등 운전면허 갱신에 필요한 세부사항은 국토교통부장관이 정하여 고시한다.

▶시행규칙 제33조(운전면허 갱신 안내 통지)

① 한국교통안전공단은 법 제19조 제4항에 따라 운전면허의 효력이 정지된 사람이 있는 때에는 해당 운전면허의 효력이 정지된 날부터 30일 이내에 해당 운전면허 취득자에게 이를 통지하여야 한다.

② 한국교통안전공단은 법 제19조 제6항에 따라 운전면허의 유효기간 만료일 6개월 전까지 해당 운전면허 취득자에게 운전면허 갱신에 관한 내용을 통지하여야 한다.

③ 제2항에 따른 운전면허 갱신에 관한 통지는 철도차량 운전면허 갱신통지서에 따른다.

④ 제1항 및 제2항에 따른 통지를 받을 사람의 주소 등을 통상적인 방법으로 확인할 수 없거나 통지서를 송달할 수 없는 경우에는 한국교통안전공단 게시판 또는 인터넷 홈페이지에 14일 이상 공고함으로써 통지에 갈음할 수 있다.

※ 운전면허증 필기시험과 기능시험에 합격한 후 발급신청서를 한국교통안전공단에 제출하면 발급이 가능하다. 운전면허의 유효기간은 10년이다. 유효기간 이후에도 계속해서 면허를 유지하고자 하는 경우에는 운전면허의 유효기간 만료 전에 국토교통부령으로 정하는 바에 따라 운전면허의 갱신을 받아야 한다. 갱신을 받기 위해서는 유효기간 내에 6개월 이상의 운전한 업무에 종사한 경력이 있거나 관제업무 또는 철도차량 운전자를 지도 · 교육 · 관리하거나 감독하는 업무, 전문교육훈련기관에서 운전교육훈련업무에 2년 이상 종사하거나, 갱신교육을 20시간 이상 받은 경우에 갱신이 가능하다. 갱신통지서는 유효기간 만료일 6개월 전까지 발송하거나, 갱신을 신청하지 못하여 효력이 정지된 자에게는 정지일로부터 30일 이내에 발송된다. 효력정지된 사람은 6개월의 범위내에서 자격을 갖추어 신청하여야 하며, 6개월이 지난 경우에는 실효된다. 실효된 날로부터 3년 이내에 동일한 면허를 취득하고자 하는 경우에는 운전면허의 취득 절차의 일부를 면제받는다. 갱신받은 운전면허의 유효기간은 갱신받기 전 운전면허의 유효기간 만료일 다음 날부터 기산한다는 것을 반드시 숙지하여야 한다.

예 제

01 철도차량 운전면허의 갱신을 받을 수 없는 사람은?

① 철도차량의 운전업무에 종사한 경력이 유효기간 내에 6개월 이상 있는 사람
② 관제업무에 2년 이상 종사한 사람
③ 운전교육훈련기관에서의 운전교육훈련업무에 2년 이상 종사한 사람
④ 한국교통안전공단에서 실시하는 철도차량 운전에 필요한 교육훈련을 20시간 이상 이수한 사람

해설 운전교육훈련기관이나 철도운영자등이 실시한 철도차량 운전에 필요한 교육훈련을 운전면허 갱신신청일 전까지 20시간 이상 받은 경우에만 갱신이 될 수 있다.

정답 ④

출제경향

출제빈도와 비중이 대단히 높은 곳이다. 특히, 면허증의 발급과정, 면허의 유효기간, 갱신에 필요한 조건, 갱신받은 면허의 새로운 유효기간을 묻는 내용이 많이 출제된다.

법 제20조(운전면허의 취소 · 정지 등)

① 국토교통부장관은 운전면허 취득자가 다음 각호의 어느 하나에 해당할 때에는 운전면허를 취소하거나 1년 이내의 기간을 정하여 운전면허의 효력을 정지시킬 수 있다. 다만, 제1호부터 제4호까지의 규정에 해당할 때에는 운전면허를 취소하여야 한다.

1. 거짓이나 그 밖의 부정한 방법으로 운전면허를 받았을 때
2. 제11조 제2호부터 제4호까지의 규정에 해당하게 되었을 때
3. 운전면허의 효력정지기간 중 철도차량을 운전하였을 때
4. 제19조의2를 위반하여 운전면허증을 다른 사람에게 빌려주었을 때
5. 철도차량을 운전 중 고의 또는 중과실로 철도사고를 일으켰을 때

5의2. 제40조의2 제1항 또는 제5항을 위반하였을 때

6. 제41조 제1항을 위반하여 술을 마시거나 약물을 사용한 상태에서 철도차량을 운전하였을 때
7. 제41조 제2항을 위반하여 술을 마시거나 약물을 사용한 상태에서 업무를 하였다고 인정할만한 상당한 이유가 있음에도 불구하고 국토교통부장관 또는 시 · 도지사의 확인 또는 검사를 거부하였을 때
8. 이 법 또는 이 법에 따라 철도의 안전 및 보호와 질서유지를 위하여 한 명령 · 처분을 위반하였을 때

② 국토교통부장관이 제1항에 따라 운전면허의 취소 및 효력정지 처분을 하였을 때에는 국토교통부령으로 정하는 바에 따라 그 내용을 해당 운전면허 취득자와 운전면허 취득자를 고용하고 있는 철도운영자등에게 통지하여야 한다.

③ 제2항에 따른 운전면허의 취소 또는 효력정지 통지를 받은 운전면허 취득자는 그 통지를 받은 날부터 15일 이내에 운전면허증을 국토교통부장관에게 반납하여야 한다.

- 운전면허증을 반납하지 아니한 경우 : 1회 90만원, 2회 180만원, 3회 270만원 과태료

④ 국토교통부장관은 제3항에 따라 운전면허의 효력이 정지된 사람으로부터 운전면허증을 반납받았을 때에는 보관하였다가 정지기간이 끝나면 즉시 돌려주어야 한다.

⑤ 제1항에 따른 취소 및 효력정지 처분의 세부기준 및 절차는 그 위반의 유형 및 정도에 따라 국토교통부령으로 정한다.

⑥ 국토교통부장관은 국토교통부령으로 정하는 바에 따라 운전면허의 발급, 갱신, 취소 등에 관한 자료를 유지 · 관리하여야 한다.

- 운전면허(관제자격증명)를 받지 아니하고(운전면허 또는 관제자격증이 취소되거나 그 효력이 정지된 경우를 포함) 운전(관제)업무에 종사한 사람, 실무수습을 이수하지 아니하고 운전(관제)업무를 한 사람 : 1년 이하의 징역 또는 1천만 이하의 벌금

▶시행규칙 제34조(운전면허의 취소 및 효력정지 처분의 통지 등)

① 국토교통부장관은 법 제20조 제1항에 따라 운전면허의 취소나 효력정지 처분을 한 때에는 철도차량 운전면허 취소 · 효력정지 처분 통지서를 해당 처분대상자에게 발송하여야 한다.

② 국토교통부장관은 제1항에 따른 처분대상자가 철도운영자등에게 소속되어 있는 경우에는 철도운영자등에게 그 처분 사실을 통지하여야 한다.

③ 제1항에 따른 처분대상자의 주소 등을 통상적인 방법으로 확인할 수 없거나 철도차량 운전면허 취소 · 효력정지 처분 통지서를 송달할 수 없는 경우에는 운전면허시험기관인 한국교통안전공단 게시판 또는 인터넷 홈페이지에 14일 이상 공고함으로써 제1항에 따른 통지에 갈음할 수 있다.

④ 제1항에 따라 운전면허의 취소 또는 효력정지 처분의 통지를 받은 사람은 통지를 받은 날부터 15일 이내에 운전면허증을 한국교통안전공단에 반납하여야 한다.

▶시행규칙 제35조(운전면허의 취소 또는 효력정지 처분의 세부기준)

법 제20조 제5항에 따른 운전면허의 취소 또는 효력정지 처분의 세부기준은 별표 10의2와 같다.

▶시행규칙 [별표 10의2] 운전면허취소 · 효력정지 처분의 세부기준

<table>
<tr><th colspan="2" rowspan="2">처분대상</th><th rowspan="2">근거 법조문</th><th colspan="4">처분기준</th></tr>
<tr><th>1차 위반</th><th>2차 위반</th><th>3차 위반</th><th>4차 위반</th></tr>
<tr><td colspan="2">1. 거짓이나 그 밖의 부정한 방법으로 운전면허를 받은 경우
➲ 1년 이하의 징역 또는 1천만원 이하의 벌금</td><td>법 제20조
제1항 제1호</td><td>면허취소</td><td>–</td><td>–</td><td>–</td></tr>
<tr><td colspan="2">2. 법 제11조 제2호부터 제4호까지의 규정에 해당하는 경우
제11조(운전면허의 결격사유)
2. 철도차량 운전상의 위험과 장해를 일으킬 수 있는 정신질환자 또는 뇌전증환자로서 대통령령으로 정하는 사람
3. 철도차량 운전상의 위험과 장해를 일으킬 수 있는 약물(「마약류 관리에 관한 법률」 제2조 제1호에 따른 마약류 및 「화학물질관리법」 제22조 제1항에 따른 환각물질을 말한다) 또는 알코올 중독자로서 대통령령으로 정하는 사람
4. 두 귀의 청력 또는 두 눈의 시력을 완전히 상실한 사람</td><td>법 제20조
제1항 제2호</td><td>면허취소</td><td>–</td><td>–</td><td>–</td></tr>
<tr><td colspan="2">3. 운전면허의 효력정지 기간 중 철도차량을 운전한 경우
➲ 1년 이하의 징역 또는 1천만원 이하의 벌금</td><td>법 제20조
제1항 제3호</td><td>면허취소</td><td>–</td><td>–</td><td>–</td></tr>
<tr><td colspan="2">4. 운전면허증을 타인에게 대여한 경우
➲ 1년 이하의 징역 또는 1천만원 이하의 벌금</td><td>법 제20조
제1항 제4호</td><td>면허취소</td><td>–</td><td>–</td><td>–</td></tr>
<tr><td rowspan="3">5. 철도차량을 운전 중 고의 또는 중과실로 철도사고를 일으킨 경우</td><td>사망자가 발생한 경우</td><td rowspan="3">법 제20조
제1항 제5호</td><td>면허취소</td><td>–</td><td>–</td><td>–</td></tr>
<tr><td>부상자가 발생한 경우</td><td>효력정지
3개월</td><td>면허취소</td><td>–</td><td>–</td></tr>
<tr><td>1천만원 이상 물적 피해가 발생한 경우</td><td>효력정지
2개월</td><td>효력정지
3개월</td><td>면허취소</td><td>–</td></tr>
</table>

<table>
<tr><td>5의2. 법 제40조의2 제1항을 위반한 경우

법 제40조의2(철도종사자의 준수사항)
① 운전업무종사자는 철도차량의 운전업무 수행 중 다음 각 호의 사항을 준수하여야 한다.
1. 철도차량 출발 전 국토교통부령으로 정하는 조치사항을 이행할 것
2. 국토교통부령으로 정하는 철도차량 운행에 관한 안전수칙을 준수할 것

➲ 최대 과태료 450만원</td><td>법 제20조
제1항 제5호
의2</td><td>경 고</td><td>효력정지
1개월</td><td>효력정지
2개월</td><td>효력정지
3개월</td></tr>
<tr><td>5의3. 법 제40조의2 제5항을 위반한 경우

법 제40조의2(철도종사자의 준수사항)
⑤ 철도사고등이 발생하는 경우 해당 철도차량의 운전업무종사자와 여객승무원은 철도사고등의 현장을 이탈하여서는 아니 되며, 철도차량 내 안전 및 질서유지를 위하여 승객 구호조치 등 국토교통부령으로 정하는 후속조치를 이행하여야 한다. 다만, 의료기관으로의 이송이 필요한 경우 등 국토교통부령으로 정하는 경우에는 그러하지 아니하다.

➲ 최대과태료 450만원. 단, 위반으로 인하여 사상 및 시설의 파손 시 : 3년 이하의 징역 또는 3천만원 이하의 벌금</td><td>법 제20조
제1항 제5호
의2</td><td>효력정지
1개월</td><td>면허취소</td><td>–</td><td>–</td></tr>
<tr><td>6. 법 제41조 제1항을 위반하여 술에 만취한 상태(혈중 알코올농도 0.1퍼센트 이상)에서 운전한 경우
➲ 3년 이하의 징역 또는 3천만 이하의 벌금</td><td>법 제20조
제1항 제6호</td><td>면허취소</td><td>–</td><td>–</td><td>–</td></tr>
<tr><td>7. 법 제41조 제1항을 위반하여 술을 마신 상태의 기준(혈중 알코올농도 0.02퍼센트 이상)을 넘어서 운전을 하다가 철도사고를 일으킨 경우
➲ 3년 이하의 징역 또는 3천만 이하의 벌금</td><td>법 제20조
제1항 제6호</td><td>면허취소</td><td>–</td><td>–</td><td>–</td></tr>
<tr><td>8. 법 제41조 제1항을 위반하여 약물을 사용한 상태에서 운전한 경우
➲ 3년 이하의 징역 또는 3천만 이하의 벌금</td><td>법 제20조
제1항 제6호</td><td>면허취소</td><td>–</td><td>–</td><td>–</td></tr>
<tr><td>9. 법 제41조 제1항을 위반하여 술을 마신 상태(혈중 알코올농도 0.02퍼센트 이상 0.1퍼센트 미만)에서 운전한 경우
➲ 3년 이하의 징역 또는 3천만 이하의 벌금</td><td>법 제20조
제1항 제6호</td><td>효력정지
3개월</td><td>면허취소</td><td>–</td><td>–</td></tr>
</table>

10. 법 제41조 제2항을 위반하여 술을 마시거나 약물을 사용한 상태에서 업무를 하였다고 인정할만한 상당한 이유가 있음에도 불구하고 확인이나 검사 요구에 불응한 경우 ➲ 2년 이하의 징역 또는 2천만 이하의 벌금	법 제20조 제1항 제7호	면허취소	–	–	–
11. 철도차량운전규칙을 위반하여 운전을 하다가 열차운행에 중대한 차질을 초래한 경우	법 제20조 제1항 제8호	효력정지 1개월	효력정지 2개월	효력정지 3개월	면허취소

비 고

1. 위반행위가 둘 이상인 경우로서 그에 해당하는 각각의 처분기준이 다른 경우에는 그중 무거운 처분기준에 따르며, 위반행위가 둘 이상인 경우로서 그에 해당하는 각각의 처분기준이 같은 경우에는 무거운 처분기준의 2분의 1까지 가중할 수 있되, 각 처분기준을 합산한 기간을 초과할 수 없다.
2. 위반행위의 횟수에 따른 행정처분의 기준은 최근 1년간 같은 위반행위로 행정처분을 받은 경우에 적용한다. 이 경우 행정처분 기준의 적용은 같은 위반행위에 대하여 최초로 행정처분을 한 날과 그 처분 후의 위반행위가 다시 적발된 날을 기준으로 한다.
3. 국토교통부장관은 다음 어느 하나에 해당하는 경우에는 위 표 제5호, 제5호의2, 제5호의3 및 제11호에 따른 효력정지기간(위반행위가 둘 이상인 경우에는 비고 제1호에 따른 효력정지기간을 말한다)을 2분의 1의 범위에서 이를 늘리거나 줄일 수 있다. 다만, 효력정지기간을 늘리는 경우에도 1년을 넘을 수 없다.
   1) 효력정지기간을 줄여서 처분할 수 있는 경우
      가) 철도안전에 대한 위험을 피하기 위한 부득이한 사유가 있는 경우
      나) 그 밖에 위반행위의 정도, 위반행위의 동기와 그 결과 등을 고려하여 처분을 줄일 필요가 있다고 인정되는 경우
   2) 효력정지기간을 늘려서 처분할 수 있는 경우
      가) 고의 또는 중과실에 의해 위반행위가 발생한 경우
      나) 다른 열차의 운행안전 및 여객 · 공중(公衆)에 상당한 영향을 미친 경우
      다) 그 밖에 위반행위의 정도, 위반행위의 동기와 그 결과 등을 고려하여 처분을 늘릴 필요가 있다고 인정되는 경우

▶시행규칙 제36조(운전면허의 유지 · 관리)

한국교통안전공단은 운전면허 취득자의 운전면허의 발급 · 갱신 · 취소 등에 관한 사항을 철도차량 운전면허 발급대장에 기록하고 유지 · 관리하여야 한다.

※ 국토교통부장관은 운전면허 취득자가 거짓이나 그 밖의 부정한 방법으로 면허를 취득한 경우에는 면허를 취소하여야 하며, 그 밖에 취소 및 정지에 해당하는 사유가 발생한 경우 처분 대상자에게 처분 통지서를 발송하는 동시에 그가 소속되어 있는 운영자등에게도 통지하여야 한다. 취소 및 정지 내용을 차수별로 구분할 수 있어야 하며, 벌칙이 함께 부과되고 있는 사항에 대하여도 숙지하도록 하여야 한다.

예 제

01 운전면허의 취소 또는 효력정지 처분의 세부기준으로 틀린 것은?

① 술을 마신 상태(혈중 알코올농도 0.02퍼센트 이상 0.1퍼센트 미만)에서 운전한 경우 : 1차 위반 – 효력정지 3개월

② 철도차량을 운전 중 고의 또는 중과실로 부상자가 발생한 경우 : 2차 위반 – 면허취소

③ 철도차량이 차량정비기지에서 출발하는 경우 운전제어와 관련된 장치의 기능 확인 위반 : 3차 위반 – 효력정지 2개월

④ 철도차량운전규칙을 위반하여 운전을 하다가 열차운행에 중대한 차질을 초래한 경우 : 3차 위반 – 면허취소

해설 철도차량운전규칙을 위반하여 운전을 하다가 열차운행에 중대한 차질을 초래한 경우 : 3차 위반 – 효력정지 3개월

정답 ④

출제경향

제3장에서 운전면허의 취소 및 효력정지가 가장 비중 있고, 출제빈도 또한 가장 높은 곳이므로 철저한 숙지가 요구되는 곳이다.

법 제21조(운전업무 실무수습)

철도차량의 운전업무에 종사하려는 사람은 국토교통부령으로 정하는 바에 따라 실무수습을 이수하여야 한다.

- 실무수습을 이수하지 아니하고 철도차량의 운전업무에 종사한 사람 : 1년 이하의 징역 또는 1천만 이하의 벌금

법 제21조의2(무자격자의 운전업무 금지 등)

철도운영자등은 운전면허를 받지 아니하거나(제20조에 따라 운전면허가 취소되거나 그 효력이 정지된 경우를 포함한다) 제21조에 따른 실무수습을 이수하지 아니한 사람을 철도차량의 운전업무에 종사하게 하여서는 아니 된다.

- 운전면허를 받지 아니하거나(운전면허가 취소되거나 그 효력이 정지된 경우를 포함) 실무수습을 이수하지 아니한 사람을 철도차량의 운전업무에 종사하게 한 철도운영자등 : 1년 이하의 징역 또는 1천만원 이하의 벌금

▶시행규칙 제37조(운전업무 실무수습)

법 제21조에 따라 철도차량의 운전업무에 종사하려는 사람이 이수하여야 하는 실무수습의 세부기준은 별표 11과 같다.

▶시행규칙 [별표 11] 실무수습 · 교육의 세부기준

1. 운전면허취득 후 실무수습 · 교육 기준

가. 철도차량 운전면허 실무수습 이수경력이 없는 사람

면허종별	실무수습 · 교육항목	실무수습 · 교육시간 또는 거리
제1종 전기차량 운전면허	• 선로 · 신호 등 시스템 • 운전취급 관련 규정 • 제동기 취급 • 제동기 외의 기기취급 • 속도관측 • 비상시 조치 등	400시간 이상 또는 8,000킬로미터 이상
디젤차량 운전면허		400시간 이상 또는 8,000킬로미터 이상
제2종 전기차량 운전면허		400시간 이상 또는 6,000킬로미터 이상 (단, 무인운전 구간의 경우 200시간 이상 또는 3,000킬로미터 이상)
철도장비 운전면허		300시간 이상 또는 3,000킬로미터 이상 (입환(入換)작업을 위해 원격제어가 가능한 장치를 설치하여 시속 25킬로미터 이하로 동력차를 운전할 경우 150시간 이상)
노면전차 운전면허		300시간 이상 또는 3,000킬로미터 이상

나. 철도차량 운전면허 실무수습 이수경력이 있는 사람

면허종별	실무수습 · 교육항목	실무수습 · 교육시간 또는 거리
고속철도차량 운전면허	• 선로 · 신호 등 시스템 • 운전취급 관련 규정 • 제동기 취급	200시간 이상 또는 10,000킬로미터 이상
제1종 전기차량 운전면허		200시간 이상 또는 4,000킬로미터 이상
디젤차량 운전면허	• 제동기 외의 기기취급 • 속도관측 • 비상시 조치 등	200시간 이상 또는 4,000킬로미터 이상
제2종 전기차량 운전면허		200시간 이상 또는 3,000킬로미터 이상 (단, 무인운전 구간의 경우 100시간 이상 또는 1,500킬로미터 이상)
철도장비 운전면허		150시간 이상 또는 1,500킬로미터 이상
노면전차 운전면허		150시간 이상 또는 1,500킬로미터 이상

2. 그 밖의 철도차량 운행을 위한 실무수습 · 교육 기준

가. 운전업무종사자가 운전업무 수행경력이 없는 구간을 운전하려는 때에는 60시간 이상 또는 1,200킬로미터 이상의 실무수습 · 교육을 받아야 한다. 다만, 철도장비 운전업무를 수행하는 경우는 30시간 이상 또는 600킬로미터 이상으로 한다.

나. 운전업무종사자가 기기취급방법, 작동원리, 조작방식 등이 다른 철도차량을 운전하려는 때는 해당 철도차량의 운전면허를 소지하고 30시간 이상 또는 600킬로미터 이상의 실무수습 · 교육을 받아야 한다.

다. 연장된 신규 노선이나 이설선로의 경우에는 수습구간의 거리에 따라 다음과 같이 실무수습 교육을 실시한다. 다만, 제75조 제10항에 따라 영업시운전을 생략할 수 있는 경우에는 영상자료 등 교육자료를 활용한 선로견습으로 실무수습을 실시할 수 있다.

1) 수습구간이 10킬로미터 미만 : 1왕복 이상

2) 수습구간이 10킬로미터 이상~20킬로미터 미만 : 2왕복 이상

3) 수습구간이 20킬로미터 이상 : 3왕복 이상

라. 철도장비 운전면허 취득 후 원격제어가 가능한 장치를 설치한 동력차의 운전을 위한 실무수습 · 교육을 150시간 이상 이수한 사람이 다른 철도장비 운전업무에 종사하려는 경우 150시간 이상의 실무수습 · 교육을 받아야 한다.

3. 일반사항

가. 제1호 및 제2호에서 운전실무수습 · 교육의 시간은 교육시간, 준비점검시간 및 차량점검시간과 실제운전시간을 모두 포함한다.

나. 실무수습 교육거리는 선로견습, 시운전, 실제 운전거리를 포함한다.

4. 제1호부터 제3호까지에서 규정한 사항 외에 운전업무 실무수습의 방법 · 평가 등에 관하여 필요한 세부사항은 국토교통부장관이 정하여 고시한다.

▶시행규칙 **제38조(운전업무 실무수습의 관리 등)**

철도운영자등은 철도차량의 운전업무에 종사하려는 사람이 제37조에 따른 운전업무 실무수습을 이수한 경우에는 운전업무종사자 실무수습 관리대장에 운전업무 실무수습을 받은 구간 등을 기록하고 그 내용을 한국교통안전공단에 통보해야 한다.

※ 운전업무에 종사하기 위하여는 운전면허를 취득하는 외에도 신체검사와 적성검사 그리고 실무수습을 하여야 한다. 철도운영자등은 운전면허 자격 여부를 확인하는 외에도 실무수습을 확인하여야 한다.

예 제

01 운전실무수습 · 교육의 세부기준으로 틀린 것은?

① 철도차량 운전면허 실무수습 이수경력이 있는 제2종 전기차량 운전면허 소지자의 실무수습 기준 : 200시간 이상 또는 3,000킬로미터 이상(단, 무인운전 구간의 경우 100시간 이상 또는 1,500킬로미터 이상)

② 철도차량 운전면허 실무수습 이수경력이 있는 디젤차량 운전면허 소지자의 실무수습 기준 : 200시간 이상 또는 4,000킬로미터 이상

③ 운전업무종사자가 기기취급방법, 작동원리, 조작방식 등이 다른 철도차량을 운전하려는 때는 해당 철도차량의 운전면허를 소지하고 30시간 이상 또는 600킬로미터 이상의 실무수습 · 교육을 받아야 한다.

④ 철도장비 운전면허 취득 후 원격제어가 가능한 장치를 설치한 동력차의 운전을 위한 실무수습 · 교육을 150시간 이상 이수한 사람이 다른 철도장비 운전업무에 종사하려는 경우 100시간 이상의 실무수습 · 교육을 받아야 한다.

해설 철도장비 운전면허 취득 후 원격제어가 가능한 장치를 설치한 동력차의 운전을 위한 실무수습 · 교육을 150시간 이상 이수한 사람이 다른 철도장비 운전업무에 종사하려는 경우 150시간 이상의 실무수습 · 교육을 받아야 한다.

정답 ④

출제 경향

운전실무수습 · 교육의 세부기준은 별표의 내용까지 모두 숙지하여야 한다.

02 철도교통 관제자격증명

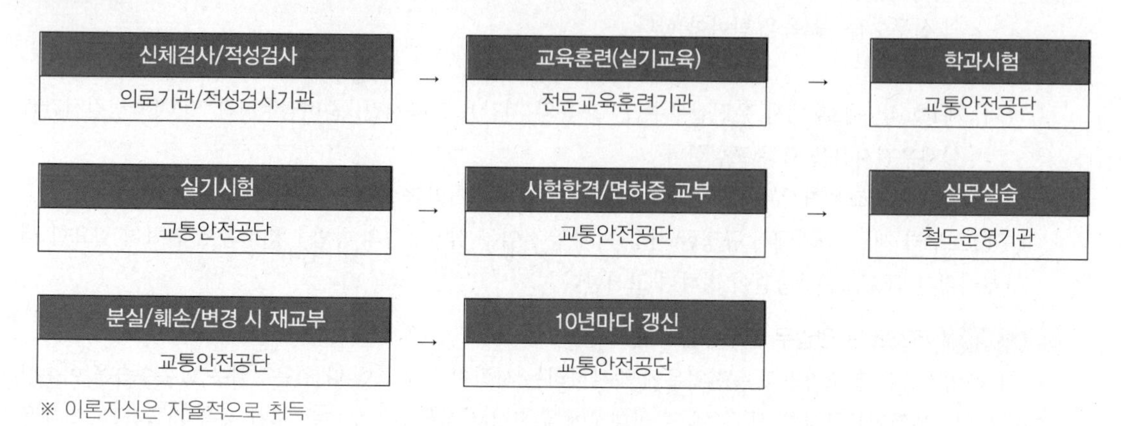

〈철도교통 관제자격증명 취득 및 갱신 절차〉

법 제21조의3(관제자격증명)

① 관제업무에 종사하려는 사람은 국토교통부장관으로부터 철도교통관제사 자격증명(이하 "관제자격증명"이라 한다)을 받아야 한다.

➲ 관제자격증명을 받지 아니하고(관제자격증명이 취소되거나 그 효력이 정지된 경우를 포함) 관제업무에 종사한 사람 : 1년 이하의 징역 또는 1천만원 이하의 벌금

② 관제자격증명은 대통령령으로 정하는 바에 따라 관제업무의 종류별로 받아야 한다.

법 제21조의4(관제자격증명의 결격사유)

관제자격증명의 결격사유에 관하여는 제11조를 준용한다. 이 경우 "운전면허"는 "관제자격증명"으로, "철도차량 운전"은 "관제업무"로 본다.

법 제21조의5(관제자격증명의 신체검사)

① 관제자격증명을 받으려는 사람은 관제업무에 적합한 신체상태를 갖추고 있는지 판정받기 위하여 국토교통부장관이 실시하는 신체검사에 합격하여야 한다.

② 제1항에 따른 신체검사의 방법 및 절차 등에 관하여는 제12조 및 제13조를 준용한다. 이 경우 "운전면허"는 "관제자격증명"으로, "철도차량 운전"은 "관제업무"로 본다.

법 제21조의6(관제적성검사)

① 관제자격증명을 받으려는 사람은 관제업무에 적합한 적성을 갖추고 있는지 판정받기 위하여 국토교통부장관이 실시하는 적성검사(이하 "관제적성검사"라 한다)에 합격하여야 한다.

② 관제적성검사의 방법 및 절차 등에 관하여는 제15조 제2항 및 제3항을 준용한다. 이 경우 "운전적성검사"는 "관제적성검사"로 본다.

③ 국토교통부장관은 관제적성검사에 관한 전문기관(이하 "관제적성검사기관"이라 한다)을 지정하여 관제적성검사를 하게 할 수 있다.

◐ 거짓이나 그 밖의 부정한 방법으로 관제적성검사기관 지정을 받은 사람 : 2년 이하의 징역 또는 2천만원 이하의 벌금

④ 관제적성검사기관의 지정기준 및 지정절차 등에 필요한 사항은 대통령령으로 정한다.

⑤ 관제적성검사기관의 지정취소 및 업무정지 등에 관하여는 제15조 제6항 및 제15조의2를 준용한다. 이 경우 "운전적성검사기관"은 "관제적성검사기관"으로, "운전적성검사"는 "관제적성검사"로, "제15조 제5항"은 "제21조의6 제4항"으로 본다.

◐ 업무정지 기간 중에 해당 업무를 한 기관 : 2년 이하의 징역 또는 2천만원 이하의 벌금

법 제21조의7(관제교육훈련)

① 관제자격증명을 받으려는 사람은 관제업무의 안전한 수행을 위하여 국토교통부장관이 실시하는 관제업무에 필요한 지식과 능력을 습득할 수 있는 교육훈련(이하 "관제교육훈련"이라 한다)을 받아야 한다. 다만, 다음 각호의 어느 하나에 해당하는 사람에게는 국토교통부령으로 정하는 바에 따라 관제교육훈련의 일부를 면제할 수 있다.

1. 「고등교육법」 제2조에 따른 학교에서 국토교통부령으로 정하는 관제업무 관련 교과목을 이수한 사람
2. 다음 각 목의 어느 하나에 해당하는 업무에 대하여 5년 이상의 경력을 취득한 사람
   가. 철도차량의 운전업무
   나. 철도신호기 · 선로전환기 · 조작판의 취급업무
3. 관제자격증명을 받은 후 제21조의3 제2항에 따른 다른 종류의 관제자격증명을 받으려는 사람

② 관제교육훈련의 기간 및 방법 등에 필요한 사항은 국토교통부령으로 정한다.

③ 국토교통부장관은 관제업무에 관한 전문 교육훈련기관(이하 "관제교육훈련기관"이라 한다)을 지정하여 관제교육훈련을 실시하게 할 수 있다.

◐ 거짓이나 그 밖의 부정한 방법으로 관제교육훈련기관 지정을 받은 사람 : 2년 이하의 징역 또는 2천만원 이하의 벌금

④ 관제교육훈련기관의 지정기준 및 지정절차 등에 필요한 사항은 대통령령으로 정한다.

⑤ 관제교육훈련기관의 지정취소 및 업무정지 등에 관하여는 제15조 제6항 및 제15조의2를 준용한다. 이 경우 "운전적성검사기관"은 "관제교육훈련기관"으로, "운전적성검사"는 "관제교육훈련"으로, "제15조 제5항"은 "제21조의7 제4항"으로, "운전적성검사 판정서"는 "관제교육훈련 수료증"으로 본다.

◐ 업무정지 기간 중에 해당 업무를 한 기관 : 2년 이하의 징역 또는 2천만원 이하의 벌금

▶시행령 제20조의2(관제자격증명의 종류)

법 제21조의3 제1항에 따른 철도교통관제사 자격증명(이하 "관제자격증명"이라 한다)은 같은 조 제2항에 따라 다음 각호의 구분에 따른 관제업무의 종류별로 받아야 한다.

1. 「도시철도법」 제2조 제2호에 따른 도시철도 차량에 관한 관제업무 : 도시철도 관제자격증명
2. 철도차량에 관한 관제업무(제1호에 따른 도시철도 차량에 관한 관제업무를 포함한다) : 철도 관제자격증명

▶시행령 제20조의3(관제적성검사기관의 지정절차 등)

법 제21조의6 제3항에 따른 관제적성검사에 관한 전문기관(이하 "관제적성검사기관"이라 한다)의 지정절차, 지정기준 및 변경사항 통지에 관하여는 제13조부터 제15조까지의 규정을 준용한다. 이 경우 "운전적성검사기관"은 "관제적성검사기관"으로, "운전업무종사자"는 "관제업무종사자"로, "운전적성검사"는 "관제적성검사"로 본다.

▶시행령 제20조의4(관제교육훈련기관의 지정절차 등)

법 제21조의7 제3항에 따른 관제업무에 관한 전문 교육훈련기관(이하 "관제교육훈련기관"이라 한다)의 지정절차, 지정기준 및 변경사항 통지에 관하여는 제16조부터 제18조까지의 규정을 준용한다. 이 경우 "운전교육훈련기관"은 "관제교육훈련기관"으로, "운전업무종사자"는 "관제업무종사자"로, "운전교육훈련"은 "관제교육훈련"으로 본다.

▶시행규칙 제38조의2(관제교육훈련의 기간 · 방법 등)

① 법 제21조의7에 따른 관제교육훈련은 모의관제시스템을 활용하여 실시한다.

② 관제교육훈련의 과목과 교육훈련시간은 별표 11의2와 같다.

③ 법 제21조의7 제3항에 따른 관제교육훈련기관은 관제교육훈련을 수료한 사람에게 별지 관제교육훈련 수료증을 발급하여야 한다.

④ 관제교육훈련의 신청, 관제교육훈련과정의 개설 및 그 밖에 관제교육훈련의 절차 · 방법 등에 관하여는 제20조 제2항 · 제4항 및 제6항을 준용한다. 이 경우 "운전교육훈련"은 "관제교육훈련"으로, "운전교육훈련기관"은 "관제교육훈련기관"으로 본다.

▶시행규칙 [별표 11의2] 관제교육훈련의 과목 및 교육훈련시간

1. 관제교육훈련의 과목 및 교육훈련시간

관제자격증명 종류	관제교육훈련 과목	교육훈련시간
가. 철도 관제자격증명	• 열차운행계획 및 실습 • 철도관제(노면전차 관제를 포함한다) 시스템 운용 및 실습 • 열차운행선 관리 및 실습 • 비상시 조치 등	360시간
나. 도시철도 관제자격증명	• 열차운행계획 및 실습 • 도시철도관제(노면전차 관제를 포함한다) 시스템 운용 및 실습 • 열차운행선 관리 및 실습 • 비상시 조치 등	280시간

2. 관제교육훈련의 일부 면제

가. 법 제21조의7 제1항 제1호에 따라 「고등교육법」 제2조에 따른 학교에서 제1호에 따른 관제교육훈련 과목 중 어느 하나의 과목과 교육내용이 동일한 교과목을 이수한 사람에게는 해당 관제교육훈련 과목의 교육훈련을 면제한다. 이 경우 교육훈련을 면제받으려는 사람은 해당 교과목의 이수 사실을 증명할 수 있는 서류를 관제교육훈련기관에 제출하여야 한다.

나. 법 제21조의7 제1항 제2호에 따라 철도차량의 운전업무 또는 철도신호기 · 선로전환기 · 조작판의 취급업무에 5년 이상의 경력을 취득한 사람에 대한 철도 관제자격증명 또는 도시철도 관제자격증명의 교육훈련시간은 105시간으로 한다. 이 경우 교육훈련을 면제받으려는 사람은 해당 경력을 증명할 수 있는 서류를 관제교육훈련기관에 제출하여야 한다.

다. 법 제21조의7 제1항 제3호에 따라 도시철도 관제자격증명을 취득한 사람에 대한 철도 관제자격증명의 교육훈련시간은 80시간으로 한다. 이 경우 교육 훈련을 면제받으려는 사람은 도시철도 관제자격증명서 사본을 관제교육훈련기관에 제출해야 한다.

▶시행규칙 제38조의3(관제교육훈련의 일부 면제)

① 법 제21조의7 제1항 단서에 따른 관제교육훈련의 일부 면제 대상 및 기준은 별표 11의2와 같다.

② 법 제21조의7 제1항 제1호에서 "국토교통부령으로 정하는 관제업무 관련 교과목"이란 별표 11의2에 따른 관제교육훈련의 과목 중 어느 하나의 과목과 교육내용이 동일한 교과목을 말한다.

▶시행규칙 제38조의4(관제교육훈련기관 지정절차 등)

① 관제교육훈련기관으로 지정받으려는 자는 관제교육훈련기관 지정신청서에 다음 각호의 서류를 첨부하여 국토교통부장관에게 제출하여야 한다. 이 경우 국토교통부장관은 「전자정부법」 제36조 제1항에 따른 행정정보의 공동이용을 통하여 법인 등기사항증명서(신청인이 법인인 경우만 해당한다)를 확인하여야 한다.

1. 관제교육훈련계획서(관제교육훈련평가계획을 포함한다)
2. 관제교육훈련기관 운영규정
3. 정관이나 이에 준하는 약정(법인 그 밖의 단체에 한정한다)
4. 관제교육훈련을 담당하는 강사의 자격 · 학력 · 경력 등을 증명할 수 있는 서류 및 담당업무
5. 관제교육훈련에 필요한 강의실 등 시설 내역서
6. 관제교육훈련에 필요한 모의관제시스템 등 장비 내역서
7. 관제교육훈련기관에서 사용하는 직인의 인영

② 국토교통부장관은 제1항에 따라 관제교육훈련기관의 지정 신청을 받은 때에는 영 제20조의4에서 준용하는 영 제16조 제2항에 따라 그 지정 여부를 종합적으로 심사한 후 관제교육훈련기관 지정서를 신청인에게 발급해야 한다.

▶시행규칙 제38조의5(관제교육훈련기관의 세부 지정기준 등)

① 영 제20조의4에 따른 관제교육훈련기관의 세부 지정기준은 별표 11의3과 같다.

② 국토교통부장관은 관제교육훈련기관이 제1항 및 영 제20조의4에서 준용하는 영 제17조 제1항에 따른 지정기준에 적합한지를 2년마다 심사해야 한다.

③ 관제교육훈련기관의 변경사항 통지에 관하여는 제22조 제3항을 준용한다. 이 경우 "운전교육훈련기관"은 "관제교육훈련기관"으로 본다.

▶시행규칙 [별표 11의3] 관제교육훈련기관의 세부 지정기준

1. 인력기준

가. 자격기준

등급	학력 및 경력
책임교수	1) 박사학위 소지자로서 철도교통에 관한 업무에 10년 이상 또는 철도교통관제 업무에 5년 이상 근무한 경력이 있는 사람 2) 석사학위 소지자로서 철도교통에 관한 업무에 15년 이상 또는 철도교통관제 업무에 8년 이상 근무한 경력이 있는 사람 3) 학사학위 소지자로서 철도교통에 관한 업무에 20년 이상 또는 철도교통관제 업무에 10년 이상 근무한 경력이 있는 사람 4) 철도 관련 4급 이상의 공무원 경력 또는 이와 같은 수준 이상의 자격 및 경력이 있는 사람 5) 대학의 철도교통관제 관련 학과에서 조교수 이상으로 재직한 경력이 있는 사람 6) 선임교수 경력이 3년 이상 있는 사람
선임교수	1) 박사학위 소지자로서 철도교통에 관한 업무에 5년 이상 또는 철도교통관제 업무나 철도차량 운전 관련 업무에 3년 이상 근무한 경력이 있는 사람 2) 석사학위 소지자로서 철도교통에 관한 업무에 10년 이상 또는 철도교통관제 업무나 철도차량 운전 관련 업무에 5년 이상 근무한 경력이 있는 사람 3) 학사학위 소지자로서 철도교통에 관한 업무에 15년 이상 또는 철도교통관제 업무나 철도차량 운전 관련 업무에 8년 이상 근무한 경력이 있는 사람 4) 철도 관련 5급 이상의 공무원 경력 또는 이와 같은 수준 이상의 자격 및 경력이 있는 사람 5) 대학의 철도교통관제 관련 학과에서 전임강사 이상으로 재직한 경력이 있는 사람 6) 교수 경력이 3년 이상 있는 사람
교 수	철도교통관제 업무에 1년 이상 또는 철도차량 운전업무에 3년 이상 근무한 경력이 있는 사람으로서 다음의 어느 하나에 해당하는 학력 및 경력을 갖춘 사람 1) 학사학위 소지자로서 철도교통관제사나 철도차량 운전업무수행자에 대한 지도교육 경력이 2년 이상 있는 사람 2) 전문학사학위 소지자로서 철도교통관제사나 철도차량 운전업무수행자에 대한 지도교육 경력이 3년 이상 있는 사람 3) 고등학교 졸업자로서 철도교통관제사나 철도차량 운전업무수행자에 대한 지도교육 경력이 5년 이상 있는 사람 4) 철도교통관제와 관련된 교육기관에서 강의 경력이 1년 이상 있는 사람

비 고

1. 철도교통에 관한 업무란 철도운전 · 신호취급 · 안전에 관한 업무를 말한다.
2. 철도교통에 관한 업무 경력에는 책임교수의 경우 철도교통관제 업무 3년 이상, 선임교수의 경우 철도교통관제 업무 2년 이상이 포함되어야 한다.
3. 철도차량운전 관련 업무란 철도차량 운전업무수행자에 대한 안전관리 · 지도교육 및 관리감독 업무를 말한다.
4. 철도차량 운전업무나 철도교통관제 업무 수행경력이 있는 사람으로서 현장 지도교육의 경력은 운전업무나 관제업무 수행경력으로 합산할 수 있다.
5. 책임교수 · 선임교수의 학력 및 경력란 1)부터 3)까지의 "근무한 경력" 및 교수의 학력 및 경력란 1)부터 3)까지의 "지도교육 경력"은 해당 학위를 취득 또는 졸업하기 전과 취득 또는 졸업한 후의 경력을 모두 포함한다.

나. 보유기준

1회 교육생 30명을 기준으로 철도교통관제 전임 책임교수 1명, 비전임 선임교수, 교수를 각 1명 이상 확보하여야 하며, 교육인원이 15명 추가될 때마다 교수 1명 이상을 추가로 확보하여야 한다. 이 경우 추가로 확보하여야 하는 교수는 비전임으로 할 수 있다.

2. 시설기준

가. 강의실

면적 60제곱미터 이상의 강의실을 갖출 것. 다만, 1제곱미터당 교육인원은 1명을 초과하지 아니하여야 한다.

나. 실기교육장

1) 모의관제시스템을 설치할 수 있는 실습장을 갖출 것

2) 30명이 동시에 실습할 수 있는 면적 90제곱미터 이상의 컴퓨터지원시스템 실습장을 갖출 것

다. 그 밖에 교육훈련에 필요한 사무실 · 편의시설 및 설비를 갖출 것

3. 장비기준

가. 모의관제시스템

장비명	성능기준	보유기준
전 기능 모의관제시스템	• 제어용 서버 시스템 • 대형 표시반 및 Wall Controller 시스템 • 음향시스템 • 관제사 콘솔 시스템 • 교수제어대 및 평가시스템	1대 이상 보유

나. 컴퓨터지원교육시스템

장비명	성능기준	보유기준
컴퓨터지원 교육시스템	• 열차운행계획 • 철도관제시스템 운용 및 실무 • 열차운행선 관리 • 비상시 조치 등	관련 프로그램 및 컴퓨터 30대 이상 보유

비 고

1. 컴퓨터지원교육시스템이란 컴퓨터의 멀티미디어 기능을 활용하여 관제교육훈련을 시행할 수 있도록 제작된 기본기능 모의관제시스템 및 이를 지원하는 컴퓨터시스템 일체를 말한다.
2. 기본기능 모의관제시스템이란 철도 관제교육훈련에 꼭 필요한 부분만을 제작한 시스템을 말한다.

4. 관제교육훈련에 필요한 교재를 갖출 것
5. 다음 각 목의 사항을 포함한 업무규정을 갖출 것
   가. 관제교육훈련기관의 조직 및 인원
   나. 교육생 선발에 관한 사항
   다. 연간 교육훈련계획 : 교육과정 편성, 교수인력의 지정 교과목 및 내용 등
   라. 교육기관 운영계획
   마. 교육생 평가에 관한 사항
   바. 실습설비 및 장비 운용방안
   사. 각종 증명의 발급 및 대장의 관리
   아. 교수인력의 교육훈련
   자. 기술도서 및 자료의 관리 · 유지
   차. 수수료 징수에 관한 사항
   카. 그 밖에 국토교통부장관이 관제교육훈련에 필요하다고 인정하는 사항

▶시행규칙 제38조의6(관제교육훈련기관의 지정취소 · 업무정지 등)

① 법 제21조의7 제5항에서 준용하는 법 제15조의2에 따른 관제교육훈련기관의 지정취소 및 업무정지의 기준은 별표 9와 같다.

② 관제교육훈련기관 지정취소 · 업무정지의 통지 등에 관하여는 제23조 제2항을 준용한다. 이 경우 "운전교육훈련기관"은 "관제교육훈련기관"으로 본다.

▶시행규칙 [별표 9] 관제교육훈련기관의 지정취소 및 업무정지기준

위반사항	근거 법조문	처분기준			
		1차 위반	2차 위반	3차 위반	4차 위반
1. 거짓이나 그 밖의 부정한 방법으로 지정을 받은 경우	법 제16조 제5항 제1호	지정취소	–	–	–
2. 업무정지 명령을 위반하여 그 정지기간 중 관제교육훈련업무를 한 경우	법 제16조 제5항 제2호	지정취소	–	–	–
3. 법 제16조 제4항에 따른 지정기준에 맞지 아니한 경우	법 제16조 제5항 제3호	경고 또는 보완명령	업무정지 1개월	업무정지 3개월	지정취소
4. 정당한 사유 없이 관제교육훈련업무를 거부한 경우	법 제16조 제5항 제4호	경 고	업무정지 1개월	업무정지 3개월	지정취소
5. 법 제16조 제5항을 위반하여 거짓이나 그 밖의 부정한 방법으로 관제교육훈련 수료증을 발급한 경우	법 제16조 제5항 제5호	업무정지 1개월	업무정지 3개월	지정취소	–

비 고
1. 위반행위가 둘 이상인 경우로서 그에 해당하는 각각의 처분기준이 다른 경우에는 그중 무거운 처분기준에 따르며, 위반행위가 둘 이상인 경우로서 그에 해당하는 각각의 처분기준이 같은 경우에는 무거운 처분기준의 2분의 1까지 가중할 수 있되, 각 처분기준을 합산한 기간을 초과할 수 없다.
2. 위반행위의 횟수에 따른 행정처분의 가중된 부과기준은 최근 1년간 같은 위반행위로 행정처분을 받은 경우에 적용한다. 이 경우 기간의 계산은 위반행위에 대하여 행정처분을 받은 날과 그 처분 후 다시 같은 위반행위를 하여 적발된 날을 기준으로 한다.
3. 비고 제2호에 따라 가중된 행정처분을 하는 경우 가중처분의 적용 차수는 그 위반행위 전 부과처분 차수(비고 제2호에 따른 기간 내에 행정처분이 둘 이상 있었던 경우에는 높은 차수를 말한다)의 다음 차수로 한다.
4. 처분권자는 위반행위의 동기 · 내용 및 위반의 정도 등 다음 각 목에 해당하는 사유를 고려하여 그 처분을 감경할 수 있다. 이 경우 그 처분이 업무정지인 경우에는 그 처분기준의 2분의 1 범위에서 감경할 수 있고, 지정취소인 경우(거짓이나 그 밖의 부정한 방법으로 지정을 받은 경우나 업무정지 명령을 위반하여 정지기간 중 교육훈련업무를 한 경우는 제외한다)에는 3개월의 업무정지 처분으로 감경할 수 있다.
   가. 위반행위가 고의나 중대한 과실이 아닌 사소한 부주의나 오류로 인한 것으로 인정되는 경우
   나. 위반의 내용 · 정도가 경미하여 이해관계인에게 미치는 피해가 적다고 인정되는 경우

※ 철도교통 관제자격증명(2023.1부터는 일반관제와 도시관제로 구분될 예정)도 국토교통부장관으로부터 받아야 하며, 자격증명을 받기 위해서는 신체검사, 적성검사를 합격한 후 교육훈련(기능교육을 말하며, 이론은 자율취득)을 이수하여야 한다. 이후 학과시험과 실기시험을 통과하면 자격증명을 받게 된다. 신체검사는 운전면허 취득을 위한 신체검사와 동일하나 사지에서 '한쪽 팔이나 한쪽 다리 이상을 쓸 수 없는 경우(운전업무에만 해당한다)'만 다르고 항목이 동일하다. 적성검사는 철도차량운전면허와는 지속주의와 작업 기억이 다르니 유념하여야 한다. 교육훈련에서 철도차량운전면허는 이론교육을 면허취득의 과정에 포함하고 있으나, 철도교통 관제자격증명에는 학과교육이 없다. 또한, 교육훈련기관과 적성검사기관은 철도차량운전면허 교육훈련기관과 적성검사기관과 이름만 다르고 내용을 동일하다고 보면 될 것이다. 다만, 교육훈련기관의 세부지정기준에서 인력의 자격기준, 보유기준, 시설기준, 장비의 성능기준은 다르니 이 부분 또한 유념하여 학습에 임하길 바란다. 그 외 교육훈련기관 및 적성검사기관의 지정취소 및 업무정지는 내용이 동일하다.

예 제

01 철도교통 관제자격증명의 결격 사유자에 대하여 잘못 설명하고 있는 것은?

① 19세 미만인 사람
② 관제업무상의 위험과 장해를 일으킬 수 있는 약물 또는 알코올 중독자로서 대통령령으로 정하는 사람
③ 두 귀의 청력 또는 두 눈의 시력을 완전히 상실한 사람
④ 관제자격증명이 정지된 날부터 2년이 지나지 아니한 사람

해설 관제자격증명이 취소된 날부터 2년이 지나지 아니한 사람

정답 ④

02 관제교육훈련에 관한 사항을 잘못 설명하고 있는 것은?

① 관제자격증명을 받으려는 사람은 관제업무의 안전한 수행을 위하여 국토교통부장관이 실시하는 관제업무에 필요한 지식과 능력을 습득할 수 있는 교육훈련을 받아야 한다.
② 철도신호기 · 선로전환기 · 조작판의 취급업무를 5년 이상 취득한 경우 관제교육훈련의 일부를 면제할 수 있다.
③ 국토교통부장관은 관제업무에 관한 전문 교육훈련기관을 지정하여 관제교육훈련을 실시하게 할 수 있다.
④ 관제교육훈련기관의 지정기준 및 지정절차 등에 필요한 사항은 국토교통부령으로 정한다.

해설 관제교육훈련기관, 적성검사기관 등 기관의 지정기준 및 지정절차는 대통령령으로 정하고 있다.

정답 ④

출제경향

관제자격증명을 준비하는 분들에게는 가장 출제빈도가 높은 부분이니 시행규칙의 별표까지 철저한 학습이 필요하다.

법 제21조의8(관제자격증명시험)

① 관제자격증명을 받으려는 사람은 관제업무에 필요한 지식 및 실무역량에 관하여 국토교통부장관이 실시하는 학과시험 및 실기시험(이하 "관제자격증명시험"이라 한다)에 합격하여야 한다.

➲ 거짓이나 그 밖의 부정한 방법으로 관제자격증명을 받은 사람 : 1년 이하의 징역 또는 1천만원 이하의 벌금

② 관제자격증명시험에 응시하려는 사람은 제21조의5 제1항에 따른 신체검사와 관제적성검사에 합격한 후 관제교육훈련을 받아야 한다.

③ 국토교통부장관은 다음 각호의 어느 하나에 해당하는 사람에게는 국토교통부령으로 정하는 바에 따라 관제자격증명시험의 일부를 면제할 수 있다.

1. 운전면허를 받은 사람
2. 삭 제
3. 관제자격증명을 받은 후 제21조의3 제2항에 따른 다른 종류의 관제자격증명에 필요한 시험에 응시하려는 사람

④ 관제자격증명시험의 과목, 방법 및 절차 등에 필요한 사항은 국토교통부령으로 정한다.

▶시행규칙 제38조의7(관제자격증명시험의 과목 및 합격기준)

① 법 제21조의8 제1항에 따른 관제자격증명시험 중 실기시험은 모의관제시스템을 활용하여 시행한다.

② 관제자격증명시험의 과목 및 합격기준은 별표 11의4와 같다. 이 경우 실기시험은 학과시험을 합격한 경우에만 응시할 수 있다.

③ 관제자격증명시험 중 학과시험에 합격한 사람에 대해서는 학과시험에 합격한 날부터 2년이 되는 날이 속하는 해의 12월 31일까지 실시하는 관제자격증명시험에 있어 학과시험의 합격을 유효한 것으로 본다.

④ 관제자격증명시험의 방법 · 절차, 실기시험 평가위원의 선정 등에 관하여 필요한 세부사항은 국토교통부장관이 정한다.

▶시행규칙 [별표 11의4] 관제자격증명 시험의 과목 및 합격 기준 등

1. 과 목

학과시험	학과시험	실기시험
가. 철도 관제자격증명	• 철도관련법 • 관제관련규정 • 철도시스템 일반 • 철도교통 관제운영 • 비상시 조치 등	• 열차운행계획 • 철도관제 시스템 운용 및 실무 • 열차운행선 관리 • 비상시 조치 등
나. 도시철도 관제자격증명	• 철도관련법 • 관제관련규정 • 도시철도시스템 일반 • 도시철도교통 관제운영 • 비상시 조치 등	• 열차운행계획 • 도시철도관제 시스템 운용 및 실무 • 도시열차운행선 관리 • 비상시 조치 등

비 고

1. 위 표의 학과시험 과목란 및 실기시험 과목란의 "관제"는 노면전차 관제를 포함한다.
2. 위 표의 "철도관련법"은 「철도안전법」 같은 법 시행령 및 시행규칙과 관련 지침을 포함한다.
3. "관제관련규정"은 「철도차량운전규칙」 또는 「도시철도운전규칙」, 이 규칙 제76조 제4항에 따른 규정 등 철도교통 운전 및 관제에 필요한 규정을 말한다.

2. 시험의 일부 면제

가. 철도차량 운전면허 소지자

제1호의 학과시험 과목 중 철도관련법 과목 및 철도 · 도시철도 시스템 일반 과목 면제

나. 관제자격증명 취득자

1) 학과시험 과목

제1호 가목의 철도 관제자격증명 학과시험 과목 중 철도 관련 법 과목 및 관제 관련 규정 과목 면제

2) 실기시험 과목

열차운행계획, 철도관제시스템 운용 및 실무 과목 면제

3. 합격기준

가. 학과시험 합격기준 : 과목당 100점을 만점으로 하여 시험 과목당 40점 이상(관제 관련 규정의 경우 60점 이상), 총점 평균 60점 이상 득점할 것

나. 실기시험의 합격기준 : 시험 과목당 60점 이상, 총점 평균 80점 이상 득점할 것

▶시행규칙 제38조의8(관제자격증명시험 시행계획의 공고)

관제자격증명시험 시행계획의 공고에 관하여는 제25조를 준용한다. 이 경우 "운전면허시험"은 "관제자격증명시험"으로, "필기시험 및 기능시험"은 "학과시험 및 실기시험"으로 본다.

▶시행규칙 제38조의10(관제자격증명시험 응시원서의 제출 등)

① 관제자격증명시험에 응시하려는 사람은 관제자격증명시험 응시원서에 다음 각호의 서류를 첨부하여 한국교통안전공단에 제출해야 한다.

1. 신체검사의료기관이 발급한 신체검사 판정서(관제자격증명시험 응시원서 접수일 이전 2년 이내인 것에 한정한다)
2. 관제적성검사기관이 발급한 관제적성검사 판정서(관제자격증명시험 응시원서 접수일 이전 10년 이내인 것에 한정한다)
3. 관제교육훈련기관이 발급한 관제교육훈련 수료증명서
4. 철도차량 운전면허증의 사본(철도차량 운전면허 소지자만 제출한다)
5. 도시철도 관제자격증명서의 사본(도시철도 관제자격증명 취득자만 제출한다)

② 한국교통안전공단은 제1항 제1호부터 제4호까지의 서류를 영 제63조 제1항 제7호에 따라 관리하는 정보체계에 따라 확인할 수 있는 경우에는 그 서류를 제출하지 아니하도록 할 수 있다.

③ 한국교통안전공단은 제1항에 따라 관제자격증명시험 응시원서를 접수한 때에는 관제자격증명시험 응시원서 접수대장에 기록하고 관제자격증명시험 응시표를 응시자에게 발급하여야 한다. 다만, 응시원서 접수 사실을 영 제63조 제1항 제7호에 따라 관리하는 정보체계에 따라 관리하는 경우에는 응시원서 접수 사실을 관제자격증명시험 응시원서 접수대장에 기록하지 아니할 수 있다.

④ 한국교통안전공단은 관제자격증명시험 응시원서 접수마감 7일 이내에 시험일시 및 장소를 한국교통안전공단 게시판 또는 인터넷 홈페이지 등에 공고하여야 한다.

▶시행규칙 제38조의11(관제자격증명시험 응시표의 재발급 등)

관제자격증명시험 응시표의 재발급 및 관제자격증명시험결과의 게시 등에 관하여는 제27조 및 제28조를 준용한다. 이 경우 "운전면허시험"은 "관제자격증명시험"으로, "필기시험 및 기능시험"은 "학과시험 및 실기시험"으로 본다.

▶시행규칙 제38조의12(관제자격증명서의 발급 등)

① 관제자격증명시험에 합격한 사람은 한국교통안전공단에 관제자격증명서 발급신청서에 다음 각호의 서류를 첨부하여 제출(「정보통신망 이용촉진 및 정보보호 등에 관한 법률」 제2조 제1항 제1호에 따른 정보통신망을 이용한 제출을 포함한다)해야 한다.

1. 주민등록증 사본
2. 증명사진(3.5센티미터×4.5센티미터)

② 제1항에 따라 관제자격증명서 발급 신청을 받은 한국교통안전공단은 철도교통 관제자격증명서를 발급하여야 한다.

③ 관제자격증명 취득자가 관제자격증명서를 잃어버렸거나 관제자격증명서가 헐거나 훼손되어 못 쓰게 된 때에는 관제자격증명서 재발급신청서에 다음 각호의 서류를 첨부하여 한국교통안전공단에 제출해야 한다.

1. 관제자격증명서(헐거나 훼손되어 못쓰게 된 경우만 제출한다)
2. 분실사유서(분실한 경우만 제출한다)
3. 증명사진(3.5센티미터×4.5센티미터)

④ 제3항에 따라 관제자격증명서 재발급 신청을 받은 한국교통안전공단은 철도교통 관제자격증명서를 재발급하여야 한다.

⑤ 한국교통안전공단은 제2항 및 제4항에 따라 관제자격증명서를 발급하거나 재발급한 때에는 관제자격증명서 관리대장에 이를 기록 · 관리하여야 한다. 다만, 관제자격증명서의 발급이나 재발급 사실을 영 제63조 제1항 제7호에 따라 관리하는 정보체계에 따라 관리하는 경우에는 관제자격증명서 관리대장에 이를 기록 · 관리하지 아니할 수 있다.

▶시행규칙 제38조의13(관제자격증명서 기록사항 변경)

관제자격증명서의 기록사항 변경에 관하여는 제30조를 준용한다. 이 경우 "운전면허 취득자"는 "관제자격증명 취득자"로, "철도차량 운전면허증"은 "관제자격증명서"로, "철도차량 운전면허증 관리대장"은 "관제자격증명서 관리대장"으로 본다.

※ 철도관제자격증명을 받고자 하는 사람은 국토교통부장관이 시행하는 관제자격증명의 학과시험과 실기시험에 합격하여야 한다(운전면허에서는 필기시험과 기능시험이라고 함). 관제자격증명시험에 응시하고자 하는 사람은 신체검사와 적성검사에 합격한 후 관제교육훈련기관의 관제자격증명 교육훈련을 수료하여야 한다(반드시 신체검사와 적성검사 합격 후 입교, 그리고 수료의 절차를 거쳐야 함). 또한, 운전면허를 갖고 있는 응시자와 국가기술자격을 갖고 있는 응시자는 일부과목을 면제하여 주고 있으며, 2017년 이전에 교육을 수료하고 실무수습을 이수한 사람은 학과시험을 면제하고 있다.

예 제

01 관제자격증명시험에 응시하려는 경우 관제자격증명시험 응시원서에 반드시 첨부하는 서류로 틀린 것은?

① 신체검사의료기관이 발급한 신체검사 판정서
② 관제적성검사기관이 발급한 관제적성검사 판정서
③ 관제교육훈련기관이 발급한 관제교육훈련 수료증명서
④ 철도차량 운전면허증의 사본

해설 철도차량 운전면허증의 사본(철도차량 운전면허 소지자에 한정한다)과 도시철도 관제자격증명의 사본(도시철도 관제자격증명 취득자만 해당한다)은 일부 면제자만 필요한 서류이다.

정답 ④

출제경향

출제빈도가 높은 곳이며, 매 시험마다 지속적으로 출제되고 있는 곳이다.

법 제21조의9(관제자격증명서의 발급 및 관제자격증명의 갱신 등)

관제자격증명서의 발급 및 관제자격증명의 갱신 등에 관하여는 제18조 및 제19조를 준용한다. 이 경우 "운전면허시험"은 "관제자격증명시험"으로, "운전면허"는 "관제자격증명"으로, "운전면허증"은 "관제자격증명서"로, "철도차량의 운전업무"는 "관제업무"로 본다.

법 제21조의10(관제자격증명서의 대여 등 금지)

누구든지 관제자격증명서를 다른 사람에게 빌려주거나 빌리거나 이를 알선하여서는 아니 된다.

- 관제자격증명서를 다른 사람에게 빌려주거나 빌리거나 이를 알선한 사람 :1년 이하의 징역 또는 1천만원 이하의 벌금

▶시행령 제20조의5(관제자격증명 갱신 및 취득절차의 일부 면제)

관제자격증명의 갱신 및 취득절차의 일부 면제에 관하여는 제19조 및 제20조를 준용한다. 이 경우 "운전면허"는 "관제자격증명"으로, "운전교육훈련"은 "관제교육훈련"으로, "운전면허시험 중 필기시험"은 "관제자격증명시험 중 학과시험"으로 본다.

▶시행규칙 제38조의14(관제자격증명의 갱신절차)

① 법 제21조의9에 따라 관제자격증명을 갱신하려는 사람은 관제자격증명의 유효기간 만료일 전 6개월 이내에 관제자격증명 갱신신청서에 다음 각호의 서류를 첨부하여 한국교통안전공단에 제출하여야 한다.

1. 관제자격증명서
2. 법 제21조의9에 따라 준용되는 법 제19조 제3항 각호에 해당함을 증명하는 서류

② 제1항에 따라 갱신받은 관제자격증명의 유효기간은 종전 관제자격증명 유효기간의 만료일 다음 날부터 기산한다.

▶시행규칙 제38조의15(관제자격증명 갱신에 필요한 경력 등)

① 법 제21조의9에 따라 준용되는 법 제19조 제3항 제1호에서 "국토교통부령으로 정하는 관제업무에 종사한 경력"이란 관제자격증명의 유효기간 내에 6개월 이상 관제업무에 종사한 경력을 말한다.

② 법 제21조의9에 따라 준용되는 법 제19조 제3항 제1호에서 "이와 같은 수준 이상의 경력"이란 다음 각호의 어느 하나에 해당하는 업무에 2년 이상 종사한 경력을 말한다.

1. 관제교육훈련기관에서의 관제교육훈련업무
2. 철도운영자등에게 소속되어 관제업무종사자를 지도 · 교육 · 관리하거나 감독하는 업무

③ 법 제21조의9에 따라 준용되는 법 제19조 제3항 제2호에서 "국토교통부령으로 정하는 교육훈련을 받은 경우"란 관제교육훈련기관이나 철도운영자등이 실시한 관제업무에 필요한 교육훈련을 관제자격증명 갱신신청일 전까지 40시간 이상 받은 경우를 말한다.

④ 제1항 및 제2항에 따른 경력의 인정, 제3항에 따른 교육훈련의 내용 등 관제자격증명 갱신에 필요한 세부사항은 국토교통부장관이 정하여 고시한다.

▶시행규칙 제38조의16(관제자격증명 갱신 안내 통지)

관제자격증명 갱신 안내 통지에 관하여는 제33조를 준용한다. 이 경우 "운전면허"는 "관제자격증명"으로, "철도차량 운전면허 갱신통지서"는 "관제자격증명 갱신통지서"로 본다.

※ 철도관제자격증명의 유효기간은 운전면허의 유효기간과 같은 10년이다. 따라서 자격증명은 10년마다 갱신하여야 하며 갱신을 위해서는 유효기간 내에 6개월 이상의 관제업무수행경력, 2년 이상의 관제교육훈련기관에서의 관제교육훈련업무 또는, 철도운영자등에게 소속되어 관제업무종사자를 지도 · 교육 · 관리하거나 감독하는 업무에 종사한 경력이 있어야 한다. 이러한 조건을 갖추지 못한 경우에는 관제교육훈련기관이나 철도운영자등이 실시하는 40시간 이상의 갱신교육 등을 이수하면 갱신이 가능하다. 또한, 관제자격증명 갱신을 위한 안내 통지서는 유효기간 만료 전 6개월 전에 발송되어야 하며, 갱신하지 않아 효력정지 중인 사람에게는 정지일로부터 30일 이내에 발송되어야 한다. 자격증명의 갱신과 운전면허의 갱신 과정은 세부 기준을 제외하고는 동일하다고 할 수 있다.

예 제

01 철도관제자격증명의 갱신과 관련된 사항을 잘못 설명하고 있는 것은?

① 유효기간 내에 6개월 이상 관제업무에 종사한 경력이 있어야 한다.

② 관제교육훈련기관에서 교육훈련에 대한 행정업무 2년 이상 수행한 경우 갱신이 가능하다.

③ 한국철도공사에서 관제업무종사자를 지도 · 교육하는 업무를 2년 이상 수행한 경우 갱신이 가능하다.

④ 관제교육훈련기관에서 실시하는 관제업무에 필요한 교육훈련을 갱신신청일 전까지 40시간 이상 받은 경우 갱신이 가능하다.

해설 관제교육훈련기관에서의 관제교육훈련업무를 2년 이상 수행한 경우 철도관제자격증명의 갱신이 가능하다.

정답 ②

출제경향

출제빈도가 높은 부분이다. 특히, 갱신에 필요한 조건에서 철도운영자등, 전문교육훈련기관, 그리고 40시간의 갱신교육은 반드시 숙지하여야 한다.

법 제21조의11(관제자격증명의 취소 · 정지 등)

① 국토교통부장관은 관제자격증명을 받은 사람이 다음 각호의 어느 하나에 해당할 때에는 관제자격증명을 취소하거나 1년 이내의 기간을 정하여 관제자격증명의 효력을 정지시킬 수 있다. 다만, 제1호부터 제4호까지의 어느 하나에 해당할 때에는 관제자격증명을 취소하여야 한다.

1. 거짓이나 그 밖의 부정한 방법으로 관제자격증명을 취득하였을 때
2. 제21조의4에서 준용하는 제11조 제2호부터 제4호까지의 어느 하나에 해당하게 되었을 때
3. 관제자격증명의 효력정지 기간 중에 관제업무를 수행하였을 때
4. 제21조의10을 위반하여 관제자격증명서를 다른 사람에게 빌려주었을 때
5. 관제업무수행 중 고의 또는 중과실로 철도사고의 원인을 제공하였을 때
6. 제40조의2 제2항을 위반하였을 때
7. 제41조 제1항을 위반하여 술을 마시거나 약물을 사용한 상태에서 관제업무를 수행하였을 때
8. 제41조 제2항을 위반하여 술을 마시거나 약물을 사용한 상태에서 관제업무를 하였다고 인정할만한 상당한 이유가 있음에도 불구하고 국토교통부장관 또는 시 · 도지사의 확인 또는 검사를 거부하였을 때

② 제1항에 따른 관제자격증명의 취소 또는 효력정지의 기준 및 절차 등에 관하여는 제20조 제2항부터 제6항까지를 준용한다. 이 경우 "운전면허"는 "관제자격증명"으로, "운전면허증"은 "관제자격증명서"로 본다.

- 자격증명을 반납하지 아니한 경우 : 1회 90만원, 2회 180만원, 3회 이상 270만원 과태료
- 관제자격증명을 받지 아니하거나(제21조의11에 따라 관제자격증명이 취소되거나 그 효력이 정지된 경우를 포함) 실무수습을 이수하지 아니한 사람을 관제업무에 종사하게 한 철도운영자등 : 1년 이하의 징역 또는 1천만원 이하의 벌금

▶시행규칙 제38조의17(관제자격증명의 취소 및 효력정지 처분의 통지 등)

관제자격증명의 취소 및 효력정지 처분의 통지 등에 관하여는 제34조를 준용한다. 이 경우 "운전면허"는 "관제자격증명"으로, "철도차량 운전면허 취소·효력정지 처분 통지서"는 "관제자격증명 취소·효력정지 처분 통지서"로, "운전면허증"은 "관제자격증명서"로 본다.

▶시행규칙 제38조의18(관제자격증명의 취소 또는 효력정지 처분의 세부기준)

법 제21조의11 제1항에 따른 관제자격증명의 취소 또는 효력정지 처분의 세부기준은 별표 11의5와 같다.

▶시행규칙 [별표 11의5] 관제자격증명의 취소 또는 효력정지 처분의 세부기준

위반사항 및 내용	근거 법조문	처분기준			
		1차 위반	2차 위반	3차 위반	4차 위반
1. 거짓이나 그 밖의 부정한 방법으로 관제자격증명을 취득한 경우 ● 1년 이하의 징역 또는 1천만원 이하의 벌금	법 제21조의11 제1항 제1호	자격증명 취소	-	-	-
2. 법 제21조의4에서 준용하는 법 제11조 제2호부터 제4호까지의 어느 하나에 해당하게 된 경우 **법 제11조(운전면허의 결격사유)** 2. 관제업무 수행상의 위험과 장해를 일으킬 수 있는 정신질환자 또는 뇌전증환자로서 대통령령으로 정하는 사람 3. 관제업무 수행상의 위험과 장해를 일으킬 수 있는 약물(「마약류 관리에 관한 법률」 제2조 제1호에 따른 마약류 및 「화학물질관리법」 제22조 제1항에 따른 환각물질을 말한다) 또는 알코올 중독자로서 대통령령으로 정하는 사람 4. 두 귀의 청력 또는 두 눈의 시력을 완전히 상실한 사람	법 제21조의11 제1항 제2호	자격증명 취소	-	-	-

<table>
<tr><td colspan="2">3. 관제자격증명의 효력정지 기간 중에 관제업무를 수행한 경우
⊙ 1년 이하의 징역 또는 1천만원 이하의 벌금</td><td>법 제21조의11 제1항 제3호</td><td>자격증명 취소</td><td>–</td><td>–</td><td>–</td></tr>
<tr><td colspan="2">4. 법 제21조의10을 위반하여 관제자격증명서를 다른 사람에게 대여한 경우
⊙ 1년 이하의 징역 또는 1천만원 이하의 벌금</td><td>법 제21조의11 제1항 제4호</td><td>자격증명 취소</td><td>–</td><td>–</td><td>–</td></tr>
<tr><td rowspan="3">5. 관제업무수행 중 고의 또는 중과실로 철도사고의 원인을 제공한 경우</td><td>사망자가 발생한 경우</td><td rowspan="3">법 제21조의11 제1항 제5호</td><td>자격증명 취소</td><td>–</td><td>–</td><td>–</td></tr>
<tr><td>부상자가 발생한 경우</td><td>효력정지 3개월</td><td>자격증명 취소</td><td>–</td><td>–</td></tr>
<tr><td>1천만원 이상 물적 피해가 발생한 경우</td><td>효력정지 15일</td><td>효력정지 3개월</td><td>자격증명 취소</td><td>–</td></tr>
<tr><td colspan="2">6. 법 제40조의2 제2항 제1호를 위반한 경우

법 제40조의2 제2항 제1호, 시행규칙 제76조의5(관제업무종사자의 준수사항)
관제업무종사자는 관제업무 수행 중 국토교통부령으로 정하는 바에 따라 운전업무종사자 등에게 열차 운행에 관한 정보를 제공할 것
1. 열차의 출발, 정차 및 노선변경 등 열차운행의 변경에 관한 정보
2. 열차운행에 영향을 줄 수 있는 다음 각 목의 정보
가. 철도차량이 운행하는 선로 주변의 공사 · 작업의 변경 정보
나. 철도사고등에 관련된 정보
다. 재난 관련 정보
라. 테러 발생 등 그 밖의 비상상황에 관한 정보

⊙ 1회 150만원, 2회 300만원, 3회 이상 450만원 과태료</td><td>법 제21조의11 제1항 제6호</td><td>효력정지 1개월</td><td>효력정지 2개월</td><td>효력정지 3개월</td><td>효력정지 4개월</td></tr>
</table>

7. 법 제40조의2 제2항 제2호를 위반한 경우 **법 제40조의2 제2항 제2호, 시행규칙 제76조의5(관제업무종사자의 준수사항)** 관제업무종사자는 관제업무 수행 중 철도사고, 철도준사고 및 운행장애 발생 시 국토교통부령으로 정하는 조치사항을 이행할 것 1. 철도사고등이 발생하는 경우 여객 대피 및 철도차량 보호 조치 여부 등 사고현장 현황을 파악할 것 2. 철도사고등의 수습을 위하여 필요한 경우 다음 각 목의 조치를 할 것 가. 사고현장의 열차운행 통제 나. 의료기관 및 소방서 등 관계기관에 지원 요청 다. 사고 수습을 위한 철도종사자의 파견 요청 라. 2차 사고 예방을 위하여 철도차량이 구르지 아니하도록 하는 조치 지시 마. 안내방송 등 여객 대피를 위한 필요한 조치 지시 바. 전차선의 전기공급 차단 조치 사. 구원열차 또는 임시열차의 운행 지시 아. 열차의 운행간격 조정 3. 철도사고등의 발생사유, 지연시간 등을 사실대로 기록하여 관리할 것 ➲ 1회 150만원, 2회 300만원, 3회 이상 450만원 과태료 ➲ 사람의 사상이나 물건의 파손 시 : 3년 이하의 징역 또는 3천만원 이하의 벌금	법 제21조의11 제1항 제6호	효력정지 1개월	자격증명 취소	–	–
8. 법 제41조 제1항을 위반하여 술을 마신 상태(혈중 알코올농도 0.1퍼센트 이상)에서 관제업무를 수행한 경우 ➲ 3년 이하의 징역 또는 3천만원 이하의 벌금	법 제21조의11 제1항 제7호	자격증명 취소	–	–	–
9. 법 제41조 제1항을 위반하여 술을 마신 상태(혈중 알코올농도 0.02퍼센트 이상 0.1퍼센트 미만)에서 관제업무를 수행하다가 철도사고의 원인을 제공한 경우 ➲ 3년 이하의 징역 또는 3천만원 이하의 벌금	법 제21조의11 제1항 제7호	자격증명 취소	–	–	–

10. 법 제41조 제1항을 위반하여 술을 마신 상태(혈중 알코올농도 0.02퍼센트 이상 0.1퍼센트 미만)에서 관제업무를 수행한 경우(제9호의 경우는 제외한다) ➲ 3년 이하의 징역 또는 3천만원 이하의 벌금	법 제21조의11 제1항 제7호	효력정지 3개월	자격증명 취소	–	–
11. 법 제41조 제1항을 위반하여 약물을 사용한 상태에서 관제업무를 수행한 경우 ➲ 3년 이하의 징역 또는 3천만원 이하의 벌금	법 제21조의11 제1항 제7호	자격증명 취소	–	–	–
12. 법 제41조 제2항을 위반하여 술을 마시거나 약물을 사용한 상태에서 관제업무를 하였다고 인정할만한 상당한 이유가 있음에도 불구하고 국토교통부장관 또는 시·도지사의 확인 또는 검사를 거부한 경우 ➲ 2년 이하의 징역 또는 2천만원 이하의 벌금	법 제21조의11 제1항 제8호	자격증명 취소	–	–	–

▶시행규칙 제38조의19(관제자격증명의 유지·관리)

한국교통안전공단은 관제자격증명 취득자의 관제자격증명의 발급·갱신·취소 등에 관한 사항을 관제자격증명서 발급대장에 기록하고 유지·관리하여야 한다.

※ 국토교통부장관은 관제자격증명을 받은 사람이 법과 규정을 위반한 경우 관제자격증명을 취소하거나 1년 이내의 기간을 정하여 관제자격증명의 효력을 정지시킬 수 있다. 관제자격증명이 취소되거나 정지된 경우 해당자에게 통보함과 동시에 철도운영자등에게도 통보하여야 한다. 위반사항과 내용, 처분의 기준은 상당히 중요하며, 처분 절차 등은 운전면허와 같다는 것도 잊지 말아야 한다.

예제

01 철도관제자격증명의 취소 또는 효력정지 처분의 세부기준을 잘못 설명하고 있는 것은?

① 두 귀의 청력을 완전히 상실한 사람의 경우 : 1차 위반 – 자격증명 취소

② 술을 마신 상태(혈중 알코올농도 0.1퍼센트 이상)에서 관제업무를 수행한 경우 : 1차 위반 – 자격증명 취소

③ 철도사고 발생 시 안내방송 등 필요한 조치를 안 한 경우 : 1차 위반 – 자격증명 취소

④ 약물을 사용한 상태에서 관제업무를 수행한 경우 : 1차 위반 – 자격증명 취소

해설 법 제40조의2 제2항 제2호를 위반한 경우 1차 위반은 효력정지 1개월이다.

정답 ③

출제경향

관제자격증명 파트에서 출제빈도가 가장 높고, 매 시험마다 지속적으로 출제되고 있는 곳이다.

법 제22조(관제업무 실무수습)

관제업무에 종사하려는 사람은 국토교통부령으로 정하는 바에 따라 실무수습을 이수하여야 한다.

- 실무수습을 이수하기 아니하고 관제업무에 종사한 사람 : 1년 이하의 징역 또는 1천만원 이하의 벌금

법 제22조의2(무자격자의 관제업무 금지 등)

철도운영자등은 관제자격증명을 받지 아니하거나(제21조의11에 따라 관제자격증명이 취소되거나 그 효력이 정지된 경우를 포함한다) 제22조에 따른 실무수습을 이수하지 아니한 사람을 관제업무에 종사하게 하여서는 아니 된다.

- 관제자격증명을 받지 아니하거나(관제자격증명이 취소되거나 그 효력이 정지된 경우를 포함) 실무수습을 이수하지 아니한 사람을 관제업무에 종사하게 한 철도운영자등 : 1년 이하의 징역 또는 1천만원 이하의 벌금

▶시행규칙 제39조(관제업무 실무수습)

① 법 제22조에 따라 관제업무에 종사하려는 사람은 다음 각호의 관제업무 실무수습을 모두 이수하여야 한다.

1. 관제업무를 수행할 구간의 철도차량 운행의 통제 · 조정 등에 관한 관제업무 실무수습
2. 관제업무수행에 필요한 기기 취급방법 및 비상시 조치방법 등에 대한 관제업무 실무수습

② 철도운영자등은 제1항에 따른 관제업무 실무수습의 항목 및 교육시간 등에 관한 실무수습 계획을 수립하여 시행하여야 한다. 이 경우 총 실무수습 시간은 100시간 이상으로 하여야 한다.

③ 제2항에도 불구하고 관제업무 실무수습을 이수한 사람으로서 관제업무를 수행할 구간 또는 관제업무수행에 필요한 기기의 변경으로 인하여 다시 관제업무 실무수습을 이수하여야 하는 사람에 대해서는 별도의 실무수습 계획을 수립하여 시행할 수 있다.

④ 제1항에 따른 관제업무 실무수습의 방법 · 평가 등에 관하여 필요한 세부사항은 국토교통부장관이 정하여 고시한다.

▶시행규칙 제39조의2(관제업무 실무수습의 관리 등)

① 철도운영자등은 제39조 제2항 및 제3항에 따른 실무수습 계획을 수립한 경우에는 그 내용을 한국교통안전공단에 통보하여야 한다.

② 철도운영자등은 관제업무에 종사하려는 사람이 제39조 제1항에 따른 관제업무 실무수습을 이수한 경우에는 관제업무종사자 실무수습 관리대장에 실무수습을 받은 구간 등을 기록하고 그 내용을 한국교통안전공단에 통보하여야 한다.

③ 철도운영자등은 관제업무에 종사하려는 사람이 제39조 제1항에 따라 관제업무 실무수습을 받은 구간 외의 다른 구간에서 관제업무를 수행하게 하여서는 아니 된다.

※ 관제업무의 실무수습은 담당할 구간과 담당할 기기에 대한 실무수습으로 구분된다. 철도운영자등은 관제업무 실무수습의 항목 및 교육시간 등에 관한 실무수습 계획을 수립하여 시행하여야 하며, 총 실무수습 시간은 100시간 이상으로 하여야 한다. 관제 실무수습을 이수한 사람이 구간이 변경되거나 기기가 변경되는 경우에도 별도의 실무수습 계획을 수립하여 시행하여야 한다.

예 제

01 철도관제 실무수습과 관련이 없는 것은?

① 관제업무를 수행할 구간의 철도차량 운행의 통제 · 조정 등에 관한 관제업무 실무수습을 이수해야 한다.

② 관제업무수행에 필요한 기기 취급방법 및 비상시 조치방법 등에 대한 관제업무 실무수습을 이수해야 한다.

③ 관제업무 실무수습을 이수한 경우에 구간이 변경되는 경우에도 100시간 이상의 실무수습이 필요하다.

④ 철도운영자등은 관제업무에 종사하려는 사람이 관제업무 실무수습을 이수한 경우에는 관제업무종사자 실무수습 관리대장에 실무수습을 받은 구간 등을 기록하고 그 내용을 한국교통안전공단에 통보하여야 한다.

해설 관제업무 실무수습을 이수한 경우에 구간이 변경되거나 기기등이 변경되는 경우 별도의 계획을 수립하여 실무수습을 하여야 하나 100시간의 기준은 규정되어 있지 않다.

정답 ③

출제경향

출제빈도가 높지는 않으나 꾸준히 출제가 이루어지고 있다.

03 운전업무종사자 등의 관리

법 제23조(운전업무종사자 등의 관리)

① 철도차량 운전 · 관제업무 등 대통령령으로 정하는 업무에 종사하는 철도종사자는 정기적으로 신체검사와 적성검사를 받아야 한다.

- 신체검사와 적성검사를 받지 아니하거나 같은 조 제3항을 위반하여 신체검사와 적성검사에 합격하지 아니하고 같은 조 제1항에 따른 업무를 한 사람 및 그로 하여금 그 업무에 종사하게 한 자 : 1년 이하의 징역 또는 1천만원 이하의 벌금

② 제1항에 따른 신체검사 · 적성검사의 시기, 방법 및 합격기준 등에 관하여 필요한 사항은 국토교통부령으로 정한다.

③ 철도운영자등은 제1항에 따른 업무에 종사하는 철도종사자가 같은 항에 따른 신체검사 · 적성검사에 불합격하였을 때에는 그 업무에 종사하게 하여서는 아니 된다.

④ 제1항에 따른 업무에 종사하는 철도종사자로서 적성검사에 불합격한 사람 또는 적성검사 과정에서 부정행위를 한 사람은 제15조 제2항 각호의 구분에 따른 기간 동안 적성검사를 받을 수 없다.

⑤ 철도운영자등은 제1항에 따른 신체검사와 적성검사를 제13조에 따른 신체검사 실시 의료기관 및 운전적성검사기관 · 관제적성검사기관에 각각 위탁할 수 있다.

법 제24조(철도종사자에 대한 안전 및 직무교육)

① 철도운영자등 또는 철도운영자등과의 계약에 따라 철도운영이나 철도시설 등의 업무에 종사하는 사업주(이하 이 조에서 "사업주"라 한다)는 자신이 고용하고 있는 철도종사자에 대하여 정기적으로 철도안전에 관한 교육을 실시하여야 한다.

- 안전교육을 실시하지 않거나 제2항을 위반하여 직무교육을 실시하지 않은 경우 : 1회 150만원, 2회 300만원, 3회 450만원 과태료

② 철도운영자등은 자신이 고용하고 있는 철도종사자가 적정한 직무수행을 할 수 있도록 정기적으로 직무교육을 실시하여야 한다.

③ 철도운영자등은 제1항에 따른 사업주의 안전교육 실시 여부를 확인하여야 하고, 확인 결과 사업주가 안전교육을 실시하지 아니한 경우 안전교육을 실시하도록 조치하여야 한다.

- 철도운영자등이 안전교육 실시 여부를 확인하지 않거나 안전교육을 실시하도록 조치하지 않는 경우 : 1회 150만원, 2회 300만원, 3회 450만원 과태료

④ 제1항 및 제2항에 따라 철도운영자등 및 사업주가 실시하여야 하는 교육의 대상, 내용 및 그 밖에 필요한 사항은 국토교통부령으로 정한다.

▶시행령 제21조(신체검사 등을 받아야 하는 철도종사자)

법 제23조 제1항에서 "대통령령으로 정하는 업무에 종사하는 철도종사자"란 다음 각호의 어느 하나에 해당하는 철도종사자를 말한다.

1. 운전업무종사자
2. 관제업무종사자
3. 정거장에서 철도신호기 · 선로전환기 및 조작판 등을 취급하는 업무를 수행하는 사람

▶시행규칙 제40조(운전업무종사자 등에 대한 신체검사)

① 법 제23조 제1항에 따른 철도종사자에 대한 신체검사는 다음 각호와 같이 구분하여 실시한다.

1. 최초검사 : 해당 업무를 수행하기 전에 실시하는 신체검사
2. 정기검사 : 최초검사를 받은 후 2년마다 실시하는 신체검사
3. 특별검사 : 철도종사자가 철도사고등을 일으키거나 질병 등의 사유로 해당 업무를 적절히 수행하기가 어렵다고 철도운영자등이 인정하는 경우에 실시하는 신체검사

② 영 제21조 제1호 또는 제2호에 따른 운전업무종사자 또는 관제업무종사자는 법 제12조 또는 법 제21조의5에 따른 운전면허의 신체검사 또는 관제자격증명의 신체검사를 받은 날에 제1항 제1호에 따른 최초검사를 받은 것으로 본다. 다만, 해당 신체검사를 받은 날부터 2년 이상이 지난 후에 운전업무나 관제업무에 종사하는 사람은 제1항 제1호에 따른 최초검사를 받아야 한다.

③ 정기검사는 최초검사나 정기검사를 받은 날부터 2년이 되는 날(이하 "신체검사 유효기간 만료일"이라 한다) 전 3개월 이내에 실시한다. 이 경우 정기검사의 유효기간은 신체검사 유효기간 만료일의 다음날부터 기산한다.

④ 제1항에 따른 신체검사의 방법 및 절차 등에 관하여는 제12조를 준용하며, 그 합격기준은 별표 2 제2호와 같다.

▶시행규칙 제41조(운전업무종사자 등에 대한 적성검사)

① 법 제23조 제1항에 따른 철도종사자에 대한 적성검사는 다음 각호와 같이 구분하여 실시한다.

1. 최초검사 : 해당 업무를 수행하기 전에 실시하는 적성검사
2. 정기검사 : 최초검사를 받은 후 10년(50세 이상인 경우에는 5년)마다 실시하는 적성검사
3. 특별검사 : 철도종사자가 철도사고등을 일으키거나 질병 등의 사유로 해당 업무를 적절히 수행하기 어렵다고 철도운영자등이 인정하는 경우에 실시하는 적성검사

② 영 제21조 제1호 또는 제2호에 따른 운전업무종사자 또는 관제업무종사자는 운전적성검사 또는 관제적성검사를 받은 날에 제1항 제1호에 따른 최초검사를 받은 것으로 본다. 다만, 해당 운전적성검사 또는 관제적성검사를 받은 날부터 10년(50세 이상인 경우에는 5년) 이상이 지난 후에 운전업무나 관제업무에 종사하는 사람은 제1항 제1호에 따른 최초검사를 받아야 한다.

③ 정기검사는 최초검사나 정기검사를 받은 날부터 10년(50세 이상인 경우에는 5년)이 되는 날(이하 "적성검사 유효기간 만료일"이라 한다) 전 12개월 이내에 실시한다. 이 경우 정기검사의 유효기간은 적성검사 유효기간 만료일의 다음날부터 기산한다.

④ 제1항에 따른 적성검사의 방법 · 절차 등에 관하여는 제16조를 준용하며, 그 합격기준은 별표 13과 같다.

▶시행규칙 [별표 13] 운전업무종사자등의 적성검사 항목 및 불합격기준

검사대상		검사주기	검사항목		불합격 기준
			문답형 검사	반응형 검사	
1. 영 제21조 제1호의 운전업무종사자	고속철도차량, 제1종전기차량, 제2종전기차량, 디젤차량, 노면전차, 철도장비 운전업무종사자	정기검사	• 인 성 – 일반성격 – 안전성향 – 스트레스	• 주의력 – 복합기능 – 선택주의 – 지속주의 • 인식 및 기억력 – 시각변별 – 공간지각 • 판단 및 행동력 – 민첩성	• 문답형 검사항목 중 안전성향 검사에서 부적합으로 판정된 사람 • 반응형 검사항목 중 부적합(E등급)이 2개 이상인 사람
		특별검사	• 인 성 – 일반성격 – 안전성향 – 스트레스	• 주의력 – 복합기능 – 선택주의 – 지속주의 • 인식 및 기억력 – 시각변별 – 공간지각 • 판단 및 행동력 – 추 론 – 민첩성	• 문답형 검사항목 중 안전성향 검사에서 부적합으로 판정된 사람 • 반응형 검사항목 중 부적합(E등급)이 2개 이상인 사람

2. 영 제21조 제2호의 관제업무종사자	정기검사	• 인 성 – 일반성격 – 안전성향 – 스트레스	• 주의력 – 복합기능 – 선택주의 • 인식 및 기억력 – 시각변별 – 공간지각 – 작업기억 • 판단 및 행동력 – 민첩성	• 문답형 검사항목 중 안전성향 검사에서 부적합으로 판정된 사람 • 반응형 검사 항목 중 부적합(E등급)이 2개 이상인 사람
	특별검사	• 인 성 – 일반성격 – 안전성향 – 스트레스	• 주의력 – 복합기능 – 선택주의 • 인식 및 기억력 – 시각변별 – 공간지각 – 작업기억 • 판단 및 행동력 – 추 론 – 민첩성	• 문답형 검사항목 중 안전성향 검사에서 부적합으로 판정된 사람 • 반응형 검사 항목 중 부적합(E등급)이 2개 이상인 사람
3. 영 제21조 제3호의 정거장에서 철도신호기 · 선로전환기 및 조작판 등을 취급하는 업무를 수행하는 사람	최초검사	• 인 성 – 일반성격 – 안전성향	• 주의력 – 복합기능 – 선택주의 • 인식 및 기억력 – 시각변별 – 공간지각 – 작업기억 • 판단 및 행동력 – 추 론 – 민첩성	• 문답형 검사항목 중 안전성향 검사에서 부적합으로 판정된 사람 • 반응형 검사 평가점수가 30점 미만인 사람
	정기검사	• 인 성 – 일반성격 – 안전성향 – 스트레스	• 주의력 – 복합기능 – 선택주의 • 인식 및 기억력 – 시각변별 – 공간지각 – 작업기억 • 판단 및 행동력 – 민첩성	• 문답형 검사항목 중 안전성향 검사에서 부적합으로 판정된 사람 • 반응형 검사 항목 중 부적합(E등급)이 2개 이상인 사람
	특별검사	• 인 성 – 일반성격 – 안전성향 – 스트레스	• 주의력 – 복합기능 – 선택주의 • 인식 및 기억력 – 시각변별 – 공간지각 – 작업기억 • 판단 및 행동력 – 추 론 – 민첩성	• 문답형 검사항목 중 안전성향 검사에서 부적합으로 판정된 사람 • 반응형 검사 항목 중 부적합(E등급)이 2개 이상인 사람

비 고
1. 문답형 검사 판정은 적합 또는 부적합으로 한다.
2. 반응형 검사 점수 합계는 70점으로 한다. 다만, 정기검사와 특별검사는 검사항목별 등급으로 평가한다.
3. 특별검사의 복합기능(운전) 및 시각변별(관제/신호) 검사는 시뮬레이터 검사기로 시행한다.
4. 안전성향검사는 전문의(정신건강의학) 진단결과로 대체할 수 있으며, 부적합 판정을 받은 자에 대해서는 당일 1회에 한하여 재검사를 실시하고 그 재검사 결과를 최종적인 검사결과로 할 수 있다.

▶시행규칙 제41조의2(철도종사자의 안전교육 대상 등)

① 법 제24조 제1항에 따라 철도운영자등 및 철도운영자등과 계약에 따라 철도운영이나 철도시설 등의 업무에 종사하는 사업주(이하 이 조에서 "사업주"라 한다)가 철도안전에 관한 교육(이하 "철도안전교육"이라 한다)을 실시하여야 하는 대상은 다음 각호와 같다.

1. 법 제2조 제10호 가목부터 라목까지에 해당하는 사람

> 가. 철도차량의 운전업무에 종사하는 사람(이하 "운전업무종사자"라 한다)
> 나. 철도차량의 운행을 집중 제어 · 통제 · 감시하는 업무(이하 "관제업무"라 한다)에 종사하는 사람
> 다. 여객에게 승무(乘務) 서비스를 제공하는 사람(이하 "여객승무원"이라 한다)
> 라. 여객에게 역무(驛務) 서비스를 제공하는 사람(이하 "여객역무원"이라 한다)

2. 영 제3조 제2호부터 제5호까지 및 같은 조 제7호에 해당하는 사람

> 2. 철도차량의 운행선로 또는 그 인근에서 철도시설의 건설 또는 관리와 관련된 작업의 현장감독업무를 수행하는 사람
> 3. 철도시설 또는 철도차량을 보호하기 위한 순회점검업무 또는 경비업무를 수행하는 사람
> 4. 정거장에서 철도신호기 · 선로전환기 또는 조작판 등을 취급하거나 열차의 조성업무를 수행하는 사람
> 5. 철도에 공급되는 전력의 원격제어장치를 운영하는 사람
> 7. 철도차량 및 철도시설의 점검 · 정비 업무에 종사하는 사람

② 철도운영자등 및 사업주는 철도안전교육을 강의 및 실습의 방법으로 매 분기마다 6시간 이상 실시하여야 한다. 다만, 다른 법령에 따라 시행하는 교육에서 제3항에 따른 내용의 교육을 받은 경우 그 교육시간은 철도안전교육을 받은 것으로 본다.

③ 철도안전교육의 내용은 별표 13의2와 같다.

④ 철도운영자등 및 사업주는 철도안전교육을 법 제69조에 따른 안전전문기관 등 안전에 관한 업무를 수행하는 전문기관에 위탁하여 실시할 수 있다.

⑤ 제1항부터 제4항까지에서 규정한 사항 외에 철도안전교육의 평가방법 등에 필요한 세부사항은 국토교통부장관이 정하여 고시한다.

▶시행규칙 [별표 13의 2] 철도종사자에 대한 안전교육의 내용

교육내용	교육방법
• 철도안전법령 및 안전관련 규정 • 철도운전 및 관제이론 등 분야별 안전업무수행 관련 사항 • 철도사고 사례 및 사고예방대책 • 철도사고 및 운행장애 등 비상시 응급조치 및 수습복구대책 • 안전관리의 중요성 등 정신교육 • 근로자의 건강관리 등 안전 · 보건관리에 관한 사항 • 철도안전관리체계 및 철도안전관리시스템(Safety Management System) • 위기대응체계 및 위기대응 매뉴얼 등	강의 및 실습

▶시행규칙 제41조의3(철도종사자의 직무교육 등)

① 다음 각호의 어느 하나에 해당하는 사람(철도운영자등이 철도직무교육 담당자로 지정한 사람은 제외한다)은 법 제24조 제2항에 따라 철도운영자등이 실시하는 직무교육(이하 "철도직무교육"이라 한다)을 받아야 한다.

1. 법 제2조 제10호 가목부터 다목까지에 해당하는 사람

> 가. 철도차량의 운전업무에 종사하는 사람(이하 "운전업무종사자"라 한다)
> 나. 철도차량의 운행을 집중 제어 · 통제 · 감시하는 업무(이하 "관제업무"라 한다)에 종사하는 사람
> 다. 여객에게 승무(乘務) 서비스를 제공하는 사람(이하 "여객승무원"이라 한다)

2. 영 제3조 제4호부터 제5호까지 및 같은 조 제7호에 해당하는 사람

> 4. 정거장에서 철도신호기 · 선로전환기 또는 조작판 등을 취급하거나 열차의 조성업무를 수행하는 사람
> 5. 철도에 공급되는 전력의 원격제어장치를 운영하는 사람
> 7. 철도차량 및 철도시설의 점검 · 정비 업무에 종사하는 사람

② 철도직무교육의 내용 · 시간 · 방법 등은 별표 13의3과 같다.

▶시행규칙 [별표 13의 3] 철도직무교육의 내용 · 시간 · 방법 등

1. 철도직무교육의 내용 및 시간

가. 법 제2조 제10호 가목에 따른 운전업무종사자

교육내용	교육시간
1) 철도시스템 일반 2) 철도차량의 구조 및 기능 3) 운전이론 4) 운전취급 규정 5) 철도차량 기기취급에 관한 사항 6) 직무관련 기타사항 등	5년마다 35시간 이상

나. 법 제2조 제10호 나목에 따른 관제업무 종사자

교육내용	교육시간
1) 열차운행계획 2) 철도관제시스템 운용 3) 열차운행선 관리 4) 관제 관련 규정 5) 직무관련 기타사항 등	5년마다 35시간 이상

다. 법 제2조 제10호 다목에 따른 여객승무원

교육내용	교육시간
1) 직무관련 규정 2) 여객승무 위기대응 및 비상시 응급조치 3) 통신 및 방송설비 사용법 4) 고객응대 및 서비스 매뉴얼 등 5) 여객승무 직무관련 기타사항 등	5년마다 35시간 이상

라. 영 제3조 제4호에 따른 철도신호기 · 선로전환기 · 조작판 취급자

교육내용	교육시간
1) 신호관제 장치 2) 운전취급 일반 3) 전기 · 신호 · 통신 장치 실무 4) 선로전환기 취급방법 5) 직무관련 기타사항 등	5년마다 21시간 이상

마. 영 제3조 제4호에 따른 열차의 조성업무 수행자

교육내용	교육시간
1) 직무관련 규정 및 안전관리 2) 무선통화 요령 3) 철도차량 일반 4) 선로, 신호 등 시스템의 이해 5) 열차조성 직무관련 기타사항 등	5년마다 21시간 이상

바. 영 제3조 제5호에 따른 철도에 공급되는 전력의 원격제어장치 운영자

교육내용	교육시간
1) 변전 및 전차선 일반 2) 전력설비 일반 3) 전기 · 신호 · 통신 장치 실무 4) 비상전력 운용계획, 전력공급원격제어장치(SCADA) 5) 직무관련 기타사항 등	5년마다 21시간 이상

사. 영 제3조 제7호에 따른 철도차량 점검 · 정비 업무 종사자

교육내용	교육시간
1) 철도차량 일반 2) 철도시스템 일반 3) 「철도안전법」 및 철도안전관리체계(철도차량 중심) 4) 철도차량 정비 실무 5) 직무관련 기타사항 등	5년마다 35시간 이상

아. 영 제3조 제7호에 따른 철도시설 중 전기 · 신호 · 통신 시설 점검 · 정비 업무 종사자

교육내용	교육시간
1) 철도전기, 철도신호, 철도통신 일반 2) 「철도안전법」 및 철도안전관리체계(전기분야 중심) 3) 철도전기, 철도신호, 철도통신 실무 4) 직무관련 기타사항 등	5년마다 21시간 이상

자. 영 제3조 제7호에 따른 철도시설 중 궤도 · 토목 · 건축 시설 점검 · 정비 업무 종사자

교육내용	교육시간
1) 궤도, 토목, 시설, 건축 일반 2) 「철도안전법」 및 철도안전관리체계(시설분야 중심) 3) 궤도, 토목, 시설, 건축 일반 실무 4) 직무관련 기타사항 등	5년마다 21시간 이상

2. 철도직무교육의 주기 및 교육 인정 기준

가. 철도직무교육의 주기는 철도직무교육 대상자로 신규 채용되거나 전직된 연도의 다음 년도 1월 1일부터 매 5년이 되는 날까지로 한다. 다만, 휴직 · 파견 등으로 6개월 이상 철도직무를 수행하지 아니한 경우에는 철도직무의 수행이 중단된 연도의 1월 1일부터 철도직무를 다시 시작하게 된 연도의 12월 31일까지의 기간을 제외하고 직무교육의 주기를 계산한다.

나. 철도직무교육 대상자는 질병이나 자연재해 등 부득이한 사유로 철도직무교육을 제1호에 따른 기간 내에 받을 수 없는 경우에는 철도운영자등의 승인을 받아 철도직무교육을 받을 시기를 연기할 수 있다. 이 경우 철도직무교육 대상자가 승인받은 기간 내에 철도직무교육을 받은 경우에는 제1호에 따른 기간 내에 철도직무교육을 받은 것으로 본다.

다. 철도운영자등은 철도직무교육 대상자가 다른 법령에서 정하는 철도직무에 관한 교육을 받은 경우에는 해당 교육시간을 제1호에 따른 철도직무교육시간으로 인정할 수 있다.

라. 철도차량정비기술자가 법 제24조의4에 따라 받은 철도차량정비기술교육훈련은 위 표에 따른 철도직무교육으로 본다.

3. 철도직무교육의 실시방법

가. 철도운영자등은 업무현장 외의 장소에서 집합교육의 방식으로 철도직무교육을 실시해야 한다. 다만, 철도직무교육시간의 10분의 5의 범위에서 다음의 어느 하나에 해당하는 방법으로 철도직무교육을 실시할 수 있다.

1) 부서별 직장교육

2) 사이버교육 또는 화상교육 등 전산망을 활용한 원격교육

나. 가목에도 불구하고 재해 · 감염병 발생 등 부득이한 사유가 있는 경우로서 국토교통부장관의 승인을 받은 경우에는 철도직무교육시간의 10분의 5를 초과하여 가목 1) 또는 2)에 해당하는 방법으로 철도직무교육을 실시할 수 있다.

다. 철도운영자등은 가목 1)에 따른 부서별 직장교육을 실시하려는 경우에는 매년 12월 31일까지 다음 해에 실시될 부서별 직장교육 실시계획을 수립해야 하고, 교육내용 및 이수현황 등에 관한 사항을 기록 · 유지해야 한다.

라. 철도운영자등은 필요한 경우 다음의 어느 하나에 해당하는 기관에게 철도직무교육을 위탁하여 실시할 수 있다.

1) 다른 철도운영자등의 교육훈련기관

2) 운전 또는 관제 교육훈련기관

3) 철도관련 학회 · 협회

4) 그 밖에 철도직무교육을 실시할 수 있는 비영리 법인 또는 단체

마. 철도운영자등은 철도직무교육시간의 10분의 3 이하의 범위에서 철도운영기관의 실정에 맞게 교육내용을 변경하여 철도직무교육을 실시할 수 있다.

바. 2가지 이상의 직무에 동시에 종사하는 사람의 교육시간 및 교육내용은 다음과 같이 한다.

1) 교육시간 : 종사하는 직무의 교육시간 중 가장 긴 시간

2) 교육내용 : 종사하는 직무의 교육내용 가운데 전부 또는 일부를 선택

4. 제1호부터 제3호까지에서 규정한 사항 외에 철도직무교육에 필요한 사항은 국토교통부장관이 정하여 고시한다.

※ 철도안전법 제3장의 메인은 운전업무종사자, 관제업무종사자 그리고 철도차량정비기술자라고 할 수 있다. 그중에서 운전업무종사자와 관제업무종사자에 대한 안전관리에 대부분이 할당되고 있다는 느낌이다. 하지만 철도는 역무와 에너지공급, 시설관리, 차량 등이 하모니를 이뤄서 만들어내는 오케스트라와 같다. 따라서 아쉬운 감이 있기는 하지만 철도를 지탱하고 있는 모든 분야의 직원들에 대한 최소한의 교육과 안전관리를 위한 명시적인 문구를 제시함으로써 안전법으로서의 기본적인 역할을 제시하고 있다.

철도에는 많은 종사자들이 있지만 신체검사 등을 받아야 하는 종사자, 안전교육을 받아야 하는 종사자, 직무교육이 필요한 종사자, 음주 등이 제한되는 종사자가 구분되어 있다. 이 부분에서는 신체검사와 적성검사를 받아야 하는 종사자와 안전 · 직무교육을 받아야 하는 종사자를 구분하고 있고, 그 절차에 대하여도 제시되어 있으니 숙지하여야 한다.

예 제

01 신체검사 등을 받아야 하는 철도종사자가 아닌 사람은?

① 운전업무종사자
② 관제업무종사자
③ 여객에게 승무(乘務) 서비스를 제공하는 사람
④ 정거장에서 철도신호기를 취급하는 업무를 수행하는 사람

해설 신체검사 등이라고 함은 신체검사 및 적성검사를 말하며, 신체검사 등을 받아야 하는 종사자는 아래와 같다.

- 운전업무종사자
- 관제업무종사자
- 정거장에서 철도신호기 · 선로전환기 및 조작판 등을 취급하는 업무를 수행하는 사람

정답 ③

02 직무교육을 받아야 하는 종사자가 아닌 사람은?

① 여객에게 승무(乘務) 서비스를 제공하는 사람
② 철도차량의 운행선로 또는 그 인근에서 철도시설의 건설 또는 관리와 관련된 작업의 현장감독업무를 수행하는 사람
③ 철도에 공급되는 전력의 원격제어장치를 운영하는 사람
④ 철도차량 및 철도시설의 점검 · 정비 업무에 종사하는 사람

해설 철도차량의 운행선로 또는 그 인근에서 철도시설의 건설 또는 관리와 관련된 작업의 현장감독업무를 수행하는 사람은 안전교육을 받아야 하는 종사자이지만, 직무교육에는 포함되지 않는다.

정답 ②

출제경향

출제의 비중은 높지 않으나 문제가 출제되면 상급 문제로 출제되고 있다.

4 철도차량정비기술자

법 제24조의2(철도차량정비기술자의 인정 등)

① 철도차량정비기술자로 인정을 받으려는 사람은 국토교통부장관에게 자격 인정을 신청하여야 한다.

② 국토교통부장관은 제1항에 따른 신청인이 대통령령으로 정하는 자격, 경력 및 학력 등 철도차량정비기술자의 인정 기준에 해당하는 경우에는 철도차량정비기술자로 인정하여야 한다.

③ 국토교통부장관은 제1항에 따른 신청인을 철도차량정비기술자로 인정하면 철도차량정비기술자로서의 등급 및 경력 등에 관한 증명서(이하 "철도차량정비경력증"이라 한다)를 그 철도차량정비기술자에게 발급하여야 한다.

④ 제1항부터 제3항까지의 규정에 따른 인정의 신청, 철도차량정비경력증의 발급 및 관리 등에 필요한 사항은 국토교통부령으로 정한다.

- 거짓이나 그 밖의 부정한 방법으로 철도차량정비기술자로 인정받은 사람 : 1년 이하의 징역 또는 1천만원 이하의 벌금

제24조의3(철도차량정비기술자의 명의 대여금지 등)

① 철도차량정비기술자는 자기의 성명을 사용하여 다른 사람에게 철도차량정비 업무를 수행하게 하거나 철도차량정비경력증을 빌려 주어서는 아니 된다.

② 누구든지 다른 사람의 성명을 사용하여 철도차량정비 업무를 수행하거나 다른 사람의 철도차량정비 경력증을 빌려서는 아니 된다.

③ 누구든지 제1항이나 제2항에서 금지된 행위를 알선해서는 아니 된다.

➡ ①~③ 1년 이하의 징역 또는 1천만원 이하의 벌금

▶시행령 제21조의2(철도차량정비기술자의 인정 기준)

법 제24조의2 제2항에 따른 철도차량정비기술자의 인정 기준은 별표 1의2와 같다.

▶시행령 [별표 1의2] 철도차량정비기술자 인정 기준

1. 철도차량정비기술자는 자격, 경력 및 학력에 따라 등급별로 구분하여 인정하되, 등급별 세부기준은 다음 표와 같다.

등급구분	역량지수
1등급 철도차량정비기술자	80점 이상
2등급 철도차량정비기술자	60점 이상 80점 미만
3등급 철도차량정비기술자	40점 이상 60점 미만
4등급 철도차량정비기술자	10점 이상 40점 미만

2. 제1호에 따른 역량지수의 계산식은 다음과 같다.

역량지수 = 자격별 경력점수 + 학력점수

가. 자격별 경력점수

국가기술자격 구분	점 수
기술사 및 기능장	10점/년
기 사	8점/년
산업기사	7점/년
기능사	6점/년
국가기술자격증이 없는 경우	3점/년

1) 철도차량정비기술자의 자격별 경력에 포함되는 「국가기술자격법」에 따른 국가기술자격의 종목은 국토교통부장관이 정하여 고시한다. 이 경우 둘 이상의 다른 종목 국가기술자격을 보유한 사람의 경우 그중 점수가 높은 종목의 경력점수만 인정한다.

2) 경력점수는 다음 업무를 수행한 기간에 따른 점수의 합을 말하며, 마) 및 바)의 경력의 경우 100분의 50을 인정한다.

가) 철도차량의 부품 · 기기 · 장치 등의 마모 · 손상, 변화 상태 및 기능을 확인하는 등 철도차량 점검 및 검사에 관한 업무

나) 철도차량의 부품 · 기기 · 장치 등의 수리, 교체, 개량 및 개조 등 철도차량 정비 및 유지관리에 관한 업무
다) 철도차량 정비 및 유지관리 등에 관한 계획수립 및 관리 등에 관한 행정업무
라) 철도차량의 안전에 관한 계획수립 및 관리, 철도차량의 점검 · 검사, 철도차량에 대한 설계 · 기술검토 · 규격관리 등에 관한 행정업무
마) 철도차량 부품의 개발 등 철도차량 관련 연구 업무 및 철도관련 학과 등에서의 강의 업무
바) 그 밖에 기계설비 · 장치 등의 정비와 관련된 업무

3) 2)를 적용할 때 다음의 어느 하나에 해당하는 경력은 제외한다.
가) 18세 미만인 기간의 경력(국가기술자격을 취득한 이후의 경력은 제외한다)
나) 주간학교 재학 중의 경력(「직업교육훈련 촉진법」 제9조에 따른 현장실습계약에 따라 산업체에 근무한 경력은 제외한다)
다) 이중취업으로 확인된 기간의 경력
라) 철도차량정비업무 외의 경력으로 확인된 기간의 경력

4) 경력점수는 월 단위까지 계산한다. 이 경우 월 단위의 기간으로 산입되지 않는 일수의 합이 30일 이상인 경우 1개월로 본다.

나. 학력점수

학력 구분	점 수	
	철도차량정비 관련 학과	철도차량정비 관련 학과 외의 학과
석사 이상	25점	10점
학 사	20점	9점
전문학사(3년제)	15점	8점
전문학사(2년제)	10점	7점
고등학교 졸업	5점	

1) "철도차량정비 관련 학과"란 철도차량 유지보수와 관련된 학과 및 기계 · 전기 · 전자 · 통신 관련 학과를 말한다. 다만, 대상이 되는 학력점수가 둘 이상인 경우 그중 점수가 높은 학력점수에 따른다.

2) 철도차량정비 관련 학과의 학위 취득자 및 졸업자의 학력 인정 범위는 다음과 같다.
가) 석사 이상
(1) 「고등교육법」에 따른 학교에서 철도차량정비 관련 학과의 석사 또는 박사 학위과정을 이수하고 졸업한 사람
(2) 그 밖에 관계 법령에 따라 국내 또는 외국에서 (1)과 같은 수준 이상의 학력이 있다고 인정되는 사람
나) 학 사
(1) 「고등교육법」에 따른 학교에서 철도차량정비 관련 학과의 학사 학위과정을 이수하고 졸업한 사람
(2) 그 밖에 관계 법령에 따라 국내 또는 외국에서 (1)과 같은 수준의 학력이 있다고 인정되는 사람

다) 전문학사(3년제)

(1) 「고등교육법」에 따른 학교에서 철도차량정비 관련 학과의 전문학사 학위과정을 이수하고 졸업한 사람(철도차량정비 관련 학과의 학위과정 3년을 이수한 사람을 포함한다)

(2) 그 밖의 관계 법령에 따라 국내 또는 외국에서 (1)과 같은 수준의 학력이 있다고 인정되는 사람

라) 전문학사(2년제)

(1) 「고등교육법」에 따른 4년제 대학, 2년제 대학 또는 전문대학에서 2년 이상 철도차량정비 관련 학과의 교육과정을 이수한 사람

(2) 그 밖에 관계 법령에 따라 국내 또는 외국에서 (1)과 같은 수준의 학력이 있다고 인정되는 사람

마) 고등학교 졸업

(1) 「초 · 중등교육법」에 따른 해당 학교에서 철도차량정비 관련 학과의 고등학교 과정을 이수하고 졸업한 사람

(2) 그 밖에 관계 법령에 따라 국내 또는 외국에서 (1)과 같은 수준의 학력이 있다고 인정되는 사람

3) 철도차량정비 관련 학과 외의 학위 취득자 및 졸업자의 학력 인정 범위는 다음과 같다.

가) 석사 이상

(1) 「고등교육법」에 따른 학교에서 석사 또는 박사 학위과정을 이수하고 졸업한 사람

(2) 그 밖에 관계 법령에 따라 국내 또는 외국에서 (1)과 같은 수준 이상의 학력이 있다고 인정되는 사람

나) 학 사

(1) 「고등교육법」에 따른 학교에서 학사 학위과정을 이수하고 졸업한 사람

(2) 그 밖에 관계 법령에 따라 국내 또는 외국에서 (1)과 같은 수준의 학력이 있다고 인정되는 사람

다) 전문학사(3년제)

(1) 「고등교육법」에 따른 학교에서 전문학사 학위과정을 이수하고 졸업한 사람(전문학사 학위과정 3년을 이수한 사람을 포함한다)

(2) 그 밖의 관계 법령에 따라 국내 또는 외국에서 (1)과 같은 수준의 학력이 있다고 인정되는 사람

라) 전문학사(2년제)

(1) 「고등교육법」에 따른 4년제 대학, 2년제 대학 또는 전문대학에서 2년 이상 교육과정을 이수한 사람

(2) 그 밖에 관계 법령에 따라 국내 또는 외국에서 (1)과 같은 수준의 학력이 있다고 인정되는 사람

마) 고등학교 졸업

(1) 「초 · 중등교육법」에 따른 해당 학교에서 고등학교 과정을 이수하고 졸업한 사람

(2) 그 밖에 관계 법령에 따라 국내 또는 외국에서 (1)과 같은 수준의 학력이 있다고 인정되는 사람

▶시행규칙 제42조(철도차량정비기술자의 인정 신청)

법 제24조의2 제1항에 따라 철도차량정비기술자로 인정(등급변경 인정을 포함한다)을 받으려는 사람은 철도차량정비기술자 인정 신청서에 다음 각호의 서류를 첨부하여 한국교통안전공단에 제출해야 한다.

1. 철도차량정비업무 경력확인서
2. 국가기술자격증 사본(영 별표 1의2에 따른 자격별 경력점수에 포함되는 국가기술자격의 종목에 한정한다)
3. 졸업증명서 또는 학위취득서(해당하는 사람에 한정한다)
4. 사 진
5. 철도차량정비경력증(등급변경 인정 신청의 경우에 한정한다)
6. 정비교육훈련 수료증(등급변경 인정 신청의 경우에 한정한다)

▶시행규칙 제42조의2(철도차량정비경력증의 발급 및 관리)

① 한국교통안전공단은 제42조에 따라 철도차량정비기술자의 인정(등급변경 인정을 포함한다) 신청을 받으면 영 제21조의2에 따른 철도차량정비기술자 인정 기준에 적합한지를 확인한 후 철도차량정비경력증을 신청인에게 발급해야 한다.

② 한국교통안전공단은 제42조에 따라 철도차량정비기술자의 인정 또는 등급변경을 신청한 사람이 영 제21조의2에 따른 철도차량정비기술자 인정 기준에 부적합하다고 인정한 경우에는 그 사유를 신청인에게 서면으로 통지해야 한다.

③ 철도차량정비경력증의 재발급을 받으려는 사람은 철도차량정비경력증 재발급 신청서에 사진을 첨부하여 한국교통안전공단에 제출해야 한다.

④ 한국교통안전공단은 제3항에 따른 철도차량정비경력증 재발급 신청을 받은 경우 특별한 사유가 없으면 신청인에게 철도차량정비경력증을 재발급해야 한다.

⑤ 한국교통안전공단은 제1항 또는 제4항에 따라 철도차량정비경력증을 발급 또는 재발급하였을 때에는 철도차량정비경력증 발급대장에 발급 또는 재발급에 관한 사실을 기록 · 관리해야 한다. 다만, 철도차량정비경력증의 발급이나 재발급 사실을 영 제63조 제1항 제7호에 따른 정보체계로 관리하는 경우에는 따로 기록 · 관리하지 않아도 된다.

⑥ 한국교통안전공단은 철도차량정비경력증의 발급(재발급을 포함한다) 및 취소 현황을 매 반기의 말일을 기준으로 다음 달 15일까지 별지 제25호의7 서식에 따라 국토교통부장관에게 제출해야 한다.

※ 철도차량을 정비하는 기술자들이 국가 공식 자격이 없다는 여론이 나오면서 시행된 제도이다. 기술자격 시행 이후 정비 불량으로 인한 사고 및 장애가 20% 이상 줄었다는 2020년 통계가 발표되기도 하였다. 역량지수 산정방법은 반드시 숙지하여야 할 부분이다.

예 제

01 철도차량정비기술자 인정기준 관련 사항을 잘못 설명하고 있는 것은?

① 1등급 철도차량정비기술자의 역량점수는 80점 이상이다.
② 역량지수는 '자격별 경력점수+학력점수'로 이루어진다.
③ 자격별 경력점수에서 산업기사는 7점/년이다.
④ 고등학교를 졸업한 경우 학력점수는 7점을 받는다.

해설 고등학교 졸업자의 학력점수는 5점이다.

정답 ④

출제경향

출제비중은 높지 않은 편이지만 간간히 출제가 되고 있다.

법 제24조의4(철도차량정비기술교육훈련)

① 철도차량정비기술자는 업무수행에 필요한 소양과 지식을 습득하기 위하여 대통령령으로 정하는 바에 따라 국토교통부장관이 실시하는 교육 · 훈련(이하 "정비교육훈련"이라 한다)을 받아야 한다.

② 국토교통부장관은 철도차량정비기술자를 육성하기 위하여 철도차량정비 기술에 관한 전문 교육훈련기관(이하 "정비교육훈련기관"이라 한다)을 지정하여 정비교육훈련을 실시하게 할 수 있다.

➲ 거짓이나 그 밖의 부정한 방법으로 정비교육훈련기관 지정을 받은 자 : 2년 이하의 징역 또는 2천만원 이하의 벌금

③ 정비교육훈련기관의 지정기준 및 절차 등에 필요한 사항은 대통령령으로 정한다.

④ 정비교육훈련기관은 정당한 사유 없이 정비교육훈련 업무를 거부하여서는 아니 되고, 거짓이나 그 밖의 부정한 방법으로 정비교육훈련 수료증을 발급하여서는 아니 된다.

⑤ 정비교육훈련기관의 지정취소 및 업무정지 등에 관하여는 제15조의2를 준용한다. 이 경우 "운전적성검사기관"은 "정비교육훈련기관"으로, "운전적성검사 업무"는 "정비교육훈련 업무"로, "제15조 제5항"은 "제24조의4 제3항"으로, "제15조 제6항"은 "제24조의4 제4항"으로, "운전적성검사 판정서"는 "정비교육훈련 수료증"으로 본다.

➲ 업무정지 기간 중에 해당 업무를 한 자 : 2년 이하의 징역 또는 2천만원 이하의 벌금

법 제24조의5(철도차량정비기술자의 인정취소 등)

① 국토교통부장관은 철도차량정비기술자가 다음 각호의 어느 하나에 해당하는 경우 그 인정을 취소하여야 한다.

1. 거짓이나 그 밖의 부정한 방법으로 철도차량정비기술자로 인정받은 경우
2. 제24조의2 제2항에 따른 자격기준에 해당하지 아니하게 된 경우
3. 철도차량정비 업무수행 중 고의로 철도사고의 원인을 제공한 경우

② 국토교통부장관은 철도차량정비기술자가 다음 각호의 어느 하나에 해당하는 경우 1년의 범위에서 철도차량정비기술자의 인정을 정지시킬 수 있다.

1. 다른 사람에게 철도차량정비경력증을 빌려 준 경우
2. 철도차량정비 업무수행 중 중과실로 철도사고의 원인을 제공한 경우

▶시행령 제21조의3(정비교육훈련 실시기준)

① 법 제24조의4 제1항에 따른 정비교육훈련의 실시기준은 다음 각호와 같다.

1. 교육내용 및 교육방법 : 철도차량정비에 관한 법령, 기술기준 및 정비기술 등 실무에 관한 이론 및 실습 교육
2. 교육시간 : 철도차량정비업무의 수행기간 5년마다 35시간 이상

② 제1항에서 정한 사항 외에 정비교육훈련에 필요한 구체적인 사항은 국토교통부령으로 정한다.

▶시행령 제21조의4(정비교육훈련기관 지정기준 및 절차)

① 법 제24조의4 제2항에 따른 정비교육훈련기관의 지정기준은 다음 각호와 같다.

1. 정비교육훈련 업무수행에 필요한 상설 전담조직을 갖출 것
2. 정비교육훈련 업무를 수행할 수 있는 전문인력을 확보할 것
3. 정비교육훈련에 필요한 사무실, 교육장 및 교육 장비를 갖출 것
4. 정비교육훈련기관의 운영 등에 관한 업무규정을 갖출 것

② 정비교육훈련기관으로 지정을 받으려는 자는 제1항에 따른 지정기준을 갖추어 국토교통부장관에게 정비교육훈련기관 지정 신청을 해야 한다.

③ 국토교통부장관은 제2항에 따라 정비교육훈련기관 지정 신청을 받으면 제1항에 따른 지정기준을 갖추었는지 여부 및 철도차량정비기술자의 수급 상황 등을 종합적으로 심사한 후 그 지정 여부를 결정해야 한다.

④ 국토교통부장관은 정비교육훈련기관을 지정한 때에는 다음 각호의 사항을 관보에 고시해야 한다.

1. 정비교육훈련기관의 명칭 및 소재지
2. 대표자의 성명
3. 그 밖에 정비교육훈련에 중요한 영향을 미친다고 국토교통부장관이 인정하는 사항

⑤ 제1항부터 제4항까지에서 규정한 사항 외에 정비교육훈련기관의 지정기준 및 절차 등에 관한 세부적인 사항은 국토교통부령으로 정한다.

▶시행령 제21조의5(정비교육훈련기관의 변경사항 통지 등)

① 정비교육훈련기관은 제21조의4 제4항 각호의 사항이 변경된 때에는 그 사유가 발생한 날부터 15일 이내에 국토교통부장관에게 그 내용을 통지해야 한다.

② 국토교통부장관은 제1항에 따른 통지를 받은 때에는 그 내용을 관보에 고시해야 한다.

▶시행규칙 제42조의3(정비교육훈련의 기준 등)

① 영 제21조의3 제1항에 따른 정비교육훈련의 실시시기 및 시간 등은 별표 13의4와 같다.

② 철도차량정비기술자가 철도차량정비기술자의 상위 등급으로 등급변경의 인정을 받으려는 경우 제1항에 따른 정비교육훈련을 받아야 한다.

▶시행규칙 [별표 13의4] 정비교육훈련의 실시시기 및 시간 등

1. 정비교육훈련의 시기 및 시간

교육훈련 시기	교육훈련 시간
기존에 정비 업무를 수행하던 철도차량 차종이 아닌 새로운 철도차량 차종의 정비에 관한 업무를 수행하는 경우 그 업무를 수행하는 날부터 1년 이내	35시간 이상
철도차량정비업무의 수행기간 5년마다	35시간 이상

비 고
위 표에 따른 35시간 중 인터넷 등을 통한 원격교육은 10시간의 범위에서 인정할 수 있다.

2. 정비교육훈련의 면제 및 연기
   가. 「고등교육법」에 따른 학교, 철도차량 또는 철도용품 제작회사, 「과학기술분야 정부출연연구기관 등의 설립 · 운영 및 육성에 관한 법률」 등 관계법령에 따라 설립된 연구기관 · 교육기관 및 주무관청의 허가를 받아 설립된 학회 · 협회 등에서 철도차량정비와 관련된 교육훈련을 받은 경우 위 표에 따른 정비교육훈련을 받은 것으로 본다. 이 경우 해당 기관으로부터 교육과목 및 교육시간이 명시된 증명서(교육수료증 또는 이수증 등)를 발급 받은 경우에 한정한다.
   나. 철도차량정비기술자는 질병 · 입대 · 해외출장 등 불가피한 사유로 정비교육훈련을 받아야 하는 기한까지 정비교육훈련을 받지 못할 경우에는 정비교육훈련을 연기할 수 있다. 이 경우 연기 사유가 없어진 날부터 1년 이내에 정비교육훈련을 받아야 한다.
3. 정비교육훈련은 강의 · 토론 등으로 진행하는 이론교육과 철도차량정비 업무를 실습하는 실기교육으로 시행하되, 실기교육을 30% 이상 포함해야 한다.
4. 그 밖에 정비교육훈련의 교육과목 및 교육내용, 교육의 신청 방법 및 절차 등에 관한 사항은 국토교통부장관이 정하여 고시한다.

▶시행규칙 제42조의4(정비교육훈련기관의 세부 지정기준 등)

① 영 제21조의4 제1항에 따른 정비교육훈련기관의 세부 지정기준은 별표 13의5와 같다.
② 국토교통부장관은 정비교육훈련기관이 제1항에 따른 정비교육훈련기관의 지정기준에 적합한지의 여부를 2년마다 심사해야 한다.
③ 정비교육훈련기관의 변경사항 통지에 관하여는 제22조 제3항을 준용한다. 이 경우 "운전교육훈련기관"은 "정비교육훈련기관"으로 본다.

▶시행규칙 [별표 13의5] 정비교육훈련기관의 세부 지정기준

1. 인력기준

가. 자격기준

등 급	학력 및 경력
책임교수	1) 1등급 철도차량정비경력증 소지자로서 철도교통에 관한 업무에 10년 이상 또는 철도차량정비에 관한 업무에 5년 이상 근무한 경력이 있는 사람 2) 2등급 철도차량정비경력증 소지자로서 철도교통에 관한 업무에 15년 이상 또는 철도차량정비에 관한 업무에 8년 이상 근무한 경력이 있는 사람 3) 3등급 철도차량정비경력증 소지자로서 철도교통에 관한 업무에 20년 이상 또는 철도차량정비에 관한 업무에 10년 이상 근무한 경력이 있는 사람 4) 철도 관련 4급 이상의 공무원 경력 또는 이와 같은 수준 이상의 자격 및 경력이 있는 사람 5) 대학의 철도차량정비 관련 학과에서 조교수 이상으로 재직한 경력이 있는 사람 6) 선임교수 경력이 3년 이상 있는 사람
선임교수	1) 1등급 철도차량정비경력증 소지자로서 철도교통에 관한 업무에 5년 이상 또는 철도차량정비에 관한 업무에 3년 이상 근무한 경력이 있는 사람 2) 2등급 철도차량정비경력증 소지자로서 철도교통에 관한 업무에 10년 이상 또는 철도차량정비에 관한 업무에 5년 이상 근무한 경력이 있는 사람 3) 3등급 철도차량정비경력증 소지자로서 철도교통에 관한 업무에 15년 이상 또는 철도차량정비에 관한 업무에 8년 이상 근무한 경력이 있는 사람 4) 철도 관련 5급 이상의 공무원 경력 또는 이와 같은 수준 이상의 자격 및 경력이 있는 사람 5) 대학의 철도차량정비 관련 학과에서 전임강사 이상으로 재직한 경력이 있는 사람 6) 교수 경력이 3년 이상 있는 사람
교 수	1) 1등급 철도차량정비경력증 소지자로서 철도차량정비 업무에 근무한 경력이 있는 사람 2) 2등급 철도차량정비경력증 소지자로서 철도교통에 관한 업무에 5년 이상 또는 철도차량정비에 관한 업무에 3년 이상 근무한 경력이 있는 사람 3) 3등급 철도차량정비경력증 소지자로서 철도차량 정비업무수행자에 대한 지도교육 경력이 2년 이상 있는 사람 4) 4등급 철도차량정비경력증 소지자로서 철도차량 정비업무수행자에 대한 지도교육 경력이 3년 이상 있는 사람 5) 철도차량 정비와 관련된 교육기관에서 강의 경력이 1년 이상 있는 사람

비 고

1. "철도교통에 관한 업무"란 철도안전 · 기계 · 신호 · 전기에 관한 업무를 말한다.
2. 책임교수의 경우 철도차량정비에 관한 업무를 3년 이상, 선임교수의 경우 철도차량정비에 관한 업무를 2년 이상 수행한 경력이 있어야 한다.
3. "철도차량정비에 관한 업무"란 철도차량 정비업무의 수행, 철도차량 정비계획의 수립 · 관리, 철도차량 정비에 관한 안전관리 · 지도교육 및 관리 · 감독 업무를 말한다.
4. "철도차량정비 관련 학과"란 철도차량 유지보수와 관련된 학과 및 기계 · 전기 · 전자 · 통신 관련 학과를 말한다.
5. "철도관련 공무원 경력"이란 「국가공무원법」 제2조에 따른 공무원 신분으로 철도관련 업무를 수행한 경력을 말한다.

나. 보유기준

1) 1회 교육생 30명을 기준으로 상시적으로 철도차량정비에 관한 교육을 전담하는 책임교수와 선임교수 및 교수를 각각 1명 이상 확보해야 하며, 교육인원이 15명 추가될 때마다 교수 1명 이상을 추가로 확보해야 한다. 이 경우 선임교수, 교수 및 추가로 확보해야 하는 교수는 비전임으로 할 수 있다.

2) 1회 교육생이 30명 미만인 경우 책임교수 또는 선임교수 1명 이상을 확보해야 한다.

2. 시설기준

가. 이론교육장 : 기준인원 30명 기준으로 면적 60제곱미터 이상의 강의실을 갖추어야 하며, 기준인원 초과 시 1명마다 2제곱미터씩 면적을 추가로 확보해야 한다. 다만, 1회 교육생이 30명 미만인 경우 교육생 1명마다 2제곱미터 이상의 면적을 확보해야 한다.

나. 실기교육장 : 교육생 1명마다 3제곱미터 이상의 면적을 확보해야 한다. 다만, 교육훈련기관 외의 장소에서 철도차량 등을 직접 활용하여 실습하는 경우에는 제외한다.

다. 그 밖에 교육훈련에 필요한 사무실 · 편의시설 및 설비를 갖추어야 한다.

3. 장비기준

가. 컴퓨터지원교육시스템

장 비 명	성능기준	보유기준
컴퓨터지원교육시스템	철도차량정비 관련 프로그램	1명당 컴퓨터 1대

비 고
컴퓨터지원교육시스템이란 컴퓨터의 멀티미디어 기능을 활용하여 정비교육훈련을 시행할 수 있도록 지원하는 컴퓨터시스템 일체를 말한다.

4. 정비교육훈련에 필요한 교재를 갖추어야 한다.

5. 다음 각 목의 사항을 포함한 업무규정을 갖추어야 한다.

가. 정비교육훈련기관의 조직 및 인원

나. 교육생 선발에 관한 사항

다. 1년간 교육훈련계획 : 교육과정 편성, 교수 인력의 지정 교과목 및 내용 등

라. 교육기관 운영계획

마. 교육생 평가에 관한 사항

바. 실습설비 및 장비 운용방안

사. 각종 증명의 발급 및 대장의 관리

아. 교수 인력의 교육훈련

자. 기술도서 및 자료의 관리 · 유지

차. 수수료 징수에 관한 사항

카. 그 밖에 국토교통부장관이 정비교육훈련에 필요하다고 인정하는 사항

▶시행규칙 제42조의5(정비교육훈련기관의 지정의 신청 등)

① 영 제21조의4 제2항에 따라 정비교육훈련기관으로 지정을 받으려는 자는 정비교육훈련기관 지정신청서에 다음 각호의 서류를 첨부하여 국토교통부장관에게 제출해야 한다. 이 경우 국토교통부장관은 「전자정부법」 제36조 제1항에 따른 행정정보의 공동이용을 통하여 법인 등기사항증명서(신청인이 법인이 경우에만 해당한다)를 확인해야 한다.

1. 정비교육훈련계획서(정비교육훈련평가계획을 포함한다)
2. 정비교육훈련기관 운영규정
3. 정관이나 이에 준하는 약정(법인 및 단체에 한정한다)
4. 정비교육훈련을 담당하는 강사의 자격 · 학력 · 경력 등을 증명할 수 있는 서류 및 담당업무
5. 정비교육훈련에 필요한 강의실 등 시설 내역서

6. 정비교육훈련에 필요한 실습 시행 방법 및 절차
7. 정비교육훈련기관에서 사용하는 직인의 인영(印影 : 도장 찍은 모양)

② 국토교통부장관은 영 제21조의4 제4항에 따라 정비교육훈련기관으로 지정한 때에는 정비교육훈련기관 지정서를 신청인에게 발급해야 한다.

▶시행규칙 제42조의6(정비교육훈련기관의 지정취소 등)

① 법 제24조의4 제5항에서 준용하는 법 제15조의2에 따른 정비교육 훈련기관의 지정취소 및 업무정지의 기준은 별표 13의6과 같다.

② 국토교통부장관은 정비교육훈련기관의 지정을 취소하거나 업무정지의 처분을 한 경우에는 지체 없이 그 정비교육훈련기관에 지정기관 행정처분서를 통지하고 그 사실을 관보에 고시해야 한다.

▶시행규칙 [별표 13의6] 정비교육 훈련기관의 지정취소 및 업무정지의 기준

1. 일반기준

교육훈련기관이나 적성검사기관의 일반기준과 동일함

2. 개별기준

위반사항	해당 법조문	처분기준			
		1차 위반	2차 위반	3차 위반	4차 위반
1. 거짓이나 그 밖의 부정한 방법으로 지정을 받은 경우	법 제15조의2 제1항 제1호	지정취소	–	–	–
2. 업무정지 명령을 위반하여 그 정지기간 중 정비교육훈련업무를 한 경우	법 제15조의2 제1항 제2호	지정취소	–	–	–
3. 법 제24조의4 제3항에 따른 지정기준에 맞지 않은 경우	법 제15조의2 제1항 제3호	경고 또는 보완명령	업무정지 1개월	업무정지 3개월	지정취소
4. 법 제24조의4 제4항을 위반하여 정당한 사유 없이 정비교육훈련업무를 거부한 경우	법 제15조의2 제1항 제4호	경 고	업무정지 1개월	업무정지 3개월	지정취소
5. 법 제24조의4 제4항을 위반하여 거짓이나 그 밖의 부정한 방법으로 정비교육훈련 수료증을 발급한 경우	법 제15조의2 제1항 제5호	업무정지 1개월	업무정지 3개월	지정취소	–

※ 철도차량정비기술자의 교육훈련과 교육훈련기관의 지정기준, 정비기술자의 자격취소 및 정지, 교육훈련기관의 지정취소 등에 대한 내용을 언급하고 있는 곳이다. 교육훈련기관의 지정취소 등은 앞에서 언급된 운전 및 관제교육훈련기관, 적성검사기관과 내용이 동일하니 반복 학습차원에서 접근하면 될 듯싶다.

예 제

01 철도차량정비기술자의 인정을 취소하여야 하는 경우가 아닌 것은?

① 거짓이나 그 밖의 부정한 방법으로 철도차량정비기술자로 인정받은 경우

② 자격기준에 해당하지 아니하게 된 경우

③ 다른 사람에게 철도차량정비경력증을 빌려준 경우

④ 철도차량정비 업무수행 중 고의로 철도사고의 원인을 제공한 경우

해설 다른 사람에게 철도차량정비경력증을 빌려준 경우 1년의 범위에서 철도차량정비기술자의 인정을 정지시킬 수 있다.

정답 ③

출제경향

출제비중은 높지 않은 편이지만 간간히 출제가 되고 있다.

제4장 철도시설 및 철도차량의 안전관리

01 철도차량의 안전관리

01 설계단계		02 제작단계		03 양산단계		04 사후관리
철도차량 형식승인 • 설계적합성 검사 • 합치성 검사 • 차량형식 시험	→	제작자 승인 • 품질관리체계의 적합성 검사 • 제작검사	→	완성검사(철도차량) • 완성차량검사(안전품목 검사, 완성차량 검사) • 주행시험(예비주행 및 시운전시험)	→	안전 및 품질확인, 점검 제재수단 강화

〈철도차량의 안전관리 단계〉

1 철도차량 형식승인

누구든지 형식승인을 받지 아니한 철도차량을 운행할 수 없으며 승인절차, 승인방법, 신고절차, 검사절차, 검사방법 및 면제절차 등에 관하여 필요한 사항이 법으로 명확히 규정되어 있기 때문에 철도차량 형식승인은 철도차량의 안전관리의 첫걸음으로 볼 수 있다.

(1) 철도차량 형식승인검사의 종류

① **설계적합성 검사** : 철도차량의 설계가 철도차량기술기준에 적합한지 여부에 대한 검사
② **합치성 검사** : 철도차량이 부품단계, 구성품단계, 완성차단계에서 설계적합성 검사에 따른 설계와 합치하게 제작되었는지 여부에 대한 검사
③ **차량형식 시험** : 철도차량이 부품단계, 구성품단계, 완성차단계, 시운전단계에서 철도차량기술기준에 적합한지 여부에 대한 시험

(2) 형식승인검사의 전부 또는 일부를 면제할 수 있는 경우

① 시험 · 연구 · 개발 목적으로 제작 또는 수입되는 철도차량
② 수출 목적으로 제작 또는 수입되는 철도차량
③ 대한민국이 체결한 협정 또는 대한민국이 가입한 협약에 따라 형식승인검사가 면제되는 철도차량의 경우
④ 그 밖에 철도시설의 유지 · 보수 또는 철도차량의 사고복구 등 특수한 목적을 위하여 제작 또는 수입되는 철도차량

2 철도차량 제작자승인

철도차량 형식승인을 받으면 철도차량을 제작하기 전 철도차량 품질관리체계를 갖추고 있는지에 대하여 국토교통부장관의 제작자승인을 받아야 하며 승인받은 것을 변경하려는 경우에는 변경승인을 받아야 한다. 국토교통부장관은 해당 철도차량 품질관리체계가 철도차량의 제작관리 및 품질유지에 필요한 기술기준에 적합한지에 대하여 제작자승인검사를 하여야 한다. 다만, 대한민국이 체결한 협정 또는 대한민국이 가입한 협약에 따라 제작자승인이 면제되는 경우 등에는 제작자승인 대상에서 제외하거나 제작자승인 검사의 전부 또는 일부를 면제할 수 있다.

철도차량 제작자승인은 승계할 수 있는데 제작자승인을 받은 자가 그 사업을 양도하거나 사망한 때 또는 법인의 합병이 있는 때는 양수인, 상속인 또는 합병 후 존속하는 법인이나 합병에 의하여 설립되는 법인은 제작자승인을 받은 자의 지위를 승계한다. 또한, 지위를 승계하는 자는 승계일부터 1개월 이내에 그 승계사실을 국토교통부장관에게 신고하여야 한다.

(1) 철도차량 제작자승인검사의 종류

① **품질관리체계의 적합성검사** : 해당 철도차량의 품질관리체계가 철도차량제작자승인기준에 적합한지 여부에 대한 검사

② **제작검사** : 해당 철도차량에 대한 품질관리체계의 적용 및 유지 여부 등을 확인하는 검사

3 철도차량 완성검사

철도차량 형식승인과 제작자승인을 모두 받은 자는 제작한 철도차량을 판매하기 전에 국토교통부장관이 시행하는 완성검사를 받아야 한다. 국토교통부장관은 철도차량이 완성검사에 합격한 경우에는 철도차량제작자에게 완성검사증명서를 발급하여야 한다. 철도차량 완성검사의 절차 및 방법 등에 관하여 필요한 사항은 국토교통부령으로 정한다.

(1) 철도차량 완성검사의 종류

① **완성차량검사** : 안전과 직결된 주요 부품의 안전성 확보 등 철도차량이 철도차량기술기준에 적합하고 형식승인받은 설계대로 제작되었는지를 확인하는 검사

② **주행시험** : 철도차량이 형식승인받은 대로 성능과 안전성을 확보하였는지 운행선로 시험운전 등을 통하여 최종적으로 확인하는 검사

4 사후관리

철도차량 형식승인, 제작자승인, 완성검사를 통과했다고 해서 철도차량의 안전관리가 모두 이루어지는 것은 아니다. 철도차량 설계부터 제작 및 판매 후에도 사후관리가 철저히 이루어져야만 비로소 철도차량 안전관리가 확보될 수 있다고 말할 수 있다.

(1) 형식승인의 사후관리

① 국토교통부 소속 공무원은 형식승인을 받은 철도차량의 안전 및 품질의 확인 · 점검을 위하여 철도차량 기술기준에 적합한지에 대한 조사나 형식승인을 받은 자의 관계 장부 또는 서류의 열람 · 제출, 철도차량에 대한 수거 · 검사 등의 조치를 할 수 있다. 철도차량의 소유자 · 점유자 · 관리인 등은 정당한 사유 없이 소속 공무원의 조사 · 열람 · 수거 등을 거부 · 방해 · 기피하여서는 아니 되며 소속 공무원은 그 권한을 표시하는 증표를 지니고 이를 관계인에게 내보여야 한다.

② 철도차량 완성검사를 받은 자가 철도차량을 판매하는 경우 철도차량정비에 필요한 부품을 공급해야 하며 철도차량을 구매한 자에게 철도차량정비에 필요한 기술지도 · 교육과 정비매뉴얼 등 정비 관련 자료를 제공할 의무를 갖는다.

③ 철도차량 판매자는 그 철도차량의 완성검사를 받은 날부터 20년 이상 아래의 3가지 종류의 부품을 철도차량 구매자에게 공급해야 하며 철도차량 구매자에게 제공하는 부품의 형식 및 규격은 철도차량 판매자가 판매한 철도차량과 일치해야 한다. 또한, 부품과 관련된 유지보수 기술문서, 설명서, 고장수리 절차서 등의 자료를 제공해야 한다.

㉠ 국토교통부장관이 형식승인 대상으로 고시하는 철도용품

㉡ 철도차량의 동력전달장치(엔진, 변속기, 감속기, 견인전동기 등), 주행 · 제동장치 또는 제어장치 등이 고장난 경우 해당 철도차량 자력으로 계속 운행이 불가능하여 다른 철도차량의 견인을 받아야 운행할 수 있는 부품

㉢ 그 밖에 철도차량 판매자와 철도차량 구매자의 계약에 따라 공급하기로 약정한 부품

④ 마지막으로 철도차량 판매자는 철도차량 구매자에게 시디(CD), 디브이디(DVD) 등 영상녹화물의 제공을 통한 시청각 교육 또는 서면 교육 등의 방법으로 기술지도 또는 교육을 시행해야 하며 필요시 집합교육 또는 현장교육을 실시해야 한다. 이렇게 철도차량은 제작 전 설계부터 판매, 그리고 사후관리까지 철저히 이루어질 수 있도록 이 법에서 규정하고 있다.

(2) 철도차량의 운행제한

국토교통부장관은 소유자등이 개조승인을 받지 아니하고 임의로 철도차량을 개조하여 운행하거나 철도차량의 기술기준에 적합하지 아니한 경우 소유자등에게 철도차량의 운행제한을 명할 수 있다.

(3) 철도차량의 이력관리

소유자등은 보유 또는 운영하고 있는 철도차량과 관련한 제작, 운용, 철도차량정비 및 폐차 등 이력을 국토교통부장관에게 정기적으로 보고해야 하며 국토교통부장관은 보고된 철도차량과 관련한 제작, 운용, 철도차량정비 및 폐차 등 이력을 체계적으로 관리하여야 한다.

(4) 철도차량정비

철도운영자등은 운행하려는 철도차량의 부품, 장치 및 차량성능 등이 안전한 상태로 유지될 수 있도록 철도차량정비가 된 철도차량을 운행하여야 한다. 국토교통부장관은 철도차량이 다음의 어느 하나에 해당하면 철도운영자등에게 해당 철도차량에 대하여 국토교통부령으로 정하는 바에 따라 철도차량정비 또는 원상복구를 명할 수 있다.

① 철도차량기술기준에 적합하지 아니하거나 안전운행에 지장이 있다고 인정되는 경우
② 소유자등이 개조승인을 받지 아니하고 철도차량을 개조한 경우
③ 국토교통부령으로 정하는 철도사고 또는 운행장애 등이 발생한 경우
다만, ② 또는 ③에 해당하는 경우에는 국토교통부장관은 철도운영자등에게 철도차량정비 또는 원상복구를 명하여야 한다.

(5) 정밀안전진단

소유자등은 국토교통부장관이 지정한 정밀안전진단기관에서 정밀안전진단을 받아야 한다. 만약 소유자등이 정밀안전진단을 받지 아니하거나 정밀안전진단 결과 계속 사용이 적합하지 아니하다고 인정되는 경우에는 해당 철도차량을 운행해서는 안 된다. 기대수명 도래 이전 노후 철도차량의 남은 수명을 평가하고, 5년 주기로 재평가를 실시한다. 정밀안전진단 방법은 아래와 같다.
① **상태 평가** : 철도차량의 치수 및 외관검사
② **안전성 평가** : 결함검사, 전기특성검사 및 전선열화검사
③ **성능 평가** : 역행시험, 제동시험, 진동시험 및 승차감시험

02 철도용품의 안전관리

철도용품의 관리는 다음과 같이 이루어지고 있다. 기본적으로 철도차량 형식승인과 비슷하지만 철도용품에는 완성검사가 존재하지 않는다. 국토교통부장관이 고시하는 철도용품을 제작하거나 수입하려는 자는 해당 철도용품의 설계에 대하여 국토교통부장관으로부터 형식승인을 받아야 한다.

01 설계단계		02 제작단계		03 사후관리
철도용품 형식 승인 • 설계적합성 검사 • 합치성 검사	→	제작자 승인 • 품질관리체계의 적합성 검사 • 제작검사	→	안전 및 품질확인, 점검 제재수단 강화

〈철도용품의 안전관리 단계〉

1 철도용품 형식승인

철도용품 형식승인이란 철도용품의 설계가 기술기준에 적합한지를 검증하기 위해 수행되는 설계적합성 검사, 합치성 검사, 용품형식시험을 의미한다. 승인받은 것을 변경하려는 경우에는 변경승인을 받아야 하지만 경미한사항의 경우에는 신고하게 되어있다. 국토교통부장관은 철도용품의 기술기준에 적합한지에 대하여 형식승인검사를 하여야 하며 형식승인검사의 전부 또는 일부를 면제할 수 있는 경우도 있다.
누구든지 형식승인을 받지 아니한 철도용품을 철도시설 또는 철도차량 등에 사용하여서는 안 된다. 승인절

차, 승인방법, 신고절차, 검사절차, 검사방법 및 면제절차 등에 관하여 필요한 사항이 법으로 명확히 규정되어 있기 때문에 철도용품 역시 앞서 학습한 철도차량의 형식승인처럼 체계적으로 관리된다.

(1) 철도용품 형식승인검사의 종류

① **설계적합성 검사** : 철도용품의 설계가 철도용품기술기준에 적합한지 여부에 대한 검사

② **합치성 검사** : 철도용품이 부품단계, 구성품단계, 완성차단계에서 설계적합성 검사의 설계와 합치하게 제작되었는지 여부에 대한 검사

③ **용품형식 시험** : 철도용품이 부품단계, 구성품단계, 완성차단계, 시운전단계에서 철도용품기술기준에 적합한지 여부에 대한 시험

(2) 형식승인검사의 전부 또는 일부를 면제할 수 있는 경우

① 시험 · 연구 · 개발 목적으로 제작 또는 수입되는 철도용품

② 수출 목적으로 제작 또는 수입되는 철도용품

③ 대한민국이 체결한 협정 또는 대한민국이 가입한 협약에 따라 형식승인검사가 면제되는 철도용품의 경우

④ 그 밖에 철도시설의 유지 · 보수 또는 철도차량의 사고복구 등 특수한 목적을 위하여 제작 또는 수입되는 철도용품

2 철도용품 제작자승인

철도용품 형식승인을 받으면 철도용품을 제작하기 전 철도용품 품질관리체계를 갖추고 있는지에 대하여 국토교통부장관의 제작자승인을 받아야 하며 승인받은 것을 변경하려는 경우에는 변경승인을 받아야 한다. 국토교통부장관은 해당 철도용품 품질관리체계가 철도용품의 제작관리 및 품질유지에 필요한 기술기준에 적합한지에 대하여 제작자승인검사를 하여야 한다. 다만, 대한민국이 체결한 협정 또는 대한민국이 가입한 협약에 따라 제작자승인이 면제되는 경우 등에는 제작자승인 대상에서 제외하거나 제작자승인검사의 전부 또는 일부를 면제할 수 있다.

철도용품 제작자승인은 승계할 수 있는데 제작자승인을 받은 자가 그 사업을 양도하거나 사망한 때 또는 법인의 합병이 있는 때는 양수인, 상속인 또는 합병 후 존속하는 법인이나 합병에 의하여 설립되는 법인은 제작자승인을 받은 자의 지위를 승계한다. 또한, 지위를 승계하는 자는 승계일 부터 1개월 이내에 그 승계사실을 국토교통부장관에게 신고하여야 한다.

(1) 철도용품 제작자승인검사의 종류

① **품질관리체계의 적합성검사** : 해당 철도용품의 품질관리체계가 철도용품제작자승인기준에 적합한지 여부에 대한 검사

② **제작검사** : 해당 철도용품에 대한 품질관리체계의 적용 및 유지 여부 등을 확인하는 검사

3 사후관리

(1) 형식승인의 사후관리

철도용품 형식승인, 제작자승인을 통과했다고 해서 철도용품의 안전관리가 모두 이루어지는 것은 아니다. 철도용품 설계부터 제작 및 판매 후에도 사후관리가 철저히 이루어져야만 비로소 철도용품 안전관리가 확보될 수 있다고 말할 수 있다. 이러한 사후관리를 위하여 국토교통부 소속 공무원은 형식승인을 받은 철도용품 안전 및 품질의 확인 · 점검을 위하여 조사 · 열람 · 수거 등의 조치를 할 수 있다. 또한, 철도용품 형식승인 및 제작자승인을 받은 자와 철도용품의 소유자 · 점유자 · 관리인 등은 정당한 사유 없이 조사 · 열람 · 수거 등을 거부 · 방해 · 기피하여서는 안 된다.

(2) 검사 업무의 위탁

철도차량과 철도용품의 형식승인관련 검사는 국토교통부장관이 한국철도기술연구원 및 한국교통안전공단에 위탁한다. 그러나 철도차량 완성검사 중 완성차량검사는 국토교통부장관이 지정하여 고시하는 철도안전에 관한 전문기관 또는 단체에 위탁하도록 규정되어 있다.

① 철도차량 형식승인검사
② 철도차량 제작자승인검사
③ 철도차량 완성검사(완성차량검사 업무는 제외)
④ 철도용품 형식승인검사
⑤ 철도용품 제작자승인검사

03 종합시험운행

종합시험운행이란 철도노선을 새로 건설하거나 기존노선을 개량하여 운영하고자 할 때 철도시설의 설치상태 및 열차운행체계의 점검과 철도종사자의 업무숙달 등을 위하여 영업개시 전에 시행하는 것을 말하며 시설물검증시험과 영업시운전으로 구성된다.

1 종합시험운행

철도운영자등은 종합시험운행을 실시한 후 그 결과를 국토교통부장관에게 보고하여야 한다. 국토교통부장관은 기술기준에의 적합 여부, 철도시설 및 열차운행체계의 안전성 여부, 정상운행 준비의 적절성 여부 등을 검토하여 필요하다고 인정하는 경우에는 개선 · 시정할 것을 명할 수 있다. 종합시험운행은 해당 철도노선의 영업을 개시하기 전에 철도운영자와 철도시설관리자가 합동으로 실시 및 안전관리책임자를 지정하도록 법에서 규정하고 있다.

(1) 종합시험운행계획에 포함될 사항

① 종합시험운행의 방법 및 절차
② 평가항목 및 평가기준 등
③ 종합시험운행의 일정
④ 종합시험운행의 실시 조직 및 소요인원
⑤ 종합시험운행에 사용되는 시험기기 및 장비
⑥ 종합시험운행을 실시하는 사람에 대한 교육훈련계획
⑦ 안전관리조직 및 안전관리계획
⑧ 비상대응계획
⑨ 그 밖에 종합시험운행의 효율적인 실시와 안전 확보를 위하여 필요한 사항

(2) 종합시험운행 절차

① **시설물검증시험** : 해당 철도노선에서 허용되는 최고속도까지 단계적으로 철도차량의 속도를 증가시키면서 철도시설의 안전상태, 철도차량의 운행적합성이나 철도시설물과의 연계성(Interface), 철도시설물의 정상 작동 여부 등을 확인 · 점검하는 시험
② **영업시운전** : 시설물검증시험이 끝난 후 영업 개시에 대비하기 위하여 열차운행계획에 따른 실제 영업상태를 가정하고 열차운행체계 및 철도종사자의 업무숙달 등을 점검하는 시험

제5장 철도차량 운행안전 및 철도보호

01 철도차량 운행안전

법 제39조(철도차량의 운행)

열차의 편성, 철도차량 운전 및 신호방식 등 철도차량의 안전운행에 필요한 사항은 국토교통부령으로 정한다.

법 제39조의2(철도교통관제)

① 철도차량을 운행하는 자는 국토교통부장관이 지시하는 이동 · 출발 · 정지 등의 명령과 운행 기준 · 방법 · 절차 및 순서 등에 따라야 한다.

➲ 지시를 따르지 아니한 사람 : 1년 이하의 징역 또는 1천만원 이하의 벌금

② 국토교통부장관은 철도차량의 안전하고 효율적인 운행을 위하여 철도시설의 운용상태 등 철도차량의 운행과 관련된 조언과 정보를 철도종사자 또는 철도운영자등에게 제공할 수 있다.

③ 국토교통부장관은 철도차량의 안전한 운행을 위하여 철도시설 내에서 사람, 자동차 및 철도차량의 운행제한 등 필요한 안전조치를 취할 수 있다.

➲ 안전조치를 따르지 않는 경우 : 1회 300만원, 2회 600만원, 3회 900만원 과태료

④ 제1항부터 제3항까지의 규정에 따라 국토교통부장관이 행하는 업무의 대상, 내용 및 절차 등에 관하여 필요한 사항은 국토교통부령으로 정한다.

▶시행규칙 제76조(철도교통관제업무의 대상 및 내용 등)

① 다음 각호의 어느 하나에 해당하는 경우에는 법 제39조의2에 따라 국토교통부장관이 행하는 철도교통관제업무(이하 "관제업무"라 한다)의 대상에서 제외한다.

1. 정상운행을 하기 전의 신설선 또는 개량선에서 철도차량을 운행하는 경우
2. 「철도산업발전 기본법」 제3조 제2호 나목에 따른 철도차량을 보수 · 정비하기 위한 차량정비기지 및 차량유치시설에서 철도차량을 운행하는 경우

② 법 제39조의2 제4항에 따라 국토교통부장관이 행하는 관제업무의 내용은 다음 각호와 같다.

1. 철도차량의 운행에 대한 집중 제어 · 통제 및 감시
2. 철도시설의 운용상태 등 철도차량의 운행과 관련된 조언과 정보의 제공 업무
3. 철도보호지구에서 법 제45조 제1항 각호의 어느 하나에 해당하는 행위를 할 경우 열차운행 통제 업무
4. 철도사고등의 발생 시 사고복구, 긴급구조 · 구호 지시 및 관계기관에 대한 상황 보고 · 전파 업무
5. 그 밖에 국토교통부장관이 철도차량의 안전운행 등을 위하여 지시한 사항

③ 철도운영자등은 철도사고등이 발생하거나 철도시설 또는 철도차량 등이 정상적인 상태에 있지 아니하다고 의심되는 경우에는 이를 신속히 국토교통부장관에 통보하여야 한다.

④ 관제업무에 관한 세부적인 기준 · 절차 및 방법은 국토교통부장관이 정하여 고시한다.

※ 법 제39조에서 규정하고 있는 철도차량의 운행에 대하여는 철도차량운전규칙을 별도로 제정하여 시행하고 있다. 철도교통관제자격증명의 취득을 위하여 학습하다 보면 접하게 되는 철도차량운전규칙의 근거 규정이라고 할 수 있다. 철도교통관제는 자격증명 취득에서 상당한 비중을 차지하고 있고, 관제사가 어떠한 업무를 수행해야 하는지, 그리고 어떻게 업무를 수행하는지를 규정하고 있는 아주 중요한 곳이다.

예 제

01 국토교통부장관이 행하는 관제업무의 내용으로 틀린 것은?

① 철도차량의 운행에 대한 집중 제어 · 통제 및 감시

② 철도시설의 운용상태 등 철도차량의 운행과 관련된 조언과 정보의 제공 업무

③ 철도보호지구에서 법 제45조 제1항 각호의 어느 하나에 해당하는 행위를 할 경우 열차운행 통제 업무

④ 철도사고등의 발생 시 사고복구, 긴급구조 · 구호 및 관계기관에 대한 상황 보고 · 전파 업무

해설 관제업무 내용에는 철도사고등의 발생 시 사고복구, 긴급구조 · 구호 지시 및 관계기관에 대한 상황 보고 · 전파 업무를 담당하도록 하고 있다.

정답 ④

출제경향

출제비중이 대단히 높고 단어 하나하나 놓치지 않고 숙지하여야 한다.

법 제39조의3(영상기록장치의 설치 · 운영 등)

① 철도운영자등은 철도차량의 운행상황 기록, 교통사고 상황 파악, 안전사고 방지, 범죄 예방 등을 위하여 다음 각호의 철도차량 또는 철도시설에 영상기록장치를 설치 · 운영하여야 한다. 이 경우 영상기록장치의 설치 기준, 방법 등은 대통령령으로 정한다.

1. 철도차량 중 대통령령으로 정하는 동력차 및 객차
2. 승강장 등 대통령령으로 정하는 안전사고의 우려가 있는 역구내
3. 대통령령으로 정하는 차량정비기지
4. 변전소 등 대통령령으로 정하는 안전확보가 필요한 철도시설

➲ 영상기록장치를 설치 · 운영하지 않은 경우 : 1회 300만원, 2회 600만원, 3회 900만원 과태료

② 철도운영자등은 제1항에 따라 영상기록장치를 설치하는 경우 운전업무종사자, 여객 등이 쉽게 인식할 수 있도록 대통령령으로 정하는 바에 따라 안내판 설치 등 필요한 조치를 하여야 한다.

③ 철도운영자등은 설치 목적과 다른 목적으로 영상기록장치를 임의로 조작하거나 다른 곳을 비추어서는 아니 되며, 운행기간 외에는 영상기록(음성기록을 포함한다)을 하여서는 아니 된다.

➲ 설치 목적과 다른 목적으로 영상기록장치를 임의로 조작하거나 다른 곳을 비춘 자 또는 운행기간 외에 영상기록을 한 자 : 1년 이하의 징역 또는 1천만원 이하의 벌금

④ 철도운영자등은 다음 각호의 어느 하나에 해당하는 경우 외에는 영상기록을 이용하거나 다른 자에게 제공하여서는 아니 된다.

1. 교통사고 상황 파악을 위하여 필요한 경우
2. 범죄의 수사와 공소의 제기 및 유지에 필요한 경우
3. 법원의 재판업무수행을 위하여 필요한 경우

➲ 영상기록을 목적 외의 용도로 이용하거나 다른 자에게 제공한 자 : 1년 이하의 징역 또는 1천만원 이하의 벌금

⑤ 철도운영자등은 영상기록장치에 기록된 영상이 분실 · 도난 · 유출 · 변조 또는 훼손되지 아니하도록 대통령령으로 정하는 바에 따라 영상기록장치의 운영 · 관리 지침을 마련하여야 한다.

➲ 안전성 확보에 필요한 조치를 하지 아니하여 영상기록장치에 기록된 영상정보를 분실 · 도난 · 유출 · 변조 또는 훼손당한 자 : 1년 이하의 징역 또는 1천만원 이하의 벌금

⑥ 영상기록장치의 설치 · 관리 및 영상기록의 이용 · 제공 등은 「개인정보 보호법」에 따라야 한다.

⑦ 제4항에 따른 영상기록의 제공과 그 밖에 영상기록의 보관 기준 및 보관 기간 등에 필요한 사항은 국토교통부령으로 정한다.

▶시행령 제30조(영상기록장치 설치대상)

① 법 제39조의3 제1항 제1호에서 "대통령령으로 정하는 동력차 및 객차"란 다음 각호의 동력차 및 객차를 말한다.
1. 열차의 맨 앞에 위치한 동력차로서 운전실 또는 운전설비가 있는 동력차
2. 승객 설비를 갖추고 여객을 수송하는 객차

② 법 제39조의3 제1항 제2호에서 "승강장 등 대통령령으로 정하는 안전사고의 우려가 있는 역구내"란 승강장, 대합실 및 승강설비를 말한다.

③ 법 제39조의3 제1항 제3호에서 "대통령령으로 정하는 차량정비기지"란 다음 각호의 차량정비기지를 말한다.
1. 「철도사업법」 제4조의2 제1호에 따른 고속철도차량을 정비하는 차량정비기지
2. 철도차량을 중정비(철도차량을 완전히 분해하여 검수 · 교환하거나 탈선 · 화재 등으로 중대하게 훼손된 철도차량을 정비하는 것을 말한다)하는 차량정비기지
3. 대지면적이 3천제곱미터 이상인 차량정비기지

④ 법 제39조의3 제1항 제4호에서 "변전소 등 대통령령으로 정하는 안전확보가 필요한 철도시설"이란 다음 각호의 철도시설을 말한다.
1. 변전소(구분소를 포함한다), 무인기능실(전철전력설비, 정보통신설비, 신호 또는 열차 제어설비 운영과 관련된 경우만 해당한다)
2. 노선이 분기되는 구간에 설치된 분기기(선로전환기를 포함한다), 역과 역 사이에 설치된 건넘선
3. 「통합방위법」 제21조 제4항에 따라 국가중요시설로 지정된 교량 및 터널
4. 「철도의 건설 및 철도시설 유지관리에 관한 법률」 제2조 제2호에 따른 고속철도에 설치된 길이 1킬로미터 이상의 터널

▶시행령 제30조의2(영상기록장치의 설치 기준 및 방법)

법 제39조의3 제1항에 따른 영상기록장치의 설치 기준 및 방법은 별표 4의4와 같다.

▶시행령 [별표 4의4] 영상기록장치의 설치 기준 및 방법

1. 법 제39조의3 제1항 제1호에 따른 동력차에는 다음 각 목의 기준에 따라 영상기록장치를 설치해야 한다.

가. 다음의 상황을 촬영할 수 있는 영상기록장치를 각각 설치할 것
1) 선로변을 포함한 철도차량 전방의 운행 상황
2) 운전실의 운전조작 상황
나. 가목에도 불구하고 다음의 어느 하나에 해당하는 철도차량의 경우에는 같은 목 2)의 상황을 촬영할 수 있는 영상기록장치는 설치하지 않을 수 있다.
1) 운행정보의 기록장치 등을 통해 철도차량의 운전조작 상황을 파악할 수 있는 철도차량
2) 무인운전 철도차량
3) 전용철도의 철도차량
2. 법 제39조의3 제1항 제1호에 따른 객차에는 다음 각 목의 기준에 따라 영상기록장치를 설치해야 한다.
가. 영상기록장치의 해상도는 범죄 예방 및 범죄 상황 파악 등에 지장이 없는 정도일 것
나. 객차 내에 사각지대가 없도록 설치할 것
다. 여객 등이 영상기록장치를 쉽게 인식할 수 있는 위치에 설치할 것
3. 법 제39조의3 제1항 제2호부터 제4호까지의 규정에 따른 시설에는 다음 각 목의 기준에 따라 영상기록장치를 설치해야 한다.
가. 다음의 상황을 촬영할 수 있는 영상기록장치를 모두 설치할 것
1) 여객의 대기 · 승하차 및 이동 상황
2) 철도차량의 진출입 및 운행 상황
3) 철도시설의 운영 및 현장 상황
나. 철도차량 또는 철도시설이 충격을 받거나 화재가 발생한 경우 등 정상적이지 않은 환경에서도 영상기록장치가 최대한 보호될 수 있을 것

▶시행령 제31조(영상기록장치 설치 안내)

철도운영자등은 법 제39조의3 제2항에 따라 운전업무종사자 및 여객 등 「개인정보 보호법」 제2조 제3호에 따른 정보주체가 쉽게 인식할 수 있는 운전실 및 객차 출입문 등에 다음 각호의 사항이 표시된 안내판을 설치해야 한다.

1. 영상기록장치의 설치 목적
2. 영상기록장치의 설치 위치, 촬영 범위 및 촬영 시간
3. 영상기록장치 관리 책임 부서, 관리책임자의 성명 및 연락처
4. 그 밖에 철도운영자등이 필요하다고 인정하는 사항

▶시행령 제32조(영상기록장치의 운영 · 관리 지침)

철도운영자등은 법 제39조의3 제5항에 따라 영상기록장치에 기록된 영상이 분실 · 도난 · 유출 · 변조 또는 훼손되지 않도록 다음 각호의 사항이 포함된 영상기록장치 운영 · 관리 지침을 마련해야 한다.

1. 영상기록장치의 설치 근거 및 설치 목적
2. 영상기록장치의 설치 대수, 설치 위치 및 촬영 범위
3. 관리책임자, 담당 부서 및 영상기록에 대한 접근 권한이 있는 사람
4. 영상기록의 촬영 시간, 보관기간, 보관장소 및 처리방법
5. 철도운영자등의 영상기록 확인 방법 및 장소
6. 정보주체의 영상기록 열람 등 요구에 대한 조치

7. 영상기록에 대한 접근 통제 및 접근 권한의 제한 조치
8. 영상기록을 안전하게 저장 · 전송할 수 있는 암호화 기술의 적용 또는 이에 상응하는 조치
9. 영상기록 침해사고 발생에 대응하기 위한 접속기록의 보관 및 위조 · 변조 방지를 위한 조치
10. 영상기록에 대한 보안프로그램의 설치 및 갱신
11. 영상기록의 안전한 보관을 위한 보관시설의 마련 또는 잠금장치의 설치 등 물리적 조치
12. 그 밖에 영상기록장치의 설치 · 운영 및 관리에 필요한 사항

▶시행규칙 제76조의3(영상기록의 보관기준 및 보관기간)

① 철도운영자등은 영상기록장치에 기록된 영상기록을 영 제32조에 따른 영상기록장치 운영 · 관리 지침에서 정하는 보관기간 동안 보관하여야 한다. 이 경우 보관기간은 3일 이상의 기간이어야 한다.

② 철도운영자등은 보관기간이 지난 영상기록을 삭제하여야 한다. 다만, 보관기간 내에 법 제39조의3 제4항 각호의 어느 하나에 해당하여 영상기록에 대한 제공을 요청받은 경우에는 해당 영상기록을 제공하기 전까지는 영상기록을 삭제해서는 아니 된다.

예 제

01 영상기록장치 설치 · 운영과 관련된 내용으로 틀린 것은?

① 철도운영자등은 철도차량의 운행상황 기록, 교통사고 상황 파악, 안전사고 방지, 범죄 예방 등을 위하여 모든 철도차량 또는 철도시설에 영상기록장치를 설치 · 운영하여야 한다.

② "승강장 등 대통령령으로 정하는 안전사고의 우려가 있는 역구내"란 승강장, 대합실 및 승강설비를 말한다.

③ 운행정보의 기록장치 등을 통해 철도차량의 운전조작 상황을 파악할 수 있는 철도차량은 운전실의 운전조작상황을 확인하기 위한 영상기록장치를 설치하지 않을 수 있다.

④ 대지면적이 3천제곱미터 이상인 차량정비기지는 대통령령으로 정하는 차량정비기지이므로 영상기록장치를 설치하여야 한다.

해설 모든 철도차량은 아니며, 철도차량 중 대통령령으로 정하는 동력차와 객차만 해당한다.

정답 ①

출제경향

출제비중이 대단히 높고 단어 하나하나 놓치지 않고 숙지하여야 한다.

법 제40조(열차운행의 일시 중지)

① 철도운영자는 다음 각호의 어느 하나에 해당하는 경우로서 열차의 안전운행에 지장이 있다고 인정하는 경우에는 열차운행을 일시 중지할 수 있다.

1. 지진, 태풍, 폭우, 폭설 등 천재지변 또는 악천후로 인하여 재해가 발생하였거나 재해가 발생할 것으로 예상되는 경우
2. 그 밖에 열차운행에 중대한 장애가 발생하였거나 발생할 것으로 예상되는 경우

② 철도종사자는 철도사고 및 운행장애의 징후가 발견되거나 발생 위험이 높다고 판단되는 경우에는 관제업무종사자에게 열차운행을 일시 중지할 것을 요청할 수 있다. 이 경우 요청을 받은 관제업무종사자는 특별한 사유가 없으면 즉시 열차운행을 중지하여야 한다.

➲ 제40조 제2항 후단을 위반하여 특별한 사유 없이 열차운행을 중지하지 아니한 자 : 2년 이하의 징역 또는 2천만원 이하의 벌금

③ 철도종사자는 제2항에 따른 열차운행의 중지 요청과 관련하여 고의 또는 중대한 과실이 없는 경우에는 민사상 책임을 지지 아니한다.

④ 누구든지 제2항에 따라 열차운행의 중지를 요청한 철도종사자에게 이를 이유로 불이익한 조치를 하여서는 아니 된다.

➲ 철도종사자에게 불이익한 조치를 한 자 : 2년 이하의 징역 또는 2천만원 이하의 벌금

※ 열차의 운행중지는 일반적으로 철도운영자가 시키도록 하고 있고, 예외적으로 관제업무종사자에게 보고하여 운행을 중지할 수 있도록 하고 있다. 열차의 운행을 중지한다는 것은 국민들에게는 엄청난 불편을 초래하는 것으로 재난 재해가 발생하였다고 하더라고 열차를 이용 중인 승객에게는 많은 비난을 받을 수 있고, 실제 운행중지를 시행하는 당사자들은 이것이 엄청난 부담이므로 신중하게 결정하여야 한다. 이 규정에서는 열차운행 중지로 인한 당사자들의 부담을 경감하기 위한 조항들이 포함되어 있다.

예 제

01 열차운행의 일시 중지와 관련된 내용으로 틀린 것은?

① 열차운행의 일시 중지는 철도운영자등이 열차의 안전운행에 지장이 있다고 인정하는 경우에 할 수 있다.
② 지진, 태풍, 폭우, 폭설 등 천재지변 또는 악천후로 인하여 재해가 발생하였을 경우 가능하다.
③ 지진, 태풍, 폭우, 폭설 등 천재지변 또는 악천후로 인하여 재해가 발생할 것으로 예상되는 경우도 가능하다.
④ 철도사고 발생 위험이 높다는 철도종사자의 요청이 있는 경우 관제업무종사자는 특별한 사유가 없으면 즉시 열차운행을 중지하여야 한다.

해설 열차운행의 일시 중지는 철도운영자와 관제업무종사자가 시킬 수 있다. 철도시설관리자는 포함되지 않는다.

정답 ①

출제경향

출제비중이 높지 않으나 철도인이라면 기본적으로 숙지하여야 할 내용이다.

법 제40조의2(철도종사자의 준수사항)

➡ 법 제40조의2에 따른 준수사항을 위반한 경우 : 1회 150만원, 2회 300만원, 3회 450만원 과태료

① 운전업무종사자는 철도차량의 운전업무수행 중 다음 각호의 사항을 준수하여야 한다.

1. 철도차량 출발 전 국토교통부령으로 정하는 조치사항을 이행할 것
2. 국토교통부령으로 정하는 철도차량 운행에 관한 안전 수칙을 준수할 것

② 관제업무종사자는 관제업무수행 중 다음 각호의 사항을 준수하여야 한다.

1. 국토교통부령으로 정하는 바에 따라 운전업무종사자 등에게 열차운행에 관한 정보를 제공할 것
2. 철도사고, 철도준사고 및 운행장애(이하 "철도사고등"이라 한다) 발생 시 국토교통부령으로 정하는 조치사항을 이행할 것

➡ 사람을 사상(死傷)에 이르게 하거나 철도차량 또는 철도시설을 파손에 이르게 한 자 : 3년 이하 징역 또는 3천만원 이하의 벌금

③ 작업책임자는 철도차량의 운행선로 또는 그 인근에서 철도시설의 건설 또는 관리와 관련된 작업 수행 중 다음 각호의 사항을 준수하여야 한다.

1. 국토교통부령으로 정하는 바에 따라 작업 수행 전에 작업원을 대상으로 안전교육을 실시할 것
2. 국토교통부령으로 정하는 작업안전에 관한 조치사항을 이행할 것

④ 철도운행안전관리자는 철도차량의 운행선로 또는 그 인근에서 철도시설의 건설 또는 관리와 관련된 작업 수행 중 다음 각호의 사항을 준수하여야 한다.

1. 작업일정 및 열차의 운행일정을 작업수행 전에 조정할 것
2. 제1호의 작업일정 및 열차의 운행일정을 작업과 관련하여 관할 역의 관리책임자(정거장에서 철도신호기 · 선로전환기 또는 조작판 등을 취급하는 사람을 포함한다) 및 관제업무종사자와 협의하여 조정할 것
3. 국토교통부령으로 정하는 열차운행 및 작업안전에 관한 조치사항을 이행할 것

⑤ 철도사고등이 발생하는 경우 해당 철도차량의 운전업무종사자와 여객승무원은 철도사고등의 현장을 이탈하여서는 아니 되며, 철도차량 내 안전 및 질서유지를 위하여 승객 구호조치 등 국토교통부령으로 정하는 후속조치를 이행하여야 한다. 다만, 의료기관으로의 이송이 필요한 경우 등 국토교통부령으로 정하는 경우에는 그러하지 아니하다.

➡ 사람을 사상(死傷)에 이르게 하거나 철도차량 또는 철도시설을 파손에 이르게 한 자 : 3년 이하의 징역 또는 3천만원 이하의 벌금

▶시행규칙 제76조의4(운전업무종사자의 준수사항)

① 법 제40조의2 제1항 제1호에서 "철도차량 출발 전 국토교통부령으로 정하는 조치사항"이란 다음 각호를 말한다.

1. 철도차량이 「철도산업발전기본법」 제3조 제2호 나목에 따른 차량정비기지에서 출발하는 경우 다음 각 목의 기능에 대하여 이상 여부를 확인할 것
   가. 운전제어와 관련된 장치의 기능
   나. 제동장치 기능
   다. 그 밖에 운전 시 사용하는 각종 계기판의 기능
2. 철도차량이 역시설에서 출발하는 경우 여객의 승하차 여부를 확인할 것. 다만, 여객승무원이 대신하여 확인하는 경우에는 그러하지 아니하다.

② 법 제40조의2 제1항 제2호에서 "국토교통부령으로 정하는 철도차량 운행에 관한 안전 수칙"이란 다음 각호를 말한다.

1. 철도신호에 따라 철도차량을 운행할 것
2. 철도차량의 운행 중에 휴대전화 등 전자기기를 사용하지 아니할 것. 다만, 다음 각 목의 어느 하나에 해당하는 경우로서 철도운영자가 운행의 안전을 저해하지 아니하는 범위에서 사전에 사용을 허용한 경우에는 그러하지 아니하다.
   가. 철도사고등 또는 철도차량의 기능장애가 발생하는 등 비상상황이 발생한 경우
   나. 철도차량의 안전운행을 위하여 전자기기의 사용이 필요한 경우
   다. 그 밖에 철도운영자가 철도차량의 안전운행에 지장을 주지 아니한다고 판단하는 경우
3. 철도운영자가 정하는 구간별 제한속도에 따라 운행할 것
4. 열차를 후진하지 아니할 것. 다만, 비상상황 발생 등의 사유로 관제업무종사자의 지시를 받는 경우에는 그러하지 아니하다.
5. 정거장 외에는 정차를 하지 아니할 것. 다만, 정지신호의 준수 등 철도차량의 안전운행을 위하여 정차를 하여야 하는 경우에는 그러하지 아니하다.
6. 운행구간의 이상이 발견된 경우 관제업무종사자에게 즉시 보고할 것
7. 관제업무종사자의 지시를 따를 것

▶시행규칙 제76조의5(관제업무종사자의 준수사항)

① 법 제40조의2 제2항 제1호에 따라 관제업무종사자는 다음 각호의 정보를 운전업무종사자, 여객승무원 또는 영 제3조 제4호에 따른 사람에게 제공하여야 한다.

1. 열차의 출발, 정차 및 노선변경 등 열차운행의 변경에 관한 정보
2. 열차운행에 영향을 줄 수 있는 다음 각 목의 정보
   가. 철도차량이 운행하는 선로 주변의 공사·작업의 변경 정보
   나. 철도사고등에 관련된 정보
   다. 재난 관련 정보
   라. 테러 발생 등 그 밖의 비상상황에 관한 정보

② 법 제40조의2 제2항 제2호에서 "국토교통부령으로 정하는 조치사항"이란 다음 각호를 말한다.

1. 철도사고등이 발생하는 경우 여객 대피 및 철도차량 보호 조치 여부 등 사고현장 현황을 파악할 것
2. 철도사고등의 수습을 위하여 필요한 경우 다음 각 목의 조치를 할 것
   가. 사고현장의 열차운행 통제
   나. 의료기관 및 소방서 등 관계기관에 지원 요청
   다. 사고 수습을 위한 철도종사자의 파견 요청
   라. 2차 사고 예방을 위하여 철도차량이 구르지 아니하도록 하는 조치 지시
   마. 안내방송 등 여객 대피를 위한 필요한 조치 지시
   바. 전차선(電車線, 선로를 통하여 철도차량에 전기를 공급하는 장치를 말한다)의 전기공급 차단 조치
   사. 구원(救援)열차 또는 임시열차의 운행 지시
   아. 열차의 운행간격 조정
3. 철도사고등의 발생사유, 지연시간 등을 사실대로 기록하여 관리할 것

▶시행규칙 제76조의6(작업책임자의 준수사항)

① 법 제2조 제10호 마목에 따른 작업책임자(이하 "작업책임자"라 한다)는 법 제40조의2 제3항 제1호에 따라 작업 수행 전에 작업원을 대상으로 다음 각호의 사항이 포함된 안전교육을 실시해야 한다.

1. 해당 작업일의 작업계획(작업량, 작업일정, 작업순서, 작업방법, 작업원별 임무 및 작업장 이동방법 등을 포함한다)
2. 안전장비 착용 등 작업원 보호에 관한 사항
3. 작업특성 및 현장여건에 따른 위험요인에 대한 안전조치 방법
4. 작업책임자와 작업원의 의사소통 방법, 작업통제 방법 및 그 준수에 관한 사항
5. 건설기계 등 장비를 사용하는 작업의 경우에는 철도사고 예방에 관한 사항
6. 그 밖에 안전사고 예방을 위해 필요한 사항으로서 국토교통부장관이 정해 고시하는 사항

② 법 제40조의2 제3항 제2호에서 "국토교통부령으로 정하는 작업안전에 관한 조치사항"이란 다음 각호를 말한다.

1. 법 제40조의2 제4항 제1호 및 제2호에 따른 조정 내용에 따라 작업계획 등의 조정 · 보완
2. 작업 수행 전 다음 각 목의 조치
   가. 작업원의 안전장비 착용상태 점검
   나. 작업에 필요한 안전장비 · 안전시설의 점검
   다. 그 밖에 작업 수행 전에 필요한 조치로서 국토교통부장관이 정해 고시하는 조치
3. 작업시간 내 작업현장 이탈 금지
4. 작업 중 비상상황 발생 시 열차방호 등의 조치
5. 해당 작업으로 인해 열차운행에 지장이 있는지 여부 확인
6. 작업완료 시 상급자에게 보고
7. 그 밖에 작업안전에 필요한 사항으로서 국토교통부장관이 정해 고시하는 사항

▶시행규칙 제76조의7(철도운행안전관리자의 준수사항)

법 제40조의2 제4항 제3호에서 "국토교통부령으로 정하는 열차운행 및 작업안전에 관한 조치사항"이란 다음 각호를 말한다.

1. 법 제40조의2 제4항 제1호 및 제2호에 따른 조정 내용을 작업책임자에게 통지
2. 영 제59조 제2항 제1호에 따른 업무
3. 작업 수행 전 다음 각 목의 조치
   가. 「산업안전보건기준에 관한 규칙」 제407조 제1항에 따라 배치한 열차운행감시인의 안전장비 착용상태 및 휴대물품 현황 점검
   나. 그 밖에 작업 수행 전에 필요한 조치로서 국토교통부장관이 정해 고시하는 조치
4. 관할 역의 관리책임자(정거장에서 철도신호기 · 선로전환기 또는 조작판 등을 취급하는 사람을 포함한다) 및 작업책임자와의 연락체계 구축
5. 작업시간 내 작업현장 이탈 금지
6. 작업이 지연되거나 작업 중 비상상황 발생 시 작업일정 및 열차의 운행일정 재조정 등에 관한 조치
7. 그 밖에 열차운행 및 작업안전에 필요한 사항으로서 국토교통부장관이 정해 고시하는 사항

▶시행규칙 제76조의8(철도사고등의 발생 시 후속조치 등)

① 법 제40조의2 제5항 본문에 따라 운전업무종사자와 여객승무원은 다음 각호의 후속조치를 이행하여야 한다. 이 경우 운전업무종사자와 여객승무원은 후속조치에 대하여 각각의 역할을 분담하여 이행할 수 있다.

1. 관제업무종사자 또는 인접한 역시설의 철도종사자에게 철도사고등의 상황을 전파할 것
2. 철도차량 내 안내방송을 실시할 것. 다만, 방송장치로 안내방송이 불가능한 경우에는 확성기 등을 사용하여 안내하여야 한다.
3. 여객의 안전을 확보하기 위하여 필요한 경우 철도차량 내 여객을 대피시킬 것
4.. 2차 사고 예방을 위하여 철도차량이 구르지 아니하도록 하는 조치를 할 것
5. 여객의 안전을 확보하기 위하여 필요한 경우 철도차량의 비상문을 개방할 것
6. 사상자 발생 시 응급환자를 응급처치하거나 의료기관에 긴급히 이송되도록 지원할 것

② 법 제40조의2 제5항 단서에서 "의료기관으로의 이송이 필요한 경우 등 국토교통부령으로 정하는 경우"란 다음 각호의 어느 하나에 해당하는 경우를 말한다.

1. 운전업무종사자 또는 여객승무원이 중대한 부상 등으로 인하여 의료기관으로의 이송이 필요한 경우
2. 관제업무종사자 또는 철도사고등의 관리책임자로부터 철도사고등의 현장 이탈이 가능하다고 통보받은 경우
3. 여객을 안전하게 대피시킨 후 운전업무종사자와 여객승무원의 안전을 위하여 현장을 이탈하여야 하는 경우

※ 철도종사자의 준수사항은 운전업무종사자, 관제업무종사자, 작업책임자, 철도운행안전관리자의 네 분야의 업무를 열거하고 있다. 운전업무종사자와 관제업무종사자는 기본적으로 수행해야 할 업무와 사고 발생 시 조치내용을 구분할 수 있도록 학습하여야 한다. 작업책임자와 철도운행안전관리자의 업무는 상호 간 연관성으로 인하여 업무의 성격이 비슷한 측면이 있으나 작업책임자는 작업자와 작업장비를 중심으로 한 작업의 진행을 위주로 하고 있고, 철도운행안전관리자는 작업이 안전하게 수행할 수 있도록 하는 안전관리와 관련된 업무를 수행하고 있으므로 이것을 구분할 수 있도록 학습하여야 한다.

예 제

01 작업책임자의 준수사항으로 볼 수 없는 것은?

① 작업 수행 전에 작업원을 대상으로 안전교육
② 작업 수행 전 작업원의 안전장비 착용상태 점검
③ 작업시간 내 작업현장 이탈 금지
④ 작업 수행 전 열차운행감시인의 안전장비 착용상태 및 휴대물품 현황 점검

해설 작업 수행 전 열차운행감시인의 안전장비 착용상태 및 휴대물품 현황 점검은 철도운행안전관리자의 준수사항이다.

정답 ④

출제경향

출제비중과 빈도도 높은 곳 중 하나이다. 각 분야별 업무를 정확하게 구분할 수 있어야 한다.

법 제41조(철도종사자의 음주 제한 등)

① 다음 각호의 어느 하나에 해당하는 철도종사자(실무수습 중인 사람을 포함한다)는 술(「주세법」 제3조 제1호에 따른 주류를 말한다)을 마시거나 약물을 사용한 상태에서 업무를 하여서는 아니 된다.

1. 운전업무종사자
2. 관제업무종사자
3. 여객승무원
4. 작업책임자
5. 철도운행안전관리자
6. 정거장에서 철도신호기 · 선로전환기 및 조작판 등을 취급하거나 열차의 조성(組成 : 철도차량을 연결하거나 분리하는 작업을 말한다)업무를 수행하는 사람
7. 철도차량 및 철도시설의 점검 · 정비 업무에 종사하는 사람

➲ 술을 마시거나 약물을 사용한 상태에서 업무를 한 사람 : 3년 이하의 징역 또는 3천만원 이하의 벌금

② 국토교통부장관 또는 시 · 도지사(「도시철도법」 제3조 제2호에 따른 도시철도 및 같은 법 제24조에 따라 지방자치단체로부터 도시철도의 건설과 운영의 위탁을 받은 법인이 건설 · 운영하는 도시철도만 해당한다. 이하 이 조, 제42조, 제45조, 제46조 및 제82조 제6항에서 같다)는 철도안전과 위험방지를 위하여 필요하다고 인정하거나 제1항에 따른 철도종사자가 술을 마시거나 약물을 사용한 상태에서 업무를 하였다고 인정할만한 상당한 이유가 있을 때에는 철도종사자에 대하여 술을 마셨거나 약물을 사용하였는지 확인 또는 검사할 수 있다. 이 경우 그 철도종사자는 국토교통부장관 또는 시 · 도지사의 확인 또는 검사를 거부하여서는 아니 된다.

➲ 확인 또는 검사에 불응한 자 : 2년 이하의 징역 또는 2천만원 이하의 벌금

③ 제2항에 따른 확인 또는 검사 결과 철도종사자가 술을 마시거나 약물을 사용하였다고 판단하는 기준은 다음 각호의 구분과 같다.

1. 술 : 혈중 알코올농도가 0.02퍼센트(제1항 제4호부터 제6호까지의 철도종사자는 0.03퍼센트) 이상인 경우
2. 약물 : 양성으로 판정된 경우

④ 제2항에 따른 확인 또는 검사의 방법 · 절차 등에 관하여 필요한 사항은 대통령령으로 정한다.

▶시행령 제43조의2(철도종사자의 음주 등에 대한 확인 또는 검사)

② 법 제41조 제2항에 따른 술을 마셨는지에 대한 확인 또는 검사는 호흡측정기 검사의 방법으로 실시하고, 검사 결과에 불복하는 사람에 대해서는 그 철도종사자의 동의를 받아 혈액 채취 등의 방법으로 다시 측정할 수 있다.

③ 법 제41조 제2항에 따른 약물을 사용하였는지에 대한 확인 또는 검사는 소변 검사 또는 모발 채취 등의 방법으로 실시한다.

④ 제2항 및 제3항에 따른 확인 또는 검사의 세부절차와 방법 등 필요한 사항은 국토교통부장관이 정한다.

※ 철도종사자 중에는 음주 및 약물을 제한하는 종사자가 있다. 또한, 약물은 같은 기준이 적용되지만, 음주는 혈중알콜농도 0.02%를 적용받는 종사자와 0.03%를 적용받는 종사자가 있으니 이 점에 유의하여야 한다. 음주 등을 제한받는 종사자가 음주를 하였을 경우에는 3년 이하의 징역 또는 3천만원 이하의 벌금에 처하도록 하고, 음주 등 측정 여부에 대한 확인 및 거부를 한 경우에는 2년 이하의 징역 또는 2천만원 이하의 벌금에 처하도록 되어 있으니 이 부분도 반드시 숙지하도록 하여야 한다.

예제

01 음주 측정기준이 0.02%인 종사자가 아닌 사람은?

① 운전업무종사자
② 관제업무종사자
③ 여객승무원
④ 철도특별사법경찰대

해설 철도특별사법경찰대는 음주 등을 제한하는 종사자가 아니다.

정답 ④

출제경향

제5장에서 출제비중과 빈도가 가장 높은 곳이고, 매 시험마다 출제가 되고 있으니 반드시 숙지하도록 준비하여야 한다.

법 제42조(위해물품의 휴대 금지)

① 누구든지 무기, 화약류, 유해화학물질 또는 인화성이 높은 물질 등 공중(公衆)이나 여객에게 위해를 끼치거나 끼칠 우려가 있는 물건 또는 물질(이하 "위해물품"이라 한다)을 열차에서 휴대하거나 적재할 수 없다. 다만, 국토교통부장관 또는 시 · 도지사의 허가를 받은 경우 또는 국토교통부령으로 정하는 특정한 직무를 수행하기 위한 경우에는 그러하지 아니하다.

- 정당한 사유 없이 위해물품을 휴대하거나 적재한 사람 : 2년 이하의 징역 또는 2천만원 이하의 벌금
- 위 조항의 죄를 범하여 사람을 사상에 이르게 한 자 : 5년 이하의 징역 또는 5천만원 이하의 벌금
- 위 조항의 죄를 범하여 열차운행에 지장을 준 자 : 그 죄에 정한 형의 2분의 1까지 가중

② 위해물품의 종류, 휴대 또는 적재 허가를 받은 경우의 안전조치 등에 관하여 필요한 세부사항은 국토교통부령으로 정한다.

▶시행규칙 제77조(위해물품 휴대금지 예외)

법 제42조 제1항 단서에서 "국토교통부령으로 정하는 특정한 직무를 수행하기 위한 경우"란 다음 각호의 사람이 직무를 수행하기 위하여 위해물품을 휴대 · 적재하는 경우를 말한다.

1. 「사법경찰관리의 직무를 수행할 자와 그 직무범위에 관한 법률」 제5조 제11호에 따른 철도공안 사무에 종사하는 국가공무원
2. 「경찰관직무집행법」 제2조의 경찰관 직무를 수행하는 사람
3. 「경비업법」 제2조에 따른 경비원
4. 위험물품을 운송하는 군용열차를 호송하는 군인

▶시행규칙 제78조(위해물품의 종류 등)

① 법 제42조 제2항에 따른 위해물품의 종류는 다음 각호와 같다.

1. 화약류 : 「총포 · 도검 · 화약류 등의 안전관리에 관한 법률」에 따른 화약 · 폭약 · 화공품과 그 밖에 폭발성이 있는 물질
2. 고압가스 : 섭씨 50도 미만의 임계온도를 가진 물질, 섭씨 50도에서 300킬로파스칼을 초과하는 절대압력(진공을 0으로 하는 압력을 말한다)을 가진 물질, 섭씨 21.1도에서 280킬로파스칼을 초과하거나 섭씨 54.4도에서 730킬로파스칼을 초과하는 절대압력을 가진 물질이나, 섭씨 37.8도에서 280킬로파스칼을 초과하는 절대가스압력(진공을 0으로 하는 가스압력을 말한다)을 가진 액체상태의 인화성 물질
3. 인화성 액체 : 밀폐식 인화점 측정법에 따른 인화점이 섭씨 60.5도 이하인 액체나 개방식 인화점 측정법에 따른 인화점이 섭씨 65.6도 이하인 액체
4. 가연성 물질류 : 다음 각 목에서 정하는 물질
   가. 가연성고체 : 화기 등에 의하여 용이하게 점화되며 화재를 조장할 수 있는 가연성 고체
   나. 자연발화성 물질 : 통상적인 운송상태에서 마찰 · 습기흡수 · 화학변화 등으로 인하여 자연발열하거나 자연발화하기 쉬운 물질
   다. 그 밖의 가연성물질 : 물과 작용하여 인화성 가스를 발생하는 물질
5. 산화성 물질류 : 다음 각 목에서 정하는 물질
   가. 산화성 물질 : 다른 물질을 산화시키는 성질을 가진 물질로서 유기과산화물 외의 것
   나. 유기과산화물 : 다른 물질을 산화시키는 성질을 가진 유기물질
6. 독물류 : 다음 각 목에서 정하는 물질
   가. 독물 : 사람이 흡입 · 접촉하거나 체내에 섭취한 경우에 강력한 독작용이나 자극을 일으키는 물질
   나. 병독을 옮기기 쉬운 물질 : 살아 있는 병원체 및 살아 있는 병원체를 함유하거나 병원체가 부착되어 있다고 인정되는 물질
7. 방사성 물질 : 「원자력안전법」 제2조에 따른 핵물질 및 방사성물질이나 이로 인하여 오염된 물질로서 방사능의 농도가 킬로그램당 74킬로베크렐(그램당 0.002마이크로큐리) 이상인 것
8. 부식성 물질 : 생물체의 조직에 접촉한 경우 화학반응에 의하여 조직에 심한 위해를 주는 물질이나 열차의 차체 · 적하물 등에 접촉한 경우 물질적 손상을 주는 물질
9. 마취성 물질 : 객실승무원이 정상근무를 할 수 없도록 극도의 고통이나 불편함을 발생시키는 마취성이 있는 물질이나 그와 유사한 성질을 가진 물질
10. 총포 · 도검류 등 : 「총포 · 도검 · 화약류 등 단속법」에 따른 총포 · 도검 및 이에 준하는 흉기류
11. 그 밖의 유해물질 : 제1호부터 제10호까지 외의 것으로서 화학변화 등에 의하여 사람에게 위해를 주거나 열차 안에 적재된 물건에 물질적인 손상을 줄 수 있는 물질

② 철도운영자등은 제1항에 따른 위해물품에 대하여 휴대나 적재의 적정성, 포장 및 안전조치의 적정성 등을 검토하여 휴대나 적재를 허가할 수 있다. 이 경우 해당 위해물품이 위해물품임을 나타낼 수 있는 표지를 포장 바깥면 등 잘 보이는 곳에 붙여야 한다.

※ 우리에게는 2003년 대구지하철 화재라는 큰 상처를 가슴속 깊이 간직하고 있다. 지하철 객실내에서 휘발유를 뿌리고 불을 붙여 190명이 넘는 사망자가 발생한 사고이다. 이 법조문은 대구지하철화재와 많은 연관이 있는 부분이다.
철도는 대중교통 중에서도 대량의 인원을 수송할 수 있는 교통수단이다. 따라서 이러한 철도를 이용하면서 인화성이 높거나 대중들을 위험하게 할 수 있는 위해물품등은 운송이나 소지를 금지하고 있다. 예외적으로 철도운영자등의 승인을 받으면 휴대가 가능하긴 하지만 승인이 이루어지는 경우는 거의 없다고 할 수 있다. 이 조문에서는 경찰관리 등 예외적인 직무와 위해물품의 종류를 제시하고 있다.

예 제

01 위해물품의 휴대를 허용할 수 있는 직무가 아닌 것은?

① 「사법경찰관리의 직무를 수행할 자와 그 직무범위에 관한 법률」 제5조 제11호에 따른 철도공안 사무에 종사하는 국가공무원
② 「경찰관직무집행법」 제2조의 경찰관 직무를 수행하는 사람
③ 경비업법에 속하지 않는 단순 경비원
④ 위험물품을 운송하는 군용열차를 호송하는 군인

해설 「경비업법」 제2조에 따른 경비원은 휴대를 예외적으로 허용하나, 단순 경비원은 예외조항이 없다.

정답 ③

출제경향

위해물품의 종류보다는 위해물품을 소지할 수 있는 직무의 종류를 구별하는 문제가 주로 출제되고 있다.

법 제43조(위험물의 운송위탁 및 운송금지)

누구든지 점화류(點火類) 또는 점폭약류(點爆藥類)를 붙인 폭약, 니트로글리세린, 건조한 기폭약(起爆藥), 뇌홍질화연(雷汞窒化鉛)에 속하는 것 등 대통령령으로 정하는 위험물의 운송을 위탁할 수 없으며, 철도운영자는 이를 철도로 운송할 수 없다.

➲ 운송금지 위험물의 운송을 위탁하거나 그 위험물을 운송한 자 : 3년 이하의 징역 또는 3천만원 이하의 벌금

▶시행령 제44조(운송위탁 및 운송금지 위험물 등)

법 제43조에서 "점화류(點火類) 또는 점폭약류(點爆藥類)를 붙인 폭약, 니트로글리세린, 건조한 기폭약(起爆藥), 뇌홍질화연(雷汞窒化鉛)에 속하는 것 등 대통령령으로 정하는 위험물"이란 다음 각호의 위험물을 말한다.

1. 점화 또는 점폭약류를 붙인 폭약
2. 니트로글리세린
3. 건조한 기폭약
4. 뇌홍질화연에 속하는 것
5. 그 밖에 사람에게 위해를 주거나 물건에 손상을 줄 수 있는 물질로서 국토교통부장관이 정하여 고시하는 위험물

※ 철도운송 중인 화물이 폭발하면서 발생한 대형사고 중에는 1977년에 발생한 이리역(현, 익산역) 폭발사고가 있다. 폭발물(화약류) 운송 중 안전수칙을 무시하여 열차와 역은 물론, 인근 건물 900채 정도가 파괴된 대형철도 폭발사고였다. 이 사고 이후 점화 또는 점폭약류를 붙인 폭약 등 대통령령으로 정하는 위험물을 운송하거나 운송위탁을 금지하고 있다.

예 제

01 운송위탁 및 운송금지 위험물이 아닌 것은?

① 폭 약
② 니트로글리세린
③ 건조한 기폭약
④ 뇌홍질화연에 속하는 것

해설 점화 또는 점폭약류를 붙인 폭약이 운송위탁 및 운송금지 위험물이다. 폭약은 지금도 운송되고 있다.

정답 ①

출제경향

출제 빈도가 상대적으로 낮지만, 운송위탁 및 운송금지 위험물의 종류는 반드시 숙지해야 한다.

법 제44조(위험물의 운송)

① 대통령령으로 정하는 위험물을 철도로 운송하려는 철도운영자는 국토교통부령으로 정하는 바에 따라 운송 중의 위험 방지 및 인명 보호를 위하여 안전하게 포장 · 적재하고 운송하여야 한다.

➲ 위험물을 운송한 자 : 3년 이하의 징역 또는 3천만원 이하의 벌금

② 위험물의 운송을 위탁하여 철도로 운송하려는 자는 위험물을 안전하게 운송하기 위하여 철도운영자의 안전조치 등에 따라야 한다.

▶시행령 제45조(운송취급 주의 위험물)

법 제44조 제1항에서 "대통령령으로 정하는 위험물"이란 다음 각호의 어느 하나에 해당하는 것으로서 국토교통부령으로 정하는 것을 말한다.

1. 철도운송 중 폭발할 우려가 있는 것
2. 마찰 · 충격 · 흡습 등 주위의 상황으로 인하여 발화할 우려가 있는 것
3. 인화성 · 산화성 등이 강하여 그 물질 자체의 성질에 따라 발화할 우려가 있는 것
4. 용기가 파손될 경우 내용물이 누출되어 철도차량 · 레일 · 기구 또는 다른 화물 등을 부식시키거나 침해할 우려가 있는 것
5. 유독성 가스를 발생시킬 우려가 있는 것
6. 그 밖에 화물의 성질상 철도시설 · 철도차량 · 철도종사자 · 여객 등에 위해나 손상을 끼칠 우려가 있는 것

※ 법 제43조가 운송위탁 및 운송금지 위험물을 규정하고 있다면, 법 제44조에서는 위험물의 운송 시 주의사항에 대하여 규정하고 있다. 철도운송 중 폭발위험이 있거나, 발화 우려가 있는 등의 위험물은 철도운송을 담당하고 있는 운영자의 안전조치에 따라 포장, 적재, 운송하여야 한다.

예제

01 대통령령으로 정하고 있는 운송취급주의 위험물이 아닌 것은?

① 점화 또는 점폭약류를 붙인 폭약

② 철도운송 중 폭발할 우려가 있는 것

③ 마찰 · 충격 · 흡습 등 주위의 상황으로 인하여 발화할 우려가 있는 것

④ 유독성 가스를 발생시킬 우려가 있는 것

해설 점화 또는 점폭약류를 붙인 폭약은 운송위탁 및 운송금지 위험물이다. 운송취급주의 위험물은 운송은 가능하나 포장, 적재, 운송 중 위험을 예방할 수 있도록 운영자의 안전조치에 따라야 한다.

정답 ①

출제경향

출제의 빈도가 상대적으로 낮지만, 운송취급주의 위험물과 운송 중 주의사항을 숙지하여야 한다.

02 철도보호

법 제45조(철도보호지구에서의 행위제한 등)

① 철도경계선(가장 바깥쪽 궤도의 끝선을 말한다)으로부터 30미터 이내[「도시철도법」 제2조 제2호에 따른 도시철도 중 노면전차의 경우에는 10미터 이내]의 지역(이하 "철도보호지구"라 한다)에서 다음 각호의 어느 하나에 해당하는 행위를 하려는 자는 대통령령으로 정하는 바에 따라 국토교통부장관 또는 시 · 도지사에게 신고하여야 한다.

1. 토지의 형질변경 및 굴착
2. 토석, 자갈 및 모래의 채취
3. 건축물의 신축 · 개축 · 증축 또는 인공구조물의 설치
4. 나무의 식재(대통령령으로 정하는 경우만 해당한다)
5. 그 밖에 철도시설을 파손하거나 철도차량의 안전운행을 방해할 우려가 있는 행위로서 대통령령으로 정하는 행위

② 노면전차 철도보호지구의 바깥쪽 경계선으로부터 20미터 이내의 지역에서 굴착, 인공구조물의 설치 등 철도시설을 파손하거나 철도차량의 안전운행을 방해할 우려가 있는 행위로서 대통령령으로 정하는 행위를 하려는 자는 대통령령으로 정하는 바에 따라 국토교통부장관 또는 시 · 도지사에게 신고하여야 한다.

③ 국토교통부장관 또는 시 · 도지사는 철도차량의 안전운행 및 철도 보호를 위하여 필요하다고 인정할 때에는 제1항 또는 제2항의 행위를 하는 자에게 그 행위의 금지 또는 제한을 명령하거나 대통령령으로 정하는 필요한 조치를 하도록 명령할 수 있다.

- ① 및 ②에 따른 신고를 하지 아니하거나 ③에 따른 명령에 따르지 아니한 자 : 2년 이하의 징역 또는 2천만원 이하의 벌금
- ① 및 ②에 따른 신고를 하지 아니하거나 ③에 따른 명령에 따르지 아니하여 사람을 사상에 이르게 한 자 : 5년 이하의 징역 또는 5천만원 이하의 벌금
- ① 및 ②에 따른 신고를 하지 아니하거나 ③에 따른 명령에 따르지 아니하여 열차운행에 지장을 준 자 : 그 죄에 정한 형의 2분의 1까지 가중

④ 국토교통부장관 또는 시 · 도지사는 철도차량의 안전운행 및 철도 보호를 위하여 필요하다고 인정할 때에는 토지, 나무, 시설, 건축물, 그 밖의 공작물(이하 "시설등"이라 한다)의 소유자나 점유자에게 다음 각호의 조치를 하도록 명령할 수 있다.

1. 시설등이 시야에 장애를 주면 그 장애물을 제거할 것
2. 시설등이 붕괴하여 철도에 위해(危害)를 끼치거나 끼칠 우려가 있으면 그 위해를 제거하고 필요하면 방지시설을 할 것
3. 철도에 토사 등이 쌓이거나 쌓일 우려가 있으면 그 토사 등을 제거하거나 방지시설을 할 것

- ④를 위반하여 조치명령을 따르지 않는 경우 : 1회 15만원, 2회 30만원, 3회 45만원 과태료

⑤ 철도운영자등은 철도차량의 안전운행 및 철도 보호를 위하여 필요한 경우 국토교통부장관 또는 시 · 도지사에게 제3항 또는 제4항에 따른 해당 행위 금지 · 제한 또는 조치 명령을 할 것을 요청할 수 있다.

법 제46조(손실보상)

① 국토교통부장관, 시 · 도지사 또는 철도운영자등은 제45조 제3항 또는 제4항에 따른 행위의 금지 · 제한 또는 조치 명령으로 인하여 손실을 입은 자가 있을 때에는 그 손실을 보상하여야 한다.

② 제1항에 따른 손실의 보상에 관하여는 국토교통부장관, 시 · 도지사 또는 철도운영자등이 그 손실을 입은 자와 협의하여야 한다.

③ 제2항에 따른 협의가 성립되지 아니하거나 협의를 할 수 없을 때에는 대통령령으로 정하는 바에 따라 「공익사업을 위한 토지 등의 취득 및 보상에 관한 법률」에 따른 관할 토지수용위원회에 재결을 신청할 수 있다.

④ 제3항의 재결에 대한 이의신청에 관하여는 「공익사업을 위한 토지 등의 취득 및 보상에 관한 법률」 제83조부터 제86조까지의 규정을 준용한다.

▶시행령 제46조(철도보호지구에서의 행위 신고절차)

① 법 제45조 제1항에 따라 신고하려는 자는 해당 행위의 목적, 공사기간 등이 기재된 신고서에 설계도서(필요한 경우에 한정한다) 등을 첨부하여 국토교통부장관 또는 시 · 도지사에게 제출하여야 한다. 신고한 사항을 변경하는 경우에도 또한 같다.

② 국토교통부장관 또는 시 · 도지사는 제1항에 따라 신고나 변경신고를 받은 경우에는 신고인에게 법 제45조 제3항에 따른 행위의 금지 또는 제한을 명령하거나 제49조에 따른 안전조치(이하 "안전조치등"이라 한다)를 명령할 필요성이 있는지를 검토하여야 한다.

③ 국토교통부장관 또는 시 · 도지사는 제2항에 따른 검토 결과 안전조치등을 명령할 필요가 있는 경우에는 제1항에 따른 신고를 받은 날부터 30일 이내에 신고인에게 그 이유를 분명히 밝히고 안전조치등을 명하여야 한다.

④ 제1항부터 제3항까지에서 규정한 사항 외에 철도보호지구에서의 행위에 대한 신고와 안전조치등에 관하여 필요한 세부적인 사항은 국토교통부장관이 정하여 고시한다.

▶시행령 제47조(철도보호지구에서의 나무 식재)

법 제45조 제1항 제4호에서 "대통령령으로 정하는 경우"란 다음 각호의 어느 하나에 해당하는 경우를 말한다.

1. 철도차량 운전자의 전방 시야 확보에 지장을 주는 경우
2. 나뭇가지가 전차선이나 신호기 등을 침범하거나 침범할 우려가 있는 경우
3. 호우나 태풍 등으로 나무가 쓰러져 철도시설물을 훼손시키거나 열차의 운행에 지장을 줄 우려가 있는 경우

▶시행령 제48조(철도보호지구에서의 안전운행 저해행위 등)

법 제45조 제1항 제5호에서 "대통령령으로 정하는 행위"란 다음 각호의 어느 하나에 해당하는 행위를 말한다.

1. 폭발물이나 인화물질 등 위험물을 제조 · 저장하거나 전시하는 행위
2. 철도차량 운전자 등이 선로나 신호기를 확인하는 데 지장을 주거나 줄 우려가 있는 시설이나 설비를 설치하는 행위
3. 철도신호등으로 오인할 우려가 있는 시설물이나 조명 설비를 설치하는 행위
4. 전차선로에 의하여 감전될 우려가 있는 시설이나 설비를 설치하는 행위
5. 시설 또는 설비가 선로의 위나 밑으로 횡단하거나 선로와 나란히 되도록 설치하는 행위
6. 그 밖에 열차의 안전운행과 철도 보호를 위하여 필요하다고 인정하여 국토교통부장관이 정하여 고시하는 행위

▶시행령 제48조의2(노면전차의 안전운행 저해행위 등)

① 법 제45조 제2항에서 "대통령령으로 정하는 행위"란 다음 각호의 어느 하나에 해당하는 행위를 말한다.

  1. 깊이 10미터 이상의 굴착
  2. 다음 각 목의 어느 하나에 해당하는 것을 설치하는 행위
     가. 「건설기계관리법」 제2조 제1항 제1호에 따른 건설기계 중 최대높이가 10미터 이상인 건설기계
     나. 높이가 10미터 이상인 인공구조물
  3. 「위험물안전관리법」 제2조 제1항 제1호에 따른 위험물을 같은 항 제2호에 따른 지정수량 이상 제조 · 저장하거나 전시하는 행위

② 법 제45조 제2항에 따른 신고절차에 관하여는 제46조 제1항부터 제4항까지의 규정을 준용한다. 이 경우 "법 제45조 제1항"은 "법 제45조 제2항"으로, "철도보호지구"는 "노면전차 철도보호지구의 바깥쪽 경계선으로부터 20미터 이내의 지역"으로 본다.

▶시행령 제49조(철도 보호를 위한 안전조치)

법 제45조 제3항에서 "대통령령으로 정하는 필요한 조치"란 다음 각호의 어느 하나에 해당하는 조치를 말한다.

1. 공사로 인하여 약해질 우려가 있는 지반에 대한 보강대책 수립 · 시행
2. 선로 옆의 제방 등에 대한 흙막이공사 시행
3. 굴착공사에 사용되는 장비나 공법 등의 변경
4. 지하수나 지표수 처리대책의 수립 · 시행

5. 시설물의 구조 검토 · 보강
6. 먼지나 티끌 등이 발생하는 시설 · 설비나 장비를 운용하는 경우 방진막, 물을 뿌리는 설비 등 분진방지시설 설치
7. 신호기를 가리거나 신호기를 보는 데 지장을 주는 시설이나 설비 등의 철거
8. 안전울타리나 안전통로 등 안전시설의 설치
9. 그 밖에 철도시설의 보호 또는 철도차량의 안전운행을 위하여 필요한 안전조치

▶시행령 제50조(손실보상)

① 법 제46조에 따른 행위의 금지 또는 제한으로 인하여 손실을 받은 자에 대한 손실보상 기준 등에 관하여는「공익사업을 위한 토지 등의 취득 및 보상에 관한 법률」제68조, 제70조 제2항 · 제5항, 제71조, 제75조, 제75조의2, 제76조, 제77조 및 제78조 제6항부터 제8항까지의 규정을 준용한다.

② 법 제46조 제3항에 따른 재결신청에 대해서는「공익사업을 위한 토지 등의 취득 및 보상에 관한 법률」제80조 제2항을 준용한다.

※ 1993년 구포역을 향하여 달려가던 무궁화호 열차가 선로 침하로 열차가 전복되어 200명이 넘는 사상자가 발생한 사고가 있었다. 이 사고는 철도보호지구에서 무단작업으로 인한 선로 침하가 직접적인 원인이었다. 이 사고에서도 알 수 있듯이 철도보호지구는 궤도끝선에서부터 20미터 이내의 지역을 말하는데, 이곳에서는 토지의 형질변경 및 건축 등 일체의 행위에 대하여 신고를 하도록 하고 있고, 승인 후 안전조치에 따라 행위를 하도록 하고 있다. 다만, 나무의 식재는 대통령령으로 정하는 경우만 신고 대상임을 유의하여야 한다. 또한, 이러한 행위의 제한으로 인하여 손실을 받은 자에 대하여는 손실보상을 하도록 하고 있다.

예 제

01 철도보호지구에서 행위를 하는 경우 신고사항이 아닌 것은?

① 토지의 형질변경 및 굴착
② 토석, 자갈 및 모래의 채취
③ 건축물의 신축 · 개축 · 증축 또는 인공구조물의 설치
④ 나무의 식재

해설 원칙적으로 신고 없이 나무의 식재가 가능하다. 다만, 대통령령으로 정하는 수목의 전도우려, 시야불량 등 예외적인 경우에만 신고하여야 한다.

정답 ④

출제경향

출제의 비중과 빈도가 높은 곳이다. 철도보호지구의 개념, 행위제한 종류, 노면전차 관련 조문 등을 숙지하도록 하여야 한다.

법 제47조(여객열차에서의 금지행위)

① 여객은 여객열차에서 다음 각호의 어느 하나에 해당하는 행위를 하여서는 아니 된다.

1. 정당한 사유 없이 국토교통부령으로 정하는 여객출입 금지장소에 출입하는 행위

➲ 위반행위를 한 자 : 1회 150만원, 2회 300만원, 3회 450만원 과태료

2. 정당한 사유 없이 운행 중에 비상정지버튼을 누르거나 철도차량의 옆면에 있는 승강용 출입문을 여는 등 철도차량의 장치 또는 기구 등을 조작하는 행위

➲ 운행 중 비상정지버튼을 누르거나 승강용 출입문을 여는 행위를 한 사람 : 2년 이하의 징역 또는 2천만원 이하의 벌금

3. 여객열차 밖에 있는 사람을 위험하게 할 우려가 있는 물건을 여객열차 밖으로 던지는 행위

➲ 위반행위를 한 자 : 1회 150만원, 2회 300만원, 3회 450만원 과태료

4. 흡연하는 행위

➲ 위반행위를 한 자 : 1회 30만원, 2회 60만원, 3회 90만원 과태료

5. 철도종사자와 여객 등에게 성적(性的) 수치심을 일으키는 행위

➲ 위반행위를 한 자 : 500만원 이하의 벌금

6. 술을 마시거나 약물을 복용하고 다른 사람에게 위해를 주는 행위

➲ 술을 마시거나 약물을 복용하고 다른 사람에게 위해를 주는 행위를 한 사람 : 1년 이하의 징역 또는 1천만원 이하의 벌금

7. 그 밖에 공중이나 여객에게 위해를 끼치는 행위로서 국토교통부령으로 정하는 행위

➲ 위반행위를 한 자 : 1회 15만원, 2회 30만원, 3회 45만원 과태료

② 운전업무종사자, 여객승무원 또는 여객역무원은 제1항의 금지행위를 한 사람에 대하여 필요한 경우 다음 각호의 조치를 할 수 있다.

1. 금지행위의 제지
2. 금지행위의 녹음 · 녹화 또는 촬영

③ 철도운영자는 국토교통부령으로 정하는 바에 따라 제1항 각호에 따른 여객열차에서의 금지행위에 관한 사항을 여객에게 안내하여야 한다.

➲ 위반행위를 한 자 : 1회 150만원, 2회 300만원, 3회 450만원 과태료

▶시행규칙 제79조(여객출입 금지장소)

법 제47조 제1항 제1호에서 "국토교통부령으로 정하는 여객출입 금지장소"란 다음 각호의 장소를 말한다.

1. 운전실
2. 기관실
3. 발전실
4. 방송실

▶시행규칙 제80조(여객열차에서의 금지행위)

법 제47조 제1항 제7호에서 "국토교통부령으로 정하는 행위"란 다음 각호의 행위를 말한다.

1. 여객에게 위해를 끼칠 우려가 있는 동식물을 안전조치 없이 여객열차에 동승하거나 휴대하는 행위
2. 타인에게 전염의 우려가 있는 법정 감염병자가 철도종사자의 허락 없이 여객열차에 타는 행위
3. 철도종사자의 허락 없이 여객에게 기부를 부탁하거나 물품을 판매 · 배부하거나 연설 · 권유 등을 하여 여객에게 불편을 끼치는 행위

➲ 공중이나 여객에게 위해를 끼치는 행위를 한 경우 : 1회 15만원, 2회 30만원, 3회 45만원 과태료

▶시행규칙 제80조의2(여객열차에서의 금지행위 안내방법)

철도운영자는 법 제47조 제3항에 따른 여객열차에서의 금지행위를 안내하는 경우 여객열차 및 승강장 등 철도시설에서 다음 각호의 어느 하나에 해당하는 방법으로 안내해야 한다.

1. 여객열차에서의 금지행위에 관한 게시물 또는 안내판 설치
2. 영상 또는 음성으로 안내

※ 여객열차의 금지행위는 제5장에서 철도종사자의 음주 등의 제한 다음으로 빈도와 비중이 높은 곳이다. 특히, 제한행위마다 벌칙과 과태료가 다르게 적용되고 있으므로 함께 숙지하도록 하여야 한다. 60~70년대 여객열차에서 승객이 승강문에 매달리거나, 차장변 등 비상스위치 임의조작으로 잦은 사고가 발생하였고, 안전법이 시행되기 전까지 여객열차 내에서 흡연과 음주 등이 행하여지고 고성방가로 인하여 많은 민원이 발생하였다.

예 제

01 여객열차의 금지행위와 벌칙 · 과태료가 잘못 연결된 것은?

① 정당한 사유 없이 국토교통부령으로 정하는 여객출입 금지장소에 출입하는 행위 : 최대 과태료 450만원

② 정당한 사유 없이 운행 중에 비상정지버튼을 누르는 행위 : 2년 이하의 징역 또는 2천만원 이하의 벌금

③ 여객열차에서 흡연을 한 경우 : 최대 과태료 90만원

④ 철도종사자와 여객 등에게 성적(性的) 수치심을 일으키는 행위 : 1년 이하의 징역 또는 1천만원 이하의 벌금

해설 철도종사자와 여객 등에게 성적 수치심을 일으키는 행위는 500만원 이하의 벌금형이다.

정답 ④

출제경향

출제의 비중과 빈도가 대단히 높은 곳이다. 각호별로 철저하게 숙지하여야 하며, 특히 벌칙과 과태료와 함께 숙지하여야 하는 곳이다.

법 제48조(철도 보호 및 질서유지를 위한 금지행위)

누구든지 정당한 사유 없이 철도 보호 및 질서유지를 해치는 다음 각호의 어느 하나에 해당하는 행위를 하여서는 아니 된다.

1. 철도시설 또는 철도차량을 파손하여 철도차량 운행에 위험을 발생하게 하는 행위
   - 제1호를 위반한 사람 : 10년 이하의 징역 또는 1억원 이하의 벌금
   - 과실로 제1호의 죄를 지은 사람 : 1천만원 이하의 벌금
   - 업무상 과실이나 중대한 과실로 제1호의 죄를 지은 사람 : 2년 이하의 징역 또는 2천만원 이하의 벌금
   - 제1호의 미수범을 처벌한다.
2. 철도차량을 향하여 돌이나 그 밖의 위험한 물건을 던져 철도차량 운행에 위험을 발생하게 하는 행위
3. 궤도의 중심으로부터 양측으로 폭 3미터 이내의 장소에 철도차량의 안전 운행에 지장을 주는 물건을 방치하는 행위
4. 철도교량 등 국토교통부령으로 정하는 시설 또는 구역에 국토교통부령으로 정하는 폭발물 또는 인화성이 높은 물건 등을 쌓아 놓는 행위

◘ 제2호부터 제4호까지의 규정에 따른 금지행위를 한 자 : 3년 이하의 징역 또는 3천만원 이하의 벌금

5. 선로(철도와 교차된 도로는 제외한다) 또는 국토교통부령으로 정하는 철도시설에 철도운영자등의 승낙 없이 출입하거나 통행하는 행위

◘ 철도시설(선로는 제외한다)에 승낙 없이 출입하거나 통행한 경우 : 1회 150만원, 2회 300만원, 3회 450만원 과태료

◘ 선로에 승낙 없이 출입하거나 통행한 경우 : 1회 30만원, 2회 60만원, 3회 90만원 과태료

6. 역시설 등 공중이 이용하는 철도시설 또는 철도차량에서 폭언 또는 고성방가 등 소란을 피우는 행위
7. 철도시설에 국토교통부령으로 정하는 유해물 또는 열차운행에 지장을 줄 수 있는 오물을 버리는 행위
8. 역시설 또는 철도차량에서 노숙(露宿)하는 행위(벌칙 및 과태료가 없다)
9. 열차운행 중에 타고 내리거나 정당한 사유 없이 승강용 출입문의 개폐를 방해하여 열차운행에 지장을 주는 행위
10. 정당한 사유 없이 열차 승강장의 비상정지버튼을 작동시켜 열차운행에 지장을 주는 행위

◘ 제7호 · 제9호 또는 제10호를 위반하여 철도시설에 유해물 또는 오물을 버리거나 열차운행에 지장을 준 경우 : 1회 150만원, 2회 300만원, 3회 450만원 과태료

11. 그 밖에 철도시설 또는 철도차량에서 공중의 안전을 위하여 질서유지가 필요하다고 인정되어 국토교통부령으로 정하는 금지행위(벌칙 및 과태료가 없다)

▶시행규칙 제81조(폭발물 등 적치금지 구역)

법 제48조 제4호에서 "국토교통부령으로 정하는 구역 또는 시설"이란 다음 각호의 구역 또는 시설을 말한다.

1. 정거장 및 선로(정거장 또는 선로를 지지하는 구조물 및 그 주변지역을 포함한다)
2. 철도 역사
3. 철도 교량
4. 철도 터널

▶시행규칙 제82조(적치금지 폭발물 등)

법 제48조 제4호에서 "국토교통부령으로 정하는 폭발물 또는 인화성이 높은 물건"이란 영 제44조 및 영 제45조에 따른 위험물로서 주변의 물건을 손괴할 수 있는 폭발력을 지니거나 화재를 유발하거나 유해한 연기를 발생하여 여객이나 일반대중에게 위해를 끼칠 우려가 있는 물건이나 물질을 말한다.

▶시행규칙 제83조(출입금지 철도시설)

법 제48조 제5호에서 "국토교통부령으로 정하는 철도시설"이란 다음 각호의 철도시설을 말한다.

1. 위험물을 적하하거나 보관하는 장소
2. 신호 · 통신기기 설치장소 및 전력기기 · 관제설비 설치장소
3. 철도운전용 급유시설물이 있는 장소
4. 철도차량 정비시설

▶시행규칙 제84조(열차운행에 지장을 줄 수 있는 유해물)

법 제48조 제7호에서 "국토교통부령으로 정하는 유해물"이란 철도시설이나 철도차량을 훼손하거나 정상적인 기능 · 작동을 방해하여 열차운행에 지장을 줄 수 있는 산업폐기물 · 생활폐기물을 말한다.

▶시행규칙 **제85조(질서유지를 위한 금지행위)**

법 제48조 제11호에서 "국토교통부령으로 정하는 금지행위"란 다음 각호의 행위를 말한다.

1. 흡연이 금지된 철도시설이나 철도차량 안에서 흡연하는 행위
2. 철도종사자의 허락 없이 철도시설이나 철도차량에서 광고물을 붙이거나 배포하는 행위
3. 역시설에서 철도종사자의 허락 없이 기부를 부탁하거나 물품을 판매 · 배부하거나 연설 · 권유를 하는 행위
4. 철도종사자의 허락 없이 선로변에서 총포를 이용하여 수렵하는 행위

※ 철도보호 및 질서유지를 위한 금지행위는 승객을 태우고 운행하는 여객열차 외에 정거장이나, 선로, 각종 철도관련 시설에 대한 안전을 확보하기 위한 조문이다. 외국에서는 아직도 선로를 뜯어가서 열차가 운행을 중지하거나, 대형사고가 발생하는 경우가 언론을 통하여 알려지기도 하는데, 철도관련 시설은 열차운행과 직접적인 연관성이 있으므로 관계자 외에는 출입을 자제하도록 하여야 한다. 적치금지 시설과 출입금지시설, 질서유지를 위한 금지행위는 어떻게 다른지 구별할 수 있어야 한다.

예 제

01 국토교통부령으로 정하고 있는 폭발물 등 적치금지 구역으로 틀린 것은?

① 정거장 및 선로(정거장 또는 선로를 지지하는 구조물 및 그 주변지역을 포함한다)
② 철도 역사
③ 철도 교량
④ 관제설비 설치장소

해설 관제설비 설치장소는 국토교통부령으로 정하고 있는 출입금지 철도시설이다.

정답 ④

출제경향

출제의 비중과 빈도가 높은 곳이다. 법과 시행규칙 내용이 각각 출제되고 있으니 각 조문별로 숙지하여야 한다.

법 제48조의2(여객 등의 안전 및 보안)

① 국토교통부장관은 철도차량의 안전운행 및 철도시설의 보호를 위하여 필요한 경우에는 「사법경찰관리의 직무를 수행할 자와 그 직무범위에 관한 법률」 제5조 제11호에 규정된 사람(이하 "철도특별사법경찰관리"라 한다)으로 하여금 여객열차에 승차하는 사람의 신체 · 휴대물품 및 수하물에 대한 보안검색을 실시하게 할 수 있다.

② 국토교통부장관은 제1항의 보안검색 정보 및 그 밖의 철도보안 · 치안 관리에 필요한 정보를 효율적으로 활용하기 위하여 철도보안정보체계를 구축 · 운영하여야 한다.

③ 국토교통부장관은 철도보안 · 치안을 위하여 필요하다고 인정하는 경우에는 차량 운행정보 등을 철도운영자에게 요구할 수 있고, 철도운영자는 정당한 사유 없이 그 요구를 거절할 수 없다.

④ 국토교통부장관은 철도보안정보체계를 운영하기 위하여 철도차량의 안전운행 및 철도시설의 보호에 필요한 최소한의 정보만 수집 · 관리하여야 한다.

⑤ 제1항에 따른 보안검색의 실시방법과 절차 및 보안검색장비 종류 등에 필요한 사항과 제2항에 따른 철도보안정보체계 및 제3항에 따른 정보 확인 등에 필요한 사항은 국토교통부령으로 정한다.

제48조의3(보안검색장비의 성능인증 등)

① 제48조의2 제1항에 따른 보안검색을 하는 경우에는 국토교통부장관으로부터 성능인증을 받은 보안검색장비를 사용하여야 한다.

◆ 국토교통부장관의 성능인증을 받은 보안검색장비를 사용하지 않은 경우 : 1회 300만원, 2회 600만원, 3회 900만원 과태료

② 제1항에 따른 성능인증을 위한 기준·방법·절차 등 운영에 필요한 사항은 국토교통부령으로 정한다.

◆ 인증기관 및 시험기관이 보안검색장비의 성능인증을 위한 기준·방법·절차 등을 위반한 경우 : 1회 150만원, 2회 300만원, 3회 450만원 과태료

③ 국토교통부장관은 제1항에 따른 성능인증을 받은 보안검색장비의 운영, 유지관리 등에 관한 기준을 정하여 고시하여야 한다.

④ 국토교통부장관은 제1항에 따라 성능인증을 받은 보안검색장비가 운영 중에 계속하여 성능을 유지하고 있는지를 확인하기 위하여 국토교통부령으로 정하는 바에 따라 정기적으로 또는 수시로 점검을 실시하여야 한다.

⑤ 국토교통부장관은 제1항에 따른 성능인증을 받은 보안검색장비가 다음 각호의 어느 하나에 해당하는 경우에는 그 인증을 취소할 수 있다. 다만, 제1호에 해당하는 때에는 그 인증을 취소하여야 한다.

1. 거짓이나 그 밖의 부정한 방법으로 인증을 받은 경우
2. 보안검색장비가 제2항에 따른 성능인증 기준에 적합하지 아니하게 된 경우

제48조의4(시험기관의 지정 등)

① 국토교통부장관은 제48조의3에 따른 성능인증을 위하여 보안검색장비의 성능을 평가하는 시험(이하 "성능시험"이라 한다)을 실시하는 기관(이하 "시험기관"이라 한다)을 지정할 수 있다.

② 제1항에 따라 시험기관의 지정을 받으려는 법인이나 단체는 국토교통부령으로 정하는 지정기준을 갖추어 국토교통부장관에게 지정신청을 하여야 한다.

③ 국토교통부장관은 제1항에 따라 시험기관으로 지정받은 법인이나 단체가 다음 각호의 어느 하나에 해당하는 경우에는 그 지정을 취소하거나 1년 이내의 기간을 정하여 그 업무의 전부 또는 일부의 정지를 명할 수 있다. 다만, 제1호 또는 제2호에 해당하는 때에는 그 지정을 취소하여야 한다.

1. 거짓이나 그 밖의 부정한 방법을 사용하여 시험기관으로 지정을 받은 경우
2. 업무정지 명령을 받은 후 그 업무정지 기간에 성능시험을 실시한 경우
3. 정당한 사유 없이 성능시험을 실시하지 아니한 경우
4. 제48조의3 제2항에 따른 기준·방법·절차 등을 위반하여 성능시험을 실시한 경우
5. 제48조의4 제2항에 따른 시험기관 지정기준을 충족하지 못하게 된 경우
6. 성능시험 결과를 거짓으로 조작하여 수행한 경우

④ 국토교통부장관은 인증업무의 전문성과 신뢰성을 확보하기 위하여 제48조의3에 따른 보안검색장비의 성능 인증 및 점검 업무를 대통령령으로 정하는 기관(이하 "인증기관"이라 한다)에 위탁할 수 있다.

제48조의5(직무장비의 휴대 및 사용 등)

① 철도특별사법경찰관리는 이 법 및 「사법경찰관리의 직무를 수행할 자와 그 직무범위에 관한 법률」 제6조 제9호에 따른 직무를 수행하기 위하여 필요하다고 인정되는 상당한 이유가 있을 때에는 합리적으로 판단하여 필요한 한도에서 직무장비를 사용할 수 있다.

② 제1항에서의 "직무장비"란 철도특별사법경찰관리가 휴대하여 범인검거와 피의자 호송 등의 직무수행에 사용하는 수갑, 포승, 가스분사기, 전자충격기, 경비봉을 말한다.

③ 철도특별사법경찰관리가 제1항에 따라 직무수행 중 직무장비를 사용할 때 사람의 생명이나 신체에 위해를 끼칠 수 있는 직무장비(전자충격기 및 가스분사기를 말한다)를 사용하는 경우에는 사전에 필요한 안전교육과 안전검사를 받은 후 사용하여야 한다.

▶시행령 제50조의2(인증업무의 위탁)

국토교통부장관은 법 제48조의4 제4항에 따라 법 제48조의3에 따른 보안검색장비의 성능 인증 및 점검 업무를 한국철도기술연구원에 위탁한다.

▶시행규칙 제85조의2(보안검색의 실시 방법 및 절차 등)

① 법 제48조의2 제1항에 따라 실시하는 보안검색의 실시 범위는 다음 각호의 구분에 따른다.

1. 전부검색 : 국가의 중요 행사기간이거나 국가정보기관으로부터 테러 위험 등의 정보를 통보받은 경우 등 국토교통부장관이 보안검색을 강화하여야 할 필요가 있다고 판단하는 경우에 국토교통부장관이 지정한 보안검색 대상 역에서 보안검색 대상 전부에 대하여 실시
2. 일부검색 : 법 제42조에 따른 휴대 · 적재 금지 위해물품(이하 "위해물품"이라 한다)을 휴대 · 적재하였다고 판단되는 사람과 물건에 대하여 실시하거나 제1호에 따른 전부검색으로 시행하는 것이 부적합하다고 판단되는 경우에 실시

② 위해물품을 탐지하기 위한 보안검색은 법 제48조의2 제1항에 따른 보안검색장비를 사용하여 검색한다. 다만, 다음 각호의 어느 하나에 해당하는 경우에는 여객의 동의를 받아 직접 신체나 물건을 검색하거나 특정 장소로 이동하여 검색을 할 수 있다.

1. 보안검색장비의 경보음이 울리는 경우
2. 위해물품을 휴대하거나 숨기고 있다고 의심되는 경우
3. 보안검색장비를 통한 검색 결과 그 내용물을 판독할 수 없는 경우
4. 보안검색장비의 오류 등으로 제대로 작동하지 아니하는 경우
5. 보안의 위협과 관련한 정보의 입수에 따라 필요하다고 인정되는 경우

③ 국토교통부장관은 법 제48조의2 제1항에 따라 보안검색을 실시하게 하려는 경우에 사전에 철도운영자등에게 보안검색 실시계획을 통보하여야 한다. 다만, 범죄가 이미 발생하였거나 발생할 우려가 있는 경우 등 긴급한 보안검색이 필요한 경우에는 사전 통보를 하지 아니할 수 있다.

④ 제3항 본문에 따라 보안검색 실시계획을 통보받은 철도운영자등은 여객이 해당 실시계획을 알 수 있도록 보안검색 일정 · 장소 · 대상 및 방법 등을 안내문에 게시하여야 한다.

⑤ 법 제48조의2에 따라 철도특별사법경찰관리가 보안검색을 실시하는 경우에는 검색 대상자에게 자신의 신분증을 제시하면서 소속과 성명을 밝히고 그 목적과 이유를 설명하여야 한다. 다만, 다음 각호의 어느 하나에 해당하는 경우에는 사전 설명 없이 검색할 수 있다.

1. 보안검색 장소의 안내문 등을 통하여 사전에 보안검색 실시계획을 안내한 경우
2. 의심물체 또는 장시간 방치된 수하물로 신고된 물건에 대하여 검색하는 경우

▶시행규칙 제85조의3(보안검색장비의 종류)

① 법 제48조의2 제1항에 따른 보안검색장비의 종류는 다음 각호의 구분에 따른다.

1. 위해물품을 검색 · 탐지 · 분석하기 위한 장비 : 엑스선 검색장비, 금속탐지장비(문형 금속탐지장비와 휴대용 금속탐지장비를 포함한다), 폭발물 탐지장비, 폭발물흔적탐지장비, 액체폭발물탐지장비 등
2. 보안검색 시 안전을 위하여 착용 · 휴대하는 장비 : 방검복, 방탄복, 방폭 담요 등

▶시행규칙 제85조의4(철도보안정보체계의 구축 · 운영 등)

① 국토교통부장관은 법 제48조의2 제2항에 따른 철도보안정보체계를 구축 · 운영하기 위한 철도보안정보시스템을 구축 · 운영해야 한다.

② 국토교통부장관이 법 제48조의2 제3항에 따라 철도운영자에게 요구할 수 있는 정보는 다음 각호와 같다.

1. 법 제48조의2 제1항에 따른 보안검색 관련 통계(보안검색 횟수 및 보안검색 장비 사용 내역 등을 포함한다)
2. 법 제48조의2 제1항에 따른 보안검색을 실시하는 직원에 대한 교육 등에 관한 정보
3. 철도차량 운행에 관한 정보
4. 그 밖에 철도보안 · 치안을 위해 필요한 정보로서 국토교통부장관이 정해 고시하는 정보

③ 국토교통부장관은 철도보안정보체계를 구축 · 운영하기 위해 관계기관과 필요한 정보를 공유하거나 관련 시스템을 연계할 수 있다.

▶시행규칙 제85조의5(보안검색장비의 성능인증 기준)

법 제48조의3 제1항에 따른 보안검색장비의 성능인증 기준은 다음 각호와 같다.

1. 국제표준화기구(ISO)에서 정한 품질경영시스템을 갖출 것
2. 그 밖에 국토교통부장관이 정하여 고시하는 성능, 기능 및 안전성 등을 갖출 것

▶시행규칙 제85조의6(보안검색장비의 성능인증 신청 등)

① 법 제48조의3 제1항에 따른 보안검색장비의 성능인증을 받으려는 자는 철도보안검색장비 성능인증 신청서에 다음 각호의 서류를 첨부하여 「과학기술분야 정부출연연구기관 등의 설립 · 운영 및 육성에 관한 법률」 제8조에 따라 설립된 한국철도기술연구원에 제출해야 한다. 이 경우 한국철도기술연구원은 「전자정부법」 제36조 제1항에 따른 행정정보의 공동이용을 통해서 법인 등기사항증명서(신청인이 법인인 경우만 해당한다)를 확인해야 한다.

1. 사업자등록증 사본
2. 대리인임을 증명하는 서류(대리인이 신청하는 경우에 한정한다)
3. 보안검색장비의 성능 제원표 및 시험용 물품(테스트 키트)에 관한 서류
4. 보안검색장비의 구조 · 외관도
5. 보안검색장비의 사용 · 운영방법 · 유지관리 등에 대한 설명서
6. 제85조의5에 따른 기준을 갖추었음을 증명하는 서류

② 한국철도기술연구원은 제1항에 따른 신청을 받으면 법 제48조의4 제1항에 따른 시험기관에 보안검색장비의 성능을 평가하는 시험(이하 "성능시험"이라 한다)을 요청해야 한다. 다만, 제1항 제6호에 따른 서류로 성능인증 기준을 충족하였다고 인정하는 경우에는 해당 부분에 대한 성능시험을 요청하지 않을 수 있다.

③ 시험기관은 성능시험 계획서를 작성하여 성능시험을 실시하고, 철도보안검색장비 성능시험 결과서를 한국철도기술연구원에 제출해야 한다.

④ 한국철도기술연구원은 제3항에 따른 성능시험 결과가 제85조의5에 따른 성능인증 기준 등에 적합하다고 인정하는 경우에는 철도보안검색장비 성능인증서를 신청인에게 발급해야 하며, 적합하지 않은 경우에는 그 결과를 신청인에게 통지해야 한다.

⑤ 한국철도기술연구원은 제85조의5에 따른 성능인증 기준에 적합여부 등을 심의하기 위하여 성능인증심사위원회를 구성·운영할 수 있다.

⑥ 제2항에 따른 성능시험 요청 및 제5항에 따른 성능인증심사위원회의 구성·운영 등에 필요한 세부사항은 국토교통부장관이 정하여 고시한다.

▶시행규칙 제85조의7(보안검색장비의 성능점검)

한국철도기술연구원은 법 제48조의3 제4항에 따라 보안검색장비가 운영 중에 계속하여 성능을 유지하고 있는지를 확인하기 위해 다음 각호의 구분에 따른 점검을 실시해야 한다.

1. 정기점검 : 매년 1회
2. 수시점검 : 보안검색장비의 성능유지 등을 위하여 필요하다고 인정하는 때

▶시행규칙 제85조의8(시험기관의 지정 등)

① 법 제48조의4 제2항에서 "국토교통부령으로 정하는 지정기준"이란 별표 19에 따른 기준을 말한다.

② 법 제48조의4 제2항에 따라 시험기관으로 지정을 받으려는 자는 철도보안검색장비 시험기관 지정신청서에 다음 각호의 서류를 첨부하여 국토교통부장관에게 제출해야 한다. 이 경우 국토교통부장관은 「전자정부법」 제36조 제1항에 따른 행정정보의 공동이용을 통해서 법인 등기사항증명서(신청인이 법인인 경우만 해당한다)를 확인해야 한다.

   1. 사업자등록증 및 인감증명서(법인인 경우에 한정한다)
   2. 법인의 정관 또는 단체의 규약
   3. 성능시험을 수행하기 위한 조직·인력, 시험설비 등을 적은 사업계획서
   4. 국제표준화기구(ISO) 또는 국제전기기술위원회(IEC)에서 정한 국제기준에 적합한 품질관리규정
   5. 제1항에 따른 시험기관 지정기준을 갖추었음을 증명하는 서류

③ 국토교통부장관은 제2항에 따라 시험기관 지정신청을 받은 때에는 현장평가 등이 포함된 심사계획서를 작성하여 신청인에게 통지하고 그 심사계획에 따라 심사해야 한다.

④ 국토교통부장관은 제3항에 따른 심사 결과 제1항에 따른 지정기준을 갖추었다고 인정하는 때에는 철도보안검색장비 시험기관 지정서를 발급하고 다음 각호의 사항을 관보에 고시해야 한다.

   1. 시험기관의 명칭
   2. 시험기관의 소재지
   3. 시험기관 지정일자 및 지정번호
   4. 시험기관의 업무수행 범위

⑤ 제4항에 따라 시험기관으로 지정된 기관은 다음 각호의 사항이 포함된 시험기관 운영규정을 국토교통부장관에게 제출해야 한다.
1. 시험기관의 조직 · 인력 및 시험설비
2. 시험접수 · 수행 절차 및 방법
3. 시험원의 임무 및 교육훈련
4. 시험원 및 시험과정 등의 보안관리

⑥ 국토교통부장관은 제3항에 따른 심사를 위해 필요한 경우 시험기관지정심사위원회를 구성 · 운영할 수 있다.

▶시행규칙 제85조의9(시험기관의 지정취소 등)

① 법 제48조의4 제3항에 따른 시험기관의 지정취소 또는 업무정지 처분의 세부기준은 별표 20과 같다.
② 국토교통부장관은 제1항에 따라 시험기관의 지정을 취소하거나 업무의 정지를 명한 경우에는 그 사실을 해당시험 기관에 통지하고 지체 없이 관보에 고시해야 한다.
③ 제2항에 따라 시험기관의 지정취소 또는 업무정지 통지를 받은 시험기관은 그 통지를 받은 날부터 15일 이내에 철도보안검색장비 시험기관 지정서를 국토교통부장관에게 반납해야 한다.

▶시행규칙 제85조의10(직무장비의 사용기준)

법 제48조의5 제1항에 따라 철도특별사법경찰관리가 사용하는 직무장비의 사용기준은 다음 각호와 같다.
1. 가스분사기 · 가스발사총(고무탄은 제외한다)의 경우 : 범인의 체포 또는 도주방지, 타인 또는 철도특별사법경찰관리의 생명 · 신체에 대한 방호, 공무집행에 대한 항거의 억제를 위해 필요한 경우에 최소한의 범위에서 사용하되, 1미터 이내의 거리에서 상대방의 얼굴을 향해 발사하지 말 것
2. 전자충격기의 경우 : 14세 미만의 사람이나 임산부에게 사용해서는 안 되며, 전극침(電極針) 발사장치가 있는 전자충격기를 사용하는 경우에는 상대방의 얼굴을 향해 전극침을 발사하지 말 것
3. 경비봉의 경우 : 타인 또는 철도특별사법경찰관리의 생명 · 신체의 위해와 공공시설 · 재산의 위험을 방지하기 위해 필요한 경우에 최소한의 범위에서 사용할 수 있으며, 인명 또는 신체에 대한 위해를 최소화하도록 할 것
4. 수갑 · 포승의 경우 : 체포영장 · 구속영장의 집행, 신체의 자유를 제한하는 판결 또는 처분을 받은 사람을 법률에서 정한 절차에 따라 호송 · 수용하거나, 범인, 술에 취한 사람, 정신착란자의 자살 또는 자해를 방지하기 위해 필요한 경우에 최소한의 범위에서 사용할 것

※ 여객의 안전을 위한 보안검색의 종류 및 절차, 철도특별사법경찰대의 보안검색 장비, 보안검색 장비의 성능시험 및 성능시험기관등에 대하여 다루고 있다. 또한 철도특별사법경찰대의 직무장비의 종류와 직무장비의 사용기준에 대하여 정하고 있다.

예 제

01 국가의 중요 행사기간에 국토교통부장관이 지정한 보안검색 대상 역에서 보안검색 대상 전부에 대하여 실시하는 보안검색은?

① 전부검색
② 전체검색
③ 특별검색
④ 완전검색

해설 전부검색 : 국가의 중요 행사기간이거나 국가 정보기관으로부터 테러 위험 등의 정보를 통보받은 경우 등 국토교통부장관이 보안검색을 강화하여야 할 필요가 있다고 판단하는 경우에 국토교통부장관이 지정한 보안검색 대상 역에서 보안검색 대상 전부에 대하여 실시

정답 ①

출제경향

출제의 비중과 빈도는 상대적으로 낮은 곳이지만, 보안검색의 종류와 보안검색 장비, 직무장비와 직무장비의 사용기준 중심으로 종종 문제가 출제되고 있다.

법 제49조(철도종사자의 직무상 지시 준수)

① 열차 또는 철도시설을 이용하는 사람은 이 법에 따라 철도의 안전 · 보호와 질서유지를 위하여 하는 철도종사자의 직무상 지시에 따라야 한다.

- 철도종사자의 직무상 지시에 따르지 않은 경우 : 1회 300만원, 2회 600만원, 3회 900만원 과태료

② 누구든지 폭행 · 협박으로 철도종사자의 직무집행을 방해하여서는 아니 된다.

- 폭행 · 협박으로 철도종사자의 직무집행을 방해한 자 : 5년 이하의 징역 또는 5천만원 이하의 벌금
- 열차운행에 지장을 준 자 : 형의 2분의 1까지 가중

법 제50조(사람 또는 물건에 대한 퇴거 조치 등)

철도종사자는 다음 각호의 어느 하나에 해당하는 사람 또는 물건을 열차 밖이나 대통령령으로 정하는 지역 밖으로 퇴거시키거나 철거할 수 있다.

1. 제42조를 위반하여 여객열차에서 위해물품을 휴대한 사람 및 그 위해물품
2. 제43조를 위반하여 운송 금지 위험물을 운송위탁하거나 운송하는 자 및 그 위험물
3. 제45조 제3항 또는 제4항에 따른 행위 금지 · 제한 또는 조치 명령에 따르지 아니하는 사람 및 그 물건
4. 제47조 제1항을 위반하여 금지행위를 한 사람 및 그 물건
5. 제48조를 위반하여 금지행위를 한 사람 및 그 물건
6. 제48조의2에 따른 보안검색에 따르지 아니한 사람
7. 제49조를 위반하여 철도종사자의 직무상 지시를 따르지 아니하거나 직무집행을 방해하는 사람

▶시행령 제51조(철도종사자의 권한표시)

① 법 제49조에 따른 철도종사자는 복장 · 모자 · 완장 · 증표 등으로 그가 직무상 지시를 할 수 있는 사람임을 표시하여야 한다.

② 철도운영자등은 철도종사자가 제1항에 따른 표시를 할 수 있도록 복장 · 모자 · 완장 · 증표 등의 지급 등 필요한 조치를 하여야 한다.

▶시행령 제52조(퇴거지역의 범위)

법 제50조 각호 외의 부분에서 "대통령령으로 정하는 지역"이란 다음 각호의 어느 하나에 해당하는 지역을 말한다.

1. 정거장
2. 철도신호기 · 철도차량정비소 · 통신기기 · 전력설비 등의 설비가 설치되어 있는 장소의 담장이나 경계선 안의 지역
3. 화물을 적하하는 장소의 담장이나 경계선 안의 지역

예 제

01 대통령령으로 정하고 있는 퇴거지역 범위로 틀린 것은?

① 정거장

② 철도신호기 · 철도차량정비소 · 통신기기 · 전력설비 등의 설비가 설치되어 있는 장소의 담장이나 경계선 안의 지역

③ 화물을 적하하는 장소의 담장이나 경계선 안의 지역

④ 화물집하 시설이 있는 장소의 경계선 밖의 지역

해설 화물집하 시설이 있는 장소는 퇴거지역의 범위와 관련이 없는 장소이다.

정답 ④

출제경향

출제의 비중과 빈도가 높은 곳이다. 법과 시행규칙 내용이 각각 출제되고 있으니 각 조문별로 숙지하여야 한다.

제6장 철도사고조사·처리

법 제60조(철도사고등의 발생 시 조치)

① 철도운영자등은 철도사고등이 발생하였을 때에는 사상자 구호, 유류품 관리, 여객 수송 및 철도시설 복구 등 인명피해 및 재산피해를 최소화하고 열차를 정상적으로 운행할 수 있도록 필요한 조치를 하여야 한다.

② 철도사고등이 발생하였을 때의 사상자 구호, 여객 수송 및 철도시설 복구 등에 필요한 사항은 대통령령으로 정한다.

③ 국토교통부장관은 제61조에 따라 사고 보고를 받은 후 필요하다고 인정하는 경우에는 철도운영자등에게 사고 수습 등에 관하여 필요한 지시를 할 수 있다. 이 경우 지시를 받은 철도운영자등은 특별한 사유가 없으면 지시에 따라야 한다.

▶시행령 제56조(철도사고등의 발생 시 조치사항)

법 제60조 제2항에 따라 철도사고등이 발생한 경우 철도운영자등이 준수하여야 하는 사항은 다음 각호와 같다.

1. 사고수습이나 복구작업을 하는 경우에는 인명의 구조와 보호에 가장 우선순위를 둘 것
2. 사상자가 발생한 경우에는 법 제7조 제1항에 따른 안전관리체계에 포함된 비상대응계획에서 정한 절차(이하 "비상대응절차"라 한다)에 따라 응급처치, 의료기관으로 긴급이송, 유관기관과의 협조 등 필요한 조치를 신속히 할 것
3. 철도차량 운행이 곤란한 경우에는 비상대응절차에 따라 대체교통수단을 마련하는 등 필요한 조치를 할 것

※ 철도사고등이 발생한 경우에 철도운영자등은 사상자 구호, 유류품(遺留品) 관리, 여객 수송 및 철도시설 복구 등 인명피해 및 재산피해를 최소화하고 열차를 정상적으로 운행할 수 있도록 필요한 조치를 하여야 한다. 또한, 사고수습이나 복구를 하는 경우에는 인명의 구조와 보호에 가장 우선순위를 두어야 한다.

예 제

01 철도사고의 수습 및 복구를 하는 경우 가장 우선순위를 두어야 하는 것은?

① 본선의 개통
② 민간 재산의 보호
③ 국가 및 철도재산의 보호
④ 인명의 구조 및 보호

해설 인명의 구조 및 보호에 가장 우선순위를 두어야 한다.

정답 ④

출제경향

철도사고등의 발생 시 조치 운영자의 조치사항과 사고수습 및 복구 시 우선순위가 주로 출제되고 있다.

법 제61조(철도사고등 의무보고)

① 철도운영자등은 사상자가 많은 사고 등 대통령령으로 정하는 철도사고등이 발생하였을 때에는 국토교통부령으로 정하는 바에 따라 즉시 국토교통부장관에게 보고하여야 한다.

➲ 보고를 하지 않거나 거짓으로 보고한 경우 : 1회 300만원, 2회 600만원, 3회 900만원 과태료

② 철도운영자등은 제1항에 따른 철도사고등을 제외한 철도사고등이 발생하였을 때에는 국토교통부령으로 정하는 바에 따라 사고 내용을 조사하여 그 결과를 국토교통부장관에게 보고하여야 한다.

➲ 보고를 하지 않거나 거짓으로 보고한 경우 : 1회 150만원, 2회 300만원, 3회 450만원 과태료

▶시행령 제57조(국토교통부장관에게 즉시 보고하여야 하는 철도사고등)

법 제61조 제1항에서 "사상자가 많은 사고 등 대통령령으로 정하는 철도사고등"이란 다음 각호의 어느 하나에 해당하는 사고를 말한다.

1. 열차의 충돌이나 탈선사고
2. 철도차량이나 열차에서 화재가 발생하여 운행을 중지시킨 사고
3. 철도차량이나 열차의 운행과 관련하여 3명 이상 사상자가 발생한 사고
4. 철도차량이나 열차의 운행과 관련하여 5천만원 이상의 재산피해가 발생한 사고

▶시행규칙 제86조(철도사고등의 의무보고)

① 철도운영자등은 법 제61조 제1항에 따른 철도사고등이 발생한 때에는 다음 각호의 사항을 국토교통부장관에게 즉시 보고하여야 한다.

1. 사고 발생 일시 및 장소
2. 사상자 등 피해사항
3. 사고 발생 경위
4. 사고 수습 및 복구 계획 등

② 철도운영자등은 법 제61조 제2항에 따른 철도사고등이 발생한 때에는 다음 각호의 구분에 따라 국토교통부장관에게 이를 보고하여야 한다.

1. 초기보고 : 사고발생현황 등
2. 중간보고 : 사고수습 · 복구상황 등
3. 종결보고 : 사고수습 · 복구결과 등

③ 제1항 및 제2항에 따른 보고의 절차 및 방법 등에 관한 세부적인 사항은 국토교통부장관이 정하여 고시한다.

※ 철도사고등이 발생하면 운영자등은 국토교통부장관에게 보고를 하여야 한다. 철도사고등을 보고하는 경우에는 즉시 보고하는 방법과 그 외의 방법으로 구별하여 보고하여야 한다. 즉시 보고는 사고는 사상자등이 많은 사고이며, 그 외의 사고와는 보고방법을 다르게 하여야 한다. 즉시 보고하여야 하는 사고와 즉시 보고하는 방법, 그 외의 사고 보고방법을 정확하게 구별할 수 있어야 한다.

예 제

01 국토교통부장관에게 즉시 보고하여야 하는 철도사고등으로 옳은 것은?

① 철도차량이나 열차의 충돌이나 탈선사고
② 철도차량이나 열차에서 화재가 발생한 사고
③ 철도차량이나 열차의 운행과 관련하여 3명 이상 사상자가 발생한 사고
④ 철도차량이나 열차의 운행과 관련하여 2천만원 이상의 재산피해가 발생한 사고

해설 국토교통부장관에게 즉시 보고하여야 하는 철도사고등
- 열차의 충돌이나 탈선사고
- 철도차량이나 열차에서 화재가 발생하여 운행을 중지시킨 사고
- 철도차량이나 열차의 운행과 관련하여 3명 이상 사상자가 발생한 사고
- 철도차량이나 열차의 운행과 관련하여 5천만원 이상의 재산피해가 발생한 사고

정답 ③

출제경향

철도사고등 의무보고는 제6장에서 가장 비중이 높고 출제빈도 또한 높은 곳이므로 철저한 숙지가 되어야 하는 부분이다.

법 제61조의2(철도차량 등에 발생한 고장 등 보고 의무)

① 제26조 또는 제27조에 따라 철도차량 또는 철도용품에 대하여 형식승인을 받거나 제26조의3 또는 제27조의2에 따라 철도차량 또는 철도용품에 대하여 제작자승인을 받은 자는 그 승인받은 철도차량 또는 철도용품이 설계 또는 제작의 결함으로 인하여 국토교통부령으로 정하는 고장, 결함 또는 기능장애가 발생한 것을 알게 된 경우에는 국토교통부령으로 정하는 바에 따라 국토교통부장관에게 그 사실을 보고하여야 한다.

② 제38조의7에 따라 철도차량 정비조직인증을 받은 자가 철도차량을 운영하거나 정비하는 중에 국토교통부령으로 정하는 고장, 결함 또는 기능장애가 발생한 것을 알게 된 경우에는 국토교통부령으로 정하는 바에 따라 국토교통부장관에게 그 사실을 보고하여야 한다.

◆ ① · ②에 따른 보고를 하지 않거나 거짓으로 보고한 경우 : 1회 300만원, 2회 600만원, 3회 900만원 과태료

법 제61조의3(철도안전 자율보고)

① 철도안전을 해치거나 해칠 우려가 있는 사건 · 상황 · 상태 등(이하 "철도안전위험요인"이라 한다)을 발생시켰거나 철도안전위험요인이 발생한 것을 안 사람 또는 철도안전위험요인이 발생할 것이 예상된다고 판단하는 사람은 국토교통부장관에게 그 사실을 보고할 수 있다.

② 국토교통부장관은 제1항에 따른 보고(이하 "철도안전 자율보고"라 한다)를 한 사람의 의사에 반하여 보고자의 신분을 공개해서는 아니 되며, 철도안전 자율보고를 사고예방 및 철도안전 확보 목적 외의 다른 목적으로 사용해서는 아니 된다.

③ 누구든지 철도안전 자율보고를 한 사람에 대하여 이를 이유로 신분이나 처우와 관련하여 불이익한 조치를 하여서는 아니 된다.

◆ 철도안전 자율보고를 한 사람에게 불이익한 조치를 한 자 : 2년 이하의 징역 또는 2천만원 이하의 벌금

④ 제1항부터 제3항까지에서 규정한 사항 외에 철도안전 자율보고에 포함되어야 할 사항, 보고 방법 및 절차는 국토교통부령으로 정한다.

▶시행규칙 제87조(철도차량에 발생한 고장, 결함 또는 기능장애 보고)

① 법 제61조의2 제1항에서 "국토교통부령으로 정하는 고장, 결함 또는 기능장애"란 다음 각호의 어느 하나에 해당하는 고장, 결함 또는 기능장애를 말한다.

1. 법 제26조 및 제26조의3에 따른 승인내용과 다른 설계 또는 제작으로 인한 철도차량의 고장, 결함 또는 기능장애
2. 법 제27조 및 제27조의2에 따른 승인내용과 다른 설계 또는 제작으로 인한 철도용품의 고장, 결함 또는 기능장애
3. 하자보수 또는 피해배상을 해야 하는 철도차량 및 철도용품의 고장, 결함 또는 기능장애
4. 그 밖에 제1호부터 제3호까지의 규정에 따른 고장, 결함 또는 기능장애에 준하는 고장, 결함 또는 기능장애

② 법 제61조의2 제2항에서 "국토교통부령으로 정하는 고장, 결함 또는 기능장애"란 다음 각호의 어느 하나에 해당하는 고장, 결함 또는 기능장애(법 제61조에 따라 보고된 고장, 결함 또는 기능장애는 제외한다)를 말한다.

1. 철도차량 중정비(철도차량을 완전히 분해하여 검수 · 교환하거나 탈선 · 화재 등으로 중대하게 훼손된 철도차량을 정비하는 것을 말한다)가 요구되는 구조적 손상
2. 차상신호장치, 추진장치, 주행장치 그 밖에 철도차량 주요장치의 고장 중 차량 안전에 중대한 영향을 주는 고장
3. 법 제26조 제3항, 제26조의3 제2항, 제27조 제2항 및 제27조의2 제2항에 따라 고시된 기술기준에 따른 최대허용범위(제작사가 기술자료를 제공하는 경우에는 그 기술자료에 따른 최대허용범위를 말한다)를 초과하는 철도차량 구조의 균열, 영구적인 변형이나 부식
4. 그 밖에 제1호부터 제3호까지의 규정에 따른 고장, 결함 또는 기능장애에 준하는 고장, 결함 또는 기능장애

③ 법 제61조의2 제1항 및 제2항에 따른 보고를 하려는 자는 고장 · 결함 · 기능장애 보고서를 국토교통부장관에게 제출하거나 국토교통부장관이 정하여 고시하는 방법으로 국토교통부장관에게 보고해야 한다.

④ 국토교통부장관은 제3항에 따른 보고를 받은 경우 관계 기관 등에게 이를 통보해야 한다.

⑤ 제4항에 따른 통보의 내용 및 방법 등에 관하여 필요한 사항은 국토교통부장관이 정하여 고시한다.

▶시행규칙 제88조(철도안전 자율보고의 절차 등)

① 법 제61조의3 제1항에 따른 철도안전 자율보고를 하려는 자는 철도안전 자율보고서를 한국교통안전공단 이사장에게 제출하거나 국토교통부장관이 정하여 고시하는 방법으로 한국교통안전공단 이사장에게 보고해야 한다.

② 한국교통안전공단 이사장은 제1항에 따른 보고를 받은 경우 관계기관 등에게 이를 통보해야 한다.

③ 제2항에 따른 통보의 내용 및 방법 등에 관하여 필요한 사항은 국토교통부장관이 정하여 고시한다.

※ 철도차량에 발생한 고장, 결함 또는 기능장애 보고와 철도안전 자율보고는 철도운영자등의 사고은폐를 막고, 종사자들에 의한 자율적인 신고체계 구축을 통한 안전 확보를 목적으로 하고 있다.

예 제

01 철도안전 자율보고는 누구에게 하여야 하는가?

① 국토교통부장관
② 철도운영자
③ 한국교통안전공단 이사장
④ 국가철도공단 이사장

해설 철도안전 자율보고는 한국교통안전공단 이사장에게 하여야 한다.

정답 ③

출제경향

출제비중과 빈도가 높은 곳은 아니나 제6장은 내용의 양이 적은 곳이니 꼼꼼히 살펴볼 것을 권장한다.

제7장 철도안전기반 구축

국토교통부장관은 철도안전에 관한 기술의 진흥을 위하여 연구 · 개발의 촉진 및 그 성과의 보급 등 필요한 시책을 마련하여 추진하여야 하며, 철도안전에 관한 전문기관 또는 단체의 지도 · 육성과 철도안전 전문인력을 원활하게 확보할 수 있도록 시책을 마련하여 추진하여야 한다.

01 철도안전 전문인력

철도운영자등은 철도차량의 운행선로 또는 그 인근에서 철도시설의 건설 또는 관리와 관련한 작업을 시행할 경우 철도운행안전관리자를 배치하여야 한다. 다만, 철도운영자등이 자체적으로 작업 또는 공사 등을 시행하는 경우 등 몇 가지 경우에는 배치하지 않아도 작업을 할 수 있다. 철도운행안전관리자의 자격을 부여받으려는 사람은 국토교통부장관이 인정한 교육훈련기관 관련 교육훈련을 수료하여야 한다. 철도안전전문기술자는 자격기준에 따라 초급, 중급, 고급, 특급으로 나누어지며 자격을 다른 사람에게 빌려주거나 빌리거나 이를 알선할 경우 자격이 반드시 취소되도록 규정하고 하고 있다.

1 철도안전 전문인력

(1) 철도안전전문인력의 종류

① 철도운행안전관리자

② 철도안전전문기술자

㉠ 전기철도 분야 철도안전전문기술자

㉡ 철도신호 분야 철도안전전문기술자

㉢ 철도궤도 분야 철도안전전문기술자

㉣ 철도차량 분야 철도안전전문기술자

(2) 철도안전 전문인력의 업무 범위

① 철도운행안전관리자의 업무

㉠ 철도차량의 운행선로나 그 인근에서 철도시설의 건설 또는 관리와 관련한 작업을 수행하는 경우에 작업일정의 조정 또는 작업에 필요한 안전장비 · 안전시설 등의 점검

㉡ 작업이 수행되는 선로를 운행하는 열차가 있는 경우 해당 열차의 운행일정 조정

㉢ 열차접근경보시설이나 열차접근감시인의 배치에 관한 계획 수립 · 시행과 확인

㉣ 철도차량 운전자나 관제업무종사자와 연락체계 구축 등

② 철도안전전문기술자의 업무

㉠ 전기철도, 철도신호, 철도궤도 분야 철도안전전문기술자 : 해당 철도시설의 건설이나 관리와 관련된 설계 · 시공 · 감리 · 안전점검 업무나 레일용접 등의 업무

㉡ 철도차량 분야 철도안전전문기술자 : 철도차량의 설계 · 제작 · 개조 · 시험검사 · 정밀안전진단 · 안전점검 등에 관한 품질관리 및 감리 등의 업무

(3) 철도안전 전문인력의 교육훈련(시행규칙 별표 24)

대상자	교육시간	교육내용	교육시기
철도운행 안전관리자	120시간(3주) • 직무관련 : 100시간 • 교양교육 : 20시간	• 열차운행의 통제와 조정 • 안전관리 일반 • 관계법령 • 비상시 조치 등	철도운행안전관리자로 인정받으려는 경우
철도안전 전문기술자 (초급)	120시간(3주) • 직무관련 : 100시간 • 교양교육 : 20시간	• 기초전문 직무교육 • 안전관리 일반 • 관계법령 • 실무실습	철도안전전문 초급기술자로 인정받으려는 경우

(4) 철도운행안전관리자를 배치하지 않아도 되는 경우

① 철도운영자등이 선로 점검 작업 등 3명 이하의 인원으로 할 수 있는 소규모 작업 또는 공사 등을 자체적으로 시행하는 경우

② 천재지변 또는 철도사고 등 부득이한 사유로 긴급 복구 작업 등을 시행하는 경우

(5) 철도안전 전문인력 분야별 자격의 취소 · 정지

① 국토교통부장관은 철도운행안전관리자가 다음의 어느 하나에 해당할 때에는 철도운행안전관리자 자격을 취소하거나 1년 이내의 기간을 정하여 철도운행안전관리자 자격을 정지시킬 수 있다. 다만, ㉠~㉢에 해당할 때에는 철도운행안전관리자 자격을 취소하여야 한다.

㉠ 거짓이나 그 밖의 부정한 방법으로 철도운행안전관리자 자격을 받았을 때

㉡ 철도운행안전관리자 자격의 효력정지기간 중에 철도운행안전관리자 업무를 수행하였을 때

㉢ 제69조의4를 위반하여 철도운행안전관리자 자격을 다른 사람에게 빌려주었을 때

㉣ 철도운행안전관리자의 업무수행 중 고의 또는 중과실로 인한 철도사고가 일어났을 때

㉤ 제41조 제1항을 위반하여 술을 마시거나 약물을 사용한 상태에서 철도운행안전관리자 업무를 하였을 때

㉥ 제41조 제2항을 위반하여 술을 마시거나 약물을 사용한 상태에서 업무를 하였다고 인정할만한 상당한 이유가 있음에도 불구하고 국토교통부장관 또는 시 · 도지사의 확인 또는 검사를 거부하였을 때

② 국토교통부장관은 철도안전전문기술자가 제69조의4를 위반하여 철도안전전문기술자 자격을 다른 사람에게 빌려주었을 때에는 그 자격을 취소하여야 한다.

(6) 철도운행안전관리자 자격취소 · 효력정지 처분의 세부기준(개별기준)(시행규칙 별표 29)

위반사항 및 내용	근거 법조문	처분기준		
		1차 위반	2차 위반	3차 위반
가. 거짓이나 그 밖의 부정한 방법으로 철도운행안전관리자 자격을 받은 경우	법 제69조의4 제1항 제1호	자격취소	-	-
나. 철도운행안전관리자 자격의 효력정지 기간 중 철도운행안전관리자 업무를 수행한 경우	법 제69조의4 제1항 제2호	자격취소	-	-
다. 철도운행안전관리자 자격을 다른 사람에게 대여한 경우	법 제69조의4 제1항 제3호	자격취소	-	-
라. 철도운행안전관리자의 업무수행 중 고의 또는 중과실로 인한 철도사고가 일어난 경우	법 제69조의4 제1항 제4호	-	-	-
1) 사망자가 발생한 경우		자격취소	-	-
2) 부상자가 발생한 경우		효력정지 6개월	자격취소	
3) 1천만원 이상 물적 피해가 발생한 경우		효력정지 3개월	효력정지 6개월	자격취소
마. 법 제41조 제1항을 위반한 경우	법 제69조의4 제1항 제5호	-	-	-
1) 법 제41조 제1항을 위반하여 약물을 사용한 상태에서 철도운행안전관리자 업무를 수행한 경우		자격취소	-	-
2) 법 제41조 제1항을 위반하여 술에 만취한 상태(혈중 알코올농도 0.1퍼센트 이상)에서 철도운행안전관리자 업무를 수행한 경우		자격취소	-	-
3) 법 제41조 제1항을 위반하여 술을 마신 상태의 기준(혈중 알코올농도 0.03퍼센트 이상)을 넘어서 철도운행안전관리자 업무를 하다가 철도사고를 일으킨 경우		자격취소	-	-
4) 법 제41조 제1항을 위반하여 술을 마신 상태(혈중 알코올농도 0.03퍼센트 이상 0.1퍼센트 미만)에서 철도운행안전관리자 업무를 수행한 경우		효력정지 3개월	자격취소	-
바. 법 제41조 제2항을 위반하여 술을 마시거나 약물을 사용한 상태에서 업무를 하였다고 인정할만한 상당한 이유가 있음에도 불구하고 확인이나 검사 요구에 불응한 경우	법 제69조의4 제1항 제6호	자격취소	-	-

2 철도안전 전문인력의 정기교육

철도안전 전문인력 자격을 부여받은 사람은 직무수행의 적정성 등을 유지할 수 있도록 정기적으로 교육을 받아야 한다. 정기교육은 안전전문기관에서 실시하며 정기교육을 받지 아니한 사람을 관련 업무를 수행할 수 없다.

(1) 철도안전 전문인력의 정기교육(시행규칙 별표 28)

1. 정기교육의 주기 : 3년
2. 정기교육 시간 : 15시간 이상
3. 교육 내용 및 절차

가. 철도운행안전관리자

교육과목	교육내용	교육절차
직무전문 교육	철도운행선 안전관리자로서 전문지식과 업무수행능력 배양 1) 열차운행선 지장작업의 순서와 절차 및 철도운행안전협의사항, 기타 안전조치 등에 관한 사항 2) 선로지장작업 관련 사고사례 분석 및 예방 대책 3) 철도인프라(정거장, 선로, 전철전력시스템, 열차제어시스템) 4) 일반 안전 및 직무 안전관리 등	강의 및 토의
철도안전 관련법령	철도안전법령 및 관련규정의 이해 1) 철도안전 정책 2) 철도안전법 및 관련 규정 3) 열차운행선 지장작업에 따른 관련 규정 및 취급절차 등 4) 운전취급관련 규정 등	강의 및 토의
실무실습	철도운행안전관리자의 실무능력 배양 1) 열차운행조정 협의 2) 선로작업의 시행 절차 3) 작업시행 전 작업원 안전교육(작업원, 건널목임시관리원, 열차감시원, 전기철도안전관리자) 4) 이례운전취급에 따른 안전조치 요령 등	토의 및 실습

나. 전기철도분야 안전전문기술자

교육과목	교육내용	교육절차
직무전문 교육	전기철도에 대한 직무전문지식의 습득과 전문운용능력 배양 1) 전기철도공학 및 전기철도구조물공학 2) 철도 송 · 변전 및 철도배전설비 3) 전기철도 설계기준 및 급전제어규정 4) 전기철도 급전계통 특성 이해 5) 전기철도 고장장애 복구 · 대책 수립 6) 전기철도 사고사례 및 안전관리 등	강의 및 토의
철도안전 관련법령	철도안전법령 및 관련 행정규칙의 준수 및 이해도 향상 1) 철도안전정책 2) 철도안전법령 및 행정규칙 3) 열차운행선로 지장작업 업무 요령	강의 및 토의
실무실습	전기철도설비의 운용 및 안전확보를 위한 전문실무실습 1) 가공 · 강체전차선로 시공 및 유지보수 2) 철도 송 · 변전 및 철도배전설비 시공 및 유지보수 3) 전기철도 시설물 점검방법 등	현장실습

다. 철도신호분야 안전전문기술자

교육과목	교육내용	교육절차
직무전문 교육	철도신호에 대한 직무전문지식의 습득과 운용능력 배양 1) 신호기장치, 선로전환기장치, 궤도회로 및 연동장치 등 2) 신호 설계기준 및 신호설비 유지보수 세칙 3) 선로전환기 동작계통 및 연동도표 이해 4) 철도신호 장애 복구 · 대책 수립 요령 5) 철도신호 품질안전 및 안전관리 등	강의 및 토의
철도안전 관련법령	철도안전법령 및 관련 행정규칙의 준수 및 이해도 향상 1) 철도안전 정책 2) 철도안전 법령 및 행정규칙 3) 열차운행선로 지장작업 업무요령	강의 및 토의
실무실습	철도신호 설비의 운용 및 안전 확보를 위한 전문실무실습 1) 신호기, 선로전환기, 궤도회로 및 연동장치 유지보수 실습 2) 철도신호 시설물 점검요령 실습	현장실습

라. 철도시설분야 안전전문기술자

교육과목	교육내용	교육절차
직무전문 교육	철도시설(궤도)에 대한 전문지식의 습득과 운용능력 배양 1) 철도공학 : 궤도보수, 궤도장비, 궤도역학 2) 선로일반 : 궤도구조, 궤도재료, 인접분야인터페이스 3) 궤도설계 : 궤도설계기준, 궤도구조, 궤도재료, 궤도설계기법, 궤도와 구조물인터페이스 4) 용접이론 : 레일용접 관련지침 및 공법해설 5) 시설안전 · 재해업무 관련 규정 6) 사고사례 및 안전관리 등	강의 및 토의
철도안전 관련법령	철도안전법령 및 관련 행정규칙의 준수 및 이해도 향상 1) 철도안전법령 및 행정규칙 2) 선로지장취급절차, 열차 방호 요령 3) 철도차량운전규칙, 열차운전 취급절차 규정 4) 선로유지관리지침 및 보선작업지침 해설	강의 및 토의
실무실습	철도시설의 운용 및 안전 확보를 위한 전문실무실습 1) 선로시공 및 보수 일반 2) 중대형 보선장비 제원 및 작업 견학	현장실습

마. 철도차량분야 안전전문기술자

교육과목	교육내용	교육절차
직무전문 교육	철도차량에 대한 직무전문지식의 습득과 운용능력 배양 1) 철도차량시스템 일반 2) 철도차량 신뢰성 및 품질관리 3) 철도차량 리스크(위험도) 평가 4) 철도차량 시험 및 검사 5) 철도 사고 사례 및 안전관리 등	강의 및 토의
철도안전 관련법령	철도안전법령 및 관련 행정규칙의 준수 및 이해도 향상 1) 철도안전 정책 2) 철도안전 법령 및 행정규칙 3) 철도차량 관련 표준 및 정비관련 규정	강의 및 토의
실무실습	철도차량의 운용 및 안전 확보를 위한 전문실무실습 1) 철도차량의 안전조치(작업 전/작업 후) 2) 철도차량 기능검사 및 응급조치 3) 철도차량 기술검토, 제작검사	현장실습

02 철도안전 전문기관

철도안전 전문기관은 철도안전과 관련된 업무를 수행하는 비영리 단체이거나 사단법인, 학회등이 신청할 수 있으며, 일정한 요건을 갖추어 신청하면 철도안전 전문인력의 수급상황 등을 종합적으로 고려하여 국토교통부장관이 지정할 수 있도록 하고 있다. 전문인력과 같이 철도운행안전분야, 전기철도분야, 철도차량 분야, 철도신호 분야 및 철도궤도분야 등 업무별 특성에 맞도록 안전전문기관을 지정하여 철도안전 전문인력의 양성 및 자격관리 등의 업무를 수행하게 할 수 있다.

1 안전전문기관으로 지정받을 수 있는 기관이나 단체

① 철도안전과 관련된 업무를 수행하는 학회 · 기관이나 단체

② 철도안전과 관련된 업무를 수행하는 「민법」 제32조에 따라 국토교통부장관의 허가를 받아 설립된 비영리법인

2 철도안전 전문기관의 종류

① 철도운행안전 분야
② 전기철도 분야
③ 철도신호 분야
④ 철도궤도 분야
⑤ 철도차량 분야

03 철도안전 시책

1 철도안전 지식의 보급 등

국토교통부장관은 철도안전에 관한 지식의 보급과 철도안전의식을 고취하기 위하여 필요한 시책을 마련하여 추진하여야 한다.

2 철도안전 정보의 종합관리 등

(1) 국토교통부장관은 이 법에 따른 철도안전시책을 효율적으로 추진하기 위하여 철도안전에 관한 정보를 종합관리하고, 관계 지방자치단체의 장 또는 철도운영자등, 운전적성검사기관, 관제적성검사기관, 운전교육훈련기관, 관제교육훈련기관, 인증기관, 시험기관, 안전전문기관 및 제77조 제2항에 따라 업무를 위탁받은 기관 또는 단체(이하 "철도관계기관등"이라 한다)에 그 정보를 제공할 수 있다.

(2) 국토교통부장관은 (1)에 따른 정보의 종합관리를 위하여 관계 지방자치단체의 장 또는 철도관계기관등에 필요한 자료의 제출을 요청할 수 있다. 이 경우 요청을 받은 자는 특별한 이유가 없으면 요청을 따라야 한다.

3 재정지원

정부는 다음의 기관 또는 단체에 보조 등 재정적 지원을 할 수 있다.
① 운전적성검사기관, 관제적성검사기관 또는 정밀안전진단기관
② 운전교육훈련기관, 관제교육훈련기관 또는 정비교육훈련기관
③ 인증기관, 시험기관, 안전전문기관 및 철도안전에 관한 단체
④ 제77조 제2항에 따라 업무를 위탁받은 기관 또는 단체

제8장 | 보 칙

법 제73조(보고 및 검사)

① 국토교통부장관이나 관계 지방자치단체는 다음 각호의 어느 하나에 해당하는 경우 대통령령으로 정하는 바에 따라 철도관계기관등에 대하여 필요한 사항을 보고하게 하거나 자료의 제출을 명할 수 있다.

1. 철도안전 종합계획 또는 시행계획의 수립 또는 추진을 위하여 필요한 경우

1의2. 제6조의2 제1항에 따른 철도안전투자의 공시가 적정한지를 확인하려는 경우

2. 제8조 제2항에 따른 점검 · 확인을 위하여 필요한 경우

2의2. 제9조의3 제1항에 따른 안전관리 수준평가를 위하여 필요한 경우

3. 운전적성검사기관, 관제적성검사기관, 운전교육훈련기관, 관제교육훈련기관, 안전전문기관, 정비교육훈련기관, 정밀안전진단기관, 인증기관 또는 시험기관의 업무수행 또는 지정기준 부합 여부에 대한 확인이 필요한 경우

4. 철도운영자등의 제21조의2, 제22조의2 또는 제23조 제3항에 따른 철도종사자 관리의무 준수 여부에 대한 확인이 필요한 경우

4의2. 제31조 제4항(철도차량 완성검사를 받은 자가 해당 철도차량을 판매하는 경우 조치)에 따른 조치의무 준수 여부를 확인하려는 경우

5. 제38조 제2항(종합시험 결과보고 후 기술기준 적합 여부, 열차운행체계 안전성 여부, 정상운행 준비의 적절성 여부 등을 검토하여 개선 · 시정을 명할 수 있음)에 따른 검토를 위하여 필요한 경우

5의2. 제38조의9(인증정비조직의 준수사항 확인)에 따른 준수사항 이행 여부를 확인하려는 경우

6. 제40조에 따라 철도운영자가 열차운행을 일시 중지한 경우로서 그 결정 근거 등의 적정성에 대한 확인이 경우

7. 제44조 제2항에 따른 철도운영자의 안전조치 등이 적정한지에 대한 확인이 필요한 경우

8. 제61조(철도사고등 의무보고)에 따른 보고와 관련하여 사실 확인 등이 필요한 경우

9. 제68조(철도안전기술의 진흥), 제69조 제2항(철도안전업무에 종사하는 전문인력을 원활하게 확보할 수 있도록 시책 마련) 또는 제70조(철도안전 지식의 보급 등)에 따른 시책을 마련하기 위하여 필요한 경우

10. 제72조의2 제1항(철도의 안전을 위하여 철도횡단교량의 개축 또는 개량에 필요한 비용의 일부를 지원할 수 있음)에 따른 비용의 지원을 결정하기 위하여 필요한 경우

- ①에 따른 보고를 하지 않거나 거짓으로 보고한 경우 : 1회 300만원, 2회 600만원, 3회 900만원 과태료
- ①에 따른 자료제출을 거부, 방해 또는 기피한 경우 : 1회 300만원, 2회 600만원, 3회 900만원 과태료

② 국토교통부장관이나 관계 지방자치단체는 제1항 각호의 어느 하나에 해당하는 경우 소속 공무원으로 하여금 철도관계기관등의 사무소 또는 사업장에 출입하여 관계인에게 질문하게 하거나 서류를 검사하게 할 수 있다.

- 소속 공무원의 출입 · 검사를 거부, 방해 또는 기피한 경우 : 1회 300만원, 2회 600만원, 3회 900만원 과태료

③ 제2항에 따라 출입 · 검사를 하는 공무원은 국토교통부령으로 정하는 바에 따라 그 권한을 표시하는 증표를 지니고 이를 관계인에게 보여주어야 한다.

④ 제3항에 따른 증표에 관하여 필요한 사항은 국토교통부령으로 정한다.

▶시행령 제61조(보고 및 검사)

① 국토교통부장관 또는 관계 지방자치단체의 장은 법 제73조 제1항에 따라 보고 또는 자료의 제출을 명할 때에는 7일 이상의 기간을 주어야 한다. 다만, 공무원이 철도사고등이 발생한 현장에 출동하는 등 긴급한 상황인 경우에는 그러하지 아니하다.

② 국토교통부장관은 법 제73조 제2항에 따른 검사 등의 업무를 효율적으로 수행하기 위하여 특히 필요하다고 인정하는 경우에는 철도안전에 관한 전문가를 위촉하여 검사 등의 업무에 관하여 자문에 응하게 할 수 있다.

※ 국토교통부장관은 국가철도를 건설, 관리, 운영하고 있는 한국철도공사, 국가철도공단 및 철도관계기관을 관리감독하고 있으며, 지방자치단체장 중에는 도시철도를 운영하고 있는 지방자치단체장이 있다. 이러한 경우 철도관계기관의 운영의 적절성을 관리감독하고 올바르게 유지하기 위하여 보고 및 검사를 하고 있다.

예 제

01 국토교통부장관이나 관계 지방자치단체가 철도관계기관에 보고하게 하거나 자료를 제출하게 할 수 있는 사항이 아닌 것은?

① 철도안전 종합계획 또는 시행계획의 수립 또는 추진을 위하여 필요한 경우
② 철도안전투자의 공시가 적정한지를 확인하려는 경우
③ 철도안전기술진흥 시책 마련을 위하여 필요한 경우
④ 보안검색장비 운영의 적절성 확인이 필요한 경우

해설 보안검색장비 운영의 적절성 확인이 필요한 경우는 포함되지 않는다.

정답 ④

출제경향

출제 비중과 빈도가 제8장에서는 비교적 높은 곳이다.

법 제74조(수수료)

① 이 법에 따른 교육훈련, 면허, 검사, 진단, 성능인증 및 성능시험 등을 신청하는 자는 국토교통부령으로 정하는 수수료를 내야 한다. 다만, 이 법에 따라 국토교통부장관의 지정을 받은 운전적성검사기관, 관제적성검사기관, 운전교육훈련기관, 관제교육훈련기관, 정비교육훈련기관, 정밀안전진단기관, 인증기관, 시험기관 및 안전전문기관(이하 이 조에서 "대행기관"이라 한다) 또는 제77조 제2항에 따라 업무를 위탁받은 기관(이하 이 조에서 "수탁기관"이라 한다)의 경우에는 대행기관 또는 수탁기관이 정하는 수수료를 대행기관 또는 수탁기관에 내야 한다.

② 제1항 단서에 따라 수수료를 정하려는 대행기관 또는 수탁기관은 그 기준을 정하여 국토교통부장관의 승인을 받아야 한다. 승인받은 사항을 변경하려는 경우에도 또한 같다.

▶시행규칙 제94조(수수료의 결정절차)

① 법 제74조 제1항 단서에 따른 대행기관 또는 수탁기관이 같은 조 제2항에 따라 수수료에 대한 기준을 정하려는 경우에는 해당 기관의 인터넷 홈페이지에 20일간 그 내용을 게시하여 이해관계인의 의견을 수렴하여야 한다. 다만, 긴급하다고 인정하는 경우에는 인터넷 홈페이지에 그 사유를 소명하고 10일간 게시할 수 있다.

② 제1항에 따라 대행기관 또는 수탁기관이 수수료에 대한 기준을 정하여 국토교통부장관의 승인을 얻은 경우에는 해당 기관의 인터넷 홈페이지에 그 수수료 및 산정내용을 공개하여야 한다.

※ 철도안전법에서 행하고 있는 교육훈련 및 각종 검사 등을 받으려면 수수료를 납부하여야 한다. 이러한 수수료는 실시 기관, 대행기관 및 위탁기관에서 장비, 인력, 시설이용료 등을 취합하여 수수료 산정을 하고 기준을 만들어 국토교통부장관의 승인을 받아 결정하게 된다. 이러한 과정에서 기준에 대한 이해관계인의 의견청취를 위하여 홈페이지에 20일간 게시하여야 하고, 최종 결정된 수수료 또한 게시하여야 한다.

예 제

01 철도안전법에서 정하는 수수료의 기준을 결정하는 경우 홈페이지 게시 기간은?

① 10일간

② 15일간

③ 20일간

④ 30일간

해설 수수료에 대한 기준을 정하려는 경우에는 해당 기관의 인터넷 홈페이지에 20일간 그 내용을 게시하여 이해관계인의 의견을 수렴하여야 한다.

정답 ③

출제경향

출제비중과 빈도가 높은 곳은 아니나, 수수료를 받는 기관과 절차는 숙지하여야 한다.

법 제75조(청문)

국토교통부장관은 다음 각호의 어느 하나에 해당하는 처분을 하는 경우에는 청문을 하여야 한다.

1. 제9조 제1항에 따른 안전관리체계의 승인 취소
2. 제15조의2에 따른 운전적성검사기관의 지정취소(제16조 제5항, 제21조의6 제5항, 제21조의7 제5항, 제24조의4 제5항 또는 제69조 제7항에서 준용하는 경우를 포함한다)
3. 삭제
4. 제20조 제1항에 따른 운전면허의 취소 및 효력정지

4의2. 제21조의11 제1항에 따른 관제자격증명의 취소 또는 효력정지

4의3. 제24조의5 제1항에 따른 철도차량정비기술자의 인정 취소

5. 제26조의2 제1항(제27조 제4항에서 준용하는 경우를 포함한다)에 따른 형식승인의 취소
6. 제26조의7(제27조의2 제4항에서 준용하는 경우를 포함한다)에 따른 제작자승인의 취소
7. 제38조의10 제1항에 따른 인증정비조직의 인증 취소
8. 제38조의13 제3항에 따른 정밀안전진단기관의 지정 취소

9. 제48조의4 제3항에 따른 시험기관의 지정 취소
10. 제69조의5 제1항에 따른 철도운행안전관리자의 자격 취소
11. 제69조의5 제2항에 따른 철도안전전문기술자의 자격 취소

법 제75조의2(통보 및 징계권고)

① 국토교통부장관은 이 법 등 철도안전과 관련된 법규의 위반에 따른 범죄혐의가 있다고 인정할만한 상당한 이유가 있을 때에는 관할 수사기관에 그 내용을 통보할 수 있다.

② 국토교통부장관은 이 법 등 철도안전과 관련된 법규의 위반에 따라 사고가 발생했다고 인정할만한 상당한 이유가 있을 때에는 사고에 책임이 있는 사람을 징계할 것을 해당 철도운영자등에게 권고할 수 있다. 이 경우 권고를 받은 철도운영자등은 이를 존중하여야 하며 그 결과를 국토교통부장관에게 통보하여야 한다.

법 제76조(벌칙 적용에서 공무원 의제)

다음 각호의 어느 하나에 해당하는 사람은 「형법」 제129조부터 제132조까지의 규정을 적용할 때에는 공무원으로 본다.

1. 운전적성검사 업무에 종사하는 운전적성검사기관의 임직원 또는 관제적성검사 업무에 종사하는 관제적성검사기관의 임직원
2. 운전교육훈련 업무에 종사하는 운전교육훈련기관의 임직원 또는 관제교육훈련 업무에 종사하는 관제교육훈련기관의 임직원

2의2. 정비교육훈련 업무에 종사하는 정비교육훈련기관의 임직원
2의3. 정밀안전진단 업무에 종사하는 정밀안전진단기관의 임직원
2의4. 제27조의3에 따라 위탁받은 검사 업무에 종사하는 기관 또는 단체의 임직원
2의5. 제48조의4에 따른 성능시험 업무에 종사하는 시험기관의 임직원 및 성능인증 · 점검 업무에 종사하는 인증기관의 임직원
2의6. 제69조 제5항에 따른 철도안전 전문인력의 양성 및 자격관리 업무에 종사하는 안전전문기관의 임직원
3. 제77조 제2항에 따라 위탁업무에 종사하는 철도안전 관련 기관 또는 단체의 임직원

※ 철도안전법에서 기관지정 등을 받거나 각종 자격을 취득하는 것은 많은 노력과 예산, 시설 등이 투자되어야 한다. 따라서 기관의 지정을 취소하거나 인정 등을 취소하는 경우에는 청문을 통하여 사실관계를 다시 한번 확인하도록 하고 있고, 운전면허와 관제자격증명은 정지를 정지시키는 경우에도 청문을 하도록 하고 있다. 또한, 철도종사자 및 기관이 법규 위반을 하는 경우 사법기관에 통보하고 관련 직원에 대하여는 철도운영자등에게 징계를 권고할 수 있다.
철도안전법에서 정하는 일부의 업무는 벌칙 적용에 있어서는 공무원으로 의제하고 있다. 이는 무분별하게 자격취득이나 각종 기관의 지정, 승인 등이 이루어질 경우 철도시스템의 안전에 심대한 지장을 초래할 수 있기 때문이다.

예제

01 철도안전법에서 정하고 있는 청문과 관련이 없는 것은?

① 안전관리체계의 승인 취소
② 운전면허의 취소 및 효력정지
③ 관제자격증명의 취소 또는 효력정지
④ 철도차량정비기술자의 인정 취소 및 효력정지

해설 철도차량정비기술자의 인정 취소만 청문을 실시한다.

정답 ④

출제경향

청문과 벌칙 적용에 있어서 공무원 의제는 꾸준히 출제되고 있다.

법 제77조(권한의 위임 · 위탁)

① 국토교통부장관은 이 법에 따른 권한의 일부를 대통령령으로 정하는 바에 따라 소속 기관의 장 또는 시 · 도지사에게 위임할 수 있다.

② 국토교통부장관은 이 법에 따른 업무의 일부를 대통령령으로 정하는 바에 따라 철도안전 관련 기관 또는 단체에 위탁할 수 있다.

▶시행령 제62조(권한의 위임)

① 국토교통부장관은 법 제77조 제1항에 따라 해당 특별시 · 광역시 · 특별자치시 · 도 또는 특별자치도의 소관 도시철도(「도시철도법」 제3조 제2호에 따른 도시철도 또는 같은 법 제24조 또는 제42조에 따라 도시철도건설사업 또는 도시철도운송사업을 위탁받은 법인이 건설 · 운영하는 도시철도를 말한다)에 대한 다음 각호의 권한을 해당 시 · 도지사에게 위임한다.
1. 법 제39조의2 제1항부터 제3항까지(철도교통관제의 지시명령 및 정보제공 등)에 따른 이동 · 출발 등의 명령과 운행기준 등의 지시, 조언 · 정보의 제공 및 안전조치 업무
2. 법 제82조 제1항 제10호에 따른 과태료의 부과 · 징수

② 국토교통부장관은 법 제77조 제1항에 따라 다음 각호의 권한을 「국토교통부와 그 소속기관 직제」 제40조에 따른 철도특별사법경찰대장에게 위임한다.
1. 법 제41조 제2항에 따른 술을 마셨거나 약물을 사용하였는지에 대한 확인 또는 검사
2. 법 제48조의2 제2항에 따른 철도보안정보체계의 구축 · 운영
3. 법 제82조 제1항 제14호, 같은 조 제2항 제7호 · 제8호 · 제9호 · 제10호, 같은 조 제4항 및 같은 조 제5항 제2호에 따른 과태료의 부과 · 징수

▶시행령 제63조(업무의 위탁)

① 국토교통부장관은 법 제77조 제2항에 따라 다음 각호의 업무를 한국교통안전공단에 위탁한다.

1. 법 제7조 제4항에 따른 안전관리기준에 대한 적합 여부 검사

1의2. 법 제7조 제5항에 따른 기술기준의 제정 또는 개정을 위한 연구 · 개발

1의3. 법 제8조 제2항에 따른 안전관리체계에 대한 정기검사 또는 수시검사

1의4. 법 제9조의3 제1항에 따른 철도운영자등에 대한 안전관리 수준평가

2. 법 제17조 제1항에 따른 운전면허시험의 실시

3. 법 제18조 제1항(법 제21조의9에서 준용하는 경우를 포함한다)에 따른 운전면허증 또는 관제자격증명서의 발급과 법 제18조 제2항(법 제21조의9에서 준용하는 경우를 포함한다)에 따른 운전면허증 또는 관제자격증명서의 재발급이나 기재사항의 변경

4. 법 제19조 제3항(법 제21조의9에서 준용하는 경우를 포함한다)에 따른 운전면허증 또는 관제자격증명서의 갱신 발급과 법 제19조 제6항(법 제21조의9에서 준용하는 경우를 포함한다)에 따른 운전면허 또는 관제자격증명 갱신에 관한 내용 통지

5. 법 제20조 제3항 및 제4항(법 제21조의11 제2항에서 준용하는 경우를 포함한다)에 따른 운전면허증 또는 관제자격증명서의 반납의 수령 및 보관

6. 법 제20조 제6항(법 제21조의11 제2항에서 준용하는 경우를 포함한다)에 따른 운전면허 또는 관제자격증명의 발급 · 갱신 · 취소 등에 관한 자료의 유지 · 관리

6의2. 법 제21조의8 제1항에 따른 관제자격증명시험의 실시

6의3. 법 제24조의2 제1항부터 제3항까지에 따른 철도차량정비기술자의 인정 및 철도차량정비경력증의 발급 · 관리

6의4. 법 제24조의5 제1항 및 제2항에 따른 철도차량정비기술자 인정의 취소 및 정지에 관한 사항

6의5. 법 제38조 제2항에 따른 종합시험운행 결과의 검토

6의6. 법 제38조의5 제5항에 따른 철도차량의 이력관리에 관한 사항

6의7. 법 제38조의7 제1항 및 제2항에 따른 철도차량 정비조직의 인증 및 변경인증의 적합 여부에 관한 확인

6의8. 법 제38조의7 제3항에 따른 정비조직운영기준의 작성

6의9. 법 제38조의14 제1항에 따른 정밀안전진단기관이 수행한 해당 정밀안전진단의 결과 평가

6의10. 법 제61조의3 제1항에 따른 철도안전 자율보고의 접수

7. 법 제70조에 따른 철도안전에 관한 지식 보급과 법 제71조에 따른 철도안전에 관한 정보의 종합관리를 위한 정보체계 구축 및 관리

7의2. 법 제75조 제4호의3에 따른 철도차량정비기술자의 인정 취소에 관한 청문

② 국토교통부장관은 법 제77조 제2항에 따라 다음 각호의 업무를 한국철도기술연구원에 위탁한다.

1. 법 제25조 제1항(2018. 3. 13. 삭제), 제26조 제3항(철도차량의 기술기준), 제26조의3 제2항(철도차량의 제작관리 및 품질유지에 필요한 기술기준), 제27조 제2항(철도용품의 기술기준) 및 제27조의2 제2항(철도용품의 제작관리 및 품질유지에 필요한 기술기준)에 따른 기술기준의 제정 또는 개정을 위한 연구 · 개발

2. 삭제
3. 삭제
4. 삭제
5. 법 제26조의8(철도차량 품질관리체계의 유지 · 검사) 및 제27조의2 제4항(철도용품 품질관리체계의 유지 · 검사)에서 준용하는 법 제8조 제2항에 따른 정기검사 또는 수시검사
6. 삭제
7. 삭제
8. 법 제34조 제1항에 따른 철도차량 · 철도용품 표준규격의 제정 · 개정 등에 관한 업무 중 다음 각 목의 업무
   가. 표준규격의 제정 · 개정 · 폐지에 관한 신청의 접수
   나. 표준규격의 제정 · 개정 · 폐지 및 확인 대상의 검토
   다. 표준규격의 제정 · 개정 · 폐지 및 확인에 대한 처리결과 통보
   라. 표준규격서의 작성
   마. 표준규격서의 기록 및 보관
9. 법 제38조의2 제4항에 따른 철도차량 개조승인검사

③ 국토교통부장관은 법 제77조 제2항에 따라 철도보호지구 등의 관리에 관한 다음 각호의 업무를 「국가철도공단법」에 따른 국가철도공단에 위탁한다.
1. 법 제45조 제1항에 따른 철도보호지구에서의 행위의 신고 수리, 같은 조 제2항에 따른 노면전차 철도보호지구의 바깥쪽 경계선으로부터 20미터 이내의 지역에서의 행위의 신고 수리 및 같은 조 제3항에 따른 행위 금지 · 제한이나 필요한 조치명령
2. 법 제46조에 따른 손실보상과 손실보상에 관한 협의

④ 국토교통부장관은 법 제77조 제2항에 따라 다음 각호의 업무를 국토교통부장관이 지정하여 고시하는 철도안전에 관한 전문기관이나 단체에 위탁한다.
1. 삭제
2. 법 제69조 제4항(철도안전 전문인력의 분야별 자격기준, 자격부여 절차 및 자격을 받기 위한 안전교육훈련)에 따른 자격부여 등에 관한 업무 중 제60조의2에 따른 자격부여신청 접수, 자격증명서 발급, 관계 자료 제출 요청 및 자격부여에 관한 자료의 유지 · 관리 업무

▶시행령 제63조의2(민감정보 및 고유식별정보의 처리)

국토교통부장관(제63조 제1항에 따라 국토교통부장관의 권한을 위탁받은 자를 포함한다), 법 제13조에 따른 의료기관과 운전적성검사기관, 운전교육훈련기관, 관제적성검사기관 및 관제교육훈련기관은 다음 각호의 사무를 수행하기 위하여 불가피한 경우 「개인정보 보호법」 제23조에 따른 건강에 관한 정보나 같은 법 시행령 제19조 제1호 또는 제2호에 따른 주민등록번호 또는 여권번호가 포함된 자료를 처리할 수 있다.

1. 법 제12조에 따른 운전면허의 신체검사에 관한 사무
2. 법 제15조에 따른 운전적성검사에 관한 사무
3. 법 제16조에 따른 운전교육훈련에 관한 사무
4. 법 제17조에 따른 운전면허시험에 관한 사무
5. 법 제21조의5에 따른 관제자격증명의 신체검사에 관한 사무
6. 법 제21조의6에 따른 관제적성검사에 관한 사무
7. 법 제21조의7에 따른 관제교육훈련에 관한 사무
8. 법 제21조의8에 따른 관제자격증명시험에 관한 사무
9. 법 제24조의2에 따른 철도차량정비기술자의 인정에 관한 사무
10. 제1호부터 제9호까지의 규정에 따른 사무를 수행하기 위하여 필요한 사무

▶시행령 제63조의3(규제의 재검토)

국토교통부장관은 다음 각호의 사항에 대하여 다음 각호의 기준일을 기준으로 3년마다(매 3년이 되는 해의 기준일과 같은 날 전까지를 말한다) 그 타당성을 검토하여 개선 등의 조치를 하여야 한다.

1. 제44조에 따른 운송위탁 및 운송 금지 위험물 등 : 2017년 1월 1일
2. 제60조에 따른 철도안전 전문인력의 자격기준 : 2017년 1월 1일

※ 철도안전법에서 국토교통부장관은 많은 권한과 업무를 수행하도록 하고 있다. 하지만 현실적으로 모두 수행할 수 없기 때문에 시 · 도지사가 행사할 수 있는 내용과 철도특별사법경찰대장이 수행할 수 있는 권한은 위임을 하도록 하고 있다. 과태료 부분은 겹치는 듯하지만 시 · 도지사의 범위 내에 있는 과태료와 철도특별사법경찰대장의 과태료부과 내용이 다르므로 구분이 필요하다.
한국교통안전공단에 많은 업무가 위탁되어 있고, 한국철도기술연구원과 국가철도공단 그리고 안전에 관한 전문기관에 위탁내용이 업무 특성에 맞게 위탁되어 있다.
민감정보 및 고유식별 정보의 처리는 개인의 주민등록번호등을 수집하지 않으면 개인식별이 곤란한 경우에 한해서만 처리하도록 하고 있다.

예 제

01 국토교통부장관이 철도특별사법경찰대장에게 위임한 사항이 아닌 것은?

① 술을 마셨거나 약물을 사용하였는지에 대한 확인 또는 검사
② 철도보안정보체계의 구축 · 운영
③ 철도차량의 안전한 운행을 위하여 철도시설 내에서 사람의 운행제한 등 필요한 안전조치를 따르지 않는 경우의 과태료 부과
④ 선로에 승낙 없이 출입하거나 통행한 사람에 대한 과태료 부과

해설 철도차량의 안전한 운행을 위하여 철도시설 내에서 사람의 운행제한 등 필요한 안전조치를 따르지 않는 경우의 과태료 부과는 시 · 도지사에게 위임된 내용이다.

정답 ③

출제경향

권한의 위임과 업무의 위탁은 출제비중과 빈도가 제8장에서 가장 높은 부분이다. 정확하게 구별할 수 있어야 한다.

제9장 벌 칙

법 제78조(벌칙)

① 다음 각호의 어느 하나에 해당하는 사람은 무기징역 또는 5년 이상의 징역에 처한다.

1. 사람이 탑승하여 운행 중인 철도차량에 불을 놓아 소훼(燒燬)한 사람
2. 사람이 탑승하여 운행 중인 철도차량을 탈선 또는 충돌하게 하거나 파괴한 사람

② 제48조 제1호를 위반하여 철도시설 또는 철도차량을 파손하여 철도차량 운행에 위험을 발생하게 한 사람은 10년 이하의 징역 또는 1억원 이하의 벌금에 처한다.

③ 과실로 제1항의 죄를 지은 사람은 1년 이하의 징역 또는 1천만원 이하의 벌금에 처한다.

④ 과실로 제2항의 죄를 지은 사람은 1천만원 이하의 벌금에 처한다.

⑤ 업무상 과실이나 중대한 과실로 제1항의 죄를 지은 사람은 3년 이하의 징역 또는 3천만원 이하의 벌금에 처한다.

⑥ 업무상 과실이나 중대한 과실로 제2항의 죄를 지은 사람은 2년 이하의 징역 또는 2천만원 이하의 벌금에 처한다.

⑦ 제1항 및 제2항의 미수범은 처벌한다.

※ 제78조의 벌칙은 철도안전법에서 정하고 있는 벌칙 중에 가장 중한 처벌이다. 불을 놓아 소훼(태워서 없애버림)한 사람과 고의적으로 탈선, 충돌 등을 통하여 파괴한 사람, 그리고 철도시설 및 철도차량을 파손하여 위험을 발생하게 한 행위를 가장 위험한 행위로 법에서는 보고 있는 것이다.

예 제

01 업무상 과실로 사람이 탑승하여 운행 중인 철도차량을 탈선시킨 사람이 받는 벌칙은?

① 5년 이하의 징역이나 5천만원 이하의 벌금
② 3년 이하의 징역이나 3천만원 이하의 벌금
③ 2년 이하의 징역이나 2천만원 이하의 벌금
④ 1년 이하의 징역이나 1천만원 이하의 벌금

해설 업무상 과실이나 중대한 과실로 제1항의 죄를 지은 사람은 3년 이하의 징역 또는 3천만원 이하의 벌금에 처한다.

정답 ②

출제경향

벌칙과 과태료는 출제비중과 빈도가 비슷하고, 반드시 1~2문제가 출제되고 있다.

법 제79조(벌칙)

① 제49조 제2항을 위반하여 폭행 · 협박으로 철도종사자의 직무집행을 방해한 자는 5년 이하의 징역 또는 5천만원 이하의 벌금에 처한다.

② 다음 각호의 어느 하나에 해당하는 자는 3년 이하의 징역 또는 3천만원 이하의 벌금에 처한다.

1. 제7조 제1항을 위반하여 안전관리체계의 승인을 받지 아니하고 철도운영을 하거나 철도시설을 관리한 자
2. 제26조의3 제1항을 위반하여 철도차량 제작자미승인을 받지 아니하고 철도차량을 제작한 자
3. 제27조의2 제1항을 위반하여 철도용품 제작자승인을 받지 아니하고 철도용품을 제작한 자

3의2. 제38조의2 제2항을 위반하여 개조승인을 받지 아니하고 철도차량을 임의로 개조하여 운행한 자

3의3. 제38조의2 제3항을 위반하여 적정 개조능력이 있다고 인정되지 아니한 자에게 철도차량 개조작업을 수행하게 한 자

3의4. 제38조의3 제1항을 위반하여 국토교통부장관의 운행제한 명령을 따르지 아니하고 철도차량을 운행한 자

> **법 제38조의3(철도차량의 운행제한)**
>
> ① 국토교통부장관은 다음 각호의 어느 하나에 해당하는 사유가 있다고 인정되면 소유자등에게 철도차량의 운행제한을 명할 수 있다.
>
> 1. 소유자등이 개조승인을 받지 아니하고 임의로 철도차량을 개조하여 운행하는 경우
> 2. 철도차량이 제26조 제3항에 따른 철도차량의 기술기준에 적합하지 아니한 경우

4. 철도사고등 발생 시 제40조의2 제2항 제2호 또는 제5항을 위반하여 사람을 사상(死傷)에 이르게 하거나 철도차량 또는 철도시설을 파손에 이르게 한 자
5. 제41조 제1항을 위반하여 술을 마시거나 약물을 사용한 상태에서 업무를 한 사람
6. 제43조를 위반하여 운송 금지 위험물의 운송을 위탁하거나 그 위험물을 운송한 자
7. 제44조 제1항을 위반하여 위험물을 운송한 자
8. 제48조 제2호부터 제4호까지의 규정에 따른 금지행위를 한 자

③ 다음 각호의 어느 하나에 해당하는 자는 2년 이하의 징역 또는 2천만원 이하의 벌금에 처한다.

1. 거짓이나 그 밖의 부정한 방법으로 제7조 제1항에 따른 안전관리체계의 승인을 받은 자
2. 제8조 제1항을 위반하여 철도운영이나 철도시설의 관리에 중대하고 명백한 지장을 초래한 자
3. 거짓이나 그 밖의 부정한 방법으로 제15조 제4항(운전적성검사기관), 제16조 제3항(운전교육훈련기관), 제21조의6 제3항(관제적성검사기관), 제21조의7 제3항(관제교육훈련기관), 제24조의4 제2항(정비교육훈련기관), 제38조의13 제1항(정밀안전진단기관) 또는 제69조 제5항(안전전문기관)에 따른 지정을 받은 자
4. 제15조의2(운전적성검사기관)[제16조 제5항(운전교육훈련기관), 제21조의6 제5항(관제적성검사기관), 제21조의7 제5항(관제교육훈련기관), 제24조의4 제5항(정비교육훈련기관) 또는 제69조 제7항(안전전문기관)에서 준용하는 경우를 포함한다]에 따른 업무정지 기간 중에 해당 업무를 한 자
5. 거짓이나 그 밖의 부정한 방법으로 제26조 제1항 또는 제27조 제1항에 따른 형식승인을 받은 자

6. 제26조 제5항을 위반하여 형식승인을 받지 아니한 철도차량을 운행한 자
7. 거짓이나 그 밖의 부정한 방법으로 제26조의3 제1항(철도차량 제작자 승인)또는 제27조의2 제1항(철도용품 제작자 승인)에 따른 제작자승인을 받은 자
8. 거짓이나 그 밖의 부정한 방법으로 제26조의3 제3항(철도용품 제작자 승인)[제27조의2 제4항(철도용품 제작자 승인의 면제)에서 준용하는 경우를 포함한다]에 따른 제작자승인의 면제를 받은 자
9. 제26조의6 제1항을 위반하여 완성검사를 받지 아니하고 철도차량을 판매한 자
10. 제26조의7 제1항 제5호(제27조의2 제4항에서 준용하는 경우를 포함한다)에 따른 업무정지 기간 중에 철도차량 또는 철도용품을 제작한 자
11. 제27조 제3항을 위반하여 형식승인을 받지 아니한 철도용품을 철도시설 또는 철도차량 등에 사용한 자

11의2. 거짓이나 그 밖의 부정한 방법으로 제27조의3에 따라 위탁받은 검사 업무를 수행한 자

법 제27조의3(검사 업무의 위탁)
국토교통부장관은 다음 각호의 업무를 대통령령으로 정하는 바에 따라 관련 기관 또는 단체에 위탁할 수 있다.
1. 제26조 제3항에 따른 철도차량 형식승인검사
2. 제26조의3 제2항에 따른 철도차량 제작자승인검사
3. 제26조의6 제1항에 따른 철도차량 완성검사
4. 제27조 제2항에 따른 철도용품 형식승인검사
5. 제27조의2 제2항에 따른 철도용품 제작자승인검사

12. 제32조 제1항에 따른 중지명령에 따르지 아니한 자

법 제32조(제작 또는 판매 중지 등)
① 국토교통부장관은 제26조 또는 제27조에 따라 형식승인을 받은 철도차량 또는 철도용품이 다음 각호의 어느 하나에 해당하는 경우에는 그 철도차량 또는 철도용품의 제작·수입·판매 또는 사용의 중지를 명할 수 있다. 다만, 제1호에 해당하는 경우에는 제작·수입·판매 또는 사용의 중지를 명하여야 한다.
1. 제26조의2 제1항(제27조 제4항에서 준용하는 경우를 포함한다)에 따라 형식승인이 취소된 경우
2. 제26조의2 제2항(제27조 제4항에서 준용하는 경우를 포함한다)에 따라 변경승인 이행명령을 받은 경우
3. 제26조의6에 따른 완성검사를 받지 아니한 철도차량을 판매한 경우(판매 또는 사용의 중지명령만 해당한다)
4. 형식승인을 받은 내용과 다르게 철도차량 또는 철도용품을 제작·수입·판매한 경우

13. 제38조 제1항을 위반하여 종합시험운행을 실시하지 아니하거나 실시한 결과를 국토교통부장관에게 보고하지 아니하고 철도노선을 정상운행한 자

13의2. 제38조의6 제1항을 위반하여 철도차량정비가 되지 않은 철도차량임을 알면서 운행한 자

13의3. 제38조의6 제3항에 따른 철도차량정비 또는 원상복구 명령에 따르지 아니한 자

13의4. 거짓이나 그 밖의 부정한 방법으로 제38조의7 제1항에 따른 철도차량 정비조직의 인증을 받은 자

13의5. 제38조의10 제1항 제2호에 해당하는 경우로서 고의 또는 중대한 과실로 철도사고 또는 중대한 운행장애를 발생시킨 자

13의6. 제38조의12 제4항을 위반하여 정밀안전진단을 받지 아니하거나 정밀안전진단 결과 또는 정밀안전진단 결과에 대한 평가 결과 계속 사용이 적합하지 아니하다고 인정된 철도차량을 운행한 자

13의7. 제40조 제2항 후단을 위반하여 특별한 사유 없이 열차운행을 중지하지 아니한 자
13의8. 제40조 제4항을 위반하여 철도종사자에게 불이익한 조치를 한 자
14. 삭제
15. 제41조 제2항에 따른 확인 또는 검사에 불응한 자
16. 정당한 사유 없이 제42조 제1항을 위반하여 위해물품을 휴대하거나 적재한 사람
17. 제45조 제1항 및 제2항에 따른 신고를 하지 아니하거나 같은 조 제3항에 따른 명령에 따르지 아니한 자
18. 제47조 제1항 제2호를 위반하여 운행 중 비상정지버튼을 누르거나 승강용 출입문을 여는 행위를 한 사람
19. 제61조의3 제3항을 위반하여 철도안전 자율보고를 한 사람에게 불이익한 조치를 한 자

④ 다음 각호의 어느 하나에 해당하는 자는 1년 이하의 징역 또는 1천만원 이하의 벌금에 처한다.
1. 제10조 제1항을 위반하여 운전면허를 받지 아니하고(제20조에 따라 운전면허가 취소되거나 그 효력이 정지된 경우를 포함한다) 철도차량을 운전한 사람
2. 거짓이나 그 밖의 부정한 방법으로 운전면허를 받은 사람
2의2. 거짓이나 그 밖의 부정한 방법으로 관제자격증명을 받은 사람
2의3. 거짓이나 그 밖의 부정한 방법으로 철도차량정비기술자로 인정받은 사람
2의4. 제19조의2를 위반하여 운전면허증을 다른 사람에게 빌려주거나 빌리거나 이를 알선한 사람
3. 제21조를 위반하여 실무수습을 이수하지 아니하고 철도차량의 운전업무에 종사한 사람
3의2. 제21조의2를 위반하여 운전면허를 받지 아니하거나(제20조에 따라 운전면허가 취소되거나 그 효력이 정지된 경우를 포함한다) 실무수습을 이수하지 아니한 사람을 철도차량의 운전업무에 종사하게 한 철도운영자등
3의3. 제21조의3을 위반하여 관제자격증명을 받지 아니하고(제21조의11에 따라 관제자격증명이 취소되거나 그 효력이 정지된 경우를 포함한다) 관제업무에 종사한 사람
3의4. 제21조의10을 위반하여 관제자격증명서를 다른 사람에게 빌려주거나 빌리거나 이를 알선한 사람
4. 제22조를 위반하여 실무수습을 이수하지 아니하고 관제업무에 종사한 사람
4의2. 제22조의2를 위반하여 관제자격증명을 받지 아니하거나(제21조의11에 따라 관제자격증명이 취소되거나 그 효력이 정지된 경우를 포함한다) 실무수습을 이수하지 아니한 사람을 관제업무에 종사하게 한 철도운영자등
5. 제23조 제1항을 위반하여 신체검사와 적성검사를 받지 아니하거나 같은 조 제3항을 위반하여 신체검사와 적성검사에 합격하지 아니하고 같은 조 제1항에 따른 업무를 한 사람 및 그로 하여금 그 업무에 종사하게 한 자
5의2. 제24조의3을 위반한 다음 각 목의 어느 하나에 해당하는 사람
가. 다른 사람에게 자기의 성명을 사용하여 철도차량정비 업무를 수행하게 하거나 자신의 철도차량정비경력증을 빌려 준 사람
나. 다른 사람의 성명을 사용하여 철도차량정비 업무를 수행하거나 다른 사람의 철도차량정비경력증을 빌린 사람
다. 가목 및 나목의 행위를 알선한 사람

6. 제26조 제1항 또는 제27조 제1항에 따른 형식승인을 받지 아니한 철도차량 또는 철도용품을 판매한 자

6의2. 제31조 제6항에 따른 이행 명령에 따르지 아니한 자

> 법 제31조 제6항
> 국토교통부장관은 철도차량 완성검사를 받아 해당 철도차량을 판매한 자가 제4항에 따른 조치를 이행하지 아니한 경우에는 그 이행을 명할 수 있다.

7. 제38조 제1항을 위반하여 종합시험운행 결과를 허위로 보고한 자

7의2. 제38조의7 제1항을 위반하여 정비조직의 인증을 받지 아니하고 철도차량정비를 한 자

8. 제39조의2 제1항에 따른 지시를 따르지 아니한 자
9. 제39조의3 제3항을 위반하여 설치 목적과 다른 목적으로 영상기록장치를 임의로 조작하거나 다른 곳을 비춘 자 또는 운행기간 외에 영상기록을 한 자
10. 제39조의3 제4항을 위반하여 영상기록을 목적 외의 용도로 이용하거나 다른 자에게 제공한 자
11. 제39조의3 제5항을 위반하여 안전성 확보에 필요한 조치를 하지 아니하여 영상기록장치에 기록된 영상정보를 분실 · 도난 · 유출 · 변조 또는 훼손당한 자
12. 제47조 제6호를 위반하여 술을 마시거나 약물을 복용하고 다른 사람에게 위해를 주는 행위를 한 사람
13. 거짓이나 부정한 방법으로 철도운행안전관리자 자격을 받은 사람
14. 제69조의2 제1항을 위반하여 철도운행안전관리자를 배치하지 아니하고 철도시설의 건설 또는 관리와 관련한 작업을 시행한 철도운영자
15. 제69조의3 제1항 및 제2항을 위반하여 정기교육을 받지 아니하고 업무를 한 사람 및 그로 하여금 그 업무에 종사하게 한 자

> 법 제69조의3(철도안전 전문인력의 정기교육)
> ① 철도안전 전문인력의 분야별 자격을 부여받은 사람은 직무 수행의 적정성 등을 유지할 수 있도록 정기적으로 교육을 받아야 한다.
> ② 철도운영자등은 정기교육을 받지 아니한 사람을 관련 업무에 종사하게 하여서는 아니 된다.

16. 제69조의4를 위반하여 철도안전 전문인력의 분야별 자격을 다른 사람에게 빌려주거나 빌리거나 이를 알선한 사람

⑤ 제47조 제1항 제5호(철도종사자와 여객 등에게 성적 수치심을 일으키는 행위)를 위반한 자는 500만원 이하의 벌금에 처한다.

※ 제79조의 벌칙은 5년 이하의 징역 또는 5천만원 이하의 벌금에서부터 500만원 이하의 벌금까지를 규정하고 있다. 5년 이하의 징역 또는 5천만원 이하의 벌금은 단 한가지이다. 철도종사자에 대한 폭행 · 협박으로 집무집행을 방해한 경우에 해당하며, 500만원 이하의 벌금은 여객열차에서 철도종사자와 여객 등에게 성적 수치심을 일으키는 행위를 한 경우 등에 해당한다. 3년 이하의 징역 또는 3천만원 이하의 벌금은 열차운행과 관련된 차량, 용품, 시설 등의 훼손 및 관리위반, 종사자의 음주위반으로 인한 철도안전의 위협이 중심을 이루고 있고, 2년 이하의 징역 또는 2천만원 이하의 벌금은 각종 기관의 지정, 업무정지 위반, 열차운행관련 지시명령 위반, 음주 등의 확인 거부 등이 중심이 되고 있다. 1년 이하의 징역 또는 1천만원 이하의 벌금은 주로 개인의 자격과 교육, 영상기록장치와 관련된 내용이 주로 다루어지고 있다.

예 제

01 1년 이하의 징역 또는 1천만원 이하의 벌금에 해당하는 사람은?

① 철도차량 제작자승인을 받지 아니하고 철도차량을 제작한 자
② 형식승인을 받지 아니한 철도차량을 운행한 자
③ 정당한 사유 없이 여객열차에서 위해물품을 휴대하거나 적재한 사람
④ 거짓이나 그 밖의 부정한 방법으로 관제자격증명을 받은 사람

해설 ① 철도차량 제작자승인을 받지 아니하고 철도차량을 제작한 자 : 3년 이하의 징역 또는 3천만원 이하의 벌금
② 형식승인을 받지 아니한 철도차량을 운행한 자 : 2년 이하의 징역 또는 2천만원 이하의 벌금
③ 정당한 사유 없이 여객열차에서 위해물품을 휴대하거나 적재한 사람 : 2년 이하의 징역 또는 2천만원 이하의 벌금

정답 ④

출제경향

벌칙과 과태료는 출제비중과 빈도가 비슷하고, 반드시 1~2문제가 출제되고 있다.

법 제80조(형의 가중)

① 제78조 제1항의 죄를 지어 사람을 사망에 이르게 한 자는 사형, 무기징역 또는 7년 이상의 징역에 처한다.

> 법 제78조(벌칙)
> ① 무기징역 또는 5년 이상의 징역에 처한다.
> 1. 사람이 탑승하여 운행 중인 철도차량에 불을 놓아 소훼(燒燬)한 사람
> 2. 사람이 탑승하여 운행 중인 철도차량을 탈선 또는 충돌하게 하거나 파괴한 사람

② 제79조 제1항, 제3항 제16호 또는 제17호의 죄를 범하여 열차운행에 지장을 준 자는 그 죄에 규정된 형의 2분의 1까지 가중한다.

> 제79조(벌칙)
> ① 제49조 제2항을 위반하여 폭행 · 협박으로 철도종사자의 직무집행을 방해한 자는 5년 이하의 징역 또는 5천만원 이하의 벌금에 처한다.
> ③ 2년 이하의 징역 또는 2천만원 이하의 벌금에 처한다.
> 16. 정당한 사유 없이 제42조 제1항을 위반하여 위해물품을 휴대하거나 적재한 사람
> 17. 제45조 제1항 및 제2항에 따른 신고를 하지 아니하거나 같은 조 제3항에 따른 명령에 따르지 아니한 자

③ 제79조 제3항 제16호 또는 제17호의 죄를 범하여 사람을 사상에 이르게 한 자는 5년 이하의 징역 또는 5천만원 이하의 벌금에 처한다.

법 제81조(양벌규정)

법인의 대표자나 법인 또는 개인의 대리인, 사용인, 그 밖의 종업원이 그 법인 또는 개인의 업무에 관하여 제79조 제2항, 같은 조 제3항(제16호는 제외한다) 및 제4항(제2호는 제외한다) 또는 제80조(제79조 제3항 제17호의 가중죄를 범한 경우만 해당한다)의 어느 하나에 해당하는 위반행위를 하면 그 행위자를 벌하는 외에 그 법인 또는 개인에게도 해당 조문의 벌금형을 과(科)한다. 다만, 법인 또는 개인이 그 위반행위를 방지하기 위하여 해당 업무에 관하여 상당한 주의와 감독을 게을리하지 아니한 경우에는 그러하지 아니하다.

※ 형의 가중은 행위로 인하여 사람을 사망에 이르게 한 경우와 열차운행에 지장을 준 경우, 사람을 사상에 이르게 한 경우는 형을 가중하여 처벌한다. 또한, 법인이나 개인의 대리인, 사용인, 종업원 등이 양벌규정에서 정한 위반 행위가 있는 경우에는 법인이나 개인에게도 벌금형을 과한다. 다만, 위반행위를 방지하기 위한 상당한 주의와 감독을 한 경우에는 그러하지 아니하다.

예 제

01 철도안전법상 위반행위로 인하여 열차운행에 지장을 주어 규정된 형의 1/2까지 가중하는 것이 아닌 것은?

① 사람이 탑승하여 운행 중인 철도차량을 탈선 또는 충돌하게 하거나 파괴한 사람
② 폭행 · 협박으로 철도종사자의 직무집행을 방해한 자
③ 인화성이 높은 위해물품을 열차 안에서 휴대하거나 적재한 사람
④ 철도보호지구에서의 행위제한을 위반하여 명령에 따르지 아니한 자

해설 사람이 탑승하여 운행 중인 철도차량을 탈선 또는 충돌하게 하거나 파괴한 사람의 경우는 열차운행에 지장을 준 경우라도 1/2까지 가중은 없다.

정답 ①

출제경향

형의 가중은 비중은 높지 않으나 빈도는 높은 편이다.

법 제82조(과태료)

① 다음 각호의 어느 하나에 해당하는 자에게는 1천만원 이하의 과태료를 부과한다.

1. 제7조 제3항(제26조의8 및 제27조의2 제4항에서 준용하는 경우를 포함한다)을 위반하여 안전관리체계의 변경승인을 받지 아니하고 안전관리체계를 변경한 자
2. 제8조 제3항(제26조의8 및 제27조의2 제4항에서 준용하는 경우를 포함한다)을 위반하여 정당한 사유 없이 시정조치 명령에 따르지 아니한 자

2의2. 제9조의4 제4항을 위반하여 시정조치 명령을 따르지 아니한 자

3. 삭제
4. 제26조 제2항(제27조 제4항에서 준용하는 경우를 포함한다)을 위반하여 변경승인을 받지 아니한 자
5. 제26조의5 제2항(제27조의2 제4항에서 준용하는 경우를 포함한다)에 따른 신고를 하지 아니한 자

6. 제27조의2 제3항을 위반하여 형식승인표시를 하지 아니한 자
7. 제31조 제2항을 위반하여 조사 · 열람 · 수거 등을 거부, 방해 또는 기피한 자
8. 제32조 제2항 또는 제4항을 위반하여 시정조치계획을 제출하지 아니하거나 시정조치의 진행 상황을 보고하지 아니한 자
9. 제38조 제2항에 따른 개선 · 시정 명령을 따르지 아니한 자

9의2. 제38조의5 제3항을 위반한 다음 각 목의 어느 하나에 해당하는 자

가. 이력사항을 고의로 입력하지 아니한 자

나. 이력사항을 위조 · 변조하거나 고의로 훼손한 자

다. 이력사항을 무단으로 외부에 제공한 자

9의3. 제38조의7 제2항을 위반하여 변경인증을 받지 아니한 자

9의4. 제38조의9에 따른 준수사항을 지키지 아니한 자

9의5. 제38조의12 제2항에 따른 정밀안전진단 명령을 따르지 아니한 자

9의6. 제38조의14 제2항 후단을 위반하여 특별한 사유 없이 자료를 제출하지 아니하거나 거짓으로 제출한 자

10. 제39조의2 제3항에 따른 안전조치를 따르지 아니한 자
11. 삭제
12. 삭제
13. 삭제

13의2. 제48조의3 제1항을 위반하여 국토교통부장관의 성능인증을 받은 보안검색장비를 사용하지 아니한 자

13의3. 삭제

14. 제49조 제1항을 위반하여 철도종사자의 직무상 지시에 따르지 아니한 사람
15. 제61조 제1항 및 제61조의2 제1항 · 제2항에 따른 보고를 하지 아니하거나 거짓으로 보고한 자

15의2. 삭제

16. 제73조 제1항에 따른 보고를 하지 아니하거나 거짓으로 보고한 자
17. 제73조 제1항에 따른 자료제출을 거부, 방해 또는 기피한 자
18. 제73조 제2항에 따른 소속 공무원의 출입 · 검사를 거부, 방해 또는 기피한 자

② 다음 각호의 어느 하나에 해당하는 자에게는 500만원 이하의 과태료를 부과한다.

1. 제7조 제3항(제26조의8 및 제27조의2 제4항에서 준용하는 경우를 포함한다)을 위반하여 안전관리체계의 변경신고를 하지 아니하고 안전관리체계를 변경한 자
2. 제24조 제1항을 위반하여 안전교육을 실시하지 아니한 자 또는 제24조 제2항을 위반하여 직무교육을 실시하지 아니한 자

2의2. 제24조 제3항을 위반하여 안전교육 실시 여부를 확인하지 아니하거나 안전교육을 실시하도록 조치하지 아니한 철도운영자등

3. 제26조 제2항(제27조 제4항에서 준용하는 경우를 포함한다)을 위반하여 변경신고를 하지 아니한 자
4. 제38조의2 제2항 단서를 위반하여 개조신고를 하지 아니하고 개조한 철도차량을 운행한 자
5. 제38조의5 제3항 제1호를 위반하여 이력사항을 과실로 입력하지 아니한 자

6. 제38조의7 제2항을 위반하여 변경신고를 하지 아니한 자
7. 제40조의2에 따른 준수사항을 위반한 자
8. 제47조 제1항 제1호 또는 제3호를 위반하여 여객출입 금지장소에 출입하거나 물건을 여객열차 밖으로 던지는 행위를 한 사람
8의2. 제47조 제3항을 위반하여 여객열차에서의 금지행위에 관한 사항을 안내하지 아니한 자
9. 제48조 제5호를 위반하여 철도시설(선로는 제외한다)에 승낙 없이 출입하거나 통행한 사람
10. 제48조 제7호 · 제9호 또는 제10호를 위반하여 철도시설에 유해물 또는 오물을 버리거나 열차운행에 지장을 준 사람
11. 제48조의3 제2항에 따른 보안검색장비의 성능인증을 위한 기준 · 방법 · 절차 등을 위반한 인증기관 및 시험기관
12. 제61조 제2항에 따른 보고를 하지 아니하거나 거짓으로 보고한 자

③ 다음 각호의 어느 하나에 해당하는 자에게는 300만원 이하의 과태료를 부과한다.
1. 제9조의4 제3항을 위반하여 우수운영자로 지정되었음을 나타내는 표시를 하거나 이와 유사한 표시를 한 자
2. 삭제
3. 삭제
4. 제20조 제3항(제21조의11 제2항에서 준용하는 경우를 포함한다)을 위반하여 운전면허증을 반납하지 아니한 사람

④ 다음 각호의 어느 하나에 해당하는 자에게는 100만원 이하의 과태료를 부과한다.
1. 제47조 제1항 제4호를 위반하여 여객열차에서 흡연을 한 사람
2. 제48조 제5호를 위반하여 선로에 승낙 없이 출입하거나 통행한 사람

⑤ 다음 각호의 어느 하나에 해당하는 자에게는 50만원 이하의 과태료를 부과한다.
1. 제45조 제4항을 위반하여 조치명령을 따르지 아니한 자
2. 제47조 제1항 제7호를 위반하여 공중이나 여객에게 위해를 끼치는 행위를 한 사람

⑥ 제1항부터 제5항까지에 따른 과태료는 대통령령으로 정하는 바에 따라 국토교통부장관 또는 시 · 도지사(이 조 제1항 제14호 · 제16호 및 제17호, 제2항 제8호부터 제10호까지, 제4항 제1호 · 제2호 및 제5항 제1호 · 제2호만 해당한다)가 부과 · 징수한다.

▶시행령 **제64조(과태료 부과기준)**

법 제82조 제1항부터 제5항까지의 규정에 따른 과태료 부과기준은 별표 6과 같다.

▶시행령 [별표 6] 과태료 부과기준(개별기준)

위반행위	근거 법조문	과태료 금액 (단위 : 만원)		
		1회 위반	2회 위반	3회 이상 위반
가. 법 제7조(안전관리체계 승인) 제3항[법 제26조의8(철도차량 품질관리체계 승인) 및 제27조의2(철도용품 품질관리체계 승인) 제4항에서 준용하는 경우를 포함한다]을 위반하여 안전관리체계의 변경승인을 받지 않고 안전관리체계를 변경한 경우	법 제82조 제1항 제1호	300	600	900
나. 법 제7조 제3항(법 제26조의8 및 제27조의2 제4항에서 준용하는 경우를 포함한다)을 위반하여 안전관리체계의 변경신고를 하지 않고 안전관리체계를 변경한 경우	법 제82조 제2항 제1호	150	300	450
다. 법 제8조(안전관리체계의 유지) 제3항[법 제26조의8(철도차량 품질관리체계 유지) 및 제27조의2(철도용품 품질관리체계유지) 제4항에서 준용하는 경우를 포함한다]을 위반하여 정당한 사유 없이 시정조치 명령에 따르지 않은 경우	법 제82조 제1항 제2호	300	600	900
라. 법 제9조의4(철도안전 우수운영자 지정) 제3항을 위반하여 우수운영자로 지정되었음을 나타내는 표시를 하거나 이와 유사한 표시를 한 경우	법 제82조 제3항 제1호	90	180	270
마. 법 제9조의4 제4항을 위반하여 시정조치명령을 따르지 않은 경우	법 제82조 제1항 제2호의2	300	600	900
바. 법 제20조(운전면허의 취소 · 정지 등) 제3항(법 제21조의11 제2항에서 준용하는 경우를 포함한다)을 위반하여 운전면허증을 반납하지 않은 경우	법 제82조 제3항 제4호	90	180	270
사. 법 제24조 제1항을 위반하여 안전교육을 실시하지 않거나 같은 조 제2항을 위반하여 직무교육을 실시하지 않은 경우	법 제82조 제2항 제2호	150	300	450
아. 법 제24조 제3항을 위반하여 철도운영자 등이 안전교육 실시 여부를 확인하지 않거나 안전교육을 실시하도록 조치하지 않은 경우	법 제82조 제2항 제2호의2	150	300	450
자. 법 제26조 제2항 본문(법 제27조 제4항에서 준용하는 경우를 포함한다)을 위반하여 변경승인을 받지 않은 경우 **법 제26조(철도차량 형식승인)** ② 철도차량 형식승인(철도용품 형식승인)을 받은 자가 승인받은 사항을 변경하려는 경우에는 국토교통부장관의 변경승인을 받아야 한다. 다만, 국토교통부령으로 정하는 경미한 사항을 변경하려는 경우에는 국토교통부장관에게 신고하여야 한다.	법 제82조 제1항 제4호	300	600	900
차. 법 제26조 제2항 단서(법 제27조 제4항에서 준용하는 경우를 포함한다)를 위반하여 변경신고를 하지 않은 경우	법 제82조 제2항 제3호	150	300	450

카. 법 제26조의5 제2항(법 제27조의2 제4항에서 준용하는 경우를 포함한다)에 따른 신고를 하지 않은 경우 **법 제26조의5(승계)** ② 철도차량 제작자승인(철도용품 제작자승인)의 지위를 승계하는 자는 승계일부터 1개월 이내에 국토교통부령으로 정하는 바에 따라 그 승계 사실을 국토교통부장관에게 신고하여야 한다.	법 제82조 제1항 제5호	300	600	900
타. 법 제27조의2 제3항을 위반하여 형식승인표시를 하지 않은 경우 **법 제27조의2(철도용품 제작자승인)** ③ 제작자승인을 받은 자는 해당 철도용품에 대하여 국토교통부령으로 정하는 바에 따라 형식승인을 받은 철도용품임을 나타내는 형식승인표시를 하여야 한다.	법 제82조 제1항 제6호	300	600	900
파. 법 제31조 제2항을 위반하여 조사 · 열람 · 수거 등을 거부, 방해 또는 기피한 경우 **법 제31조(형식승인 등의 사후관리)** ② 철도차량 또는 철도용품 형식승인 및 제작자승인을 받은 자와 철도차량 또는 철도용품의 소유자 · 점유자 · 관리인 등은 정당한 사유 없이 제1항에 따른 조사 · 열람 · 수거 등을 거부 · 방해 · 기피하여서는 아니 된다.	법 제82조 제1항 제7호	300	600	900
하. 법 제32조 제2항 또는 제4항을 위반하여 시정조치계획을 제출하지 않거나 시정조치의 진행 상황을 보고하지 않은 경우 **법 제32조(제작 또는 판매 중지 등)** ② 중지명령을 받은 철도차량 또는 철도용품의 제작자는 국토교통부령으로 정하는 바에 따라 해당 철도차량 또는 철도용품의 회수 및 환불 등에 관한 시정조치계획을 작성하여 국토교통부장관에게 제출하고 이 계획에 따른 시정조치를 하여야 한다. ④ 철도차량 또는 철도용품의 제작자는 제2항 본문에 따라 시정조치를 하는 경우에는 국토교통부령으로 정하는 바에 따라 해당 시정조치의 진행 상황을 국토교통부장관에게 보고하여야 한다.	법 제82조 제1항 제8호	300	600	900
거. 법 제38조 제2항에 따른 개선 · 시정 명령을 따르지 않은 경우 **법 제38조(종합시험운행)** ② 국토교통부장관은 제1항에 따른 보고를 받은 경우에는 「철도의 건설 및 철도시설 유지관리에 관한 법률」 제19조 제1항에 따른 기술기준에의 적합 여부, 철도시설 및 열차운행체계의 안전성 여부, 정상운행 준비의 적절성 여부 등을 검토하여 필요하다고 인정하는 경우에는 개선 · 시정할 것을 명할 수 있다.	법 제82조 제1항 제9호	300	600	900

너. 법 제38조의2(철도차량의 개조 등) 제2항 단서를 위반하여 개조신고를 하지 않고 개조한 철도차량을 운행한 경우	법 제82조 제2항 제4호	150	300	450
더. 제38조의5(철도차량의 이력관리) 제3항을 위반한 다음의 어느 하나에 해당하는 경우 1) 이력사항을 고의로 입력하지 않은 경우 2) 이력사항을 위조 · 변조하거나 고의로 훼손한 경우 3) 이력사항을 무단으로 외부에 제공한 경우	법 제82조 제1항 제9호의2	300	600	900
러. 법 제38조의5 제3항 제1호를 위반하여 이력사항을 과실로 입력하지 않은 경우	법 제82조 제2항 제5호	150	300	450
머. 법 제38조의7 제2항을 위반하여 변경인증을 받지 않은 경우 **법 제38조의7(철도차량 정비조직인증)** ② 제1항에 따라 정비조직의 인증을 받은 자가 인증받은 사항을 변경하려는 경우에는 국토교통부장관의 변경인증을 받아야 한다. 다만, 국토교통부령으로 정하는 경미한 사항을 변경하는 경우에는 국토교통부장관에게 신고하여야 한다.	법 제82조 제1항 제9호의3	300	600	900
버. 법 제38조의7 제2항을 위반하여 변경신고를 하지 않은 경우	법 제82조 제2항 제6호	150	300	450
서. 법 제38조의9에 따른 준수사항을 지키지 않은 경우 **법 제38조의9(인증정비조직의 준수사항)** 1. 철도차량정비기술기준을 준수할 것 2. 정비조직인증기준에 적합하도록 유지할 것 3. 정비조직운영기준을 지속적으로 유지할 것 4. 중고 부품을 사용하여 철도차량정비를 할 경우 그 적정성 및 이상 여부를 확인할 것 5. 철도차량정비가 완료되지 않은 철도차량은 운행할 수 없도록 관리할 것	법 제82조 제1항 제9호의4	300	600	900
어. 법 제38조의12 제2항에 따른 정밀안전진단 명령을 따르지 않은 경우 **법 제38조의12(철도차량 정밀안전진단)** ② 국토교통부장관은 철도사고 및 중대한 운행장애 등이 발생된 철도차량에 대하여는 소유자등에게 정밀안전진단을 받을 것을 명할 수 있다. 이 경우 소유자등은 특별한 사유가 없으면 이에 따라야 한다.	법 제82조 제1항 제9호의5	300	600	900
저. 법 제38조의14 제2항 후단을 위반하여 특별한 사유 없이 자료를 제출하지 않거나 거짓으로 제출한 경우	법 제82조 제1항 제9호의6	300	600	900
처. 법 제39조의2 제3항에 따른 안전조치를 따르지 않은 경우 **법 제39조의2(철도교통관제)** ③ 국토교통부장관은 철도차량의 안전한 운행을 위하여 철도시설 내에서 사람, 자동차 및 철도차량의 운행제한 등 필요한 안전조치를 취할 수 있다.	법 제82조 제1항 제10호	300	600	900

커. 법 제39조의3(영상기록장치의 설치·운영 등) 제1항을 위반하여 영상기록장치를 설치·운영하지 않은 경우	법 제82조 제1항 제10호의2	300	600	900
터. 법 제40조의2(철도종사자의 준수사항)에 따른 준수사항을 위반한 경우	법 제82조 제2항 제7호	150	300	450
퍼. 법 제45조(철도보호지구에서의 행위제한 등) 제4항을 위반하여 조치명령을 따르지 않은 경우	법 제82조 제5항 제1호	15	30	45
허. 법 제47조(여객열차에서의 금지행위) 제1항 제1호 또는 제3호를 위반하여 여객출입 금지장소에 출입하거나 물건을 여객열차 밖으로 던지는 행위를 한 경우	법 제82조 제2항 제8호	150	300	450
고. 법 제47조 제1항 제4호를 위반하여 여객열차에서 흡연을 한 경우	법 제82조 제4항 제1호	30	60	90
노. 법 제47조 제1항 제7호를 위반하여 공중이나 여객에게 위해를 끼치는 행위를 한 경우	법 제82조 제5항 제2호	15	30	45
도. 법 제47조 제3항에 따른 여객열차에서의 금지행위에 관한 사항을 안내하지 않은 경우	법 제82조 제2항 제8호의2	150	300	450
로. 법 제48조(철도 보호 및 질서유지를 위한 금지행위) 제5호를 위반하여 철도시설(선로는 제외한다)에 승낙 없이 출입하거나 통행한 경우	법 제82조 제2항 제9호	150	300	450
모. 법 제48조 제5호를 위반하여 선로에 승낙 없이 출입하거나 통행한 경우	법 제82조 제4항 제2호	30	60	90
보. 법 제48조 제7호·제9호 또는 제10호를 위반하여 철도시설에 유해물 또는 오물을 버리거나 열차운행에 지장을 준 경우	법 제82조 제2항 제10호	150	300	450
소. 법 제48조의3(보안검색장비의 성능인증 등) 제1항을 위반하여 국토교통부장관의 성능인증을 받은 보안검색장비를 사용하지 않은 경우	법 제82조 제1항 제13호의2	300	600	900
오. 인증기관 및 시험기관이 법 제48조의3 제2항에 따른 보안검색장비의 성능인증을 위한 기준·방법·절차 등을 위반한 경우	법 제82조 제2항 제11호	150	300	450
조. 법 제49조(철도종사자의 직무상 지시 준수) 제1항을 위반하여 철도종사자의 직무상 지시에 따르지 않은 경우	법 제82조 제1항 제14호	300	600	900
초. 법 제61조 제1항에 따른 보고를 하지 않거나 거짓으로 보고한 경우	법 제82조 제1항 제15호	300	600	900
코. 법 제61조 제2항에 따른 보고를 하지 않거나 거짓으로 보고한 경우	법 제82조 제2항 제12호	150	300	450
토. 법 제61조의2 제1항·제2항에 따른 보고를 하지 않거나 거짓으로 보고한 경우	법 제82조 제1항 제15호	300	600	900
포. 법 제73조 제1항에 따른 보고를 하지 않거나 거짓으로 보고한 경우	법 제82조 제1항 제16호	300	600	900
호. 법 제73조 제1항에 따른 자료제출을 거부, 방해 또는 기피한 경우	법 제82조 제1항 제17호	300	600	900

구. 법 제73조 제2항에 따른 소속 공무원의 출입 · 검사를 거부, 방해 또는 기피한 경우	법 제82조 제1항 제18호	300	600	900

※ 과태료의 부과는 앞장에서 계속 학습하여 온 것을 여기서 총정리하였다. 시행령 [별표 6] 과태료 부과기준을 중심으로 숙지할 수 있어야 한다.

예 제

01 과태료 부과기준을 잘못 설명한 것은?

① 철도시설에 유해물 또는 오물을 버리거나 열차운행에 지장을 준 경우 : 1회 위반 150만원
② 여객열차에서의 금지행위에 관한 사항을 안내하지 않은 경우 : 2회 위반 300만원
③ 여객열차에서 흡연을 한 경우 : 3회 위반 90만원
④ 영상기록장치를 설치 · 운영하지 않은 경우 : 1회 위반 150만원

해설 영상기록장치를 설치 · 운영하지 않은 경우 : 1회 위반 300만원

정답 ④

출제경향

제9장에서 벌칙과 과태료는 1~2문제는 계속 출제되고 있다.

철도사고·장애, 철도차량고장 등에 따른 의무보고 및 철도안전 자율보고에 관한 지침

제1장 총칙

제1조(목적)

이 지침은 다음 각호의 보고의 절차 및 방법 등의 세부사항을 정하는 것을 목적으로 한다.

1. 「철도안전법 시행규칙」(이하 "규칙"이라 한다) 제86조 제3항에 따른 철도사고등 의무보고
2. 규칙 제87조 제3항 및 제5항에 따른 철도차량에 발생한 고장, 결함 또는 기능장애 보고
3. 규칙 제88조 제1항 및 제3항에 따른 철도안전 자율보고

제2조(정의)

① 이 지침에서 사용하는 "철도사고"라 함은 「철도안전법」(이하 "법"이라 한다) 제2조 제11호에 따른 철도사고를 말하며(단 전용철도에서 발생한 사고는 제외한다), 규칙 제1조의2에서 별도로 정하지 않은 세부분류기준은 다음 각호와 같다.

> **철도안전법 제2조 제11호**
> "철도사고"란 철도운영 또는 철도시설관리와 관련하여 사람이 죽거나 다치거나 물건이 파손되는 사고로 국토교통부령으로 정하는 것을 말한다.
> **철도안전법 시행규칙 제1조의2(철도사고의 범위)**
> 「철도안전법」 제2조 제11호에서 "국토교통부령으로 정하는 것"이란 다음 각호의 어느 하나에 해당하는 것을 말한다.
> 1. 철도교통사고 : 철도차량의 운행과 관련된 사고로서 다음 각 목의 어느 하나에 해당하는 사고
>   가. 충돌사고 : 철도차량이 다른 철도차량 또는 장애물(동물 및 조류는 제외한다)과 충돌하거나 접촉한 사고
>   나. 탈선사고 : 철도차량이 궤도를 이탈하는 사고
>   다. 열차화재사고 : 철도차량에서 화재가 발생하는 사고
>   라. 기타철도교통사고 : 가목부터 다목까지의 사고에 해당하지 않는 사고로서 철도차량의 운행과 관련된 사고
> 2. 철도안전사고 : 철도시설 관리와 관련된 사고로서 다음 각 목의 어느 하나에 해당하는 사고. 다만, 「재난 및 안전관리 기본법」 제3조 제1호 가목에 따른 자연재난으로 인한 사고는 제외한다.
>   가. 철도화재사고 : 철도역사, 기계실 등 철도시설에서 화재가 발생하는 사고
>   나. 철도시설파손사고 : 교량 · 터널 · 선로, 신호 · 전기 · 통신 설비 등의 철도시설이 파손되는 사고
>   다. 기타철도안전사고 : 가목 및 나목에 해당하지 않는 사고로서 철도시설 관리와 관련된 사고

1. 규칙 제1조의2 제1호 라목의 "기타철도교통사고"란 다음 각 목의 어느 하나에 해당하는 것을 말한다.
   가. 위험물사고 : 열차에서 위험물(「철도안전법」 시행령 제45조에 따른 위험물을 말한다) 또는 위해물품(규칙 제78조 제1항에 따른 위해물품을 말한다)이 누출되거나 폭발하는 등으로 사상자 또는 재산피해가 발생한 사고
   나. 건널목사고 : 「건널목개량촉진법」 제2조에 따른 건널목에서 열차 또는 철도차량과 도로를 통행하는 차마(「도로교통법」 제2조 제17호에 따른 차마를 말한다), 사람 또는 기타 이동 수단으로 사용하는 기계기구와 충돌하거나 접촉한 사고

다. 철도교통사상사고 : 규칙 제1조의2의 “충돌사고”, “탈선사고”, “열차화재사고”를 동반하지 않고, 위 가목, 나목을 동반하지 않고 열차 또는 철도차량의 운행으로 여객(이하 철도를 이용하여 여행할 목적으로 역구내에 들어온 사람이나 열차를 이용 중인 사람을 말한다), 공중(公衆), 직원(이하 계약을 체결하여 철도운영자등의 업무를 수행하는 사람을 포함한다)이 사망하거나 부상을 당한 사고

2. 규칙 제1조의2 제2호 다목의 “기타철도안전사고”란 다음 각 목의 어느 하나에 해당하는 것을 말한다.

가. 철도안전사상사고 : 규칙 제1조의2의 “철도화재사고”, “철도시설파손사고”를 동반하지 않고 대합실, 승강장, 선로 등 철도시설에서 추락, 감전, 충격 등으로 여객, 공중(公衆), 직원이 사망하거나 부상을 당한 사고

나. 기타안전사고 : 위 가목의 사고에 해당되지 않는 기타철도안전사고

② 이 지침에서 사용하는 “철도준사고”라 함은 법 제2조 제12호에 따른 철도준사고를 말한다.

철도안전법 제2조 제12호

“철도준사고”란 철도안전에 중대한 위해를 끼쳐 철도사고로 이어질 수 있었던 것으로 국토교통부령으로 정하는 것을 말한다.

철도안전법 시행규칙 제1조의3(철도준사고의 범위)

법 제2조 제12호에서 “국토교통부령으로 정하는 것”이란 다음 각호의 어느 하나에 해당하는 것을 말한다.

1. 운행허가를 받지 않은 구간으로 열차가 주행하는 경우
2. 열차가 운행하려는 선로에 장애가 있음에도 진행을 지시하는 신호가 표시되는 경우. 다만, 복구 및 유지 보수를 위한 경우로서 관제 승인을 받은 경우에는 제외한다.
3. 열차 또는 철도차량이 승인 없이 정지신호를 지난 경우
4. 열차 또는 철도차량이 역과 역 사이로 미끄러진 경우
5. 열차운행을 중지하고 공사 또는 보수작업을 시행하는 구간으로 열차가 주행한 경우
6. 안전운행에 지장을 주는 레일 파손이나 유지보수 허용범위를 벗어난 선로 뒤틀림이 발생한 경우
7. 안전운행에 지장을 주는 철도차량의 차륜, 차축, 차축베어링에 균열 등의 고장이 발생한 경우
8. 철도차량에서 화약류 등 「철도안전법 시행령」 제45조에 따른 위험물 또는 제78조 제1항에 따른 위해물품이 누출된 경우
9. 제1호부터 제8호까지의 준사고에 준하는 것으로서 철도사고로 이어질 수 있는 것

③ 이 지침에서 사용하는 “운행장애”라 함은 법 제2조 제13호에 따른 운행장애를 말한다.

철도안전법 제2조 제13호

“운행장애”란 철도사고 및 철도준사고 외에 철도차량의 운행에 지장을 주는 것으로서 국토교통부령으로 정하는 것을 말한다.

철도안전법 시행규칙 제1조의4(운행장애의 범위)

법 제2조 제13호에서 “국토교통부령으로 정하는 것”이란 다음 각호의 어느 하나에 해당하는 것을 말한다.

1. 관제의 사전승인 없는 정차역 통과
2. 다음 각 목의 구분에 따른 운행 지연. 다만, 다른 철도사고 또는 운행장애로 인한 운행 지연은 제외한다.
   가. 고속열차 및 전동열차 : 20분 이상
   나. 일반여객열차 : 30분 이상
   다. 화물열차 및 기타열차 : 60분 이상

④ 이 지침에서 사용하는 "사상자"라 함은 다음 각호의 인명피해를 말한다.

1. 사망자 : 사고로 즉시 사망하거나 30일 이내에 사망한 사람
2. 부상자 : 사고로 24시간 이상 입원 치료한 사람

⑤ 이 지침에서 사용하는 "철도안전정보관리시스템"이라 함은 「철도안전법 시행령」 제63조 제1항 제7호에 따라 구축되는 정보시스템을 말한다.

제3조(적용범위)

① 법 제61조에 따른 철도사고 · 준사고 및 운행장애(이하 "철도사고등"이라 한다)의 보고절차 및 방법

② 법 제61조의2에 따른 철도차량 등에 발생한 고장 등의 보고(이하 "고장보고"라 한다)와 관련하여 보고절차 및 방법

③ 법 제61조의3에 따른 철도안전 자율보고(이하 "자율보고"라 한다)의 접수 · 분석 및 전파에 필요한 절차와 방법

※ "철도사고 · 장애, 철도차량고장 등에 따른 의무보고 및 철도안전 자율보고에 관한 지침"은 철도안전법의 하위 행정규칙으로 안전법에서 구체적으로 정하고 있지 않은 철도사고등에 따른 의무보고 및 철도안전 자율보고에 관한 정의, 기준, 절차 등을 규정하고 있다. 따라서 본 지침을 이해하고 숙지하기 위해서는 철도안전법의 본문을 정확히 이해하고 관련규정을 우선적으로 숙지하는 것이 중요하기에 본문의 내용 아래 철도안전법의 내용을 병기하였으니 함께 숙지하여야 한다.

예 제

01 철도사고 · 장애, 철도차량고장 등에 따른 의무보고 및 철도안전 자율보고에 관한 지침에서 정하고 있는 정의를 다르게 설명하고 있는 것은?

① 위험물사고 : 철도차량에서 위험물 또는 위해물품이 누출되거나 폭발하는 등으로 사상자 또는 재산피해가 발생한 사고

② 건널목사고 : 「건널목개량촉진법」 제2조에 따른 건널목에서 열차 또는 철도차량과 도로를 통행하는 차마, 사람 또는 기타 이동 수단으로 사용하는 기계기구와 충돌하거나 접촉한 사고

③ 사망자 : 사고로 즉시 사망하거나 30일 이내에 사망한 사람

④ 부상자 : 사고로 24시간 이상 입원 치료한 사람

해설 위험물사고 : 열차에서 위험물 또는 위해물품이 누출되거나 폭발하는 등으로 사상자 또는 재산피해가 발생한 사고

정답 ①

출제경향

2023년도 철도교통 관제자격증명 시험의 시험범위 공지에서 한국교통안전공단은 철도안전법 제4장, 제7장을 제외하고 "철도사고 · 장애, 철도차량고장 등에 따른 의무보고 및 철도안전 자율보고에 관한 지침"과 "철도종사자 등에 관한 교육훈련 시행지침"을 포함하도록 하고 있다. 따라서 본 지침에서 정의는 출제비중과 빈도가 가장 높은 곳 중의 하나이다.

제2장 철도사고등의 의무보고

제4조(철도사고등의 즉시보고)

① 철도운영자등(법 제4조에 따른 철도운영자 및 철도시설관리자를 말한다. 전용철도의 운영자는 제외한다)이 규칙 제86조 제1항의 즉시보고를 할 때에는 별표 1의 보고계통에 따라 전화 등 가능한 통신수단을 이용하여 구두로 다음 각호와 같이 보고하여야 한다.

1. 일과시간 : 국토교통부(관련과) 및 항공 · 철도사고조사위원회
2. 일과시간 이외 : 국토교통부 당직실

② 제1항의 즉시보고는 사고발생 후 30분 이내에 하여야 한다.

③ 제1항의 즉시보고를 접수한 때에는 지체 없이 사고관련 부서(팀) 및 항공 · 철도사고조사위원회에 그 사실을 통보하여야 한다.

④ 철도운영자등은 제1항의 사고보고 후 제5조 제4항 제1호 및 제2호에 따라 국토교통부장관에게 보고하여야 한다.

⑤ 제4항의 보고 중 종결보고는 철도안전정보관리시스템을 통하여 보고할 수 있다.

⑥ 철도운영자등은 제1항의 즉시보고를 신속하게 할 수 있도록 비상연락망을 비치하여야 한다.

※ 철도안전법에서 정하고 있는 국토교통부장관에게 즉시보고하는 사항에 대한 절차를 규정하고 있다. 국토교통부(관련과) 및 항공 · 철도사고조사위원회에 30분 이내 통보하도록 하고 있다.

예 제

01 철도사고 등의 발생 시 일과시간에 즉시보고를 하여야 하는 곳은?

① 철도운행계획과
② 국토교통부 당직실
③ 국토교통부(관련과) 및 항공 · 철도사고조사위원회
④ 국토교통부장관 부속실

해설 국토교통부(관련과) 및 항공 · 철도사고조사위원회

정답 ③

출제경향

국토교통부장관에게 즉시보고를 하는 철도사고 등의 보고에 관한 방법은 출제비중과 빈도가 높은 곳이다.

제5조(철도사고등의 조사보고)

① 철도운영자등이 법 제61조 제2항에 따라 사고내용을 조사하여 그 결과를 보고하여야 할 철도사고등은 영 제57조에 따른 철도사고등을 제외한다.

철도안전법 시행령 제57조(국토교통부장관에게 즉시 보고하여야 하는 철도사고등)
법 제61조 제1항에서 "사상자가 많은 사고 등 대통령령으로 정하는 철도사고등"이란 다음 각호의 어느 하나에 해당하는 사고를 말한다.
1. 열차의 충돌이나 탈선사고
2. 철도차량이나 열차에서 화재가 발생하여 운행을 중지시킨 사고
3. 철도차량이나 열차의 운행과 관련하여 3명 이상 사상자가 발생한 사고
4. 철도차량이나 열차의 운행과 관련하여 5천만원 이상의 재산피해가 발생한 사고

② 철도운영자등은 제1항의 조사보고 대상 가운데 다음 각호의 사항에 대한 규칙 제86조 제2항 제1호의 초기보고는 철도사고등이 발생한 후 또는 사고발생 신고(여객 또는 공중(公衆)이 사고발생 신고를 하여야 알 수 있는 열차와 승강장 사이 발빠짐, 승하차 시 넘어짐, 대합실에서 추락 · 넘어짐 등의 사고를 말한다)를 접수한 후 1시간 이내에 사고발생현황을 별표 1의 보고계통에 따라 전화 등 가능한 통신수단을 이용하여 국토교통부(관련과)에 보고하여야 한다.

1. 영 제57조에 따른 철도사고등을 제외한 철도사고
2. 철도준사고
3. 규칙 제1조의4 제2호에 따른 지연운행으로 인하여 열차운행이 고속열차 및 전동열차는 40분, 일반여객열차는 1시간 이상 지연이 예상되는 사건
4. 그 밖에 언론보도가 예상되는 등 사회적 파장이 큰 사건

③ 철도운영자등은 제2항 각호에 해당하지 않는 제1항에 따른 조사보고 대상에 대하여는 철도사고등이 발생한 후 또는 사고발생 신고를 접수한 후 72시간 이내(해당 기간에 포함된 토요일 및 법정공휴일에 해당하는 시간은 제외한다)에 규칙 제86조 제2항 제1호에 따른 초기보고를 별표 1의 보고계통에 따라 전화 등 가능한 통신수단을 이용하여 국토교통부(관련과)에 보고하여야 한다.

[별표 1] 철도사고등의 보고 계통

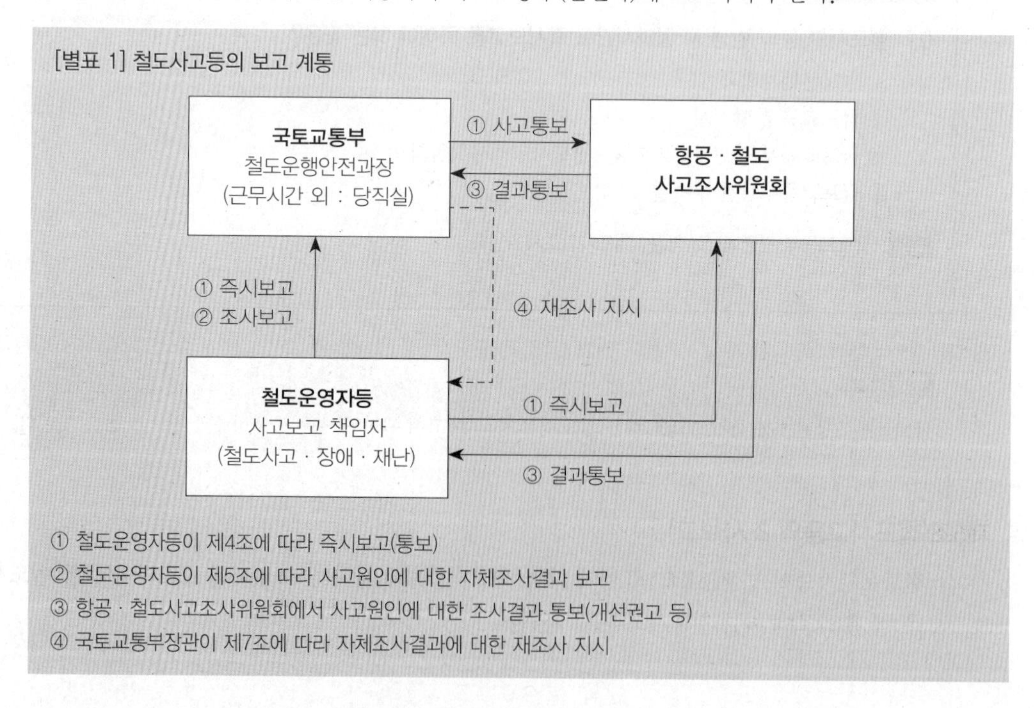

① 철도운영자등이 제4조에 따라 즉시보고(통보)
② 철도운영자등이 제5조에 따라 사고원인에 대한 자체조사결과 보고
③ 항공 · 철도사고조사위원회에서 사고원인에 대한 조사결과 통보(개선권고 등)
④ 국토교통부장관이 제7조에 따라 자체조사결과에 대한 재조사 지시

④ 철도운영자등은 제2항 또는 제3항에 따른 보고 후에 규칙 제86조 제2항 제2호와 제3호에 따라 중간보고 및 종결보고를 다음 각호와 같이 하여야 한다.

1. 중간보고는 제1항의 철도사고등이 발생한 후 철도사고보고서에 사고수습 및 복구사항 등을 작성하여 사고수습 · 복구기간 중에 1일 2회 또는 수습상황 변동 시 등 수시로 보고할 것(다만 사고수습 및 복구상황의 신속한 보고를 위해 필요한 경우에는 전화 등 가능한 통신수단으로 보고 가능)
2. 종결보고는 발생한 철도사고등의 수습 · 복구(임시복구 포함)가 끝나 열차가 정상 운행하는 시점을 기준으로 다음 달 15일 이전에 다음 각 목의 사항이 포함된 조사결과 보고서와 별표 2의 사고현장상황 및 사고발생원인 조사표를 작성하여 보고할 것
   가. 철도사고등의 조사 경위
   나. 철도사고등과 관련하여 확인된 사실
   다. 철도사고등의 원인 분석
   라. 철도사고등에 대한 대책 등
3. 규칙 제1조의2 제2호의 자연재난이 발생한 경우에는 「재난 및 안전관리 기본법」 제20조 제4항과 같은 법 시행규칙 별지 제1호 서식의 재난상황 보고서를 작성하여 보고할 것

⑤ 제3항의 초기보고 및 제4항 제2호의 종결보고는 철도안전정보관리시스템을 통하여 할 수 있다.

※ 철도운영자등은 국토교통부장관에게 즉시 보고하여야 하는 사고 외에 보고 시에는 사고발생 후 또는 사고신고 접수 1시간 이내의 초기보고와 수습상황 등을 포함한 중간보고, 사고종결 후 15일 이내에 종결보고를 하여야 한다.

예 제

01 철도운영자 등이 철도사고등이 발생한 후 또는 사고발생 신고 접수 1시간 이내에 보고해야 하는 대상으로 틀린 것은?

① 시행령 제57조에 따른 철도사고 등
② 철도준사고
③ 지연운행으로 인하여 열차운행이 고속열차 및 전동열차는 40분, 일반여객열차는 1시간 이상 지연이 예상되는 사건
④ 그 밖에 언론보도가 예상되는 등 사회적 파장이 큰 사건

해설 영 제57조에 따른 철도사고등을 제외한 철도사고

정답 ①

출제경향

국토교통부장관에게 즉시보고 하여야 하는 사고 외의 보고 방법이다. 출제비중과 빈도가 상대적으로 높지 않으나 숙지가 필요하다.

제7조(철도운영자의 사고보고에 대한 조치)

① 국토교통부장관은 제4조 또는 제5조의 규정에 따라 철도운영자등이 보고한 철도사고보고서의 내용이 미흡하다고 인정되는 경우에는 당해 내용을 보완할 것을 지시하거나 철도안전감독관 등 관계전문가로 하여금 미흡한 내용을 조사토록 할 수 있다.

② 국토교통부장관은 제4조 또는 제5조의 규정에 의하여 철도운영자등이 보고한 내용이 철도사고등의 재발을 방지하기 위하여 필요한 경우 그 내용을 발표할 수 있다. 다만, 관련내용이 공개됨으로써 당해 또는 장래의 정확한 사고조사에 영향을 줄 수 있거나 개인의 사생활이 침해될 우려가 있는 다음 각호의 내용은 공개하지 아니할 수 있다.

1. 사고조사과정에서 관계인들로부터 청취한 진술
2. 열차운행과 관계된 자들 사이에 행하여진 통신기록
3. 철도사고등과 관계된 자들에 대한 의학적인 정보 또는 사생활 정보
4. 열차운전실 등의 음성자료 및 기록물과 그 번역물
5. 열차운행관련 기록장치 등의 정보와 그 정보에 대한 분석 및 제시된 의견
6. 철도사고등과 관련된 영상 기록물

제9조(둘 이상의 기관과 관련된 사고의 처리)

둘 이상의 철도운영자등이 관련된 철도사고등이 발생된 경우 해당 철도운영자등은 공동으로 조사를 시행할 수 있으며, 다음 각호의 구분에 따라 보고하여야 한다.

1. 제4조 및 제5조에 따른 최초 보고 : 사고 발생 구간을 관리하는 철도운영자등
2. 제1호의 보고 이후 조사 보고 등
   가. 보고 기한일 이전에 사고원인이 명확하게 밝혀진 경우 : 철도차량 관련 사고 등은 해당 철도차량 운영자, 철도시설 관련 사고 등은 철도시설 관리자
   나. 보고 기한일 이전에 사고원인이 명확하게 밝혀지지 않은 경우 : 사고와 관련된 모든 철도차량 운영자 및 철도시설 관리자

※ 철도운영자등이 보고한 철도사고보고서의 내용이 미흡한 경우 내용에 대한 보완 지시와 철도감독관 등 관계전문가로 하여금 내용을 조사할 수 있다. 또한 둘 이상의 운영자등이 관련된 사고 등이 발생한 경우 최초 보고는 관할지역의 운영자등이 보고하고 이후에는 사고보고 기한까지 사고원인 등이 밝혀지는 경우와 그렇지 않은 경우가 있을 수 있다.

예 제

01 둘 이상의 철도운영자등이 관련된 사고 발생 시 최초 보고를 담당해야 하는 철도운영자등은?

① 사고 발생 구간을 관리하는 철도운영자등
② 사고의 원인을 제공한 철도운영자등
③ 사고의 조사를 담당하는 철도운영자등
④ 국토교통부장관이 지명한 철도운영자등

해설 최초 보고는 사고발생 구간을 관리하는 철도운영자등이 한다.

정답 ①

출제경향

출제비중과 빈도가 상대적으로 높지 않으나 숙지가 필요하다.

제3장 | 철도차량 등에 발생한 고장 등의 의무보고

제10조(고장보고 방법)

고장보고를 할 때에는 관련서식에 따라 국토교통부장관(철도운행안전과장) 공문과 fax를 통해 보고하여야 한다.

제11조(고장보고의 기한)

법 제61조의2에 따른 고장보고는 보고자가 관련사실을 인지한 후 7일 이내로 한다.

제12조(고장보고 내용의 전파 및 조치)

① 제10조 및 제11조에 따라 고장보고를 접수한 국토교통부장관은 필요한 경우 관련 부서(철도운영기관, 한국철도기술연구원, 한국교통안전공단 등)에 그 사실을 통보하여야 한다.

② 제10조 및 제11조에 따라 보고를 받은 국토교통부장관은 필요하다고 판단하는 경우, 법 제31조 제1항 제5호 및 규칙 제72조 제1항 제3호에 따른 철도차량 또는 철도용품에 결함이 있는 여부에 대한 조사를 실시할 수 있다.

※ 철도차량등에 고장이 발생한 경우 고장보고는 관련사실을 인지한 후 7일 이내 하여야 하며, 고장보고는 공문과 fax를 통해서 한다. 또한, 국토교통부장관은 관련 사실을 필요한 경우 철도운영기관, 한국철도기술연구원, 한국교통안전공단 등에 통보하여야 한다.

예 제

01 철도차량등의 고장보고는 보고자가 인지한 후 얼마 이내로 하여야 하는가?

① 발생 즉시
② 인지 즉시
③ 인지 후 72시간 이내
④ 인지 후 7일 이내

해설 보고자가 인지 후 7일 이내여야 한다.

정답 ④

출제경향

출제비중과 빈도가 상대적으로 높지 않으나 숙지가 필요한 곳이다.

제4장 철도안전 자율보고 및 보칙

제13조(자율보고 방법)

자율보고의 보고자는 다음 각호의 방법에 따라 보고할 수 있다.

1. 유선전화 : 054)459-7323
2. 전자우편 : krails@kotsa.or.kr
3. 인터넷 웹사이트 : www.railsafety.or.kr

제14조(자율보고 매뉴얼 작성 등)

① 한국교통안전공단(이하 "공단"이라 한다) 이사장은 자율보고 접수 · 분석 및 전파에 필요한 세부 방법 · 절차 등을 규정한 철도안전 자율보고 매뉴얼(이하 "자율보고 매뉴얼"이라 한다)을 제정하여야 한다.

② 공단 이사장은 자율보고 매뉴얼을 제정하거나 변경할 때에는 국토교통부장관에게 사전 승인을 받아야 한다.

③ 공단 이사장은 자율보고 매뉴얼 중 업무처리절차 등 주요 내용에 대하여는 보고자가 인터넷 등 온라인을 통해 쉽게 열람할 수 있도록 조치하여야 한다.

제15조(조치 등)

국토교통부장관은 철도안전 자율보고의 접수 및 처리업무에 관하여 필요한 지시를 하거나 조치를 명할 수 있다.

제16조(업무담당자 지정 등)

① 공단 이사장은 자율보고 접수 · 분석 및 전파에 관한 업무를 담당할 내부 부서 및 임직원을 지정하고, 직무범위와 책임을 부여하여야 한다.

② 공단 이사장은 제1항에 따라 지정한 담당 임직원이 해당업무를 수행하기 전에 자율보고 업무와 관련한 법령, 지침 및 제4조 제1항에 따른 자율보고 매뉴얼에 대한 초기교육을 시행하여야 한다.

제17조(자율보고 등의 접수)

① 공단 이사장은 자율보고를 접수한 경우 보고자에게 접수번호를 제공하여야 한다.

② 공단 이사장은 제1항에 따른 자율보고 내용을 파악한 후 누락 또는 부족한 내용이 있는 경우 보고자에게 추가 정보 제공 등을 요청하거나 관련 현장을 방문할 수 있다.

③ 공단 이사장은 보고내용이 긴급히 철도안전에 영향을 미칠 수 있다고 판단되는 경우 지체 없이 철도운영자등에게 통보하여 조치를 취하도록 하여야 한다.

④ 철도운영자등은 통보받은 보고내용의 진위 여부, 조치 필요성 등을 확인하고, 필요한 경우 조치를 취하여야 한다.

⑤ 철도운영자등은 보고내용에 대한 조치가 완료된 이후 10일 이내에 해당 조치결과를 공단 이사장에게 통보하여야 한다.

제18조(보고자 개인정보 보호)

① 공단 이사장은 보고자의 의사에 반하여 보고자의 개인정보를 공개하여서는 아니 된다.

② 공단 이사장은 제1항에 따라 보고자의 의사에 반하여 개인정보가 공개되지 않도록 업무처리절차를 마련하여 시행하여야 하며, 관계 임직원이 이를 준수하도록 하여야 한다.

제19조(자율보고 분석)

① 공단 이사장은 제7조에 따라 접수한 자율보고에 대하여 초도 분석을 실시하고 분석결과를 월 1회(전월 접수된 건에 대한 초도 분석결과를 토요일 및 공휴일을 제외한 업무일 기준 10일 내에) 국토교통부장관에게 제출하여야 한다.

② 공단 이사장은 제1항에 따른 초도분석에 이어 위험요인(Hazard) 분석, 위험도(Safety Risk) 평가, 경감조치(관계기관 협의, 전파) 등 해당 발생 건에 대한 위험도를 관리하기 위해 심층분석을 실시하여야 한다. 필요한 경우 분석회의를 구성 및 운영할 수 있다.

③ 공단 이사장은 제2항에 따른 심층분석 결과를 분기 1회(전 분기 접수된 건에 대한 심층분석 결과를 다음 분기까지) 국토교통부장관에게 제출하여야 한다.

제20조(위험요인 등록)

공단 이사장은 제9조에 따른 자율보고 분석을 통해 식별한 위험요인, 위험도, 후속조치 등을 체계적으로 관리하기 위하여 철도안전위험요인 등록부(Hazard Register)를 작성하고 관리하여야 한다.

제21조(자율보고 연간 분석 등)

공단 이사장은 매년 2월 말까지 전년도 자율보고 접수, 분석결과 및 경향 등을 포함하는 자율보고 연간 분석결과를 국토교통부장관에게 보고하여야 한다.

제22조(안전정보 전파)

공단 이사장은 제9조에 따른 자율보고 분석결과 중 철도안전 증진에 기여할 수 있을 것으로 판단되는 안전정보는 철도운영자등 및 철도종사자와 공유하여야 한다.

제23조(전자시스템 구축 등)

공단 이사장은 제7조에 따른 자율보고의 접수단계부터 제10조에 따른 자율보고의 분석단계 업무를 효과적으로 처리 및 기록 · 관리하기 위한 전자시스템을 구축 · 관리하여야 한다.

제24조(자율보고제도 개선 등)

① 공단 이사장은 자율보고의 편의성을 제고하고 안전정보 공유 체계를 개선하기 위해 지속적으로 노력하여야 한다.

② 공단 이사장은 자율보고제도를 운영하고 있는 국내 타 분야 및 해외 철도사례 연구 등을 통해 자율보고제도를 보다 효과적이고 효율적으로 운영할 수 있는 방안을 지속 연구하고, 이를 국토교통부장관에게 건의할 수 있다.

제25조(재검토기한)

국토교통부장관은 「훈령 · 예규 등의 발령 및 관리에 관한 규정」에 따라 이 고시에 대하여 2021년 1월 1일 기준으로 매 3년이 되는 시점(매 3년째의 12월 31일까지를 말한다)마다 그 타당성을 검토하여 개선 등의 조치를 하여야 한다.

※ 철도의 안전시스템이 선진국화하기 위해서는 공적인 절차에 의한 보고 외에도 공익신고와 같은 자율보고가 이루어질 수 있는 시스템이 구축되어 있어야 한다. 이러한 의미에서 자율보고제도는 상당히 의미 있는 일이라고 할 수 있으며, 이러한 시스템을 운영하고 관리하는 한국교통안전공단 이사장은 시스템의 개선 및 발전을 위하여 노력하여야 하고, 개선된 사항은 국토교통부장관을 통하여 건의하도록 하고 있다.

예 제

01 자율보고 연간 분석결과를 한국교통안전공단 이사장이 국토교통부장관에게 보고하여야 하는 시기로 옳은 것은?

① 매년 12월 말
② 매년 1월 말
③ 매년 2월 말
④ 매년 3월 말

해설 매년 2월 말까지 보고하여야 한다.

정답 ③

출제경향

출제비중과 빈도가 상대적으로 높지 않으나 숙지가 필요하다.

철도종사자 등에 관한 교육훈련 시행지침

제1장 총 칙

제1조(목적)

이 지침은 「철도안전법 시행규칙」 제11조 · 제20조 · 제24조 · 제37조 · 제38조의2 · 제38조의7 · 제39조 · 제41조의2 · 제41조의3 · 제42조의3 · 제91조에 따른 철도차량운전면허교육 · 관제자격증명교육 · 운전 및 관제업무의 실무수습 · 철도종사자 안전교육 · 철도종사자 직무교육 · 철도차량정비기술자 정비교육훈련 · 철도안전 전문인력 교육의 내용 · 방법 · 절차 · 평가 · 교육훈련의 면제 등에 관하여 필요한 사항을 정함을 목적으로 한다.

제2조(적용범위)

운전면허교육 · 관제자격교육 · 운전 및 관제업무의 실무수습 · 철도종사자 안전교육 · 철도종사자 직무교육 · 정비기술자 정비교육훈련 · 전문인력 교육의 내용 · 방법 · 절차 · 평가 · 교육훈련의 면제 등에 관하여 법령에서 정한 것을 제외하고는 이 지침이 정하는 바에 따른다.

제3조(용어정의)

이 지침에서 사용하는 용어의 정의는 다음과 같다.

1. "운전교육훈련기관"이라 함은 「철도안전법」(이하 "법"이라 한다) 제16조 제3항에 따라 국토교통부장관으로부터 철도차량 운전에 관한 전문교육훈련기관으로 지정받은 기관을 말한다.
2. "관제교육훈련기관"이라 함은 법 제21조의7 제3항에 따라 국토교통부장관으로부터 관제업무에 관한 전문교육훈련기관으로 지정 받은 기관을 말한다.

2의2. "정비교육훈련기관"이라 함은 법 제24조의4 제2항에 따라 국토교통부장관으로부터 철도차량정비기술에 관한 전문교육훈련기관으로 지정받은 기관을 말한다.

3. "철도안전전문기관"이라 함은 법 제69조 및 「철도안전법 시행령」(이하 "시행령"이라 한다) 제60조의3에 따라 국토교통부장관으로부터 철도안전 전문인력의 교육훈련 등을 담당하는 기관으로 지정받은 전문기관 또는 단체를 말한다.
4. "교육훈련시행자"라 함은 운전교육훈련기관 · 관제교육훈련기관 · 철도안전전문기관 · 정비교육훈련기관 및 철도운영기관의 장을 말한다.
5. "전기능모의운전연습기"라 함은 실제차량의 운전실과 운전 부속장치를 실제와 유사하게 제작하고, 영상 음향 진동 등 환경적인 요소를 현장감 있게 구현하여 운전연습 효과를 최대한 발휘할 수 있도록 제작한 운전훈련연습 장치를 말한다.
6. "전기능모의관제시스템"이라 함은 철도운영기관에서 운영 중인 관제설비와 유사하게 제작되어 철도차량의 운행을 제어 · 통제 · 감시하는 업무수행 및 이례상황 구현이 가능하도록 제작된 관제훈련연습시스템을 말한다.

7. “기본기능모의운전연습기”라 함은 동력차제어대 등 운전취급훈련에 반드시 필요한 부분만 실제차량의 실물과 유사하게 제작하고 나머지는 간략하게 구성하며, 기타 장치 및 객실 등은 컴퓨터 그래픽으로 처리하여 운전취급훈련 및 이론 교육을 병행할 수 있도록 제작한 운전훈련연습 장치를 말한다.
8. “기본기능모의관제시스템”이라 함은 철도 관제교육훈련에 꼭 필요한 부분만 유사하게 제작한 관제훈련연습시스템을 말한다.
9. “컴퓨터지원교육시스템”이라 함은 컴퓨터시스템의 멀티미디어교육기능을 이용하여 철도차량운전과 관련된 차량, 시설, 전기, 신호 등을 학습할 수 있도록 제작된 프로그램 또는 철도관제와 관련된 교육훈련을 학습할 수 있도록 제작된 프로그램(기본기능모의관제시스템) 및 이를 지원하는 컴퓨터시스템 일체를 말한다.

※ “철도종사자 등에 관한 교육훈련 시행지침”은 철도안전법에서 정하고 있는 교육훈련에 관련된 종사자들의 자격취득 및 교육훈련과 관련된 내용을 정하고 있는 지침이다. 철도안전법 및 타 법령 등에서 규정하고 있는 교육훈련에 관한 내용을 제외하고는 본 지침에 따라야 한다.

예 제

01 철도종사자 등에 관한 교육훈련 시행지침에서 정하고 있는 적용범위와 거리가 먼 것은?

① 운전면허교육
② 관제자격교육
③ 운전 및 관제업무의 실무수습
④ 철도특별사법경찰대의 교육

해설 이 지침의 적용범위는 운전면허교육 · 관제자격교육 · 운전 및 관제업무의 실무수습 · 철도종사자 안전교육 · 철도종사자 직무교육 · 정비기술자 정비교육훈련 · 전문인력 교육의 내용 · 방법 · 절차 · 평가 · 교육훈련의 면제 등이다.

정답 ④

출제경향

2023년도 철도교통 관제자격증명 시험의 시험범위 공지에서 한국교통안전공단은 철도안전법 제4장, 제7장을 제외하고 “철도사고 · 장애, 철도차량고장 등에 따른 의무보고 및 철도안전 자율보고에 관한 지침”과 “철도종사자 등에 관한 교육훈련 시행지침”을 포함하도록 하고 있다. 따라서 본 지침에서의 적용범위와 정의는 반드시 숙지하여야 한다.

제2장 운전면허 및 관제자격 교육방법 등

제4조(교육훈련 대상자의 선발 등)

① 운전교육훈련기관 및 관제교육훈련기관(이하 "교육훈련기관"이라 한다) 장은 교육훈련 과정별 교육생 선발에 관한 기준을 마련하고 그 기준에 적합한 자를 교육훈련 대상자로 선발하여야 한다.

② 교육훈련기관의 장은 교육훈련 과정별 교육대상자가 적어 교육과정을 개설하지 아니하거나 교육훈련 시기를 변경하여 시행할 필요가 있는 경우에는 모집공고를 할 때 미리 알려야 하며 교육과정을 폐지하거나 변경하는 경우에는 국토교통부장관에게 보고하여 승인을 받아야 한다.

③ 교육훈련대상자로 선발된 자는 교육훈련기관에 교육훈련을 개시하기 전까지 교육훈련에 필요한 등록을 하여야 한다.

제5조(운전면허의 교육방법)

① 운전교육훈련기관의 교육은 운전면허의 종류별로 구분하여 「철도안전법 시행규칙」(이하 "시행규칙"이라 한다) 제22조에 따른 정원의 범위에서 교육을 실시하여야 한다.

> [시행규칙 별표 8] 교육훈련기관의 인력 보유기준(시행규칙 제22조 관련)
> 1회 교육생 30명을 기준으로 철도차량 운전면허 종류별 전임 책임교수, 선임교수, 교수를 각 1명 이상 확보하여야 하며, 운전면허 종류별 교육인원이 15명 추가될 때마다 운전면허 종류별 교수 1명 이상을 추가로 확보하여야 한다. 이 경우 추가로 확보하여야 하는 교수는 비전임으로 할 수 있다.

② 컴퓨터지원교육시스템에 의하여 교육을 실시하는 경우에는 교육생마다 각각의 컴퓨터 단말기를 사용하여야 한다.

③ 모의운전연습기를 이용하여 교육을 실시하는 경우에는 전기능모의운전연습기 · 기본기능모의운전연습기 및 컴퓨터지원교육시스템에 의한 교육이 모두 이루어지도록 교육계획을 수립하여야 한다.

④ 철도운영자 및 철도시설관리자(위탁 운영을 받은 기관의 장을 포함한다. 이하 "철도운영자등"이라 한다)은 시행규칙 제11조에 따라 다른 운전면허의 철도차량을 차량기지 내에서 시속 25킬로미터 이하로 운전하고자 하는 사람에 대하여는 업무를 수행하기 전에 기기취급 등에 관한 실무수습 · 교육을 받도록 하여야 한다.

⑤ 철도운영자등(위탁받은 기관의 장을 포함한다)이 제4항의 교육을 실시하는 경우에는 평가에 관한 기준을 마련하여 교육을 종료할 때 평가하여야 한다.

⑥ 운전교육훈련기관의 장은 시행규칙 제24조에 따라 기능시험을 면제하는 운전면허에 대한 교육을 실시하는 경우에는 교육에 관한 평가기준을 마련하여 교육을 종료할 때 평가하여야 한다.

⑦ 그 밖의 교육훈련의 순서 및 교육운영기준 등 세부사항은 교육훈련시행자가 정하여야 한다.

제6조(관제자격의 교육방법)

① 관제교육훈련기관의 교육은 교육훈련 과정별로 구분하여 시행규칙 제38조의5에 따른 정원의 범위에서 교육을 실시하여야 한다.

> [시행규칙 별표 11의3] 관제교육훈련기관의 인력 보유기준(시행규칙 제38조의5)
> 1회 교육생 30명을 기준으로 철도교통관제 전임 책임교수 1명, 비전임 선임교수, 교수를 각 1명 이상 확보하여야 하며, 교육인원이 15명 추가될 때마다 교수 1명 이상을 추가로 확보하여야 한다. 이 경우 추가로 확보하여야 하는 교수는 비전임으로 할 수 있다.

② 컴퓨터지원교육시스템에 의한 교육을 실시하는 경우에는 교육생마다 각각의 컴퓨터 단말기를 사용하여야 한다.

③ 모의관제시스템을 이용하여 교육을 실시하는 경우에는 전기능모의관제시스템 · 기본기능모의관제시스템 및 컴퓨터지원교육시스템에 의한 교육이 모두 이루어지도록 교육계획을 수립하여야 한다.

④ 교육훈련기관은 제1항에 따라 교육훈련을 종료하는 경우에는 평가에 관한 기준을 마련하여 평가하여야 한다.

⑤ 그 밖의 교육훈련의 순서 및 교육운영기준 등 세부사항은 교육훈련시행자가 정하여야 한다.

※ 운전면허 교육과 관제자격 교육은 철도안전법에서 정하고 있는 자격교육 중에 가장 중요한 자격에 속한다고 할 수 있다. 따라서 교육생의 선발과 교육의 시행은 시스템이 허락되는 범위 내에서 시행하여야 하며, 한번 정하여진 교육과정은 임의로 변경하거나 취소되지 않아야 한다. 또한, 이러한 교육과정에 참여하는 교육생의 경우에도 교육시작 전 등록되어야 하며, 임의로 운영자등이 변경하거나 등록하지 않도록 하는 등의 철저한 관리가 필요하다.

예 제

01 운전면허와 관제자격의 교육대상자 선발 및 교육훈련 시행과 관련이 없는 것은?

① 교육훈련대상자로 선발된 자는 교육훈련기관에 교육훈련을 개시하기 전까지 교육훈련에 필요한 등록을 하여야 한다.

② 컴퓨터지원교육시스템에 의하여 교육을 실시하는 경우에는 교육생마다 각각의 컴퓨터 단말기를 사용하여야 한다.

③ 모의운전연습기를 이용하여 교육을 실시하는 경우에는 전기능모의운전연습기 · 기본기능모의운전연습기 및 컴퓨터지원교육시스템에 의한 교육이 모두 이루어지도록 교육계획을 수립하여야 한다.

④ 관제교육훈련기관의 교육은 교육훈련 과정별로 구분하여 교육을 시행하되 운영자가 정원을 가감할 수 있다.

해설 관제교육훈련기관의 교육은 교육훈련 과정별로 구분하여 시행규칙 제38조의5에 따른 정원의 범위에서 교육을 실시하여야 한다.

정답 ④

출제경향

교육대상자 선발 방법 및 교육훈련 시행방법은 출제의 비중과 빈도가 상대적으로 높다.

제3장 | 운전업무 및 관제업무의 실무수습

제7조(실무수습의 절차 등)

① 철도운영자등은 법 제21조에 따라 철도차량의 운전업무에 종사하려는 사람 또는 법 제22조에 따라 관제업무에 종사하려는 사람에 대하여 실무수습을 실시하여야 한다.

② 철도운영자등은 실무수습에 필요한 교육교재 · 평가 등 교육기준을 마련하고 그 절차에 따라 실무수습을 실시하여야 한다.

③ 철도운영자 등은 운전업무 및 관제업무에 종사하고자 하는 자에 대하여 제10조에 따른 자격기준을 갖춘 실무수습 담당자를 지정하여 가능한 개별교육이 이루어지도록 노력하여야 한다.

④ 철도운영자등은 제1항에 따라 실무수습을 이수한 자에 대하여는 매월 말일을 기준으로 다음달 10일까지 교통안전공단에 실무수습기간 · 실무수습을 받은 구간 · 인증기관 · 평가자 등의 내용을 통보하고 철도안전정보망에 관련 자료를 입력하여야 한다.

제8조(실무수습의 방법 등)

① 철도운영자등은 시행규칙 제37조 및 제39조에 따른 실무수습의 항목 및 교육시간 등에 관한 세부교육 계획을 마련 · 시행하여야 한다.

② 철도운영자등은 운전업무 또는 관제업무수행 경력자가 기기취급 방법이나 작동원리 및 조작방식 등이 다른 철도차량 또는 관제시스템을 신규 도입 · 변경하여 운영하고자 하는 때에는 조작방법 등에 관한 교육을 실시하여야 한다.

③ 철도운영자 등은 영업운행하고 있는 구간의 연장 또는 이설 등으로 인하여 변경된 구간에 대한 운전업무 또는 관제업무를 수행하려는 자에 대하여 해당 구간에 대한 실무수습을 실시하여야 한다.

제9조(실무수습의 평가)

① 철도운영자등은 철도차량운전면허취득자에 대한 실무수습을 종료하는 경우에는 다음 각호의 항목이 포함된 평가를 실시하여 운전업무수행에 적합여부를 종합평가하여야 한다.

1. 기본업무
2. 제동취급 및 제동기 이외 기기취급
3. 운전속도, 운전시분, 정지위치, 운전충격
4. 선로 · 신호 등 시스템의 이해
5. 이례사항, 고장처치, 규정 및 기술에 관한 사항
6. 기타 운전업무수행에 필요하다고 인정되는 사항

② 철도운영자등은 관제자격 취득자에 대한 실무수습을 종료하는 경우에는 다음 각호의 항목이 포함된 평가를 실시하여 관제업무수행에 적합 여부를 종합평가하여야 한다.

1. 열차집중제어(CTC)장치 및 콘솔의 운용(시스템의 운용을 포함한 현장설비의 제어 및 감시능력 포함)
2. 운행정리 및 작업의 통제와 관리(작업수행을 위한 협의, 승인 및 통제 포함)
3. 규정, 절차서, 지침 등의 적용능력
4. 각종 응용프로그램의 운용능력
5. 각종 이례상황의 처리 및 운행정상화 능력(사고 및 장애의 수습과 운행정상화 업무 포함)
6. 작업의 통제와 이례상황 발생 시 조치요령
7. 기타 관제업무수행에 필요하다고 인정되는 사항

③ 제1항 및 제2항에 따른 평가결과 운전업무 및 관제업무를 수행하기에 부적합 하다고 판단되는 경우에는 재교육 및 재평가를 실시하여야 한다.

제10조(실무수습 담당자의 자격기준)

① 운전업무수행에 필요한 실무수습을 담당할 수 있는 자의 자격기준은 다음 각호와 같다.

1. 운전업무경력이 있는 자로서 철도운영자등에 소속되어 철도차량운전자를 지도 · 교육 · 관리 또는 감독하는 업무를 하는 자
2. 운전업무 경력이 5년 이상인 자
3. 운전업무경력이 있는 자로서 전문교육을 1월 이상 받은 자
4. 운전업무경력이 있는 자로서 철도운영자등으로부터 운전업무 실무수습을 담당할 수 있는 능력이 있다고 인정받은 자

② 관제업무수행에 필요한 실무수습을 담당할 수 있는 자의 자격기준은 다음 각호와 같다.

1. 관제업무경력이 있는 자로서 철도운영자등에 소속되어 관제업무종사자를 지도 · 교육 · 관리 또는 감독하는 업무를 하는 자
2. 관제업무 경력이 5년 이상인 자
3. 관제업무경력이 있는 자로서 전문교육을 1월 이상 받은 자
4. 관제업무경력이 있는 자로서 철도운영자등으로부터 관제업무 실무수습을 담당할 수 있는 능력이 있다고 인정받은 자

※ 운전 및 관제업무 자격취득자가 자격취득 이후 실무수습을 하는 방법 및 절차, 기준 등을 정하고 있다. 실무수습을 담당하는 자 역시 일정한 자격을 갖추고 있어야 하며, 실무수습을 종료하려면 정해진 평가항목과 기준에 따라 공정하고 엄격한 평가가 이루어져야 한다.

예 제

01 관제업무 자격취득자의 실무수습 평가항목으로 틀린 것은?

① 열차집중제어(CTC)장치 및 콘솔의 운용(시스템의 운용을 포함한 현장설비의 제어 및 감시능력 미포함)
② 운행정리 및 작업의 통제와 관리(작업수행을 위한 협의, 승인 및 통제 포함)
③ 각종 이례상황의 처리 및 운행정상화 능력(사고 및 장애의 수습과 운행정상화 업무 포함)
④ 작업의 통제와 이례상황 발생 시 조치요령

해설 관제자격 취득자의 실무수습 평가항목

- 열차집중제어(CTC)장치 및 콘솔의 운용(시스템의 운용을 포함한 현장설비의 제어 및 감시능력 포함)
- 운행정리 및 작업의 통제와 관리(작업수행을 위한 협의, 승인 및 통제 포함)
- 규정, 절차서, 지침 등의 적용능력
- 각종 응용프로그램의 운용능력
- 각종 이례상황의 처리 및 운행정상화 능력(사고 및 장애의 수습과 운행정상화 업무 포함)
- 작업의 통제와 이례상황 발생 시 조치요령
- 기타 관제업무수행에 필요하다고 인정되는 사항

정답 ①

출제경향

실무수습의 방법 및 평가방법, 실무수습 담당자의 자격은 상대적으로 비중이 높고 빈도가 많다.

제4장 | 철도종사자 안전교육 및 직무교육

제11조(안전교육의 계획수립 등)

① 철도운영자등은 매년 시행규칙 제41조의2 제3항에 따른 안전교육 계획을 수립하여야 한다.

[시행규칙 별표 13의2] 철도종사자에 대한 안전교육의 내용(제41조의2 제3항 관련)

교육내용	교육방법
• 철도안전법령 및 안전관련 규정 • 철도운전 및 관제이론 등 분야별 안전업무수행 관련 사항 • 철도사고 사례 및 사고예방대책 • 철도사고 및 운행장애 등 비상시 응급조치 및 수습복구대책 • 안전관리의 중요성 등 정신교육 • 근로자의 건강관리 등 안전 · 보건관리에 관한 사항 • 철도안전관리체계 및 철도안전관리시스템(Safety Management System) • 위기대응체계 및 위기대응 매뉴얼 등	강의 및 실습

② 철도운영자등은 제1항의 안전교육 계획에 따라 안전교육을 성실히 수행하고, 교육의 성과를 확인할 수 있도록 평가를 실시하여야 한다.

제12조(안전교육 실시 방법 등)

① 철도운영자등이 실시해야 하는 안전교육의 종류와 방법은 다음 각호와 같다.

1. 집합교육 : 시행규칙 제41조의2 제3항에 적합한 교육교재와 적절한 교육장비 등을 갖추고 실습 또는 시청각교육을 병행하여 실시
2. 원격교육 : 철도운영자등의 자체 전산망을 활용하여 실시
3. 현장교육 : 현장소속(근무장소를 포함한다)에서 교육교재, 실습장비, 안전교육 자료 등을 활용하여 실시
4. 위탁교육 : 교육훈련기관 등에 위탁하여 실시

② 철도운영자등이 제1항에 따른 원격교육을 실시는 경우에는 다음 각호에 해당하는 요건을 갖추어야 한다.

1. 교육시간에 상당하는 분량의 자료제공(1시간 학습 분량은 200자 원고지 20매 이상 또는 이와 동일한 분량의 자료)
2. 교육대상자가 전산망에 게시된 자료를 열람하고 필요한 경우 질의 · 응답을 할 수 있는 시스템
3. 교육자의 수강정보 등록(아이디, 비밀번호), 교육시작 및 종료시각, 열람여부 확인 등을 위한 관리시스템

③ 교육훈련기관이 교육을 실시하고자 하는 때에는 시행규칙 제41조의2 제3항에 의한 교육내용이 포함된 교육과목을 편성하여 교육목적을 효과적으로 달성할 수 있도록 하여야 한다.

④ 철도운영자등이 안전교육을 실시하는 경우 교육계획, 교육결과를 기록 · 관리하여야 한다.

⑤ 제4항에 따른 교육계획에는 교육대상, 인원, 교육시행자, 교육내용을 포함하여야 하고, 교육결과는 실제 교육받은 인원, 교육평가결과를 포함해야 한다. 다만, 원격교육 및 전산으로 관리하는 경우 전산기록을 그 결과로 한다.

제13조(안전교육의 위탁)

철도운영자등이 안전교육 대상자를 교육훈련기관에 위탁하여 교육을 실시한 때에는 당해 교육이수 시간을 당해연도에 실시하여야 할 교육시간으로 본다.

제14조(안전교육 담당자의 자격기준)

철도종사자의 안전교육을 담당할 수 있는 사람의 자격기준은 다음 각호와 같다

1. 제10조의 규정에 의한 실무수습 담당자의 자격기준을 갖춘 사람
2. 법 제16조의 규정에 의한 교육훈련기관 교수와 동등이상의 자격을 가진 사람
3. 철도운영자등이 정한 기준 및 절차에 따라 안전교육 담당자로 지정된 사람

제14조의2(직무교육의 계획수립 등)

① 철도운영자등은 매년 시행규칙 제41조의3 제2항에 따른 직무교육 계획을 수립하여야 한다.

[시행규칙 별표 13의3] 철도직무교육의 내용 및 시간(제41조의3 제2항 관련)

가. 법 제2조 제10호 가목에 따른 운전업무 종사자

교육내용	교육시간
1) 철도시스템 일반 2) 철도차량의 구조 및 기능 3) 운전이론 4) 운전취급 규정 5) 철도차량 기기취급에 관한 사항 6) 직무관련 기타사항 등	5년마다 35시간 이상

나. 법 제2조 제10호 나목에 따른 관제업무 종사자

교육내용	교육시간
1) 열차운행계획 2) 철도관제시스템 운용 3) 열차운행선 관리 4) 관제 관련 규정 5) 직무관련 기타사항 등	5년마다 35시간 이상

다. 법 제2조 제10호 다목에 따른 여객승무원

교육내용	교육시간
1) 직무관련 규정 2) 여객승무 위기대응 및 비상시 응급조치 3) 통신 및 방송설비 사용법 4) 고객응대 및 서비스 매뉴얼 등 5) 여객승무 직무관련 기타사항 등	5년마다 35시간 이상

라. 영 제3조 제4호에 따른 철도신호기 · 선로전환기 · 조작판 취급자

교육내용	교육시간
1) 신호관제 장치 2) 운전취급 일반 3) 전기 · 신호 · 통신 장치 실무 4) 선로전환기 취급방법 5) 직무관련 기타사항 등	5년마다 21시간 이상

마. 영 제3조 제4호에 따른 열차의 조성업무 수행자

교육내용	교육시간
1) 직무관련 규정 및 안전관리 2) 무선통화 요령 3) 철도차량 일반 4) 선로, 신호 등 시스템의 이해 5) 열차조성 직무관련 기타사항 등	5년마다 21시간 이상

바. 영 제3조 제5호에 따른 철도에 공급되는 전력의 원격제어장치 운영자

교육내용	교육시간
1) 변전 및 전차선 일반 2) 전력설비 일반 3) 전기 · 신호 · 통신 장치 실무 4) 비상전력 운용계획, 전력공급원격제어장치(SCADA) 5) 직무관련 기타사항 등	5년마다 21시간 이상

사. 영 제3조 제7호에 따른 철도차량 점검 · 정비 업무 종사자

교육내용	교육시간
1) 철도차량 일반 2) 철도시스템 일반 3) 「철도안전법」 및 철도안전관리체계(철도차량 중심) 4) 철도차량 정비 실무 5) 직무관련 기타사항 등	5년마다 35시간 이상

아. 영 제3조 제7호에 따른 철도시설 중 전기 · 신호 · 통신 시설 점검 · 정비 업무 종사자

교육내용	교육시간
1) 철도전기, 철도신호, 철도통신 일반 2) 「철도안전법」 및 철도안전관리체계(전기분야 중심) 3) 철도전기, 철도신호, 철도통신 실무 4) 직무관련 기타사항 등	5년마다 21시간 이상

자. 영 제3조 제7호에 따른 철도시설 중 궤도 · 토목 · 건축 시설 점검 · 정비 업무 종사자

교육내용	교육시간
1) 궤도, 토목, 시설, 건축 일반 2) 「철도안전법」 및 철도안전관리체계(시설분야 중심) 3) 궤도, 토목, 시설, 건축 일반 실무 4) 직무관련 기타사항 등	5년마다 21시간 이상

② 철도운영자등은 제1항의 직무교육 계획에 따라 직무교육을 성실히 수행하고, 교육의 성과를 확인할 수 있도록 평가를 실시하여야 한다.

제14조의3(직무교육 실시 방법 등)

① 철도운영자등이 실시해야 하는 직무교육의 종류와 방법은 각호와 같다.

1. 집합교육 : 시행규칙 제41조의3 제2항에 적합한 교육교재와 적절한 교육장비 등을 갖추고 실습 또는 시청각교육을 병행하여 실시
2. 원격교육 : 철도운영자등의 자체 또는 외부위탁 전산망을 활용하여 실시
3. 부서별 직장교육 : 현장소속(근무장소를 포함한다)에서 교육교재, 실습장비, 안전교육 자료 등을 활용하여 실시
4. 위탁교육 : 교육훈련기관 · 철도안전전문기관 · 정비교육훈련기관 등에 위탁하여 실시

② 철도운영자등이 제1항 제2호에 따른 원격교육을 실시하는 경우에는 다음 각호에 해당하는 요건을 갖추어야 한다.

1. 교육시간에 상당하는 분량의 자료제공(1시간 학습 분량은 200자 원고지 20매 이상 또는 이와 동일한 분량의 자료)
2. 교육대상자가 전산망에 게시된 자료를 열람하고 필요한 경우 질의 · 응답을 할 수 있는 시스템
3. 교육자의 수강정보 등록(아이디, 비밀번호), 교육시작 및 종료시각, 열람여부 확인 등을 위한 관리시스템

③ 법 제16조에 따른 운전교육훈련기관 또는 법 제21조의7에 따른 관제교육훈련기관이 교육을 실시하고자 하는 때에는 시행규칙 제41조의3 제2항에 의한 교육내용이 포함된 교육과목을 편성하여 교육목적을 효과적으로 달성할 수 있도록 하여야 한다.

④ 철도운영자등이 직무교육을 실시하는 경우 교육계획, 교육결과를 기록 · 관리하여야 한다.

⑤ 제4항에 따른 교육계획에는 교육대상, 인원, 교육시행자, 교육내용을 포함하여야 하고, 교육결과에는 실제 교육받은 인원, 교육평가내용을 포함해야 한다. 다만, 원격교육 및 전산으로 관리하는 경우 전산기록을 그 결과로 한다.

제14조의4(직무교육 담당자의 자격기준)

철도종사자의 직무교육을 담당할 수 있는 사람의 자격기준은 다음 각호와 같다

1. 제10조의 규정에 의한 실무수습 담당자의 자격기준을 갖춘 사람
2. 법 제16조의 규정에 의한 교육훈련기관 교수와 동등 이상의 자격을 가진 사람
3. 철도운영자등이 정한 기준 및 절차에 따라 직무교육 담당자로 지정된 사람

※ 안전교육은 분기별로 6시간 이상을 교육시키도록 되어있고, 직무교육은 5년마다 21시간 이상 또는 35시간 이상을 종사자별로 시행하도록 하고 있다. 교육의 방법과 분량 등을 세심하게 규정하고 있으니 숙지가 필요하다.

예 제

01 철도운영자등이 실시해야 하는 직무교육의 종류와 관련이 없는 것은?

① 집합교육 : 시행규칙 제41조의3 제2항에 적합한 교육교재와 적절한 교육장비 등을 갖추고 실습 또는 시청각교육을 병행하여 실시

② 원격교육 : 철도운영자등의 자체 또는 외부위탁 전산망을 활용하여 실시

③ 부서별 직장교육 : 현장소속(근무장소를 포함한다)에서 교육교재, 실습장비, 안전교육 자료 등을 활용하여 실시

④ 위탁교육 : 국가지정 교육훈련기관 등에서 위탁하여 실시

해설 위탁교육 : 교육훈련기관 · 철도안전전문기관 · 정비교육훈련기관 등에 위탁하여 실시

정답 ④

출제경향

상대적으로 출제 비중과 빈도는 적으나 교육의 종류 및 방법은 숙지가 되어야 한다.

제5장 철도차량정비기술자의 교육훈련 등

제15조(교육훈련 대상자의 선발 등)

① 정비교육훈련기관은 교육생 선발기준을 마련하고 그 기준에 적합하게 대상자를 선발하여야 한다.

② 정비교육훈련기관은 교육생을 선발할 경우에는 교육인원, 교육일시 및 장소 등에 관하여 미리 알려야 한다.

제15조의2(교육의 신청 등)

① 시행규칙 제42조의3 제1항에 따라 정비교육훈련을 받고자 하는 사람은 정비교육훈련기관에 철도차량정비기술자 교육훈련 신청서를 제출하여야 한다. 다만, 정비교육훈련기관은 자신이 소속되어 있는 철도운영자 소속의 종사자에게 교육훈련을 시행하는 경우 교육훈련 신청 절차를 따로 정할 수 있다.

② 교육훈련 대상자로 선발된 사람은 교육훈련을 개시하기 전까지 정비교육훈련기관에 등록하여야 한다. 다만, 정비교육훈련기관은 자신이 소속되어 있는 철도운영자 소속의 종사자에게 교육훈련을 시행하는 경우 등록 절차를 따로 정할 수 있다.

제15조의3(정비교육훈련의 교육과목 및 내용)

시행규칙 제42조3 제1항 별표 13의3에 따른 철도차량 정비교육훈련의 교육과목 및 교육내용은 별표 3과 같다.

[별표 3] 철도차량정비기술자의 교육과목 및 교육내용

교육과목	교육내용	교육방법
철도안전 및 철도차량 일반	철도차량정비기술자로서 철도안전 및 철도차량에 대한 기본적인 개념과 지식을 함양하여 실무에 적용할 수 있는 능력을 배양 • 철도 및 철도안전관리 일반 • 철도안전법령 및 행정규칙(한, 차량분야) • 철도차량 시스템 일반 • 철도차량 기술기준(한, 해당 차종) • 철도차량 정비 규정 및 지침, 절차 • 철도차량 정비 품질관리 등 • 그 밖에 정비교육훈련기관이 정하는 사항	강의 및 토의
차량정비계획 및 실습	철도차량 정비계획 수립에 대한 지식과 유지보수장비 운용에 대한 지식을 함양하고 실제상황에서 운용할 수 있는 능력 배양 • 철도차량 유지보수 계획수립 • 철도차량 보수품 관리 • 철도차량 검수설비 및 장비 관리 • 철도차량 신뢰성 관리 • 그 밖에 정비교육훈련기관이 정하는 사항	강의 및 실습
차량정비실무 및 관리	철도차량 유지보수에 대한 세부 지식을 함양하고 실제 적용할 수 있는 능력을 배양 • 철도차량 엔진장치 유지보수 • 철도차량 전기제어장치 유지보수 • 철도차량 전동 발전기 유지보수 • 철도차량 운전실장치 유지보수 • 철도차량 대차장치 유지보수 • 철도차량 공기제동장치 유지보수 • 철도차량 동력전달장치 유지보수 • 철도차량 차체장치 유지보수 • 철도차량 성능시험 • 그 밖에 정비교육훈련기관이 정하는 사항	강의 및 실습
철도차량 고장 분석 및 비상시 조치 등	철도차량 정비와 관련한 고장(장애) 사례 및 비상시 조치에 대한 지식을 함양하고 실제 적용할 수 있는 능력을 배양 • 고장(장애)사례 분석 • 사고복구 절차 • 철도차량 응급조치 요령 • 철도차량 고장탐지 및 조치 • 그 밖에 정비교육훈련기관이 정하는 사항	강의 및 토의

제15조의4(교육방법 등)

① 정비교육훈련기관은 철도차량정비기술자에 대한 교육을 실시하고자 하는 경우 제15조의3 별표 3에 따른 교육내용이 포함된 교육과목을 편성하고 전문인력을 배치하여 교육목적을 효과적으로 달성할 수 있도록 하여야 한다.

② 정비교육훈련기관은 제1항의 교육을 실시하는 경우에는 평가에 관한 기준을 마련하여 교육훈련을 종료할 때 평가를 하여야 한다.

③ 정비교육훈련기관은 교육운영에 관한 기준 등 세부사항을 정하고 그 기준에 맞게 운영하여야 한다.

④ 정비교육훈련기관은 교육훈련을 실시하여 수료자에 대하여는 철도차량정비기술자 교육훈련관리대장에 기록하고 유지 · 관리하여야 한다.

⑤ 그 밖의 교육훈련의 순서 및 교육운영기준 등 세부사항은 교육훈련시행자가 정하여야 한다.

※ 철도차량정비기술자의 교육생 선발과 기준마련, 교육방법에 대한 내용이다.

예 제

01 철도차량정비기술자의 교육훈련에 관련된 내용으로 틀린 것은?

① 정비교육훈련기관은 교육생 선발기준을 마련하고 그 기준에 적합하게 대상자를 선발하여야 한다.

② 정비교육훈련기관은 교육생을 선발할 경우에는 교육인원, 교육일시 및 장소 등에 관하여 미리 알려야 한다.

③ 교육훈련 대상자로 선발된 사람은 교육훈련을 개시하기 전까지 정비교육훈련기관에 등록하여야 한다.

④ 철도차량 정비교육훈련의 교육과목에는 운전취급 규정이 포함되어야 한다.

해설 철도차량정비기술자의 교육과목에는 운전취급규정은 포함되지 않는다.

정답 ④

출제경향

출제 비중과 빈도가 상대적으로 높지 않으나 숙지가 필요하다.

제6장 | 철도안전 전문인력의 교육

제16조(교육훈련 대상자의 선발 등)

① 철도안전전문기관의 장은 교육생 선발기준을 마련하고 그 기준에 적합하게 대상자로 선발하여야 한다.
② 철도안전전문기관의 장은 교육생을 선발할 경우에는 교육인원, 교육일시 및 장소 등에 관하여 미리 알려야 한다.

제17조(교육의 신청 등)

① 교육훈련 대상자로 선발된 자는 철도안전전문기관에 교육훈련을 개시하기 전까지 교육훈련에 필요한 등록을 하여야 한다.
② 시행규칙 제91조에 의한 철도안전전문인력 교육을 받고자 하는 자는 철도안전전문기관으로 지정받은 기관이나 단체에 신청하여야 할 교육훈련 신청서는 별지 제1호 서식과 같다.

제18조(교육내용)

시행규칙 제91조에 따른 철도안전전문 인력의 교육내용은 별표 2와 같다.

[별표 2] 철도안전전문인력의 교육과목 및 교육내용
1. 철도운행안전관리자를 위한 교육과목별 내용 및 방법

교육과목	교육내용	교육방법
열차운행 통제조정	열차운행선 보수 보강 작업을 하기 위하여 열차의 운행의 조정 시각 변경 운행 시 혼란을 방지하고 열차안전운행을 하기 위한 이해도 증진 및 운용능력 향상 교육 • 작업계획서 작성과정 • 계획승인 시 차단시간 및 열차운행 조정 • 계획승인에 따른 작업절차 • 작업개시 및 작업진도에 따른 현장상황 통보 요령 • 작업완료 시 안전조치 상황 확인 요령 • 열차운행 개시에 따른 협의조치	강의 및 실습
운전 규정	열차를 운행하는 선로에서 선로 차단 시 운전취급을 안전하게 하기 위한 이해도 증진 • 총 칙 • 운 전 • 폐 색 • 신 호 • 사고의 조치	강의 및 토의

선로지장 취급절차	선로를 지장하는 각종 공사에 작업의 순서 절차와 현장감독자, 운전취급자(역장) 간의 협의사항 등 안전조치에 관한 사항의 안전관리능력 향상 교육 • 선로작업 시 계획 작성 • 작업승인 요구 및 관계처 협의내용 절차 • 선로작업 시 열차 방호 • 트로리 사용취급 • 현장작업원 긴급대피 요령 • 작업 중 이상 발견 시 안전조치 및 통보요령	강의, 토의 및 실습
안전관리	철도운행선 작업안전관리자로서 산업안전에 대한 개념과 철도안전 철도시설장비운용에 대한 지식을 함양하고 실제상황에서 운용할 수 있는 능력 배양 • 안전관리 역사와 이념 • 철도사고 보고 및 수습처리규정 • 사고발생 시 분야별 대체요령 • 사고복구 기중기의 신속출동 조치요령 • 사고사례 및 사고발생 시의 조치요령 • 이례사항 발생 시의 조치요령	강의, 토의 및 실습
비상시의 조치	열차운행 다이아의 작성은 모든 상황이 정상적인 상태를 기준으로 작성되어 있으나 열차운행과정에서 기후의 조건, 기기의 작동과정, 외부적인 요건에 의한 열차운행의 비정상적인 요소들이 존재할 경우에 대비, 응급조치 대처요령의 숙달과 능력의 함양을 위한 교육 • 열차 내 화재발생 시 조치 • 독가스 화생방 발생 시 조치 • 사상사고 발생 시 조치요령 • 구원열차운행 시 협의 및 방호조치 • 선로상태 이상 시 협의조치 • 운전취급 시설의 비정상 작동 시 조치	강의, 토의 및 실습
일반교양	철도운행선 안전관리자로서 기본적인 철도지식과 일반지식의 소양교육 • 철도의 운용현황 등 • 철도의 경영상태 • 산업안전법 • 근로기준법 • 철도안전법	강의 및 토의

2. 철도안전전문기술자(초급)를 위한 교육내용 및 방법

가. 전기철도분야 안전전문기술자

교육과목	교육내용	교육방법
기초전문 직무교육	• 전기철도 일반 • 가공전차선로 • 강체전차선로	강의 및 토의
안전관리 일반	작업안전 및 안전설비 운용 등에 대한 지식을 함양하고 실제 응용할 수 있는 능력을 배양 • 철도사고보고 및 수습처리 관련 규정 • 운전취급 안전지침 • 안전확보 긴급명령 • 사고발생 시 분담체제 및 복구요령 • 사고사례 및 사고발생 시 조치요령 • 이례사항 발생 시 조치요령 및 사고사례 • 사고발생 시 열차통제지침(SOP) • 안전표지류 인식	강의 및 실습
실무실습	• 장력조정장치 설치, 조정 • 비임하스펜선 철거 및 신설 • 콘크리트 전주 승주훈련 • 브래키트 조립, 설치, 철거 • 전차선 편위측정 • 전차선 및 조가선 접속 • 드롭퍼 및 행거 제작, 설치 • 균압선 및 완철 설치	실 습
관계법령	• 철도안전법 및 하위법령과 제 규정 • 열차운행선로 지상 작업 관련 업무지침	강의 및 토의
일반교양	• 산업안전 및 위험예지 • 보건건강 및 체력단련 • 경영관리 및 전기철도 발전방향 • 전기공사 시공 및 감리 사례	강 의

나. 철도신호분야 안전전문기술자(초급)

교육과목	교육내용	교육방법
기초전문 직무교육	• 철도신호공학 • 고속철도신호 시스템 • 일반철도신호 시스템 • 철도신호 발전방향	강의 및 토의
안전관리 일반	작업안전 및 안전설비 운용 등에 대한 지식을 함양하고 실제 응용할 수 있는 능력을 배양 • 철도사고보고 및 수습처리 관련 규정 • 운전취급 안전 지침 • 안전확보 긴급명령 및 위험예지 훈련 • 사고발생 시 분담체제 및 복구요령 • 사고사례 및 사고발생 시 조치요령 • 이례사항 발생 시 조치요령 및 사고사례 • 사고발생 시 열차통제지침(SOP) • 안전표지류 인식	강의 및 실습

관계법령	• 철도안전법 및 하위법령과 제 규정 • 신호설비 시설규정, 신호설비 보수규정 • 신호설비공사시행절차 • 열차운행선로 지장작업 업무지침	강의 및 토의
실무실습	• 공구 및 장비 조작 • 신호기 • 선로전환기 • 궤도회로 • 자동열차정지장치(ATS) • 연동장치 • 건널목보안장치	실 습
일반교양	• 산업안전 및 위험예지 • 보건건강 및 체력단련 • 경영관리 및 전기철도 발전방향 • 철도신호 시공 및 감리 사례	강의 및 토의

다. 철도궤도분야 안전전문기술자(초급)

교육과목	교육내용	교육방법
기초전문 직무교육	• 선로일반 • 궤도공학 • 궤도설계 • 용접이론	강의 및 토의
안전관리일반	작업안전 및 안전설비 운용 등에 대한 지식을 함양하고 실제 응용할 수 있는 능력을 배양 • 선로지장취급 절차 • 열차방호 요령 • 열차운전 취급 절차에 관한 규정 • 재해업무 관련규정 • 시설물의 안전관리에 관련 규정 • 사고사례 및 사고 발생 시 조치 관련	강의 및 실습
관계법령	철도안전법 및 하위법령과 제 규정	강의 및 토의
실무수습	• 통합 시설물 관리 시스템 개요 • 레일용접 및 연마 • 선로 시공 및 보수일반(특히, 장대레일 관리) • 구조물 안전점검 관련 • 중대형 보선장비 작업개요	실 습
일반 교양	• 산업안전 및 위험예지 • 보건 건강 및 체력단련 • 노동조합 • 정보통신 • 경영관리 • 기 타	강의 및 토의

라. 철도차량분야 안전전문기술자(초급)

교육과목	교육내용	교육방법
기초전문 직무교육	• 철도공학 • 시스템공학(SE, 신뢰성, 품질) • 안전공학 • 철도차량 기술동향	강의 및 토의
철도차량 관리	철도차량 설계, 제작, 개조, 운영 및 유지보수(O&M), 시험 및 검사 등에 대한 전문지식을 함양하고 실제 응용할 수 있는 능력을 배양 • 철도차량 시스템 일반 • 철도차량 주요장치 및 기능 • 철도차량 신뢰성 및 품질관리 • 철도차량 리스크(위험도) 평가 • 철도차량 시험 및 검사 • 물품 조달 및 재고 관리 • 기계설비 관리 • 비파괴 검사(초음파, 자분 탐상) • 철도사고 및 고장(장애) 사례	강의 및 실습
관계법령	• 철도안전법령 및 행정규칙(한, 철도차량) • 철도차량 관련 국내외 표준 • 제품 및 시스템 인증 국내외 제도 • 철도차량 정비 관련 규정류	강의 및 토의
실무수습	• 철도차량의 안전조치(작업 전/작업 후) • 철도차량 기능검사 및 응급조치 • 신뢰성 지표 산출 • 철도차량 정비계획 수립 및 물품 검사 • 철도차량 기술검토, 구조해석	실 습
일반 교양	• 산업안전, 보건위생, 위험물 관리 • 생산 관리 및 원가 관리 • 의사소통 관리 • 조직행동론 • 기 타	강의 및 토의

제19조(교육방법 등)

① 철도안전전문기관에서 철도안전전문 인력의 교육을 실시하고자 하는 경우에는 제18조에 의한 교육내용이 포함된 교육과목을 편성하고 전문인력을 배치하여 교육목적을 효과적으로 달성할 수 있도록 하여야 한다.

② 철도안전전문기관의 장은 제1항의 교육을 실시하는 경우에는 교육내용의 범위 안에서 전문성을 높일 수 있는 방법으로 교육을 실시하여야 한다.

③ 철도안전전문기관의 장은 제1항에 따른 교육을 실시하는 경우에는 평가에 관한 기준을 마련하여 교육을 종료할 때 평가를 하여야 한다.

④ 철도안전전문기관의 장은 교육운영에 관한 기준 등 세부사항을 정하고 그 기준에 맞게 운영하여야 한다.

⑤ 철도안전전문기관의 장은 교육훈련을 실시하여 제3항에 따른 수료자에 대하여는 철도안전전문인력 교육훈련관리대장에 기록하고 유지 · 관리하여야 한다.

※ 철도운행안전관리자 및 철도안전전문기술자에 대한 교육대상자 선발 및 교육과목, 시행방법 등에 대한 내용이다.

예 제

01 철도운행안전관리자에 대한 교육과목이 아닌 것은?

① 열차운행 통제조정
② 운전 규정
③ 선로지장 취급절차
④ 철도차량 관리

해설 철도차량 관리는 철도차량분야 안전전문기술자의 교육과목이다.

정답 ④

출제경향

출제 비중과 빈도가 상대적으로 높지 않으나 간혹 출제가 되고 있으니 숙지가 필요하다.

제7장 보 칙

제20조(교육평가 및 수료기준)

교육훈련에 대한 평가나 시험방법 및 수료에 대한 기준 등에 관하여 별도의 규정이 없는 경우에는 교육훈련기관 또는 철도안전전문기관의 교육운영규정에 따른다.

제21조(교육계획의 제출)

① 교육훈련기관의 장 및 철도안전전문기관의 장은 매년 10월 말까지 다음 연도의 교육계획을 수립하여 국토교통부장관에게 제출하여야 한다.

② 제1항에 따라 제출하는 교육계획에는 교육목표, 교육의 기본방향, 교육훈련의 기준, 최대 교육가능 인원 및 수용계획, 교육과정별 세부계획, 교육시설 및 장비의 유지와 운용계획, 기타 국토교통부장관이 필요하다고 인정하는 사항이 포함되어야 한다.

제22조(교육교재 등)

① 교육훈련기관 · 철도안전전문기관 · 철도운영자등에서 교육훈련을 실시하는 때에는 교육에 필요한 교재 및 교안을 작성하여 사용하여야 한다.

② 시행규칙 제92조의3에 따라 지정받은 철도안전전문기관은 제18조에 따른 교육내용에 대한 필요한 교육교재를 개발하고 대학교수 등 전문가의 감수를 받아 국토교통부장관에게 제출하여야 한다.

제23조(교육훈련의 기록 · 관리 등)

① 교육훈련기관 또는 철도안전전문기관의 장은 교육훈련 종료 후 수료증을 발급하는 때에는 관련된 자료 및 정보를 10년간 기록 · 관리하여야 한다.

② 제1항에 따른 자료에 대하여는 교육훈련기관 또는 철도안전전문기관에서 철도안전정보망에 입력하여야 하며 교통안전공단 이사장은 그 자료를 보관 · 관리하여야 한다.

③ 교육훈련기관 또는 철도안전전문기관의 장은 교육훈련 과정에서 알게 된 개인의 정보에 관하여는 누설하지 말아야 한다.

④ 교육훈련기관 및 철도안전전문기관의 지정이 취소되거나 스스로 지정을 반납하여 업무를 계속하지 못하게 된 경우에는 교육훈련과 관련된 모든 자료를 국토교통부장관에게 반납하여야 한다.

제24조(수수료)

교육훈련을 받고자 하는 자는 법 제74조에 따른 수수료를 교육훈련기관 또는 철도안전전문기관에 납부하여야 한다.

제25조(재검토기한)

국토교통부장관은 「훈령 · 예규 등의 발령 및 관리에 관한 규정」에 따라 이 고시에 대하여 2019년 1월 1일 기준으로 매 3년이 되는 시점(매 3년째의 12월 31일까지를 말한다)마다 그 타당성을 검토하여 개선 등의 조치를 하여야 한다.

※ 보칙에서는 본 지침에서 교육훈련에 대한 평가나 시험방법 및 수료에 대한 기준을 별도로 규정하지 않은 부분에 대하여는 자체의 교육운영규정을 따를 것과 매년 10월 말까지 제출해야 할 교육계획의 내용, 교재개발, 교육훈련의 기록 관리, 수수료 납부에 관한 내용이 규정되어 있다.

예 제

01 교육훈련기관의 장 및 철도안전전문기관의 장이 국토교통부장관에게 제출하는 교육계획의 제출 시기로 옳은 것은?

① 매년 2월 말

② 매년 9월 말

③ 매년 10월 말

④ 매년 12월 말

해설 교육훈련기관의 장 및 철도안전전문기관의 장은 매년 10월 말까지 다음 연도의 교육계획을 수립하여 국토교통부장관에게 제출하여야 한다.

정답 ③

출제경향

출제 비중과 빈도가 상대적으로 낮은 곳이나 교육계획의 제출 등은 숙지하여야 한다.

기본핵심 예상문제

01 철도안전법 용어의 정의로 틀린 것은?

① "열차"란 선로를 운행할 목적으로 철도운영자등이 편성하여 열차번호를 부여한 철도차량을 말한다.
② "선로"란 철도차량을 운행하기 위한 궤도와 이를 받치는 노반 또는 인공구조물로 구성된 시설을 말한다.
③ "철도사고"란 철도운영 또는 철도시설관리와 관련하여 사람이 죽거나 다치거나 물건이 파손되는 사고로 국토교통부령으로 정하는 것을 말한다.
④ "철도차량정비"란 철도차량(철도차량을 구성하는 부품 · 기기 · 장치를 포함한다)을 점검 · 검사, 교환 및 수리하는 행위를 말한다.

해설 ① "열차"란 선로를 운행할 목적으로 철도운영자가 편성하여 열차번호를 부여한 철도차량을 말한다.

02 다음 설명 중 옳은 것은?

① "선로전환기"란 열차의 운행선로를 변경시키는 기기를 말한다.
② 철도안전 종합계획에서 정한 시행기한 내에 단위사업의 시행계획의 변경은 경미한 변경에 해당한다.
③ 시 · 도지사 및 철도운영자등은 전년도 시행계획의 추진실적을 매년 2월 말까지 국토교통부장관에게 제출하여야 한다.
④ 시행계획의 수정 요청을 받은 시 · 도지사 및 철도운영자등은 특별한 사유가 없는 한 이를 시행계획에 반영할 수 있다.

해설 ① 선로전환기란 철도차량의 운행선로를 변경시키는 기기를 말한다.
② 철도안전 종합계획에서 정한 시행기한 내에 단위사업의 시행시기의 변경은 경미한 변경에 해당한다.
④ 시행계획의 수정 요청을 받은 시 · 도지사 및 철도운영자등은 특별한 사유가 없는 한 이를 시행계획에 반영하여야 한다.

정답 01 ① 02 ③

03 철도안전관리체계 승인신청서에 첨부해야 하는 서류가 아닌 것은?

① 종합시험운행 실시 계획서
② 조직 · 인력의 구성, 업무분장 및 책임에 관한 서류
③ 열차운영 기록관리, 철도사업면허 등의 사항을 적시한 열차운행체계에 관한 서류
④ 유지관리 부품, 유지관리 기록 등의 사항을 적시한 유지관리체계에 관한 서류

해설 ① 종합시험운행 실시 계획서는 포함되지않는 서류이다. 종합시험운행 실시 결과 보고서를 첨부해야 한다.

04 철도운영자에 대한 안전관리 수준평가의 대상 및 기준에 대한 설명으로 틀린 것은?

① 철도운영자등에 대해 안전관리 수준평가를 하는 경우 대상 및 기준에는 반드시 사고 분야, 철도안전 투자 분야, 안전관리 분야 등이 포함되어야 한다.
② 안전관리 수준평가는 서면평가의 방법으로 실시하고, 필요한 경우 현장평가를 실시할 수 있다.
③ 철도운영자등이 지방공사인 경우 해당 지방공사의 업무를 관리 · 감독하는 지방자치단체의 장에게도 안전관리 수준평가 결과를 함께 통보할 수 있다.
④ 국토교통부장관은 매년 3월 말까지 안전관리 수준평가를 실시한다. 다만, 철도시설관리자에 대해서 안전관리 수준평가를 하는 경우 제2호를 제외하고 실시할 수 있다.

해설 ① 철도시설관리자에 대해서 안전관리 수준평가를 하는 경우 제2호(철도안전투자 분야)를 제외하고 실시할 수 있다.

05 관제자격증명의 결격사유에 해당하지 않은 것은?

① 관제업무상의 위험과 장해를 일으킬 수 있는 정신질환자 또는 뇌전증환자로서 대통령령으로 정하는 사람
② 관제업무상의 위험과 장해를 일으킬 수 있는 약물(「마약류 관리에 관한 법률」 제2조 제1호에 따른 마약류 및 「화학물질관리법」 제22조 제1항에 따른 환각물질을 말한다) 또는 알코올 중독자로서 대통령령으로 정하는 사람
③ 철도관계법령을 위반하여 징역형의 집행 유예 선고를 받고 그 유예기간 중에 있는 사람
④ 두 귀의 청력 또는 두 눈의 시력을 완전히 상실한 사람

해설 **결격사유에 해당하는 사항**

- 19세 미만인 사람
- 관제업무상의 위험과 장해를 일으킬 수 있는 정신질환자 또는 뇌전증환자로서 대통령령으로 정하는 사람
- 관제업무상의 위험과 장해를 일으킬 수 있는 약물(「마약류 관리에 관한 법률」 제2조 제1호에 따른 마약류 및 「화학물질관리법」 제22조 제1항에 따른 환각물질을 말한다) 또는 알코올 중독자로서 대통령령으로 정하는 사람
- 두 귀의 청력 또는 두 눈의 시력을 완전히 상실한 사람
- 철도교통관제자격증명이 취소된 날부터 2년이 지나지 아니하였거나 운전면허의 효력정지기간 중인 사람

정답 03 ① 04 ① 05 ③

06 철도차량의 운전업무에 종사하려는 사람이 이수하여야 하는 실무수습의 세부기준 중 철도차량 운전면허 실무수습 이수경력이 없는 사람의 기준으로 틀린 것은?

① 제1종 전기차량 운전면허 : 400시간 이상 또는 8,000킬로미터 이상
② 제2종 전기차량 운전면허 : 400시간 이상 또는 6,000킬로미터 이상(단, 무인운전 구간의 경우 200시간 이상 또는 3,000킬로미터 이상)
③ 철도장비 운전면허 : 300시간 이상 또는 3,000킬로미터 이상
④ 노면전차 운전면허 : 150시간 이상 또는 1,500킬로미터 이상

해설 ④ 노면전차 운전면허 : 300시간 이상 또는 3,000킬로미터 이상

07 정비교육훈련기관의 세부 지정기준으로 옳은 것은?

① 교수의 자격기준 : 철도차량 정비와 관련된 교육기관에서 강의 경력이 1년 이상 있는 사람이어야 한다.
② 보유기준 : 1회 교육생이 30명 이하인 경우 책임교수 또는 선임교수 1명 이상을 확보해야 한다.
③ 실기교육장 : 교육생 1명마다 2제곱미터 이상의 면적을 확보해야 한다. 다만, 교육훈련기관외의 장소에서 철도차량 등을 직접 활용하여 실습하는 경우에는 제외한다.
④ 장비기준 : 컴퓨터지원교육시스템이란 기본기능 모의정비연습기, 철도차량의 정비훈련에 꼭 필요한 부분만을 제작한 장비를 말한다.

해설 ② 보유기준 : 1회 교육생이 30명 미만인 경우 책임교수 또는 선임교수 1명 이상을 확보해야 한다.
③ 실기교육장 : 교육생 1명마다 3제곱미터 이상의 면적을 확보해야 한다. 다만, 교육훈련기관 외의 장소에서 철도차량 등을 직접 활용하여 실습하는 경우에는 제외한다.
④ 장비기준 : 컴퓨터지원교육시스템이란 컴퓨터의 멀티미디어 기능을 활용하여 정비교육훈련을 시행할 수 있도록 지원하는 컴퓨터시스템 일체를 말한다.

정답 06 ④ 07 ①

08 운전적성검사에 관한 설명으로 옳은 것은?

① 운전적성검사에 불합격한 사람은 검사일로부터 4개월 동안 적성검사를 받을 수 없다.

② 국토교통부장관은 운전적성검사기관 지정 신청을 받은 경우에는 지정기준을 갖추었는지 여부, 운전적성검사기관의 운영계획, 운전업무종사자의 수급상황 등을 반영하여 승인하여야 한다.

③ 운전적성검사기관은 그 명칭 · 대표자 · 소재지나 그 밖에 운전적성검사 업무의 수행에 변경이 있는 경우에는 해당 사유가 발생한 날부터 15일 이내에 국토교통부장관에게 그 사실을 알려야 한다.

④ 운전업무종사자의 정기적성검사에서 문답형 검사항목 중 안전성향 검사에서 부적합으로 판정된 사람과 반응형 검사항목 중 부적합(E등급)이 2개 이상인 사람은 불합격이다.

해설 ① 운전적성검사에 불합격한 사람은 검사일로부터 3개월 동안 운전적성검사를 받을 수 없다.
② 국토교통부장관은 운전적성검사기관 지정 신청을 받은 경우에는 지정기준을 갖추었는지 여부, 운전적성검사기관의 운영계획, 운전업무종사자의 수급상황 등을 종합적으로 심사한 후 그 지정 여부를 결정하여야 한다.
③ 운전적성검사기관은 그 명칭 · 대표자 · 소재지나 그 밖에 운전적성검사 업무의 수행에 중대한 영향을 미치는 사항의 변경이 있는 경우에는 해당 사유가 발생한 날부터 15일 이내에 국토교통부장관에게 그 사실을 알려야 한다.

09 철도차량 운전 관련 업무경력자의 교육시간에 관한 설명으로 틀린 것은?

① 철도장비 운전업무수행 경력이 3년 이상인 사람 – 제1종 전기차량 운전면허(290시간)

② 전동차 차장 경력이 2년 이상인 사람 – 노면전차 운전면허(140시간)

③ 철도차량 운전업무 보조경력이 1년 이상인 사람 – 철도장비 운전면허(100시간)

④ 철도건설 및 유지보수 장비 작업경력이 1년 이상인 사람 – 철도장비 운전면허(165시간)

해설 ④ 철도건설 및 유지보수 장비 작업경력이 1년 이상인 사람 – 철도장비 운전면허(185시간)

정답 08 ④ 09 ④

10 철도안전법에서 운전면허에 관한 설명으로 옳은 것은?

① 2년 이상 디젤차량 운전업무수행 경력이 있고 교육훈련을 받은 사람은 제2종전기차량 운전면허에 응시할 경우 필기시험이 면제된다.

② 운전면허시험의 기능시험에는 준비점검, 제동취급, 제동기 외의 기기취급, 각 차량의 구조 및 기능, 신호준수, 운전취급, 신호 · 선로 숙지, 비상시 조치 등이 있다.

③ 운전면허시험 응시원서 중 운전업무수행경력증명서, 운전교육훈련기관이 발급한 운전교육훈련 수료증명서는 필수 제출서류이다.

④ 운전면허 필기시험의 합격기준은 과목 평균 60점 이상 득점하여야 하며, 매 과목 40점 이상(철도관련법은 50점 이상) 득점하여야 한다.

해설 ② 운전면허시험의 기능시험에는 준비점검, 제동취급, 제동기 외의 기기 취급, 신호준수, 운전취급, 신호 · 선로 숙지, 비상시 조치가 있다.
③ 운전면허시험 응시원서 중 운전업무수행경력증명서는 고속철도차량 운전면허시험에 응시하는 경우에 필요하다.
④ 운전면허 필기시험의 합격기준은 과목 평균 60점 이상 득점하여야 하며, 매 과목 40점 이상(철도관련법은 60점 이상) 득점하여야 한다.

11 철도차량을 운전 중 고의 또는 중과실로 철도사고를 일으켜 1천만원 이상 물적 피해가 발생한 경우 1차 위반 시 처분으로 옳은 것은?

① 효력정지 1개월
② 효력정지 2개월
③ 효력정지 3개월
④ 면허취소

해설 운전 중 고의, 중과실로 1천만원 이상 물적 피해가 발생한 경우
1차 효력정지 2개월, 2차 효력정지 3개월, 3차 면허취소

12 「철도안전법」상 행정처분에 관한 사항이 올바르게 짝지어진 것은?

① 운전적성검사기관의 지정기준에 적합하지 않을 경우 – 2차 위반 시 업무정지 3개월

② 운전 중 고의 · 중과실로 부상자가 발생한 경우 – 2차 위반 시 면허취소

③ 술에 만취한 상태(0.1% 이상)에서 운전한 경우 – 2차 위반 시 면허취소

④ 철도차량운전규칙을 위반하여 운전 중 열차운행에 중대한 차질을 초래한 경우 – 2차 위반 시 업무정지 3개월

해설 ① 운전적성검사기관의 지정기준에 적합하지 않을 경우 – 2차 위반 시 업무정지 1개월
③ 술에 만취한 상태(0.1% 이상)에서 운전한 경우 – 1차 위반 시 면허취소
④ 철도차량운전규칙을 위반하여 운전 중 열차운행에 중대한 차질을 초래한 경우 – 2차 위반 시 업무정지 2개월

정답 10 ① 11 ② 12 ②

13 철도안전법에 관한 설명으로 옳지 않은 것은?

① 운전업무종사자는 철도차량이 차량정비기지에서 출발하는 경우에는 운전제어와 관련된 장치의 기능, 제동장치 기능, 그 밖에 운전 시 사용하는 각종 계기판의 기능의 이상 여부를 확인해야 한다.
② 관제업무종사자는 철도사고등이 발생하는 경우 여객 대피 및 철도차량 보호 조치 여부 등 사고현장 현황을 파악하여야 하며, 철도사고등의 수습을 위하여 필요한 경우 2차 사고 예방을 위하여 철도차량이 구르지 아니하도록 하는 조치 지시 등을 하여야 한다.
③ 운송위탁 및 운송금지 위험물에는 니트로글리세린, 점화 또는 점폭약류를 붙인 폭약, 기폭약 등이 있다.
④ 철도보호지구에서 토지의 형질변경 및 굴착, 토석 · 자갈 및 모래의 채취 행위를 하는 경우 국토교통부장관 또는 시 · 도지사에게 신고하여야 한다.

해설 ③ 운송위탁 및 운송금지 위험물에는 니트로글리세린, 점화 또는 점폭약류를 붙인 폭약, 건조한 기폭약 등이 있다.

14 운송위탁 및 운송금지 위험물 등에 속하지 않는 것은?

① 점화 또는 점폭약류를 붙인 폭약
② 니트로글리세린
③ 뇌홍질화연에 속하는 것
④ 그 밖에 화물의 성질상 철도시설 · 철도차량 · 철도종사자 · 여객 등에 위해나 손상을 줄 수 있는 물질로서 국토교통부장관이 정하여 고시하는 위험물

해설 ④ 그 밖에 사람에게 위해를 주거나 물건에 손상을 줄 수 있는 물질로서 국토교통부장관이 정하여 고시하는 위험물

15 철도운영자등이 영상기록장치를 설치, 운영하여야 하는 곳이 아닌 것은?

① 철도차량 중 대통령령으로 정하는 동력차 및 객차
② 승강장 등 대통령령으로 정하는 안전사고의 우려가 있는 역구내
③ 대통령령으로 정하는 안전사고의 우려가 있는 차량정비기지
④ 변전소 등 대통령령으로 정하는 안전확보가 필요한 철도시설

해설 ③ 대통령령으로 정하는 차량정비기지

정답 13 ③ 14 ④ 15 ③

16 대통령령으로 정하는 철도보호지구에서 신고하고 나무 식재를 해야 하는 경우가 아닌 것은?

① 철도차량 운전자의 전방 시야 확보에 지장을 주는 경우
② 나뭇가지가 전차선이나 신호기 등을 침범하거나 침범할 우려가 있는 경우
③ 호우나 태풍 등으로 나무가 쓰러져 철도시설물을 훼손시키거나 열차의 운행에 지장을 줄 우려가 있는 경우
④ 철도차량 작업자 등이 선로나 신호기를 확인하는 데 지장을 주거나 줄 우려가 있는 경우

해설 ④ 철도차량 작업자 등이 선로나 신호기를 확인하는 데 지장을 주거나 줄 우려가 있는 경우(관련이 없는 내용임)

17 여객열차에서의 금지행위 중 "그 밖에 공중이나 여객에게 위해를 끼치는 행위로서 국토교통부령으로 정하는 행위"가 아닌 것은?

① 여객에게 위해를 끼칠 우려가 있는 동식물을 안전조치 없이 여객열차에 동승하거나 휴대하는 행위
② 흡연하는 행위
③ 타인에게 전염의 우려가 있는 법정 감염병자가 철도종사자의 허락 없이 여객열차에 타는 행위
④ 철도종사자의 허락 없이 여객에게 기부를 부탁하거나 물품을 판매 · 배부하거나 연설 · 권유 등을 하여 여객에게 불편을 끼치는 행위

해설 ② 흡연하는 행위는 국토교통부령이 아닌 법률로 정하고 있다.

18 과태료 금액이 제일 높은 것은?

① 정당한 사유 없이 안전관리체계 시정조치 명령에 따르지 않은 경우 1회 위반
② 보안검색장비의 성능인증을 위한 기준, 방법, 절차 등을 위반한 경우 1회 위반
③ 영상기록장치를 설치 · 운영하지 않은 경우 2회 위반
④ 타인에게 전염의 우려가 있는 법정 감염병자가 철도종사자의 허락 없이 여객열차에 타는 행위 3차 위반

해설 ③ 영상기록장치를 설치 · 운영하지 않은 경우 2회 위반(600만원)
① 정당한 사유 없이 안전관리체계 시정조치 명령에 따르지 않은 경우 1회 위반(300만원)
② 보안검색장비의 성능인증을 위한 기준, 방법, 절차 등을 위반한 경우 1회 위반(150만원)
④ 타인에게 전염의 우려가 있는 법정 감염병자가 철도종사자의 허락 없이 여객열차에 타는 행위 3회 위반 (45만원)

정답 16 ④ 17 ② 18 ③

19 「철도안전법」상 벌칙이 2년 이하의 징역 또는 2천만원 이하의 벌금이 아닌 것은?

① 국토교통부장관의 운행제한 명령을 따르지 아니하고 철도차량을 운행한 자
② 거짓이나 그 밖의 부정한 방법으로 철도차량 제작자승인 · 철도용품의 제작자승인을 받은 자
③ 종합시험운행을 실시하지 아니하거나 실시한 결과를 국토교통부장관에게 보고하지 아니하고 철도노선을 정상운행한 자
④ 정밀안전진단을 받지 아니하거나 정밀안전진단 결과 계속 사용이 적합하지 아니하다고 인정된 철도차량을 운행한 자

해설 ① 국토교통부장관의 운행제한 명령을 따르지 아니하고 철도차량을 운행한 자(1년 이하의 징역 또는 1천만원 이하의 벌금)

20 「철도안전법」상 죄를 범하여 열차운행에 지장을 주어 2분의 1까지 가중하는 대상이 아닌 것은?

① 폭행 · 협박으로 철도종사자의 직무집행을 방해한 자
② 위해물품을 휴대하거나 적재한 사람
③ 철도보호지구에서의 행위제한 등을 신고하지 아니하거나 명령에 따르지 아니한 자
④ 사람이 탑승하여 운행 중인 철도차량을 탈선 또는 충돌하게 하거나 파괴한 사람

해설 사람이 탑승하여 운행 중인 철도차량을 탈선 또는 충돌하게 하거나 파괴한 사람 : 열차운행에 지장과 관련 없다.

정답 19 ① 20 ④

교육은 우리 자신의 무지를 점차 발견해 가는 과정이다.

– 윌 듀란트 –

교육이란 사람이 학교에서 배운 것을
잊어버린 후에 남은 것을 말한다.

–알버트 아인슈타인–

제3과목

철도교통 관제운영

제1장 고속철도 관제시스템

01 고속시스템 열차제어설비

(1) 열차제어설비의 종류

① 자동열차제어장치(ATC)

② 연동장치

③ 열차집중제어장치(CTC)

④ 안전설비

(2) 자동열차제어장치(ATC)의 주요내용

차상으로 전송하여 기장석에 허용속도를 표시하고 열차의 운행속도가 허용속도 초과 시 자동으로 감속시키는 장치이다.

① 선행열차의 열차위치

② 운행진로

③ 진입구간 선로의 제반 조건에 따라 열차 안전운행에 적합한 속도정보

④ 선로의 구배

⑤ 폐색구간 거리

(3) 자동열차제어장치(ATC)의 종류

① 선로궤도회로장치

② 불연속정보전송장치(ITL) : 특정 개소의 운전정보를 차상으로 전송

㉠ 절대정지 정보

㉡ 터널 입출구 정보

㉢ 고속선 진출입 정보

㉣ 절연구간 정보

㉤ 운행선로 변경 정보

③ 각종 제어표지

㉠ 폐색구간 경계표지(P표지 : 허용, NP표지 : 절대정지)

㉡ 고속선 진출입표지

④ ATC 차상장치

(4) ATC 지상장치의 주요 기능

① 열차 유무 검지
② 속도, 구배, 목표거리 정보를 차상으로 전송
③ 인접 기계실과 신호정보 교환
④ 연동장치 및 안전설비와 인터페이스
⑤ 특정 구간 속도제한 설정
⑥ 특정 구간의 열차제어정보 전송

(5) ATC 지상장치의 종류

① **연동장치(IXL : Interlocking System)** : 열차의 안전운행을 위하여 역구내, 중간 건넘선 등 열차운행진로에서 신호기와 선로전환기 및 궤도회로 등을 상호 연쇄 동작하도록 하여 사고를 방지하며, 취급자의 착오에 의한 오취급으로부터 열차의 안전운행을 확보하기 위한 장치
　㉠ 진로제어 및 표시
　㉡ 상호연동 및 쇄정
　㉢ 선로변장비 제어 및 표시
　㉣ 선로변장비 고장 감시 기능
　㉤ ATC 및 CTC 장치와 상호 정보 전송
② **연동장치(SSI : Solid State Interlocking)** : 신호기와 선로전환기 및 궤도회로를 상호 연쇄하여 안전조건 확인, 구성 및 쇄정을 유지하여 열차를 안전하고 신속하게 운행하도록 하는 장치의 3중 컴퓨터로 구성
③ **역정보전송장치(FEPOL)** : 전자연동장치와 LCP 간 정보전송을 하고, CTC로부터 제어명령을 수신하며 현장표시정보를 CTC로 전송, ATC와 정보를 송수신
④ **역조작반(LCP)** : 열차운행 진로를 제어하고 열차위치, 열차번호 및 선로변장비 동작상태 표시, 구간별 속도제한 명령을 설정
⑤ **유지보수장치(CAMS)** : 선로변장비의 고장상태 표시 및 기록, 운전취급 명령 기록, 선로변장비의 고장내용을 CTC로 전송
⑥ **전원장치(PSC)** : 연동장치(SSI, FEPOL, TFM, LCP, 선로전환기, 신호기 등)에 전원 공급
⑦ **선로전환기** : 역구내 및 중간 건넘선의 분기기를 전환하여 열차의 운행선로를 변경
⑧ **신호기** : 열차의 출발 및 정지신호현시와 입환허용 표시

(6) 열차집중제어장치(CTC)

중앙컴퓨터 제어시스템에 의하여 서울에서 부산까지 전 구간의 열차운행 상황을 한 곳에서 감시하면서, 컴퓨터에 입력된 스케줄에 따라 열차운행을 조정하고, 열차운행 상황을 자동으로 기록, 관리하기 위한 장치이다.

기계실 설비	관제실 설비
• 주 컴퓨터 • 통신용 컴퓨터 • 개발용 컴퓨터 • 프로그래머 컴퓨터	• 운용자 콘솔 • 유지보수 콘솔 • 스케줄 콘솔 • 표시판넬 • 주변장치

예 제

01 ATC 지상장치의 주요기능이 아닌 것은? 기출

① 특정 개소의 운전정보를 전송
② 열차 유무 검지
③ 인접 기계실과 신호정보 교환
④ 특정 구간 속도제한 설정

해설 특정 구간의 열차제어 정보를 전송한다.

정답 ①

02 ATC 지상장치의 종류가 아닌 것은? 기출

① 역정보전송장치
② 전원장치
③ 유지보수장치
④ 운용자콘솔

해설 운용자콘솔은 CTC 설비에 해당한다.

정답 ④

출제경향

지상장치와 차상장치를 구별하는 방법

철도시스템 일반을 비롯해 철도교통 관제운영에서도 지상장치의 기능과 특징을 차상장치로 바꾸어 놓아 오답을 찾기 까다롭게 하는 문제가 출제된다. 하지만 어렵게 생각할 필요 없이 차상장치는 차량 안에 있는 장치이고, 지상장치는 선로에 설치된 장치이다. 두 개의 특징이 외워지지 않고 헷갈린다면 보기를 하나하나 대입해보자. 인접 기계실과 신호정보 교환은 차상장치의 특징과 더 어울리는지, 지상장치의 특징과 어울리는지를 생각해보고, 특정 구간의 속도제한을 설정하는 것은 구간에 설치되어 있는 지상장치이고, 그 구간을 달리는 차상장치는 아니라는 것을 알아간다면 시험에서 조금 헷갈리더라도 충분히 헤쳐나갈 수 있을 것이다.

02 고속시스템 안전설비

(1) 종 류

① 차축온도 검지장치
② 지장물 검지장치
③ 끌림물체 검지장치
④ 기상 검지장치
⑤ 레일온도 검지장치
⑥ 터널 경보장치
⑦ 보수자 선로 횡단장치
⑧ 선로전환기 히팅장치
⑨ 무인기계실 원격감시장치
⑩ 지진감시시스템
⑪ 고속선 종합 영상감시시스템

(2) 장치별 내용

① 차축온도 검지장치

㉠ 30km 간격 상 · 하행 설치
㉡ 터널, 교량 구간 상시제동 구간 제외
㉢ 중간기계실로부터 2km 이내
㉣ 단순경보(71~90℃ 미만)
㉤ 위험경보(90℃ 이상 시)

② 지장물 검지장치

㉠ 고속철도를 횡단하는 고가차도나 낙석 또는 토사붕괴가 우려되는 지역 등에 자동차나 낙석 등이 선로에 떨어지는 것을 검지하여 사고를 예방하기 위해 설치

㉡ 위치선정
- 고속철도를 횡단하는 고가도로
- 낙석 및 토사붕괴가 우려되는 개소
- 고속철도와 도로가 인접하여 자동차의 침입이 우려되는 개소

㉢ 열차운행제한 조치
- 1선 단전 시 : 운행열차를 자동으로 정지시키지는 않으나 CTC에 경보가 전송되어 관제사가 무선으로 기장에게 주의운전 유도
- 2선 단선 시 : ATC 장치는 자동적으로 상 · 하행선 해당 궤도회로에 정지신호를 전송하여 진입하는 열차들을 정지시킴

③ 끌림물체 검지장치

㉠ 각종 시설물의 파손 또는 열차탈선 방지

㉡ 기지 또는 기존선에서 고속선으로 진입하는 개소에 설치

④ 기상 검지장치

㉠ 약 20km 간격으로 선로변의 설치 용이한 장소에 설치

㉡ 적설검지기는 우리나라 기후여건을 고려하여 대구 이북지역에 설치

㉢ 선로에서 10m 이상 이격하여 설치

㉣ 강우 시 열차운행 중지조건

- 일연속강우량 150mm 이상, 시간당 강우량 60mm 이상일 때
- 고가 및 교량구간의 시간당 강우량 70mm 이상일 때
- 열차운행에 위험하다고 열차감시원 또는 선로순회자가 인정할 때
- 세굴이 심할 때
- 물에 떠내려오는 물체가 교량에 부딪혀 교량에 변형을 일으킬 우려가 있을 때
- 교량상판 아래 수위가 정지수위로 되었을 때

㉤ 강우량에 따른 속도제한

- 24시간 강우량 140mm 이상이고, 시간당 강우량이 30mm 이상 : 170km/h 이하
- 24시간 강우량 150mm 이상이고, 시간당 강우량이 35mm 이상 : 90km/h 이하

㉥ 강풍 시 운전취급

- 풍속 45m/sec 이상 : 운행보류 또는 중지
- 풍속 40m/sec 이상 45m/sec 미만(위험경보) : 90km/h 이하
- 풍속 30m/sec 이상 40m/sec 미만(단순경보) : 170km/h 이하(★ 머리말 참고)
- 풍속 30m/sec 미만 : 풍속에 따라 단계적 감속운행

※ 위험경보 : 170km/h 이하, 단순경보 230km/h 이하

㉦ 강설 시 운전취급

- 눈 덮여 레일면이 보이지 않을 때 : 30km/h 이하
- 일간적설량 21cm 이상 : 130km/h 이하
- 일간적설량 14cm 이상 21cm 미만 : 170km/h 이하
- 일간적설량 7cm 이상 14cm 미만 : 230km/h 이하

※ 차량소음 발생 시 230km/h 이하로 감속운행, 재차 통보 시 170km/h 이하 감속운행

⑤ 레일온도 검지장치

㉠ 곡선, 양지 등 통풍이 잘 안 되는 구간에 설치

㉡ 보수작업에 지장이 되지 않는 장소에 설치

⑥ 터널 경보장치

㉠ 지하구간을 제외한 모든 터널에 설치

㉡ 경복 및 경광등은 약 250m 간격으로 상하행선 설치

㉢ 경보시점은 터널 양측 입구로부터 2,500m 이상 이격 설치

㉣ 바닥에서 1.6m 높이의 터널 벽면에 설치

⑦ 보수자 선로 횡단장치

㉠ 적색등 : 열차접근 횡단 불가

㉡ 녹색등 : 1명씩 횡단 가능

㉢ 소등 : 평상상태, 횡단 불가

⑧ 분기기 히팅장치

⑨ 무인기계실 원격감시장치

⑩ 지진감시시스템

㉠ 녹색 : 15~40gal 미만 → 조치사항 없음

㉡ 황색 : 40~65gal 미만 → 일단정차 후 최초열차 90km/h 이하로 주의운전

㉢ 적색 : 65gal 이상 → 즉시정차 및 최초열차 30km/h 이하로 주의운전

㉣ 지진 발생 시 열차통제 방법 : 현장 기록계 실시간으로 철도교통관제센터에 지진정보 전송 → 지진감시시스템 경보 발생 → KTX 기관사에 열차정지 명령 → 열차정지

㉤ 고속선의 장대교량 및 터널 등 주요 취약개소에 감지센서를 설치하여 지진 발생 시 센서에서 지진을 감지하고, 기록계에서 디지털 자료로 변환하여 철도교통관제센터의 지진감시시스템으로 전송

⑪ TCS 921 선로 내 인축의 침입 시 조치절차

㉠ 고속선 종합 감시제어시스템 설치구간이 아닌 경우 : 열차운행 도중 선행열차 또는 반대방향으로 운전하는 열차의 기장으로부터 선로변에 인축의 침입을 통보받은 경우 관제사는 속도제한 판넬을 이용하여 해당 구간에 속도제한(170km/h) 조치를 하고, KTX 기장에게 해당 구간에 주의운전 및 이상 여부를 확인 후 통보할 것을 지시

㉡ 고속선 종합 감시제어시스템 설치구간인 경우 : 고속선 영상종합 감시제어시스템 설치구간에 인축이 침입하여 열차운행에 지장을 주거나 지장을 줄 염려가 있을 때는 관제사는 해당 구간 양방향에 속도제한 90km/h 취급을 하고 통보받은 즉시 속도제한 조치를 우선 취급해야 함. 침입을 통보받을 구간을 접근하는 열차의 기장에게 인축의 침입을 알리고 발생구간을 시계운전 지시해야 하며, 전방에 일단 정차하지 않고 속도를 30km/h 이하로 운행하며 상황이 소멸될 때까지 후속열차도 위 내용을 적용함

출제경향

제1장 고속관제시스템은 ATC 지상장치의 주요기능, 고속철도 안전설비의 내용으로 다른 것이 기출문제로 많이 출제됐다. 숫자를 조금 바꾸거나 ATC 지상장치와 차상장치 기능을 바꿔 써놓거나 하는 식으로 주로 출제되기 때문에 정확한 숙지가 필요하다. 각 항목에 있는 숫자들을 정확하게 학습하는 것이 좋다.

제2장 관제시스템 일반

01 관제설비의 개요

(1) 철도교통관제설비의 운영방법

① 열차운행종합제어장치(TTC) : 도시철도의 대부분이 채택
② 컴퓨터열차제어장치(CTC)
③ 열차집중제어장치(CTC) : 코레일 철도교통관제센터가 채택

(2) 관제설비의 구비조건

① 조작의 단순화
② Fail-Safe System → 실수나 고장 시 안전 측으로 동작
③ 결함허용 → 결함이 발생하여도 시스템 임무를 연속적으로 수행
④ 2중계화(Back-up system)
⑤ 보수의 용이성
⑥ 인간-기계의 시스템화
⑦ 결함마스킹
⑧ 시스템의 확장성

(3) 열차집중제어장치(CTC)의 역사

① 1927년 미국 센츄럴 철도 63.8km 구간 집중제어
② 1968년 우리나라 중앙선 청량리~봉양. 141.8km 구간 완공(영국 웨스팅하우스 협력)
③ 1970년대 경부선(서울~수원), 경인선(서울~인천), 경원선(용산~성북)
경의선(서울~수색) 구간 독일지멘스사의 협력으로 완성
④ 1986년 9월 성북~의정부 간으로 확대
⑤ 1988년 4월 태백선 제천~철암 간 CTC화
⑥ 1989년 12월 경부선 수원~동대구 간 CTC화
⑦ 1992년 7월 경부선 동대구~부산 간 CTC화
⑧ 2008년 현재 코레일 CTC, 도시철도 사업자 TTC
⑨ 과천선, 분당선, 안산선, 일산선 등이 연차적으로 개통 CTC 관제실에서 통합운용

(4) 열차집중제어장치(CTC)의 기능

① **정보처리계** : 매일 DIA 작성 및 당일분 실시 DIA를 진로제어계로 보냄
② **진로제어계** : 진로제어
③ **열차집중제어계** : 열차운행상황 정보 수집하여 진로제어계로 보냄
④ **연동장치** : 진로구성

(5) 열차집중제어장치(CTC)의 효과

① 안전도 향상

② 열차횟수 증대로 수송력 증강

③ 운전업무 취급의 간소화

④ 선로설비 보수능률 향상

(6) 열차집중제어장치(CTC)의 구성

① CTC 설치구간 폐색장치는 자동폐색으로 설치

② 피제어역의 연동장치는 전기 및 전자 연동장치 설치

③ 중앙제어소에는 주제어반, 피제어역에는 보조제어반 설치

④ 중앙제어소에 승인 정자를 설치, 제어소 승인에 따라 설비를 조작할 수 있어야 함

(7) 열차운행종합제어장치(TTC)

① 1974년 지하철 1호선 개통 시 CTC보다 기능이 강화된 장치로 출발

② 경량전철, 모노레일 등에서 채택

③ 수송노선이 단순하고 열차종류나 속도, 동력차 형식, 선로의 지형, 장단 등으로 운영에 유리한 도시 철도 권역에서 사용하는 시스템

예 제

01 일반관제설비 구비조건으로 틀린 것은? 기출

① 조작의 단순화

② Fail-safe system

③ 결함 불허

④ 보수의 용이성

해설 관제설비의 구비조건

- 조작의 단순화
- Fail-Safe System
- 결함허용
- 2중계화
- 보수의 용이성
- 인간~기계의 시스템화
- 결함마스킹
- 시스템의 확장성

정답 ③

02 철도교통관제센터 관제설비

(1) 관제설비의 개요

① 서울, 부산, 대전, 영주, 순천의 지역관제소의 각 관제실 제어영역으로 분할된 지역의 열차운행관리를 통합하여 관장

② 관제설비

㉠ CTC 서버(3개의 지역별로 구분)

㉡ 통신 서버

㉢ 스케줄서버

㉣ Regulation 컴퓨터

㉤ 프로그래밍 서버

㉥ 운영자 콘솔

㉦ 터미널 서버

※ 터미널 서버와 현장의 역 정보전송장치 사이에 정보교환을 위하여 통신전용회선을 이용한다.

③ 구 성

㉠ 기계실

㉡ 운영관제실 : 전 구간의 열차운행에 필요한 데이터를 수집 · 분석

㉢ 상황실 : GIS 위치추적시스템, 영상, 음향 및 화상회의 기능 활용하여 종합대책 수립

㉣ 홍보실 : 홍보효과 극대화를 위한 공간으로 대내 외부인을 대상으로 운영시스템 및 관제실 내의 업무소개

㉤ 교육실 : 교육훈련 모의설비를 구축하여 운영자 및 보수요원의 교육훈련을 통해 시스템에 대한 조기적응으로 시스템 운영효율 증대

㉥ SCADA실 : 전차선 전력 전원공급에 대한 제어와 감시기능을 일괄 통제할 수 있는 기능과 모니터링 기능 구현

(2) 소프트웨어의 구성

〈REDUNDANT 시스템 지원〉

① 시스템 이중화 지원

② 서브시스템 이중화 지원

③ 통신소프트웨어 이중화

④ 응용소프트웨어

㉠ CTC 기본 소프트웨어

㉡ 열차운행관리 소프트웨어

㉢ 열차운전 관련 데이터베이스

㉣ 업무지원 소프트웨어(선로용량 계산)

(3) 하드웨어의 구성

① 관제시스템의 구성 및 기능
② L/S(Line Station monitor) 및 MMI(Man Machine Interface)
③ 관제사 콘솔
④ 대형표시반(DLP)
⑤ 서 버
⑥ 플로터 및 프린터
⑦ 정보전송장치[DTS(CDTS : 중앙, LDTS : 역)]
⑧ 현장설비(연동장치, 조작반, 운전실, 계전기실)
※ 조작반 : 역구내 선형, 궤도회로, 선로전환기, 신호기 등을 표시

(4) 네트워크 구성

이중계로 구성되는 기가비트 Ethernet을 기준으로 한다.

03 CTC에 의한 운전모드

(1) 운전모드의 구분

운전모드는 LOCAL, CCM, AUTO 중 오직 하나의 Mode를 선택하며, 역별로 각기 설정한다.
① LOCAL Mode : 현장역의 역조작반에 제어권한이 부여된 모드
② 관제 Mode : DTS 장치를 이용하여 현장역의 신호보안 시설물들을 중앙에서 원격제어 관제모드
㉠ CCM(Console Control Mode) : 제어권한이 Console의 Keyboard
㉡ AUTO Mode : 컴퓨터에 의하여 자동으로 현장설비가 Control

(2) 운전모드와 현장감시 기능

System 감시와 운전모드는 별개의 개념으로 운전모드와는 관련 없이 현장의 모든 감시정보가 관제로 보고되며 DLP 및 Console CRT에 표시된다.

(3) 운전모드와 현장제어 기능

LOCAL, Console Keyboard, Computer Program 중 어느 한 곳에 의해서만 제어가 가능하다.

(4) 운전모드의 전환

① 현장에 관한 운전 Mode의 선택 및 전환은 역별로 수행됨
② 관제설비가 처음 기동되는 시점에서 CTC 대상 전체역은 LOCAL Mode이어야 함
③ LOCAL Mode에서 관제 Mode로의 전환은 선관제사 Console 조작에 의하며, 관제 Mode에서 LOCAL Mode로의 전환 또한 마찬가지임

④ LOCAL Mode에서 관제 Mode로 전환

㉠ 관제 Mode로의 전환 요구사항을 관제사와 현장역 운전취급자 간에 전화로 협의 · 확인함

㉡ 현장역 운전취급자가 현장역 Mouse 취급에 의해 관제 Mode로 전환취급을 함. 이 취급에 의해 현장역조작반 CTC Lamp 및 관제실 DLP 및 Consol LCD 화면상에는 관제 Mode로의 전환요구 메시지가 경보

㉢ 관제사는 Consol 조작을 통해 해당 역을 CCM, AUTO 중 어느 한 Mode로 지정하여 선택할 수 있음. 이 취급에 의하여 선택된 운전 Mode가 관제실 DLP 및 LCP 모니터상에 점등되고, 역조작반상에는 CTC Lamp가 점등되고 LOCAL Lamp는 소등됨

⑤ 관제 Mode 간의 전환

일단 해당 역이 CCM 및 AUTO 중 한 개의 Mode로 선택되면, 선관제사 Console 취급에 의해 이들 Mode 간의 상호전환 가능

⑥ 관제 Mode에서 LOCAL Mode로의 전환

㉠ LOCAL Mode로의 전환요구사항을 관제사와 현장역 운전취급자 간에 전화로 협의 · 확인

㉡ 관제사가 Console Keyboard를 통해 LOCAL Mode로의 전환취급을 함

㉢ 현장 운전취급자는 마우스 조작을 통해 해당 역을 LOCAL Mode로 선택함. 이 취급에 의해 DLP 및 현장조작반에는 LOCAL Lamp가 점등됨

㉣ 이로부터 LOCAL 운전자에 의한 운전취급이 가능함

예 제

01 관제 Mode에서 LOCAL Mode로의 전환으로 틀린 것은?

① LOCAL Mode로의 전환요구사항을 관제사와 현장역 운전취급자 간에 전화로 협의, 확인한다.

② 관제사가 Console Keyboard를 통해 LOCAL Mode로의 전환취급을 한다. 이 취급에 의해 현장역조작반의 LOCAL Lamp와 관제실 DLP의 LOCAL Lamp가 점멸하고 LCD 화면상에는 LOCAL Mode로의 전환요구 메시지가 경보된다.

③ 관제사는 마우스 조작을 통해 해당 역을 LOCAL Mode로 선택한다. 이 취급에 의해 DLP 및 현장조작반에는 LOCAL Lamp가 점등한다.

④ LOCAL Lamp가 점등된 후 LOCAL 운전취급자에 의한 운전취급이 가능하다.

해설 전환요구 메시지 후에 해당 역을 LOCAL Mode로 선택해서 LOCAL Lamp가 점등되게 하는 사람은 현장 운전취급자이다.

정답 ③

04 CCM에 의한 운전취급

(1) CCM의 개요

CCM에 의한 조작은 관제제어 탁자에 설치된 Keyboard에 의하여 현장제어 및 DLP 판넬을 제어하는 방법이다.

(2) CCM의 구성

① 운용콘솔 2대의 2중계 시스템
② 1대의 MMI Monitor
③ 3대의 L/S Monitor
④ Keyboard
⑤ Mouse

(3) L/S의 개요 및 실행

① L/S 화면에는 열차의 운행상태, 현장설비의 상태 등을 표시
② 현장으로부터 수신되는 정보는 선로전환기, 신호기, 진로, 궤도회로의 상태, 각 시스템의 상태, 열차번호 등이 포함되어야 함

(4) L/S 화면구성

① 현장설비의 상태를 표시하는 "표시처리부분"
② 운영자가 제어영역 내에서 다른 역으로의 화면이동을 용이하게 하도록 하는 화면하단의 "역 이동툴바"
③ 역 모드 : AUTO, CCM, LOCAL
④ 역 공통설비 : 현장의 전력 및 배터리, LDTS 등 장비 및 상태를 표시처리
⑤ 역 선형 표시
⑥ 역 이동툴바

(5) MMI의 개요 및 실행

① L/S의 선형정보 표시를 제외한 모든 제반 업무를 지원
② 현장제어, 열차운행 스케줄, 시스템 관리, 각종 이력조회 및 실적조회, 운영자관리 등의 기능을 제공

(6) MMI의 화면 구성

① 기능별 메뉴
② 로그인 표시
③ 기능별 단축버튼
④ 알람로그창 → 중대한 오류 및 오류에 대한 메시지를 출력하는 창
⑤ 이벤트로그창 → 경고 및 안내에 대한 메시지를 출력하는 창

(7) 현장제어

① 각 제어영역에서 역별로 현장설비의 제어 가능

② 진로설정/해제, 신호기정지, 선로전환기 전환, 베이스스캔, 역모드 전환, 역제어모드 설정 등의 제어 기능

③ MMI 및 L/S에서 실행 가능

(8) 열차제어

① **열차번호 제어** : MMI 및 L/S상에서 임시열차번호 추가(삽입) 및 운행열차번호 수정, 삭제, 이동, 교환 등의 기능을 제공

② **열차추적** : 현장의 궤도점유와 진로 설정정보, 열차번호, 위치정보 등을 바탕으로 열차의 운행방향과 운행위치를 판단하여 추적하는 기능

③ **화면제어**

㉠ L/S 화면상에 선로지장작업(보수작업)에 대한 표지판 심볼을 설정

㉡ 종류 : 선로일시 사용중지, 폐색방식 변경, 열간작업, 전차선 단전, 서행속도 표시, 사용자 입력

예 제

01 MMI에 관한 설명으로 옳은 것은? 기출

① 열차운행상태, 현장설비의 상태 등을 표시

② 현장제어, 열차운행 스케줄, 시스템 관리, 실적조회 등의 기능을 관제사에게 제공

③ L/S의 선형정보 표시를 포함한 관제업무를 지원

④ 현장으로부터 수신되는 열차번호, 선로전환기, 신호기, 진로 등의 시스템 상태 감시

해설 ①·④ L/S에 관한 설명이다.
③ MMI는 L/S의 선형정보 표시를 제외한 관제업무를 지원한다.

정답 ②

02 다음 설명에 해당하는 것은? 기출

현장설비의 모든 상태정보에 대하여 재수신받을 경우에 사용되는 기능이며, L/S와 MMI 제어화면에서 운영자의 조작에 의해 명령을 전송하는 기능

① 베이스스캔

② 신호기정지

③ 진로제어

④ 역제어모드 설정

해설 ② 신호기정지 : 현장의 신호기가 진행상태일 때 신호기정지에 제어를 전송하여 신호기 정지를 수행
③ 진로제어 : 운행열차에 대해 선로를 확보해주는 중요한 기능으로 해당 역의 진로를 선택적으로 설정 및 해정할 수 있는 기능
④ 역제어모드 설정 : 현장에서 제어권을 가지는 LOCAL, 관제실에서 제어권을 가지는 CCM, AUTO로 제어모드를 구분하며, 이에 대한 제어모드 전환을 MMI 및 L/S를 통해 설정할 수 있다.

정답 ①

03 열차번호 제어에 관하여 MMI 및 L/S상에서 제어할 수 있는 기능으로 틀린 것은? 기출

① 임시열차번호 삽입

② 운행열차번호 수정

③ 운행열차번호 생성

④ 운행열차번호 교환

해설 운영자의 조작에 의해 임시열차번호 추가(삽입) 및 운행열차번호 삭제, 수정, 이동, 교환할 수 있으며 생성은 MMI에서만 가능하다.

정답 ③

출제경향

관제시스템 일반은 출제율이 가장 높은 부분이기도 하며 실제 관제사가 되어 근무를 할 때에도 가장 밀접하게 알아야 하는 부분이기도 하다. 각 용어의 정의를 정확하게 숙지하는 것이 중요하고 해당 설비의 조건이나 역할들을 암기하기를 추천한다. 설비에 대한 이해만 한다면 체감 난이도가 많이 높지는 않다.

제3장 | 도시철도 관제시스템

01 종합관제실의 구성

(1) 종합관제실의 주요업무

① 운전관제 : 열차운행 감시 및 통제업무를 수행하고 열차제어시스템 및 통신시스템을 운용

② 전력관제 : 전차선 및 송변전에 대한 감시 및 제어업무를 수행하고 SCADA 시스템을 운용

③ 설비관제 : 역사기계설비, 소방설비, 승강장안전문에 대한 감시 및 제어업무를 수행

④ 여객관제 : 작업조정 및 통제, 이례상황 시 여객취급업무, 장비의 이동 및 통제

(2) 시스템 현황

① 운전관제시스템(신호/통신)

㉠ 열차운행 감시 및 통제

㉡ 통신장비 운영

② SCADA 시스템

㉠ 전철전력 급단전 제어

㉡ 예비설비 교대운전

③ 기계설비관제시스템

㉠ 역사 기계설비 제어 및 감시, 소방설비 · PSD 설비 · BHS 설비 감시

㉡ 기상정보 감시(영종대교, 마곡대교)

④ 여객관제시스템

㉠ 로컬운전 취급설비(서울, 검암, 인천, 운전취급구간)

㉡ 여객안내 방송설비(방송장치, CCTV)

예 제

01 종합관제실의 주요업무로 틀린 것은? 기출

① 운전관제 : 열차운행 감시 및 통제업무를 수행하고 열차제어시스템 및 통신시스템을 운용

② 여객관제 : 현장작업 및 통제, 이례상황 시 여객취급업무, 장비의 이동 및 통제

③ 설비관제 : 역사기계설비, 소방설비, 승강장안전문에 대한 감시 및 제어업무를 수행

④ 전력관제 : 전차선 및 송변전에 대한 감시 및 제어업무를 수행하고 SCADA 시스템을 운용

정답 ②

02 관제시스템

(1) 열차제어시스템

① **공항철도 신호시스템** : 기존의 공항철도 운행열차를 제어하기 위한 Distance To Go 방식의 ATC 시스템과 KTX 운행을 위한 ATS 시스템을 단일노선에서 2중으로 구성하여 운영

㉠ ATC

㉡ ATS : KTX 운행을 위해 별도로 ATS 신호시스템을 운영(5현시)

※ 5현시 방식
G(진행) : 150km/h 이하, YG(감속) : 105km/h 이하, Y(주의) : 65km/h 이하, YY(경계) : 25km/h 이하, R(정지) : 0km/h

㉢ ATC 관점에서의 공항철도 열차 운전모드

모드선택 시	운전방향	운전모드	
YARD	전 진	RM	차량기지에서 운영하며 ROS와 유사
	후 진	REV	역 정차위치를 지나쳤을 때 5M 이내에서 이동하는 데 사용
MANUAL	전 진	ROS	ATP에 의하지 않고 기관사가 운전하며 25km/h 초과 시 비상정지 체결
		MCS	ATP 보호하에 기관사가 운전
AUTO 1	전 진	FULL AUTO	열차가 자동으로 출발하고, 기관사의 개입 없이 운전됨
AUTO 2	전 진	AUTO	기관사에 의해 열차가 출발하고 ATP/ATO에 의해 자동운전
ATB	중 립	ATB	ATP/ATO에 의한 자동회차
EM	전진 혹은 후진	EM	열차가 ATP에 의해 보호되지 않음

② **열차운행종합제어장치** : 공항철도 열차운행을 담당하는 열차운행종합제어장치(CATS ; Central Automatic Train Supervision)는 종합관제실과 신호기계실로 나누어져 있음

㉠ CATS SERVER
- 신호기계실에 설치
- 현장상태를 감시하고 자동진로제어, 자동열차제어, 열차감시 및 추적기능을 실행

㉡ 운영자 콘솔(Regulator · 1, 2)
- 종합관제실에 총 2식이 설치
- 전 구간의 열차운행 상태표시, 수동제어, 운영관리, 로그기록의 기능을 실행
  - 콘솔화면 구성
  - L/S 제어화면 : 궤도, 선로전환기, 신호기, 플랫폼, 운행방향, 임시속도제한

㉢ 관제팀장 콘솔
- Supervision인 관제팀장 콘솔은 종합관제실 내에 있으며, 본선 전 구간의 열차운행상태 표시, 수동제어, 운영관리, 로그기록의 기능
- 운영자 콘솔의 모든 기능을 실행, 운영자 콘솔의 장애 · 비상시 대체함

ⓡ 유지보수 콘솔

- 본사 신호기계실 내에 있으며, 열차운행에 관한 표시 기능 및 업무지원, 로그기록 미재현 기능
- 현장기기의 신호현시, 분기기방향 및 상태, 폐색정보, 플랫폼 정보, 중요설비의 동작상태 감시 기능

ⓜ Off-line TT(Time Table)

- 종합관제실 내에 있으며 열차운행계획관리 및 운행실적, 통계, 데이터 관리, CATS로 스케줄 전송 기능
- 열차운행계획은 Off-Line TT 콘솔에서 작성

ⓑ LDP(Large Display Panel)

- 종합관제실 내에 있으며 현장기기 및 폐색, 플랫폼 열차, 역 설비 등의 상태표시 기능
- 역명정보 : LD 상단에 각 역명이 위치
  - TTC : CATS Server에 의해 자동으로 수행하는 스케줄 자동진로제어
  - CTC : Regulator에 의해 수동진로제어
  - LOCA : LATS Server에서 자동으로 수행
  - LOCM : 현장신호설비를 로컬에서 수동으로 제어
  - 검암 : 역명
  - 33k900 : 정거장 위치정보
  - LATS : LOCAL ATS 상태정보
  - CBIF : 검암역이 관할하는 전자연동장치 상태정보(이중계동작 : 녹색, 단일계동작 : 황색, 장애 : 적색)
  - ATC5 : 검암역이 관할하는 전자연동장치 상태정보
  - KXIF : KTX용 5현시 시스템 상태정보
  - PNT : 선로전환기 상태정보
  - PSCF : CBI POWER 상태정보
- 출발열차 예고 표시창 : 열차번호, 출발시각, 행선지로 구성
- 열차운행 제어방식 : 현장신호설비 제어방법은 TTC, CTC, LOCAL AUTO, LOCAL MANUAL로 구분

모드	내용
TTC 모드	• 당일 열차운행 계획에 따라 신호설비의 자동진로제어뿐 아니라 열차감시, 열차추적, 열차행선 안내정보 전송, DWELL TIME 관리, 설비상태 감시 및 기타 필요사항을 CATS SERVER에서 자동으로 수행하는 모드 • Regulator에서 수동조작도 허용
CTC 모드	• TTC 모드로 운영 중 운영자의 수동조작 개입이 필요하거나 관제실의 부분적인 장애가 발생하였을 경우 Regulator에서 현장신호설비를 수동으로 제어하는 모드 • 자동진로제어는 이루어지지 않음
LOCAL AUTO 모드	• CATS 시스템의 이상 및 네트워크 이상 등 비상시 로컬에서 운영하는 모드 • 로컬 Operator Regulator에서의 수동조작도 허용 • LOCAL AUTO 운행 시 열차운행 실적은 해당 로컬에서만 적용
LOCAL MANUAL 모드	• CATS 시스템의 이상 및 네트워크 이상 등 비상시 로컬에서 운영하는 모드 • 로컬 Operator Workstation에서 현장신호설비를 수동으로 제어하는 모드 • 자동진로제어는 이루어지지 않음

- LOCAL LATS(LATS) : 서울역, 공덕역, 디지털미디어시티역, 김포공항역, 계양역, 검암역, 영종역, 운서역, 인천공항역 9개의 로컬역으로 구성
  - LATS Server : 로컬기계실에 설치, 현장장치와 인터페이스를 담당
  - Operator Workstation : 연동역사(3개 : 서울역, 검암역, 인천공항역)에 설치되어 있으며 운전취급실에 한하여 신호설비 감시 및 수동제어 기능을 시행
  - CATS/LATS의 주요기능 차이(다른 점)

CATS	LATS
• 계획스케줄 및 실적 관리 • 차량운행 거리 관리 • 여객정보 관리 • 외부시스템과 인터페이스	• 임시제한속도 관리 • 열차번호 수동 부여 • 자동열차 출발억제 제어 • ATC, CBI 및 CATS와 인터페이스 관리 • 외부시스템과의 인터페이스

- 철도교통관제센터와 공항철도 간 인터페이스
  - E1급 이더넷 네트워크를 통한 TCP/IP 프로토콜 통신방식으로 구성
  - 공항철도서버가 Client, 철도교통관제센터가 Server 역할
- 지상신호제어기 KXI(KTX용 지상신호제어기) : 공항철도 ATS 장치(속도조사방식) → 연속제어방식
  - 정지신호를 현시하는 신호기에 접근할 때 자동적으로 제동이 작동하여 안전하게 정차하게 하는 장치
  - 점제어방식과 속도조사방식(연속제어방식)으로 구분

(2) 통신시스템(PSD는 포함하지 않는다)

① **디지털전송설비(DTS)** : 각종 정보를 디지털 신호로 전환

② **열차무선설비(TRS)** : 종합관제실과 운행 중인 열차승무원, 무전기 사용자와 장소에 제한 없이 무선통화가 가능

③ **열차무선설비(CAD)** : 종합관제실에서 비상시 TRS 시스템을 이용하여 지령을 하기 위한 시스템

④ **화상전송설비(CCTV)** : 역사 승강장 및 대합실 등 주요지역의 화상을 역무실 및 관제실에서 원격감시를 위한 설비. 종합관제실에는 12개의 모니터가 설치

⑤ **행선안내설비(PIS)** : 승강장에서 열차 이용을 위하여 대기 중인 고객에게 열차운영정보 및 공지사항을 자동 또는 수동으로 조작하여 표출

⑥ **사령전화(DIS)** : 종합관제실과 역무, 주요 기능실 간에 업무를 위해 직접 통화할 수 있도록 회선을 구성하기 위한 설비

⑦ **자동방송설비(PA)** : 각 역사 승장장에 열차운행에 관한 정보를 자동으로 방송, 필요시 수동으로 가능

⑧ **스카다보안설비(SCADA)** : 무인 운영되는 변접소 및 역사 전기실 출입을 통제, 관리하기 위한 설비

⑨ **전기시계설비(MCS)** : 통일된 정확한 시간 제공을 위하여 설치된 설비, GPS 시간을 수신받음

(3) 전력관제시스템

현장 전자식 배전반에서 올라오는 정보를 취득함으로써 전력관제설비의 기능정지, 제어, 감시업무를 대신 수행하는 역할을 한다.

① SCADA

② 주컴퓨터 : 실시간 데이터 처리를 위한 데이터 자원 및 시스템 초기화와 환경설정을 위한 기능을 중점적으로 관리

③ MMI(Man Machine Interface) : 운영자가 급전계통을 감시 · 제어 시 사용하는 주설비

④ SMS(Supervisory Maintenance System)

㉠ MMI와 같은 기능을 가지고 있으며 배타적인 권리를 가진 시스템으로 전력관제설비, 유지보수용으로 사용

㉡ MMI와 동일한 기능을 가지고 있어 MMI 장애 시 사용 가능

⑤ OTS(Operator Training Subsystem)

㉠ MMI와 같은 기능

㉡ 사전에 설계된 시나리오를 가지고 시뮬레이션을 구현한 교육용 훈련시스템

⑥ FEP(Front End Processor) : 전단처리장치는 CU로부터 주기적으로 데이터를 처리하고 모아진 데이터를 주컴퓨터에 전달하는 역할

⑦ CU(Communication Unit) : 표준 프로토콜을 통해 데이터를 주고받을 수 있도록 중계해주는 시스템

(4) 설비관제시스템

① 설비관제시스템 현황

㉠ 기계설비관제시스템

- 공조기, 냉동기, 소방설비, 위생설비, 승강설비 등을 설비관제에서 검사 및 제어
- 분산제어 시스템을 채택
  - 역사 화재 시 제연운전(화재구역 : 배기운전, 인근구역 : 급기운전)
  - 승강설비는 현장제어를 우선적으로 시행. 화재발생 시 에스컬레이터는 정지, 엘리베이터는 기준층(지하역사는 지상 1층 또는 최상층, 지상역사는 지상 1층)으로 이동
  - PSD는 개별도어 장애 여부를 감시하여 종합관제실에 표출

㉡ PSD 통합모니터링시스템 : 기계설비관제시스템과 PSD 통합모니터링시스템을 통해 이중으로 감시

㉢ 소방설비감시 모니터링시스템 : 방재상황 실시간 파악 및 화재 시 신속대처를 위해 그래픽디스플레이시스템(GDS)을 구축하여 적용

㉣ BHS 모니터링시스템 : 해외여행객을 위한 수하물처리시스템

㉤ 강풍표시장치(WCCC)

- 공항철도는 영종대교를 통해 바다를 건너 육지와 영종도를 연결
- 일정풍속(25m/s) 이상 시 열차의 영종대교 접근을 통제

② 설비관제사 업무분장

㉠ 철도안전관리체계의 역사 및 본선에 설치된 각종 설비의 감시와 조작 및 필요한 현장설비에 필요한 조치 지시
㉡ 설비관제시스템의 운영
㉢ 기계설비 제어, 감시 및 통제업무
㉣ 기계설비 계통 점검 및 작업통제
㉤ 공조환기설비 계절별 스케줄 조정
㉥ 기계설비 장애 또는 사고발생 시 복구 지시
㉦ 기계설비 장애현황 관리
㉧ 방재설비 장래감시 및 통제
㉨ 이례상황 시 유관기관 긴급연락
㉩ 철도안전관리체계의 열차운행프로그램 실행

(5) 여객관제시스템

종합관제실 내에 LATS 장치를 설치하여 CATS 장애 등 이례사항 발생 시 열차지연을 최소화한다.

① 여객관제 업무

㉠ 평상시 및 이례상황 발생 시 각종 여객취급 지시
㉡ 열차지연 및 중지 시 지연료 지급, 대체교통편 수배
㉢ 강제발매 및 반환 승인번호 관리(심사담당자와 공유)
㉣ 이례상황 발생 시 BHS 업무 중지 및 재개 지시
㉤ 코레일 여객상황반과의 업무연락 및 승인번호 접수, 각종 업무지시 전달
㉥ 역무 위탁업체 현장 대리인에 대한 여객취급 관련 업무지시
㉦ 이례상황 시 역 상황전파 및 안내방송 시행 또는 방송지시

② 작업 관련

㉠ 운행선 작업 업무협의 및 조정
㉡ 주/야간 작업조정서 작성 및 송부
㉢ 운행선 작업 승인 및 통제
㉣ 철도보호지구 작업 안전협의

③ 이례사항 시 여객관제사 주요업무

㉠ 열차지연 발생 시 업무절차(주요 내용) : 열차운행 상황 통보 → 열차지연 관련 후속조치 시행 → 강제반환 관련 업무 → 상황종료 후 업무 → 후속업무
㉡ 지연료 및 대체 교통비 지급기준
- 직통열차 : 1시간 이상 지연 도착의 경우 5,000원
- 일반열차
  - 열차 내에서 1시간 이상 하차 못 한 경우 : 5,000원
  - 마지막 열차 지연 30분 이상 지연 시 : 5,000원
  - 1시간 이상 지연 시 : 10,000원

ⓒ 작업관련 업무내용

- 작업통제 범위 : 본선 0.001~61km614
- 작업시행 절차 : 운행선 작업조정 → 야간운행선 작업협의 → 운행선 작업통제(주/야간) → 철도보호지구 작업안전 협의 → 작업통계 관리

ⓓ 여객관제 운용설비 현황

- 운전취급설비(LATS) : CATS 장애 시 열차운행 통제, 야간작업 시 모터카 신호취급
- 영상감시설비 : 역사 승강장 및 대합실 모니터링, 승강장 작업 시행 시 감시
- 무선통화장치(TRS) : 여객취급 및 작업통제 업무
- 사령전화 : 여객취급 및 작업통제 업무
- 방송설비장치 : 역사승강장 및 대합실 여객 안내방송
- 야간작업 협의 : 야간작업 협의, 작업자 집결현황 사진 수보

(6) 운전관제사의 임무

열차의 운행제어, 감시, 통제를 하며 이례적인 상황 발생 시 상황에 적절한 대응조치를 지시하여 열차 정시 및 안전운행과 승객서비스 제공에 만전을 기한다.

① 운전정리 관련사항

㉠ 운전관제사는 운전정리 시행 시 운행변경, 열차종별 변경, 단선운전, 합병운전, 운행휴지, 차량교환, 반대선 운전, 기타 특별사항 지시사항, 임시열차운행 사항 등은 운전명령으로 시행

㉡ 운전명령 이외의 운전정리 시행 시 관제승인에 의하여 시행

㉢ 단순운전정리(착발선 변경, 임시대피, 간격조정 등)는 별도 명령, 승인하지 않음

운전명령사항	관제승인사항
• 운행변경 • 종별변경 • 단선운전 • 합병운전(구원열차) • 운행휴지 • 임시열차운행 • 차량교환 • 반대선 운전 • 특별지시사항	• 순서변경 • 운전시각변경 • 반복변경 • 추진운전 • 후진운전 • 임시서행 • 운행속도변경 • 차량유치변경 • 운전모드 변경 • 수신호 • 출입문 바이패스 취급 • 전차량출입문 바이패스 스위치 취급 • LOCAL 취급 • PSD 오버라이드 취급 • EH 바이패스 추급 • 공사열차 이동, 폐색방식 변경

② 운전관제사의 주요업무

㉠ 영업준비 상태 확인사항

- 열차운행 스케줄 로딩 상태
- 각 분야의 영업준비 상태
- 전차선 급전 상황
- 대형표시반(LDP) 정상표출 여부
- 기타 열차운행에 필요한 사항

㉡ 전차선로의 급전 및 단전

- 급전은 첫차 출발시각 45분 전까지 요청, 40분 전까지 완료
- 단전은 운행 종료 시 요청

㉢ CATS 제어 시 확인사항

- ATS 기능
- 열차번호 안내정보
- MMI 장치 기능
- 대형표시반 표시 기능
- LOCAL ATS 구역상태

㉣ CATS CTS 취급시기

- CATS에 의한 스케줄 제어기능 이상 시
- 운전정리 필요시
- MMI 장치 기능 이상 시
- 기타 취급의 필요성이 있을 때

㉤ LOCAL ATS 취급시기

- CATS의 기능 고장 시
- CATS-LATS 간 통신 고장 시
- 역 간 통제에 의한 운전, 단선운전 시
- 영업준비 및 점검 시
- LATS 취급 훈련 시
- 전자연동장치, 선로전환기 등 현장신호설비 장애 시
- 야간작업 통제 시
- 기타 필요시

예 제

01 도시철도관제시스템의 운행제어방식이 아닌 것은? 기출

① TTC 모드

② CTC 모드

③ LOCAL AUTO 모드

④ LOCAL MENU 모드

해설 LOCAL MANUAL 모드이다.

정답 ④

02 설비관제시스템으로 틀린 것은? 기출

① 전력설비관제시스템

② BHS 모니터링시스템

③ 강풍표시장치

④ PSD 통합모니터링시스템

해설 설비관제시스템에는 기계설비관제시스템, PSD 통합모니터링시스템, 소방설비감시모니터링시스템, BHS 모니터링시스템(수하물처리시스템), 강풍표시장치가 있다.

정답 ①

03 CATS 제어 시 확인사항이 아닌 것은? 기출

① ATS 기능

② 열차번호 안내정보

③ 전차선 급전상태

④ LOCAL ATS 구역상태

해설 CATS(열차운행종합제어장치) 제어 시 확인사항은 ATS 기능, 열차번호 안내정보, MMI 장치기능, 대형표시반(LDP) 표시기능, LOCAL ATS 구역상태이다.

정답 ③

출제경향

운전관제사의 주요업무와 전력관제, 여객관제, 통신관제, 운전관제의 역할을 정확히 비교하는 게 중요하다. 출제율은 높지 않으나 지엽적으로 출제되는 기출이 많은 과목으로 시간이 난다면 꼼꼼히 살펴보는 것을 추천한다.

본문에는 CATS와 LATS의 특징이 각각 있지만 외울 필요는 없다. 자세히 보면 CATS와 LATS의 주요기능은 대부분 같기 때문에 다른 점만 외우면 '각자의 기능으로 옳지 않은 것은?'이라는 문제가 나왔을 때 빠르게 답을 찾을 수 있다. 주요기능의 차이만 꼼꼼히 외우고 중복되는 부분을 한번 읽고 넘어가자.

제4장 무인운전 관제시스템

(1) 열차운행종합제어장치(ATS)

ATS는 신분당선 열차제어시스템을 전체적으로 관리하는 설비로, 관제실 운영자 간의 인터페이스로서 사용되며, 필수 ATS 단계에 자동제어 및 기능 관리를 제공한다.

① 가속도계 : 열차에 부착되어 열차의 가속도 측정

② ADU(차내신호기) : 열차 운전자에게 열차운용 및 상태정보 제공

③ ATO(열차자동운전장치) : 속도조절, 예정된 역 정지 및 출입문 제어를 제어하는 ATC 내의 기능

④ ATP(열차자동방호장치) : 안전한 열차 이동을 책임지는 ATC 내의 기능

⑤ ATS(자동열차감시) : 중앙 관제사에게 시스템으로의 인터페이스를 제공하는 ATC 내의 기능

⑥ CAZ(충돌방지구역) : 오직 한 대의 열차만이 허용되는 가이드웨이의 한 구역으로, 열차들이 교착되는 것을 방지함

⑦ CESB(중앙비상정지버튼) : 비상시 취급할 경우 선로 내 모든 궤도를 폐쇄하고 이때 운행 중인 차는 비상제동이 체결

⑧ 타코메타 : 열차의 차축에 연결된 장치로 바퀴 회전 시에 다수의 진동을 발생시킴. VOBC는 차의 속도를 판단하기 위하여 이 진동들을 사용

⑨ TSR(일시적 속도제한) : 모든 열차들의 속도를 제한하기 위한 명령이 사용된 가이드웨이의 한 구역으로, 서행구역(GSZ)이라고도 함

⑩ VCC(차량제어센터) : 3중의 2 구성으로 작동하는 3대의 컴퓨터로 구성된 제어장치로, 열차들의 안전한 운용을 책임짐

⑪ VOBC(차상제어장치) : 열차의 특정 기능들을 제어하는 여러 대의 컴퓨터들을 포함하고 있는 열차에 설치된 장치로, VCC와 통신

(2) ATS 시스템의 구성

① 신분당선 열차제어시스템에 적용될 ATC 시스템 구성은 이동폐색시스템 기술에 기초함

② ATC 시스템의 구성장치

㉠ ATS(ATC)

㉡ VCC

㉢ STC

㉣ PDIU

㉤ 차상장치(VOBC)

㉥ 열차와의 무선통신을 위한 데이터시스템(DCS)

③ 이동폐색시스템의 원리

㉠ 신분당선 열차제어시스템은 무선통신 기반 열차제어(CBTC) 시스템 환경에서 이동폐색 원리를 사용

㉡ 이동폐색시스템은 향상된 위치 식별장치와 이동권한 업데이트를 통하여 짧은 열차운행 간격과 많은 선로용량을 제공. 이는 동일한 폐색구역에 대해 여러 대의 열차의 점유를 안전하게 허용하기에 가능

㉢ 열차의 안전운행을 위한 연속적인 최신정보 업데이트 : 최대속도, 정지위치, 제동곡선, 선로구배

④ VCC(열차제어센터) : 이동폐색시스템에서 안전한 자동열차 이격거리 유지 및 운행을 책임지는 기능을 수행

⑤ STC(역제어기)

㉠ VOBC와 통신하며 제어구역 내 시스템의 안전을 책임짐

㉡ STC들은 선로전환기 상태정보를 수신하며 이를 VCC로 전달하여 VCC에서 제공받는 명령에 따라 선로전환기를 움직임

⑥ PDIU : 승강장 출입문 제어에 관해 ATP 및 ATO 기능을 수행하기 위해 차상장치와 함께 동작

⑦ 차상장치(VOBC) : 차상자동열차운행(ATO)과 차상자동열차방호(ATP) 기능을 차량에 제공하는 기능을 수행

⑧ 트랜스폰더 태그

㉠ 차상장치(VOBC)의 위치결정시스템은 차상의 차측에 설치된 타코메타에 의해 차륜의 회전을 측정하고 열차의 가속도를 측정하는 것에 의해 수행

㉡ 교차트랜스폰더 태그는 대략 25m 간격으로 지상에 위치

⑨ 무선통신

㉠ 열차와 지상설비 간 통신

㉡ Vital 텔레그램 전송 프로토콜

㉢ 데이터통신시스템(DCS)

㉣ 지상설비 텔레그램 프리프로세서(OWTP)

- DCS를 통한 송수신을 위한 VOBC 텔레그램을 데이터그램으로 변환
- DCS와의 이더넷 인터페이스
- (DCS를 통해) VCC로부터 수신된 데이터그램의 역변환
- VCC 텔레그램 데이터를 OTP로 실시간 전송

(3) ATS HMI 운영

① 제어모드 관리

㉠ ATS 제어모드

㉡ VCC 제어모드

㉢ STC 로컬제어보드

② TCMS 콘솔 → (차량감시 콘솔)

㉠ 장치개요 : 차량의 TCMS가 제공하는 차량 고장정보 및 차량 상태정보를 표시하고, 차량의 장애를 응급조치할 수 있도록 관제센터에서 차량 TCMS로 제어정보를 전송

㉡ 기 능

- 개요 : 운행 중인 차량의 주요 운행상태 및 고장정보를 실시간으로 표시하고 본선운행 차량을 원격제어함으로써 효과적인 무인운전시스템을 구현
- 차량의 상태 및 고장정보 표시 기능
- 차량 원격제어 기능
- 시스템 구성
- 차량감시 콘솔 소프트웨어(화면구성)

– 콘솔메뉴
– 상태화면, 제어화면 전환
– 열차리스트 영역
– 부가정보
– 표시영역

(4) 차내화상 장치

① 일반사항 : 차상감시용 CCTV 시스템

② 시스템 구성도 : 차상화상설비, 지상화상설비, 관제화상설비(종합관제센터)

③ 장치별 구성

㉠ 관제화상설비 시스템 구성 : 관제화상설비는 전송된 차내 화상정보를 수신하여 화상으로 표출 및 저장

㉡ 화상설비 장치의 기능 : 차상에서 제공되는 모든 화상을 원격관리 제어하고 화상 저장 및 모니터에 영상을 표시

(5) 원격방송 장치

① 방송 우선순위

㉠ 관제화재 방송
㉡ 역사화재 방송
㉢ 관제 방송
㉣ 자동 방송
㉤ 관리역 방송
㉥ 무선마이크 방송
㉦ 인접화재 방송
㉧ 관제 BGM 방송

예 제

01 다음 괄호 안에 들어갈 내용으로 옳은 것은? 기출

> ( )는 신분당선 열차제어시스템을 전체적으로 관리하는 설비이다. ( )는 관제실 운영자 간의 인터페이스로서 사용되며, 필수 ( ) 단계에 자동제어 및 기능 관리를 제공한다.

① ATS
② ATC
③ VCC
④ ATO

정답 ①

02 차상의 차축에 설치된 타코메타에 의해 차륜의 회전을 측정하고 열차의 가속도를 측정하는 것에 의해 수행되는 위치결정 시스템은? 기출

① STC
② VOBC
③ PDIU
④ VCC

정답 ②

03 PDIU와 연동되어 있는 것으로 틀린 것은? 기출

① VCC
② VOBC
③ ATP
④ ATO

정답 ①

04 차내화상 정보전송장치로 틀린 것은?

① 차상화상설비
② 운전화상설비
③ 지상화상설비
④ 관제화상설비

해설 차내화상 정보전송장치는 차상화상설비, 지상화상설비, 관제화상설비로 구성된다.

정답 ②

출제경향

무인운전관제 시스템의 용어와 ATC, ATS 등 주요기능에 대한 정확한 이해를 요한다. 양이 많고 출제율도 높은 과목으로 꼼꼼히 보기보단 용어를 익숙하게 구분할 수 있도록 여러 번 반복해서 읽으며 학습하는 것을 추천한다.

제5장 열차제어시스템

01 ATS 장치

(1) ATS 장치의 구성

① 지상장치 : 궤도회로 및 신호기 주파수를 발신하는 지상자

② 차상장치 : 주파수를 수신하는 차상자, 속도발전기, ATS Box

(2) ATS System Block Diagram

① 운전논리부, 속도비교기에서 실제속도 V_t와 신호에 따른 지령속도 V_p를 비교

② 속도발전기에서 실제속도에 맞는 속도주파수를 발생

③ $V_t < V_p$: 정상운행

$V_t > V_p$: 3초 동안 알람 경보. 3초 내에 제동취급 결여 시 비상제동

(3) 정상운전과 ATS 제어곡선

① 운행 중 주의신호 현시 시 45km/h 이하로 감속하여 신호기 통과, 경계신호 현시 시 25km/h 이하로 감속

② 제한시간(3초 내) 확인제동 결여하거나 사전조치 없이 정지구간(R0, R1) 진입 시 ATS System에 의하여 자동으로 비상제동

(4) ATS 주요 구성기기(차상장치)

① 차상자

신호현시	공진주파수	제한속도
진행(G)	98	Free
감속(YG)	98	Free
주의(Y)	106	45
경계(YY)	114	25
정지(R1)	122	0
정지(R0)	130	0
절연구간 검지	68	신호속도

② 수신기부

㉠ OSC(발진기) : 상시 78kHz로 주파수 내보냄. 지상신호 통과 시 신호별 주파수로 변조

㉡ STR(출발계전기) : 제동핸들 투입 시 45km/h로 설정

㉢ 3TR : 3초간 비상제동을 억제해주는 역할

㉣ 대역여과기

㉤ 출력계전기

③ 속도비교기 : 신호에 따른 지령속도 V_p와 실제속도 V_t를 비교

④ 차상자 : 지상자와 결합, 지상의 신호조건에 따라 열차제어신호를 차상으로 전달

⑤ 속도발전기 : 차축의 회전속도에 비례하여 실제속도의 출력을 냄

(5) ATS 전원공급

① ATS 전원회로 : 전동차 ATS 장치의 NFB는 ATSN1과 ATSN2로 구성

② 속도계 내의 표시등 회로

㉠ 절대 정지신호 모진 시 'R0' 등이 점등

㉡ 제한속도 초과 시 '25', '45' 등이 점등

③ 표시등 및 경보 회로

(6) ATS 운전취급

① ATS 초기설정

㉠ 전동차를 기동, 운전실 교환, 필요시 제동핸들을 투입하면 ATS는 45km/h로 초기설정

㉡ 초기설정되면 다음 신호기까지 45km/h 이하의 속도로 운전

② 진행신호 현시구간 운전

③ 주의신호 현시구간 운전

㉠ 본선 Y신호 현시 시 신호기 전방에서 열차속도를 45km/h 이하로 감속

㉡ 45km/h 초과 시 알람벨이 울리고 속도계 '45' 등이 점등

㉢ 3초 동안은 비상제동이 안 걸림. 3초 이내에 제동핸들을 4스텝 이상 위치에 둠

④ 경계신호(YY) 현시구간

㉠ 신호기 전방에서 열차속도를 25km/h 이하로 감속

㉡ 속도계 내 '25' 등 점등

㉢ 3초 이내 제동핸들 4스텝 이상 미취급 시 비상제동

⑤ 정지신호(R1) 현시구간 운전취급

㉠ 신호기 외방에 일단 정차한 후 진행을 지령하는 신호현시 후 진입

㉡ 신호기 고장이나 대용폐색방식을 시행하는 경우 15km/h 스위치 취급 후 운전 가능

⑥ 정지신호(R0) 현시구간 운전취급 : 운전장애 발생으로 R0 구간 진입 시 관제사의 승인을 받고 ASOS(특수운전스위치)를 취급하고 진입

(7) 비상제동이 걸린 후 복귀취급

① 지령속도 초과 시 3초 이내 확인제동을 취급하지 않은 경우 제동핸들을 비상제동 위치로 취급하고 완전히 정차하여 ATS 회로로 정상복귀되면 제동핸들을 7스텝 위치로 하여 비상제동을 풀어줌

② R1, R0 구간 진입(모진) 시의 비상제동 복귀

㉠ 현 상

- 즉시 비상제동
- 알람벨 및 속도계 내 'R1, R0' 등이 현시
- 정지해도 알람벨 및 속도계 내 'R1, R0' 등은 계속됨
- 3초의 시한작용과 관계없이 즉시 비상제동

㉡ 복귀취급

- R1 구간 진입 시 15KS 취급, R0 구간 진입 시 ASOS를 취급
- 정차 후 제동핸들을 비상위치에 놓고, (ASOS, 15KS) 취급한 후 제동핸들을 7스텝 위치로
- 4스텝 이상 7스텝 이내 ASOS, 15KS 취급 시 ATS 장치 정상복귀되지만 제동장치는 비상위치로 한 다음 7스텝으로 위치

(8) 15KS(15km/h 스위치) 취급운전

① 15KS 취급 목적 : 정지신호(R1) 현시 시 현시구간을 넘어 진행해야 하는 경우 또는 R1 구간 위반하여 진입 시

② 15KS 취급법

㉠ 신호기 외방에 일단 정차 후 운전관제에 보고하기

㉡ 제동핸들을 4스텝 이상 위치하기

㉢ 15KS를 15km/h가 설정될 때까지 누르기

(9) ASOS(특수운전스위치) 취급운전

① 취급목적 : 폐색신호기(R0) 고장 시 절대신호기 장애 발생 등으로 정지신호 현시 시 정지구간을 승인받고 진입하기 위하여 취급

② 취급대상

㉠ 관제사 지시 승인으로 R0 구간 넘어서 진입 시

㉡ R0 구간 위반 진입 후 운전재개 시

㉢ 정지위치를 지나 출발신호기 넘어 정차 시 되돌이할 경우

㉣ 수신호 취급으로 장내 및 출발신호기 넘어 진입 시

㉤ 유도신호기의 진행신호 현시에 의해 진입 시

③ ASOS 취급법

㉠ 정지신호기 외방에 일단 정차한 후 제동핸들 4스텝 이상 위치

㉡ 관제사 승인 후 ASOS 누르기

㉢ 'R0' 등이 소등되면서 속도계 내 '45' 등이 점등되고 45km/h가 설정되며, ASOS등이 점등되면 손 떼기

ⓡ R0 현시구간을 1회에 한정하여 통과하며 45km/h 속도초과 시 즉시 비상제동 체결
ⓜ 관제사의 지령을 받을 수 없는 경우 ASOS를 취급 후 짧은 기적을 수시로 울리면서 일어서서 10km/h 이하의 속도로 주의 운전

예 제

01 ATS에 관한 설명으로 틀린 것은?

① 지상장치로는 궤도회로 및 신호기가 있다.
② 지상장치와 차내장치로 구성되어 있다.
③ 발신주파수를 수신하는 차상자와 차륜에 설치하여 실제속도를 검지하는 속도발전기가 있다.
④ 제동회로에 자동비상제동 명령을 주는 ATS BOX로 구성하고 있다.

해설 지상장치와 차상장치로 구성되어 있다.

정답 ②

02 정지신호(R1) 현시구간 운전취급으로 틀린 것은? 기출

① 신호기 외방에 일단 정차해야 한다.
② 운전장애 발생 시에는 관제사의 승인을 받은 후 ASOS를 취급하고 진입할 수 있다.
③ ASOS 취급 없이 진입 시 알람벨이 울리며 3초 뒤 제동이 체결된다.
④ 복귀 시에도 관제사의 승인을 받아야 한다.

해설 ASOS 취급 없이 진입(R0 위반) 시 경보와 함께 속도계 내 'R0' 등이 점등되고 즉시 비상제동이 체결된다.

정답 ③

03 15KS 취급법으로 틀린 것은? 기출

① 신호기 내방에 정차하여 운전관제에 보고한다.
② 제동핸들을 4스텝 이상 위치한다.
③ 15KS를 15km/h가 설정될 때까지 누른다.
④ 15KS에서 손을 떼고 확인운전하며 운전속도가 15km/h 이상 초과하면 즉시 비상제동이 걸린다.

해설 신호기 외방에 정차하여 운전관제에 보고한다.

정답 ①

02 ATC 장치

(1) ATC 장치의 개요

ATC 장치의 속도감시는 모든 속도코드에 해당한다. ATC 차상장치 주요제원은 다음과 같다.

① 지령속도 수신주파수 : 990Hz

② 지령속도 및 코드주파수

	지령속도	지령속도 코드주파수(Hz)
차내신호	15(정지신호)	0Hz
	25(구내운전)	3.2Hz
	25(본선운전)	5.0Hz
	40	6.6Hz
	60	8.6Hz
	70	10.8Hz
	80	13.6Hz
	100	20.4Hz
	YCR	16.8Hz

③ 감속도 검지 : 2.4km/h/s

④ 속도검지 주파수 : 실제속도 1km/h에 48Hz

⑤ 궤도회로 주파수 : F1 : 1,590Hz, F2 : 2,670Hz, F3 : 3,870Hz, F4 : 5,190Hz

(2) ATC 차상장치

① PICK UP COIL

② 속도발전기 : 열차의 실제속도를 감지하는 장치

③ ATC RACK : ATC 장치의 핵심적 모체

④ ADU(Aspect Display Unit) : 차내신호기로, 기관사에게 지령속도와 실제속도를 현시하여 운전제어에 필요한 정보를 제공

(3) ATC 동작구성

레일을 통해 PICK UP COIL에서 수신되는 지령속도와 속도발전기에서 출력한 실제속도를 ATC RACK으로 보내면 조속기에서 비교한다.

(4) ATC 기능

① 전원공급장치 : 직류 직통선에서 DC 100V를 입력받아 인버터장치에서 교류로 변환 후 변압기에 의해 필요 전압으로 강압하여 ATC 장치 내의 각 기기로 공급

② 지령속도 수신 기능

③ 실제속도 검지 기능

④ 초과속도 검지 기능

⑤ 제동력 보장 기능 → 3초 이내에 감속도 최소 2.4km/h/sec 이상 확보

⑥ 열차 정지속도 검지

⑦ **구내운전 기능** : 구내운전은 YARD 계전기로 설정이 되어 25km/h 이하로 운전하도록 지령속도를 제한

⑧ **운전실표시 기능** : 지령속도 표시, 실제속도 표시, YARD등, STOP등, Alarm 경보, 8초 Alarm 경보, Flash 경보

(5) ATC 운전취급

ATS와 달리 구내운전(YARD), 본선운전, 속도초과 시 운전, 정지 후 진행운전, ATC 개방운전으로 구분한다.

① **구내운전(YARD Mode Operation)** : 25km/h 이하 운전, ADU에 YARD 점등 및 ADU에 지령속도 25km/h 현시

② **본선운전** : 25, 40, 60, 70, 80(100) KPH의 속도코드를 갖고 있음

③ 제한속도 초과운전

④ 정지 후 진행운전

⑤ **운전 취급역 Y선, 인상선 운전취급** : 본선운행 중 종착역의 Y선, 인상선에서 운전실을 교환하거나 주박지에서 기동 시 ATC는 진로가 개통되어 있으면 ADU에 본선 진행신호가 나타남. 진로가 개통되어 있지 않으면 정지신호 조건인 15km/h가 현시됨

(6) ATC 보호장치와 개방운전

① **ATC 차단운전(ATCCOS 취급운전)** : ATC 고장으로 비상제동 완해불량 또는 궤도회로 고장으로 인한 대용폐색방식 시행 또는 원인불명의 동력운전구성 불능 시 ATCCOS를 취급하고 관제사 승인에 의하여 45km/h로 운전하는 것을 ATC 개방운전이라고 함

㉠ ATCCOS(차단운전)의 취급 경우

- ATC 차상장치 고장 시
- ATCPSN 및 ATCN 차단 후 복귀 불능 시
- 구원열차 운전 시
- 대용폐색방식 시행 시

㉡ ATCCOS 취급운전

- ADU(차내신호기)에 지령속도 15km/h가 현시
- 8초 Alarm 경보 동작

㉢ 45km/h 이하로 운전 → 15km/h 이상으로 운전하여도 경고음과 Flash가 동작하지만 비상제동은 걸리지 않음

예 제

01 **열차제어시스템(차단운전)에서의 취급경우로 옳지 않은 것은?** 기출

① ATCPSN 및 ATCN 차단 후 복귀 불능 시

② ATC 차상장치 고장 시

③ 구원열차 운전 시

④ 상용폐색방식 시행 시

해설 대용폐색방식을 시행할 때 취급할 수 있다.

정답 ④

03 열차자동방호장치(ATP)

(1) 열차자동방호장치(ATP)

① 특 징

㉠ 열차이동 감독

㉡ 기관사에게 통보 및 감독

㉢ 기관사에게 위험상황 경고

㉣ 필요시 강제제동

㉤ 단순화된 지상신호

㉥ 안전 측(fail-safe)방식

② ATP 차상신호방식

㉠ 처리장치

㉡ 차상신호표시반

㉢ 데이터반

- 최대허용속도(10km/h) 단위
- 열차길이
- 열차등급
- 열차의 가속도 및 감속도

㉣ 수신안테나

(2) 열차자동방호장치(ATP) 시스템 운용 level

① level 0(비장착 모드 : Unfitted mode)

㉠ 정상적인 영업운행에는 사용되지 않음

㉡ 지상 ATP 시스템과 ATS 지상자가 모두 설치되지 않은 구간 또는 시운전 선로를 운행할 경우 사용

㉢ 기관사가 시각적인 신호기에 따라 기관사의 책임하에 운전하여야 함

㉣ ATP 차상장치는 열차의 최대 설계속도와 비장착 영역에서 허용된 열차 최대속도(70km/h) 이하를 제외하고는 어떠한 감시도 제공하지 않음

② level STM : 열차가 지상 ATP가 없고 지상 ATS 지상자만 맞추어진 기존 선로에서 운행 시 사용

③ level 1

㉠ 열차의 상태 및 전방 진로 등 열차의 운행정보는 ATP 화면표시기에 표시

㉡ 기관사는 통상의 지상신호기로 확인

④ level 2

㉠ 열차운행에 필요한 정보는 무선장치를 통해 전송

㉡ 고정폐색 원리에 근거하여 허용

⑤ level 3

㉠ 완전한 무선통신 시스템

㉡ 이동폐색 원리에 의함

㉢ 정보전송 장치는 지리적 기준점으로 사용

(3) 열차자동방호장치(ATP)의 구성과 주요기능

① 지상장치

㉠ 정보전송장치(Balise) : 차상장치에 위치정보와 궤도 및 신호정보를 제공하며, 데이터가 유효한 방향을 지령할 수 있도록 보통 2개가 한 그룹으로 형성

㉡ 고정정보전송장치 : 선로변제어유니트와 연결되어 있지 않으며, 현장메모리로부터 미리 프로그램된 고정정보만 송신

㉢ 가변정보전송장치 : 선로변제어유니트와 연결되어 선로변제어유니트에서 전송되는 가변정보를 송신하며, 만약 텔레그램이 수신되지 않으면 디폴트 텔레그램이 송신

㉣ 인필정보전송장치 : 선로변제어유니트와 연결되어 있으며 선로변제어유니트에서 전송되는 정보를 송신하고 열차 전방의 신호가 변경되었을 때 속도 및 시간상의 이득을 얻기 위해 사용

㉤ 텔레그램 : 지상의 각종 정보를 차상에 전달하는 수단으로 하나의 헤더와 다수의 패킷 및 패킷 255정보 종료로 구성. 1개의 텔레그램 내에 변수 bit가 1,023이 넘으면 안 됨

② 차상장치

㉠ 차상컴퓨터 : ATP 시스템의 주제어장치로서 Fail-safe 기능을 수행

㉡ 통신제어기 : 속도 및 거리정보를 연산

㉢ 디지털 입출력 장치 : 차상 컴퓨터와 기존의 제동 및 견인장치들 간의 인터페이스를 담당

㉣ 차상변환모듈

㉤ 차상안테나 유니트

㉥ 속도 및 거리연산장치

- 타코메타 : 4개의 독립된 광학센서로 구성되어 있으며 회전축인 차축에 고정 장착하여 차축이 회전하는 회전수를 검지 속도 및 거리연산장치에 전달하고, 타코메타 1회전당 128펄스를 공급
- 도플러센서 : 도플러 효과를 이용하여 지표와의 접촉 없이도 운행속도, 거리 및 방향을 계산하여 움직이는 차량의 속도를 측정하며 속도분석은 km/h당 20Hz

ⓢ 자료기록 장치

ⓞ LED 속도표시기

ⓩ ATS RX : 열차가 지상자 위를 통과하는 경우 차상자에서 수신한 주파수를 신호현시로 디코딩하여 ATS 운전논리부로 전송

ⓒ ATS LU : ATS 로직에 의한 프로세서이며 속도를 감시하고 ATS 모드에서 필요시 열차에 제동을 체결

ⓚ ATP 화면표시기

(4) ATP 시스템 운전모드

① 무전원 및 차단모드

② 대기모드

③ **입환모드** : 기관사가 열차정지 상태일 때 인위적으로 선택할 수 있는 모드

④ **책임모드** : Level 1 운행에서 첫 번째 운전모드

⑤ 완전모드

⑥ 트립 및 트립 후 모드

⑦ 시스템장애모드

예 제

01 열차제어시스템에서 ATP 특징으로 옳지 않은 것은? 기출

① 단순화된 지상신호

② 열차이동 감독

③ 필요시 수동제동

④ 기관사에게 위험상황 경고

해설 필요시 자동으로 제동이 체결된다.

정답 ③

출제경향

ASOS, ATC 장치의 특성, ATP 시스템의 운용 Level 등 난해하고 어려운 기술적인 공부를 요하는 과목이다. 하지만 출제율이 높은 과목으로 소홀히 해서는 안 된다. 특히 타코메타나 도플러센서는 책에서는 구석에 나와 있고 비중도 적어보이는 용어가 기출로 출제되는 경우가 잦았다. 각 제어장치의 구성과 주요기능을 꼼꼼히 학습하기를 추천한다.

제6장 | 열차계획과 관제시스템

01 열차계획이론

(1) 열차계획

① **수송량에 영향을 미치는 인자** : 경제산업의 발달, 인구증가, 도시계획, 국가정책 결정, 문화시설, 타 교통기관과의 관계

② **수송수요 예측방법**

㉠ 최소자승법 : 과거 수송실적의 평균 편차를 감안하여 연차적으로 편차만큼 증가할 것으로 추정하는 방법

㉡ GNP 회귀분석법 : 과거의 GNP 성장과 수송실적의 증가는 함수관계에 있다고 보고 앞으로 GNP 성장 여하에 따라 수송수요의 변동을 추정하는 방법

㉢ 인구 GNP 회귀분석법 : 과거 인구 및 GNP 성장과 수송실적의 여러 가지 상관관계로 수요의 창출 관련도가 깊은 인구 GNP 지표에 따라 수송수요를 추정하는 방법

㉣ GNP 탄성치에 의하는 방법 : 최근 GNP와 수송수요의 탄성관계에서 수송수요를 산출, 추정하는 방법

(2) 운전곡선도

동력차의 인장력 특성, 열차저항 및 제동력을 기초로 계산한다.

(3) 열차 운전시분

① **평균속도** : 열차운전거리를 정차시분을 뺀 실제 주행한 시간으로 나눈 속도

② **표정속도** : 열차의 운전거리를 도중의 정차시간까지 포함한 전체의 도달시간으로 나눈 속도

③ **최고속도** : 차량, 선로 등의 조건에서 허용되는 최고의 속도

④ **균형속도** : 동력차의 견인력과 열차의 각종 저항이 균형을 이루어 등속운전을 할 때의 속도

⑤ **제한속도** : 운전조건에 알맞게 최고속도의 한계를 정한 속도

⑥ **표정시분** : 역의 정차시분을 포함한 역 간 또는 시발역에서 종착역까지의 운전시분

(4) 사정조건

① 하구배의 제한속도

② 분기기에 의한 제한속도

③ 곡선의 제한속도

(5) 정차시분

지하철구간 정차시간

$$T_d = \frac{P_1 + P_2}{(60/T_h) \times n \times N \times F \times Q} + \text{출입문 개폐시간} + \text{여유시간}$$

P_1 : 각 역 시간당 승차인원, P_2 : 각 역 시간당 하차인원

T_h : 최소운전시격(분), $60/T_h$: 시간당 열차횟수

n : 편성량 수, N : 차량의 출입문 수, F : 초당 승하차 인원, Q : 불균등 Factor(=0.5)

(6) 표정시간 및 표정속도

표정속도 $V = \frac{\sum L}{\sum T}$

$\sum L$: 시발역에서 종단역까지 거리의 합(총 주행거리)

$\sum T$: 시발역에서 종단역까지 소요시간 및 각 역 정차시분의 합(총 주행시간)

(7) 운행시격

① 선행열차와 후속열차와의 운행간격을 시분으로 표시한 것

② 설비상의 최소운전시격은 열차의 운전여유를 갖도록 하기 위하여 열차설정 시의 최소운전시격보다 적어도 10초 이상의 여유를 두고 운행계획을 수립하고 있음

(8) 열차다이아그램

① 개 요

㉠ 열차의 이동상태를 시간과 거리의 관계로 도표화한 것

㉡ 열차의 궤적을 거리에 따라 정확하게 기록하면 열차의 속도는 일정하지 않으므로 불규칙한 곡선이 됨

㉢ 종축은 거리, 횡축은 시간을 잡고 열차의 궤적을 선으로 표시한 것

㉣ 정거장명과 시각 및 열차선과 열차번호를 기재, 정거장 간 거리, 구배 등을 기입

② 열차운행다이아의 종류

㉠ 1시간 단위 열차운행다이아 : 노선 전체 열차의 상태를 파악하는 것은 용이하지만 각 역의 열차운전시각을 정확하게 표시할 수는 없음. 장기열차의 계획, 시각개정의 작업, 차량운용 계획, 열차의 운전정리에 사용

㉡ 10분 단위 열차운행다이아 : 1시간 단위 다이아와 같지만 열차편성수가 많은 노선에서 사용

㉢ 2분 단위 열차운행다이아 : 열차운행계획을 수립하기 위한 기본, 시각개정의 작업, 임시열차의 계획, 각종 공사를 위한 시각변경, 열차운전시각표에 사용

㉣ 1분 단위 열차운행다이아 : 열차밀도가 높은 수도권 및 지하철 운용다이아의 계획 및 운용에 주로 사용

③ 열차운행다이아의 구성

㉠ 운전시분 : 열차 시발역에서 종착역까지의 소요시분은 각 역 간의 기준운전시분의 합계와 정차역에서 정차시분을 합계한 것과 소요시분의 2~4%의 여유시분을 포함

㉡ 운전시격 : 속행시격과 교차시격이 있음

㉢ 발착시각

- 열차의 사명, 수송목적에 맞는 즉, 이용자가 이용하기 쉬운 시간대에 열차를 설정
- 지하철의 경우 오전 5시 30분부터 익일 오전 1시

㉣ 열차운행다이아상의 열차설정에 직 · 간접적으로 영향을 미치는 요인

- 수송량과 수송수요, 수송파동
- 열차 상호 간의 운전시격 및 유효시간대
- 기준 운전시분, 여유시분 및 취급시분
- 정차역, 정차시분 및 접속시분
- 운전설비
- 차량운용 및 열차편성비율
- 구내작업능력 및 유치능력
- 선로보수작업 시간대
- 선로용량

㉤ 열차운행다이아의 충족 조건

- 전후 열차는 진행신호 조건으로 운전
- 기준운전시분의 적정
- 열차운행다이아의 탄력성(회복운전 가능)
- 수송파동의 대응력
- 안전운전 조건

㉥ 열차운행다이아의 기재

- 운전에 필요한 사항을 기재하도록 함
- 다이아 상부에는 선로명칭, 개정년월일, 조정개소명을 기재
- 좌측에는 역 간의 구배, 정거장 간의 거리, 기점에서의 거리, 정거장 종류의 기호 등을 기재
- 우측에는 정거장 명의 약호, 전화구간, 변전소를 각각 기재

㉦ 열차번호

- 전일 중 1회 운행열차는 1개의 번호 부여
- 열차번호는 시발역에서 종착역까지 동일한 열차번호 부여
- 선별, 방향이 다른 구간을 2개 이상 걸쳐 운행하는 경우는 시발역 기준
- 상행 짝수, 하행 홀수(순환선의 경우 내행선 짝수, 외행선 홀수)

㉧ 열차운행다이아의 운용 : 검수계획, 운전설비, 신호설비, 주행거리의 균등분해, 행선지별 열차의 편성량수 등을 고려하여 운용

(9) 운전성능시험

① 직간접적 시험의 종류

㉠ 차량주행 안정성에 관한 시험

㉡ 전력신호설비에 관한 운전시험

㉢ 선로설비에 관한 운전시험

② 운전시험 시 측정항목

㉠ 속 도

㉡ 시 간

㉢ 역행시분

㉣ 제동초속도, 종속도시분

㉤ 가감간 위치, 가선전압

③ 시험실시상의 기본사항

㉠ 차 호

㉡ 편성순서

㉢ 동륜경

㉣ 자 중

㉤ 하 중

㉥ 환산중량

㉦ 특별한 설정조건

(10) 구배기동시험의 목적

견인정수를 사정하는 경우에 중요한 요소로 어느 구배에 있어 인출능력을 확인하는 시험이다.

① 측정항목

㉠ 속 도

㉡ 시 간

㉢ 인장봉 인장력

㉣ 공전속도와 시기

㉤ 레일표면 상태

㉥ 가감간

② 구배기동시험 실시상의 기본사항

㉠ 설정정수로 편성하여 시험

㉡ 최악조건이 되는 지점을 선정하여 시행

㉢ 조정조건을 명확히 기록

㉣ 편성 기초수치를 측정 · 기록

③ 인장특성에 관한 시험 목적

㉠ 시간의 변화에 따른 속도변화를 기록하여 가속성능을 확인

㉡ 인장봉 인장력을 측정하여 속도-인장력 특성의 계획치와 비교 · 검토

④ 인장특성에 관한 시험 실시상의 기본사항

㉠ 차 호

㉡ 편성순서

㉢ 동륜경

㉣ 자 중

㉤ 하 중

㉥ 환산중량

⑤ 제동성능의 시험 목적

㉠ 제동 시의 초속도에 따라 제동 중 전속도 영역에 관한 속도 · 거리 · 시간의 관계를 구함

㉡ 제동 시의 기초조건에 따라 측정

㉢ 제동통압력, 제동관감압량의 상태를 조사하여 제동기능의 상태 확인

⑥ 제동성능의 시험 실시상의 기본사항

㉠ 제동시험은 균일한 직선으로 함

㉡ 시험은 연속으로 행하면 온도상승의 영향이 있으므로 적당한 간격을 두고 함

㉢ 하중 대용차 연결 시 전열차 제동율 계산에 착오가 없어야 함

㉣ 거리의 측정은 키로정표에 의하여 실측

⑦ 주행저항 시험의 목적 : 차량의 운전성능을 사정, 운전계획을 수립하기 위하여 인장력 성능 외에 주행저항을 정확히 파악하여야 함

⑧ 주행저항 시험 측정항목

㉠ 속 도

㉡ 인장봉 인장력

㉢ 자연풍속과 풍향

(11) 선로용량 산정방식

① 선로용량 : 계획상 실제로 운전이 가능한 편도 1일의 최대 총 열차횟수를 말함. 이것은 어디까지나 유효하게 운전할 수 있는 최대 총 열차횟수로서 주 · 야간 구별 없이 운전할 수 있는 계산상의 최대 총 열차횟수는 아님

② 폐색구간 분할 시 고려사항

㉠ 공주거리

㉡ 속도별 감속력 및 가속력

㉢ 열차저항 및 열차길이

㉣ 각 역의 정차시간

㉤ 선로형상 및 종단면 조건

㉥ 종착역의 차량회송방식 및 역의 운전경로

(12) 경합시스템

① 경합의 정의 : 경합은 열차와 열차 간의 충돌 또는 충돌위험으로 정의. 2대 이상의 열차가 각기 운행 중에 발생한 사유로 인하여 같은 시각에 같은 선로를 점유하고자 하는 것을 열차경합이라고 함

② 열차경합의 종류

㉠ 열차추월 경합 : 각 노선에서 선행열차의 불필요한 감속 및 정차 등으로 인한 지연이 발생되는 경우에 해당되며 이런 경우에는 열차의 운행순서 변경, 대피역 변경 등으로 경합을 해소

㉡ 열차교행 경합 : 단선에서 계획된 교행이 사전계획에 따라 발생하지 않은 경우에 해당되며 교행역 변경, 열차대기 등으로 경합을 해소

㉢ 운전시격 경합 : 운행선구에서 선행열차가 전방 운행선로 조건에 따라 감속(선로공사 등) 및 정차로 인한 지연(여객 승하차 지연 등) 발생 시 선행열차와 후속열차와의 경합이 발생되며 이러한 경우에는 전 도착역의 도착선을 변경하거나 열차를 신호대기시켜 운행시각을 늦추어 경합을 해소

㉣ 플랫홈할당 경합(2개선에서 1개선으로 열차진입 시) : 두 열차가 동일한 도착선 요구 시(열차지연으로 인한) 발생되며 해당 역의 도착선 변경, 열차대기 등으로 경합을 해소

③ 경합검지 및 해소시스템의 역할

㉠ 열차제어시스템에서 경합을 검지할 수 있는 신호시스템 조건은 CTC 신호시스템, ATO 방식이 아닌 신호조건, 고정폐색방식에서만 경합검지를 할 수 있음

㉡ 열차가 궤도를 이동함에 따라 발생된 궤도정보를 이용하여 열차착발정보 자동진로, 열차경합검지를 수행. 따라서 기타 신호시스템에서는 열차경합 발생 시에는 검지를 할 수 없음

예 제

01 다음에서 설명하는 열차계획이론의 수송수요 예측방법은? 기출

과거 수송실적의 평균 편차를 감안하여 연차적으로 편차만큼 증가할 것으로 추정하는 방법

① 인구 GNP 회귀분석법
② GNP 회귀분석법
③ GNP 탄성치에 의하는 방법
④ 최소자승법

정답 ④

02 열차운행다이아의 종류로 틀린 것은? 기출

① 1시간 단위 열차운행다이아
② 10분 단위 열차운행다이아
③ 5분 단위 열차운행다이아
④ 1분 단위 열차운행다이아

해설 2분 단위 열차운행다이아

정답 ③

03 단선경합 중 사용하는 경합은? 기출

① 열차교행 경합
② 운전시격 경합
③ 열차추월 경합
④ 플랫홈할당 경합

해설 열차교행 경합이란 단선에서 계획된 교행이 사전계획에 따라 발생하지 않은 경우에 해당되며 교행역 변경, 열차대기 등으로 경합을 해소한다.

정답 ①

출제경향

특히 계산문제가 나올까, 이 식을 다 외워야 하나 걱정하는 학생들이 있을 텐데 출제율이 매우 낮기 때문에 완벽한 100점을 원하는 학생이 아니면 한번 훑고만 지나가고 그 노력을 다른 데 치중하는 것을 추천한다.

02 신호관제시스템(서울교통공사)

(1) 종합열차운행제어장치(TTC) 시스템의 구성

① TTC 컴퓨터
② 콘솔 컴퓨터
③ MSC 컴퓨터 : MSC 컴퓨터의 기본기능은 운전관제실의 TTC에 공급되는 열차운행 스케줄을 준비하는 것이며, 열차운행다이아그램, 열차운전곡선, 열차운행의 각종 계획/실적 등을 관리하고 백업을 통하여 자료를 일정기관 관리할 수 있음
④ CTC 프로세서(1, 3, 4호선)
⑤ 표시반(LDP)
⑥ 정보 전송장치(DTS)
⑦ 철도공사 열차번호 교환장치

(2) 열차운행제어컴퓨터(TCC)

TCC는 현장역으로부터 발생되는 모든 표시정보를 수신하여 신호설비의 상태표시, 열차번호 추적기능, 자동진로 제어기능을 수행하고 열차운행에 필요한 각종 정보를 콘솔에 표시한다.

(3) 열차운행관리/실적컴퓨터(MSC)

MSC의 기본기능은 운행제어컴퓨터(TCC)에 공급하는 스케줄의 계획 수립 및 각종 실적처리를 수행하는 것이다. MSC는 단일구조로 구성되어 있으며, LAN으로 TCC와 서로 접속한다.

(4) 시스템의 기능

① 운행계획 기능
㉠ 역정보 관리
㉡ 역 간 정보 관리
㉢ 열차운행 유형 관리
㉣ 기본운행 계획 관리
㉤ 열차운행 계획 생성
㉥ 역운영 계획보고서 작성
㉦ 열차운행 계획보고서 작성

② 운영관리 기능
㉠ 열차운행 실적 생성
㉡ 열차운행 실적보고서 작성
㉢ 지연열차 실적보고서 작성
㉣ 수동조작 이력 보고서 작성
㉤ 설비 이상/복구 이력 작성

(5) Operator Console 컴퓨터의 기능

① 열차번호 제어
② 현장제어
③ 일반업무
④ DIA(열차다이아)
⑤ 화면 표시
⑥ 시험기능

(6) 서울교통공사와 철도공사의 선로가 연결되는 지점

① 1호선 : 서울역과 남영역, 청량리역과 회기역 사이
② 3호선 : 지축역과 일산선 삼송역 사이
③ 4호선 : 남태령역과 과천선의 선바위역 사이

(7) 서울교통공사 통화채널 운용현황

① C채널 : 평상시 사용하는 채널
② E채널 : 비상시 사용하는 채널
③ Y채널 : 차량기지 구내에서 사용하는 채널
④ M채널 : 유지보수용 채널(현업 관리소에서 사용하는 휴대국 사용)

예 제

01 MSC 컴퓨터의 기능이 아닌 것은?

① CTC에 공급되는 열차운행 스케줄 준비

② 열차운행다이아그램 관리

③ 열차운행의 각종 계획/실적 관리

④ 백업을 통한 자료 일정기간 관리

해설 MSC 컴퓨터의 기본기능은 운전관제실의 TTC에 공급되는 열차운행 스케줄을 준비하는 것이다.

정답 ①

출제경향

보통 많은 수험생들이 제1절만 보다가 제2절 신호관제시스템(서울교통공사)을 안 보는 경우가 많다. 그러나 최근 몇몇 정기시험에서 제2절 신호관제시스템(서울교통공사) 부분의 문제가 다량 출제됐던 경우가 있으니 절대 소홀히 하지 말고 끝까지 봐야 한다. 수송수요 예측방법, 열차다이아 구성, 경합시스템 및 열차운전시분에 대한 설명은 단골 기출이다. 용어만 외우지 말고 용어의 정의까지 전부 암기하기를 추천한다.

기본핵심 예상문제

01 선행열차의 불필요한 감속 및 정차 등으로 인한 지연 시 운행순서 변경, 대피역 변경 등으로 경합을 해소하는 것은?

① 열차추월 경합
② 열차교행 경합
③ 운전시격 경합
④ 플랫홈할당 경합

해설 ② 열차교행 경합 : 단선에서 계획된 교행이 사전계획에 따라 발생하지 않은 경우에 해당되며 교행역 변경, 열차대기 등으로 경합을 해소한다.
③ 운전시격 경합 : 운행선구에서 선행열차가 전방 운행선로 조건에 따라 감속(선로공사 등) 및 정차로 인한 지연(여객 승하차 지연 등) 발생 시 선행열차와 후속열차와의 경합이 발생되며 이러한 경우에는 전 도착역의 도착선을 변경하거나 열차를 신호대기시켜 운행시각을 늦추어 경합을 해소한다.
④ 플랫홈할당 경합(2개선에서 1개선으로 열차진입 시) : 두 열차가 동일한 도착선을 요구할 시(열차지연으로 인한)에 발생되며 해당 역의 도착선 변경, 열차대기 등으로 경합을 해소한다.

02 레일을 전기회로로 사용하여 열차위치를 검지하고 ATC 연속정보를 차상으로 전송하는 것은?

① 선로궤도회로장치
② 불연속정보전송장치
③ 각종제어표시
④ ATC 차상장치

해설 ATC 연속정보를 차상으로 전송하는 것은 ATC 차상장치이다.

03 지표와의 접촉 없이도 운행속도, 거리 및 방향을 계산하고 움직이는 차량의 속도를 측정하며 속도 분석은 km/h당 20Hz인 것은?

① 타코메타
② 도플러센서
③ ATS RX
④ ATS LU

해설 ① 타코메타 : 4개의 독립된 광학센서로 구성되어 있으며 회전축인 차축에 고정 장착하여 차축이 회전하는 회전수를 검지 속도 및 거리연산장치에 전달하고, 타코메타 1회전당 128펄스를 공급한다.
③ ATS RX : 열차가 지상자 위를 통과하는 경우 차상자에서 수신한 주파수를 신호현시로 디코딩하여 ATS 운전논리부로 전송한다.
④ ATS LU : ATS 로직에 의한 프로세서이며 속도를 감시하고 ATS 모드에서 필요시 열차에 제동을 체결한다.

정답 01 ① 02 ④ 03 ②

04 열차번호 부여기준으로 틀린 것은?

① 전일 중 1회 운행열차는 1개의 번호를 부여한다.
② 열차번호는 시발역에서 종착역까지 동일한 열차번호를 부여한다.
③ 선별, 방향이 다른 구간을 2개 이상 걸쳐 운행하는 경우 종착역이 기준이다.
④ 순환선의 경우 내행선은 짝수, 외행선은 홀수이다.

해설 ③ 선별, 방향이 다른 구간을 2개 이상 걸쳐 운행하는 경우는 시발역이 기준이다.

05 운전관제사의 주요업무에 관한 내용으로 틀린 것은?

① 열차운행 스케줄 로딩 상태 확인은 영업준비 상태 시 확인 내용에 포함된다.
② 전차선의 급전은 첫차 출발시각 40분 전까지 요청한다.
③ 열차번호 안내정보는 CATS 제어 시 확인사항에 포함된다.
④ 영업준비 및 점검 시는 LOCAL ATS 취급 시기에 해당한다.

해설 ② 급전은 첫차 출발시각 45분 전까지 요청하고 40분 전까지 완료해야 한다.

06 다음 빈칸에 들어갈 내용으로 옳은 것은?

중앙비상정지버튼은 위험 상황 대처수단으로 제공된다. (   )가 CESB가 작동 중임을 감지하면 모든 선로를 즉시 폐쇄한다. 제어대상 열차는 (   )이 체결된다.

① VCC / 비상제동
② VCC / 상용제동
③ ATS / 비상제동
④ ATS / 상용제동

해설 VCC란 열차들의 안전한 운용을 책임지는 차량제어장치이다. CESB(중앙비상정지버튼)를 비상 시 취급할 경우 선로 내 모든 궤도를 폐쇄하고 이때 운행 중인 차는 비상제동이 체결된다.

정답 04 ③ 05 ② 06 ①

07 열차자동방호장치(ATP) 시스템 운용 level에서 비장착 모드에서 허용된 최대속도는?

① 45km/h

② 60km/h

③ 70km/h

④ 80km/h

해설 ③ ATP 차상장치는 열차의 최대 설계속도와 비장착 영역에서 허용된 열차 최대속도(70km/h) 이하를 제외하고는 어떠한 감시도 제공하지 않는다.

08 수송수요예측방법에 대한 설명으로 옳은 것은?

① 최소자승법 : 과거 수송실적의 평균편차를 감안하여 연차적으로 편차만큼 증가할 것으로 추정하는 방법

② GDP 회귀분석법 : 과거 GDP 성장과 수송실적의 증가는 함수관계에 있다고 보고 앞으로 GDP 성장 여하에 따라 수송수요의 변동을 추정하는 방법

③ 인구 GDP 회귀분석법 : 과거 인구 및 GDP 성장과 수송실적의 여러 가지 상관관계로 수요의 창출 관련도가 깊은 인구 GDP 지표에 따라 수송수요를 추정하는 방법

④ GDP 탄성치에 의하는 방법 : 최근 GDP와 수송수요의 탄성관계에서 수송수요를 산출, 추정하는 방법

해설 ②·③·④ GDP를 GNP로 바꾸어야 옳은 답이 된다.

09 서울메트로 관제시스템에서 통화채널 운용현황으로 틀린 것은?

① C채널 : 평상시 사용하는 채널

② E채널 : 비상시 사용하는 채널

③ Y채널 : 차량기지 구내에서 사용하는 채널

④ N채널 : 유지보수용 채널

해설 ④ 유지보수용 채널은 M채널이다.

정답 07 ③ 08 ① 09 ④

10 TTC의 구성요소로 틀린 것은?

① MSC
② FEPOL
③ LDP
④ DTS

해설 ② FEPOL은 역정보전송장치로 ATC 지상장치의 종류이다. 전자연동장치와 LCP 간 정보전송을 하고, CTC로부터 제어명령을 수신하며 현장표시정보를 CTC로 전송하고 ATC와 정보를 송수신하는 역할을 한다.

11 다음 빈칸에 들어갈 내용으로 옳은 것은?

> 열차트립확인을 'YES' 터치 확인 취급하면 MMI는 트립 후 모드로 변경된다. 트립 후 모드 시 퇴행속도는(　　)km/h 이하이고, 최대 퇴행 거리는(　　)m 이하이다.

① 15 / 10
② 10 / 15
③ 25 / 10
④ 25 / 15

해설 ① 열차트립확인을 'YES' 터치 확인 취급하면 MMI는 트립 후 모드로 변경된다. 트립 후 모드 시 퇴행속도는 15km/h 이하이고, 최대 퇴행 거리는 10m 이하이다.

12 전차선로 단전작업 시 단전을 요청하는 관제분야는?

① 여객관제
② 설비관제
③ 운전관제
④ 전력관제

해설 ③ 전차선로 단전작업이 있을 시 운전관제는 역에 단전 가능 여부를 확인 후 전력관제에 단전을 요청해야 한다.

정답 10 ② 11 ① 12 ③

13 열차번호 제어 기능으로 옳지 않은 것은?

① 삽 입
② 삭 제
③ 교 환
④ 생 성

해설 열차번호 제어는 MMI 및 L/S상에서 임시열차번호 추가(삽입) 및 운행열차번호 수정, 삭제, 이동, 교환 등의 기능을 제공한다.

14 고속시스템 안전설비에서 지진경보별 열차운행 및 조치사항으로 옳지 않은 것은?

① 40~65gal 미만일 경우 즉시정차 후 최초열차는 90km/h 이하로 주의운전한다.
② 황색경보일 경우 지진영향권의 주요시설물을 긴급 점검해야 한다.
③ 65gal 이상일 경우 최초열차는 30km/h 이하로 주의운전한다.
④ 적색경보일 경우 전차선 급전을 중지해야 한다.

해설 ① 40~65gal 미만일 경우 일단정차 후 최초열차는 90km/h 이하로 주의운전한다.

15 철도교통관제센터 관제설비에 관한 설명으로 옳지 않은 것은?

① 통신서버는 통신처리를 하고 스케줄 서버는 열차운행관리를 한다.
② 3개의 지역별로 구분된 CTC 서버를 가지고 있다.
③ 기계실, 운영관제실, 상황실, 홍보실 및 수송계획실로 이루어져 있다.
④ 서울, 영주, 대전, 순천, 부산에 분산배치되어 있는 관제설비를 한 곳으로 통합했다.

해설 ③ 철도교통관제센터의 관제설비는 기계실, 운영관제실, 상황실, 홍보실, 교육실, SCADA실로 이루어져 있다.

정답 13 ④ 14 ① 15 ③

16 열차의 운전시분이 아닌 것은?

① 평균속도
② 최고속도
③ 제한속도
④ 가속도

해설 열차 운전시분에는 평균속도, 표정속도, 최고속도, 균형속도, 제한속도, 표정시분 등이 있다.

17 화면제어의 명이 아닌 것은?

① 열간작업
② 서행구간 표시
③ 사용자 입력
④ 전차선 단전

해설 ② 화면제어에는 서행구간이 아니라 서행속도를 표시해야 한다.

18 다음 설명으로 옳지 않은 것은?

① TTC : LATS Server에 의해 자동으로 수행하는 스케줄 자동진로제어
② CTC : Regulator에 의한 수동진로제어
③ LOCA : LATS Server에서 자동으로 수행하는 모드
④ LOCM : LOCAL Operator Workstation에서 현장신호설비를 수동으로 제어

해설 ① TTC : CATS Server에 의해 자동으로 수행하는 스케줄 자동진로제어

정답 16 ④ 17 ② 18 ①

19 LOCAL ATS 취급시기가 아닌 것은?

① CATS의 기능 고장 시
② LATS-CATS 간 통신 고장 시
③ CATS에 의한 스케줄 제어기능 이상 시
④ 영업준비 및 점검 시

해설 ③ CATS에 의한 스케줄 제어기능 이상 시는 CATS CTS 취급시기에 해당된다.

20 수신기부의 종류로 옳지 않은 것은?

① 발진기
② 출발계전기
③ 4TR
④ 대역여과기

해설 수신기부의 종류에는 발진기, 출발계전기, 3TR, 대역여과기, 출력계전기가 있다.

정답 19 ③ 20 ③

제4과목

철도시스템 일반

출제경향 및 학습전략

철도시스템은 양이 방대하고 공학적인 내용이 많기 때문에 많은 수험생들이 난색을 표하는 과목이다. 그러나 최근 시험에서 가장 기출문제 출제율이 높은 과목이기도 하며 세부적이고 지엽적인 내용은 거의 나오지 않으니 합격을 위해서는 적당히 중요하고 큰 목차만 살피며 하는 공부 방법을 추천한다.

제1장 철도시스템 고속차량

01 KTX

(1) 일반제원

① 사용전압 : 교류 25kV 단상 60Hz
② 견인동력 : 13,560kW(12개)
③ 전기제동력 : 300kN
④ 대차 : 23개(동력대차 6, 객차대차 17)
⑤ 차륜직경 : 920mm/850mm(신품/마모한도)
⑥ 설계최고속도 : 330km/h
⑦ 상용최고속도 : 300km/h

(2) 견인 및 전기장치

① 팬터그래프
㉠ AC 25kV를 받아들이는 집전장치
㉡ 고속선 : 5.08m, 일반선 : 5.20m
㉢ 정상운행 중에는 후부 동력차의 팬터그래프 사용
㉣ 상승높이 제한장치
② 주회로차단기(VCB-01) : 전차선 전원제어 고압회로차단기
③ 주변압기 : 모터블록 3개에 AC 1,800V 6개의 견인권선, 보조블록 1개에 AC 1,100V 1개의 보조권선에서 변압하여 차량에 전원 공급
④ 모터블록 : 교류전원을 견인특성에 맞도록 변환
㉠ 컨버터(AC 1,800V → DC 1,531.7V)
㉡ 견인인버터(DC 1,531.7V → 상간 AC 1,353.9V)
⑤ 견인전동기 : 회전자에 DC 500V 공급, 출력 1,130kW, 최고회전속도 4,000rpm 편성당 12개

(3) 보조전원 장치

① 보조블록 : AC 1,100V 공급받아 DC 570V 정전압 생산
② 동력차 인버터
㉠ 공기압축기인버터 : 동력차당 2개
㉡ 냉각송풍기인버터 : 동력차, 동력객차 모터블록 내 1개씩 위치
㉢ 보조인버터 : 동력차에 2개씩

(4) 객차인버터

(5) 축전지충전기

① 동력차 축전지충전기 : 조명 · 주컴퓨터 · 보조컴퓨터 · 모터블록 컴퓨터에 DC 72V 전원 공급

② 객차 축전지충전기 : 제어전원, 객차 조명 및 객차컴퓨터에 DC 72V 전원 공급

(6) 여자초퍼

(7) 난 방

(8) 제어안전

① ATESS : ATESS랙은 크게 속도처리 컴퓨터, 기록계, 운전경계장치, 열차 속도제한장치 등 4부분으로 이루어짐

㉠ 속도처리 컴퓨터 : 동력대차에 설치된 속도센서에서 신호로 감지된 속도를 계산하여 전송

㉡ 기록계 : 운전 중에 발생하는 열차속도, 수신한 신호, 동력구성 상태, 운전기기작동 등 주요사건을 기록

㉢ 운전경계장치 : 기장이 심신 이상으로 열차운전을 정상적으로 하지 못할 때 열차를 정차시키고 관제실에 무선으로 경고를 보내어 열차운행의 안전을 도모하는 장치

㉣ 열차 속도제한장치 : 일반선에서 ATP/ATS 및 고속선에서 ATC 신호체계에 의한 열차통제기능에 이상이 있을 때 열차속도 30km/h 미만으로 제한하는 장치

② 차상 TVM 430(ATC, ATS) 및 ERTMS ATP

㉠ KTX 차상신호시스템은 TVM 430(ATC, ATS), ERTMS ATP 및 TSL로 구성. 일반선에는 ATP/ATS, 고속선에서는 ATC 방식으로 운전

㉡ TVM 430의 구성

구 분	지상장치	차상장치
주요 기능	• 궤도회로에 의한 열차검지 • 궤도회로를 통하여 속도, 구배, 목표거리 등 연속정보를 전송 • 루프케이블을 통하여 절연구간, 터널 등 불연속정보를 전송 • 인접기계실과 신호정보 교환 • 연동장치와 인터페이스 • 안전설비와 인터페이스 • 속도제한 설정	• 차상감지기로 연속정보를 수신하여 속도신호를 운전실에 표시 • 속도신호로 통제곡선의 생성 • 열차속도통제(운행속도가 통제속도를 초과하면 비상제동과 기동차단 지령을 내림) • 불연속정보를 수신하여 열차를 자동제어(절대표지, 절연구간, 가선변경구간, 터널 기밀제어, 선로변경 등)

(9) 차상컴퓨터(OBCS)

① 기 능

㉠ 열차상태 파악 및 열차지령, 제어를 위한 열차지령 제어

㉡ 운전지원 및 고장조치 안내지원

㉢ 유지보수요원을 위한 고장수리 진단정보 제공

㉣ 승무원 열차운행준비지원 및 데이터 무선전송 인터페이스 제공(원격제어기능, 서비스 유지기능)

㉤ 여객편의설비 기능감시 및 승무원에게 고장사항 문자현시

② 처리장치

㉠ 주컴퓨터(MPU) : 동력차 1대씩 설치, 지령과 운전제어 처리

㉡ 보조컴퓨터(APU) : 동력차 1대씩 설치, 주컴퓨터 이상 시 백업

㉢ 객차컴퓨터(TPU 01, 02)

㉣ 모터블록컴퓨터(MBU) : 동력대차에 1대씩 설치, 견인력과 전기제동 제어, KTX 편성당 6대

(10) 기계장치

① 동력대차

㉠ 동력전달장치(트리포드)

- 견인전동기의 회전력은 전동기감속기 → 트리포드 → 차축기어 감속기 → 차륜으로 전달
- 차체와 대차의 상대운동을 허용

㉡ 제동장치

㉢ 살사장치

㉣ 대차불안정검지기

② 객차대차

㉠ 대차프레임

㉡ 현가장치

㉢ 제동장치

③ 갱웨이링 : 객차 사이에 위치하여 차량의 연결기능과 여객의 통로를 제공하는 연결장치를 갱웨이링이라고 하며, 대차와 관련되어 차체 유동성을 부여하고 곡선에서 차체의 균형을 유지함

(11) 공기제동장치

① 전기제공과 공기제동장치가 있으며 속도제어에는 전기제동 우선 사용, 강한 제동력이 필요할 때는 전체 대차에 작용하는 공기제동 사용

② 디스크제동 70%, 전기제동 20%, 답면제동 10%(비상제동 기준)

예 제

01 KTX 장치 중 교류전원을 견인특성에 맞도록 변환, 정류하여 2개의 견인전동기에 전력을 공급하는 것은? 기출

① 팬터그래프
② 주회로차단기
③ 주변압기
④ 모터블록

해설 ① 팬터그래프 : AC 25kV를 받아들이는 차량 집전장치
② 주회로차단기 : 전차선 전원제어 고압회로 차단기
③ 주변압기 : 모터블록 3개에 AC 1,800V 6개의 견인권선, 보조블록 1개에 AC 1,100V 1개의 보조권선에서 변압하여 차량에 전원 공급

정답 ④

02 TVM 430 지상장치 기능 중 아닌 것은? 기출

① 궤도회로를 통한 속도, 구배 목표거리 등 연속 정보 전송
② 인접기계실과 신호정보 교환
③ 열차속도통제(통제 속도 초과 시 비상제동, 기동차단 지령 내림)
④ 루프케이블을 통한 절연구간, 터널 등 불연속 정보 전송

해설 열차속도통제는 차상장치의 기능이다.

정답 ③

02 KTX 산천

(1) 고속차량 KTX 일반제원

① **사용전압** : 교류 25kV 단상 60Hz
② **견인동력** : 8,800kW(견인전동기 1,100kW×8개)
③ **전기제동력** : 170kN
④ 대차 13개(동력대차 4, 객차대차 9)/10량 1편성

(2) 전기장치

① **팬터그래프** : AC 25kV를 받아들이는 집전장치. 전차선 높이 5.08m
② **주회로차단기(MCB-01)** : 전차선 전원제어 고압회로차단기
③ 주변압기
④ **모터블록** : AC 1,400V 전원을 변환하여 견인전동기에 전원 공급
⑤ **견인전동기** : 출력 1,100kW, 최고회전속도 4,100rpm

(3) 보조전원장치

① **보조블록** : AC 380V 공급받아 DC 670V 정전압 생산

② 동력차인버터

③ 객차인버터

④ **축전지충전기**

㉠ 동력차 축전지충전기 : 조명 · 주컴퓨터 · 보조컴퓨터 · 모터블록 컴퓨터에 DC 72V 전원 공급

㉡ 객차 축전지충전기 : 객차 조명 및 객차컴퓨터에 DC 72V 전원 공급

⑤ 난 방

(4) 열차진단제어장치(TDCS)

① **열차진단제어장치의 기능** : 차량 주요장치의 제어와 감시를 하며 고장 백업 및 스톨알람

② **열차진단제어장치의 구성**

㉠ 주컴퓨터

㉡ 보조컴퓨터

㉢ 객차컴퓨터

㉣ 모터블록컴퓨터

③ 운전경계장치

④ **열차속도제한장치(TSL)**

㉠ ATC 또는 ATS가 통제하지 않은 때 30km/h 이상에서 경고표시등 점등

㉡ 기관차 단독운전을 할 때 30km/h 이상에서 경고표시등 점등

㉢ 30km/h 미만에서 전기제동만 사용할 때 경고표시등 점등

(5) 차상신호장치

① ERTMS/ETCS 주요개념

㉠ 운전허가

㉡ 해제속도

㉢ 지상자 및 지상자군

㉣ 연 결

㉤ 운전모드

② ERTMS/ETCS 통제기능

㉠ 상용제동

㉡ 비상제동

③ 통합신호장치(ATC/ATP/ATS), 일반선 ATP/ATS, 고속선 ATC

㉠ 활성상태에 따라 대기상태, 작동상태, 해제상태

㉡ 운전상태에 따라 정상상태, 경고상태, 비상상태

㉢ 운전모드는 정상모드, 특수모드, 공사모드, 입환모드

(6) 기계장치

① 동력대차

㉠ 동력전달장치(트리포드)

- 견인전동기의 회전력은 전동기감속기 → 트리포드 → 차축기어감속기 → 차륜으로 전달
- 차체와 대차의 상대운동을 허용

㉡ 제동장치

㉢ 살사장치

㉣ 대차불안정검지기

② 객차대차

㉠ 대차프레임

㉡ 현가장치

㉢ 제동장치

③ 갱웨이링 : 객차 사이에 위치하여 차량의 연결기능과 여객의 통로를 제공하는 연결장치를 갱웨이링이라고 하며, 대차와 관련되어 차체 유동성을 부여하고 곡선에서 차체의 균형을 유지함

(7) 공기제동장치의 구분

① 작용방식별 구분

㉠ 전기제동(회생제동, 저항제동)

㉡ 공기제동(답면제동, 디스크제동)

② 사용방식별 구분

㉠ 상용제동

㉡ 비상제동

㉢ 주차제동

㉣ 구원제동

예 제

01 KTX-산천 차량의 전기장치 구성으로 틀린 것은? 기출

① 견인전동기

② 주회로차단기

③ 모터블록

④ 열차진단제어장치

해설 열차진단제어장치는 차량 주요장치의 제어와 감시를 하며 고장 백업 및 스톨알람의 기능을 한다.

정답 ④

제2장 전기 1종

01 총론

(1) 연 혁

① 1999년 9월 18일 지멘스사와 크마파이사의 공동참여 사업

② 1,350kW 3상 교류전동기와 가변전압 가변주파수(VVVF, GTO) 방식

③ 최고속도 150km/h, 여객 · 화물 겸용

④ Bo-Bo 방식의 차축배열

예 제

01 신형 전기기관차에 관한 설명으로 틀린 것은? 기출

① 1,350kW 3상 교류전동기를 사용한다.

② 팬터그래프의 집전장치는 1개가 있다.

③ 최고속도는 150km/h이다.

④ 여객, 화물 겸용이다.

해설 팬터그래프 집전장치는 2개이다.

정답 ②

02 기기장치

(1) 지붕장치

① 팬터그래프

㉠ 가선과 차량의 전기장치를 연결하는 장치로 기본프레임은 지붕에, 집전부는 가선에 위치함

㉡ 독점적인 단일암으로 설계

㉢ 집전자 머리는 관절형식 시스템에 의해 수직으로 이동되게 4개의 링크 시스템으로 형성

㉣ 양방향 이동 가능

㉤ 상승과 하강은 전기지령 공기작동식으로 제어

② 주회로차단기(MCB)

㉠ 주회로 개방과 폐쇄, 과부하와 접지 시 회로를 차단하기 위한 주전원 스위치 역할

㉡ 점유 운전실에서 주간제어기 "0" 위치에서만 투입 가능

③ **피뢰기** : 낙뢰나 개폐 과전압 방지

④ **고압계기용 변압기(HVPT)** : 주회로차단기의 입력 커넥션과 병렬로 연결되어 가선전압 측정 시 사용

⑤ **접지스위치** : 회로차단기 양측을 접지하도록 설계

(2) 운전실

① 주간제어기

㉠ T 최대 견인력 범위 : 견인력 설정 0~최대

㉡ F 운전 : 견인력 설정 0

㉢ O 중립 : 역전기 분리 가능

② 역전기

㉠ F : 전진

㉡ S : 주행 명령 차단

㉢ O : 운전실 OFF, 모든 기능 상실, 열쇠 해제 가능

㉣ R : 후진

③ **단독제동변** : 전기제동과 독립적으로 작용, 전기제동력 100kN으로 제한

④ 자동공기제동밸브

㉠ 공기제동용과 전기제동용 핸들 2개가 기계적으로 연동되어 있음

㉡ 핸들의 위치는 제동지령을 결정하고 공기제동과 관계없이 전기제동을 제어하기 위해서는 전기제동 핸들을 2개의 연동된 핸들로부터 분리하여 사용할 수 있음

㉢ 견인전동기 고장 시 제동적용 방식

1개의 견인전동기 고장 시	• 상용제동 : 기관차는 순수 전기제동(3개의 전동기로 제동) • 비상제동 : TM 고장인 대차는 순수 공기제동, 다른 대차는 순수 전기제동
2개의 견인전동기 고장 시	• 1개의 대차에 2개의 견인전동기 고장 시 – 전동기 불량 대차는 순수 공기제동 – 전동기 양호한 대차는 순수 전기제동 • 각 대차에 1개씩의 견인전동기가 고장 시 – 기관차는 순수 공기제동
3개 이상의 견인전동기 고장 시	조합제동은 순수 공기제동

⑤ 계기표시기

⑥ 화면표시기(MMI)

⑦ 비상제동핸들

⑧ **운전자 경계장치(SIFA)** : 5km/h 이상 주행 시 2분마다 작동해야 되며, 주간제어기 · 우측 · 좌측창문 아래 · 운전자 발판에 설치함

⑨ 보조제어기

(3) 배전반 기기

① 축전지 스위치
② 배터리 접지시험 스위치
③ 제동모드 선택 스위치
④ 객차피더 선택 스위치
⑤ 객차피더 방향 스위치
⑥ PT 선택 스위치
⑦ 제동핸들 개방 스위치
⑧ 축전지보호 스위치
⑨ 주차제동 스위치

(4) 기계실 기기

① 주변압기
② 3상 추진시스템
㉠ 유도전동기
㉡ 주변환장치 : 전압원 인버터, 전압원 DC 링크회로, 4상한 입력컨버터
㉢ 보조전원장치와 객차전원 공급장치
㉣ 견인전동기 냉각송풍장치
㉤ 활주방지장치
㉥ 고압접지

예 제

01 3상 추진시스템에서 주변환장치의 종류로 틀린 것은? 기출

① 전압원 인버터
② 전압원 DC 링크회로
③ 전압원 견인전동기
④ 4상한 입력컨버터

해설 전기 1종 주변환장치의 종류에는 전압원 인버터, 전압원 DC 링크회로, 4상한 입력컨버터가 있다.

정답 ③

03 각부 점검 및 운전

(1) 기관차의 기동

기관차의 운전실 형광등 및 무전기는 축전지 전원스위치 TOS에 관계없이 항상 사용이 가능하며, 기관차를 기동하기 위해서는 비점유 운전실에서 다음 기기의 상태를 확인하여야 한다.

① 단독제동핸들 : 중립 위치
② 역전기 : "0"(중립) 위치
③ 주간제어기 : "0" 위치
④ 보조제어기 : "0"(중립) 위치
⑤ 제동핸들 : "D"(완해) 위치
⑥ 비상제동밸브 : 완해 위치

(2) 팬터그래프 선택

① 팬터 1 : 팬터그래프 1 선택
② 팬터 2 : 팬터그래프 2 선택
③ 자동 : 자동으로 비점유 운전실 측 팬터그래프 선택. 보통 이곳에 스위치를 두고 자동위치에서 팬터그래프는 점유된 운전실의 반대 쪽에 위치한 팬터그래프가 작동함

제3장 | 디젤기관차

01 총 론

(1) 7600호대 차량

① 개 요

㉠ 견인마력 3,490 THP의 디젤엔진 사용

㉡ 390kW 3상 교류전동기, 가변전압 가변주파수(VVVF, IGBT) 방식

㉢ 최고속도 150km/h 화물 전용

㉣ Co-Co 방식의 차축배열

㉤ 디젤차량 및 전기기관차 등과 함께 운행할 수 있도록 설계

㉥ 화물열차 운행 목적

② 차량 구조

㉠ 견인발전기 출력은 기관차 운전을 위한 전력으로 사용

㉡ 기관차의 전력 배분을 시작하고 감시하기 위하여 센서, 스위치, 제어부속품 사용

㉢ 전력생산은 디젤엔진에 의해서 직결 연결되어 있는 주발전기가 구동되면서 3상 발전기 출력 생산

㉣ 축전지 전력은 정류기에서 DC 전력으로 출력

㉤ DC 링크를 통하여 주인버터 및 보조인버터에 공급된 후 각종 장치에 공급

③ **견인전동기 발전제동 곡선** : 주발전기에서 견인전동기에 공급되는 전류와 전압을 기초로 하여 견인전동기의 발전제동력과 DC 링크 전류를 열차속도별로 산출, 시험결과와 비교 · 검토하여 작성, 그림으로 나타낸 것

④ **무화회송 기관차 주간제어기 운전** : 역행 및 제동적용은 선두 기관차에 의해 제어

㉠ 스로틀핸들은 아이들 위치

㉡ 역전기핸들은 중립 위치

㉢ 역전기핸들을 주간제어기에서 제거

(2) 7400호대 차량

① **디젤전기기관차의(7400호대) 발전장치 순서** : 디젤기관 출력(DE) → 주발전기 전력(MG) → 견인전동기 출력(TM) → 피니온과 기어 → 동륜 회전

② 동력전달경로

㉠ 디젤기를 원동기로 함

㉡ 디젤기관의 연료가 가진 열에너지를 기계적인 에너지로 변환시켜 동륜을 전달함에 있어 동력차에 가장 유리한 전기식을 채택

㉢ 디젤기관차에 의한 기계적인 에너지는 구발전기를 통해 전기적인 에너지로 바뀌어짐

㉣ 견인전동기는 전기적인 에너지를 받아 다시 기계적인 에너지로 환원시켜 전기차 소치차와 차축 대치차를 거쳐 동륜으로 전달

③ 운전실 제어대 - 삼방차단변

㉠ 차단위치

㉡ 화물위치

㉢ 여객위치

④ 무선전화의 사용

㉠ 짙은 안개 시 각종 상태확인 등의 운전정보를 교환할 때

㉡ 운전상 위급을 요할 때

㉢ 통고방법을 별도로 정하지 않은 사항을 열차를 정차시키지 않고 통고할 때

㉣ 승무 중인 승무원에게 사령운전 명령을 통고할 때

㉤ 출발전호 확인곤란 시 차장의 무선전화에 의한 열차출발 통화 시

㉥ 열차무선전화에 의한 열차방호를 할 때

㉦ 열차번호 변경 등의 통화를 할 때

㉧ 경보의 전달 및 공습 시 운전취급에 따른 통화 시

㉨ 취약역 입환취급에 의한 운전정보 교환

㉩ 각종 전호를 시행할 때

㉪ 졸음방지 집무내규에 의한 심야 상호 교신지정 통화를 할 때

㉫ 정신을 차려 통보내규에 의한 통화를 할 때

㉬ 기타 운전상 열차무선전화를 사용할 수 있는 경우로 따로 정한 사항을 통화할 때

⑤ 관제기적 : 기적관제구역에 진입하는 열차는 관제시간 중 관제기적 이외의 기적을 울릴 수 없음. 다만, 다음의 경우에는 예외

㉠ 위급한 경우 및 사고와 관련된 기적 전호 시

㉡ 귀빈 승용열차 운행 시

㉢ 3종 건널목 접근 시

⑥ 기적관제의 기준 및 구역

㉠ 기적관제구역은 기적 관제 양쪽 정거장의 각 장내 신호기 외방 50m(선로가 끝나는 정거장은 선로가 끝나는 지점) 지점을 기준으로 하고 기준 이외의 관제지점은 별도로 정함

㉡ 기적의 관제는 24시간 관제와 10시간(20:00~06:00) 관제로 구분하며 양 역 간 및 역, 소 구내 전지역을 말함

예 제

01 다음 중 7400호대 디젤전기기관차의 동력전달경로 대한 설명 중 바르지 못한 것은? 기출

① 디젤기관은 연료유가 가진 에너지를 기계적인 에너지로 바꾼다.

② 디젤기관의 출력은 축전기 스위치를 투입하면 제어전원이 공급된다.

③ 주발전기는 기관의 기계적인 에너지를 전기적인 에너지로 바꾼다.

④ 주발전기와 견인전동기는 전기적인 변속기 역할을 한다.

해설 전기1종기관차에 대한 설명이다.

정답 ②

02 기적관제구역에 진입하는 열차는 관제시간 중 관제기적 이외의 기적을 울릴 수 있는 예외의 경우로 옳지 않은 것은? 기출

① 위급한 경우

② 사고와 관련된 기적 전호 시

③ 귀빈 승용열차 운행 시

④ 2종 건널목 접근 시

해설 3종 건널목 접근 시에 예외의 경우가 된다.

정답 ④

제4장 전기동차

01 총론

(1) 전기동차의 역사

① 1899년 5월 17일 서대문-청량리 간 25.9km에 1,067mm 궤간으로 건설
② 직류 600V 방식, 육상궤도전차
③ 1938년 39.9km까지 연장
④ 전차는 해방 이후 계속 운행되었다가 1968년 11월 폐지
⑤ 현재 전기동차의 진정한 시발점은 1974년 8월 15일 개통한 1호선 전기동차
⑥ 개통 당시 4M2T 6량 편성으로 철도청 구간과 서울시 지하철 구간을 겸용으로 이용

(2) 전기동차의 특징

① 총괄제어 가능(운전실에서 일괄제어 가능)
② 동력이 분산되어 있음
③ 고가속 및 고감속 운전이 가능
④ **차량의 사용효율이 높음**
양편에 운전실이 있고 반복운전 용이
⑤ **출입문이 많아 승 · 하차가 신속함**
㉠ 일괄개폐 가능
㉡ 정차시분을 단축하여 표정속도를 높일 수 있음
⑥ **친환경적**

※ 표정속도 = 운행거리/소요시간(정차시분 포함)
평균속도 = 운행거리/소요시간(정차시분 미포함)

(3) 사용전원에 의한 구분 → 현재는 주로 교류전동기 사용

① **직류 전기동차** : DC 1,500V, 변압기와 컨버터 필요 없음
② **교류 전기동차** : AC 25kV, 60Hz의 전원 사용, 변압기와 컨버터 필요
③ 교 · 직류 전기동차

(4) 제어방식에 의한 구분

① 저항제어 전기동차(직류직권 전동기) : 저항기 설치. 저항기를 단락시켜 전력 증가에 의해 열차속도를 부드럽게 상승시키는 방법으로 속도제어

② 초퍼제어 전기동차(직류직권 전동기)

㉠ 저항제어 전기동차의 단점인 전력의 낭비, 열발생, 승차감 저하 등을 개선한 전기동차

㉡ 열차 감속 시 운동에너지가 전기에너지로 변환

③ VVVF 전기동차(교류유도 전동기)

㉠ 교류유도 전동기를 장착, 견인전동기에 공급되는 전압과 주파수를 적정하게 변화하여 속도제어

㉡ 가변전압 가변주파수 전기동차라 함

㉢ 직류 전동기에 비하여 유지보수가 간편하고 수명이 반영구적인 장점이 있음

(5) 전차선의 구분

데드섹션(Neutral Section)은 전차선에 전원이 흐르지 않는 곳으로 절연구간 또는 사구간이라 부른다.

① 교직절연구간

㉠ 서로 전원이 다른 구간을 연결하기 위함

㉡ 66m로 설치

② 교교절연구간

㉠ 전원의 위상이 틀려 구분하기 위함

㉡ 22m로 설치

③ 교교절연구간 설치장소

- 경인선 : 구로역~개봉역, 송내역~부개역, 주안역~제물포역
- 경부선 : 구로역~가산디지털단지역, 관악역~안양역, 군포역~의왕역, 수원역~세류역, 서정리역~평택역(전기동차 운행 시 관제승인에 의해 팬터 하강 후 타력운전)
- 경원선 : 회룡역~의정부역
- 안산선 : 수리산역~대야미역
- 수인선 : 월곶역~소래포구역
- 분당선 : 모란역~야탑역, 서울숲역~왕십리역

(6) 교 · 직류 VVVF 전기동차의 차종

차량종류	호칭약호	구조 및 기능
제어차	TC	운전실을 구비하여 전기동차를 제어하는 차량
구동차	M	동력장치를 가진 차량
	M'	동력장치와 집전장치를 가진 차량
부수차	T	부수차량
	T'	부수차량, 보조전원장치, 공기압축기, 축전지

(7) 전기동차 편성

① 4량 편성(2M2T) : TC – M'– M' – TC

② 6량 편성(3M3T) : TC – M – M' – T – M' – TC

③ 8량 편성(4M4T) : TC – M – M' – T – T – M – M' – TC

④ 10량 편성(5M5T) : TC – M – M' – T – M' – T1 – T – M – M' – TC

예 제

01 전기동차의 제어방식에 의한 구분이 아닌 것은? 기출

① 교 · 직류 전기동차

② 저항제어 전기동차

③ 초퍼제어 전기동차

④ VVVF 전기동차

해설 교 · 직류 전기동차는 사용전원에 의한 구분이다.

정답 ①

02 용어정리

(1) 곡선반경

① 곡선의 크기를 표시하는 단위, 기호는 R

② 열차운행의 안전을 위하여 최소곡선반경을 정하고 있으며 곡선반경이 크면 클수록 직선에 가깝고 좋음

(2) 공주거리

① 공기의 흐름, 기초제동장치의 유간 등으로 인하여 제동작용이 이루어질 때까지의 주행거리

② 총 제동거리 = 공주거리 + 실제동거리

(3) 공주시간

제동이 작용할 때까지의 소요시간

(4) 공전(Slip)

열차 출발 혹은 가속 시 열차의 견인력이 점착력보다 클 때 차륜이 레일 위에 미끌리는 현상

(5) 활주(Slide)

열차 제동 시 정지하려는 힘이 레일과 차륜 사이에 작용하는 마찰력보다 클 때 차륜이 레일 위에 미끌리는 현상

(6) 구내운전

정거장 또는 차량기지 구내에서 입환신호에 의하여 차량을 운전하는 방식

(7) 기지모드

① 지상의 신호가 없는 구역에서 전동차를 수동으로 운전하는 모드

② ATC는 25km/h 의 속도제한을 부여

(8) 차내신호기

① ATC 구간의 신호기

② 지령속도와 실제속도를 현시하여 운전제어에 필요한 정보를 제공

(9) VVVF 인버터 제어

교류유도 전동기에 공급하는 교류의 전압과 주파수를 자유로이 조절하여 전동차를 제어함

(10) 주간제어기

① 전동차의 동력운전 및 제동을 수행하는 기기로, TC-car 운전실에 설치

② 승무원 쪽으로 당기면 동력운전기능, 반대 방향으로 밀면 제동기능

(11) 운전자 안전장치 → KTX는 운전경계장치

기관사의 신체적 이상 및 졸음운전 시 일정기간 경보 후 자동으로 비상정차시켜 열차의 안전을 확보하는 장치

(12) 연장급전

보조전원장치 고장 시 다른 정상인 유니트의 보조전원장치부터 전원을 공급받는 것

(13) 컨버터

교류를 직류로 변환시키는 장치

(14) 인버터

직류전력을 교류로 변환시키는 장치

(15) 주변환장치

컨버터와 인버터를 합친 것

(16) 보조전원장치

직류구간에서는 전차선에 공급된 DC 1,500V 전원을 직접 공급받아 AC 440V, 3상 60Hz를 일정하게 발생(승객을 안전하고 쾌적하게 운송하기 위한 냉난방, 객실조명, 축전지 충전 등의 전원을 만듦)

(17) 관통제동

제동관 내의 공기를 대기로 배출시킬 경우 자동적으로 제동 작용이 이루어지는 장치

(18) 상용제동

① 모든 제동시스템 중 기본이 되는 제동으로, 7단계의 제동
② 최고 3.5km/h/s 감속도

(19) 비상제동

① 상용제동보다 제동거리 및 시간이 가장 짧은 특징
② 최고 4.5km/h/s 감속도

(20) 보안제동

주제동 기능인 상용제동과 비상제동의 고장을 대비하여 추가 설치된 제동장치

(21) 주차제동

차량유치 시 차내압력 공기가 없는 상태에서 필요로 하는 제동장치

(22) 조가선

전차선을 지지하기 위해 전차선 상부에 가선된 전선 또는 케이블

(23) 전차선

① 전기차량의 집전장치에 접촉하여 전기를 공급하는 전기선로
② 지상구간 가공전선, 지하구간 강체가선

(24) 절연구간

① 교류와 직류구간을 구분하거나 교류구간에서는 변전소 간 전원이 위상차가 있으므로 이를 격리시키기 위해서 일정거리를 절연한 구간
② 교직절연구간 66m, 교교절연구간 22m(용산–이촌 110m)

예 제

01 용어의 정의로 틀린 것은? 기출

① 관통제동 : 전 차량의 제동관에 공기를 관통시켜 제동관 내의 공기를 충전하여 제동하는 장치
② 주변환장치 : 컨버터와 인버터를 합친 것으로 직류구간에서는 교직절환기에 의해 인버터만 동작
③ 주간제어기 : 전동차의 동력운전 및 제동을 수행하는 기기
④ 연장급전 : 보조전원장치 고장 시 다른 정상인 유니트의 보조전원장치로부터 전원을 공급받는 것

해설 제동관 내의 공기를 배출하는 경우 제동 작용이 이루어진다.

정답 ①

03 특고압 장치

(1) 특고압 기기

① **팬터그래프** : 전차선의 전원을 전기동차로 수전하는 집전장치

② **계기용 변압기(PT)**

㉠ 교류 25kV를 AC 100V로 강압, 이를 정류하여 DC 24V로 ACVR 동작

㉡ 직류구간에서는 1차 측을 통한 전류에 의하여 DCVR을 동작

③ **비상접지스위치(EGS)** : 비상의 경우 팬터그래프 회로를 직접 접지시켜 전차선을 단락, 전원 측의 차단기를 개로시킴

※ 개로 : 전류의 통로가 끊어져 있는 상태

④ **주차단기(MCB)**

㉠ 교 · 직류 전동차에서 제일 중요한 기기로, 교류구간 운전 중에 MT 1, 2차 측 이후의 회로에 고장 발생 시 과전류를 신속하고 안전히 차단할 목적으로 설치

㉡ 교류구간에서는 차단기와 개폐기 역할, 직류구간에서는 개폐기 역할을 함

⑤ **교직절환기(ADCg)** : 전차선 전원에 따라 전동차의 회로를 교류 또는 직류회로로 절환하는 기기

⑥ **교류피뢰기(ACArr)** : 교류구간 운전 중 낙뢰 또는 써지 전압이 흘러들어왔을 경우 전차선의 전원을 개로

⑦ **주퓨즈(MFS)** : 주변압기(MT)를 보호할 목적으로 설치한 기기로, 주변압기 1차 측 회로에 이상 전류가 들어올 경우 용손되어 주변압기를 보호

⑧ **주변압기(MT)** : 교류구간에서 전차선에 공급된 교류를 조정하여 주변환기 컨버터에 공급

⑨ **직류피뢰기(DCArr)**

㉠ 직류구간 운행 중 외부로부터 차량에 유입되는 써지를 흡수하여 차량 보호

㉡ 교류구간 모진 시에는 절연이 파괴되어 변류기를 통해 방전전류를 검지하고 MCB를 차단하여 주회로 보호

※ 모진 : 교직구간에서 교류구간으로 진입 또는 직류구간으로 진입을 뜻함

⑩ **변류기**

㉠ 과전류 보호용 변류기 : 주변압기 1차 측에 과전류 발생 시 과전류 계전기를 동작시켜 주차단기를 개방

㉡ 모진 보호용 변류기 : 직류구간 운행 중 전차선에 교류 25kV가 혼촉되거나 교류 모진 시 동작하여 피뢰기 과전류계전기 동작

※ 계전기 : 전기회로를 열거나 닫는 구실을 하는 기기

(2) VVVF 특고압 회로

① **교류구간 주회로 전원의 흐름[역행(동력운전)]** : 전차선 → 팬터그래프 → 주차단기(MCB) → 교직절환기(ADCg) → 주변압기 → 컨버터 → 인버터 → 견인전동기

② **직류구간 주회로 전원의 흐름[역행(동력운전)]** : 전차선 → 팬터그래프 → 주차단기(MCB) → 교직절환기(ADCg) → L1, L2, L3 → 인버터 → 견인전동기

※ 회생제동은 역행(동력운전)의 반대

③ VVVF 제어차 보조회로 전원의 흐름

㉠ 교류구간 : 전차선 → 팬터그래프 → 주차단기(MCB) → 교직절환기(ADCg) → 주변압기 2차 측 → 컨버터 → L3 → ADd2 → BF2 → SIV → 각종 부하 및 주변압기 보조장치 가동

㉡ 직류구간

- 직류구간은 MT 동작하지 않음
- 전차선 → 팬터그래프 주차단기(MCB) → 교직절환기(ADCg) → L1 → ADd1 → BF2 → SIV

예 제

01 다음 설명에 해당하는 전기동차의 특고압 장치는? 기출

> 교 · 직류 전동차에서 중요한 기기로 교류구간 운전 중에 주변압기 1, 2차 측 이후의 회로에 고장 발생 시 과전류를 신속하고 안전하게 차단할 목적으로 설치된다. 교류구간에서는 차단기와 개폐기 역할을 하고, 직류구간에서는 개폐기 역할을 한다.

① 계기용 변압기
② 주차단기
③ 비상접지스위치
④ 변류기

정답 ②

04 출입문 장치

(1) 출입문 연동스위치

① DILP 접점(출입문폐문 시) → DILP : 발차지시등

㉠ 전차량 출입문 닫힌 것을 전부 운전실에서 확인하기 위한 접점

㉡ 출입문 간격 7.5mm 이하 시 접촉

② DLP 접점(출입문 개방 시)

㉠ 출입문 개폐상태를 쉽게 확인할 수 있도록 하는 접점

㉡ 12.5mm 이상 개방 시 접촉

㉢ 각 4개의 출입문 중 한 곳만 열려도 DLP 점등(적색등)

③ DRO 접점(출입문 개방 시) : 출입문이 닫힐 때 1개의 출입문이라도 승객 또는 기타의 물건에 끼어 12.5mm 이상이면 재개방스위치(DROS) 취급

(2) 회로차단기

① 출입문 관련 회로차단기

㉠ 전부 DILPN(출입문 소등)

㉡ 후부 DILPN(출입문 소등, 역행 불능)

㉢ DLPN(차측 적색등 점등 불능, 모니터 열림 표시 불능)

㉣ CRSN(전체 출입문 열림 불능)

㉤ DMVN 1, 2(해당 1량 출입문 열림 불능)

② 출입문 관련 기기

㉠ LSBS : ZVR 고장 시 출입문 개폐회로 구성

㉡ DIRS : DS 접점 회로 구성 불능 시 역행회로 구성

㉢ 4개의 출입문 중 1개의 출입문만 개폐

※ 설치위치 : 기관사석 우측 하단부(신형차량 기관사석 좌측)

(3) 전기식 도어시스템

① 4부분으로 구성(제어장치부, 오퍼레이터부, 판넬부, 비상장치부)

② 장애물 감지차단스위치 : 1cm의 작은 장애물도 감지하여 자동으로 3회 재개폐 동작 시행

③ 출입문 차단스위치 : 출입문개폐스위치 Open/Close 명령에 의해 출입문이 동작하지 않거나 고장정보 현시하는 경우 차단스위치를 ON 동작시켜 해당 출입문만 By-Pass시킴

05 제동장치

(1) 동작원리에 의한 분류

① 기계적인 제동장치

㉠ 수동제동, 전공제동, 공기제동, 전자제동

㉡ 현재 전기동차에서는 공기제동과 주차용 수동제동 사용

② 전기적인 제동장치 : 발전제동과 전력회생제동

(2) 마찰력 발생기구에 의한 분류

① 답면제동 : 전기동차의 구동차에 사용

② 디스크제동 : 전기동차의 부수차에 사용

③ 드럼제동 : 원통을 제륜자로 압착

④ 레일제동

(3) 조작방법에 의한 분류

① 상용제동 : 열차운전에 상용되는 제동

② 비상제동 : 비상시 열차를 급정차시키기 위한 제동

③ 보안제동 : 상용제동과 비상제동과 별개로 만들어진 제동

④ 주차제동 : 열차의 주차를 목적으로 하는 제동

⑤ 정차제동 : 경사진 역에서 정차 후 출발 시 Roll Back 현상을 방지하기 위한 제동

(4) 기초제동장치

① 답면제동장치

㉠ 1대 차에 4개의 제동통이 설치되어 있음

㉡ 전달경로 : 제동통 → 제동레버 → 제륜자 hook → 제륜자 head → 제륜자 → 차륜답면

② 디스크제동장치

㉠ 차륜답면에 제동을 체결하지 아니하고 차축에 2개의 제동용 원판을 부착하여 이것을 제륜자가 압착하여 제동력을 얻는 방식

㉡ 전달경로 : 제동통 → 제동레버 → 제륜자 head → Lining → Disk

(5) 전기제동장치

① 발전제동 : 차량이 갖는 운동에너지를 이용하여 주전동기를 발전기로 작용시키며 얻어진 전기에너지로 저항기를 통하여 열로 소비시키는 제동방식

② 회생제동 : 발전제동에 비해 전력의 질감이나 저항기의 불필요 등의 이점이 있어 쵸파전동차와 VVVF 전동차에서는 회생제동이 채택됨

예 제

01 전기동차의 기계적인 제동장치가 아닌 것은? 기출

① 수동제동

② 전공제동

③ 전자제동

④ 발전제동

해설 발전제동은 회생제동과 함께 전기제동장치에 해당된다.

정답 ④

06 구원운전

(1) 목 적

열차지연 방지 및 안전운행 확보

(2) 시 기

① 전차선 단전 및 축전지 방전 조치 소홀에 따른 기동 불능 시
② 전 차량 주차단기(MCB) 차단으로 동력 불능 시
③ 비상제동 풀기 불능에 따른 전도운전 불능 시

(3) VVVF 전기동차 구원 시

① VVVF 전기동차
② 저항제어 전기동차
③ 디젤기관차

(4) 저항제어 전기동차 구원 시

VVVF 전기동차

(5) 구원운전 취급

① 고장차 준비사항
㉠ 관제실 보고
㉡ 열차승무원 통보
㉢ MC key 제거
㉣ 제동핸들 취거
㉤ 후부운전실 이동
㉥ 연결기 고무마개 제거
㉦ 12JP 연결준비

② 구원차 준비사항
㉠ 관제실 확인
㉡ 열차승무원 통보
㉢ 고장차 3m 전 정차
㉣ 연결기 고무마개 제거
㉤ 단속단 연결
㉥ 열차승무원의 연결전호 확인
㉦ 연결상태 확인
㉧ 제동핸들 취거

③ 연결 후 공통 준비사항

㉠ 주공기관 콕크 개방

㉡ 구원용 점퍼선(12JP) 연결

㉢ 구원운전스위치(RSOS) 취급

㉣ 고장차 후부운전실(DILPN OFF)

㉤ 전기동차 동력운전회로

㉥ 구원차 ATSCOS/ATCCOS 차단

㉦ 고장차 기관사 전부 운전실

㉧ 제동기능 시험

예 제

01 전기동차 구원운전 취급 중 구원차 준비사항으로 틀린 것은? 기출

① 구원차는 고장차 3m 전 정차

② 제동핸들 제거

③ 연결기 고무마개 제거

④ 단속단 연결

해설 제동핸들은 취거해야 한다. 연결 시 아크에 의한 기기손상을 방지하기 위한 전원차단이다.

정답 ②

제5장 | 객화차

01 철도차량 시스템

(1) 철도차량 종류

① 정의 : 여객이나 화물을 운송할 목적으로 하는 차량, 견인하기 위한 동력을 갖춘 기관차, 자체적으로 주행할 수 있는 동력차량

② 분 류

㉠ 사용목적에 따른 분류

- 고속차량
- 디젤전기기관차
- 디젤동차
- 전기기관차
- 전기동차
- 객 차
  - 일반여객 취급용 : 고속철도객차, 새마을객차, 무궁화객차, 식당차 등
  - 업무용 및 기타용도 : 시험차, 병원차, 발전차 등
- 화 차
  - 영업용 차량 : 유개차, 무개차, 조차, 평판차
  - 업무용 및 기타 차량 : 차장차, 제설차, 비상차

㉡ 취급상 분류

- 운용차 : 열차 조성에 운용
- 불량차 : 검사수선 필요 운용차량
- 예비차 : 검사수선 완료 차량
- 수선차 : 수차선에 입선하여 검사수선하는 불량차
- 회송차 : 운용 예비차나 불량차를 목적지까지 회송하는 차
- 유차 : 특대화물 수송을 위해 화물적재 화차 전후에 연결하는 공차
- 입창차
- 출창차

㉢ 윤축배열상 분류

- 4륜 보기 : 2개 차축 4개 차륜 1조 형태, 객화차 해당
- 6륜 보기 : 3개 차축 6개 차륜 1조 형태, 디젤기관차 해당
- 8륜 보기 : 4개 차축 8개 차륜 1조 형태, 특수 평판차 해당

㉣ 차량의 동력원에 따른 분류

• 디젤차량
• 전기차량

ⓜ 차량용도에 따른 분류
• 견인기관차
• 입환기관차
• 순환열차
• 통근열차
• 광역전철
• 고속전철

ⓑ 차체의 재료에 따른 분류
• 목제차
• 강제차
• 스텐리스 강제차
• 알루미늄 합금제차

ⓢ 공급전원에 따른 분류
• 직류전용
• 교류전용
• 교직 겸용방식

ⓞ 구동장치 제어방법에 따른 분류
• 저항제어
• 초퍼제어
• 인버터 제어

(2) 철도차량 검수

① **반복검수(RS)** : 차량운행에 필수적인 사항만을 점검하고 확인하는 검수
② **기본검수(ES)** : 차량의 주요부분에 대한 상태확인 및 기능검사와 소모품 보충 검수
③ **주간검수(WI)** : 주요부분에 대한 점검 및 기능검사와 기본적인 정비 시행
④ **경정비(LI)** : 차량의 각 부분의 세부점검 및 기능검사와 주요부분의 조정, 급유 및 청소 시행
⑤ **중정비(GI)** : 차량 전반에 대한 검사, 수선, 분해, 성능시험 시행 및 주요장치를 완전분해 검수 또는 교환

(3) 철도차량 설계

① **차량한계** : 차량 설계 및 제작 시 차량의 크기를 일정한계 내에 있도록 규제한 것
② **차축거리 제한**
㉠ 20mm 슬랙을 가진 반경 120m 곡선선로를 통과할 수 있어야 함, 고정축거 4.5m 이하여야 함
㉡ 고정축거 : 30mm 슬랙을 가진 반경 145m 곡선선로에 있어 3.75m 이내로 제한

③ **편의** : 긴 차량이 작은 반경의 곡선을 통과할 때 차체 중앙부는 곡선 안쪽으로, 양단부는 곡선 바깥으로 벗어나는 현상이다. 다음은 편의를 일으키는 원인이다.

㉠ 양측 볼스타 스프링이 균등히 탄약되지 못한 경우

㉡ 양측 축 스프링이 균등히 탄약되지 못한 경우

㉢ 적재물 중량이 균등히 적재되지 못한 경우

④ **차륜 직경제한**

㉠ 전기기관차 : 1,250mm

㉡ 디젤기관차 : 1,016mm

㉢ 고속철도 : 920mm

㉣ 디젤동차, 전기동차 및 객화차 : 860mm

⑤ **상면적과 정원**

㉠ 혼잡률 100% : 정원승차

㉡ 혼잡률 150% : 어깨 맞닿음, 손잡이 못 잡는 승객 1/2이나 신문 읽기 가능 정도

㉢ 혼잡률 200% : 몸 전체 맞닿음, 주간지 읽기 가능

㉣ 혼잡률 250% : 몸체나 손을 움직일 수 없음

⑥ **열차저항**

㉠ 중요인자

- 차륜 궤조 간 마찰저항
- 차륜 베어링 간 마찰저항
- 공기저항
- 구배 또는 곡선저항
- 속도증가 저항

㉡ 요인 : 선로상태, 차량상태, 기후조건

㉢ 종 류

- 출발저항 : 열차가 기동하려 할 때 생기는 저항
- 주행저항 : 열차가 주행할 때 운행방향과 반대로 작용하는 모든 저항
  - 차축 축수 간 마찰저항 : 차축중량 증가 시 감소함
  - 차륜 레일 간 마찰저항 : 사행진동의 정현파상태 운동함
  - 차량동요 저항 : 속도의 자승에 비례
  - 공기저항
  - 터널저항 : 풍압변동에 의한 공기저항
- 구배저항
- 곡선저항
- 가속도저항

(4) 철도차량 칭호 및 자중산정

① 차량의 방향

㉠ 고속철도차량

- 고속동력차 : 운전실 쪽
- 고속동력객차 : 동력대차 쪽
- 고속객차 : 승강문 쪽

㉡ 일반철도차량

- 디젤기관차 : 운전실 쪽
- 전기기관차 : ATS 차상자 쪽
- 디젤동차 : 운전실 쪽(운전실이 없을 경우 수용제동기 쪽)
- 전기동차
  - 저항제어방식 : TC 및 M'차는 분전반 쪽, M차는 분전반 반대쪽
  - 인버터제어방식 : TC는 운전실 쪽, 나머지는 일반 배전반 쪽
- 객차 및 화차 : 수용제동기 쪽(수용제동기 2개 이상일 시 제동통 피스톤 나오는 쪽)

② 객화차 환산 및 계산

㉠ 객차 1량 40ton

- 공차 : 객차 자중 / 40(소수점 둘째 자리 올림)
- 영차 : 객차 자중 + 하중 / 40(소수점 둘째 자리 반올림)

㉡ 화차 1량 43.5ton

- 공차 : 화차 자중 / 43.5ton(소수점 둘째 자리 올림)
- 영차 : 화차 자중 + 하중 / 43.5ton(소수점 둘째 자리 올림)

③ 차장율(1량) 계산 : 광궤선 14m, 협궤선 5.5m을 계산 1로 하며 소수점 둘째 자리에서 반올림

예 제

01 차륜의 직경이 알맞게 짝지어지지 않은 것은? 기출

① 전기기관차 : 1,250mm
② 고속철도 : 920mm
③ 디젤동차 : 1,016mm
④ 객화차 : 860mm

해설 디젤동차 860mm, 디젤기관차 1,016mm이다.

정답 ③

02 다음 중 영업용 화차가 아닌 것은? 기출

① 유개차 ② 조 차
③ 평판차 ④ 차장차

해설 차장차는 업무용 및 기타 차량에 해당된다.

정답 ④

02 철도차량 구조

(1) 주행장치

① 윤축의 구성

㉠ 차륜 : 외륜부 차륜과 일체차륜으로 구분, 최근 차량은 내 · 외륜 일체인 일체차륜

㉡ 차축 : 평베어링 축과 로울러베어링 축으로 구분, 최근 차량은 로울러베어링 축

㉢ 축상(axle box) : 차축을 감싸며 차체 하중을 차축에 전달, 평 축상과 로울러베어링 축상으로 구분

㉣ 베어링

- 차량 주행 시 마찰저항을 줄이기 위하여 차축 저널부에 설치, 평베어링과 로울러베어링으로 구분
- 객차는 원통형 로울러베어링, 화차는 R.C.T 베어링 사용

㉤ 차축발열 : 베어링 회전 시 발생하는 마찰열이 발산되는 마찰열보다 많을 시 발생

- 70~100℃ : 단순경보
- 100℃ 초과 : 위험경보

② 객차 대차

㉠ 에어쿠션(공기스프링) 대차

- 공기스프링을 사용한 대차
- 최고 주행속도 : 150km/h
- 세브론, 만, 쏘시미, KT 대차

㉡ ASEA 대차

- 박스 단면의 용접형 프레임으로 제작
- 볼스터 중앙에 센터피봇 설치

㉢ 프레스강 용접구조 대차

- 일반객차용과 준고속객차용으로 구분
- 일반객차는 답면브레이크, 준고속객차는 디스크브레이크 방식
- 허용속도 : 일반객차 120km/h, 준고속객차 150km/h

③ 화차 대차

㉠ 용접구조(고속화차) 대차

㉡ 고속화차용 주강대차

(2) 연결완충장치

① 연결기 종류

㉠ 현재 운행차량 : 객차는 밀착식자동연결기, 화차는 개량형 시바다식 연결기

㉡ 종류 : 시바다식, 개량형 시바다식, 아라이안스식, 샤론식, AAR.D, 밀착식 등

② 연결기 구조 및 작용 : 본체는 헤드, 생크, 테일로 구성

③ 연결기 3작용

㉠ 쇄정위치 : 연결기 완전히 연결

㉡ 개정위치 : 해방레버를 작용하여 기내 로크는 올라가 있음, 너클은 쇄정위치

㉢ 개방위치 : 너클을 완전히 연 상태

④ 완충장치(고무완충기)

㉠ 재질이나 형상 선택에 따라 특성이 변함

㉡ 마모, 고장이 적음

㉢ 완충용량이 큼

㉣ 소형 경량으로 강도 및 내구성 좋음

㉤ 객차완충기 용량 120ton, 중평판 화차 220ton

㉥ 동적충격완충용량 > 정적충격완충용량

⑤ 열차분리 시 검사요령

㉠ 열차조성 량수

㉡ 연결기 종류

㉢ 분리된 연결기 고저차

㉣ 선로 상태(기울기, 곡선, 직선)

㉤ 분리지점

㉥ 연결기 각 부품 상태검사

(3) 제동장치

① 종 류

㉠ 제동력 발생방식에 의한 분류

- 기계식
  - 공기식
    - 답면 브레이크 : 답면 브레이크, 유니트 브레이크
    - 디스크 브레이크 : 디스크 브레이크, 차륜 디스크 브레이크
  - 진공식 : 진공 브레이크
  - 수동식 : 핸드 브레이크

• 전기식
  – 저항제동
  – 회생제동
  – 전자제동
  – 유체동력학제동
  – 와전류제동

㉡ 브레이크 제어지령 방식에 의한 분류
  • 공기식 : 자동공기 브레이크
  • 전자 · 공기식 : 전자자동 공기 브레이크, 전자직통 공기 브레이크
  • 전기지령식 : 아날로그 방식, 디지털 방식

② 화차 제동장치
㉠ K형 제동장치 : K형 삼동밸브를 채용한 제동장치, 보조 공기통에 완해밸브가 설치되어 수동으로 조작하여 완해 가능
㉡ 적공 제동장치 : 공차 시 제동통 1개, 영차 시 2개로 제동통압력 형성, 화차속도 90km/h까지 향상
㉢ P4a 제동장치 : 고속화차에 적용, 부하감지밸브 및 응하중밸브 존재
㉣ KRF-3형 제동장치 : 막판식 공기제동장치, 삼동 · 중계 · 응하중밸브 및 제동통 등으로 설계, 제동통압력 영차 3.8kgf/cm^2, 공차 1.638kgf/cm^2

③ 객차 제동장치
㉠ LN형 제동장치 : 답면제동방식, L형 삼동밸브에 N형 제동통 결합, 통일호 및 비둘기호에 채용
㉡ ERE 제동장치 : 계단제동 및 계단완해 가능, 3압력식 채용
㉢ KNORR 제동장치 : 전자밸브가 없는 구조, 계단제동 및 계단완해 가능, 차륜활주방지장치 추가

(4) 차체설비(언더프레임)

① 객차용 언더프레임
㉠ 트러스로드형, 어복형, 장형, 강판프레스형(키스톤 프레이트식)이 있음
㉡ 최근 객차는 강판프레스형 사용

② 화차용 언더 프레임
㉠ 트러스로드형, 어복형, 장형 등 사용
㉡ 센터실 Z형강, 사이드실 고장력강 판넬

예 제

01 에어쿠션 대차의 종류가 아닌 것은? 기출

① SK ② 세브론
③ 만 ④ 쏘시미

해설 에어쿠션 대차의 종류로는 세브론, 만, 쏘시미, KT 대차가 있다.

정답 ①

제6장 철도시스템 일반시설

01 도시철도 구조물의 공법

(1) 개착공법의 종류

① 전단면 개착공법 : 비탈면 개착공법, 토류벽식 개착공법, 역타공법

② 부분 개착공법 : 트랜치컷 공법, 아일랜드컷 공법

(2) 터널공법 종류

① 산악터널공법(ASSM) : 굴착 시 터널 주변의 이완을 허용하여 이완된 지반에서 작용하는 하중을 강지보공 및 두꺼운 콘크리트로 라이닝을 형성시켜 지지하는 것

② NATM 공법 : 굴착 후 빠른 시간 내에 굴착면에 콘크리트를 타설하여 굴착면을 밀봉시킴, 경제성 우수

③ TBM 공법 : 천공과 발파가 전무하여 소음과 진동이 없음, 폭염에 의한 공해도 없어 안전하고 청결함

④ 쉴드공법 : 연약한 토질, 용수가 있는 지반에 많이 이용. 기하공간에 건설하는 지하철, 상하수도, 전력구, 통신구 등을 시공하는 시공법으로 우리나라에서는 도심지의 연약한 지반구간 등에 사용

02 선 로

(1) 철도선로

열차 또는 차량을 운행하기 위한 전용통로의 총칭으로, 선로의 중심 부분으로써 도상, 침목, 레일과 그 부품으로 이루어진 궤도와 도상을 직접 지지하는 노반으로 구성된 시설물이다.

(2) 궤 간

레일의 맨 위쪽 부분으로부터 14밀리리터 아래 지점에 위치한 양쪽 레일의 안쪽 간의 가장 짧은 거리로, 궤간의 치수는 1,435밀리리터이다.

(3) 광궤의 장점

① 고속도를 낼 수 있음

② 수송력을 증대시킬 수 있음

③ 열차의 주행안전도가 높으며, 동요를 감소시킴

④ 용적이 커서 차량설비를 충실히 할 수 있고 수송효율이 향상됨

⑤ 기관차에 직경이 큰 동륜을 사용, 고속에 유리하고 차륜 마모 경감

(4) 협궤의 장점

① 폭이 좁아 시설물 규모가 작아도 되므로 건설비 · 유지비 측면에서 유리함

② 급곡선을 채택하여도 광궤에 비하여 곡선저항이 적으며, 산악지대에서 유리함

(5) 궤간의 영향

① 궤간의 대소에 따라 운전속도, 수송량, 차량의 주행안정성, 건설비 등에 영향을 줌

② 광궤는 운전속도, 수송량, 차량의 주행안정성에 유리하며 차륜의 직경을 크게 할 수 있으므로 충격이 적고 승차감이 좋으며 차량궤도의 파괴가 표준궤간에 비해 적음

③ 협궤는 구조물을 작게 할 수 있으므로 유지비를 포함한 건설비가 적게 들고 곡선반경의 제한이 적어 유리함

(6) 평면곡선의 종류

① 단곡선

② 복심곡선

③ 반향곡선

④ 완화곡선

※ 철도에서는 단곡선과 완화곡선이 많이 이용

※ 구배의 변화점에는 종곡선을 삽입

(7) 최소곡선반경

궤간, 열차속도, 차량의 고정거리(Rigid Wheel Base) 등에 따라 결정된다.

(8) 완화곡선

직선과 원곡선 사이에 완화곡선을 삽입한다.

(9) 슬 랙

① 곡선의 내측레일에 궤간을 확대하는 것

② 슬랙공식 : $S = \frac{1,250}{S} - S_1(0\sim4)$, [$S$ = 슬랙, S_1 = 조정치, R = 곡선반경]

(10) 슬랙의 최댓값

① 도시철도건설규칙 : 25mm

② 철도건설규칙 : 30mm

(11) 캔 트

열차가 곡선부를 통과하는 경우 열차에서 발생하는 원심력이 곡선 외측으로 작용하기 때문에 다음과 같은 현상이 발생한다.

① 승객의 몸이 곡선 외측으로 쏠림에 따른 승차감 저하

② 외측 레일에 열차의 중량과 횡압 증가에 따른 궤도의 보수량 증가

③ 곡선 외측으로 열차의 전복 위험 증가

㉠ 이러한 원심력에 의한 악영향을 방지하기 위하여 열차의 주행속도에 따라 곡선의 외측레일을 높여주는 것을 캔트라 함

㉡ 캔트 공식 : $C=11.8\dfrac{V^2}{R}$

(12) 기울기의 표시

① 선로의 기울기는 열차의 속도 및 견인력에 관계되어 선로의 수송능력에 큰 영향을 미침

② 가능하다면 수평에 가까운 게 좋으나 비용 증가

③ 우리 철도에서는 천분율을 기울기 표시로 사용

④ 기울기(구배)의 분류

㉠ 최급구배 : 열차운전 구간 중 가장 물매가 심한 구배, 전차전용 선로의 경우 한도 35‰

㉡ 제한구배 : 기관차의 견인정수를 제한하는 구배, 반드시 최급구배와 일치하는 것은 아님

㉢ 타력구배 : 제한구배보다 심한 구배라도 그 연장이 짧은 경우 열차의 주행타력에 의하여 통과할 수 있는 구배

㉣ 표준구배

- 열차운전 계획상 정거장 사이마다 조정된 구배
- 역 간의 임의 · 지점 간의 거리 1km의 연장 중 가장 급한 구배로 조정
- 최급구배와 일치하진 않으나 선로의 완급을 나타내는 하나의 목표치

㉤ 가상구배 : 구배선을 운전하는 열차의 속도의 변화를 구배로 환산. 열차 운전시분에 적용

㉥ 환산구배 : 구간에 곡선, 터널이 있는 경우 곡선저항을 기울기로 환산하여 이것은 실제 기울기에 가산한 가상구배

- 환산구배 = 실제기울기 + 곡선저항 + 터널저항

㉦ 평균구배 : 어느 구간 양단의 실제 고저차를 그 구간 수평거리로 나눈 균일한 구배, 노선 선정 시 하나의 목표치

㉧ 사정구배

- 어느 구간의 기관차 견인정수를 사정하기 위한 구배
- 어느 운전 구간의 상기울기 중에서 그 열차에 가장 큰 기울기 저항을 주는 구배

(13) 종곡선

① 선로의 구배변환점을 통과하는 열차는 충격으로 승차감이 떨어지며 탈선할 우려가 있으므로, 이러한 영향을 최소화시키고 원활하게 통과하도록 종단면상에 두는 곡선

② 도시철도에서는 일반적으로 인접구배 5‰ 이상 차이가 날 때 R=3,000m의 종곡선을 삽입

③ **차량이 구배변환점을 통과할 때 발생하는 충격 및 영향**

㉠ 전후 방향으로 압축력과 인장력이 작용하여 차량 연결기의 파손위험이 있음

㉡ 차량이 부상하여 탈선위험과 선로에 손상을 줌

㉢ 차량의 상하 동요가 증대되어 승차감을 악화시킴

㉣ 건축한계와 차량한계에 영향을 줌

(14) 곡선보정

① **곡선저항** : 원심력에 의해 차륜과 레일 간에 마찰저항 및 내 · 외궤의 레일길이의 차이로 인한 마찰 등이 생기는 것

② **곡선저항의 영향인자** : 곡선반경, 캔트량, 슬랙량, 대차구조(고정축거), 레일형상 및 차륜 답면형상, 운전속도

③ **곡선보정 공식** : $rc = \frac{1,000 \times f \times (G+L)}{R}$ (kg/t)

㉠ rc = 곡선저항

㉡ f = 레일과 차륜과의 마찰계수

㉢ R = 곡선반경

㉣ G = 궤간

㉤ L = 평균고정축거

㉥ G = 1,435일 때 $rc \fallingdotseq \frac{700}{R}$

㉦ 환산 기울기$(Gc) = \frac{700}{R}$

(15) 분기기

① 포인트부, 리드부, 크로싱부

② **분기가드레일** : 차량이 고정크로싱의 대향분기를 통과할 때 크로싱의 결선부에서 차륜의 플랜지가 다른 방향으로 진입하거나 노스(Nose)의 단부를 훼손시키는 것을 방지하며 차륜을 안전하게 유도하기 위하여 반대측 주레일에 설치하는 것

③ **크로싱** : 궤간선이 서로 교차하는 부분으로, V자형 노스레일과 X자형의 윙레일로 구성

(16) 분기기의 대향과 배향

① 대향 : 포인트에서 크로싱 방향으로 진입할 경우

② 배향 : 크로싱에서 포인트 방향으로 진입할 경우

(17) 포인트의 정위와 반위

① 정위 : 상시 개통되어 있는 방향

㉠ 본선 상호 간의 중요한 방향으로 그러나 단선의 상하 본선에서는 열차의 진입방향

㉡ 본선과 측선에서는 본선의 방향

㉢ 본선, 안전측선의 상호 간에서는 안전측선의 방향

㉣ 측선 상호 간에서는 중요한 방향, 탈선포인트가 있는 선은 차량을 탈선시키는 방향

※ 안전측선 > 본선 > 측선

② 반위 : 반대로 개통되어 있는 방향

(18) 분기기의 종류

구조에 의한 포인트의 분류는 다음과 같다.

① 둔단포인트 : 구조가 간단하지만, 열차에 충격을 주므로 최근에는 잘 사용 안 함

② 첨단포인트 : 일반적으로 가장 많이 사용

③ 스프링포인트 : 교통이 빈번한 방향으로 개통되어 있음

④ 승월포인트

⑤ 이동상판 포인트 : 자기부상열차구간에 사용

(19) 구조에 의한 크로싱의 종류

① 고정크로싱

㉠ 조립크로싱 : 레일을 가공하여 볼트, 간격재 등으로 조립한 크로싱

㉡ 망간크로싱 : 보통레일로 된 크로싱보다 마모에 대한 수명이 약 5~10배 증가

㉢ 용접크로싱 : 현재 국철 및 지하철에서는 사용 안 함

㉣ 압접크로싱 : 망간크로싱보다 싸며, 내구성 향상을 목적으로 일본에서 개발

② 가동크로싱 : 고정크로싱의 최대 약점인 결선부를 없게 하여 레일을 연결

㉠ 둔단가동크로싱 : 현재 사용 안 함

㉡ 노스가동크로싱 : 포인트 텅레일이 움직일 때 같이 연동하여 크로싱부의 노스가 좌우로 움직이는 형태

- 탄성식 노스가동크로싱 → 고속용에 주로 사용
- 관절식 노스가동크로싱
- 활절식 노스가동크로싱

㉢ 윙가동크로싱

(20) 선형에 의한 분기기의 분류

① 보통분기기

㉠ 편개분기기 : 직선궤도에서 좌측 또는 우측으로 궤도가 벌어진 형상으로 분기되는 것

㉡ 양개분기기 : 직선궤도에서 좌우양측으로 같은 각도로 벌어진 형상으로 분기되는 것

㉢ 진분분기기 : 직선궤도에서 좌우가 다른 각도로 나뉘어 벌어진 형상의 분기기, 측선과 같이 용지의 형상에 따라 선로의 방향이 복잡하게 엉켜 있는 경우 배선설계 시 사용

- 진분율 : 9 : 1, 4 : 1, 7 : 3, 3 : 1, 2 : 1, 3 : 2

㉣ 곡선분기기(내방) : 기준선의 곡선반경이 300m 이상의 분기기가 설계, 원의 중심 쪽으로 분기되는 분기기

㉤ 곡선분기기(외방) : 기준선의 곡선반경이 300m 이상의 분기기가 설계, 원의 중심에 대하여 반대쪽으로 분기하는 분기기

② 특수분기기

㉠ 승월분기기 : 탈선분기기라고도 함. 분기선 측이 좀처럼 사용되지 않는 안전측선이나 보수차량용 유치선에 많이 이용

㉡ 3지분기기 : 한 궤도에서 다른 2궤도로 분기시키기 위하여 2틀의 분기기를 대칭으로 중합시킨 구조의 특수분기기

㉢ 복분기기 : 한 궤도에서 다른 두 궤도로 분기시키기 위한 분기기

㉣ 다이아몬드 크로싱 : 두 궤도가 동일 평면에서 교차하는 경우에 이용되는 장치. 2조의 보통 크로싱과 조의 K자 크로싱으로 구성, K자 크로싱은 고정식과 가동식이 있음

㉤ 싱글슬립스위치 : 다이아몬드 크로싱 내에서 좌측 또는 우측의 한쪽에 건넘선을 붙여 다른 궤도로 이행할 수 있는 구조

㉥ 더블슬립스위치 : 다이아몬드 크로싱 내에서 좌 · 우측의 양방향에 건넘선을 붙여 다른 궤도로 이행할 수 있는 구조

㉦ 건넘선 : 근접하는 두 궤도 간을 연락하기 위하여 2조의 분기기와 이것을 접속하는 일반궤도로 구성되는 부분을 가르킴

㉧ 시셔스 크로스오버 : 2조의 건넘선을 교차시켜 중합시킨 것. 4조의 분기기와 1조의 다이아몬드 크로싱 및 이것을 연결하는 일반궤도로 구성되어 있음

㉨ 3선식 분기기 : 일본에서 궤간이 다른 2궤도가 병용되고 있는 궤도에 이용

예제

01 괄호에 들어간 내용이 알맞게 연결된 것은? 기출

> 철도차량이 곡선을 원활하게 통과하도록 곡선의 내측레일에 궤간을 확대시키는 것을 (A)이라고 하고, 곡선부를 통과할 때 작용하는 원심력에 의한 악영향을 방지하기 위해 곡선의 외측레일을 높혀 주는 것은 (B)라고 한다.

① A : 슬랙, B : 캔트
② A : 캔트, B : 슬랙
③ A : 슬랙, B : 구배
④ A : 궤간, B : 캔트

정답 ①

02 특수분기기의 종류가 아닌 것은? 기출

① 건넘선
② 승월분기기
③ 3선식 분기기
④ 진분분기기

해설 진분분기기란 직선궤도에서 좌우가 다른 각도로 나뉘어 벌어진 형상의 분기기로 보통분기기에 해당한다.

정답 ④

03 건축한계와 차량한계

(1) 차량한계

① 차량을 제작할 때 일정한 크기 안에서 제작하도록 규정한 공간으로, 건축한계보다 좁게 하여 차량과 철도시설물과 접촉을 방지

② 차량한계는 차체, 대차, 가변상태의 펜타그래프 및 피뢰기 등 지붕 위 기기에 대한 한계이며, 차량의 안전을 확보하기 위하여 궤도 위에 정지된 상태에서 설정된 차량의 너비 및 높이의 한계를 말함

③ 차량한계의 침범허용

㉠ 레일의 도유기
㉡ 차륜의 범위 이내에 있는 차량의 부분
㉢ 정차 중에 개폐하는 차량의 문 OPEN 시
㉣ 제설차, 기중기, 크레인 기타 특수장비 및 장치 시

④ 건축한계와의 관계 : 건축한계 사이에 일정한 공간을 두어 철도시설물과 접촉 방지(일정공간 200mm 이상)

(2) 건축한계

① **건축한계** : 차량한계 외측으로 차량이 안전하게 운행될 수 있도록 궤도상에 일정한 공간(400mm 정도)을 확보하는 한계

② **건축한계의 결정요소(차량규격 선정을 위해 고려되는 사항)**

㉠ 수송능력

㉡ 제작능력

㉢ 차체능력

㉣ 동력원 구조

③ **건축한계의 결정요소(차량의 주행특성 감안)**

㉠ 차량의 진행에 의해 발생하는 운동

㉡ 바람 하중에 기인하는 편의

㉢ 차량의 적재에 따른 하중

㉣ 차량크기의 공차

※ 공차 : 일정한 표준과 실제와의 차이

구 분	폭	상부 높이	굴곡선 높이	상부폭	승강장 높이	직선승강장		곡선부 확폭
						궤도중심폭	간 격	
건축 한계	3,600	5,150	4,250	2,000	1,100	1,650	50	$\frac{24,000}{R}$
차량 한계	3,200	4,750	3,750	1,808	–	1,600	50	$\frac{24,000}{R}$

(3) 구축한계

① 지하구조물과 건축한계 사이에 전기, 신호, 통신 등 각종 설비 설치에 필요한 여유공간

② **지하구조물 공간** : 구축한계 > 건축한계 > 차량한계

(4) 궤도중심 간격의 의의

① 궤도가 2선 이상으로 나란히 부설되었을 때 궤도 중심 간격을 충분히 확보하여 열차의 교행에 지장이 없고, 승객승무원이 위험이 없도록 함

② 궤도중심 간격이 너무 넓으면 용지비와 건설비가 증대되므로 일정한 한계를 정함

③ 횡방향 풍압에 의하여 탈선하지 않아야 함

④ 호남고속철의 적정 선로중심 간격은 4.8m로 결정, 열차의 안전운행 및 경제성 도모

(5) 건식표

① **거리표** : 기점에서 종점 쪽으로 거리를 표시하는 것으로, 1km 단위의 km표와 중간에 200m마다 설치하는 200m표

② **구배표** : 선로구배의 변환점에 건식, 구배의 상 · 하를 표시

③ **곡선표** : 원곡선의 시 · 종점에 건식(곡선반경, 캔트, 슬랙 등을 표시)

④ **차량접촉한계표** : 서로 인접한 궤도의 차량 간 접촉을 피하기 위해 설치(역구내)

⑤ **용지경계표** : 철도용지 경계표시, 경계선이 직선일 때, 40m 이내마다 건식

⑥ **선로작업표** : 보선작업위치를 기관사에게 알리기 위해 열차진행 방향에 설치

⑦ **담당구역표** : 사업소 및 시설관리반의 담당구역 표시

⑧ **수준표** : 벤치마크라고도 하며, 선로의 고저를 표시하고 약 1km마다 선로우측에 건식

⑨ **기적표** : 건널목, 교량, 급곡선에서 통행인에게 주의를 주고 열차 진행방향으로 400m 이상 전방 좌측에 건식

⑩ **속도제한표(열차서행표)** : 선로상태의 이상으로 열차속도 제한을 표시

(6) 기록표

교량, 구교, 터널, 정거장중심, 분기기번호, 양수표, 레일번호, 곡선종거 및 캔트량 등을 건조물 기타 위치에 필요사항을 직접 표기

예 제

01 건축한계와 차량한계 폭이 알맞게 짝지어진 것은? (mm 기준) 기출

① 건축한계 : 3,600, 차량한계 : 3,600
② 건축한계 : 3,600, 차량한계 : 3,200
③ 건축한계 : 3,200, 차량한계 : 3,600
④ 건축한계 : 3,200, 차량한계 : 3,200

정답 ②

04 궤도구조

(1) 궤도의 중요한 구성요소 및 기능

① **레일** : 차량하중을 직접 지지하며, 차량에 대해 주행면과 주행선을 제공하여 주행을 유도

② **침목** : 레일로부터 받은 하중을 도상에 전달시키는 역할을 하며 레일을 위치를 유지하여 일정한 궤간을 확보

③ **도상** : 침목으로부터 받은 하중을 분포시켜 노반에 전달하며 침목위치를 유지하고 탄성에 의한 충격력을 완화시킴

(2) 궤도의 구비조건

① 열차의 충격하중을 견딜 수 있는 재료로 구성
② 열차하중을 시공기면 이하의 노반에 광범위하고 균등하게 전달시켜야 함
③ 열차의 동요와 진동이 적고 승차감이 좋게 주행할 수 있어야 함
④ 유지보수가 용이하고 구성 재료의 교환이 간편할 것
⑤ 궤도틀림이 적고 틀림 진행이 완만할 것
⑥ 차량의 원활한 주행과 안전이 확보되고 경제적일 것

(3) 레일의 역할(레일은 철도에서 가장 기본적으로 중요한 부재)

① 차량의 하중을 직접 지지
② 평면, 종단의 선형을 유지하여 차량의 운행방향을 리드
③ 평탄한 주행면을 제공
④ 전기 및 신호의 전류 흐름이 원활하게 하여 상호기능 유지
⑤ 레일의 강성을 이용하여 하중을 넓게 침목에 전달

(4) 레일의 구비조건

① 좁은 단면적으로 연직 및 수평방향의 작용력에 대하여 충분하고 동일한 강도와 강성을 가질 것
② 두부의 마모가 적고, 마모에 대하여 충분한 여유가 있으며, 긴 내구년수 가질 것
③ 침목에 설치가 용이하며, 외력에 대하여 안정된 형상일 것
④ 주행차량의 단면과 잘 조화하여 고속통과 시 차량진동 및 승차감이 좋을 것

(5) 레일의 변위

① 차륜에 의해 레일 두정면에 연직방향으로 작용하는 윤중
② 레일 두정면에서 길이 방향에 대하여 직각 · 수평방향으로 작용하는 횡압
③ 온도변화에 의해 레일길이 방향으로 작용하는 축력
④ 차륜과의 마찰력에 의한 접선력

※ 윤중 : 차륜에 의하여 궤도에 가해지는 수직의 힘

(6) 침목의 역할 및 구비조건

① 침목의 역할 : 도상과 레일 사이에 있으며 궤간을 정확하게 유지하고 레일 위를 통과하는 차륜하중을 넓게 도상에 분포시킴
② 침목의 구비조건
㉠ 레일과의 견고한 체결에 적당하고 열차하중을 지지할 수 있는 강도
㉡ 탄성, 완충성, 내구성이 풍부해야 함
㉢ 도상 저항력이 크고 궤도 보수작업이 편리하여야 함
㉣ 취급이 용이하며, 내구연한이 길고 경제적이어야 함

(7) 침목의 종류

① 사용개소에 의한 분류

㉠ 보통침목

㉡ 분기침목

㉢ 교량침목

② 재질에 의한 분류

㉠ 목침목

㉡ 콘크리트침목

㉢ 철침목

㉣ 조합침목

③ 부설형태에 따른 분류

㉠ 횡침목 : 통상적으로 이 방법에 의함

㉡ 종침목

㉢ 단침목

(8) 도상의 역할

① 레일 및 침목으로부터 전달되는 하중을 넓게 분산시켜 노반에 전달

② 침목을 탄력적으로 지지, 충격력을 완화시켜 궤도의 파괴를 줄여서 승차감을 좋게 함

③ 침목을 종·횡 방향으로 움직이지 않도록 소정위치에 고정시킴

(9) 도상자갈의 구비조건

① 충격과 마찰에 강할 것

② 단위중량이 크고, 능각이 풍부하고, 입자 간의 마찰력이 클 것

③ 입도가 적정하고 도상작업이 쉬울 것

④ 점토 및 불순물의 혼입율이 적고, 배수가 양호할 것

⑤ 동상과 풍화에 강하고 잡초를 방지할 것

⑥ 재료공급이 용이하고 경제적일 것

(10) 도상의 단면형상

① 도상횡단면의 표준은 시공기면 위에 사다리꼴로 형성

② 도상두께는 침목의 형상치수, 침목간격, 도상재료의 하중 분산성, 열차하중의 크기 및 노반의 지지력에 의해 결정

③ 도상 횡방향 도상저항력을 위한 필요한 견폭의 유효폭은 도시철도에서는 350~450mm로 정함

④ 도상 두께는 침목하면에서 150~300mm 정도로 정함(열차하중, 과속도, 통과톤수, 선로등급에 따라 나라마다 다름)

(11) 콘크리트 도상의 특징(기술성)

① 궤도선형 유지가 좋아 선형유지용 보수작업이 거의 필요치 않음
② 궤도의 횡방향 안전성이 개선되어 레일 좌굴에 대한 저항력이 커지므로 급곡선에도 레일의 장대화가 가능함
③ 궤도강도가 향상되어 에너지비용, 차량수선비, 궤도보수비 등이 감소
④ 자갈도상에 비해 시공높이가 낮으므로 구조물의 규모를 줄일 수 있음
⑤ 궤도의 세척과 청소가 용이함
⑥ 열차속도 향상에 유리함
⑦ 궤도주변의 청결로 인해 각종 궤도재료의 부식이 적어 수명이 연장됨

(12) 슬래브 궤도

① 궤도슬래브와 하부구조의 사이에 조정 가능한 완충재를 채우는 구조
② 안전도 향상, 공사기간 줄어듦, 일본 신간선

(13) 레일체결장치의 역할

① 레일에 가해지는 각종 부하요소에 저항할 수 있어야 함
② 좌우레일을 항상 바른 위치로 유지
③ 부하요소를 도상, 침목 등 하부구조에 전달 또는 차단하는 역할

(14) 체결장치의 기능

① **부재의 강도, 내구성** : 강도가 균일해야 함
② **궤간의 확보** : 레일경사(레일경좌)에 대해서 억제기능이 필요
③ **레일체결력** : 항상 일정한 레일을 누르는 힘을 유지, 레일신축 및 레일축력의 규제
④ 하중의 분산과 충격의 완화
⑤ 진동의 저감, 차단
⑥ 전기적 절연 성능의 확보
⑦ **조절성** : 선로의 틀림, 슬랙, 레일마모 등에 대해 궤간은 조정되어야 함
⑧ **구조의 단순화 및 보수 생력화** : 시공, 보수, 제작이 용이해야 함

예 제

01 궤도의 주요한 구성요소가 아닌 것은? 기출

① 레 일
② 침 목
③ 자 갈
④ 도 상

정답 ③

05 운행선 변경작업

(1) 의 의

기존 선로의 급곡선부를 개량(직선화)하거나 다른 목적을 위하여 열차가 운행하는 선로를 이설 또는 복구하는 작업이다.

(2) 운행선 변경회의 개최

① 절체작업 계획일 약 40~50일 전후 시행

② 참석자 : 철도공사, 시설공단, 시공사, 감리단 절체와 관련 직원

③ 협의내용

㉠ 절체예정일 지정

㉡ 운행선 변경관련 시공, 안전, 영업상 문제점 상호협의 보안사항

㉢ 절체관련 지장물 해소 및 지원사항(신호, 전철, 토목)

④ 특수선 지정장소 선정 시 제외대상

㉠ 특수선 이설장소에 교량, 구교 등 구조물이 있는 장소(노반 침하로 궤도 불안정 우려)

㉡ 노반배수가 불량하여 노반분니, 동상우려 개소

㉢ 깎기비탈 개소로 작업공간이 협소한 개소

㉣ 궤도이설개소 지장물이 있어 작업조건이 불리하여 차단공사가 어려운 장소

⑤ 운행선 변경 특수선의 궤도구조

㉠ 레일 : 운행선 동종레일. 정척, 장척, 또는 장대레일

㉡ 침목 : PC 침목 10m, 16~17개

㉢ 이음매 : 상대식, 지접법 이음매 침목과 탄성체결구 사용

㉣ 절연이음매 : 절연레일 사용, 불가피할 경우 FRP 절연이음매판 사용

㉤ 도상자갈 두께 : 신설선 침목하면 30cm, 운행선과의 높이차는 체감

㉥ 도상어깨폭 : 침목 끝에서 45cm(도상저항력 500kg/m 이상)

(3) 궤도부설 및 운행선 절체

① 단계별 작업 : 노반 인계인수 → 장대레일 제작(레일 가스압접 용접, 100m = 25m×4 → 자재운반 → 궤도부설 → 운행선 가절체(가절체구간 속도제한 60km/h 서행) → 1종 기계작업 → 운행선 본절체 → 시운전(단계별 속도 상승 : 40-60-80-해제) → 궤도안정화 → 운행선 변경완료

② 단계별 주요작업

㉠ 가절체

- 신설선 궤도다지기를 위한 1종 기계장비 투입
- 장비진입 완료 후 궤도 원상복귀
- 가절체 구간열차 서행 운전(60km/h, 가절체 당일 포함 2일)

㉡ 본절체(운행선 변경)

• 작업 전

– 신설선 구간 궤도부설 및 다지기 완료

– 절체부분(L=100) 현황측량 및 사전 준비작업 시행

– 신호, 전력분야 사전 작업협의 시행

– 장비, 인력투입 계획 점검

• 작업시행

– 운행선 변경

– 신호분야 합동작업 시행

– 궤도검측 시행(선형 및 건축한계 등 지장물 유무 점검)

– 변경 후 1종 기계작업을 통한 궤도안정화

– 시운전 열차운행 및 선로상태 점검

– 역간신호 : 상용폐색방식 → 대용폐색방식

• 작업 후

– 운행선 변경 완료

– 열차통과 시 궤도안정상태 점검

– 변경 후 1종 기계작업을 통한 궤도안정화(8일간)

③ 궤도안정화

㉠ 궤도안정화를 위한 1종 기계작업 시행

㉡ 단계별 속도 상승으로 열차 안전운행 확보(40km/h–60km/h–80km/h–서행해제)

제7장 | 철도시스템 일반신호

01 신호제어설비의 일반

(1) 신호제어설비의 분류

① **열차진로 제어설비** : 진행할 진로상의 분기기를 진행하는 방향으로 전환하여 열차나 차량이 완전히 통과할 때까지 분기기를 쇄정함

② **열차간격 제어설비** : 같은 선로를 주행하는 선행열차와 후속열차의 추돌과 양방향으로 운행하는 단선구간에서는 열차의 충돌을 방지하고 선로의 용량을 높임으로써 수송력을 향상시키는 설비

③ **운전보안 및 정보화설비** : 건널목보안장치, 지장물검지장치, 터널 및 선로변 낙석검지장치 등

(2) 신호설비의 장점

① 열차운용 효율 증대

② 선로용량의 증대

③ 수송력의 증강

④ 취급 인력의 감소

⑤ 철도경영 개선에 기여

(3) 신호제어설비의 역사(우리나라)

① 1899년 경인선 노량진~제물포(완목식신호기, 통표폐색방식 사용)

② 1942년 영등포~대전 간 자동폐색신호기 설치

③ 1955년 대구역 전기연동장치의 사용

④ 1968년 중앙선 망우~봉양 31개 역 열차집중제어장치 개통

02 신호제어설비의 분류

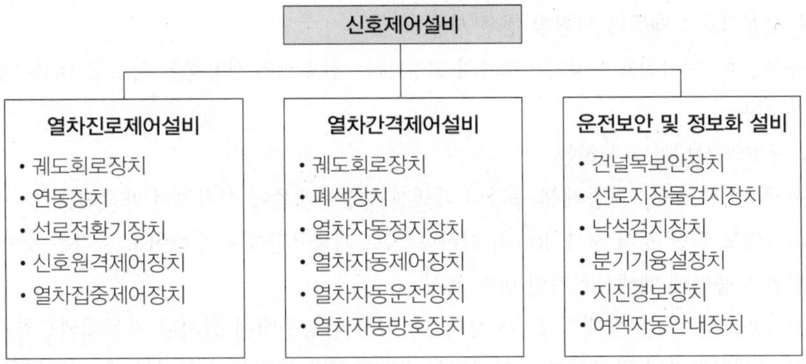

(1) 신호기장치

기관사에게 열차의 운행조건을 지시하는 신호, 종사원의 의지를 표시하는 전호 및 장소의 상태를 표시하는 표지로 분류한다.

① **상치신호기** : 지상의 고정된 장소에 항상 설치되어 신호를 현시하는 신호기이며, 주신호기, 종속신호기, 신호부속기로 분류함(임시신호기는 해당 안 됨)

㉠ 주신호기(일정한 방호구역을 가진 신호기)

- 장내신호기 : 정거장에 진입할 열차에 대하여 그 신호기 내방으로의 진입 가부를 지시하는 신호기
- 출발신호기 : 정거장에서 출발하는 열차에 대하여 그 신호기 안쪽으로 진출 가부를 지시하는 신호기
- 폐색신호기 : 폐색구간에 진입할 열차에 대하여 폐색구간의 진입 가부를 지시하는 신호기
- 유도신호기 : 주체의 장내신호기가 정지신호를 현시하여도 유도를 받을 열차가 신호기 내방으로 진입할 것을 지시하는 신호기
- 엄호신호기 : 특별히 방호를 요하는 지점을 통과할 열차에 대하여 신호기 안쪽으로의 진입 가부를 지시하는 신호기
- 입환신호기 : 입환차량에 대하여 신호기 안쪽으로의 진입 가부를 지시하는 신호기

㉡ 종속신호기

- 원방신호기 : 주로 비자동구간의 장내에 종속하며 주체신호기의 현시를 예고
- 통과신호기 : 출발신호기에 종속, 주로 장내신호기의 하위에 설치하는 신호기
- 중계신호기 : 주로 자동구간의 장내 · 출발 · 폐색신호기에 종속, 주체신호기의 신호를 중계하기 위하여 설치하는 신호기

㉢ 신호부속기

- 진로표시기 : 주신호기의 진로개통 방향을 표시하기 위하여 설치한 것으로서 주신호기를 2 이상의 선로에 사용할 때에는 주신호기의 하단에 설치하여 그 신호기의 진로개통 방향을 나타냄

② **전호** : 종사원 상호 간의 의사전달을 하기 위한 것

㉠ 출발전호

㉡ 전철 및 입환전호

㉢ 제동시험전호 : 제동기 시험할 경우 사용

㉣ 대용수신호, 현시전호 : 상치신호기의 고장 또는 신호기의 사용중지 등으로 대용수신호를 현시할 경우 사용

③ **표지** : 장소의 상태를 표시하는 것

㉠ 자동폐색식별표지 : 자동폐색 구간의 폐색신호기 아래쪽에 설치하여 폐색신호기가 정지신호를 현시하더라도 일단 정지 후 15km/h 이하 속도로 폐색구간을 운행하여도 좋다는 것을 나타냄 → 백색원판의 중앙에 폐색신호기의 번호 표시

㉡ 서행허용표지 : 선로상태가 1,000분의 10 이상의 상구배에 설치된 자동폐색신호기 하위에 설치하여 폐색신호기에 정지신호가 현시되었더라도 일단 정지하지 않아도 좋다는 것을 표시 → 짙은 남색원판 백색글씨, 백색테두리

㉢ 출발신호기 반응표지

- 승강장에서 역장 또는 기관사가 출발신호를 확인할 수 없는 정차장에 설치하는 것
- 백색등을 단등형 형태로 점등하여 출발신호를 표시

㉣ 입환표지

- 차량입환을 하는 선로에서 개통상태를 표시할 필요가 있는 경우에 이를 표시
- 입환신호기와 다른 점은 무유도 표시등이 없는 형태로 차량의 입환작업을 할 때 조차원의 유도를 필요로 함

㉤ 열차정지표지 : 정차장에서 항상 열차의 정차할 한계를 표시할 필요가 있는 지점에 설치하며 그 선로에 도착하는 열차는 열차정지표지 설치 지점을 지나서 정차할 수 없음

㉥ 가선종단표지 : 가공전차선로의 끝부분에 설치하여 전차선로의 종단을 표시

㉦ 출발선식별표지 : 정차장 내 또는 지역여건상 출발신호기가 동일한 장소에 2기 이상 나란히 설치되어 해당선 출발신호기의 확인이 곤란할 경우 해당 선로번호를 표시하는 표지

㉧ 차량정지표지 : 정차장에서 입환전호를 생략하고 입환차량을 운전하는 경우 운전구간의 끝지점을 표시할 필요가 있는 지점 또는 상시 입환차량의 정지위치를 표시할 필요가 있는 지점에 설치. 필요에 따라 정차장 외 측선에도 설치할 수 있으며 설치지점을 지나서 정차할 수 없음

㉨ 차막이표지 : 본선 또는 주요한 측선의 끝 지점에 설치

㉩ 차량접촉한계표지 : 선로가 분기 또는 교차하는 지점에 선로상의 인접선로를 운전하는 차량을 지장하지 않는 한계를 표시

㉪ 속도제한표지 : 선로의 속도를 제한할 필요가 있는 구역에 설치하는 표지

㉫ 궤도회로경계표지 : 신호 원격제어 구간에서 역 간의 궤도회로 고장 시 열차운행을 원활히 하기 위하여 자동폐색구간 궤도회로의 경계지점에 설치하는 표지

(2) 선로전환기장치

① 선로전환기는 전환장치와 쇄정장치로 구성

② 분기기는 포인트 부분, 리드 부분, 크로싱 부분으로 구성

③ **선로전환기의 정 · 반위** : 선로전환기가 항상 개통되는 방향을 정위라 하고 그 반대 방향을 반위라 함

㉠ 본선과 본선 또는 측선과 측선과의 경우는 주요한 방향을 정위

㉡ 단선에 있어서 상 · 하 본선은 열차가 진입하는 방향을 정위

㉢ 본선과 측선의 경우에는 본선의 방향을 정위

㉣ 본선 또는 측선과 안전측선의 경우에는 안전측선의 방향을 정위

㉤ 탈선 전철기는 탈선시키는 방향을 정위

※ 안전측선 > 본선 > 측선

④ **안전측선** : 열차가 교행하는 장소에서 열차가 정차 여유거리를 지날 경우 반대 방향의 선로에서 진입하는 열차와 충돌할 우려가 있으므로 안전측선을 설치하여 열차의 충돌을 방지하는 것

⑤ **노스가동분기기**

구 분	노스가동분기기	일반분기기
통과속도	100~230(km/h)	22~55(km/h)
분기기 길이	68~193(m)	26~47(m)

⑥ **전기선로전환기의 종류**

㉠ NS형 전기선로전환기

㉡ MJ81형 전기선로전환기

(4) 궤도회로장치

① **사용전원별 궤도회로**

㉠ 직류궤도회로 : 정전에 대비하여 부동식 충전방식 사용

㉡ 교류궤도회로

- 가동부분이나 트랜지스터 등이 없으므로 수명이 길고 신뢰성이 높으며 제어구간이 길고 보수하기 쉬움
- 무정전 확보가 가능한 지역에서 많이 사용

㉢ 정류궤도회로

- 교류를 정류한 맥류를 사용
- 궤도계전기는 직류용을 사용, 특별한 목적으로만 사용

㉣ 코드궤도회로

- 궤도회로 제어거리의 증대
- 열차 궤도단락감도 향상
- 미소전류에 의한 오동작을 방지하는 제어방식으로서 무극코드를 사용하는 것과 유극코드를 사용하는 두 가지 방식이 있음

㉤ AF 궤도회로 : ATC 구간에서 많이 사용

㉥ 고전압 임펄스 궤도회로 : 교류 25,000[V] 전철구간에 주로 사용

② 회로구성 방법별 궤도회로

㉠ 개전로식 궤도회로 : 전력소모가 적은 장점이 있으나, 위험성이 있어 안전도가 떨어지므로 특별한 경우 이외에는 사용되지 않음

㉡ 폐전로식 궤도회로

• 전력소비가 많지만 고장, 단선 시 안전한 방향으로 동작

• 신호제어설비에서는 이 방식이 많이 이용

③ 궤도회로의 사구간 : 사구간의 길이는 7m를 넘지 않도록 해야 함

(5) 폐색장치

① 운행하는 열차에 운전조건을 지시하여 안전운행 및 수송능률을 최대화하는 장치

② 철도창설과 함께 기계 연동장치를 설치하고 정거장 간을 1폐색 구간으로 하는 통표폐색식을 사용 → 불편함이 많아 전기쇄정법에 의한 연동폐색식으로 개량

③ 자동폐색장치 : 1942년 경부선 영등포~대전 간 처음 설치

④ 폐색방식의 종류(★ 머리말 참고)

㉠ 상용폐색방식

• 복선구간 : 자동폐색식, 연동폐색식, 차내신호폐색식

• 단선구간 : 자동폐색식, 연동폐색식, 차내신호폐색식, 통표폐색식

㉡ 대용폐색방식

• 복선운전 시 : 지령식, 통신식

• 단선운전 시 : 지령식, 지도통신식, 지도식

(6) 연동장치

① 연동장치의 종류

㉠ 전기연동정치

㉡ 전자연동장치

㉢ 기계연동장치

② 전자연동장치의 기본조건

㉠ 열차충돌과 탈선 방지를 위해 열차안전운행에 대한 책임을 가져야 함

㉡ 자동으로 열차에 대한 진로구성이 가능해야 함

㉢ 각 장치의 조작이 간단해야 함

㉣ 시스템의 일부분이 고장 시에도 전체시스템에 이상이 없어야 하며 기기의 고장이나 사소한 오차 발생 시에는 반드시 안전 측으로 동작

㉤ 연동장치 고장 시 선로전환기 단독전환과 진로쇄정 등 열차운행조건을 수동으로 확보해야 함

③ 전자연동장치의 기본기능

㉠ 진로제어 : 진로요청, 진로설정, 진로쇄정 및 진로입증의 단계를 거침

㉡ 진로요청 단계

㉢ 진로설정 단계

㉣ 진로쇄정 단계

㉤ 진로입증 단계

㉥ 진로의 해정

㉦ 진로의 연속제어

㉧ 진로의 취소

④ 전자연동장치의 장점

㉠ 적은 비용으로 시스템의 다중화를 이룰 수 있음. 신뢰성을 향상시킬 수 있고 고장 발생 시에도 열차운행에 지장을 주지 않는 상태에서의 보수가 가능함

㉡ 자가진단 기능을 갖고 있어 효율적으로 장치를 관리할 수 있으며 장애 발생 시에도 신속한 보수가 가능함

㉢ 소량의 통신케이블에 의해 설비를 제어할 수 있음

㉣ 사고나 장애 발생 시 원인추적이 가능함

(7) 건널목 보안장치

① 건널목 보안장치의 종류

㉠ 경보기 : 열차가 건널목 부근 800~1,200m 내에 진입하면 건널목의 경보가 자동으로 작동하고 2개의 적색등을 교대로 점멸하여 열차접근을 통행자에게 알려주는 기기

㉡ 전동차단기 : 차량통행을 제지하는 기기

㉢ 고장감시장치 : 고장을 신속히 복구하도록 하는 장치, 고장발생 시 고장상태를 보수자에게 자동으로 통보

㉣ 지장물검지장치 : 레이저 광선에 의해서 자동으로 지장물을 검지하는 장치

㉤ 신호정보분석장치 : 건널목 보안장치의 동작정보를 실시간으로 검지하여 기록 · 저장하고 데이터를 출력하여 고장원인을 분석하는 장치

㉥ 장대형전동차단기 : 8m, 12m, 14m까지 차단 가능

㉦ 현수형경보기 : 대형차량의 뒤를 따라가는 자동차는 경보기 확인할 수 없어 교통신호등과 같은 현수형으로 설치

㉧ 원격감시장치 : 여러 개의 건널목 도착 정보를 사업소 단위에서 원격으로 감시

㉨ 출구측차단간검지기

㉩ 건널목정시간제어기 : 열차속도에 따라 경보시간을 조정하여 적정하게 유지하기 위한 기기

㉪ 교통신호와의 연동 : 도로교통신호등과 건널목 경보장치를 연동화하여 건널목 사고를 예방

② 건널목의 종류

㉠ 제1종 건널목 : 차단기, 경보기 및 건널목 교통안전표지를 설치하고 차단기를 주 · 야간 계속 작동하거나 건널목안내원이 근무하는 건널목

㉡ 제2종 건널목 : 경보기와 건널목 교통안전 표지만을 설치하는 건널목

㉢ 제3종 건널목 : 건널목 교통안전표지만을 설치하는 건널목

(8) 열차자동제어장치(ATC)

① 지상장치

㉠ 궤도회로에 의한 열차 유무 검지

㉡ 연동장치로부터 전방진로의 조건, 개통방향 등 신호조건 파악

㉢ 궤도회로를 통하여 속도 신호정보를 차상으로 전송

② 차상장치

㉠ 차상안테나로 지상정보를 수신하여 허용속도를 기관실에 표시

㉡ 열차제동곡선 생성 · 속도 초과 시 자동으로 제동장치 작동

(9) 열차집중제어장치(CTC)

① 사령실 설비

㉠ 표시패널

㉡ 운용자콘솔

㉢ 유지보수콘솔

㉣ 주변장치

② 기계실 설비

㉠ 주컴퓨터

㉡ 통신용 컴퓨터

㉢ 개발용 컴퓨터

㉣ 전원설비

③ 기 능

㉠ 전 구간의 신호설비 및 열차운행상황 일괄감시

㉡ 열차번호 및 열차위치 표시

㉢ 궤도회로 점유, 전철기 동작상태 및 신호현시 표시

㉣ 진로 구성상태, 신호설비 고장상태 및 안전설비 상태 표시

㉤ 현장신호설비 자동 및 수동제어

㉥ 열차운행상황 자동 기록

㉦ 여객안내설비 등에 열차운행 정보 제공

(10) 열차자동방호장치(ATP)

① 양방향 운전설비 가능

② 차내신호에 의한 운전지시

③ 차량종별 속도에 관계없이 적용(고속철도 포함)

(11) 기타 안전설비

① 차축온도 검지장치

㉠ 차축온도 71℃ 이상 90℃ 미만인 경우 : 단순경보로 CTC 사령 및 차상설비로 정보송신 및 경보 발생(★ 머리말 참고)

㉡ 차축온도 90℃ 이상인 경우 : 위험경보로 CTC 사령 및 차상설비로 정보송신 및 경보 발생

② 지장물 검지장치

㉠ 검지선 1선 단선 : 열차 정상운행, CTC 사령에 경보

㉡ 검지선 2선 단선 : 자동으로 해당 궤도회로 속도코드 전송, 기관사 현장확인, 확인버튼 취급 후 열차 운행재개

㉢ 지장물 검지장치 완전 보수 전까지 후속열차는 170km/h로 속도제한

③ 끌림 검지장치 : 차체 하부에 부속품이 이탈된 것을 검지하는 장치

④ 기상 검지장치

㉠ 열차운행 중지

- 강우량 : 시간당 60mm, 일일연속 250mm 이상 시
- 적설량 : 적정기준치 이상 시
- 풍속 : 35m/s 이상 시

⑤ 레일온도 검지장치

㉠ 레일온도 40℃ 이상 시 : 단순경보

㉡ 레일온도 60℃ 이상 시 : 위험경보

⑥ 터널경보장치 : 열차가 터널 도달 최소 30초 이전에 검지하고 경보를 시작

⑦ 보수자 선로횡단장치

㉠ 선로횡단시간 20초 확보

㉡ 검지구간 내 열차 있을 시 적색등

㉢ 검지구간 내 열차 없을 시 녹색등

⑧ 분기기 히팅장치

㉠ 1개의 분기기에 1개씩 설치

㉡ 380V의 전원을 공급받아 TR1, TR2을 통하여 히팅

예 제

01 장내신호기가 정지신호를 현시함에도 불구하고 유도를 받을 열차에 대하여 신호기 내방으로 진입할 것을 지시하는 신호를 무엇이라고 하는가? 기출

① 유도신호기
② 엄호신호기
③ 통과신호기
④ 입환신호기

정답 ①

02 고속선 및 일반선 안전설비에 대한 설명으로 틀린 것은? 기출

① 끌림 검지장치 : 차체 하부에 부속품이 이탈된 것을 검지하는 장치
② 지장물 검지장치 : 레이저 광선에 의해서 자동으로 지장물을 검지하는 장치
③ 보수자 선로횡단장치 : 보수자가 지정된 개소에서 선로를 횡단할 경우 사용하는 장치
④ 레일온도 검지장치 : 레일온도를 측정하고 레일온도에 따른 운전규제 및 대응할 수 있는 장치

해설 레이저 광선에 의해서 자동으로 지장물을 검지하는 장치는 건널목 보안장치에서의 지장물 검지장치의 설명이다.
* 고속선 및 일반선 안전설비와 건널목 보안장치에서의 지장물 검지장치의 설명을 구분하며 공부해야 한다.

정답 ②

제8장 | 철도시스템 일반장비

01 철도장비의 종류, 용도 및 기능

(1) 선로시설 건설 및 유지보수 작업용 장비

① **멀티플타이탬퍼** : 궤도의 틀림 상태를 정정하는 장비로서 방향 정정, 수평 정정, 양로 및 침목 다지기 작업을 하는 궤도보수의 주력장비로 사용

② **밸러스트콤팩터** : 도상표면 및 도상어깨 달고 다지기 작업 및 침목 상면에 흩어진 자갈의 청소와 궤도에 과다하게 살포된 자갈을 수거하여 도상어깨로 재살포하는 데 사용되며, 멀티플타이탬퍼 작업 후 이완된 도상의 응집력을 강화시키는 장비

③ **밸러스트클리너** : 도상에 장기간 혼입된 토사 및 기타 불순물을 제거하기 위하여 도상 전단면 자갈치기 작업을 하는 장비로, 최대 굴착 폭은 7.72m까지 가능

④ **밸러스트레귤레이터** : 궤도에 살포된 자갈을 소정의 형태로 정리하고 자갈이 부족한 궤도에 자갈을 보충해주는 작업을 하며 선로 주변의 자갈을 정리하는 역할을 하는 밸러스트클리너의 후속장비

⑤ **스위치타이탬퍼** : 궤도의 분기부 틀림 상태를 정정하는 장비로서 방향 정정, 수평 정정, 양로 및 침목 다지기 작업을 함. 주로 단독으로 작업 수행

⑥ **궤도안정기** : 자갈의 응집력을 증대시켜 궤도에 이완된 도상의 지지력을 강화하기 위한 작업을 하는 장비

⑦ **궤도검측차** : 최고속도 140km/h로 고속 주행하며 건축한계, 면맞춤, 줄맞춤, 레일프로파일, 궤간 등을 레이저를 이용하여 측정하는 비접촉식 검측장비
   - ㉠ TC : 경사균열 경함
   - ㉡ HC : 수평결함
   - ㉢ BHC : 볼트구멍 결함

⑧ **궤도보수용 모터카** : 철도장비, 화차견인용으로 사용되는 장비

⑨ **레일연마차** : 레일균열 및 절손예방으로 레일의 수명 연장과 소음진동 감소로 쾌적한 승차감을 위하여 연마작업을 하는 데 사용

⑩ **분진흡입열차** : 선로 쓰레기 및 먼지 등 오염물질을 제거하기 위한 장비

⑪ **선로점검차** : 레일과 궤도구조에 대한 검측 및 선로순회를 통한 사전검사를 위하여 궤도모니터링 검측장비를 탑재하고 본선에서 최고속도 120km/h로 운행하는 장비

⑫ **기타 보조장비**
   - ㉠ 토사적재트레일러
   - ㉡ 호퍼카
   - ㉢ 연료적재용 트레일러
   - ㉣ 엑스카베이터
   - ㉤ 포털크레인

(2) 전철시설 건설 및 유지보수 작업용 장비

① 전철설비 시공작업차

㉠ 전차선로 지지물 및 전선축의 신설, 유지보수에 사용

㉡ 무동력 장비로서 동력이 장착된 모터카에 의하여 견인되어 작업 현장으로 이동

㉢ 기초굴삭작업차, 콘크리트믹서차, 건주작업차

② 가선작업차

㉠ 전차선과 조가선을 합성한 전차선과 급전선과 보호선을 동시에 가선작업이 가능한 장비

㉡ 가선차, 모터카, 전선적재차, 보조작업차

③ 전철 보수용 모터카

㉠ 전차선로 유지보수를 위한 장비

㉡ TMM, TML, TMS

(3) 철도복구 장비 및 사고복구용 기중기

① 유니목

② 사고복구용 기중기

예 제

01 **궤도의 분기부 틀림 상태를 정정하는 장비로 침목다지기 작업 등을 단독으로 수행할 수 있는 장비는?** 기출

① 멀티플타이탬퍼 ② 밸러스트콤팩터
③ 스위치타이탬퍼 ④ 궤도검측차

해설 스위치타이탬퍼는 궤도의 분기부 틀림 상태를 정정하는 장비로서 방향 정정, 수렴 정정, 양로 및 침목 다지기 작업을 한다. 멀티플타이탬퍼와 비슷한 기능을 수행하지만 주로 '단독'으로 수행한다는 점에서 두 개의 차이가 있다.

정답 ③

02 철도장비 궤도보수 작업단의 편성

1종 차단장비	2종 차단장비
• MTT, STT와 같은 타이탬퍼 사용 • 단전 필요 없음 • 유지보수 개념	• 단전 필수 • CL 필요 • 공사 개념 • 소음 발생

제9장 | 철도시스템 일반전철/전력

01 전기철도 일반

(1) 개 요

① 전기철도의 구성

㉠ 전철 전력

㉡ 정보통신

㉢ 신호제어

② **철도의 정의** : 여객 또는 화물을 운송하는 데 필요한 철도시설과 철도차량 및 이와 관련된 운영지원 체계가 유기적으로 구성된 운송체계

③ **전기철도의 구성** : 전철변전설비, 급전설비, 부하설비

④ 일반적 점착계수

㉠ 디젤기관차 : 0.25~0.28

㉡ 전기기관차 : 0.32~0.34

(2) 전기철도의 효과

① **수송능력 증강** : 열차의 견인력은 동륜 점착계수(U)에 비례

$U \propto \frac{F}{w}$ [F = 견인력, w = 동력차의 중량]

② **에너지 이용효율 증대** : 디젤기관차와 전기기관차 간의 에너지 소비율 차이는 약 25% 정도로, 전기기관차가 에너지 절약 효과를 얻을 수 있음

③ **수송원가 절감** : 디젤기관차에 비해 전기기관차는 내연기관 등 설비가 적어 유지보수비용이 40% 정도 감소되고 내구연한도 2배가 길며 차량중량도 줄어 궤도보수비용도 절감

※ 일 열차 km 및 일 승무 km도 EL이 DL의 약 1.7~1.8배

④ **환경개선** : 수송수단별 대기오염 비교

전기철도	승용차	화물차	해 선	기 타
1	8.3	30	3.3	단위수송량당

⑤ **지역균형 발전** : 인구 및 경제활동의 분산, 도심, 도로혼잡도 완화, 지역주민의 교통편의 제공

02 전기철도의 분류

(1) 전기철도의 형태

① 전기방식별 분류

㉠ 직류방식 : 전압별

㉡ 교류방식 : 상별(단상, 삼상), 주파수별, 전압별

② 급전방식별 분류

㉠ 직접 급전방식

㉡ 흡상변압기 급전방식

㉢ 단권변압기 급전방식

㉣ 동축케이블 급전방식

③ 가선방식별 분류

㉠ 가공식 : 단선, 복선

㉡ 제3궤조식

④ 조가방식별 분류

㉠ 직접 조가방식

㉡ 커티너리 조가방식 : 전차선의 위쪽에 조가선을 설치하고 조가선에 행거나 드롭퍼로 전차선을 잡아매어 전차선의 처짐을 조가선이 흡수하도록 함으로써 전차선은 레일 상면으로부터 고저차 없이 일정한 높이를 유지

㉢ 강체 조가방식 : 터널의 높이를 낮게 할 수 있고 시공상 예산을 절약할 수 있어 지하구간, 터널구간에 사용. 지지물과 이격거리 확보가 곤란한 것을 해결 가능

(2) 전기방식에 의한 분류

전기방식	전압종별
직류식	600V, 750V, 1,500V, 3,000V
단상교류식	• 25Hz : 6.6KV, 11KV • 50Hz : 6.6KV, 16KV, 20KV, 25KV • 60Hz : 25KV
3상교류식	25Hz : 6KV

① 직류 전기철도

㉠ 세계 전기철도의 43%를 점유하고 있음

㉡ 전압이 낮아 전차선로나 기기의 절연이 쉬움

㉢ 교류방식에 비해 전압강하가 크게 되어 변전소 간격이 짧아지고 누설잔류에 의한 전식 대책이 필요함

㉣ 터널 · 교량 등에서 절연거리도 짧게 가능

㉤ 활선 작업하기가 용이, 통신선로 유도장해가 작음

② 교류 전기철도

㉠ 1889년 스위스에서 처음으로 3상 2선식 42Hz 750V의 교류전철 시작

㉡ 25kV 방식이 도입

③ 직류방식과 교류방식 비교

교류방식	직류방식
• 지상설비비 저가(변압기만 필요) • 전선을 가늘게 할 수 있고 전선지지구조물 경량 • 전압강하 적음 • 사고전류 판별 용이 • 유도장애 큼. 유도대책 필요 • 고압으로 절연이격거리 ↑, 터널단면 커짐 • 차량가격 고가 • 고전압 사용 가능 • 속도제어 쉬움 • 점착성능 우수, 큰 하중 견인 가능 • 무선통신설비 장애 유발	• 지상설비비 고가(변압기, 정류기 필요) • 저전압 고전류, 전선 굵어지고 전선지지구조물 중량 • 전압강하가 커서 변전소, 급전소의 증설 필요 • 사고전류 선택차단 어려움 • 대책 필요 없음 • 교류에 비해 터널단면, 구름다리 높이 축소 가능 • 교류에 비해 저렴함 • 고전압 사용 불가 • 속도제어 어려움 • 전원설비 복잡함

(3) 급전방식에 의한 분류

① 직접 급전방식

㉠ 레일만으로 된 것 & 레일과 병렬로 별도의 귀선을 설치한 것 두 가지 있음

㉡ 회로구성이 간단하기 때문에 보수가 용이하며 경제적이지만 통신유도 장해가 크고, 레일전위가 다른 방식에 비해 큰 단점이 있음

② 흡상변압기 급전방식(BT 급전방식)

㉠ 특수변압기를 약 4km마다 설치

㉡ BT 1, 2차 측을 전차선과 부급전선에 각각 직렬로 접속

③ 단권변압기 급전방식(AT 급전방식)

㉠ 급전선과 전차선 사이에 약 10km 간격으로 AT를 병렬로 설치

㉡ 고속전철에도 이 방식을 채택

④ 동축케이블 급전방식

예 제

01 전기철도 급전방식별 분류로 틀린 것은? 기출

① 흡상변압기 급전방식(BT)

② 단권변압기 급전방식(AT)

③ 동축케이블 급전방식

④ 간접 급전방식

해설 **급전방식별 분류**

• 직접 급전방식
• 흡상변압기 급전방식
• 단권변압기 급전방식
• 동축케이블 급전방식

정답 ④

03 전철설비의 급전계통

(1) 급전계통의 구성 및 특징

① 급전계통의 구성 : 전철 급전계통이란 변전소로부터 급전거리, 전압강하, 사고 시의 구분, 보수 등을 고려하여 전차선로를 적당한 구간으로 나누어 급전, 정전이 가능하도록 한 전기적인 계통구성을 말함

② 급전계통의 특성

㉠ 동력원인 전기가 정전되면 열차운행이 정지되므로 고신뢰도, 고안정도의 전원설비가 요구됨

㉡ 전철부하는 부하의 크기 및 시간적 변동이 극히 심함

(2) 급전계통의 분리

① 급전별 분리 : 전압위상별, 방면별, 상하선별로 구분하여 급전할 필요가 있음

② 본선 간의 분리 : 동일계통 급전구간에 사고발생 시 해당 구간을 분리하고 급전할 수 있도록 급전구분소(SP) 및 보조급전구분소(SSP)를 두어 구분함

③ 본선과 측선의 분리 : 측선에서 사고발생 시 본선과 분리하여 열차운행을 할 수 있도록 하는 것

④ 차량기지와 본선과의 분리 : 본선계통의 사고에 의한 구내검수 등에 영향을 받기 때문에 본선으로부터 더 분리하여 별도의 급전을 할 필요가 있음

(3) 전기방식별 급전계통

① 직류 급전계통

② 교류 급전계통

㉠ 전철변전소(SS ; Sub-Station) : 전기차량 및 전기철도설비에 전력을 공급하기 위하여 외부로부터 전송되어 온 전력을 구내에 시설한 변압기, 회전기, 정류기 등에 의해 변성하고 이것을 다시 외부로 전송하는 장소

㉡ 급전구분소(SP ; Sectioning-Post) : 전철변전소간 전기를 구분 또는 연장급전을 하기 위하여 개폐장치와 단권변압기 등을 설치한 장소

㉢ 보조급전구분소(SSP ; Sub Sectioning Post) : 작업, 고장, 장애 또는 사고 시에 정전(단전)구간을 한정하거나 연장급전을 하기 위하여 개폐장치와 단권변압기 등을 설치한 장소

예 제

01 교류 급전계통이 설비 중 작업 및 사고 시 정전구간을 최소화하는 역할을 하는 것은? 기출

① 전철변전소(SS)
② 급전구분소(SP)
③ 보조급전구분소(SSP)
④ 한전변전소

정답 ③

04 전차선로와 열차운전

(1) 절연구간의 개요

① **절연구간의 정의** : 전기차에 공급되는 교/직류방식 간의 연결부분이나 교류방식에서 전기공급변전소가 다른 경우 또는 변전소와 변전소 간 및 동일 변전소에서 공급되는 이상의 전기를 구분하기 위하여 전차선에 일정한 길이를 전기가 통하지 않는 물체(FRP)로 구분하는 구간

② **절연구간의 필요성**

㉠ 교직절연구간 : 직류방식(DC 1,500V)을 사용하는 서울시 지하철과 교류방식(AC 25,000V)을 사용하는 철도공사구간을 전기적으로 구분하기 위해 설치

③ **절연구간의 설정기준**

㉠ 동력 없이 타행으로 운전

㉡ 가급적 평탄지 또는 하구배 및 직선구간에 설치

㉢ 적정위치 조건 : 곡선반경(R) 800m 이상, 평지 또는 하구배, 상구배 5‰ 이내

④ **절연구분 장치의 종류**

㉠ FRP Type

- FRP 22m : 수도권 전동차 운행구간
- FRP 8m : 전기기관차, 운행구간(충북선, 중앙선, 영동선)
- FRP 40m(FRP 8m + 전차선 + FRP 8m)
  - 운행최고속도 : 130km/h

※ 교류 · 교류 절연구간은 22m, 교 · 직류 절연구간은 66m

㉡ PTFE Type

- 설치구간 : 호남선 및 경부선 일부구간, 대전선
- 운행최고속도 : 200km/h
- PTFE제 6.6m 절연봉 2개로 구성

㉢ 이중오버랩 Type

- 고속선에 설치된 것, 에어섹션 2개를 사용
- 설치구간 : 경부고속철도 신선구간, 경부선 일부구간
- 최고운행속도 : 전차선로 가선시스템의 최고속도 운행 가능

(2) 열차운전 관련 각종 표지류

① **가선종단표**

㉠ 전차선로 끝나는 지점에 설치, 더 이상 전차선이 없음을 표시

㉡ 운전방법 : 전기기관차, 전기동차는 이 표지를 넘어서 운전하지 못함

② **구분표**

㉠ 전차선의 급전 구분장치 시작지점에 설치

㉡ 전기의 구분(즉, 같은 상의 전기를 분리할 때나 측선이나 본선 등 작업 시 정전으로 분리될 경우)

㉢ 운전방법 : 전기차 운전 중 팬터그래프가 전차선 구분장치에 걸리지 않도록 함(머무르거나 정지하면 장애가 발생)

③ 팬터내림예고표와 팬터내림표

㉠ 팬터내림예고표 : 작업전방 200m 이상(곡선은 400m 이상) 지점에 설치

㉡ 팬터내림표 : 작업전방 20m 이상 지점에 설치

㉢ 운전방법 : 주의기적을 울리고 팬터를 하강시켜 타력으로 통과

④ 전차선작업표지

㉠ 전기직원이 역구내외 본선에서 작업 시 작업지점을 표시하기 위하여 전차선 작업장소 200m(곡선구간 400m 이상) 전방에 설치

㉡ 운전방법 : 주의기적 울리기

(3) 전차선로 단로기 취급

① 단로기란?

㉠ 전차선에 전기의 공급을 차단하거나 투입할 수 있는 개폐기로 단로기와 차단기가 있음

㉡ 단로기는 원칙적으로 무부하 시에만 개방 투입

② 전차선로 단로기 취급 : 전기차가 항상 운행하지 않는 화물측선이나 가선절연구간 안의 일정부분 전차선구간 조작용 단로기는 평시 개방(OFF)되어 있어야 함

㉠ 단로기를 일시투입(ON)할 수 있는 경우

- 화물측선에 전기차를 진입시킬 경우 : 역장 승인
- 전기차를 검수차고에 진입시키거나 유치선에 유치시킬 경우 : 검수담당 소장의 안전관계 확인 후 투입
- 구내 본선이나 측선의 전차선 작업 시 : 역장과 협의하여 급전사령의 승인 후 개방
  투입 시에도 급전사령의 승인 후 역장에 통보

㉡ 전기소장은 전원절체용 단로기를 개방 · 투입하는 경우 전기차 소속장과 협의 후 운전사령의 승인을 받아 취급(특히 차량기지에 주의)

㉢ 단로기를 취급하기 위해 사용한 열쇠는 그때마다 쇄정하고 이를 제거

㉣ 단로기가 설치되어 있는 소속 또는 전기기관차에는 단로기 열쇠를 항상 비치

㉤ 단로기 보관책임 및 개방투입 가능자

설치위치	보관책임	투개방 가능자
구내측선단로기	역 장	역 장
검수차고단로기	검수소속장	검수소속장
절연구간단로기	운전자(전기팀장)	운전자(전기팀장)
변전소 및 기타	전기팀장	전기팀장

05 전차선로 설비

집전장치를 통하여 전기차량에 전력을 공급하기 위해 선로연변에 설치한 전선로 및 전선로를 지지하기 위한 지지물을 전차선로라 한다.

(1) 전차선로의 구성

① 전차선
② 조가선
③ 급전선
④ 부급전선
⑤ 드롭퍼
⑥ H형 전주
⑦ 전주기초
⑧ 가동브래킷
⑨ 곡성당김금구
⑩ 장간애자
⑪ 현수애자
⑫ 완 철

(2) 전차선의 구성

가공단선식은 전차선을 달아매는 방식으로 전차선의 중량으로 인한 처짐이 생긴다. 고속도에서는 집전장치(팬터그래프)의 상하진동이 심해 전차선으로부터 이선하여 장애가 일어난다.

① **전차선의 구비조건**

㉠ 기계적 강도가 커서 자중뿐 아니라 강풍에 의한 횡방향 하중, 적설결빙 등의 수직방향 하중에 견딜수 있을 것
㉡ 도전율이 크고 내열성이 좋을 것
㉢ 굴곡에 강할 것
㉣ 건설 및 유지비용이 적을 것
㉤ 마모에 강할 것
㉥ 단면적 110mm^2(대부하전류, 고장력구간에는 단면적 170mm^2)
㉦ 우리철도에서는 홈경동선이 널리 사용

② **전차선의 설치높이와 편위** : 일반철도 5,200mm, 편위 표준 200mm, 최대 250mm

㉠ 전차선의 높이 : 최고 5,400mm, 최저 5,000mm. 단, 터널, 구름다리, 육교, 교량 및 역사 등 부득이한 경우는 그 높이를 산업선에 한하여 4,850mm까지로 함
㉡ 강체가선 구간에서는 레일면상 4,750mm가 표준
㉢ 전차선 구배는 레일면에 대하여 본선로에서는 3/1,000(터널, 구름다리 등과 건널목이 인접한 장소에서는 4/1,000) 이하, 측선에서는 15/1,000 이하

㉣ 전차선과 궤도중심선과의 거리를 편위라 함

㉤ 편위는 최대 250mm, 표준편위는 200mm

㉥ 직선로 및 곡선반경 1,600m 이상의 선로에서는 전주 2개 사이를 일주기로, 좌우교대로 200mm의 편위를 두도록 하고 있고 이것을 지그재그 가선이라고 함

③ **전차선 조가방식 분류(전차선을 지지하는 방법에 따라 분류)**

㉠ 직접 조가방식 : 비용이 싸다는 장점, 조가점이 경점이 되는 단점

㉡ 커티너리(현수) 조가방식 : 우리나라에서 주로 사용

㉢ 강체 조가방식 : 터널구간 사용

- 심플커티너리 조가방식
  - 전차선의 위쪽에 조가선을 설치하고 이 조가선에 행거나 드롭퍼로 전차선을 잡아내어 전차선의 처짐을 조가선이 흡수하도록 함
  - 레일상면으로부터 전차선은 고저차 없이 일정한 높이로 됨
  - 우리나라는 지하구간 등의 강체조가식을 제외하고 본선 및 부본선은 헤비심플커티너리 방식을, 측선과 건널선은 심플커티너리 방식을 사용하고 있음
- 강체 조가방식
  - 커티너리방식은 터너의 단면적이 커지므로 가선식 지하철 등에서는 강체 조가방식을 사용
  - 터널 천장에 알루미늄제 T형재를 애자에 의해 지지, 아랫부분 알루미늄제 이어에 의해 전차선을 연결고정
  - 터널 높이를 낮게 할 수 있는 것이 최대장점
  - 최근 과천선, 분당선 지하구간이 25,000V 방식으로 건설하면서 강체 조가방식 중 R-bar 방식을 채택

㉣ 제3궤조 방식

- 외국에서 많이 사용(우리나라 채택 ×)
- 전동차의 옥상부에는 부착물이 없음
- 터널단면(높이) 축소 가능, 터널건설비 적어짐

(3) 구분장치

① **전기적 구분** : 에어섹션, 애자섹션, 절연구분장치, 비상용

㉠ 에어섹션

- 팬터그래프가 양쪽 전차선을 같이 접촉하여도 무방한 경우에 설치
- 이 구간 통과 시 정전현상은 없음
- 설치가 간단하며 경제적임
- 평행부분의 전차선의 이격거리는 300mm를 원칙으로 함

② **기계적 구분** : 에어조인트, R-bar 조인트, T-bar 조인트

㉠ 에어조인트

- 중간중간에 전차선을 약 1,600m 이하로 구분 절단하여 자동으로 장력을 조정하는 것이 에어조인트의 설치이유

- 기계적으로 완전히 구분된 별개의 설비를 전기적으로 균압선을 사용하여 접속한 것
- 평행부분의 전차선의 이격거리는 150mm를 원칙으로 함

예 제

01 정전구간 외에 급전상태로 유지하기 위해 전차선에 절연체를 삽입한 것을 섹션 또는 구분장치라고 한다. 구분장치의 종류가 아닌 것은? 기출

① 에어조인트

② R－bar 조인트

③ 절연구간장치

④ 가동브라켓

해설 구분장치의 종류에는 에어섹션, 애자섹션, 절연구분장치, 비상용, 에어조인트, R－bar 조인트, T－bar 조인트가 있다. 가동브라켓은 전차선 지지물이다.

정답 ④

06 송배전 설비

(1) 정 의

① **수전선로** : 한전 변전소에서 지하철 변전소에 이르는 교류로, 3상 4선식 전선로로서 한전으로부터 전력을 공급받음

② **연락송전선로** : 지하철 변전소 상호 간에 연결되는 교류 22,900V의 3상 4선식 전선로로서 한전으로부터 직접 전력을 공급받지 못하는 수전변전소에 전력을 보내기 위한 목적을 가짐

③ **급전선로** : 궤전선로라고도 하며 지하철변전소에서 전차선에 이르는 직류 1,500V의 전선로로서 전차선에 연결되는 정급전선과 레일에 연결되는 부급전선으로 구분되며 전차선로에 전원을 공급함

④ **고압배전선로** : 교류 6,600V 전선로로서 각 역사의 조명, 동력, 신호, 통신 등 부대전원을 공급하기 위한 목적. 공급된 고압을 변압기로 저압으로 변성 후 보내짐

(2) 주요변전설비

① **주변압기** : 전철변전소에서 사용되는 변압기는 스코트 결선 변압기, 90° 위상

② **정류기** : 교류 입력전압(AC 590×2)을 받아 전동차에 공급하는 동력인 직류전압(DC 1,500V)으로 변성시키는 기기

③ **계기용 변성기** : 고전압 대전류를 일정한 비율로 변환하는 기기(직접 연결할 수 없으므로)

㉠ 계기용 변압기 : 1차 측에 정격전압을 가하면 2차 측에 일반적으로 110V의 전압이 발생

㉡ 계기용 변류기 : 2차 측 전류는 5A로 일정

④ **개폐장치**

※ 교류차단기의 종류 : 유입, 공기, 가스, 자기, 진공, 수차단기

⑤ **가스절연 개폐장치(GIS)** : 개폐설비로서 기술적으로 분류하면 절연매질 및 차단기 형식으로 구별

⑥ 보호설비

㉠ 피뢰기

- 과전압의 파고치가 일정한 값을 초과할 경우 방전에 의하여 과전압을 제한함으로써 전기시설물의 절연을 보호
- 속류를 단시간 내에 차단하여 계통의 정상상태를 깨뜨리지 않고 원상으로 스스로 복귀하는 기능을 가진 장치

㉡ 보호계전기

- 거리계전기
- 고장선택계전기
- 과전류계전기
- 재폐로계전기
- 고장점표정장치
- 미드포인트계전기
- 연락차단장치

(3) 원격감시제어설비(SCADA)

① 중앙제어소장치(CC)

㉠ 각 변전소(SS), 구분소(SP), 전기실 등 피제어소의 각종 전력설비를 종합적으로 관리할 수 있도록 설치한 장치

㉡ 장치의 구성

- 주컴퓨터장치
- 인간/기계연락장치
- 통신제어장치
- 시스템이중화장치
- 근거리 통신네트워크
- 계통반
- 소프트웨어

② 원격소장치(RTU)

㉠ 피제어소에 설치되어 변전설비로부터 현장정보를 취득 · 분석하여 제어소의 통신제어장치로 송신하고 통신제어장치로부터 제어명령을 수신 처리할 수 있도록 설치한 장치

㉡ 장치의 구성

- CPU 모듈
- 변복조모듈
- 감시/적산모듈
- 아날로그모듈
- 제어모듈
- 주전원부

제10장 | 철도시스템 일반통신

01 정보통신 일반

(1) 통신의 정의와 목적

① 인간의 의사 · 지식 · 감정 또는 각종 자료를 포함하는 정보를 격지(공간적) 사이에서 주고받는 작용 작위 또는 현상으로 정의

② 통신선로에 흐르는 전류를 매개로 하는 유선통신과 공간을 전파하는 전파를 매체로 하는 무선통신으로 분류

③ 통신의 목적은 상대방과 의사소통을 원활히 하기 위해서 언제 어디서나 필요한 시기에 신속하고 정확하게 정보를 전달하는 데 있음

④ 개념적으로는 '의사와 정보의 전달'

(2) 정보와 정보통신

① 정보는 데이터를 처리가공한 결과

② 정보통신이란 '정보의 생산자와 소비자 간의 이동현상'을 말하며 상대방에게 정보를 전달하는 과정

(3) 통신의 역사와 변화

'언제 어디서나 존재한다'라는 의미의 유비쿼터스라는 새로운 개념이 통신방식으로 발전되고 있다.

(4) 아날로그와 디지털 신호

디지털 신호의 장단점은 다음과 같다.

장 점	단 점
• 아날로그보다 잡음에 강함 • 아날로그보다 용량이 커서 경제적 • 통신비밀을 보장할 수 있는 암호화가 가능	• 신호를 주고받을 때 동기가 맞아야 함 • 같은 양의 정보를 보내는 데 2배의 주파수대역이 필요함

(5) 전송매체

① 유선전송매체

㉠ 꼬임선케이블

㉡ 동축케이블 : 일반적으로 무선장치의 급전선, 안테나 및 CCTV의 영상신호용으로 많이 사용

㉢ 광섬유케이블

② 무선전송매체

㉠ 지상마이크로파

㉡ 위성마이크로파

㉢ 방송무선(라디오파)

02 정보통신망

네트워크란 하나 이상의 장치(단말기)가 서로 연결된 형태를 말한다.

통신망이란 하나 이상의 장치들이 서로 연결된 형태들의 집합으로 네트워크와 같은 의미를 갖는다.

(1) 통신망 구성에 필요한 요소

① **정보원** : 송신자와 수신자

② 전송매체

③ 프로토콜

(2) 통신방식

① 단방향 통신

② **반이중 통신** : 양방향 전송 가능, 동시 양방향 전송 불가능 예 무전기

③ **전이중 통신** : 양방향 송수신 모두 가능 예 전화기

예제

01 정보통신망의 통신방식으로 옳지 않은 것은? 기출

① 단방향 통신

② 양방향 통신

③ 반이중 통신

④ 전이중 통신

해설 통신방식

- 단방향 통신
- 반이중 통신
- 전이중 통신

정답 ②

03 무선통신기술

(1) 무선통신에서의 신호

① **주파수** : 전자파가 공간을 진행할 때 1초 동안에 진동하는 횟수를 말하며 단위는 (Hz) 사용

② **주기** : 한 사이클의 시간축 지속시간으로 1회 진동하는 데 걸리는 시간을 말하며, 단위는 [sec] 사용

③ **파장** : 한 사이클의 공간상 길이로 전파가 1회 진동할 때 진행하는 거리를 말하며 단위는 (m) 사용

④ **대역과 대역폭** : 대역은 사용하는 주파수의 범위, 대역폭이란 사용하는 주파수 범위의 크기를 말함

(2) 주파수의 구분

① **가청주파수**

㉠ 사람의 귀가 소리로 느낄 수 있는 주파수 영역을 말함

㉡ 1,000~5,000Hz 부근이 좋은 범위

② **음성주파수** : 사람의 음성을 전송하기 위한 주파수, 300~3,400Hz 사이의 주파수

(3) 무선통신의 응용

① 고정통신

② 이동통신

③ 위성통신

(4) 무선통신 시스템의 구성

① 송신기

② 수신기

③ 급전선

④ 안테나

04 열차 무선전화장치

(1) 무선국의 종류 및 통신상대방

① 기지국

② **육상이동국** : 차량용, 휴대용

③ **통신의 상대방** : 기지국 ↔ 육상이동국, 육상이동국 ↔ 육상이동국

④ **사용자 범위**

㉠ 관제사

㉡ 기관사 및 열차승무원

㉢ 역장 또는 운전취급자

㉣ 기타 소속장이 필요하다고 인정한 자

(2) 열차 무선전화장치 사용법

① 통화의 종류

㉠ 비상통화

㉡ 관제통화

㉢ 일반통화

㉣ 작업통화

※ 통화의 순위는 위의 순서와 같음

② 관제통화채널

㉠ 지하철 1호선 : 관제채널 4번

㉡ 과천선, 분당선 : 일반통화채널 1번

㉢ 일산선 : 채널 3번

③ TRCP

㉠ 저항제어형 구형 전동차 이후 전동차에 설치 운용되는 무전기

㉡ 최신 전동차에서는 이 기능을 잘 사용하지 않음

(3) 열차 무선전화장치의 인수인계

무선전화장치는 다음에 해당할 때에는 반드시 인수인계해야 한다.

① 교대근무, 출무 및 귀소할 때

② 기관차, 동차 및 전동차가 차고에 입고 또는 출고할 때

③ 기관차, 동차 및 전동차가 차량관리단에 입고 또는 출고할 때

④ 무선전화장치의 신설 및 철거 등 기타 필요하다고 인정한 때

(4) 도시철도 열차무선설비

① C채널 : 기관사와 운전관제 간 통화에 이용

② M채널 : 보수요원과 각 전화가입자 간 통화에 이용

③ Y채널 : 각 차량기지에서 기관사와 신호취급자 간 통화에 이용

(5) ICP 장치

신호취급실에 설치되어 기지국의 장치를 원격제어하여 해당 기지국 구간의 기관사와 통화하기 위한 장치이다.

① 선택스위치에 의해서 Zone 내 개별 또는 일제 호출할 수 있음

② 표시부에 통화구역, 열차번호, 통화순위, 통화상태 등이 나타남

③ 조작반스위치는 시험기능에 의하여 이상 유무를 확인할 수 있음

④ 표시부는 영문, 숫자 표시가 되어 있음

예 제

01 열차무선전화장치의 통화 종류에 해당하지 않는 것은? 기출

① 비상통화

② 관제통화

③ 작업통화

④ 로컬통화

해설 **통화의 종류**

- 비상통화
- 관제통화
- 일반통화
- 작업통화

정답 ④

05 화상전송 설비

(1) 행선안내게시기

① 승객에 대한 서비스 향상

② 승객에게 열차운행에 대한 안내정보를 시각적으로 제공

(2) 행선안내게시기의 구성내역

① **중앙장치** : 열차행선안내 시스템의 중앙제어장치로서 열차운행 기본정보 수신 및 이에 의해 행선안내 표시기 표출을 위한 열차운행정보의 작성, 스케줄 정보작성, 각 역장치로 정보 전송, 제어기능 수행

② **역장치(LSE)** : 모든 운영제어 담당

③ **안내게시기(TDI)** : TDI에 설치된 앞뒤 양면에 표출시켜 행선안내 표시장치의 최종단계인 안내표시를 하게 됨

(3) 복합통신장치

〈운영현황〉

① 재방송설비

② 소방 무선통신 보조설비

③ 경찰지휘 통신설비

(4) 관제방송장치

① 일제 방송콘솔(주장치)

② 역장치(Interface)

㉠ 관제로부터 데이터를 수신하여 LCD 표시

㉡ 수신된 데이터 분석 후 응답신호 전송

(5) 방송순서

① 방송에 우선순위를 두어 긴급상황 발생 시 최우선방송

② 방송순서 : 화재방송 → E/M 관제방송 → 열차진입방송 → 일반관제방송 → 일반방송

기본핵심 예상문제

01 TVM 430 지상장치의 기능으로 틀린 것은?

① 궤도회로에 의한 열차검지
② 통제곡선의 생성
③ 속도제한 설정
④ 연동장치와 인터페이스

해설 ② 속도신호로 통제곡선을 생성하는 것은 차상장치이다.

02 열차속도제한장치(TSL)에 관한 설명으로 옳은 것은?

① 30km/h 미만에서 공기제동만 사용할 때 반응표지를 점등한다.
② 경고표시등 점등 조건이 5초를 넘으면 비상제동 지령을 내린다.
③ 열차통제 기능에 이상이 있을 때 45km/h 미만으로 제한하는 장치이다.
④ 기관차 열차합병을 할 때 30km/h 이상에서 경고표시등을 점등한다.

해설 **열차속도제한장치(TSL)**
- 30km/h 미만에서 전기제동만 사용할 때 경고표시등 점등
- 열차통제기능에 이상이 있을 때 30km/h 미만으로 제한하는 장치
- 기관차 단독운전을 할 때 30km/h 이상에서 경고표시등 점등

03 전기기관차의 PT 선택스위치의 모드로 틀린 것은?

① 팬터 1위치 : 운전실 1위 측 팬터그래프만 작동
② 팬터 2위치 : 운전실 2위 측 팬터그래프만 작동
③ 수동 : 비상상황 발생 시 사용
④ 자동 : 비점유 운전실 측 팬터그래프 작동

해설 ③ 전기기관차의 PT 선택스위치의 모드에는 수동스위치가 없다.

정답 01 ② 02 ② 03 ③

04 전기기관차의 견인전동기 고장 시 제동적용 방식으로 틀린 것은?

① 1개의 견인전동기 고장일 때 상용제동 시 기관차는 순수 공기제동(3개의 TM으로 제동)
② 1개의 견인전동기 고장일 때 비상제동 시 TM 고장 대차는 순수 공기제동
③ 1개의 견인전동기 고장일 때 비상제동 시 TM 고장이 아닌 대차는 순수 전기제동
④ 각 대차 1개씩 TM 고장인 경우 기관차는 순수 공기제동

해설 ① 1개의 견인전동기 고장일 때 상용제동 시 기관차는 순수 전기제동이어야 한다.

05 디젤기관차의 무화회송 시 절차로 틀린 것은?

① 스로틀핸들은 아이들 위치에 놓는다.
② 역전기핸들은 중립 위치에 놓는다.
③ 역전기핸들은 전방(FWD)으로 놓는다.
④ 역전기핸들을 주간제어기에서 제거한다.

해설 ③ 무화회송 디젤기관차 주간제어기 운전 시 역전기핸들은 중립 위치에 놓아야 한다.

06 주행저항에 해당하지 않는 것은?

① 공기저항
② 차량동요에 의한 저항
③ 터널저항
④ 구배저항

해설 ④ 주행저항은 운행방향과 반대로 작용하는 모든 저항을 말하며 구배저항은 열차저항의 한 종류로 주행저항에 해당되는 것은 아니다.

정답 04 ① 05 ③ 06 ④

07 궤도회로의 사구간의 길이로 옳은 것은?

① 5m

② 6m

③ 7m

④ 8m

해설 궤도회로의 사구간의 길이는 7m이며, 7m를 넘지 않도록 해야 한다.

08 건널목 보안장치의 종류로 틀린 것은?

① 지장물검지장치

② 신호정보분석장치

③ 고장감시장치

④ 보수자횡단장치

해설 ④ 보수자횡단장치는 기타 안전설비에 해당된다.

09 전기동차의 특고압 기기로 틀린 것은?

① 계기용 변압기(PT)

② 주차단기(MCB)

③ 교직절환기(ADCg)

④ 보조전원장치(SIV)

해설 ④ 보조전원장치(SIV)란 승객을 안전하고 쾌적하게 운송하기 위한 냉난방, 객실조명, 축전지 충전 등의 전원을 만드는 것으로 특고압 기기에 해당되지 않는다.

정답 07 ③ 08 ④ 09 ④

10 승강장 승무원 조작반 취급요령으로 틀린 것은?

① 40개 스크린도어가 정상적으로 닫힘을 완료하면 '전체닫힘' 램프가 점등된다.

② 40개 스크린도어 중 하나라도 열리면 '전체열림' 램프가 점등된다.

③ 인터폰은 열차승무원이 방송 시 사용한다.

④ 인터록 무시버튼은 장애가 발생한 스크린도어를 전동차 출발조건에서 분리시킨다.

해설 ③ 인터폰은 열차승무원이 비상시 역무실, 승강장 등 8개소 인터폰 설치장소와 통화를 할 때 사용한다. 마이크가 승무원이 방송 시 사용하는 것이다.

11 연결기의 3작용으로 틀린 것은?

① 폐쇄위치

② 쇄정위치

③ 개정위치

④ 개방위치

해설 **연결기 3작용**

- 쇄정위치 : 연결기 완전히 연결
- 개정위치 : 해방레버를 작용하여 기내 로크는 올라가 있음, 너클은 쇄정위치
- 개방위치 : 너클을 완전히 연 상태

12 광궤의 장점으로 틀린 것은?

① 고속도를 낼 수 있다.

② 곡선반경을 작게 할 수 있어 건설비 절감에 도움이 된다.

③ 열차의 주행안정도를 증대시키고 동요를 감소시킨다.

④ 기관차에 직경이 큰 동륜을 사용할 수 있으므로 차륜의 마모가 경감된다.

해설 ② 곡선반경을 작게 할 수 있어 건설비 절감에 도움이 되는 것은 협궤이다. 협궤는 폭이 좁아 시설물 규모가 작아도 되므로 건설비, 유지비 측면에서 유리하다.

정답 10 ③ 11 ① 12 ②

13 다음에서 설명하는 내용의 궤도회로의 명칭은?

신호전류에 1[kHz] 부근의 가청주파수를 변조기로 변조하여 송신하고 수신 쪽에서 변조된 주파수 중 선택증폭기로 해당 주파수를 증폭, 정류하여 궤도계전기를 동작시키는 방식이다.

① AF 궤도회로
② 코드궤도회로
③ 고전압임펄스궤도회로
④ 정류궤도회로

해설 ② 코드궤도회로 : 미소전류에 의한 오동작을 방지하는 제어방식으로서 무극코드를 사용하는 것과 유극코드를 사용하는 두 가지 방식이 있다.
③ 고전압임펄스궤도회로 : 교류 25,000[V] 전철구간에 주로 사용한다.
④ 정류궤도회로 : 교류를 정류한 맥류를 사용하며 궤도계전기는 직류용을 사용하고, 특별한 목적으로만 사용한다.

14 디젤기관차의 삼방차단변 위치에 대해 틀린 것은?

① 화물위치
② 여객위치
③ 보기위치
④ 차단위치

해설 디젤기관차 삼방차단변의 위치는 차단위치, 화물위치, 여객위치이다.

15 CTC 장치의 기능으로 틀린 것은?

① 전 구간 신호설비 및 열차운행상황 일괄감시
② 열차번호 및 열차위치 표시
③ 여객안내설비 등에 열차운행정보 제공
④ 현장신호설비 자동기록

해설 ④ CTC는 현장신호설비를 자동 및 수동제어하는 기능을 가지고 있다.

정답 13 ① 14 ③ 15 ④

16 끌림검지장치에 관한 설명으로 틀린 것은?

① 차체하부에 부속품이 이탈한 상태로 주행하는 것을 막기 위해 설치
② 끌림 검지기 파손 시 CTC 사령에 경보 전송
③ 고속선에서 일반선 또는 기지로 진입하는 개소에 설치
④ 끌림물체를 제거한 후 확인버튼을 누름으로 열차운행 재개

해설 ③ 끌림 검지장치는 일반선에서 고속선으로 진입하는 개소에 설치한다.

17 다음 설명에 해당하는 장비는?

도상표면 및 도상어깨 달고 다지기 작업 및 침목 상면에 흩어진 자갈의 청소와 궤도에 과다하게 살포된 자갈을 수거하여 도상어깨로 살포하는 데 사용된다.

① 밸러스트클리너
② 밸러스트콤팩터
③ 멀티플타이탬퍼
④ 밸러스트레귤레이터

해설 ① 밸러스트클리너 : 도상에 장기간 혼입된 토사 및 기타 불순물을 제거하기 위하여 도상 전단면 자갈치기 작업을 하는 장비이다.
③ 멀티플타이탬퍼 : 궤도의 틀림 상태를 정정하는 장비로서 방향정정, 수평 정정, 양로 및 침목다지기 작업을 하는 궤도보수의 주력장비로 사용한다.
④ 밸러스트레귤레이터 : 궤도에 살포된 자갈을 소정의 형태로 정리하고 자갈이 부족한 궤도에 자갈을 보충해 주는 작업을 하며 선로 주변의 자갈을 정리하는 역할을 하는 밸러스트클리너의 후속장비이다.

정답 16 ③ 17 ②

18 다음 설명에 해당하는 장비는?

> 궤도에 살포된 자갈을 소정의 형태로 정리하고 자갈이 부족한 궤도에 자갈을 보충해주는 작업할 때 사용된다.

① 밸러스트레귤레이터
② 스위치타이탬퍼
③ 밸러스트클리너
④ 밸러스트콤팩터

해설 ② 스위치타이탬퍼 : 궤도의 분기부 틀림 상태를 정정작업하는 장비로서 방향 정정, 수평 정정, 양로 및 침목 다지기 작업을 한다. 주로 단독으로 작업을 수행한다.
③ 밸러스트클리너 : 도상에 장기간 혼입된 토사 및 기타 불순물을 제거하기 위하여 도상 전단면 자갈치기 작업을 하는 장비이다.
④ 밸러스트콤팩터 : 도상표면 및 도상어깨 달고 다지기 작업 및 침목 상면에 흩어진 자갈의 처소와 궤도에 과다하게 살포된 자갈을 수거하여 도상어깨로 재살포하는 데 사용되며, 멀티플타이탬퍼 작업 후 이완된 도상의 응집력을 강화시키는 장비이다.

19 절연구간의 설정기준으로 틀린 것은?

① 평탄지
② 하구배
③ 상구배 5/1,000 이내
④ 곡선반경 700m 이상

해설 ④ 절연구간은 곡선반경이 800m 이상이며 평지 또는 하구배, 상구배 5‰ 이내에 설치해야 한다.

20 도시철도 열차무선설비 내용으로 틀린 것은?

① T채널 : 기관사와 유지보수업무자의 통화에 이용
② M채널 : 보수요원과 각 전화가입자 간의 통화에 이용
③ Y채널 : 각 차량기지에서 기관사와 신호취급자 간의 통화에 이용
④ C채널 : 기관사와 운전관제사의 통화에 이용

해설 ① 도시철도 열차무선설비에서 T채널은 없다.

정답 18 ① 19 ④ 20 ①

팀에는 내가 없지만 팀의 승리에는 내가 있다.

(Team이란 단어에는 I 자가 없지만 win이란 단어에는 있다.)

There is no "i" in team but there is in win

마이클 조던

제5과목

비상시 조치 등

출제경향 및 학습전략

비상시 조치는 가장 분량이 적어 시간이 촉박한 수험생의 경우 마지막에 미뤄서 해도 부담이 없는 과목이다. 기출문제의 출제 빈도가 잦고 타 과목에 비해 비교적 쉬운 난이도로 출제되기 때문에 평균 점수를 올리기 쉬운 과목이다.

제1장 | 인적오류

01 인적오류의 개요

(1) 인적오류의 정의

① 분야를 막론하고 사고의 보통 70~90%가 인간행위에서 기인

② 철도사고에서는 40% 정도가 인적오류로 인해 발생

(2) 인적오류의 분류

의도하지 않은 행위	실 수	오 류
	망 각	
의도한 행위	착 오	
	위 반	위 반

① **실수** : 계획 자체는 적절하지만 행위가 계획대로 이루어지지 않는 것

㉠ 작업절차의 일부를 빠뜨림

㉡ 잘못된 순서로 작업을 수행함

㉢ 타이밍을 제대로 맞추지 못함

② 망 각

㉠ 계획한 것을 잊어버림

㉡ 규정이 기억나지 않음

③ **착오** : 행위는 계획대로 이루어졌지만 계획이 부적절하여 오류가 발생하는 경우

㉠ 타 상황에 적합한 규칙을 현 상황에 잘못 적용

㉡ 잘못된 규칙을 적용

④ 위 반

㉠ 일상적 위반

㉡ 상황적 위반

㉢ 예외적 위반

㉣ 고의가 아닌 위반

㉤ 즐기기 위한 위반

(3) 인적오류의 요인

① J.REASON의 스위스 치즈모델

㉠ 인간이 실수를 범할 수 있는 요인에 대한 시스템적 접근방법을 제시한 모델

㉡ 사고는 최종적으로 기관사의 불안전한 행위에 의해 발생하지만 그 배경에는 불안전행위의 유발조

건, 감독의 문제, 조직의 문제가 있으며 이러한 요인들이 하나로 연결되어 사고의 원인으로 작용

㉢ 사람의 불안전한 행위는 사고의 원인이 아니라 사고원인의 근본 요인을 분석하는 시작점

② 인적오류의 유발요인

㉠ 작업자의 개인적 특성

- 작업자의 불충분한 지식과 능력
- 불충분한 경험과 훈련
- 성격, 기호, 습관의 문제
- 부족한 동기
- 낮은 사기

㉡ 작업의 교육, 훈련, 교시의 문제

- 직장에서의 훈련 부족
- 감독자의 잘못된 지도
- 매뉴얼, 점검표 등의 불충분
- 정보, 의견교환의 부족
- 연수, 연구개발 등의 부족

㉢ 인간-기계체계의 인간공학적 설계상의 결함의 문제

- 의미를 알기 어려운 신호형태
- 변화와 상태를 식별하기 어려운 표시수단
- 관계가 있는데도 분산되어 있는 표시기기
- 표시기기와 조작도구의 성질과 목적의 불일치
- 서로 식별이 어려운 표시기기와 조작도구
- 방향성을 가진 표시, 조작, 조작결과의 방향성이 일치하지 않음
- 공간적으로 여유가 없는 배치
- 인체의 무리, 혹은 부자연스러운 지지
- 가끔 틀리는 측정기기, 표시기기

㉣ 업무숙달 정도

- 신입근로자 : 작업 업무가 복잡하거나 과도하게 많아 임의적으로 과정을 생략하거나 긴장하여 발생
- 숙련자 : 업무내용이 익숙하고 반복적이어서 주의해야 할 점을 놓치고 오류사실을 인지하지 못하는 경우

업무숙달 정도에 따른 인적오류	
신입근로자	업무숙련자
• 정보의 선택이 계획대로 행해지지 않음 • 정보의 과잉으로 혼란을 일으킴 • 정보의 통합화, 시계열적 처리가 불가능 • 기억량이 적고 확실하지 않음 • 예측할 수 있는 폭이 좁음 • 조작이 늦고 매끄럽지 못해 분주한 상태 • 전체 순서가 혼란스러움 • 여유가 없고 정신적 긴장상태에 있음	• 업무를 적당히 처리함 • 습관적으로 일을 처리함 • 억측에 빠짐 • 잘못되는 것을 눈치채지 못함 • 잊어버리고 빠뜨림 • 의식수준이 낮아짐 • 계획대로 작업을 수행하지 않음 • 필요 없다고 생각하는 것은 수행하지 않음

(4) 기관사 인적오류 종류 및 발생원인

① **정차역 통과** : 가장 빈번하게 발생하는 인적오류이며, 통과열차로 착각하거나 정차역 지적확인 미시행, 정차역 통과방지장치의 무효화, 열차시각 미확인 등으로 발생

② **신호확인 소홀** : 주의분산 등으로 인해 신호기를 확인하지 않아 발생하는 오류이며, 무전기 수신, 차량의 고장조치, 객실과의 인터폰 통화 등으로 운전에 대한 집중력이 분산되어 신호를 주시하지 않을 때 발생

③ **기기취급 오류** : 스위치의 잘못된 취급, 주의분산 등으로 발생하는 요인으로 순간적으로 당황할 때 나오는 오류이다.

④ **응급조치 미흡** : 응급조치 관련 지식이 부족하거나 당황 또는 착각하여 응급상황 발생 시 신속하고 정확한 대화를 하지 못해 발생하는 오류

⑤ **출입문 취급 소홀** : 집중력 저하, 출입문 취급 망각 등으로 정차역에서 정확한 출입문 취급을 하지 못하거나 승강장 안전문 확인 미흡 등으로 발생하는 오류

⑥ **협의 소홀** : 운전정보 교환의 미흡 또는 문제 발생 시 관제사 또는 차장과 해야 할 협의를 생략하여 발생하는 오류

(5) 기관사 원인별 인적오류의 개선대책

① 심리적 개선

② 교육, 훈련 개선

㉠ 행동수준 개선

- 기능기반 행동 : 작업의 빈도가 높아 무의식적으로 행동할 수 있는 수준(위험수준 매우 낮음)
- 규칙기반 행동 : 작업빈도가 어느 정도 이상으로 행동을 위한 규칙이나 절차가 마련되어 있는 수준(위험수준 중간)
- 지식기반 행동 : 작업의 빈도가 매우 낮거나 처음 해보는 행동으로 규칙이나 절차가 마련되어 있지 않은 수준(위험수준 매우 높음)

㉡ 기관사 인적오류 저감을 위한 교육훈련

시뮬레이터 훈련의 절차
훈련목표 선정 → 시나리오 구성 → 브리핑 → 훈련 실시 → 평가/강평

시뮬레이터	정 의	훈련목표
Real Cab	실제장비 사용훈련	조작기술 훈련 및 실제훈련
FTS	복잡한 작업과 그에 따르는 모든 환경적 복잡성까지 구현된 장치	• 실제와 유사한 동적 환경에서 상황인식을 통한 정신운동 기술의 훈련 • 정상, 비정상, 비상상황에서의 훈련
PTS	비교적 실제환경과 비슷하게 부분적으로 구현된 장치	• 특정한 역할을 집중적으로 훈련 • 조작절차의 훈련 • 고장진단 등의 훈련
CAI	교육용 소프트웨어 형태의 PC 장비	• 자기주도적 학습 및 평가 • 규정 및 절차의 습득 • 관련 지식의 습득 및 이해

③ 시스템적 개선

㉠ 표지 및 스위치류 개선

㉡ 위험도 기반 철도안전관리 시스템 구축

㉢ 인적오류 분석체계를 통한 철저한 원인 분석

㉣ 인적오류가 발생해도 사고로 확산되지 않도록 방지벽 설계

④ 조직의 안전문화 개선

㉠ 하인리히 법칙 1 : 29 : 300 = 중상자 : 경상자 : 잠재적 상해자

㉡ 깨진 유리창의 법칙

- 개인의 사소한 위반이나 문제점을 방치하면 큰 문제로 이어질 가능성이 높다는 의미를 담고 있음
- 인적오류의 가능성이 부분에서 전체로 확대되는 경향

예 제

01 인적오류의 정의 및 인식에 관한 내용으로 틀린 것은? 기출

① 인적오류는 인간이 발생시키는 오류를 말하는 것으로 인간이 작업하고 수행하는 전 분야에서 활용된다.

② 의도한 목적을 이루기 위해 계획한 어떤 행위가 실패하여 의도하지 않은 결과로 발생하는 것을 말한다.

③ 일반적으로 철도분야에서는 인적오류를 안전상의 중요한 문제를 야기할 가능성이 있는 적절한 의사결정이나 행위로 정의하고 있다.

④ 인적오류가 근본원인이라기보다는 하나 이상의 복합적인 위험요인 및 결함으로 이루어져 있다.

해설 적절한 의사결정이나 행위가 아니고 부적절한 의사결정이나 행위이다.

정답 ③

02 인적오류 중 실수(Slip)에 관한 내용으로 틀린 것은? 기출

① 잘못된 규칙을 적용

② 타이밍을 제대로 맞추지 못함

③ 잘못된 순서로 작업을 수행함

④ 작업절차의 일부를 빠뜨림

해설 ① 잘못된 규칙을 적용하는 것은 착오에 해당하는 내용이다.

실수(Slip)

- 작업절차의 일부를 빠뜨림
- 잘못된 순서로 작업을 수행함
- 타이밍을 제대로 맞추지 못함

정답 ①

출제경향

비상시 조치에서 인적오류는 안 빠지고 출제되는 부분으로 인적오류의 종류별 학습이 매우 중요하다. 쉬운 문제일수록 놓치는 않는 것이 중요하다.

02 지적확인 환호응답

(1) 지적확인 환호응답의 정의

① 지적확인 : 확인하고자 하는 대상물을 손가락으로 가리키며 눈으로 확인하는 것
② 환호 : 지적한 대상물의 명칭이나 현재상태에 대한 인식을 강화하기 위하여 소리를 내어 확인하는 것
③ 응답 : 2명 이상의 사람이 함께 복창하며 한사람이 지적하면 나머지 사람이 대상의 상태와 조작내용을 복창하며 확인하는 것

(2) 지적확인 환호응답의 도입

① NASA의 전문가들이 결함을 사전에 체크하는 ZD(Zero Defect, 무결점) 운동을 시작한 것에서 비롯
② 1960년대 말 일본국철에서 '지적확인 환호응답'이라는 명칭이 본격적으로 도입 운용됨
③ 한국철도는 1970년 시범 도입, 1976년 5월 5일 공식적으로 운용
④ 초기에는 기관사 및 수송원(현 입환담당 역무원) 등의 직원에 의해서만 실시
⑤ 지적확인 환호는 시각-청각-운동감각의 입체적 주의력 강화방안

(3) 지적환호 응답의 효과

① 눈으로만 보고 확인했을 때보다 3.5배의 오류율 감소와 체득 후 지적확인 환호응답의 소요시간도 약 1/2로 감소
② 지적과 환호 동시에 했을 시 : 오류율 0.08%, 소요시간 0.75초

(4) 지적확인 환호응답의 필요성

① 열차 안전운행 확보
② 오감을 통한 정확도 향상
③ 인적오류 사전 감소
④ 실수의 근원방지
⑤ 기기 취급 시 안전사고 사전예방
⑥ 시력기능의 강화
⑦ 신경자극을 통한 오류방지

(5) 지적확인 환호응답의 기본동작 및 요령

① 기본동작
㉠ 대상물을 찾음
㉡ 검지로 대상물을 정확히 지적함
㉢ 대상물의 명칭과 상태를 명확하게 환호하고 응답

② 시행 순서

㉠ 취급자 : 먼저 지적확인 환호

보조자 : 지적확인 환호응답

㉡ 단독근무 시 지적확인 환호만 실시 가능

③ 지적확인할 대상물이 한곳에 2개 이상 있을 경우 열차의 안전운행에 직접 관련되거나 열차운행에 지장을 줄 수 있는 대상물을 우선 지적확인하고 나머지 대상물에 대하여는 환호응답만 할 수 있음

④ 취급자가 각종 기기를 점검 및 보수하거나 조작판 및 보안장치 등을 취급할 때에는 취급하기 전에 지적확인을 하고 취급한 후에는 이상 유무를 확인함과 동시에 환호를 해야 함

⑤ 주체의 신호기와 보조신호기가 동시에 확인 가능한 경우에는 주체의 신호기에 대한 지적확인 환호응답만 시행하고, 주체의 신호기의 확인이 불가능하고 보조신호기의 신호 확인만 가능한 경우에는 보조신호기에 대하여 지적확인 환호만 시행해야 함

⑥ 기관사가 기기 및 장치를 사용하여 운전 취급을 하는 경우나 양손으로 물건을 들고 이동을 하는 경우, 철도사고 발생 및 장애 등 급박한 상황 발생 시에는 지적확인은 생략하고 확인 및 환호만 시행할 수 있음

⑦ 지적확인 환호응답 이행 대상자

㉠ 운행선 및 인접구간에서 근무하는 모든 직원

㉡ 철도운영기관에서 종사하는 다음의 직원

- 관제사
- 열차승무원
- 정거장의 열차운용원, 역무원(신호취급 및 수송업무 담당자에 한함)
- 기관사, 부기관사
- 선임 장비관리장, 장비관리원
- 건널목관리원
- 선임전기장, 전기장, 전기원
- 선임시설관리장, 시설관리장, 시설관리원
- 선임차량관리장, 차량관리원
- 선임건축장, 건축원

(6) 지적확인 환호응답 세부시행 시기 및 요령

① 시행시기 : DLP 감시 시, MMI 및 L/S 취급 시

② 시행방법

㉠ 이례사항 발견 시 즉시 지적확인 환호, 조치한 후 이상 유무 확인

㉡ 취급할 대상이 다수인 경우 관련대상 모두에 대해 취급완료 후 최후에 지적확인 환호

㉢ 열차운행을 집중제어 통제하는 업무수행으로 감시업무를 하기 어려운 경우 DLP 감시 시 시행하는 지적확인 환호응답은 생략 가능

㉣ 해당 신호에 마우스 클릭 시 해당 신호기명을 환호하고, 취급 후 신호현시의 정상상태를 확인하고 손가락으로 지적하면서 상태를 환호

ⓜ 열차출발 및 접근 시 시행하는 지적확인 환호응답 중 전동열차는 제외, 5콘솔은 고속열차 및 광명셔틀 전동차에 한하여 시행

ⓑ 지적확인 환호의 기본동작 크기는 관제업무에 지장이 없도록 적절하게 시행

예 제

01 지적확인 환호응답의 기본동작 및 요령에 관한 설명으로 틀린 것은? 기출

① 보조자 2명이 근무할 경우 취급자가 먼저 지적확인 환호를 하고 보조자가 복창한다.

② 단독으로 수행하는 경우 지적확인 환호만 실시할 수 있다.

③ 지적확인 대상물이 한곳에 2개 이상 있을 경우 두 개 다 환호응답만 할 수 있다.

④ 급박한 상황 발생 시에는 지적확인 동작은 생략하고 확인 및 환호만 시행할 수 있다.

해설 지적확인 환호응답의 기본동작

- 먼저 취급 또는 확인할 대상물을 찾는다.
- 검지로 대상물을 정확히 지적한다.
- 대상물의 명칭과 상태를 명확하게 환호하고 응답한다.
  - (2명 근무) 취급자가 지적확인 환호하고 보조자가 지적확인 환호응답
  - (단독 근무) 지적확인 환호만 실시
  - (한곳에 대상물 2개 이상) 안전운행에 직접 관련 또는 지장을 줄 수 있는 대상물을 우선 지적확인하고 나머지 대상물은 환호응답
  - (기기점검) 취급하기 전 지적확인, 취급 후 이상 유무를 확인함과 동시에 환호

정답 ③

03 사고사례

(1) 대구지하철 1호선 중앙로역 화재사고

① 문제점

㉠ 현장근무자, 관리자의 안전의식 결핍

㉡ 대처방식의 교육 결여

㉢ 안전기준 미달, 비상전력체제 취약

㉣ 조도가 불충분한 유도등, 전원 전환이 불량한 비상조명등 등 인적오류

② 대 책

㉠ 위기 관리능력 강화를 위한 정기적, 임시적인 교육훈련

㉡ 화재발생 전동차의 초동진압 조치 등 근무자의 업무숙달 배양

㉢ 유형별, 상황별 비상조치 매뉴얼 습득과 실행 의지에 대한 상시적인 모니터링

(2) 공항철도 계양역~검암역 간 전동열차 사상사고

① 문제점

㉠ 안전관련 지도 및 감독 소홀

㉡ 작업책임자 미지정

㉢ 열차감시원 배치 누락

② 대 책

㉠ 작업 전 안전대책 수립 및 준수 여부와 관련된 예방 시스템 구축

㉡ 작업자 관리 감독 및 선로 내 또는 관리구역 내 출입통제

㉢ 운전취급자 및 유지보수 담당자의 매뉴얼 숙지

(3) 부산교통공사 3호선 배산역~물만골역 간 전동열차 충돌, 탈선사고

① 문제점

㉠ 구원열차에게 고장열차의 정확한 정차위치 미통보

㉡ 수동운전 미승인

㉢ 배산역장의 고장열차 정지 및 전령법 시행 등 구원열차 운행에 대한 정보 미인지

② 대 책

㉠ 관제사, 기관사, 역장 등 운전취급 관계 직원의 규정 준수

㉡ 열차운행 시 준수사항에 대한 교육훈련

㉢ 열차무선전화기 사용불능 등 이례상황을 대비하여 철도종사자 간의 신속한 정보공유를 위한 현실성 있는 운전취급규정 마련

(4) 경부선 대구역 무궁화호-KTX 충돌사고

① 문제점

㉠ 신호 오인 후 안전대책 미수립

㉡ 사고 직후 인접열차 통제 미흡

② 대 책

㉠ 열차방호, 무전교신 청취 등 기관사의 규정준수를 위한 대책 수립

㉡ 비상시 인력동원에 대한 미비한 시스템 보완

㉢ 운전관련 조직의 운전계획, 운전제도, 교육훈련 계획의 수시점검

(5) 서울메트로 2호선 상왕십리역 전동열차 충돌-탈선사고

① 문제점

㉠ 관제사와 기관사 교신 미흡

㉡ 운전관제사 서행운전 미지시

㉢ 신호관제 신호체계 변경작업에 대한 작업통제 미실시

② 대 책

㉠ ATS/ATO 등 시스템 혼용운행에 따른 열차운행의 안전성 사전 파악

㉡ 종합관제소 및 운전취급실의 신호기 오류상태 감시와 이상 시 즉시 시스템 개선

㉢ 종합관제소의 시기적절한 열차운행 통제, 감시, 지시와 철도종사자 간의 정보교류를 위한 비상연락체계 구축의 제도화

예 제

01 다음은 대구 지하철 참사에 대한 내용이다. 방화 시 발생할 수 있는 인적오류에 대한 방지대책의 기본 3가지에 해당하지 않는 것은? 기출

① 소화기에 대한 전문지식을 함양하기 위해 지속적인 교육 시행

② 위기 관리능력 강화를 위한 정기적이고 임시적인 교육훈련 시행

③ 화재발생 전동차의 초동진압 조치 등 근무자의 업무숙달 배양

④ 유형별, 상황별 비상조치 매뉴얼 습득과 실행 의지에 대한 상시적인 모니터링 시행

해설 방화 시 발생할 수 있는 인적오류에 대한 방지 대책

- 위기 관리능력 강화를 위한 정기적, 임시적인 교육훈련
- 화재발생 전동차의 초동진압 조치 등 근무자의 업무숙달 배양
- 유형별, 상황별 비상조치 매뉴얼 습득과 실행 의지에 대한 상시적인 모니터링

정답 ①

제2장 | 비상상황 발생 시 조치

01 관제사 비상조치 기본개요

(1) 비상상황 발생 시 조치의 정의

철도사고 등이 발생하였을 때에는 철도운영자가 사상자 구호, 유류품 관리, 여객수송 및 철도시설 복구 등 인명피해 및 재산피해를 최소화하고 열차를 정상적으로 운행할 수 있도록 하는 필요한 조치이다.

(2) 사고복구의 우선순위

① 인명구조 및 보호(병발사고 방지조치 포함)
② 본선개통 및 증거확보
③ 민간 및 철도재산의 보호

(3) 비상상황 수보 시 단계별 조치원칙

① 1단계 : 상황파악 및 급보
㉠ 사고 또는 장애규모 및 초동조치 필요사항 파악
㉡ 관련기관 급보 및 관계자에게 상황 전파
㉢ 공사운영상황실 근무체제를 비상근무체제로 전환

② 2단계 : 병발사고 방지조치
㉠ 저촉열차에 대한 안전조치
㉡ 승객에 대한 안전조치 지시
㉢ 열차방호 지시
㉣ 차량의 구름방지조치 지시 및 전차선 급전중지 요청

③ 3단계 : 대외협조 요청 및 승객조치
㉠ 사상자 발생 시 의료인력 및 의료장비지원 요청
㉡ 경찰병력 출동 요청
㉢ 지방자치단체(시청, 도청)에 지원협조 요청
㉣ 복구조건을 고려하여 군 병력 및 장비지원 요청
㉤ 대체 수송방법 결정 및 시행(우회, 연계, 전환수송)

④ 4단계 : 상황수보 및 보고
㉠ 현장상황 수보 및 통제지시의 일원화를 위한 전담자 및 전용전화 지정
㉡ 급보 후 추가확인사항 수보 및 보고
㉢ 조치 진행상황 수보 및 보고

(4) 관제업무의 범위

① 철도차량의 정상적인 운행 유지 및 적법운행 여부에 대한 지도 · 감독

② 철도사고등으로 열차운행에 혼란이 발생하거나 혼란의 염려가 있을 경우 열차의 운행조건 및 일정 등을 변경하여 열차가 정상적으로 운행할 수 있도록 철도차량 등의 운전정리

③ 철도사고등 발생 시 사고보고 및 상황전파, 사고 확산 방지 및 피해 최소화를 위한 사고수습 · 복구 등의 조치(지시)

④ 긴급한 선로작업을 포함한 열차운행선 지장작업에 대한 승인 · 통제 · 통제

⑤ 열차 출발 또는 작업 개시 72시간 이내에 시행하여야 하는 사전계획되지 아니한 긴급 · 임시 철도차량의 운행설정 · 승인 및 작업구간의 열차운행 통제

⑥ 귀빈 승차 및 국가적 행사 등으로 특별열차가 운행하는 경우 조치

⑦ 관제업무 수행에 필요한 다음 내용의 정보의 입수 · 분석 및 판단, 전달 · 전파, 기록유지에 관한 업무

㉠ 관제운영에 관한 정보

㉡ 철도사고등 및 재해 · 재난에 관한 정보

⑧ 관제시설 관리 및 비상대응훈련

⑨ 그 밖에 국토교통부장관이 관제업무와 관련하여 지시한 사항

(5) 철도종사자의 의무

① 업무수행에 있어 관제기관의 조치 및 지시에 따라야 함. 다만, 특별한 사정으로 응할 수 없는 경우 관제기관과 협의

② 관제기관으로부터 정보요구를 받았을 때에는 즉시 정보를 제공

③ 철도사고등의 발생이 예상되거나 발생한 경우 보고계통에 따라 관제기관에 즉시 보고. 다만, 급박한 경우 담당 관제업무종사자에게 구두보고 가능

④ 비CTC역에 배치된 운전취급자는 열차운행시각표 또는 관제기관의 지시에 따라 해당 역에 진 · 출입 열차에 대한 신호 및 폐색취급을 하고 열차의 도착 · 출발 · 통과시각을 정보교환시스템 또는 전화 등으로 보고

(6) 현장조치

① 첫째 : 관계열차 및 차량정차(필요시 팬터그래프 하강)

② 둘째 : 열차방호 및 구름방지 등 안전조치

③ 셋째 : 사상자 구호 및 이송조치

④ 넷째 : 상황파악 및 사고개요 급보(변동사항 수시보고)

(7) 철도사고

① 철도교통사고

㉠ 충돌사고

㉡ 탈선사고

㉢ 열차화재사고

㉣ 기타철도교통사고 : 위험물사고, 건널목사고, 철도교통사상사고

② 철도안전사고

㉠ 철도화재사고

㉡ 철도시설파손사고

㉢ 기타철도안전사고 : 철도안전사상사고, 기타안전사고

(8) 지연운행

① 고속열차 및 전동열차 : 10분 이상 지연

② 일반여객열차 : 20분 이상 지연

③ 화물열차 및 기타 열차 : 40분 이상 지연

(9) 사상자

① 사망자 : 사고로 즉시 사망하거나 30일 이내에 사망한 사람

② 부상자 : 사고로 24시간 이상 입원치료한 사람

(10) 관제시설 고장 · 장애 발생 시 조치사항

관제업무종사자는 관제시설의 고장 · 장애 발생 시 즉시 관제시설 유지보수자에 통보하여 복구될 수 있도록 필요한 조치를 하여야 하며 관제시설의 고장 · 장애 발생 및 조치 내용 등을 업무일지 및 관제시설 고장 · 장애 현황일지에 기록하고 관리하여야 한다.

(11) 관제설비 고장 시 조치

① CTC 장치 고장이 발생한 경우

㉠ 관제권을 일시적으로 역장에게 이관

㉡ 관제운영실장에게 관제설비 고장에 관한 보고

㉢ 관제업무에 필요한 지시사항은 관제 직통전화 및 XROIS를 통해 해당 역에 지시. 기타사항은 비 CTC 구간의 취급에 준함

② 열차 무선전화기 고장이 발생한 경우

㉠ 관제사가 담당하는 구역의 시종단역장 및 관계처에 관제무선전화기 고장내용을 통보

㉡ 관제업무에 필요한 지시사항은 열차가 운행 중인 최근 인접역을 통해 전달

③ 관제전화설비 고장이 발생한 경우

㉠ 철도전화설비 또는 휴대폰 등을 이용하여 관제업무 수행

④ 영상감시장치(CCTV) 고장이 발생한 경우에는 유지보수자에게 고장내용을 통보해야 함

(12) 사고복구장비의 출동

① 복구장비란 기중기, 재크키트 및 모터카 등 사고복구를 위한 장비를 말한다.

② 복구장비 출동 필요나 요구가 있을 때는 소속기관의 관할 구분 없이 사고복구에 가장 유리한 소재지의 복구장비 출동을 지시

③ 기중기 연결 운행 시 견인기관차 바로 다음에 연결하는 것이 원칙. 다만, 소속기관장이 긴급출동 또는 사고수습에 유리하다고 판단하였을 때에는 예외

④ 복구장비가 고속선 출동 시 [고속철도 운전취급세칙]을 적용. 기타 장비운전은 [열차운행선 지장작업 업무지침]을 따름

⑤ 복구장비 및 복구요원은 출동지시 시각으로부터 30분 이내에 배치소속에서 출동하여야 함

⑥ 기중기 등 비상차 및 재크키트가 배치된 사업소장은 관리 책임자를 지정 · 운용하여야 하며, 월 1회 이상 기능상태 점검 및 조작훈련을 시행하고, 그 결과를 소속 실정에 맞게 서식을 정하여 기록 유지하여야 함

⑦ **기타 사고 시** : 비상객차 – 침목 및 공구차 – 공구차 – 유차 – 기중기

⑧ **중대형 사고 시** : 레일 및 침목적재차 – 비상객차 – 침목 및 공구차 – 공구차 – 유차 – 기중기

예 제

01 비상대응계획 시행세칙에서 정한 사고복구의 우선순위가 바르게 짝지어진 것은? 기출

① 본선의 개통 – 민간 및 철도재산의 보호 – 인명의 구조 및 안전조치
② 민간 및 철도재산의 보호 – 본선의 개통 – 인명의 구조 및 안전조치
③ 인명의 구조 및 안전조치 – 민간 및 철도재산의 보호 – 본선의 개통
④ 인명의 구조 및 안전조치 – 본선의 개통 – 민간 및 철도재산의 보호

정답 ④

02 비상대응계획 시행세칙에서 정한 복구장비에 포함되지 않는 것은? 기출

① 기중기
② 유니목
③ 재크키트
④ 모터카

해설 복구장비란 기중기, 재크키트 및 모터카 등 사고복구를 위한 장비를 말한다.

정답 ②

02 관제업무 수행 시 관련 절차

(1) 관제업무 승인에 대한 기록유지

① 사용시기

㉠ 역 운전취급자의 요청에 의하여 승인을 할 때

㉡ 기관사 및 장비운전원 등의 요청에 의하여 승인을 할 때

㉢ 관제사가 업무수행상 필요에 의하여 지시가 필요할 때

② 기록방법

㉠ 승인번호는 연간 일련번호에 의하여 부여

㉡ 승인일시는 승인을 위한 최종협의시각과 완료시각을 기록

㉢ 승인내용은 승인한 사항을 구체적으로 기록

㉣ 승인요구자 및 승인자란은 해당사항을 기록

(2) 운전정리 시행

① 운전정리를 할 때는 열차등급에 따라 상위열차를 우선취급

㉠ 고속여객열차 : KTX, KTX-산천

㉡ 특급여객열차 : ITX-청춘

㉢ 급행여객열차 : 새마을호(ITX-새마을), 무궁화호, 누리로, 급행전동열차

㉣ 보통여객열차 : 통근열차, 일반전동열차

㉤ 급행화물열차

㉥ 화물열차 : 일반화물열차

㉦ 공사열차

㉧ 회송열차

㉨ 단행열차

㉩ 시험운전열차

② 동급열차는 속도가 빠르거나 운전기간이 긴 열차를 우선취급

(3) 운전정리용 열차다이아에 기재하여야 할 사항

① 임시열차의 운전상황

② 정기열차의 운휴

③ 열차의 시각 변경

④ 선로차단공사의 시간

⑤ 서행개소 및 서행속도

⑥ 전철구간의 단전 및 급전시각

⑦ 운행방식의 변경

⑧ 그 밖의 이례적인 사항 및 운전정리에 필요한 사항

(4) 귀빈열차에 대한 운전정리 및 관계사항 조치

① 일반열차에 우선하며 귀빈열차의 이동상황에 대하여는 보안유지

② 귀빈열차의 운행정리는 관제운영실장이 지휘 · 통제

③ 귀빈열차 운행관련 사항은 운행구간을 담당하는 관제사 상호 간 긴밀하게 협조하여 조치, 열차운행 상황을 특별히 감시

④ 귀빈열차가 운행을 종료한 경우에는 운행종료 시각으로부터 1시간 뒤 운행에 관련된 내용은 모두 폐기

(5) 관제사의 운전취급

① 열차에 대한 운전취급은 CTC 취급이 원칙

② 로컬취급은 CTC 또는 비CTC 구간의 역에서 역장이 관제사의 지시에 따라 해당 역의 신호기 및 선로 전환기를 조작하여 열차를 제어하는 경우

(6) 상시로컬역 지정기준

① 선구별 분기되는 지점에 위치한 역

② 선구별 시 · 종착역

③ 일간 입환 작업량이 100량 이상인 역

④ 그 밖에 상시로컬역으로 운영함이 운전취급의 효율성 및 안전성 강화에 유리하다고 인정되는 역

(7) 철도사고등의 발생 등 지휘체계

① 철도사고등 발생 시 열차통제 관련 지휘는 관제운영실장이 담당

② 센터장은 사고대응 및 복구 등 시행 전에는 관제실장에게 승인을 받아야 하나 긴급조치는 해당 콘솔 관제사가 즉시 시행하고 부득이 여유가 없을 시 사후 보고함

③ 사고의 규모가 확산되거나 사회적 물의가 예상될 경우 열차통제 관련 지휘는 다음과 같음

사고등급	지휘책임자	사고규모
Red (대형사고)	안전본부장 ※ 중앙수습본부 설치 시 : 부사장	5인 이상 사상자, 24시간 이상 열차운행 중지
Orange (중형사고)	관제실장	3인 이상 사상자, 고속 60분 · 일반 120분 이상 지연 예상 시
Yellow (기타 사고)	관제운영실장	고속 20~60분 · 일반40~120분 미만 지연 예상 시
안전경보	관제운영실장	안전확보 긴급명령 or 철도기상특보 발령 시
정보사항	관제운영실장	–

예제

01 비상대응계획 시행세칙에서 정한 열차사고로 5명 이상의 사상자가 발생하거나 24시간 이상 열차 운행이 중지된 사고의 분류로 옳은 것은? 기출

① 소형사고
② 중형사고
③ 대형사고
④ 준중형사고

정답 ③

03 비상상황 발생 시 조치 및 대응

(1) 사고발생 시 수보 대상자

발생장소	급보책임자	비 고
정거장 내 (전용선 내의 입환 포함)	역 장	–
정거장 외 (자갈선 내의 입환 포함)	기관사 (KTX 기장 포함)	필요시 열차승무원이 급보
기타장소	발생장소의 장, 발견자	–

※ 사고보고 순서 : 최초보고 → 중간보고 → 복구진행상황 보고 → 최종보고

(2) 보고종류별 보고시기 및 보고자

보고별	보고시기	보고자
최초보고	발생 즉시	사고 · 장애 해당자
중간보고	현장도착 즉시	임시복구지휘자
진행보고	현장도착 즉시 및 수시	복구지휘자
최종보고	복구완료 시	복구지휘자

(3) 대응체계의 적용원칙

① **예방단계** : 신속한 대응을 위한 각종 장비 · 시설 · 조직 · 임무의 숙지상태 등에 대하여 수시점검
② **대비단계** : 신속한 대응을 위한 모의훈련 · 훈련평가를 통한 부적합 사항을 발굴하여 지속적인 개선
③ **대응단계** : 비상상황 초기단계로 사고현황 파악 및 보고와 복구수습체계 가동
④ **복구단계** : 다양한 시나리오를 기본으로 구축한 표준대응절차에 따라 신속한 복구 및 정상적인 열차 운행 상태 회복

(4) 사고대응(초기대응)

① 비상근무체제 전환

㉠ 종합관제실장은 사고수보 즉시 상황을 판단하여 공사운영상황실을 비상근무체제로 전환하고 초기수습에 대한 지휘권 행사

㉡ 종합관제실 선임관제사는 사고복구체계 가동을 위해 동보시스템을 활용하여 관계자에게 긴급상황을 전파하도록 자체내규에 의한 담당자를 지정하여 시행하도록 하고 해당 지역본부의 지역본부장 및 안전환경처장에게 유선 통보

㉢ 운영상황실의 각 상황반장은 자소속 주관본부, 단 · 실장 및 핵심요원에게 유선으로 긴급상황 전파

② 공사운영상황실 지휘

㉠ 철도공사 비상대응계획 시행지침에 의거 중형, 대형사고에 해당되지 않는 일반사고 또는 장애 발생 시에는 관제운영실장, 운영상황실장으로서 복구 완료 시까지 지휘

㉡ 철도공사 비상대응 지침에 의거 중형, 대형사고가 발생하여 공사운영상황실에 대한 지휘권 격상이 필요한 경우에는 단계별 지휘권자가 도착하기 이전까지 관제운영실장이 대응지휘

지휘권 격상이 필요한 경우의 단계별 지휘권자 지정
- 경미한 상황 및 각 사고의 초동단계 : 관제운영실장
- Yellow급 사고 : 관제실장
- Orange급 사고 : 안전본부장
- Red급 사고 : 부사장 또는 중앙사고수습지원본부장

③ 중앙사고수습지원본부 운영

㉠ 운영목적 및 방법 : 대형사고 발생 시 적절하고 신속한 수습을 위하여 공사운영 상황실을 중심으로 지위를 격상하여 구성 운영

㉡ 운영장소 : 본사 공사운영상황실

㉢ 운영절차 : 중앙사고수습지원본부 설치 여부는 안전혁신본부장이 사장에게 건의로 결정

㉣ 관제운영실장은 공사운영상황실 지휘권 이관 이후에는 사고수습 과정의 결정사항에 대한 열차운행조정업무 수행

(5) 대응훈련 및 평가

① **본사주관 훈련** : 연간 1회 이상, 훈련지휘책임자는 해당 근무조 관제부장

② **지역본부 주관훈련** : 반기 1회 이상, 훈련지휘책임자는 훈련지역 선임관제사

(6) 훈련의 구분

① **도상훈련** : 실제훈련과 구별

② **부분훈련** : 일부 또는 개별분야의 비상대응 능력 향상을 위해 시행하는 실제훈련

③ **종합훈련** : 종합시나리오에 의해 시행하는 합동훈련

예 제

01 대응체계의 적용원칙이 아닌 것은? 기출

① 예방단계
② 훈련단계
③ 대응단계
④ 복구단계

해설 대응체계의 적용원칙
- 예방단계 : 신속한 대응을 위한 각종 장비 · 시설 · 조직 · 임무의 숙지상태 등에 대하여 수시점검
- 대비단계 : 신속한 대응을 위한 모의훈련 · 훈련평가를 통한 부적합 사항을 발굴하여 지속적인 개선
- 대응단계 : 비상상황 초기단계로 사고현황 파악 및 보고와 복구수습체계 가동
- 복구단계 : 다양한 시나리오를 기본으로 구축한 표준대응절차에 따라 신속한 복구 및 정상적인 열차운행 상태 회복

정답 ②

04 철도사고 및 장애유형별 조치

(1) 초기대응

	탈선/충돌	화 재	사상사고	독가스/폭발물
상황전파	• 종합관제실장 – 상황반장 → 주관본부실장 – 타기관 통보 • 선입관제사 – 문자담당자 지정 – 지역본부장, 안전환경 통보 • 종합관제사 : 문자일괄전송 • 담당관제사 : 해당 정거장에 상황전파 및 열차지연 통보	동 일	동 일	동 일

긴급대응	• 열차운행통제 조치 – 인근열차 정차조치 – 비CTC는 인근 역장 통제 지시 – 궤도회로단락, 무선 방호 • 인명구조 및 긴급지원 요청 • 피해확산에 대한 조치 – 화재발생 시 소방서 요청 – 감전사고 시 단전요구 • 운영실 비상근무체제 전환 – 복구지원체계 가동 – 열차운행 조정 – 기중기, 구원열차, 임시열차 수립	• 열차운행통제 조치 • 인명구조 및 긴급지원 요청 • 산불 등 화재우려 시 산림청 및 소방서 지원 요청 • 동력차와 객화차 간 화재우려 시 동력차 분리 지시 • 폭발물 수송차량 관련 시 국방부에 지원요청 • 운영실 비상근무체제 전환 – 소화복구 지원체계 가동 – 열차운행 조정 – 임시열차 운행계획 수립	• 열차운행통제 조치 • 단시간조치 가능 시 전 열차 대기 후 운행 • 단시간조치 불가 시 반대선로 운행 • 인명구조 및 사상자 이송긴급 지원요청 • 대량사상자 발생 시 비상근무체제 전환 – 열차운행 조정 – 열차운행계획 변경 사항 통보	• 열차운행통제 조치 – 인근열차 운행중지 지시 – 오염지역에 접근한 열차오염지역 통과 지시 • 인명구조 및 긴급지원 요청 • 추가테러에 대비한 경계병력 지원요청 • 운영실 비상근무체제 전환 • 종합관제실장은 현장정보 수집 및 일원화 조치 • 현장정보 수집과 발신을 위한 전담지정자 확인 • 조치 진행상황 수시수보를 위한 전용전화 확인
상황보고	• 보고책임자 : 종합관제실장 – 대외 : 국토교통부 – 대내 : 근무시간 내(주관본부실장), 근무시간 외(사장, 부사장, 감사)	동 일	동 일	동 일

(2) 복구대응 및 후속조치(탈선, 화재, 충돌, 건널목)

	주요조치 및 상황파악	외부지원 요구
터널 탈선/충돌	• 사고현장 부근 운행열차에 대한 안전조치 및 동력차 승무원 사상 유무 파악 • 분할운전의 가능성 및 운전가능 방향 • 외부 지원차량에 대한 사고현장 최단 접근로 파악 • 장대터널 내 사고 발생으로 배기가스에 의한 승객 방지 지시 : 기관정지 및 승객대피 유도 • 특수성을 고려한 현장정보 파악(터널 총길이, 조명설비, 사고지점과 터널 종간의 이동거리) • 기타 특이사항 : 통신수단 확보, 복구장비 투입이 어려운 곳에 따른 상황파악, 복구장비 도착 전 단전 및 제거	• 119 구급대 및 의료기관 : 인명구조 필요시 • 소방서 : 탈선충격에 의한 화재발생 또는 발생 우려 시 • 경찰서 : 질서유지 필요시 • 지방자치단체 : 복구장비 또는 인력 부족 시 • 군부대 : 악천후/위험물질 관련전문장비 및 인력 필요시
터널 화재	• 인접선 운행열차 즉시 정차 • 소화 및 승객유도인력 긴급출동 지시 • 분할운전 가능 시 승객 이동승차 조치 후 터널 밖으로 이동 지시 • 승객대피 완료 시까지 인접선 운행열차 운행통제 • 특수성을 고려한 현장정보 파악(터널 총길이, 조명설비, 환기시설, 사고지점과 터널 종간의 이동거리) • 기타 특이사항(통신수단 확보, 복구장비 투입의 어려움에 따른 상황파악, 복구장비 도착 전 단전 및 제거	탈선과 동일

사상사고	〈정거장 구내에서 사상사고 발생〉 • 사고발생선로 착발예정열차에 내용 통보 • 사상자 조치 지시 – 전문구호 인력 도착 시까지 응급구호 조치 – 이송차량 도착 시까지 사망자 안치 및 감시 • 구조인력 및 구급차량에 대한 진입로 확보 지시 • 열차착발선 변경 시 여객안내 철저히 지시	• 119 구급대 및 의료기관 : 인명구조 및 사상자 이송(교량은 수상구조, 터널은 조명장비 요청) • 경찰서 : 대량사상자 발생으로 질서유지 필요시
독가스/폭발물	〈정거장 구내 및 운행 중인 열차〉 • 열차운행통제 – 오염(테러)정거장 접근열차에 대하여 신속한 통과조치(테러는 긴급정차 조치) – 오염(테러)접근열차 신속히 현장 통과 • 오염(테러)정거장 정차열차는 신속하게 출발 지시 • 배기 또는 환기시설 가동 유무 확인 및 가동중지 요청(테러로 인한 열차운행선 지장 유무 확인) • 오염정거장(현장)에 대한 열차운행 전면통제(추가테러 안전상황 수보 후 열차운행 재개)	• 119 구급대 및 의료기관 : 응급구호인력 및 개인구호장비 • 경찰청에 테러지역 일반인 접근통제 요청 • 국방부에 추가테러 대비 경계병력 지원요청

(3) 주요조치

	탈선/충돌	화 재	사상사고	독가스/폭발물
복구준비	• 사고복구반 출동 지시 – 근무시간 내 : 사고지역 지역본부 차량처장 – 근무시간 외 : 사고지역 지역본부 당직책임자 • 기중기 출동 지시 및 계획 시행 – 기중기 출동명령 : 본사 종합관제실장(상황실장) – 기중기 출동명령 받음 : 기중기 배치소속 인접역장 • 임시복구책임자 지정 : 차량사업소장 → 시설사업소장 → 전기사업소장 → 승무사업소장 → 역장 • 종합관제실장은 정보수집 현장책임자 지정 및 전용전화 지정	탈선/충돌 • 소화지원 지시 • 외부지원 요청 시 차량 진입로 확보	• 사망자 현장출동 지시 – 근무시간 내 : 지역본부 시설처장 – 근무시간 외 : 사고지역 지역본부 당직책임자 • 임시감시책임자 지정 : 차장 → 열차팀장 → 부기관사	• 긴급장비 및 인력동원 지시 – 근무시간 내 : 사고지역 안전환경처장 – 근무시간 외 : 사고지역 지역본부 당직책임자 • 인근사업소장 및 역장에게 출동/수습지원 지시 • 중독자 임시구호장소 확보 및 승객 등 유도 지시 • 테러열차 승객 조치방안

구분	내용			
복구지원	• 복구예정시간 수보 및 보고 – 근무시간 내 : 주관 본부실장 – 근무시간 외 : 사장, 감사, 부사장 • 복구예정시간 전파 : 관제실장 → 각 상황반장 → 소속에 전파 • 외부기관 지원요청 – 사고상황 및 현장상태 – 최단접근로 통보 : 위험물질 유출 또는 환경오염 세부내용 관련 시 통보 • 구원열차 추가운행 • 복구책임자로부터 진행상황 확인 • 복구 완료보고 후 열차운행 재개 지시	동 일	동 일	동 일
후속조치	• 운전명령 – 서행 및 주의 – 책임자 : 담당 관제사 • 피해상황 파악 – 사상자 수, 차량피해, 시설물 피해, 기타운송화물 유출 등으로 환경피해 – 책임자 : 종합관제실장	동 일	동 일	동 일
종합상황보고	• 보고절차 : 철도교통관제센터장 → 종합관제실장 → 수송조정실장 • 대외(국토부) 보고 – 수송조정실장이 책임자로 국토부 보고 – 선임관제사가 보고서 작성	동 일	동 일	동 일

(4) 이상기후

구분	내용
집중호우	〈열차운행 정지〉 • 일연속강우량 150mm 이상이고 시간당 60mm 이상일 때 • 고가 및 교량구간의 시간당 강우량 70mm 이상일 때 • 선로순회자 또는 열차감시원이 열차운행에 위험하다고 인정한 때 • 교량상판 아래 수위가 정지수위가 되었을 때 • 물에 떠내려오는 물체가 교량에 부딪혀 변형을 일으킬 우려가 있을 때 • 세굴이 심할 때
풍 속	• 풍속 20m/s 이상 : 단계적으로 감속운행 • 풍속 25m/s 이상 30m/s 미만 : 열차 출발 또는 통과중지 및 유치차량 구름방지 조치 • 풍속 30m/s 이상 : 열차운행 중지
강 설	• 레일면이 보이지 않을 때 : 30km/h 이하 • 7cm 이상 14cm 미만 : 230km/h 이하 • 14cm 이상 21cm 미만 : 170km/h 이하 • 21cm 이상 : 130km/h 이하
지 진	• 40gal 이상 65gal 미만(황색경보) – 구간 내 일단정지 – 지진 통과 후 30km/h 주의운전 → 관계 사령 긴급출동 지시 – 최초열차 지장이 없음 확인 후 정상운행 • 65gal 이상(적색경보) – 구간 내 즉시정차 – 지진 통과 후 최초열차 30km/h 시계운전 – 이상 없을 시 65km/h 주의운전 – 관계사령 이상 없음 확인 후 정상운행

예 제

01 터널화재 시 주요조치 및 상황파악으로 옳지 않은 것은? 기출

① 인접선 운행열차 주의운전

② 소화 및 승객유도인력 긴급출동 지시

③ 분할운전 가능 시 승객 이동승차 조치 후 터널 밖으로 이동 지시

④ 승객대피 완료 시까지 인접선 운행열차 운행통제

해설 터널화재 시 인접선 운행열차는 즉시 정차해야 한다.

정답 ①

05 이례사항 발생 시 유형별 취급요령 및 조치

(1) 상용폐색방식

① 복선구간 : 자동폐색식, 차내신호폐색식, 연동폐색식

② 단선구간 : 자동폐색식, 연동폐색식, 통표폐색식, 차내신호폐색식

(2) 대용폐색방식

① 복선구간 : 지령식, 통신식

② 단선구간 : 지령식, 지도통신식, 지도식

(3) 대용폐색방식 사용 시 조치

① **통신식의 정의** : 복선운전구간에서 대용폐색방식 시행의 경우로서 다음의 경우에는 폐색구간 양끝 역장은 전용전화기를 사용하여 협의한 후 통신식을 시행하여야 함(★ 머리말 참고)

㉠ CTC 구간에서 CTC 장애, 신호장치 고장 또는 열차무선전화기 고장 등으로 지령식을 시행할 수 없는 경우

㉡ CTC 이외의 구간에서 신호장치 고장 등으로 상용폐색방식을 시행할 수 없는 경우

※ 운전취급자에게만 의존하는 보안도가 매우 낮은 대용폐색방식

② **통신식 시행시기** : 자동폐색식 구간에서는 다음의 어느 하나에 해당할 것

㉠ 자동폐색신호기 2기 이상 고장인 경우. 다만, 구내폐색신호기는 제외

㉡ 출발신호기 고장 시 조작반의 궤도회로 표시로 출발신호기가 방호하는 폐색구간에 열차 없음을 확인할 수 없는 경우

㉢ 다른 선로의 출발신호기 취급으로 출발신호기가 방호하는 폐색구간에 열차 없음을 확인할 수 없는 경우

㉣ 도중폐색신호기가 설치되지 않은 구간에서 원인을 알 수 없는 궤도회로 장애로 출발신호기에 진행 지시신호가 현시되지 않은 경우

㉤ 정거장 외로부터 퇴행할 열차를 운전시키는 경우

③ **연동폐색식 구간에서는 다음의 어느 하나에 해당할 것**

㉠ 폐색장치 고장 있는 경우

㉡ 출발신호기 고장으로 폐색 표시등을 현시할 수 없는 경우

④ **차내신호폐색식에서는 다음의 어느 하나에 해당할 것**

㉠ 지상장치가 고장인 경우

㉡ 차상장치가 고장인 경우

⑤ 통신식 시행 시 기본요령

㉠ 관제사 지시를 받음

㉡ 직통전화 사용 및 양 역장 협의 후 시행

㉢ 통신식 시행 시 양 역 사이에 반드시 1개 열차만 운행

㉣ 통신식 시행구간의 출발신호기는 정지신호를 현시

㉤ 사용중지 대상 신호기장치는 반드시 신호중지의 조치를 함

㉥ 역장은 기관사에게 관제사 운전 명령번호를 전달

㉦ 기관사는 역 간 열차 없음 및 선로상태 이상 없음을 확인 시 도중 폐색신호기 현시상태 무시하고 운전

⑥ 지도통신식의 정의 : 단선구간(복선구간에서 일시 단선운전을 하는 구간 포함)에서 대용폐색방식을 시행하는 다음의 경우에는 폐색구간 양끝의 역장이 협의한 후 지도통신식을 시행하여야 함(★ 머리말 참고)

㉠ CTC 구간에서 CTC 장애, 신호장치 또는 열차무선전화기 고장 등으로 지령식을 시행할 수 없을 경우

㉡ CTC 이외의 구간에서 신호장치 고장 등으로 상용폐색방식을 시행할 수 없는 경우

⑦ 지도통신식 시행시기

㉠ 자동폐색식 구간에서는 다음의 어느 하나에 해당

- 자동폐색신호기 2기 이상 고장인 경우. 다만, 구내폐색신호기 제외
- 출발신호기 고장으로 폐색표시등을 현시할 수 없는 경우
- 제어장치 고장으로 자동폐색식에 따를 수 없는 경우
- 도중폐색신호기가 설치되지 않은 구간에서 원인을 알 수 없는 궤도회로 장애로 출발신호기에 진행지시 신호가 현시되지 않은 경우
- 정거장 외로부터 퇴행할 열차를 운전시키는 경우

㉡ 연동폐색식 구간에서는 다음의 어느 하나에 해당할 것

- 폐색장치 고장으로 이를 사용할 수 없는 경우
- 출발신호기 고장으로 폐색표시 등을 현시할 수 없는 경우

㉢ 통표폐색식 구간에서는 다음의 어느 하나에 해당할 것

- 폐색장치 고장으로 이를 사용할 수 없는 경우
- 통표를 분실하거나 손상된 경우
- 통표를 다른 구간으로 가지고 나간 경우

⑧ 지도통신식 기본요령

㉠ 지도표 발행번호는 1~10호까지 사용(적색종이에 흑색문자)

㉡ 지도권은 지도표가 존재하는 정거장 또는 신호소에서 발행

㉢ 지도권 발행번호는 51~100호까지 사용(백색종이에 적색글자)

㉣ 동일방향 폐색구간에 2 이상의 열차 연속 진입 시 맨 뒤 열차지도표 휴대

㉤ 정거장 외에서 퇴행할 열차는 지도표를 휴대

(4) 구원열차(전령법) 운행

① **전령법의 정의 :** 1폐색구간에 이미 1개의 열차가 있을 경우 부득이 구원열차 운행 시 전령자를 승차시켜 열차 정차지점까지 운행하는 방법

② **전령법 시행시기**

㉠ 폐색구간을 분할하여 열차운전 시 재차 열차사고가 발생하였거나 또는 그 폐색구간으로 굴러간 차량이 있어 구원열차 운행 시

㉡ 선로고장의 경우 전화불통으로 관제사의 지시를 받지 못할 경우와 인접 정거장 역장과 폐색구간의 분할에 관한 협의가 곤란한 경우

㉢ 현장에 있는 공사열차 이외에 재료수송, 기타 다른 공사열차를 운전할 경우

㉣ 전령법을 시행하여 구원열차를 운전 중 고장 · 기타 사유로 다른 구원열차를 동일 폐색구간에 운전할 필요가 있는 경우

③ **전령법 기본요령**

㉠ 폐색구간에 다른 열차가 있으면 그 폐색구간을 변경하지 않고 열차를 운행

㉡ 시행구간에 고장열차 외 다른 열차 또는 차량 없음을 확인하여야 함

㉢ 폐색구간 양끝의 정거장 또는 신호소 역장이 협의하여 시행

㉣ 역장은 운전명령고지서를 기관사에게 교부하고 전령자 승차 확인 시 출발신호 현시 및 도중 정차열차 기관사에게 구원열차 출발을 통보

㉤ 전령자는 시행사유 내용 및 도착지점 파악 후 '전령자' 완장을 착용하고 맨 앞 운전실에 승차하여 기관사에게 내용을 통고

㉥ 구원요구 열차의 정차지점 1km 앞까지 45km/h 이하 운전, 그 이후부터 50m 전방까지 25km/h 이하(기타 구간 25km/h 이하로 운전)로 운전하여 일단정차

(5) 수신호 시행시기

① **출발신호기에 대용하는 진행수신호 현시시기**

㉠ 폐색수속을 요하는 경우에는 폐색 취급을 한 후

㉡ 운전허거증을 요하는 경우는 이를 교부 또는 승차시킨 후

㉢ 격시법을 시행하는 구간의 시작정거장 또는 신호소에서 선발열차 출발 후 소정시간이 경과한 후

㉣ 단선자동폐색방식 시행구간에서는 인접선 출발신호기 또는 개통표시등을 취급하여 출발신호 방호구간에 열차 유무 확인

② **통표폐색방식 또는 지도통신식 시행구간에서 폐색수속을 한 후, 운전허가증 교부 전이라도 진행수신호 현시 가능시기**

㉠ 통과열차일 때나 특히 지정하였을 때

㉡ 반복선 또는 출발도움선에서 출발하는 열차일 때

③ 수신호 제한속도(기관사 입장)

㉠ 장내신호기에 대한 대용 수신호 취급 시 사전통보 수보 시 : 일단정차 생략 25km/h 이하 진입

㉡ 장내신호기에 대한 대용 수신호 취급 시 사전통보 미수보 시 : 현시상태를 확인해도 일단정차 후 25km/h 이하 진입

㉢ 출발호기에 대한 대용 수신호 취급 시 다음 폐색신호기까지 열차 없음 확인 가능 시 : 최외방 선로전화기 통과 시까지 25km/h 이하 후 다음 폐색신호기까지 45km/h 이하

㉣ 출발호기에 대한 대용 수신호 취급 시 다음 폐색신호기까지 열차 없음 확인 불가 시 : 최외방 다음 폐색신호기 통과 시까지 15km/h 이하

㉤ 복선운전구간에서 반대선로로 운전한 경우에 진입선 또는 진출선 통보받은 경우에는 일단정차하지 않고 45km/h 이하로 운전할 수 있음

④ 수신호 현시 생략

㉠ 입환신호기에 진행신호를 현시할 수 있는 선로

㉡ 입환표지에 개통을 현시할 수 있는 선로

㉢ 역 조작반(CTC 포함) 취급으로 신호연동장치에 의하여 진로를 잠글 수 있는 선로

㉣ 완목식 신호기에 녹색등은 소등되었으나, 완목이 완전하게 하강된 선로

㉤ 고장신호기와 연동된 선로전환기가 상시 잠겨있는 경우

㉥ 관제사는 관계직원과 협의 등의 필요한 조치를 하여 진행수신호 현시 생략에 관한 사유와 운전명령번호를 통보하여야 하고 이 경우 CTC 구간에서는 조작판에 의하여 관계진로 이상이 없음을 확인하여야 함

㉦ 사전에 신호기 고장사유와 관제사 운전명령번호를 통보받은 경우 일단 정차하지 않을 수 있음

⑤ 본선지장 입환 시 관제사의 승인이 필요한 경우

㉠ CTC 구간에서 입환할 경우 관제사 승인에 의한 로컬조작

㉡ CTC 구간에서 장내신호기 외방에 걸치는 입환

㉢ 중간정거장에서 임시로 차량을 해결할 필요 있는 경우(승인받을 수 없는 경우 견인 여력이 있는 경우에 한하여 임시 연결하고 사후통보)

㉣ CTC 구간에서 인력 입환 시 궤도회로 점유나 점유 우려가 있을 경우

㉤ 간이역, 운전간이역의 입환 시나 복선운전구간에서 반대선로 지장 입환 시

㉥ 수송담당 역무원이 배치되지 않은 정거장에서의 본선지장 입환 시

⑥ 입환 착수 전 확인사항(★ 머리말 참고)

㉠ 본선을 지장하거나 지장할 염려가 있을 때에는 그 본선에 대한 신호기에 정지신호가 현시되어 있을 것

㉡ 선로의 상태가 입환에 지장 없을 것

㉢ 구름막이는 제거되었거나 열려 있을 것

㉣ 탈선선로전환기 및 탈선기는 탈선시키지 않는 방향으로 개통되어 있을 것

㉤ 특수한 사유 있는 경우 이외에는 화차의 문이 닫혀 있을 것

㉥ 이동금지전호기의 표시상태를 확인할 것

ⓢ 분리 · 연결 차량의 각 공기관 호스 및 전기연결기가 분리 · 연결되어 정해진 위치에 있을 것. 이 경우에 전기연결기가 분리 · 연결되지 않았을 때는 차량관리원에게 이의 분리 · 연결을 요구하고, 차량관리원이 없는 경우에는 역무원이 분리 · 연결할 것

ⓞ 열차의 진입선로를 지장하거나 지장 우려가 있는 입환은 열차도착(통과) 5분 전(인력입환은 10분 전)까지, 운전취급규정 제72조 제3항에 해당되는 정거장은 2분 전까지 완료할 수 있을 것

(6) 철도사고조사 및 피해구상 시행세칙

철도사고 등의 발생 시 다음과 같이 발생장소별 급보책임자는 급보계통에 따라 신속히 보고하여야 한다(제12조).

① **정거장 안에서 발생한 경우(전용선 안에서 공사 소속의 동력차 또는 직원에 의해 발생한 경우 포함) :** 역장(신호소, 신호장에 근무하는 선임전기장, 전기장, 전기원, 간이역에 근무하는 역무원 포함)

② **정거장 밖에서 발생한 경우(자갈선 안에서의 입환을 포함) :** 기관사(KTX 기장 포함). 다만, 여객전무, 열차팀장 또는 전동차장은 급보를 했는지의 여부를 확인하고 필요시 직접 급보를 하는 등 적극 협조 및 조치하여야 함

③ **위 내용 외의 장소에서 발생한 경우 :** 발생장소의 장 또는 발견자

예 제

01 복선구간의 상용폐색식이 아닌 것은? 기출

① 자동폐색식
② 차내신호폐색식
③ 통표폐색식
④ 연동폐색식

해설 상용폐색방식
- 복선구간 : 자동폐색식, 차내신호폐색식, 연동폐색식
- 단선구간 : 자동폐색식, 연동폐색식, 통표폐색식, 차내신호폐색식

정답 ③

02 본선지장 입환 시 관제사의 승인이 필요한 경우가 아닌 것은? 기출

① CTC 구간에서 입환할 경우 관제사 승인에 의한 로컬조작을 하는 경우
② CTC 구간에서 장내신호기 내방에서 입환을 하는 경우
③ 중간정거장에서 임시로 차량을 해결할 필요 있는 경우(승인받을 수 없는 경우 견인 여력이 있는 경우에 한하여 임시 연결하고 사후통보)
④ CTC 구간에서 인력 입환 시 궤도회로 점유나 점유 우려가 있을 경우

해설 장내신호기 외방에 걸쳐서 입환을 하는 경우 관제사의 승인이 필요하다.

정답 ②

기본핵심 예상문제

01 다음 설명 중 옳지 않은 것은?

① 산업별 인적오류 통계에서 철도사고는 70% 정도 차지한다.
② 분야를 막론하고 사고의 보통 40%가 인간행위에서 기인한다.
③ 과학기술의 발전으로 기계적인 안전성은 높아지고 있다.
④ 인간행위에 의한 사고비중은 절대적으로 더 높아지고 있다.

해설 ① 철도사고에서는 40% 정도가 인적오류로 인해 발생한다.

02 다음 중 실수에 해당하지 않는 것은?

① 작업절차의 일부를 빠뜨림
② 잘못된 순서로 작업을 수행함
③ 타이밍을 제대로 맞추지 못함
④ 잘못된 규칙을 적용

해설 ④ 잘못된 규칙을 적용하는 것은 착오에 해당된다.

03 다음 중 설명하는 것으로 옳은 것은?

> 인간이 실수를 범할 수 있는 요인에 대한 시스템적 접근방법을 제시한 모델이다. 사고는 최종적으로 기관사의 불안전한 행위에 의해 발생하지만 그 배경에는 불안전행위의 유발요건, 감독의 문제, 조직의 문제가 있으며 이러한 요인들이 하나로 연결되어 사고의 원인으로 작용하게 된다고 본다.

① J.REASON의 스위스 치즈모델
② 하인리히 법칙
③ 깨진 유리창의 법칙
④ 도미노 이론

해설 ① 사람의 불안전한 행위는 사고의 원인이 아니라 사고원인의 근본 요인을 분석하는 시작점이라고 말하는 J.REASON의 스위스 치즈모델의 설명 내용이다.

정답 01 ① 02 ④ 03 ①

04 사고유형별 발생요인에 대한 설명으로 옳지 않은 것은?

① 기기취급 오류는 스위치의 잘못된 취급, 주의분산 등으로 발생하는 요인으로 순간적으로 당황할 때 나오는 오류이다.

② 응급조치 관련 지식이 부족하거나 착각, 주의분산, 응급조치 매뉴얼 미숙지 시 응급조치 미흡 오류가 나온다.

③ 정차역 통과는 가장 빈번하게 발생하는 인적오류이며 정차역 지적확인 미시행, 정차역 통과방지장치의 유효화, 열차시간 미확인 등으로 발생한다.

④ 출입문 취급 소홀은 집중력 저하, 출입문 취급 망각 등으로 정차역에서 정확한 출입문 취급을 하지 못하거나 승강장 안전문 확인 미흡으로 발생한다.

해설 ③ 정차역 통과방지장치가 무효화될 경우 정차역 통과 인적오류가 발생한다.

05 다음 중 옳지 않은 것은?

① 인간의 행동은 교육 훈련의 반복으로 행동수준을 개선할 수 있다.

② 기능기반 행동은 외부에서 자극이 주어지면 특별한 사고과정 없이 무의식적인 행동으로 이어지는 것이다.

③ 규칙기반 행동은 작업빈도가 어느 정도 이상으로 행동을 위한 규칙이나 절차가 마련되어 있는 수준이다.

④ 지식기반 행동은 위험수준이 매우 낮다.

해설 ④ 지식기반 행동은 작업의 빈도가 매우 낮거나 처음 해보는 행동으로 규칙이나 절차가 마련되어 있지 않은 수준이므로 위험수준이 매우 높다.

06 지적확인 환호응답을 했을 시 몇 배의 오류율이 감소하는가?

① 1.5배

② 2.5배

③ 3.5배

④ 4.5배

해설 ③ 지적확인 환호응답은 눈으로만 보고 확인했을 때보다 3.5배의 오류율 감소와 체득 후 지적확인 환호응답의 소요시간도 약 1/2로 감소한다.

정답 04 ③ 05 ④ 06 ③

07 지적확인 환호응답의 필요성에 대한 설명으로 옳지 않은 것은?

① 동력차 승무원의 운전취급 시 확인동작에 있어서는 오감을 모두 적용시킴으로써 불안정성을 보완한다.

② 인간의 내면세계에 잘못 인식되어 있는 것을 바로 잡아주고 바르게 인식된 것은 습관화를 유도한다.

③ 지적확인 환호응답은 눈으로만 보고 확인했을 때보다 3.5배의 오류율 감소와 체득 후 지적확인 환호응답 소요시간도 약 1/2로 감소한다.

④ 지적확인 환호응답을 통해 인적오류를 사전에 제거시키고 자신을 보호하고 업무상 오류를 최소화할 수 있다.

해설 ④ 지적확인 환호응답은 인적오류를 사전에 제거시킬 수는 없으나 감소시킬 수는 있다.

08 지적확인 환호응답 이행 대상자가 아닌 것은?

① 관제사 – 신호취급 외의 역무원

② 장비관리원 – 건축원

③ 기관사 – 건널목관리원

④ 전기원 – 여객전무

해설 **지적확인 환호응답 이행 대상자**

- 운행선 및 인접구간에서 근무하는 모든 직원
- 철도운영기관에서 종사하는 다음의 직원
  - 관제사
  - 열차승무원
  - 정거장의 열차운용원, 역무원(신호취급 및 수송업무 담당자에 한함)
  - 기관사, 부기관사
  - 선임 장비관리장, 장비관리원
  - 건널목관리원
  - 선임전기장, 전기장, 전기원
  - 선임시설관리장, 시설관리장, 시설관리원
  - 선임차량관리장, 차량관리원
  - 선임건축장, 건축원

정답 07 ④ 08 ①

09 상왕십리역 전동차 충돌사고에 대한 문제점으로 옳지 않은 것은?

① ATS 지상설비 미설치
② 열차 지연 시 관제사와의 교신 미흡
③ 열차운행 간격조정을 위한 정차 서행운전 지시 없음
④ 신호체계 변경작업에 대한 작업통제 실시하지 않음

해설 ① 상왕십리역 전동열차 충돌–탈선사고는 교신 미흡 및 관제 통제 미시행으로 인한 사고로 ATS 지상설비 미설치와는 상관이 없다.

10 다음 설명으로 옳지 않은 것은?

① 사고복구의 우선순위 첫째는 인명의 구조 및 안전조치이다.
② 관제사는 철도종사자로부터 철도사고 보고를 받은 때에는 즉시 인명 · 재산 등의 피해 최소화를 위한 신고지시를 해야 한다.
③ 관제사는 현장 급보책임자 및 역장으로부터 철도사고 등의 발생 보고를 받은 즉시 관제센터장에게 보고해야 한다.
④ 관제센터장은 사장, 국토교통부장관, 관계기관에 보고 시 전화 또는 휴대폰 문자서비스를 활용할 수 있다.

해설 ② 관제사가 철도사고 보고를 받은 때에는 1단계 상황파악 및 급보 조치를 즉시 해야 한다.

11 다음 중 현장조치 순서로 옳은 것은?

ㄱ – 열차방호 및 구름방지 등 안전조치
ㄴ – 사상자 구호 및 이송조치
ㄷ – 상황파악 및 사고개요 급보(변동사항 수시보고)
ㄹ – 관계열차 및 차량정차(필요시 팬터그래프 하강)

① ㄱ – ㄷ – ㄹ – ㄴ　　② ㄹ – ㄱ – ㄴ – ㄷ
③ ㄹ – ㄱ – ㄷ – ㄴ　　④ ㄱ – ㄷ – ㄴ – ㄹ

해설 **현장조치 순서**
- 첫째 : 관계열차 및 차량정차(필요시 팬터그래프 하강)
- 둘째 : 열차방호 및 구름방지 등 안전조치
- 셋째 : 사상자 구호 및 이송조치
- 넷째 : 상황파악 및 사고개요 급보(변동사항 수시보고)

정답 09 ① 10 ② 11 ②

12 철도종사자의 의무로 옳지 않은 것은?

① 철도종사자는 철도사고 등의 발생이 예상되거나 발생한 경우 소속기관의 보고계통에 따라 관제기관에 즉시 보고하도록 해야 한다.

② 사고상황이 급박한 경우 철도종사자가 관제종사자에게 전화 등을 통한 구두보고를 할 수 있다.

③ 철도종사자는 관제기관으로부터 정보요구를 받았을 때에는 응급 및 비상조치 후 정보를 제공해야 한다.

④ 철도종사자 중 운전취급역 또는 비CTC역에 배치된 운전취급자는 열차운행시각표 또는 관제기관의 지시에 따라 신호 및 폐색취급을 해야 한다.

해설 ③ 철도종사자는 관제사로부터 정보요구를 받았을 때에는 즉시 정보를 제공해야 한다.

13 다음 중 복구장비가 아닌 것은?

① 기중기
② 모터카
③ 포크레인
④ 재크키트

해설 복구장비에는 기중기, 모터카, 재크키트가 있다.

14 운전정리 시행순서로 옳은 것은?

① 공사 – 회송 – 단행 – 시험

② 회송 – 공사 – 시험 – 단행

③ 공사 – 단행 – 회송 – 시험

④ 회송 – 단행 – 공사 – 시험

해설 **운전정리 시행**

운전정리를 할 때는 열차등급에 따라 상위열차를 우선취급한다.

- 고속여객열차 : KTX, KTX–산천
- 특급여객열차 : ITX–청춘
- 급행여객열차 : 새마을호(ITX–새마을), 무궁화, 누리로, 급행전동열차
- 보통여객열차 : 통근열차, 일반전동열차
- 급행화물열차
- 화물열차 : 일반화물열차
- 공사열차
- 회송열차
- 단행열차
- 시험운전열차

정답 12 ③ 13 ③ 14 ①

15 다음 설명의 괄호에 들어갈 내용은?

> 열차운행선에 지장을 주는 작업이나 공사를 하려는 자는 관제실장(　　)이 발령한 운전명령을 득한 후 시행하여야 한다. 철도사고 등으로 시급히 시행되어야 할 작업은 (　　)의 승인을 받은 후 시행하여야 한다.

① 관제운영실장 포함 / 관제운영실장
② 관제운영실장 제외 / 관제운영실장
③ 관제센터장 포함 / 관제센터장
④ 관제센터장 제외 / 관제센터장

해설 열차운행선에 지장을 주는 작업이나 공사를 하려는 자는 관제실장(관제운영실장 포함)이 발령한 운전명령을 득한 후 시행하여야 한다. 철도사고 등으로 시급히 시행되어야 할 작업은 관제운영실장의 승인을 받은 후 시행하여야 한다.

16 다음 사고규모일 때 보고해야 하는 지휘책임자는?

> 가. 열차운행과 관련하여 3인 이상의 사상자가 발생한 경우
> 나. 열차사고 및 장애 등으로 열차 지연이 크게 예상되는 경우
> – 다수의 고속열차가 60분 이상 지연 예상 시
> – 다수의 일반 여객열차가 120분 이상 지연 예상 시

① 안전본부장　　② 관제실장
③ 관제운영실장　　④ 관제센터장

해설 ② 3인 이상 사상자, 고속 60분 · 일반 120분 이상 지연 예상 시는 중형사고로 분류되어 지휘책임자는 관제실장이다.

17 대응체계 적용원칙으로 옳지 않은 것은?

① 예방단계 : 신속한 대응을 위한 각종 장비, 시설, 조직, 임무의 숙지상태 등에 대하여 수시점검
② 대비단계 : 신속한 대응을 위한 모의훈련, 훈련평가를 통한 부적합 사항을 발굴하여 지속적인 개선
③ 복구단계 : 다양한 시나리오를 기본으로 구축한 표준대응절차에 따라 신속한 복구 및 정상적인 열차운행 상태 회복
④ 대응단계 : 비상상황 중기단계로 사고현황 파악 및 보고와 복구수습체계 가동

해설 ④ 대응단계는 비상상황 초기단계로 사고현황 파악 및 보고와 복구수습체계를 가동해야 한다.

정답 15 ① 16 ② 17 ④

18 비상대응훈련의 종류가 아닌 것은?

① 도상훈련
② 부분훈련
③ 개인훈련
④ 종합훈련

해설 **비상대응훈련의 구분**

- 도상훈련 : 실제훈련과 구별
- 부분훈련 : 일부 또는 개별분야의 비상대응 능력 향상을 위해 시행하는 실제훈련
- 종합훈련 : 종합시나리오에 의해 시행하는 합동훈련

19 테러가 발생했을 때 조치로 옳지 않은 것은?

① 테러열차는 안전장소에 즉시 정차 및 승객대피 지시
② 테러열차에 접근한 인접선 열차는 신속히 현장통과 지시
③ 테러열차 정차구간으로의 열차운행 전면통제
④ 경찰청에 추가테러 대비 경계병력 지원요청

해설 ④ 경찰청에 테러지역 일반인 접근통제 요청을 하고 국방부에 추가테러 대비 경계병력 지원요청을 해야 한다.

20 관제사의 운전취급에 관한 내용 중 가장 옳지 않은 것은?

① 열차에 대한 운전취급은 관제사가 CTC 취급하는 것이 원칙이다.
② 관제운영실장은 CTC가 설치된 역 중 지정기준에 따라 상시로컬역으로 운영할 수 있다.
③ 선구별 시 · 종착역은 상시로컬역 지정기준에 해당된다.
④ CTC 구간역에서 이례사항 발생으로 로컬 취급이 유리하다고 관제사의 판단이 있는 경우 로컬 취급을 할 수 있다.

해설 ② 관제운영실장이 아니라 관제실장은 CTC가 설치된 역 중 지정기준에 따라 상시로컬역으로 운영할 수 있다.

정답 18 ③ 19 ④ 20 ②

부록

모의고사

제1회 모의고사

정답 및 해설 561쪽

1교시 철도관련법

01

대통령령으로 정하는 안전운행 또는 질서유지 철도종사자에 관한 설명으로 틀린 것은?

① 철도경찰 사무에 종사하는 국가공무원
② 철도사고, 철도준사고 및 운행장애가 발생한 현장에서 현장감독업무를 수행하는 사람
③ 철도차량 및 철도시설의 점검 · 정비 업무에 종사하는 사람
④ 철도시설 또는 철도차량을 보호하기 위한 순회점검업무 또는 경비업무를 수행하는 사람

02

철도운영자가 예산규모를 공시하는 경우 따라야 하는 기준과 관련된 내용으로 틀린 것은?

① 철도안전투자의 예산 규모 공시는 매년 5월 말까지 공시해야 한다.
② 예산규모의 공시는 철도안전정보종합관리시스템에만 게시하는 방법으로 한다.
③ 철도안전투자와 관련된 예산으로서 국토교통부장관이 정해 고시하는 예산을 포함해 공시해야 한다.
④ 철도안전 교육훈련에 관한 예산은 예산 규모에 포함되어야 하는 항목이다.

03

철도운영자등에 관한 안전관리 수준 평가에 관한 설명으로 틀린 것은?

① 안전관리 수준평가는 서면평가의 방법으로 실시하고 국토교통부장관이 필요하다고 인정하는 경우에는 현장평가를 실시할 수 있다.
② 매년 3월 말까지 안전관리 수준평가를 실시한다.
③ 국토교통부장관은 안전관리 수준평가 결과를 해당 철도운영자등에게 통보해야 한다.
④ 사고 분야에는 철도안전사고 건수, 피해금액 등이 있다.

04

운전교육훈련기관의 지정기준으로 틀린 것은?

① 운전교육훈련기관의 운영 등에 관한 업무규정을 갖출 것
② 운전교육훈련 시행에 필요한 사무실, 교육장과 교육장비를 갖출 것
③ 운전면허의 종류별로 운전교육훈련 업무를 수행할 수 있는 검사인력을 확보할 것
④ 운전교육훈련 업무 수행에 필요한 상설 전담조직을 갖출 것

05

철도차량 운전면허에 관한 사항으로 틀린 것은?

① 운전면허시험에 합격한 사람은 한국교통안전공단에 철도안전정보종합관리시스템을 이용한 제출을 포함한 운전면허증 (재)발급 신청서를 제출하여야 한다.

② 운전면허는 대통령령으로 정하는 바에 따라 철도차량의 종류별로 받아야 한다.

③ 노면전차를 운전하려는 사람은 해당 철도차량의 운전면허 외에 「도로교통법」에 따른 운전면허도 받아야 한다.

④ 운전면허시험을 치르기 위하여 철도차량을 운전하는 경우 운전면허 없이 운전할 수 있다.

06

운전면허 갱신에 관한 사항으로 틀린 것은?

① 국토교통부장관은 운전면허 취득자에게 그 운전면허의 유효기간이 만료되기 전에 국토교통부령으로 정하는 바에 따라 운전면허의 갱신에 관한 내용을 통지하여야 한다.

② 운전면허의 효력이 정지된 사람이 6개월의 범위에서 대통령령으로 정하는 기간 내에 운전면허의 갱신을 신청하여 운전면허의 갱신을 받지 아니하면 그 기간이 만료되는 날의 다음 날부터 그 운전면허는 효력을 잃는다.

③ 국토교통부장관은 운전면허의 효력이 정지된 사람이 있는 때에는 해당 운전면허의 효력이 정지된 날부터 30일 이내에 해당 운전면허 취득자에게 이를 통지하여야 한다.

④ 운전면허 갱신에 관한 통지는 철도차량 운전면허 갱신통지서에 따른다.

07

운전면허 소지자의 노면전차 운전면허 시험에 관한 설명으로 틀린 것은?

① 디젤차량 운전면허 소지자와 제2종 전기차량 운전면허 소지자의 노면전차 운전면허의 시험과목은 같다.

② 철도장비 운전면허 소지자가 노면전차 운전면허를 취득하려는 경우 필기시험 과목은 운전이론 일반, 노면전차 시스템 일반, 노면전차의 구조 및 기능이다.

③ 철도장비 운전면허 소지자가 노면전차 운전면허 취득하려는 경우 기능시험 과목은 신호준수, 운전취급, 신호 · 선로 숙지, 비상시 조치 등이다.

④ 철도장비 운전면허 소지자가 노면전차 운전면허를 취득하려는 경우 면제규정이 없다.

08

운전교육훈련기관의 장비기준 중 전 기능 모의운전연습기의 권장되는 성능으로 틀린 것은?

① 교수제어대 및 평가시스템

② 플랫홈시스템

③ 구원운전시스템

④ 진동시스템

09
철도차량 운전면허 취소 및 효력정지에 관한 설명으로 틀린 것은?

① 운전면허의 효력정지 기간 중 철도차량을 운전한 경우 1차 위반 시 면허취소
② 술을 마신 상태(혈중 알코올 농도 0.02퍼센트 이상 0.1퍼센트 미만)에서 운전한 경우 1차 위반 시 면허취소
③ 약물을 사용한 상태에서 운전한 경우 1차 위반 시 면허취소
④ 음주나 약물 사용의 확인이나 검사 요구에 불응한 경우 1차 위반 시 면허취소

10
안전교육의 내용으로 틀린 것은?

① 철도사고 및 운행장애 등 비상시 조치 및 수습복구대책
② 안전관리의 중요성 등 정신교육
③ 철도안전관리체계 및 철도안전관리시스템
④ 철도사고 사례 및 사고예방대책

11
철도차량 정비기술자의 인정기준에 관한 설명으로 틀린 것은?

① 역량지수는 '자격별 경력점수 + 학력점수'이다.
② 전문학사(3년제) 철도차량정비 관련 학과 외의 학과 점수는 20점이다.
③ 국가기술자격증이 없는 경우 경력점수는 3점/년이다.
④ 3등급 철도차량정비기술자의 역량지수는 40점 이상 60점 미만이다.

12
안전관리체계 관련 처분기준과 과징금의 부과기준으로 틀린 것은?

① 철도사고로 인한 사망자수 8명 – 업무정지 120일 – 14억 4천만원
② 철도사고로 인한 중상자수 70명 – 업무정지 120일 – 14억 4천만원
③ 철도사고등으로 인한 재산피해액 15억 – 업무정지 30일 – 3억 6천만원
④ 시정조치명령을 정당한 사유없이 이행하지 않은 경우 3차 위반 – 업무정지 60일 – 7억 2천만원

13
관제업무 실무수습에 관한 설명으로 틀린 것은?

① 관제업무에 종사하려는 사람은 국토교통부령으로 정하는 바에 따라 실무수습을 이수하여야 한다.
② 관제업무를 수행할 구간 또는 관제업무 수행에 필요한 기기의 변경으로 인하여 다시 관제업무 실무수습을 이수하여야 하는 사람에 대해서도 기존의 실무수습계획을 활용하여 시행할 수 있다.
③ 총 실무수습 시간은 100시간 이상으로 한다.
④ 관제업무 실무수습의 방법, 평가 등에 관하여 필요한 세부사항은 국토교통부장관이 정하여 고시한다.

14

철도차량정비기술자 인정신청서에 첨부해야 하는 제출서류로 틀린 것은?

① 국가기술자격증 사본(학력점수에 포함되는 국가기술자격의 종목에 한정)
② 졸업증명서 또는 학위취득서(해당하는 사람에 한정)
③ 철도차량정비경력증(등급변경 인정 신청의 경우에 한정)
④ 정비교육훈련 수료증(등급변경 인정 신청의 경우에 한정)

15

철도차량 운전면허 없이 운전할 수 있는 경우로 틀린 것은?

① 철도차량 운전에 관한 전문 교육훈련기관에서 실시하는 운전교육훈련을 받기 위하여 철도차량을 운전하는 경우
② 운전면허시험을 치르기 위하여 철도차량을 운전하는 경우
③ 철도차량을 제작 · 조립 · 정비하기 위한 공장 안의 선로에서 철도차량을 운전하여 이동하는 경우
④ 철도사고등을 복구하기 위하여 사고복구용 특수차량을 운전하여 이동하는 경우

16

철도차량 운전면허 취득을 위한 신체검사 항목의 불합격 기준으로 틀린 것은?

① 비결핵성 폐질환
② 유착성 심낭염
③ 판막증
④ 중증의 재생불능성 빈혈

17

운전적성검사 항목 및 불합격 기준으로 틀린 것은?

① 운전면허의 종류에 상관없이 검사항목 및 불합격 기준은 동일하다.
② 문답형 검사에는 일반성격과 안전성향이 있고, 안전성향 부적합자는 불합격이다.
③ 반응형 검사 주의력 항목에는 복합기능, 선택주의, 지속주의가 있다.
④ 반응형 검사에서 인식 및 기억력 항목에는 시각변별, 공간지각, 작업기억이 있다.

18

운전적성검사기관 및 관제적성검사기관의 지정취소 및 업무정지의 기준으로 틀린 것은?

① 거짓이나 그 밖의 부정한 방법으로 지정을 받은 경우 : 1차 위반 – 지정취소
② 지정기준에 맞지 아니하게 된 경우 : 1차 위반 – 지정취소
③ 정당한 사유 없이 운전적성검사업무 또는 관제적성검사업무를 거부한 경우 : 4차 위반 – 지정취소
④ 거짓이나 그 밖의 부정한 방법으로 운전적성검사 판정서 또는 관제적성검사 판정서를 발급한 경우 : 3차 위반 – 지정취소

19

운전업무종사자의 준수사항 중 철도차량이 차량정비기지에서 출발하는 경우 관련사항으로 틀린 것은?

① 운전제어와 관련된 장치의 기능
② 철도운영자가 정하는 구간별 제한속도 기능
③ 제동장치 기능
④ 그 밖에 운전 시 사용하는 각종 계기판의 기능

20

국토교통부령으로 정하는 여객출입 금지장소에 해당하지 않는 것은?

① 운전실
② 기관실
③ 발전실
④ 차장실

2교시 철도시스템 일반

01

KTX 제원으로 옳지 않은 것은?

① 외부형상은 유선형 구조이다.
② 상용최고속도는 200km/h이다.
③ 동력차는 전부, 후부 각 1량씩 편성당 2량이 있다.
④ 공기역학적 설계로 관절대차로 연결되어 있다.

02

KTX 제동장치에 관한 설명으로 틀린 것은?

① 답면제동은 동력대차에만 사용한다.
② 디스크제동은 객차대차에만 사용한다.
③ 회생제동은 동력대차에서만 발생된다.
④ 저항제동은 객차대차에서만 발생된다.

03

신형전기기관차의 출현에 관한 설명으로 옳지 않은 것은?

① 1,350kW의 3상 교류전동기를 사용한다.
② 차축의 배열방식은 Co-Co 방식이다.
③ 25KV, 60Hz의 전철화 구간에서 운용할 수 있다.
④ 최고속도는 150km/h이다.

04

8200대 비점유 운전실에서 기동 전 확인사항으로 옳지 않은 것은?

① 단독제동핸들 : 중립위치
② 역전기 : 중립위치
③ 비상제동밸브 : 제동위치
④ 보조제어기 : 중립위치

05

디젤기관차의 차량구조에 관한 설명으로 옳지 않은 것은?

① 견인발전기 출력은 기관차 운전을 위한 전력으로 사용된다.
② 디젤엔진에 의해서 직결 연결되어 있는 보조발전기가 구동된다.
③ 3상 발전기 출력이 생산되면 축전기 전력은 정류기에서 DC 전력으로 출력된다.
④ DC 링크를 통하여 주인버터 및 보조인버터에 공급된 후 각종 장치에 공급된다.

06

전기동차의 특징으로 옳지 않은 것은?

① 총괄제어가 가능하다.
② 동력분산식이다.
③ 고가속 및 고감속 운전이 가능하다.
④ 신속한 승하차가 가능하여 표정속도가 낮다.

07

전기식 출입문 장애물 감지차단스위치에 관한 설명으로 옳은 것은?

① 1cm의 작은 장애물도 감지한다.
② 승객이 출입문에 끼일 경우 전체 출입문을 자동으로 재개폐 동작을 수행한다.
③ 열차지연이 예상될 때 장애물 감지기능을 투입하기 위한 장치다.
④ 장애물 감지 시 자동으로 2회 재계패를 동작한다.

08

구원운전시기로 옳지 않은 것은?

① 전차선 단전 시 축전지 방전조치 소홀에 따른 기동 불능 시
② 전 차량 주차단기 차단으로 동력 불능 시
③ 출입문 1개 이상 출입문 닫힘 불량으로 전도운전 불능 시
④ 비상제동 완해불능으로 전도운전 불능 시

09

철도차량 중 일반여객취급용 차량이 아닌 것은?

① 새마을객차
② 무궁화객차
③ 식당차
④ 병원차

10

다음 중 설명으로 옳지 않은 것은?

① 자중 : 차량 자체의 무게, 공차 시의 중량
② 하중 : 차량에 적재할 수 있는 표준부담력을 초과하는 최대무게
③ 공차 : 하중을 부담시키지 않는 차량
④ 영차 : 화물을 적재한 차량

11

전단면 개착공법이 아닌 것은?

① 트랜치컷 공법
② 역타공법
③ 비탈면 개착공법
④ 토류벽식 개착공법

12

정위의 표준으로 옳지 않은 것은?

① 본선 상호 간의 중요한 방향
② 본선과 측선에서는 본선방향
③ 본선과 안전측선에서는 본선방향
④ 단선 상하 본선에서는 열차 진입방향

13

서행허용표지 설치위치로 옳은 것은?

① 1/1,000 이상 상구배
② 10/1,000 이상 상구배
③ 5/1,000 이상 상구배
④ 5/1,000 이상 하구배

14

일정한 지점에 설치한 신호기를 상치신호기라고 한다. 다음 중 상치신호기에 속하지 않는 것은?

① 장내신호기
② 엄호신호기
③ 원방신호기
④ 서행신호기

15

궤도틀림 상태를 정정 작업하는 장비로서 방향 정정, 수평 정정, 양로 및 침목 다지기 작업을 하는 궤도보수의 주력장비로 사용하는 것은?

① 멀티플타이탬퍼
② 밸러스트콤팩터
③ 밸러스트클리너
④ 밸러스트레귤레이터

16

전기철도의 구성요소가 아닌 것은?

① 전철변전설비
② 부하설비
③ 전원설비
④ 급전설비

17

우리나라 교류전기철도의 전압과 주파수로 옳은 것은?

① 15kV, 60Hz
② 25kV, 60Hz
③ 15kV, 50Hz
④ 25kV, 50Hz

18

아날로그신호와 디지털신호에 관한 설명으로 옳지 않은 것은?

① 아날로그란 어떤 양을 표시할 때 연속적인 값으로 나타낸다.
② 디지털이란 어떤 양을 표시할 때 이산적인 값으로 나타낸다.
③ 디지털신호는 아날로그 신호보다 잡음에 강하다.
④ 아날로그신호는 같은 양의 정보를 보내는 데 2배의 주파수 대역이 필요하다.

19

열차 무선전화장치 통화의 우선순위로 옳은 것은?

① 관제통화, 비상통화, 일반통화, 작업통화
② 비상통화, 관제통화, 일반통화, 작업통화
③ 관제통화, 비상통화, 작업통화, 일반통화
④ 비상통화, 관제통화, 작업통화, 일반통화

20

콘크리트 도상의 특징이 아닌 것은?

① 궤도강도가 작아 궤도보수비가 감소된다.
② 열차속도 향상에 유리하다.
③ 궤도 주변이 청결하여 수명이 연장된다.
④ 보수작업이 거의 필요하지 않다.

3교시 관제관련규정

01

관제사의 운전정리 사항으로 옳지 않은 것은?

① 단선운전 구간에서 열차교행 정거장 변경
② 열차의 계획된 시간을 늦추어 운전
③ 일반열차 착발선과 통과선 지정
④ 견인정수 변경에 따른 운전속도 변경

02

철도차량운전규칙에서 앞 운전실에서 운전하지 않아도 되는 경우가 아닌 것은?

① 추진운전을 하는 경우
② 고장차량을 운전하는 경우
③ 퇴행운전을 하는 경우
④ 보수장비가 작업하는 때에 작업용 조작대에서 운전하는 경우

03

관제운영실의 정의를 가장 바르게 설명한 것은?

① 관제업무종사자가 관제업무를 수행하는 관제시설
② 관제센터가 지진, 테러 또는 피폭 등으로 정상적인 관제업무수행이 불가능한 경우를 대비한 시설
③ 철도사고등이 발생한 경우 상황보고 및 전파, 복구 지시 등의 업무수행 시설
④ 관제업무의 정책 및 제도, 기획담당 시설

04

관제설비에 관한 설명으로 옳지 않은 것은?

① 이선진입 방지시설 및 CCTV
② 국토교통부장관이 관제기관에 설치한 시설
③ 열차집중제어장치
④ DLP

05

관제업무에 관한 설명으로 옳지 않은 것은?

① 철도차량 등의 운행과 관련된 조언과 정보 제공
② 기타 철도운영자 등이 철도차량의 안전운행 등을 위해 지시한 사항
③ 철도사고등 발생 시 사고복구 지시
④ 선로사용계획에 따라 철도차량의 운행을 제어, 통제, 감시하는 업무

06

관제업무 독립성과 공정성 확보와 관련이 없는 것은?

① 관제업무수행자는 관제업무종사자의 독립성과 공정성을 보장하여야 한다.
② 관제업무 독립성 확보를 위해 관제기관을 독립적으로 운영하여야 한다.
③ 관제업무의 공정성을 확보하기 위해 운영자와 관제업무 종사자가 포함된 관제운영위원회를 통한 의사결정 후 업무를 수행하여야 한다.
④ 철도를 운행하는 철도차량에 관한 현상태, 예측정보는 선로사용자, 철도운영자등에게 공정하게 제공하여야 한다.

07

관제업무수행자가 선임관제업무종사자를 지정할 때 고려해야 할 사항이 아닌 것은?

① 관제업무종사자 관리 능력
② 권역별 열차 운행조정 능력
③ 기획 및 창조 능력
④ 결정 및 판단 능력

08

철도사고등 발생 시 조치에 관한 설명으로 옳지 않은 것은?

① 관제업무수행자는 철도종사자 등으로부터 철도사고등의 보고를 받은 때는 즉시 열차방호 조치 및 구호, 구조기관 등 관계기관에 상황을 신고, 통보하였는지 확인해야 한다.
② 철도사고등이 발생하였음에도 신고 · 통보가 제대로 이루어지지 않았다고 판단되는 경우에는 즉시 관제업무종사자가 철도종사자에게 지시 또는 조치를 하거나 직접 관계기관에 신고 · 통보할 수 있다.
③ 관제운영실장은 철도사고 발생을 인지하거나 보고를 받았을 때 이를 국토교통부에 전화 등 가능한 통신수단을 이용하여 보고해야 한다.
④ 철도사고가 일어났을 때 일과시간 이외에는 국토교통부 당직실에도 보고해야 한다.

09

관제운영 감독관의 요건 및 업무에 관한 설명으로 틀린 것은?

① 관제업무의 독립성과 공정성을 확보하기 위하여 관제업무종사자가 지정 · 운영하는 것이다.
② 관제업무에 관한 의사결정은 반드시 관제운영조직에 명시된 인원에 의하여 수행해야 한다.
③ 관제업무 의사결정의 투명성을 확보하고 관제업무 수행에 있어서 선로사용자 간에 차별을 두지 말아야 한다.
④ 철도를 운행하는 철도차량에 대한 현상태, 예측정보는 선로사용자, 철도운영자 등에게 공정하게 제공해야 한다.

10

철도교통관제 운영규정에서 관제운영 감독관의 요건 및 업무에 관한 설명으로 틀린 것은?

① 5년 이상의 관제업무 근무경력이 있는 사람
② 철도관제업무를 담당하고 있는 공무원
③ 관제시설 고장 · 장애 발생 시 조치사항 파악 및 지도 · 감독업무
④ 관제업무 수행 관련 관계기관 간 협조업무

11

철도교통관제 운영규정에서 관제업무의 범위에 관한 설명으로 틀린 것은?

① 귀빈 승차 및 국가적 행사 등으로 특별열차가 운행하는 경우 조치
② 철도운영자가 관제업무와 관련하여 지시한 사항
③ 열차 출발 또는 작업 개시 72시간 이내에 시행하여야 하는 사전계획되지 아니한 긴급 · 임시 철도차량의 운행설정 · 승인 및 작업구간의 열차운행 통제
④ 관제시설의 관리 및 비상대응훈련

12

철도교통관제 운영규정에서 관제권역 또는 관제구간을 일시적으로 합병하거나 분할할 수 있는 경우는?

① 열차운행 횟수 및 운행조건 등에 따라 관제업무량이 감소된 경우
② 운행하는 철도차량의 종별이 변경된 경우
③ 철도사고등의 발생으로 관제구역을 합병하여 수행하는 것이 안전하다고 판단되는 경우
④ 열차운행 횟수 및 운행조건 등에 따라 관제업무량이 증감된 경우 및 철도사고 등의 발생으로 관제구역을 분할하여 수행하는 것이 안전하다고 판단되는 경우

13

철도차량운전규칙에서 정한 용어의 정의가 아닌 것은?

① 정거장 : 여객의 승강, 화물의 적하, 열차의 조성, 열차의 교행 또는 대피를 목적으로 사용되는 장소를 말한다.
② 신호소 : 상치신호기 등 열차제어시스템을 조작 · 취급하기 위하여 설치한 장소를 말한다.
③ 구내운전 : 정거장 내 또는 차량기지 내에서 차량을 이동, 연결 또는 분리하는 운전방법을 말한다.
④ 차량 : 열차의 구성부분이 되는 1량의 철도차량을 말한다.

14

철도차량운전규칙에서 열차의 조성에 관한 내용으로 옳지 않은 것은?

① 열차의 운전에 사용하는 동력차는 열차의 맨 앞에 연결하여야 한다.
② 열차의 최대연결차량수는 이를 조성하는 동력차의 견인력, 차량의 성능 · 차체 등 차량의 구조 및 연결장치의 강도와 운행선로의 시설현황에 따라 이를 정하여야 한다.
③ 구원열차, 제설열차, 공사열차 또는 시험운전열차의 경우 맨 앞에 동력차를 연결할 수 없다.
④ 맨 앞에 동력차를 연결하지 않아도 되는 경우는 회송의 경우와 그 밖에 특별한 사유가 있는 경우다.

15

철도차량운전규칙에서 신호현시의 정위 중 틀린 것은?

① 출발신호기 – 정지신호
② 유도신호기 – 정지신호
③ 원방신호기 – 주의신호
④ 장내신호기 – 정지신호

16

도시철도운전규칙상 하나의 폐색구간에 둘 이상의 열차가 동시에 운전할 수 있는 경우가 아닌 것은?

① 다른 열차의 차선 바꾸기 지시에 따라 차선을 바꾸기 위하여 운전하는 경우
② 시설 또는 차량의 시험을 위하여 시험운전을 하는 경우
③ 선로 불통으로 폐색구간에서 공사열차를 운전하는 경우
④ 고장난 열차가 있는 폐색구간에서 구원열차를 운전하는 경우

17

도시철도운전규칙상 전령법에 관한 설명으로 옳지 않은 것은?

① 전령법을 시행하는 구간에서 관제사가 취급하는 경우에는 전령자를 탑승시키지 아니할 수 있다.
② 열차등이 있는 폐색구간에 다른 열차를 운전시킬 때 그 열차에 대하여 전령법을 시행한다.
③ 전령법을 시행하는 구간에는 한 명의 전령자를 선정하여야 한다.
④ 전령자는 적색 완장을 착용하여야 한다.

18

도시철도운전규칙에서 정한 열차의 비상제동거리는?

① 600미터 이하
② 400미터 이하
③ 500미터 이하
④ 300미터 이하

19

철도교통관제 운영규정에서 관제업무 기록관리 내용 중 기록 및 유지할 항목으로 틀린 것은?

① 관제설비의 운용상태
② 철도사고등이 발생한 경우 보고내용 및 관계 열차의 지연시분, 관제업무종사자 및 철도종사자등의 조치내용
③ 관제지시 및 철도종사자등의 요청에 따른 조치사항
④ 그 밖에 철도운영자가 특별히 지시한 사항

20

철도교통관제 운영규정에서 관제업무 기록관리 내용 중 공개하지 아니할 수 있는 항목으로 틀린 것은?

① 철도사고 과정에서 관계인들로부터 청취한 진술
② 철도사고 등과 관계된 자들에 관한 의학적인 정보 또는 사생활 정보
③ 사고와 관련한 주요한 운전명령사항
④ 열차운전실 등의 음성자료

4교시 철도교통 관제운영

01

ATS에 관한 운전취급을 잘못 설명하고 있는 것은?

① ATS가 초기 설정되면 다음 신호기까지 45km/h 이하의 속도로 운전할 수 있다.
② 진행 또는 감속신호 시 운전취급으로 ATS 장치에서 속도감시를 할 수 없다.
③ 본선에서 Y(주의) 신호현시 시 신호기 전방에 열차속도를 45km/h 이하로 감속하여 신호기를 통과하여야 한다.
④ 속도초과 시(45km/h) ATS 회로가 구성되면서 즉시 비상제동이 체결된다.

02

ASOS(특수운전스위치) 취급운전과 관련이 없는 것은?

① ASOS는 본선구간 운행 중 폐색신호기(R1)의 현시구간을 넘어서 진행하는 경우 취급한다.
② 절대신호기 장애발생 등으로 정지신호를 현시할 때 그 정지구간을 승인받고 진입하기 위하여 ASOS를 취급한다.
③ 정지위치를 지나 출발신호기를 넘어 정차 시에 되돌이(퇴행)할 경우 ASOS를 취급한다.
④ 수신호 취급으로 장내 및 출발신호기를 넘어 진입 시 ASOS를 취급한다.

03

ATS 개방운전에 관한 사항으로 틀린 것은?

① ATS 지상장치 고장 시 사용
② 비상제동 풀기 불능 시 사용
③ 대용폐색방식 취급을 하는 경우
④ 기관사는 사용이 필요한 경우 관제사 승인을 받은 후 ATSCOS를 취급한다.

04

ATC 장치 중 ADU에 관한 설명으로 틀린 것은?

① ADU는 운전실 기관사 전면 제어대 중앙에 설치되어 있다.
② 기관사에게 지령속도와 실제속도를 현시하여 준다.
③ 막대형 ADU의 지령속도는 우측의 아래로부터 위로 적색 막대그래프로 표시된다.
④ 원형 ADU는 실제속도가 원형 막대그래프와 숫자로 표시되는 디지털 방식이다.

05

ATC 보호장치와 개방운전에 관한 설명으로 틀린 것은?

① 개방운전은 ATCCOS를 취급하고 관제사 승인에 의하여 45km/h로 운전하는 것을 말한다.
② ATCCOS를 취급하면 비상제동 회로를 바이패스시켜 ATC 비상제동이라는 보안기능을 해제한다.
③ ATCCOS(차단운전)는 ATC 차상장치 고장 시 취급한다.
④ ATCCOS 취급운전은 기관사의 판단으로 취급한다.

06

ATP 특징을 설명한 것으로 틀린 것은?

① 단순화된 차상신호
② 기관사에 통보 및 감독
③ 기관사에게 위험상황 경고
④ 필요시 강제 제동

07

ATP 시스템 운용 Level에 관한 설명으로 틀린 것은?

① Level STM은 비장착 모드라고 한다.
② 비장착 모드는 지상 ATP 시스템과 ATS 지상자가 모두 설치되지 않은 구간에 사용한다.
③ Level STM에서 최대속도 감시는 지상신호기에 연결된 ATS 지상자로부터 수신된 정보에 따라 제공된다.
④ Level STM에서 열차 검지 및 열차무결성 감시는 기존 신호시스템의 지상장치에 의해 이루어진다.

08

ATC 차상장치와 ATC 동작성과 관련이 없는 것은?

① PICK UP COIL
② 속도발전기
③ ATS RACK
④ ADU

09

열차계획에서 열차다이아그램의 개요와 거리가 먼 것은?

① 열차운행다이아는 열차의 이동상태를 시간과 거리의 관계로 도표화한 것이다.
② 통상 종축에 거리를, 횡축에 시간을 잡고, 열차의 궤적을 선으로 표시한다.
③ 열차운행다이아에는 정거장명과 시각 및 열차선과 열차번호를 제시한다.
④ 열차의 궤적을 거리에 따라 정확하게 기록하면 규칙적인 곡선이 만들어진다.

10

다음에서 설명하는 내용에 해당하는 것은?

> 각 노선에서 선행열차의 불필요한 감속 및 정차 등으로 인한 지연이 발생되는 경우에 해당되며, 이런 경우에는 열차의 운행순서 변경, 대피역 변경 등으로 경합을 해소한다.

① 열차추월 경합
② 열차교행 경합
③ 운전시격 경합
④ 플랫홈할당 경합

11

관제 mode에서 Local mode로의 전환으로 틀린 것은?

① Local mode로의 전환요구사항을 관제사와 현장역 운전취급자 간에 무전기로 협의, 확인한다.
② 관제사가 Console keyboard를 통해 Local mode로의 전환취급을 한다. 이 취급에 의해 현장역조작반의 Local lamp와 관제실 DLP의 Local lamp가 점멸하고 LCD 화면상에는 Local mode로의 전환요구 메시지가 경보된다.
③ 현장 운전취급자는 마우스 조작을 통해 해당역을 Local mode로 선택한다. 이 취급에 의해 DLP 및 현장조작반에는 Local lamp가 점등한다.
④ 이로부터 Local 운전자에 의한 운전취급이 가능하다.

12

다음 설명에 해당하는 용어는?

> 운용자가 키보드나 마우스를 조작하여 하나씩 처리해야 하는 여러 개의 처리과정을 일련의 단위로 묶어 일괄처리할 수 있도록 하여 운영자의 단순 반복적인 업무를 경감할 수 있도록 하는 기능이다.

① 프로그래머블 오토마타
② 진로제어
③ 신호기정지
④ 역제어모드 설정

13

도시철도관제시스템의 운행 제어방식으로 틀린 것은?

① TTC 모드
② CTC 모드
③ LOCAL AUTO 모드
④ LOCAL MENU 모드

14

CCM에 의한 운전취급에서 열차번호 제어와 관련이 없는 것은?

① L/S 화면에서 운영자의 조작에 의해 열차번호를 삽입, 복사, 수정, 이동, 교환 등을 수행한다.
② L/S상에서 열차번호 삽입은 L/S 화면에서 삽입할 [열번창]을 선택하면 나타나는 팝업메뉴에서 확인 메시지박스에서 [예]를 선택하여 열차번호를 삽입한다. [열차번호 삽입]을 선택하고 [열번창]에 열차번호를 입력하고 ENTER를 누른 후 열차번호를 제어한다.
③ L/S상에서 열차번호이동은 L/S 화면에서 이동할 [열차번호]를 선택한다. 팝업메뉴가 나타나면 [열차번호 이동] 메뉴를 선택하고, 서브메뉴에서 열차번호를 선택한다. 이동할 [열번창]을 선택하면 열차번호 이동확인 메시지박스가 뜨고 [예] 버튼를 눌러 열차번호를 이동한다.
④ L/S상에서 열차번호교환은 L/S 화면에서 교환할 [열차번호]를 선택한다. 팝업메뉴가 나타나면 [열차번호 교환] 메뉴를 선택하고, 서브 메뉴에서 열차번호를 선택한다. 교환할 해당 열차번호의 [열차번호]를 선택하여 열차번호 교환확인 메시지박스가 뜨고 [예] 버튼을 눌러 열차번호를 교환한다.

15

CCM에 의한 운전취급에서 열차추적과 관련이 없는 것은?

① 열차위치 추적은 현장의 신호점유정보와 진로설정정보, 열차번호 위치정보 등을 바탕으로 열차의 운행방향과 운행위치를 판단하여 추적하는 기능이다.
② 열차추적실행은 MMI 메뉴의 [현장제어] → [열차추적]을 선택한다.
③ 열차추적 [화면사용방식]은 추적할 [열차번호], 추적을 표시할 [L/S] 화면을 선택한 후 [추적시작] 버튼을 눌러 열차를 추적한다.
④ 열차추적 [추적종료]는 버튼을 눌러 열차추적을 중지한다.

16

도시철도관제에서 운전관제사의 주요업무로 틀린 것은?

① 운행선 작업 업무협의 및 조정
② 전차선로의 급전 및 단전
③ CATS 제어 시 확인사항
④ CATS의 CTC 취급시기

17

도시철도관제에서 여객관제사의 주요업무 중 열차지연 발생 시 업무로 틀린 것은?

① 열차운행 상황 통보
② 열차지연 관련 후속조치 시행
③ 강제반환 관련 업무
④ 운전정리 및 여객안내

18

도시철도관제에서 여객관제의 운용설비 현황으로 틀린 것은?

① 운전취급설비(LATS)
② 영상감시설비
③ 무선통화장치(TRS)
④ 관제제어 PC

19

도시철도관제에서 운전관제사의 주요업무 중 관제승인사항으로 틀린 것은?

① 운행휴지
② 순서변경
③ 운전시각변경
④ 반복변경

20

도시철도관제에서 운전관제사의 주요업무 중 운전명령사항으로 틀린 것은?

① 운행변경
② 종별변경
③ 단선운전
④ 임시서행

5교시 비상시 조치 등

01

산업별 인적오류의 발생비율에 관한 내용이다. 각 산업별 기준 중 틀린 것은?

① 항공 70~80%
② 항공관제 90%
③ 철도 60%
④ 원자력 70%

02

인적오류의 구분에 관한 내용 중 성격이 다른 것은?

① 실수(Slip)
② 망각(Lapse)
③ 착오(Mistake)
④ 위반(Violation)

03

인적오류 중 실수(Slip)에 관한 설명으로 틀린 것은?

① 잘못된 규칙을 적용
② 타이밍을 제대로 맞추지 못함
③ 잘못된 순서로 작업을 수행함
④ 작업절차의 일부를 빠뜨림

04

인적오류 중 위반(Violation)에 관한 내용 중 다른 것은?

① 일상적 위반(Routine violation) : 위반행위 자체가 조직 내에서 또는 개인적으로 일반 관습이 된 경우 발생
   예 절차가 불필요, 복잡, 상세한 경우에 일을 더 빨리하기 위해 발생

② 상황적 위반(Situational violation) : 현재의 작업 상황이 절차를 위반하지 않으면 안 되는 경우 발생
   예 시간적 압박으로 절차서에 명시된 대로 하는 것이 불가능, 인력 불충분 등

③ 착오(Mistake) : 행위는 계획대로 이루어졌지만 계획이 부적절하여 오류가 발생
   예 타 상황에 적합한 규칙을 현 상황에 잘못 적용

④ 즐기기 위한 위반(Optimizing or thrill-seeking violation) : 오랜 시간의 단조로운 일로 생긴 지루함을 벗어나기 위해 또는 단순히 재미 삼아 발생

05

기관사의 사고유형별 발생빈도 중 가장 높은 것은?

① 정차역 통과
② 신호확인 소홀
③ 기기취급 오류
④ 출입문 취급 소홀

06

지적확인 환호응답의 이행 대상자가 아닌 것은?

① 관제사
② 열차팀장
③ 매표직원
④ 건널목 관리원

07

지적확인 환호응답의 필요성에 관한 내용으로 틀린 것은?

① 주의 분산
② 오감을 통한 정확도 향상과 기기 취급 시 안전사고 사전예방
③ 인적오류 사전감소와 실수의 근원방지
④ 신경자극을 통한 오류방지

08

지적확인 환호응답의 기본동작 및 요령에 관한 내용으로 틀린 것은?

① 먼저 취급 또는 확인할 대상물을 찾는다.
② 검지로 대상물을 정확히 지적한다.
③ 대상물의 명칭과 상태를 명확하게 환호하고 응답한다.
④ 기관사가 기기 및 장치를 사용하는 중이더라도 반드시 지적확인해야 한다.

09

지적확인 환호응답의 대상자에 해당되지 않는 사람은?

① 기관사 / 관제사 / 열차승무원
② 열차운용원 / 부기관사 / 장비관리원
③ 선임전기장 / 전기장 / 전기원 / 열차팀장
④ 역장 / 일반 역무원

10

인적오류의 유발요인에서 작업자의 개인적 특성이 아닌 것은?

① 작업자의 불충분한 지식과 능력
② 불충분한 경험과 훈련
③ 부족한 동기
④ 직장에서의 훈련 부족

11

다음은 비상대응계획 시행세칙의 긴급출동태세에 관한 내용이다. 복구장비 및 복구요원의 출동지시 시각으로부터 몇 분 이내에 배치소속에서 출동해야 하는가?

① 60분
② 30분
③ 90분
④ 45분

12

업무숙달 정도에 따른 인적오류에서 업무숙련자에 관한 설명으로 옳지 않은 것은?

① 업무를 적당히 처리한다.
② 억측에 빠진다.
③ 정보의 선택이 계획대로 행해지지 않는다.
④ 의식수준이 낮아진다.

13

다음은 지적확인 환호응답에 관한 내용이다. 지적확인 및 환호시기와 환호용어가 바르게 짝지어지지 않은 것은?

① 시발역에서 열차 출발 시 – ○○열차 출발
② 신호기 고장을 확인하였을 때 – ○○호 신호기 불량
③ 온라인 스케줄을 수정할 때 – ○○열차 진로 변경
④ 정거장 외 입환을 승인할 때 – ○○역 입환 승인

14

기관사 원인별 인적오류의 개선대책에서 설명하는 용어로 옳은 것은?

작업의 빈도가 높아 무의식적으로 행동할 수 있는 수준으로, 위험수준이 매우 낮다.

① 규칙기반 행동
② 기능기반 행동
③ 지식기반 행동
④ 습관기반 행동

15

인적오류가 발생하여도 사고로 확산되지 않도록 방지별 설계에서 행정/절차적 방지벽에 해당하지 않는 것은?

① 열차자동정지장치
② 운전 및 유지보수 절차서
③ 경영 및 관리자의 정책, 직무수행 권한과 범위 책임
④ 훈련 및 교육요건과 자질

16

지도통신식 시행시기를 잘못 설명하고 있는 것은?

① 자동폐색신호기 2기 이상 고장인 경우(구내폐색신호기 제외)
② 출발신호기 고장으로 폐색표시등을 현시할 수 없는 경우
③ 제어장치 고장으로 자동폐색식에 따를 수 없는 경우
④ 정거장 내로부터 퇴행할 열차를 운전시키는 경우

17

폐색방식의 정의를 잘못 설명하고 있는 것은?

① 폐색방식에는 상용폐색방식과 대용폐색방식이 있다.
② 상용폐색방식의 복선구간에는 자동폐색식, 차내신호폐색식, 연동폐색식이 있다.
③ 상용폐색방식의 단선구간에는 자동폐색식, 연동폐색식, 통표폐색식, 차내신호폐색식이 있다.
④ 복선운전을 하는 경우 대용폐색식으로 지도통신식이 있다.

18

전령법 시행시기를 잘못 설명하고 있는 것은?

① 폐색구간을 분할하여 운전 시 재차 열차사고가 발생한 경우
② 선로고장의 경우 전화불능으로 관제사 지시를 받지 못할 경우
③ 현장에 있는 공사열차 이외에 재료수송, 기타 다른 공사열차를 운전할 경우
④ 인접 정거장 역장과 폐색구간의 분할에 관한 협의가 가능한 경우

19

전령법 운행 시 기본요령을 잘못 설명하고 있는 것은?

① 폐색구간에 다른 열차가 있으면 그 폐색구간을 변경하여 열차를 운행한다.
② 시행구간에 고장열차 외 다른 열차 또는 차량 없음을 확인하여야 한다.
③ 폐색구간 양끝의 정거장 또는 신호소 역장이 협의하여 시행한다.
④ 역장은 운전명령고지서를 기관사에게 교부하고 전령자 승차 확인 시 출발신호 현시 및 도중 정차열차 기관사에게 구원열차 출발을 통보한다.

20

전령법 시행 시 관제업무 절차로 틀린 것은?

① 전령자에게 시행사유 내용 및 열차가 도착할 지점 등을 정확히 파악 후 통보
② 자동폐색 정지신호 현시된 구간은 일단정차 후 구원요구 열차의 50m 전방까지 25km/h 이하 운행
③ 1km 전방까지 45km/h 운전, 그 이후부터 500m 전방까지 25km/h 이하 운전
④ 양방향 건널목 설비가 설치되지 않은 건널목은 45km/h 이하 운전

제2회 | 모의고사

정답 및 해설 570쪽

1교시 철도관련법

01

철도안전법의 목적에 포함된 내용으로 틀린 것은?

① 필요한 사항을 규정하고 있다.
② 철도안전 관리체계를 확립한다.
③ 철도안전 확보를 궁극적 목적으로 한다.
④ 공공복리 증진에 이바지하도록 하고 있다.

02

철도안전법에서 정의하고 있는 종사자 중 시행령상의 종사자 아닌 사람은?

① 철도차량의 운행선로 또는 그 인근에서 철도시설의 건설 또는 관리와 관련된 작업 업무를 수행하는 사람
② 정거장에서 철도신호기 · 선로전환기 또는 조작판 등을 취급하는 사람
③ 철도에 공급되는 전력의 원격제어장치를 운영하는 사람
④ 철도차량 및 철도시설의 점검 업무에 종사하는 사람

03

안전관리체계의 유지 등과 관련이 없는 것은?

① 철도운영자등은 철도운영을 하거나 철도시설을 관리하는 경우에는 승인받은 안전관리체계를 지속적으로 유지하여야 한다.
② 국토교통부장관은 안전관리체계 위반 여부 확인 및 철도사고 예방 등을 위하여 철도운영자등이 안전관리체계를 지속적으로 유지하는지 정기 · 수시검사를 통해 국토교통부령으로 정하는 바에 따라 점검 · 확인할 수 있다.
③ 철도사고, 철도준사고 및 운행장애의 발생 등으로 긴급히 수시검사를 실시하는 경우에는 사전 통보를 하지 않을 수 있다.
④ 국토교통부장관은 검사 결과 안전관리체계가 지속적으로 유지되지 아니하거나 그 밖에 철도안전을 위하여 필요하다고 인정하는 경우에는 대통령령으로 정하는 바에 따라 시정조치를 명할 수 있다.

04

관제적성검사 및 관제적성검사기관에 관한 설명으로 옳은 것은?

① 관제적성검사기관의 지정기준 및 지정절차 등에 필요한 사항은 국토교통부령으로 정한다.
② 관제적성검사의 방법, 절차, 판정기준 및 항목별 배점기준 등에 관하여 필요한 세부사항은 국토교통부령으로 정한다.
③ 관제적성검사기관의 선임검사관으로 심리학 관련분야 학사학위 취득한 사람으로서 2년 이상 적성검사 분야에 근무한 경력이 있는 사람은 임명 가능하다.
④ 관제적성검사기관은 1일 검사능력 50명(1회 25명)이상의 검사장(90m^2 이상이어야 한다)을 확보하여야 한다. 이 경우 분산된 검사장은 제외한다.

05

운전면허 취득을 위한 교육훈련과정별 교육시간으로 틀린 것은?

① 일반응시자 디젤차량 운전면허과정 : 810시간
② 디젤차량운전면허소지자 제2종전기차량운전면허과정 : 85시간
③ 제2종전기차량운전면허소지자 노면전차운전면허과정 : 50시간
④ 철도관련업무 경력자(철도운영자에 소속되어 철도관련 업무에 종사한 경력 3년 이상인 사람) 철도장비운전면허과정 : 340시간

06

철도종사자의 준수사항에 관한 내용으로 옳은 것은?

① 관제업무종사자는 열차의 출발, 정차 및 노선 등 열차운행에 관한 정보를 운전업무종사자, 여객승무원 등 관계자에게 제공하여야 한다.
② 운전업무종사자는 열차의 운행 중에 사전사용을 허가한 경우를 제외하고 휴대전화 등 전자기기의 전원을 차단하여야 한다.
③ 작업책임자는 작업 수행 전에 안전장비 착용 등 작업원 보호에 관한 사항 등이 포함된 안전교육을 실시해야 한다.
④ 철도운행안전관리자는 작업이 지연되거나 작업 중 비상상황 발생 시 작업일정 및 열차의 운행경로 재조정 등에 관한 조치를 하여야 한다.

07

철도종사자의 음주제한 등에 관한 내용으로 옳은 것은?

① 철도종사자(실무수습 중인 사람을 포함 안 함)는 술을 마시거나 약물을 사용한 상태에서 업무를 하여서는 안 된다.
② 술을 마셨는지에 대한 확인 또는 검사는 호흡측정기 검사의 방법으로 실시하고 불복하는 사람은 동의 후 혈액채취 등으로 다시 측정할 수 있다.
③ 철도차량의 점검, 정비 업무에 종사하는 사람의 판단 기준은 혈중 알코올 농도가 0.03퍼센트 이상인 경우이다.
④ 국토교통부장관 또는 시 · 도지사의 확인 또는 검사에 불응한 사람은 3년 이하의 징역 또는 3천만원 이하의 벌금에 처한다.

08

여객열차에서 금지행위와 관련된 내용으로 틀린 것은?

① 정당한 사유 없이 운전실 등 여객출입 금지장소에 출입하는 행위 3회 이상 위반 : 과태료 450만원

② 정당한 사유 없이 운행 중에 비상정지버튼을 누르거나 철도차량의 옆면에 있는 승강용 출입문을 여는 등 철도차량의 장치 또는 기구 등을 조작하는 행위 : 2년 이하의 징역 또는 2천만원 이하의 벌금

③ 여객열차 밖에 있는 사람을 위험하게 할 우려가 있는 물건을 여객열차 밖으로 던지는 행위 3회 이상 위반 : 과태료 900만원

④ 술을 마시거나 약물을 복용하고 다른 사람에게 위해를 주는 행위 : 1년 이하의 징역 또는 1천만원 이하의 벌금

09

철도안전법의 내용으로 틀린 것은?

① 여객에게 승무(乘務) 서비스를 제공하는 사람은 철도종사자이다.

② 철도차량의 운행선로 또는 그 인근에서 철도시설의 건설 또는 관리와 관련한 작업의 협의 · 지휘 · 감독 · 안전관리 등의 업무에 종사하도록 철도운영자 또는 철도시설관리자가 지정한 사람은 안전운행 또는 질서유지 철도종사자이다.

③ 철도사고에는 철도운영 또는 철도시설관리와 관련하여 사람이 죽거나 다치는 사고가 포함된다.

④ "철도준사고"란 철도안전에 중대한 위해를 끼쳐 철도사고로 이어질 수 있었던 것으로 국토교통부령으로 정하는 것을 말한다.

10

국토교통부장관에게 즉시 보고하여야 하는 철도사고 등에 관한 설명으로 틀린 것은?

① 철도차량이나 열차의 충돌, 탈선사고

② 철도차량이나 열차에서 화재가 발생하여 운행을 중지시킨 사고

③ 철도차량이나 열차의 운행과 관련하여 3명 이상 사상자가 발생한 사고

④ 철도차량이나 열차의 운행과 관련하여 5천만원 이상의 재산피해가 발생한 사고

11

철도차량 운행 안전 및 철도보호와 관련된 내용으로 틀린 것은?

① 철도차량을 운행하는 자는 국토교통부장관이 지시하는 이동 · 출발 · 정지 등의 명령과 운행기준 · 방법 · 절차 및 순서 등에 따라야 한다.

② 국토교통부장관은 철도차량의 안전하고 효율적인 운행을 위하여 철도시설의 운용상태 등 철도차량의 운행과 관련된 조언과 정보를 철도종사자 또는 철도운영자등에게 제공할 수 있다.

③ 철도운영자등은 철도차량의 운행상황 기록, 교통사고 상황 파악, 안전사고 방지, 범죄 예방 등을 위하여 철도차량 중 대통령령으로 정하는 동력차 및 객차 또는 철도시설에 영상기록장치를 설치 · 운영하여야 한다.

④ 철도운영자등은 지진, 태풍, 폭우, 폭설 등 천재지변 또는 악천후로 인하여 재해가 발생한 경우 열차운행을 일시 중지할 수 있다.

12

운전업무종사자의 철도차량 운전업무 수행 중 준수사항과 관련하여 국토교통부령으로 정하는 철도차량 운행에 관한 안전수칙으로 틀린 것은?

① 운행구간의 이상이 발견된 경우 관제업무종사자에게 즉시 보고할 것
② 정지신호의 준수 등 철도차량의 안전운행을 위하여 정차를 하는 경우 정거장 외 정차 가능
③ 비상상황 발생 시 관제업무종사자의 지시를 받아 열차의 후진 가능
④ 철도사고등이 발생하는 경우 여객 대피를 위한 필요한 조치 지시

13

관제교육훈련과 관련된 내용으로 틀린 것은?

① 관제교육훈련에는 학과교육과 실기교육이 있다.
② 관제교육훈련의 기간 및 방법 등에 필요한 사항은 국토교통부령으로 정한다.
③ 관제교육훈련 과목에는 비상시 조치 등이 포함된다.
④ 철도신호기 · 선로전환기 · 조작판의 취급업무를 5년 이상 수행한 경우 관제교육훈련의 일부를 면제할 수 있다.

14

관제자격 증명 취득을 위한 신체검사 중 불합격 기준이 아닌 것은?

① 업무수행에 지장이 있는 급성 및 만성 늑막질환
② 고지혈증
③ 혈우병
④ 유착성 심낭염

15

철도종사자에 대한 안전교육의 내용으로 틀린 것은?

① 철도운영자등 또는 철도운영자등과의 계약에 따라 철도운영이나 철도시설 등의 업무에 종사하는 사업주는 자신이 고용하고 있는 철도종사자에 대하여 정기적으로 철도안전에 관한 교육을 실시하여야 한다.
② 여객에게 역무서비스를 제공하는 사람과 철도운행안전관리자는 안전교육을 받아야 한다.
③ 철도운영자등 및 사업주는 철도안전교육을 강의 및 실습의 방법으로 매 분기마다 6시간 이상 실시하여야 한다.
④ 철도종사자에 대한 안전교육의 내용에는 근로자의 건강관리 등 안전 · 보건관리에 관한 사항이 포함된다.

16

관제업무종사자에 대한 적성검사 관련 내용으로 틀린 것은?

① 관제업무종사자에 대한 적성검사의 반응형검사 항목은 최초검사, 정기검사, 특별검사가 동일하지 않다.
② 모든 관제업무종사자가 적성검사의 최초검사를 받은 후 10년마다 정기검사를 받아야 하는 것은 아니다.
③ 문답형 검사항목 중 안전성향 검사에서 부적합으로 판정된 사람과 반응형 검사항목 중 부적합(E등급)이 3개 이상인 사람이 불합격이다.
④ 특별검사는 철도종사자가 철도사고등을 일으키거나 질병 등의 사유로 해당 업무를 적절히 수행하기 어렵다고 철도운영자등이 인정하는 경우에 실시하는 적성검사이다.

17

관제자격증명의 갱신과 관련된 내용으로 틀린 것은?

① 관제자격증명을 갱신하려는 사람은 관제자격증명의 유효기간 만료 일전 6개월 이내에 관제자격증명 갱신신청서를 첨부서류와 함께 한국교통안전공단에 제출하여야 한다.
② 한국교통안전공단에서 실시하는 관제업무에 필요한 교육훈련을 관제자격증명 갱신 신청일 전까지 40시간 이상 받은 경우 갱신할 수 있다.
③ 관제자격증명 갱신 관련 국토교통부령으로 정하는 관제업무에 종사한 경력이란 관제자격증명의 유효기간 내에 6개월 이상 관제업무에 종사한 경력을 말한다.
④ 철도운영자등에게 소속되어 관제업무종사자를 지도 · 교육 · 관리하거나 감독하는 업무에 2년 이상 종사한 경우 관제자격증명을 갱신할 수 있다.

18

관제자격증명의 취소, 업무정지와 관련된 내용으로 틀린 것은?

① 거짓이나 그 밖의 부정한 방법으로 관제자격증명을 취득하였을 때(1차 위반) : 자격증명 취소
② 관제자격증명의 효력정지 기간 중에 관제업무를 수행하였을 때(1차 위반) : 자격증명 취소
③ 철도사고 및 운행장애 등 발생 시 국토교통부령으로 정하는 조치사항을 이행하지 않았을 때(3차 위반) : 자격증명 취소
④ 술을 마신 상태(혈중 알코올 농도 0.08퍼센트)에서 관제업무 수행(2차 위반) : 자격증명 취소

19

국토교통부장관에게 즉시보고하는 철도사고등을 제외한 철도사고등이 발생하였을 때 보고 방법으로 틀린 것은?

① 초기보고 : 사고발생현황 등
② 중간보고 : 사고수습 · 복구상황 등
③ 종결보고 : 사고수습 · 복구결과 등
④ 최종보고 : 사고종합결과 및 향후대책 등

20

거짓이나 그 밖의 부정한 방법으로 관제교육훈련기관의 지정을 받은 경우 벌칙으로 옳은 것은?

① 1년 이하의 징역 또는 1천만원 이하의 벌금
② 2년 이하의 징역 또는 2천만원 이하의 벌금
③ 3년 이하의 징역 또는 3천만원 이하의 벌금
④ 5년 이하의 징역 또는 5천만원 이하의 벌금

2교시 철도시스템 일반

01

KTX에 장착된 컴퓨터의 종류가 아닌 것은?

① 주컴퓨터
② 보조컴퓨터
③ 동력차컴퓨터
④ 모터블록컴퓨터

02

전기기관차 팬터그래프에 대한 설명으로 옳지 않은 것은?

① 팬터크래프의 기본프레임은 가선에, 집전부는 지붕에 위치한다.
② 독점적인 단일암으로 설계되었다.
③ 집전자 머리는 관절형식 시스템에 의해 수직으로 이동된다.
④ 팬터그래프의 상승과 하강은 전기지령 공기작동식으로 제어된다.

03

교직 절연구간의 길이로 옳은 것은?

① 22m
② 33m
③ 44m
④ 66m

04

전기동차 용어에 대한 설명 중 틀린 것은?

① 공주시간이라 함은 제동취급 후 제동이 작용할 때까지의 소요시간을 말한다.
② 공전이라 함은 제동취급 시 견인력이 점착력보다 클 때 발생한다.
③ 상용제동이란 열차 운전 중 일상적으로 사용하는 제동기능을 말한다.
④ 보안제동이란 상용제동과 비상제동 고장 시 독립적으로 사용하는 제동작용을 말한다.

05

일반적으로 무선장치의 급전선, 안테나 및 CCTV의 영상신호용으로 많이 사용되는 케이블 종류는?

① 광섬유케이블
② 동축케이블
③ LAN 케이블
④ 꼬임선케이블

06

열차무선통신장치의 과천선 및 분당선 지하구간에서 사용하는 관제통화 채널은?

① CH 4번
② CH 3번
③ CH 2번
④ CH 1번

07

서울메트로 통화의 종류 및 호출방법 중 끼어들기가 불가능한 경우는?

① 관제(CCP)로부터 승무원용 비상전화기의 호출 및 통화
② 차량 이동국으로부터 관제(CCP) 호출 및 통화
③ 관제(CCP)로부터 지정 Zone의 일제호출 및 통화
④ 관제(CCP)로부터 차량이동국 호출 및 통화

08

도시철도 방송장치에 대한 설명이 아닌 사항은?

① 승객 휴대 라디오로 생활정보, 교통정보, 교양방송을 청취할 수 있다.
② 자동방송장치, 방송장치(Paging), 매표방송, 원격방송을 청취할 수 있다.
③ 각 역사를 그룹 또는 전체 그룹 및 개별적으로 선택하여 방송할 수 있다.
④ 방송에 우선선위를 두어 긴급상황 발생 시 최우선으로 방송한다.

09

열차자동방호장치(ATP) 설비로 지상신호기의 신호현시 정보를 차상으로 직접 제공하는 장치는?

① 고정발리스
② 가변발리스
③ 선로변제어유니트
④ 발리스전송모듈

10

전기철도의 분류 방식이 아닌 것은?

① 전기방식별 분류
② 급전방식별 분류
③ 가선방식별 분류
④ 변압기별 분류

11

급전구간의 구분과 연장을 위하여 개폐장치를 설치한 곳을 무엇이라 하는가?

① 전철변전소(SS)
② 급전구분소(SP)
③ 보조급전구분소(SSP)
④ 병렬급전구분소(PP)

12

구분장치의 종류 중 기계적 구분장치가 아닌 것은?

① 에어조인트
② R.Bar 조인트
③ T.Bar 조인트
④ 에어섹션

13

다음 객차의 대차 중 공기스프링을 적용하지 않는 대차는?

① 세브론 대차
② 아세아 대차
③ 만 대차
④ 쏘시미 대차

14

광궤의 장점이 아닌 것은?

① 건설비 측면에서 유리하다.
② 차륜의 마모를 경감할 수 있다.
③ 수송효율이 향상된다.
④ 고속도를 낼 수 있다.

15

평면곡선의 종류가 아닌 것은?

① 완화곡선
② 종곡선
③ 단곡선
④ 반향곡선

16

레일의 구비조건 중 틀린 것은?

① 큰 단면적으로 작용력의 충분한 강도와 강성을 가질 것
② 내마모성을 가질 것
③ 외력에 대해 안정된 형상일 것
④ 침목에 설치가 용이할 것

17

645계열 디젤기관의 일반 개요 중 바르지 못한 것은?

① 기관은 V형 단동식 2싸이클 직접실식이다.
② 마력당 중량이 가볍고, 실린더 번호는 조속기를 전단으로 앞 좌측부터 정해진다.
③ 압축비가 14.5 : 1로 높다.
④ 단류소기 방식으로 청정공기계통이 완전하다.

18

8200대 기동정지 후 축전지 보호를 위해 차단시키는 회로차단기가 아닌 것은?

① 운전실 조명등
② 무전기
③ 객차비상등
④ 열차방호장치

19

전기동차 출입문 장치에 대한 설명으로 틀린 것은?

① 각 출입문마다 개별 수동콕크가 설치되어 있다.
② 5kg/cm로 조절된 CR 공기에 의해 동작한다.
③ 출입문 개폐스위치는 CrS 방식, DOS 방식 등이 있다.
④ 출입문 대표 콕크는 객실 내 의자 밑 좌우에 설치되어 있다.

20

주로 고속선에서 사용하는 노스가동분기기에 관한 설명으로 틀린 것은?

① 분기각이 작다.
② 리드곡선 반경이 작다.
③ 승차감이 향상된다.
④ 일반 분기기에 비하여 열차통과 속도가 높다.

3교시 관제관련규정

01

철도교통관제 운영규정에서 정의하고 있는 관제기관으로 보기 어려운 것은?

① 관제실
② 철도교통관제센터
③ 예비철도교통관제실
④ 관제운영실

02

관제구역에 관한 설명으로 틀린 것은?

① 철도에서 운행하는 철도차량 등을 대상으로 하는 관제업무를 수행하는 구역을 말함
② 정상운행을 하기 전의 신설선 또는 개량선에서 철도차량을 운행하는 경우는 제외
③ 철도차량을 보수 · 정비하기 위한 차량정비기지에서 철도차량을 운행하는 경우 포함
④ 차량유치시설에서 철도차량을 운행하는 경우는 제외

03

철도교통관제 운영규정의 정의에서 "운전정리"에 관한 설명 중 틀린 것은?

① 운행순서변경 : 먼저 운행할 열차의 운행시각을 변경하지 않고 운행순서를 변경하는 것
② 교행변경 : 단선구간에서 열차의 교행정거장을 변경하는 것
③ 대피변경 : 단선 및 복선구간에서 열차의 대피정거장을 변경하는 것
④ 운행선로변경 : 소정의 열차운행방향을 변경하지 않고 운행선로를 변경하는 것

04

철도교통관제 운영규정의 정의에서 "철도종사자"에 관한 설명으로 틀린 것은?

① 철도에 공급되는 전철전력의 원격제어장치를 운영하는 사람
② 철도시설 또는 철도차량을 보호하기 위한 순회점검업무 또는 경비업무를 수행하는 사람
③ 철도차량의 운행선로 또는 그 인근에서 철도시설의 건설 또는 관리와 관련된 작업의 현장감독업무를 수행하는 사람
④ 철도사고등이 발생한 현장에서 조사 · 수습 · 복구등의 업무를 지시하는 사람

05

관제업무에 관한 설명으로 옳지 않은 것은?

① 철도차량 등의 적법운행 여부에 대한 지도 · 감독
② 선로사용계획에 따라 철도차량의 운행을 제어 · 통제 · 감시
③ 철도사고등 발생 시 사고복구
④ 철도차량 등의 적법운행 여부에 대한 지도 · 감독

06

용어의 정의를 잘못 설명하고 있는 것은?

① "관제실"이란 관제기관에서 관제업무종사자가 관제업무를 수행하는 장소를 말한다.
② "관제업무수행자"란 관제업무종사자의 직원으로 관제기관에서 관제업무를 수행하는 사람을 말한다.
③ "선로배분시행자"란 선로용량의 배분에 관한 업무를 수행하는 자를 말한다.
④ "공용구간"이란 둘 이상의 철도운영자가 열차 또는 철도량을 함께 운행하는 구간을 말한다.

07

관제업무 운영 및 관제운영조직과 업무분장에 관한 설명 중 틀린 것은?

① 관제업무수행자는 관제업무를 효율적으로 수행하기 위하여 본사에는 관제실과 관제센터를 두고, 소속기관으로 관제운영실을 운영하여야 한다.
② 대체 근무자 투입 시 지정된 근무자가 아닌 경우에는 사전교육을 실시하여야 한다.
③ 관제권역 또는 관제구간의 범위를 변경하는 경우에는 사전교육을 실시하여야 한다.
④ 철도노선이 신설되거나 열차집중제어장치(CTC) 설치 등으로 관제업무종사자를 새로이 배치하는 때에는 개통 전 배치하여야 한다.

08

관제기관 또는 관제업무종사자가 "관제지시"를 내릴 수 있는 대상이 아닌 것은?

① 철도운영자
② 철도시설관리자
③ 선로배분시행자
④ 철도특별사법경찰

09

관제업무종사자 구분 및 관제업무책임자 지정에 관한 설명으로 틀린 것은?

① 관제구역의 관제업무총책임자는 관제운영실장과 부책임자로 관제센터장으로 구분한다.
② 관제권역별 관제업무책임자로 선임관제업무종사자 및 관제구간별 관제업무책임자로 선관제업무종사자로 구분한다.
③ 선임관제업무종사자는 대인관계와 의사소통 등을 고려하여 지정하여야 한다.
④ 철도교통관제업무일지에는 관제권역의 열차운행상황 및 근무인원과 관제시설의 고장내용을 기록해야 한다.

10

관제기관에 설치한 설비로 틀린 것은?

① 대형표시반
② 열차집중제어장치
③ 제어(관제)콘솔
④ 전화설비

11

운전정리의 설명으로 틀린 것은?

① 운전휴지 : 열차운행을 일시 중지하는 것
② 단선운행 : 복선구간에서 사고 등 기타로 한 쪽 방향의 선로를 사용할 수 없는 경우 다른 방향의 선로를 사용하여 상 · 하행열차를 운행하는 것
③ 열차합병 : 운행 중 2 이상의 열차를 1개 열차로 편성하여 운행하는 것
④ 임시정차 : 철도사고 등으로 열차속도를 낮추어 운행하는 것

12

철도운영자등과 선로배분시행자 및 선로작업시행자가 관제업무수행자에게 사전제공하여야 하는 항목이 아닌 것은?

① 열차운행계획 및 선로작업계획
② 관제업무에 필요한 철도시설물의 위치, 구조 및 기능
③ 철도차량의 구조 및 기능
④ 그 밖에 관제업무에 필요하여 철도운영자가 요구하는 사항

13

관제업무 수행자가 관제업무 관련 관계자에게 자료를 제공할 때 공개하지 않을 수 있는 사항이 아닌 것은?

① 열차운전실 등의 음성자료 및 기록물과 그 번역물
② 열차운전 정리과정에서 발생한 인지된 사항
③ 사고조사과정에서 관계인들로부터 정취한 진술
④ 철도사고등과 관련된 영상 기록물

14

철도운영자가 열차출발 전 변경사항 중 관제업무수행자에게 승인을 받아야 하는 사항이 아닌 것은?

① 열차승객의 좌석배치 현황
② 열차의 편성형태 및 운전제한사항
③ 도중 역에서 철도차량을 해결하는 경우 해결역 정차시간, 해결방법
④ 관제업무종사자가 관제업무에 필요하다고 인정하는 사항

15

철도종사자의 의무로 보기 어려운 것은?

① 관제기관으로부터 정보요구를 받았을 때에는 즉시 정보를 제공하여야 한다.
② 철도사고등의 발생이 예상되는 경우 소속기관의 보고계통에 따라 관제기관에 즉시 보고하여야 한다.
③ 급박한 경우 담당 관제업무종사자에게 전화 등을 통한 구두보고를 할 수 있다.
④ 철도종사자 중 운전취급역 또는 열차집중제어장치에 제어되는 운전취급자는 열차 도착 및 출발 · 통과시각을 전화 등으로 보고하여야 한다.

16

관제센터 관제시설에 치명적인 고장 · 장애 발생 시에 대비한 관제업무수행자가 수행하는 비상대응계획에 포함되어야 할 사항이 아닌 것은?

① 관제시설 구성요소의 치명적인 고장 · 장애 시 관제업무 지속성에 관한 사항
② 역 운전취급자 또는 예비관제실로 가장 안전하고 신속한 관제업무의 책임 이양
③ 비상상황 발생 시 출동경로
④ 관제시설의 구성요소별 복구 우선순위 등

17

관제업무수행자의 비상대응계획 수립과 관련된 내용으로 잘못된 것은?

① 해당연도 비상대응연습 · 훈련계획을 1월 말까지 국토교통부장관에게 제출해야 한다.
② 비상대응연습 · 훈련을 실시한 결과는 15일 이내 국토교통부장관에게 제출해야 한다.
③ 국토교통부장관은 관제업무종사자의 비상대응 역량강화를 위하여 비상대응연습 · 훈련을 추가 실시할 수 있다.
④ 위와 같은 경우 특별한 사유가 없는 한 이에 따라야 한다.

18

관제업무종사자가 관제시설의 고장 및 장애 등으로 관제업무 수행이 불가능한 경우 즉시 국토부장관에게 보고하여야 할 사항으로 틀린 것은?

① 발생일시
② 피해사항
③ 발생경위
④ 복구예산

19

관제업무종사자가 열차통제 업무와 철도운영자등의 업무가 경합될 때 처리방법으로 옳은 것은?

① 열차통제 업무를 우선 처리하고 철도운영자등의 업무 지장을 최소화할 것
② 열차운영자등의 업무 우선 처리
③ 열차통제 업무 최우선 처리
④ 철도운영자등의 업무와 열차통제업무를 비교하여 급한 것 우선 처리

20

철도차량의 운행통제 등에 대하여 철도운영자가 관제기관과 협의하고 승인을 받아야 하는 사항으로 틀린 것은?

① 선로의 긴급보수
② 철도차량의 운행순서, 운행선로, 운행시각 변경
③ 승객의 치료 등을 위한 열차의 임시정차
④ 특 발

4교시 철도교통 관제운영

01

1시간 눈금 열차운행다이아 사용범위로 틀리는 것은?

① 장기열차의 계획
② 시각개정의 작업
③ 차량운용 계획
④ 임시열차의 계획

02

열차번호 부여기준으로 틀린 것은?

① 전일 중 1회 운행열차는 1개 번호 부여
② 열차번호는 출발역에서 종착역까지 변경 열차번호 부여
③ 열차번호는 상행열차는 짝수, 하행열차는 홀수번호
④ 순환선의 경우 내행선은 짝수, 외행선은 홀수

03

운전시험 중 구배기동 시 측정항목으로 틀린 것은?

① 속 도
② 인장봉 인장력
③ 공진속도와 시기
④ 환산중량

04

운전시험 중 주행저항 시험 측정항목으로 틀린 것은?

① 속 도
② 인장봉 인장력
③ 편성순서
④ 자연풍속과 풍향

05

폐색구간 분할 시 고려사항으로 틀린 것은?

① 공주거리
② 속도별 감속력 및 가속력
③ 열차저항 및 열차장
④ 선로의 종류 및 신호방식

06

열차경합의 종류가 아닌 것은?

① 열차선행 경합
② 열차교행 경합
③ 운전시격 경합
④ 플랫홈할당 경합

07

운행제어컴퓨터에 공급하는 스케줄의 수립 및 실적을 처리하는 기기는?

① TCC
② MSC
③ DTS
④ CTC

08

수송수요 예측방법으로 아닌 것은?

① 최대자승법
② GNP 회귀분석법
③ GNP 탄성치에 의하는 방법
④ 인구 GNP 회귀분석법

09

열차의 운전거리를 도중의 정차시간까지 포함한 전체의 도달시간으로 나눈 속도는?

① 평균속도
② 표정속도
③ 균형속도
④ 제한속도

10

열차계획이론에서 사정조건의 제한속도 종류에 해당하지 않는 것은?

① 상구배 제한속도
② 하구배 제한속도
③ 분기기에 의한 제한속도
④ 곡선의 제한속도

11

빈칸에 들어갈 시스템으로 옳은 것은?

> ( )는 신분당선 열차제어시스템을 전체적으로 관리하는 설비이다. ( )는 시스템과 관제실 운영자 간의 인터페이스로 사용되며, ( )의 주요기능은 모든 열차의 상태 및 위치를 관제실 운영자에게 제공한다.

① ATP
② ATO
③ ATS
④ ATC

12

서울메트로 관제시스템에서 통화채널 운용현황으로 틀린 것은?

① C채널 : 평상시 사용하는 채널
② E채널 : 비상시 사용하는 채널
③ Y채널 : 차량기지 구내에서 사용하는 채널
④ T채널 : 유지보수용 채널

13

다음 설명 중 옳지 않은 것은?

① L/S에서 진로설정은 AUTO 모드에서 신호기를 선택하여 진로제어목록으로 진로를 설정한다.
② MMI에서 진로설정은 현장제어-현장설비제어 선택, 진로를 설정할 역, 신호기, 진로를 선택한 후 확인버튼을 눌러 진로를 설정한다.
③ 베이스스캔은 현장설비의 모든 상태정보에 대하여 재수신받을 경우에 사용하는 기능이다.
④ 열차번호제어는 열차번호 삽입, 수정, 삭제, 이동, 교환 등의 기능을 제공한다.

14

Korail 철도교통관제센터에 대한 설명 중 맞는 것은?

① 철도교통관제센터는 서울, 대구, 대전, 부산, 순천지역 관제실을 통합하여 열차의 운행을 집중관리하고 있다.
② 철도교통관제센터의 관제설비는 3개 지역별로 구분된 CTC 서버, 통신서버, 운영자 콘솔 등으로 구성된다.
③ 운영관제실은 GIS 위치추적시스템, 영상, 음향 및 화상회의 기능을 활용하여 종합대책을 수립하는 곳이다.
④ 상황실은 전차선 전력 전원공급에 대한 제어와 감시기능을 일괄 통제하는 장소이다.

15

CTC의 구성에 대한 설명 중 틀린 것은?

① CTC를 설치하는 구간의 폐색장치는 고정폐색으로 설치한다.
② 피제어역의 연동장치는 전기 및 전자 연동장치를 설치한다.
③ 중앙제어소에는 주제어반을 설치한다.
④ 피제어역은 직접 신호설비를 조작할 수 있는 보조제어반을 설치한다.

16

도시철도 관제시스템 중 L/S 제어화면의 플랫폼 정보가 아닌 것은?

① 열차번호
② PSD 상태
③ 정차시간 표시
④ HOLD 램프

17

도시철도 관제시스템 중 설비관제시스템에 관한 설명으로 틀린 것은?

① BHS는 수하물처리시스템을 말한다.
② 강풍표시 장치는 풍속 20m/s 이하 시 블루, 25m/s 미만 시 노란색, 30m/s 이상 시 적색이다.
③ 공항철도 각 역에는 화재수신반 MXL과 연동하여 역 근무자가 신속히 대응하도록 GDS를 설치하였다.
④ 공항철도 전역에 설치된 PSD는 3단계로 감시하고 있다.

18

TTC에 대한 설명으로 틀린 것은?

① 1974년 지하철 1호선 개통 시 CTC보다 기능이 강화된 장치로 설치되었다.
② TTC는 수송노선이 복잡한 곳에 주로 사용한다.
③ 1995년 개통 시 도시철도공사에 적용된 시스템은 컴퓨터와 전자화로 이루어진 무인운전까지 가능한 획기적인 시스템이었다.
④ TTC는 Total Traffic Control의 약어이다.

19

철도교통관센터의 관제설비에 대한 설명으로 틀린 것은?

① 통신서버, 스케줄서버, Regulation 컴퓨터(경합해소) 등이 있다.
② 프로그래밍 서버, 운용자콘솔, 터미널 서버 등이 있다.
③ 이중계로 직렬접속하여 구성한다.
④ 터미널서버와 관제센터 간의 통신은 전용회선을 이용한다.

20

괄호에 들어가야 하는 숫자로 옳은 것은?

신호현시	공진주파수	제한속도
진행(G)	98	Free
감속(YG)	(ⓐ)	Free
주의(Y)	106	45
경계(YY)	114	(ⓑ)
정지(R1)	122	0
정지(R0)	130	0
절연구간 검지	68	신호속도

① ⓐ – 102, ⓑ – 25
② ⓐ – 102, ⓑ – 0
③ ⓐ – 98, ⓑ – 25
④ ⓐ – 98, ⓑ – 0

5교시 비상시 조치 등

01

인적오류의 분류 중 의도하지 않은 행위를 잘못 설명하고 있는 것은?

① 실 수
② 망 각
③ 착 오
④ 위 반

02

기관사의 인적오류의 종류 및 발생원인으로 거리가 먼 것은?

① 진로취급 소홀
② 신호확인 소홀
③ 기기취급 오류
④ 응급조치 미흡

03

지적확인 환호응답에 관한 내용으로 틀린 것은?

① 작업자 주의력을 효과적으로 강화하여 상태 파악 및 인지의 정확성과 신속성을 높여준다.
② 열차 안전운행을 확보하는 데 필요하다.
③ 실수의 근원을 방지하는 것과는 관련 없다.
④ 기본동작에서 가장 먼저 취급 또는 확인할 대상물을 찾는다.

04

비상상황 수보 시 단계별 조치원칙과 관련이 없는 것은?

① 1단계 : 사고 또는 장애규모 및 초동조치 필요사항 파악
② 2단계 : 저촉열차에 대한 안전조치
③ 3단계 : 경찰병력 출동요청
④ 4단계 : 대체 수송방법 결정 및 시행

05

비상시 조치에서 정하고 있는 관제업무 범위와 관련이 없는 것은?

① 열차의 정상적인 운행유지 및 운전관련 법규정 등의 준수 여부에 대한 지도감독
② 철도사고등 발생 시 열차방호 등 병발사고 예방을 위한 안전조치
③ 긴급한 선로작업을 포함한 열차운행선 지장 작업의 시행
④ 귀빈승차 및 국가행사 등으로 특별열차가 운행하는 경우 조치

06

사고복구장비의 출동과 관련이 없는 것은?

① 사고복구장비는 관할 구분 없이 사고복구에 가장 유리한 장비출동을 지시한다.
② 기중기는 견인기관차 바로 다음에 연결하는 것이 원칙이다.
③ 기중기가 출동하여 사고지역으로 이동하는 동안 관제센터장은 기중기 책임자와 수시통화하여 사고상황을 알려 주어야 한다.
④ 관제센터장은 매일 기중기 소재와 기능 적재품 현황 및 기중기 책임자를 확인하여야 한다.

07

운전정리용 열차다이아 기재사항으로 틀린 것은?

① 임시열차의 운전상황
② 정기열차의 운휴
③ 열차의 시각 변경
④ 열차의 지연시간

08

운전관제사의 운전취급으로 틀린 것은?

① 열차에대한 운전취급은 관제사가 열차집중제어(CTC 취급) 취급하는 것을 원칙으로 한다.
② CTC 구간에서 로컬취급은 이례사항 발생한 경우 관제사 판단으로 할 수 있다.
③ CTC 장치의 고장, 폐색방식의 변경 시에도 로컬을 취급할 수 있다.
④ 관제센터장은 상시로컬역 지정기준에 해당하는 역을 상시로컬역으로 지정하여 운영할 수 있다.

09

철도사고 등의 발생 등 지휘체계에 관한 설명으로 틀린 것은?

① 철도사고 등이 발생하였을 때는 열차통제 관련 지휘는 관제센터장이 담당한다.
② CTC 구간에서 로컬취급은 이례사항이 발생한 경우 관제사 판단으로 할 수 있다.
③ CTC 장치의 고장, 폐색방식의 변경 시에도 로컬을 취급할 수 있다.
④ 관제센터장은 상시로컬역 지정기준에 해당하는 역을 상시로컬역으로 지정하여 운영할 수 있다.

10

보고종류별 보고시기와 내용 등이 잘못 연결된 것은?

① 최초보고 – 발생 즉시 – 일시, 장소, 열차, 개황 등
② 중간보고 – 임시복구지휘자 현장도착 즉시 – 사고장애 현장상황, 피해개황, 인접선로 지장 여부 등
③ 진행보고 – 임시복구지휘자 수시 – 복구계획 및 진척상황, 복구예정 시각 등
④ 최종보고 – 복구지휘자 – 복구작업 완료 후 – 차량 선로 전차선로의 복구완료 시각 등

11

철도재해 처리를 하는 시기로 틀린 것은?

① 풍 수
② 설 해
③ 철도교통장애
④ 지진 및 이에 준하는 자연재해

12

사고대응체계의 적용 원칙에 포함되지 않는 것은?

① 예방단계
② 대비단계
③ 대응단계
④ 준비단계

13

사고대응 비상근무체제 전환과 관련 없는 것은?

① 비상근무체계는 사고수보 즉시 상황판단하여 결정
② 선임관제사는 사고복구체계 가동을 위해 동보시스템을 활용
③ 운영상황실의 각 상황반장은 대외 관계처에 유선으로 긴급상황 전파
④ 해당 지역본부장에게는 자체 내규에 의한 담당자를 지정하여 시행

14

비상대응훈련의 구분과 거리가 먼 것은?

① 도상훈련
② 부분훈련
③ 지역훈련
④ 종합훈련

15

운행 중인 열차에 대한 테러 발생 시 조치사항으로 보기 어려운 것은?

① 폭발물 발견 : 테러열차는 안전장소에 즉시 정차 및 승객대피 지시
② 폭발물 발견 : 테러열차에 접근한 인접선 열차는 최대한 안전하게 서행으로 통과
③ 폭발물 발견 : 테러열차 정차구간 열차운행 전면통제
④ 테러열차가 터널 내에서 폭발 시에는 조명장비 등 지원요청

16

집중호우로 인한 열차운행중지에 대한 내용으로 틀린 것은?

① 일연속 강우량이 150mm 이상이고 시간당 강우량 60mm 이상일 때
② 고가 및 교량구간의 시간당 강우량이 70mm 이상일 때
③ 물에 떠내려 오는 물체가 교량에 부딪힐 가능성이 있을 때
④ 선로순회자가 열차운행에 위험하다고 인정할 때

17

65gal 이상의 지진 발생 시 대응으로 옳지 않은 것은?

① 구간 내 즉시 정차
② 지진 통과 후 최초열차 30km/h 시계운전
③ 이상 없을 시 65km/h 주의운전
④ 기관사 이상 없음 확인 후 정상운행

18

출발신호기에 대용하는 진행수신호 현시시기로 옳지 않은 것은?

① 폐색수속을 요하는 경우에는 폐색 취급을 한 후
② 운전허가장을 요하는 경우는 이를 교부 또는 승차시킨 후
③ 격시법을 시행하는 구간의 시작정거장 또는 신호소에서 선발열차 출발 후 소정시간이 경과한 후
④ 반복선 또는 출발도움선에서 출발하는 열차일 때

19

본선지장 입환일 경우 입환 착수 전 확인사항으로 잘못된 것은?

① 본선을 지장하거나 또는 지장 우려가 있는 입환 작업일 경우에는 그 본선에 대한 신호기에 정지신호 현시되어 있을 것
② 선로의 상태가 입환에 지장 없을 것
③ 여객이 승차하고 있는 차량은 단독제동 취급을 할 수 있을 것
④ 차륜막이가 제거되었거나 열려 있을 것

20

지진 발생 시 황색경보 조치사항에 대하여 틀린 것은?

① 일반선의 최초열차는 30km/h 이하로 운전한다.
② 고속선의 최초열차는 90km/h 이하로 운전한다.
③ 지진 발생 시 전국의 열차운행을 중지한다.
④ 시설 전기직원의 출동을 지시한다.

제3회 모의고사

정답 및 해설 578쪽

1교시 철도관련법

01

철도안전법 용어의 정의로 틀린 것은?

① "열차"란 선로를 운행할 목적으로 철도운영자가 편성하여 편성번호를 부여한 철도차량을 말한다.
② 철도차량의 운행선로 또는 그 인근에서 철도시설의 건설 또는 관리와 관련한 작업의 일정을 조정하고 해당 선로를 운행하는 열차의 운행일정을 조정하는 사람(이하 "철도운행안전관리자"라 함)에 해당하는 사람은 철도종사자에 해당한다.
③ "철도준사고"란 철도안전에 중대한 위해를 끼쳐 철도사고로 이어질 수 있었던 것으로 국토교통부령으로 정하는 것을 말한다.
④ "철도차량정비"란 철도차량(철도차량을 구성하는 부품 · 기기 · 장치를 포함)을 점검 · 검사, 교환 및 수리하는 행위를 말한다.

02

안전관리체계에 관한 설명으로 옳지 않은 것은?

① 안전관리체계의 지속적 유지의무를 위반하여 철도운영이나 철도시설의 관리에 중대하고 명백한 지장을 초래한 자는 2년 이하 징역 또는 2천만원 이하 벌금에 처한다.
② 철도사고등의 발생 등으로 정기검사를 실시하는 경우 사전통보를 하지 아니할 수 있다.
③ 수시검사란 철도운영자등이 철도사고 및 운행장애 등을 발생시키거나 발생시킬 우려가 있는 경우에 안전관리체계 위반사항 확인 및 안전관리체계 위해요인 사전예방을 위해 수행하는 검사이다.
④ 철도운영자등이 시정조치명령을 받은 경우 14일 이내 시정조치계획서를 작성하여 국토교통부장관에게 제출하여야 한다.

03

안전관리체계를 지속적으로 유지하지 않아 철도운영이나 철도시설의 관리에 중대한 지장을 초래한 경우로 중상자 수가 45명일 때의 처분이나 과징금으로 옳은 것은?

① 30일 업무정지
② 960(백만원)
③ 80일 업무정지
④ 720(백만원)

04

위해물품에 관한 설명으로 옳지 않은 것은?

① 병독을 옮기기 쉬운 물질 : 살아 있는 병원체 및 살아 있는 병원체를 함유하거나 병원체가 부착되어 있다고 인정되는 물질

② 방사성 물질 : 「원자력안전법」 제2조에 따른 핵물질 및 방사성물질이나 이로 인하여 오염된 물질로서 방사능의 농도가 킬로그램당 74킬로베크렐(그램당 0.002마이크로큐리) 이상인 것

③ 고압가스 : 섭씨 50도에서 280킬로파스칼을 초과하는 절대압력을 가진 물질

④ 총포 · 도검류 등 : 「총포 · 도검 · 화약류 등 단속법」에 따른 총포 · 도검 및 이에 준하는 흉기류

05

국토교통부령으로 정하는 출입금지 철도시설이 아닌 것은?

① 전력기기 · 보안설비 설치장소

② 신호 · 통신기기 설치장소

③ 위험물을 적하하거나 보관하는 장소

④ 철도차량 정비시설

06

철도안전 우수운영자 지정에 대해서 틀린 것은?

① 철도안전 우수운영자 지정대상, 기준, 절차 등에 필요한 사항은 국토교통부령으로 정한다.

② 안전관리체계의 승인이 취소된 경우 우수운영자 지정을 취소할 수 있다.

③ 국토교통부장관은 철도안전 우수운영자에게 포상 등의 지원을 할 수 있다.

④ 철도안전 우수운영자는 철도안전 우수운영자로 지정되었음을 나타내는 표시를 하려면 국토교통부장관이 정해 고시하는 표시를 사용해야 한다.

07

3년 이하의 징역 또는 3천만원 이하의 벌금에 해당되지 않는 것은?

① 적정 개조능력이 있다고 인정되지 아니한 자에게 철도차량 개조작업을 수행하게 한 자

② 철도용품 제작자승인을 받지 아니하고 철도용품을 제작한 자

③ 업무정지 기간 중 철도차량을 제작한 자

④ 운송금지 위험물의 운송을 위탁하거나 그 위험물을 운송한 자

08

안전관리체계에 관한 내용으로 틀린 것은?

① 전용철도의 운영자는 자체적으로 안전관리체계를 갖추고 지속적으로 유지하여야 한다.

② 국토교통부장관은 철도안전경영, 위험관리, 사고조사 및 보고, 내부점검, 비상대응계획, 비상대응훈련, 교육훈련, 안전정보관리, 운행안전관리, 차량 · 시설의 유지관리(차량의 기대수명에 관한 사항을 포함) 등 철도운영 및 철도시설의 안전관리에 필요한 기술기준을 정하여 고시하여야 한다.

③ 수시검사란 철도운영자등이 철도사고 및 운행장애 등을 발생시키거나 발생시킬 우려가 있는 경우에 안전관리체계 위반사항 확인 및 안전관리체계 위해요인 사전예방을 위해 수행하는 검사이다.

④ 국토교통부장관은 철도운영자등에게 시정조치를 명하는 경우에는 시정을 위하여 7일 이상의 기간을 주어야 한다.

09

운전교육훈련기관 지정신청서에 첨부해야 하는 서류 중 틀린 것은?

① 운전교육훈련계획서(운전교육훈련평가계획 포함)

② 운전교육훈련기관 업무규정

③ 운전교육훈련에 필요한 강의실 등 시설내역서

④ 운전교육훈련기관에서 사용하는 직인의 인영

10

철도차량정비기술자의 인정에 관한 설명으로 옳은 것은?

① 철도차량정비기술자 인정신청서에 첨부해야 하는 서류에는 철도차량정비업무 경력확인서, 졸업증명서 또는 학위취득서(해당하는 사람 한정), 철도차량정비경력증(등급변경 인정 신청의 경우 한정) 등이 포함된다.

② 국토교통부장관은 신청인이 시험에 합격, 실무수습 이수한 경우 철도차량정비기술자로 인정하여야 한다.

③ 한국교통안전공단은 철도차량정비기술자의 인정신청을 받으면 철도차량정비기술자 인정기준에 적합한지를 확인 후 철도차량정비증명서를 신청인에게 발급해야 한다.

④ 인정의 신청, 철도차량정비경력증의 발급 및 관리 등에 필요한 사항은 대통령령으로 정한다.

11

철도종사자의 준수사항에 대한 설명으로 틀린 것은?

① 작업책임자는 작업이 지연되거나 작업 중 비상상황 발생 시 작업일정 및 열차의 운행일정 재조정 등에 관한 조치를 해야 한다.

② 관제업무종사자는 철도사고등이 발생하는 경우 여객 대피 및 철도차량 보호 조치 여부 등 사고현장 현황을 파악해야 한다.

③ 운전업무종사자는 비상상황 발생 등의 사유로 관제업무종사자의 지시를 받는 경우 열차의 후진이 가능하다.

④ 철도운행안전관리자는 작업시간 내 작업현장 이탈 금지이다.

12

철도종사자의 음주 제한 등에 관한 내용으로 틀린 것은?

① 정거장에서 철도신호기 · 선로전환기 및 조작판 등을 취급하거나 열차의 조성업무를 수행하는 사람은 음주 등이 제한된다.
② 술을 마시거나 약물을 사용한 상태에서 업무를 한 사람 : 3년 이하의 징역 또는 3천만원 이하의 벌금
③ 확인 또는 검사에 불응한 자 : 2년 이하의 징역 또는 2천만원 이하의 벌금
④ 철도운행안전관리자의 음주 기준 : 혈중 알코올농도가 0.02퍼센트 이상인 경우

13

철도보호지구에서의 안전운행 저해행위로 보기 어려운 것은?

① 폭발물이나 인화물질 등 위험물을 제조 · 저장하거나 전시하는 행위
② 철도차량 운전자 등이 선로나 신호기를 확인하는 데 지장을 주거나 줄 우려가 있는 시설이나 설비를 설치하는 행위
③ 철도터널에 조명을 설치하는 행위
④ 전차선로에 의하여 감전될 우려가 있는 시설이나 설비를 설치하는 행위

14

여객열차에서의 금지행위 중 벌칙의 종류가 다른 것은?

① 정당한 사유 없이 국토교통부령으로 정하는 여객출입 금지장소에 출입하는 행위
② 여객열차 밖에 있는 사람을 위험하게 할 우려가 있는 물건을 여객열차 밖으로 던지는 행위
③ 흡연하는 행위
④ 철도종사자와 여객 등에게 성적(性的) 수치심을 일으키는 행위

15

여객 등의 안전 및 보안, 철도특별사법경찰관리 관련 내용으로 틀린 것은?

① 국토교통부장관은 철도차량의 안전운행을 위하여 필요한 경우에는 철도특별사법경찰관리로 하여금 여객열차에 승차하는 사람의 신체 · 휴대물품 및 수하물에 대한 보안검색을 실시하게 할 수 있다.
② 국토교통부장관은 철도보안 · 치안을 위하여 필요하다고 인정하는 경우에는 차량 운행정보 등을 철도운영자에게 요구할 수 있고, 철도운영자는 정당한 사유 없이 그 요구를 거절할 수 없다.
③ 철도특별사법경찰관리는 직무를 수행하기 위하여 필요하다고 인정되는 상당한 이유가 있을 때에는 합리적으로 판단하여 필요한 한도에서 직무장비를 사용할 수 있다.
④ "직무장비"란 철도특별사법경찰관리가 휴대하여 범인검거와 피의자 호송 등의 직무수행에 사용하는 수갑, 포승, 가스분사기, 전자충격기, 경비봉과 보안검색을 위한 엑스선 검색장비 등을 말한다.

16

사람 또는 물건에 대한 퇴거를 명할 수 있는 퇴거지역의 범위에 속하지 않는 것은?

① 정거장
② 철도신호기 · 철도차량정비소 · 통신기기 · 전력설비 등의 설비가 설치되어 있는 장소의 담장이나 경계선 안의 지역
③ 화물을 적하하는 장소의 담장이나 경계선 안의 지역
④ 철도운전용 급유시설물이 있는 지역

17

철도사고등의 발생 시 조치와 조치사항에 관한 설명으로 틀린 것은?

① 철도사고등이 발생하였을 때의 사상자 구호, 여객 수송 및 철도시설 복구 등에 필요한 사항은 대통령령으로 정한다.
② 국토교통부장관은 제61조에 따라 사고 보고를 받은 후 필요하다고 인정하는 경우에는 철도운영자등에게 사고 수습 등에 관하여 필요한 지시를 할 수 있다.
③ 사고수습이나 복구작업을 하는 경우 인명의 구조와 보호에 가장 우선순위를 둘 것
④ 철도차량 운행이 곤란한 경우 비상대응계획에 따라 대체교통수단을 마련하는 등 필요한 조치를 할 것

18

국토교통부장관에게 즉시 보고하여야 하는 철도사고등이 발생하였을 때 보고사항으로 틀린 것은?

① 사고 발생 일시 및 대책
② 사상자 등 피해사항
③ 사고 발생 경위
④ 사고 수습 및 복구 계획 등

19

청문을 실시해야 하는 경우로 틀린 것은?

① 안전관리체계의 승인 취소
② 철도차량, 철도용품의 제작자승인 취소
③ 철도차량정비기술자의 인증 취소
④ 인증정비조직의 인증 취소

20

국토교통부장관이나 관계 지방자치단체가 철도관계기관등에 대하여 보고 및 검사사항으로 틀린 것은?

① 철도안전투자의 공시가 적정한지를 확인하려는 경우
② 안전관리 수준평가를 위하여 필요한 경우
③ 철도운영자의 안전조치 등이 적정한지에 대한 확인이 필요한 경우
④ 철도안전 자율보고와 관련하여 사실 확인 등이 필요한 경우

2교시 철도시스템 일반

01
KTX 제동방식이 아닌 것은?

① 회생제동
② 전자제동
③ 전기제동
④ 전공제동

02
KTX의 열차속도제한장치에 대한 설명으로 옳지 않은 것은?

① 기장이 심신 이상으로 열차운전을 정상적으로 하지 못할 때 열차를 정지시켜 안전을 도모하는 장치이다.
② ATC 또는 ATS가 통제하지 않을 때 30km/h 이상에서 경고표시등이 점등된다.
③ 기관차가 단독운전을 할 때 30km/h 이상에서 경고표시등이 점등된다.
④ 30km 미만에서 전기제동만 사용할 때 경고표시등이 점등된다.

03
전기기관차 역전기에 대한 설명으로 옳지 않은 것은?

① F : 주행방향 전진
② S : 일부 기능 작동
③ O : 모든 기능 상실
④ R : 주행방향 후진

04
전기기관차 견인전동기 고장 시 제동적용 방식으로 옳지 않은 것은?

① 1개의 견인전동기가 고장 시 상용제동에서 기관차는 순수 전기제동을 적용한다.
② 2개의 견인전동기가 고장 났을 때 1개의 대차에 2개의 견인전동기가 고장 시 전동기 불량 대차는 순수 공기제동을 사용한다.
③ 1개의 견인전동기가 고장 시 TM 고장인 대차는 순수 전기제동을 사용한다.
④ 견인전동기가 3개 이상 고장일 경우 조합제동은 순수 공기제동으로 체결한다.

05
디젤기관차 단독제동변의 제어종류로 옳지 않은 것은?

① 완해(운전) 위치
② 제동지대
③ 부분제동 위치
④ 신속완해 위치

06
전기동차의 사용전원에서 서로 다른 전원을 연결하기 위해 전차선에 설치한 것은?

① 교직절연구간
② 교교절연구간
③ 직직절연구간
④ 제어절연구간

07

전기동차의 제동장치의 종류 중 조작방법에 의한 제동종류가 아닌 것은?

① 회생제동
② 상용제동
③ 주차제동
④ 비상제동

08

구원운전 취급 시 고장차 준비사항에 해당하지 않는 것은?

① 관제실 보고
② MC key 제거
③ 제동핸들 취거
④ 단속단 연결

09

철도차량 중 특대화물을 수송하기 위하여 열차 안전운행상 화물의 하중을 직접 부담하지 않고 화물적재 화차의 전후에 연결하는 빈 차를 무엇이라 하는가?

① 유 차
② 예비차
③ 회송차
④ 불량차

10

철도차량의 연결기의 3작용 위치가 아닌 것은?

① 해 정
② 쇄 정
③ 개 정
④ 개 방

11

궤도의 구성요소가 아닌 것은?

① 도 상
② 침 목
③ 노 반
④ 레 일

12

고정크로싱 제작방법이 아닌 것은?

① 망간크로싱
② 압접크로싱
③ 용접크로싱
④ 노스가동크로싱

13

본선 또는 주요한 측선의 끝 지점에 설치하는 표지는?

① 열차정지표지
② 차량정지표지
③ 가선종단표지
④ 차막이표지

14
무선통신을 이용한 열차제어시스템으로 옳은 것은?

① ATP
② CBTC
③ ATS
④ CTC

15
1종 차단장비의 특징으로 옳지 않은 것은?

① 단전이 필요하지 않다.
② 유지보수 개념의 작업이다.
③ 소음이 2종에 비해 적다.
④ 전차선로 점검 등이 해당한다.

16
전기철도의 효과가 아닌 것은?

① 수송원가 절감
② 지역균형 발전
③ 에너지 사용 증가
④ 수송능력 증강

17
직류 전기철도의 특징이 아닌 것은?

① 유도장해가 없다.
② 대용량 장거리 수송에 유리하다.
③ 교류에 비해 싸다.
④ 전류가 커서 도체의 단면적이 크다.

18
무선통신기술에 관한 설명으로 옳지 않은 것은?

① 무선통신에서 사용하는 신호의 형태는 모두 디지털 통신이다.
② 무선통신방식은 대용량이고 광범위한 수신지역을 가지며 경제적이다.
③ 무선통신의 결점은 다른 통신계로부터 간섭이 발생한다는 것이다.
④ 무선통신 시스템은 고정통신기술, 이동통신기술, 위성통신기술로 구분하고 있다.

19
열차무선전화장치의 설명 중 틀린 것은?

① 관제통화는 열차 운행에 관한 정보교환을 위하여 관제와 하는 통화이다.
② 무선전화에 의하여 비상통화가 끝났을 때에는 그 내용을 1년간 보존한다.
③ 감청수신기는 비상통화를 전용 수신하도록 되어 있다.
④ 무선통화를 모두 끝냈을 때에는 "이상"이라고 한다.

20
철도차량의 윤축배열에 의한 분류가 아닌 것은?

① 4륜 보기
② 6륜 보기
③ 8륜 보기
④ 10륜 보기

3교시 관제관련규정

01

철도운영자는 열차출발 상당시간 전에 열차 관련 사항을 변경하는 경우에는 관제업무수행자에게 승인을 받아야 한다. 그 내용으로 틀린 것은?

① 열차의 시발역 출발시각 및 출발선로
② 관제업무종사자가 관제업무에 필요하다고 인정하는 사항
③ 도중 역에서 철도차량을 해결하는 경우 대피 및 교행 금지역 설정
④ 열차의 편성형태(편성형태, 열차중량, 길이) 및 운전제한사항

02

철도운영자등과 선로배분시행자 및 선로작업시행자가 관제업무수행자에게 사전제공해야 하는 것 중 틀린 것은?

① 열차운행계획 및 선로작업계획
② 관제업무에 필요한 철도시설물의 위치, 구조 및 기능
③ 철도차량의 구조 및 기능
④ 선로상태 및 작업계획

03

선로작업시행자는 선로작업을 시행하기 전에 작업 관련 내용을 변경하는 경우에는 관제업무 수행자에게 승인을 받아야 한다. 그 내용으로 틀린 것은?

① 작업구간, 작업내용 및 작업시간
② 장비 이동방법
③ 관제업무종사자가 관제업무에 필요하다고 인정하는 사항
④ 작업인원 조정

04

관제업무수행자가 정하는 세부운영절차에 포함되어야 하는 사항으로 틀린 것은?

① 관제업무 증가량에 따라 관계기관의 합병
② 철도종사자등과의 상호 협의 및 정보교환
③ 철도차량의 운행통제 및 관제지시의 시행기준과 방법
④ 관제업무 관련 자료의 기록 및 보존에 관한 사항

05

관제업무수행자가 관제업무종사자가 쉽게 이용 및 연구할 수 있도록 관제실의 적당한 장소에 비치해야 할 목록으로 틀린 것은?

① 현행 적용규정
② 관제구역의 조직도
③ 합의서(협약서)
④ 관련 출판물

06

관제업무수행자는 관제석 등에 비치된 각종 규정 및 절차서 등이 정상적인 상태를 유지하도록 누구를 지정해서 운용하는가?

① 철도운영자
② 정비책임자
③ 철도운영자등
④ 관제업무종사자

07

관제업무수행자가 관제센터 관제시설에 치명적인 고장, 장애가 발생한 경우에 수립하는 비상대응계획에 포함되어야 하는 사항으로 틀린 것은?

① 관제시설 구성요소의 치명적인 고장, 장애 시 관제업무의 지속성에 관한 사항
② 비상대응계획과 관련된 관계기관 간 합의서
③ 철도교통관제센터로 가장 안전하고 신속한 관제업무의 책임 이양
④ 군 · 경, 구조 · 구호기관 및 철도운영자, 유지보수자 등 관계기관 연락처

08

관제업무수행자가 관제기관의 보안유지를 위하여 따라야 할 사항 중 틀린 것은?

① 업무상 보안 및 관리 책임자를 지정할 것
② 관제시설을 공공대피소로 사용하지 말 것
③ 관계자 외 관제기관의 시설방문을 일절 금지할 것
④ 관제설비에 대한 전자적 침해행위를 예방하고 침해사고 발생 시 대응 및 복구를 위한 정보보안 담당자를 지정할 것

09

관제업무종사자가 관제시설 고장, 장애 또는 테러 등의 발생으로 정상적인 관제업무 수행이 불가능한 경우에 즉시 국토교통부장관(철도운행안전과장) 보고해야 할 내용으로 틀린 것은?

① 발생일시
② 피해사항
③ 사고복구 절차
④ 발생경위 및 관제업무의 지속적 수행 방안

10

관제업무종사자가 운전정리를 하는 경우로 틀린 것은?

① 열차등급에 따른 상위열차
② 사고복구를 위하여 운행하는 철도차량
③ 동일한 철도운영자의 동급열차는 속도가 빠르거나 운전구간이 긴 열차
④ 수서평택고속선 종점(경부고속선 접속부) 접근 하행열차가 10분 이상 지연예상 시

11

철도운영자가 관제기관과 협의하고 승인을 받아야 하는 사항 중 틀린 것은?

① 철도차량의 운행위치 변경
② 특 발
③ 철도차량 합병
④ 운전휴지

12

철도운영자가 관제기관과 협의하고 승인을 받아야 하는 사항 중 틀린 것은?

① 선로의 긴급보수
② 철도차량의 운행순서, 운행선로, 운행시각 변경
③ 승객의 치료, 부상자 긴급후송 등을 위한 열차의 임시정차
④ 구원열차 및 임시열차 운행

13

철도기상특보의 발령 중 안개주의보를 발령하는 사람은?

① 관제운영실장
② 철도운영자
③ 관제센터장
④ 관제사

14

철도안전과 관련된 철도교통관제의 허가 또는 지시사항에 반드시 환호응답을 해야 하는 것 중 틀린 것은?

① 철도차량의 운행경로 허가사항
② 사용선로, 운행속도
③ 선로작업 및 통행 방법 등 지시사항
④ 철도사고등의 예방을 위한 긴급조치

15

철도사고등의 조사와 관련된 관리 중 녹음내용을 복사하는 경우 기록하여야 하는 사항으로 틀린 것은?

① 복사자의 직위 및 성명
② "복사 시 녹음사본의 내용과 같음"이라는 서약문
③ 복사사유
④ 복사일시

16

기상특보의 발령사항 중 옳지 않은 것은?

① 안개주의보는 역장 또는 기관사의 현장상태 통보에 따라 관제센터장이 발령한다.
② 기상주의보는 철도차량 운행에 주의할 필요가 있는 경우에 발령된다.
③ 기상특보를 발령하는 경우 발령일시, 해당 선명 및 구간, 기상특보의 종류 등을 분명히 하여야 한다.
④ 관제업무종사자는 기상특보가 발령된 경우 5시간마다 해당 구간의 기상상황을 파악하여 기록을 유지해야 한다.

17

다음 괄호에 들어갈 내용을 바르게 순서대로 나열한 것은?

> 관제업무 수행자는 매월 관제실적을 작성하여 다음 달 15일까지 (　)에게 보고하여야한다. 다만, (　)에는 해당연도에 대한 전체 관제실적 통계를 작성하여 다음 해 (　)까지 보고하여야 한다.

① 국토교통부장관, 12월, 2월
② 국토교통부장관, 12월, 3월
③ 대통령, 12월, 3월
④ 대통령, 12월, 2월

18

철도차량안전법에서 철도안전법 등 관계법령에 따라 필요한 교육을 실시해야 하는 철도종사자가 아닌 것은?

① 철도차량 운전업무에 종사하는 자(운전업무 보조자를 포함)
② 철도차량의 운행을 집중 제어 · 통제 · 감시하는 업무에 종사하는 사람(이하 "관제업무종사자"라 함)
③ 여객에게 승무 서비스를 제공하는 사람(이하 "여객승무원"이라 함)
④ 선로전환기 청소 및 전환시험을 수행하는 자

19

열차에 탑승하여야 하는 철도종사자에 관한 설명으로 옳지 않은 것은?

① 운전업무종사자
② 여객승무원
③ 해당 선로의 상태, 열차에 연결되는 차량의 종류, 철도차량의 구조 및 장치의 수준 등을 고려하여 열차운행의 안전에 지장이 없다고 인정되는 경우에는 운전업무종사자 포함한 다른 철도종사자를 탑승시키지 않거나 인원을 조정할 수 있다.
④ 무인운전의 경우 운전업무종사자가 열차에 탑승하지 않을 수 있다.

20

화물제한에 대한 설명으로 옳지 않은 것은?

① 열차운행에 필요한 조치를 하고 차량한계 및 건축한계를 초과하는 화물을 운송하는 경우 건축한계를 초과하여 화물을 운송할 수 있다.
② 차량에 화물을 적재할 경우에는 차량의 구조와 설계강도 등을 고려하여 허용할 수 있는 최대적재량을 초과하지 아니하도록 한다.
③ 차량에 화물을 적재할 경우에는 중량의 부담이 균등히 되도록 하여야 한다.
④ 차량에 화물을 적재할 경우에는 운전 중의 흔들림으로 인하여 무너지거나 넘어질 우려가 없도록 해야 한다.

4교시 철도교통 관제운영

01

차상열차 제어장치에서 기장석에 전송되는 것으로 옳지 않은 것은?

① 열차안전운행에 적합한 속도정보
② 선로의 제반조건
③ 선로의 구배
④ 폐색구간 거리

02

ATC 지상장치의 주요기능으로 옳지 않은 것은?

① 특정 개소의 운전정보를 전송
② 열차 유무 검지
③ 인접기계실과 신호정보 교환
④ 특정 구간 속도제한 설정

03

다음 중 알맞게 짝지어진 것은?

① 선로궤도회로장치 : IXL
② 자동열차제어장치 : CTC
③ 불연속정보전송장치 : ITL
④ 역조작반 : FEPOL

04

ATC 관점에서의 공항철도 열차 운전모드로 옳지 않은 것은?

① CTC(열차집중제어)
② YARD(기지)
③ EM(비상)
④ ATB(자동회차)

05

ATS 신호시스템은 5현시로 신호를 현시한다. 다음 중 5현시 방식 제한속도로 옳지 않은 것은?

① R : 0km/h 이하
② R1 : 15km/h 이하
③ YY : 25km/h 이하
④ YG : 105km/h 이하

06

철도교통관제센터의 관제설비로 옳지 않은 것은?

① 통신서버
② 스케줄서버
③ 프로그래밍서버
④ 4개 지역별로 구분된 CTC 서버

07

S/W의 구성에서 응용소프트웨어에 포함되지 않는 것은?

① GIS 위치추적소프트웨어
② 열차운행관리 소프트웨어
③ CTC 기본 소프트웨어
④ 업무지원 소프트웨어

08

인간개입에 어떤 실수나 기기의 고장이 있어도 안전 측으로 동작할 수 있는 Fail-Safe-System 화되어야 하는 것은?

① Fail-Safe System
② 2중계화
③ 결함허용 시스템
④ 결함마스킹

09

지장물 검지장치의 설명으로 옳지 않은 것은?

① 고속철도를 횡단하는 고가차도나 낙석 또는 토사 붕괴가 우려되는 지역 등에 자동차나 낙석 등이 선로에 떨어지는 것을 검지하여 사고를 예방하기 위해 설치한다.
② 1선 단선 시 ATC 장치는 자동적으로 상·하행선 해당 궤도회로에 정지신호를 전송하여 진입하는 열차를 정지시킨다.
③ 고속철도와 도로가 인접하여 자동차의 침입이 우려되는 개소에 위치한다.
④ 2선단선 시 검지장치를 완전히 복구하기 전까지 검지지역에서는 170km/h로 운행속도를 제한한다.

10

교차트랜스폰더 태그의 대략적 간격으로 옳은 것은?

① 23m
② 23.5m
③ 24m
④ 25m

11

지상과 열차 간의 무선통신 시스템의 주요설비로 옳지 않은 것은?

① Vital 텔레그램 전송 프로토콜
② 데이터 통신 시스템(DCS)
③ 지상설비 텔레그램 프리프로세서(OWTP)
④ VOBC

12

OWTP 카드가 제공하는 주요기능으로 옳지 않은 것은?

① DCS를 통한 송수신을 위한 VOBC 텔레그램을 데이터그램으로 변환
② VCC로부터 수신된 데이터그램의 역변환
③ STC와의 이더넷 인터페이스
④ VCC 텔레그램 데이터를 OTP로 실시간 전송

13

열차운행다이아상의 열차설정에 직·간접적으로 영향을 미치는 요인으로 옳지 않은 것은?

① 수송량과 수송수요, 수송파동
② 열차 상호 간의 운전시격 및 유효시간대
③ 선로보수작업 시 사용되는 설비
④ 구내작업능력 및 유치능력

14

15KS 취급법으로 옳지 않은 것은?

① 신호기 내방에 정차하여 운전관제에 보고한다.
② 제동핸들을 4스텝 이상 위치한다.
③ 15KS를 15km/h가 설정될 때까지 누른다.
④ 15KS에서 손을 떼고 확인운전하며 운전속도가 15km/h 이상 초과하면 즉시 비상제동이 걸린다.

15

궤도회로 주파수로 옳지 않은 것은?

① F1 : 1,590HZ
② F2 : 2,670HZ
③ F3 : 3,700HZ
④ F4 : 5,190HZ

16

열차제어시스템에서 ATC 기능으로 옳지 않은 것은?

① 운전실 표시 기능
② 구내운전 기능
③ 제동력 보장 기능
④ 지령속도 검지 기능

17

괄호에 들어갈 용어로 옳은 것은?

> (　　)는 선로변제어유니트와 연결되어 있지 않으며 현장메모리로부터 미리 프로그램된 고정정보만 송신한다.

① 고정정보전송장치
② 가변정보전송장치
③ 인필정보정송장치
④ 발리스정보전송장치

18

무인운전시스템에서 다음 설명으로 옳지 않은 것은?

① PDIU : 승강장 출입문 제어에 관해 ATP 및 ATO 기능을 수행하기 위해 차상장치와 함께 동작
② VCC : 안전한 자동열차 이격거리 유지 및 운행을 책임지는 기능
③ STC : VCC와 통신하며, 제어구역 내 시스템 안전을 책임지는 역할
④ 타코메타 : 도플러 효과를 이용하여 지표와의 접촉 없이도 운행속도, 거리 및 방향을 계산하여 움직이는 차량의 속도를 측정하며 속도 분석은 km/h당 20Hz

19

지진감시시스템의 설명으로 옳지 않은 것은?

① 고속선의 장대교량 및 터널 등 주요 취약개소에 감지센서를 설치하여 지진 발생 시 센서에서 지진을 감지한다.
② 25gal 이하의 지진발생 시 일단 정차 후 160km/h 이하로 운행하여야 한다.
③ 지진감시시스템 장치가 적색경보일 때 알람 한계치는 65gal 이상이다.
④ 지진경보가 황색경보이면 열차는 일단 정차 후 최초열차는 90km/h 이하로 주의운전한다.

20

TCS 921 선로 내 인축의 침입 시 고속선종합감시제어시스템 설치구간 조치사항으로 옳지 않은 것은?

① 관제사는 해당 구간 양방향에 속도제한 60km/h 취급한다.
② 침입자 발생구간 전방에 일단 정차하지 않고 속도를 30km/h 이하로 운행한다.
③ 감시모니터를 통해 해당 구역 이상 발생 확인 시 즉시 정차 통보를 한다.
④ 상황이 종료될 때까지 후속열차도 적용한다.

5교시 비상시 조치 등

01

인적오류의 분류에 대한 설명으로 옳지 않은 것은?

① 크게 의도하지 않은 행위인 오류와 의도한 행위인 위반으로 나눌 수 있다.
② 오류는 실수, 망각, 착오로 구분된다.
③ 착오란 계획 자체는 적절하지만 행위가 계획대로 이루어지지 않는 것을 의미한다.
④ 망각은 계획한 것을 잊어버림, 규정이 기억나지 않음이 있다.

02

인적오류 중 위반의 종류로 옳지 않은 것은?

① 일상적 위반
② 습관적 위반
③ 예외적 위반
④ 고의가 아닌 위반

03

인적오류의 유발요인으로 옳지 않은 것은?

① 작업자들의 공통적인 특성
② 작업의 교육, 훈련, 교시의 문제
③ 업무숙달 정도
④ 인간-기계체계의 인간공학적 설계상의 결함

04

정차역 통과의 발생원인이 아닌 것은?

① 정차역 지적확인 미시행
② 열차시각 미확인
③ 집중력 저하
④ 통과방지장치 무효화

05

시뮬레이터 훈련의 종류 및 훈련목표의 연결로 옳지 않은 것은?

① Real cab - 실제장비 사용훈련 - 조작기술 훈련 및 실제훈련
② FTS - 복잡한 작업과 그에 따르는 모든 환경적 복잡성까지 구현된 장치 - 실제와 유사한 동적 환경에서 상황인식을 통한 정신운동 기술의 훈련
③ PTS - 비교적 실제환경과 비슷하게 부분적으로 구현된 장치 - 자기주도적 학습 및 평가
④ CAI - 교육용 소프트웨어 형태의 PC 장비 - 관련지식의 습득 및 이해

06

행동수준과 안전도 향상으로 옳지 않은 것은?

① 작업빈도는 기능기반이 가장 높다.
② 지식기반행동의 위험수준은 매우 높다.
③ 규칙기반행동이란 작업빈도가 어느 정도 이상으로 행동을 위한 규칙이나 절차가 마련되어 있는 수준을 말한다.
④ 훈련을 거치면 '규칙기반 → 기능기반 → 지식기반' 식으로 이어진다.

07

시뮬레이터 훈련의 절차로 옳은 것은?

ⓐ 평가/강평
ⓑ 브리핑
ⓒ 시나리오 구성
ⓓ 훈련목표 선정
ⓔ 훈련 실시

① ⓓ–ⓒ–ⓔ–ⓑ–ⓐ
② ⓒ–ⓓ–ⓑ–ⓔ–ⓐ
③ ⓒ–ⓓ–ⓔ–ⓑ–ⓐ
④ ⓓ–ⓒ–ⓑ–ⓔ–ⓐ

08

하인리히 법칙으로 옳은 것은?

① 1 : 25 : 100
② 1 : 29 : 300
③ 1 : 29 : 100
④ 1 : 25 : 300

09

지적확인 환호응답의 필요성으로 옳지 않은 것은?

① 시력기능의 강화
② 인적오류 사전 제거
③ 실수의 근원 방지
④ 오감을 통한 정확도 향상

10

지적확인 환호응답에 대한 설명으로 옳지 않은 것은?

① 주체신호기와 보조신호기가 동시에 확인 가능한 경우 주체신호기에 대한 환호응답만 시행한다.
② 취급자와 보조자 2명이 근무할 경우 취급자가 먼저 지적확인 환호를 하고 보조자가 지적확인 환호응답하는 것을 원칙으로 한다.
③ 급박한 상황 발생 시 지적동작은 생략하고 확인 및 환호만 시행할 수 있다.
④ 지적확인 할 대상물이 한곳에 2개 이상 있을 경우 열차의 안전운행에 직접 관련되거나 열차운행에 지장을 줄 수 있는 대상물을 우선 지적확인해야 한다.

11

지적확인 환호응답 세부 시행시기 및 요령으로 옳지 않은 것은?

① 취급할 대상이 다수인 경우 지적확인 환호 후 관련 대상 모두에 대해 취급을 완료한다.
② 알람경보, 철도사고 발생 등 주요사항은 큰 소리로 지적확인 환호하여 선관제사 및 인접 콘솔에 전파한다.
③ 열차출발 접근 시 시행하는 지적확인 환호응답 중 전동열차는 제외하며 5콘솔은 고속열차 및 광명셔틀 전동차에 한하여 시행한다.
④ 열차운행을 집중제어 통제하는 업무수행으로 감시업무를 하기 어려운 경우 DLP 감시 시 시행하는 지적확인 환호응답은 생략할 수 있다.

12

사고복구장비의 출동에 대한 설명으로 옳지 않은 것은?

① 복구장비란 기중기, 모터카, 재크키트를 말한다.
② 복구장비출동 필요나 요구가 있을 때는 지역본부 관할 구분 없이 사고복구에 가장 유리한 소재지의 복구장비 출동을 지시한다.
③ 기중기 연결운행 시 열차의 맨 끝에 연결하는 것이 원칙이다.
④ 복구장비 및 복구요원은 출동지시 시각으로부터 30분 이내에 배치소속에서 출동하여야 한다.

13

철도안전사고 종류로 옳지 않은 것은?

① 철도화재사고
② 철도시설파손사고
③ 철도안전사상사고
④ 건널목사고

14

운전정리용 열차다이어에 기재하여야 하는 사항이 아닌 것은?

① 정기열차의 운전상황
② 열차의 시각변경
③ 서행개소 및 서행속도
④ 전철구간의 단전 및 급전시각

15

상시로컬역의 지정기준으로 옳지 않은 것은?

① 선구별 분기되는 지점에 위치한 역
② 일간 입환 작업량이 100량 이상인 역
③ 선구별 시 · 종착역
④ 운전취급의 효율성 및 독립성 강화에 유리하다고 인정되는 역

16

대응단계의 적용원칙에 대한 설명으로 옳지 않은 것은?

① 예방단계 : 신속한 대응을 위한 각종 장비, 시설, 조직, 임무의 숙지상태에 대하여 정기점검
② 대비단계 : 신속한 대응을 위한 모의훈련, 훈련평가를 통한 부적합 사항을 발굴하여 지속적인 개선
③ 대응단계 : 비상상황 초기단계로 사고현황 파악 및 보고와 복구수습체계 가동
④ 복구단계 : 다양한 시나리오를 기본으로 구축한 표준대응절차에 따라 신속한 복구 및 정상적인 열차운행상태 회복

17

강설 시 운행속도 조치로 옳지 않은 것은?

① 레일면이 보이지 않을 때 : 30km/h 이하
② 7cm 이상 14cm 미만 : 250km/h 이하
③ 14cm 이상 21cm 미만 : 170km/h 이하
④ 21cm 이상 : 130km/h 이하

18

전령법 시행시기로 옳지 않은 것은?

① 폐색구간을 분할하여 열차운전 시 재차 열차 사고가 발생하였거나 또는 그 폐색구간으로 굴러간 차량이 있어 구원열차 운행 시
② 선로고장의 경우 전화불능으로 관제사의 지시를 받지 못할 경우와 인접 정거장 역장과 폐색구간 분할에 관한 협의가 곤란한 경우
③ 현장에 있는 공사열차 외에 재료수송, 기타 다른 공사열차를 운전할 경우
④ 전령법을 시행하여 구원열차를 운전 중 고장으로 인해 다른 구원열차를 다음 폐색구간에 운전할 필요가 있는 경우

19

전령법의 기본요령으로 옳지 않은 것은?

① 폐색구간에 다른 열차가 있으면 그 폐색구간을 변경하고 열차를 운행한다.
② 시행구간에 고장열차 외 다른 열차 또는 차량 없음을 확인하여야 한다.
③ 폐색구간 양끝의 정거장 또는 신호소 역장이 협의하여 시행한다.
④ 역장은 운전명령고지서를 기관사에게 교부하여야 한다.

20

철도사고조사 및 피해구상 시행세칙에 대한 설명으로 옳지 않은 것은?

① 철도사고 발생 시 발생장소별 급보책임자는 급보계통에 따라 신속히 보고하여야 한다.
② 정거장 안에서 발생한 경우는 역장이 급보책임자이다.
③ 정거장 안 또는 밖 이외에서 발생한 경우 시설관리원, 전기관리원이 급보책임자이다.
④ 정거장 밖에서 발생한 경우는 기관사가 급보책임자이다.

제4회 모의고사

정답 및 해설 587쪽

1교시 철도관련법

01

철도안전법에 관한 용어의 정의로 옳은 것은?

① "철도부품"이란 철도시설 및 철도차량 등에 사용되는 부품 · 기기 · 장치 등을 말한다.
② "선로"란 철도차량을 운행하기 위한 궤도와 이를 받치는 노반(路盤) 또는 인공공작물로 구성된 시설을 말한다.
③ "철도사고"란 철도운영 또는 철도시설관리와 관련하여 사람이 죽거나 다치거나 물건이 파손되는 사고로 국토교통부령으로 정하는 것을 말한다.
④ "운행장애"란 철도사고 및 철도준사고 외에 철도차량의 운행에 지장을 주는 것으로서 대통령령으로 정하는 것을 말한다.

02

철도종사자에 대한 내용으로 틀린 것은?

① 운전업무종사자 : 철도차량 운전업무에 종사하는 사람
② 관제업무종사자 : 철도차량 운행을 집중 제어, 통제, 감독하는 업무에 종사하는 사람
③ 여객승무원 : 여객에게 승무서비스를 제공하는 사람
④ 여객역무원 : 여객에게 역무서비스를 제공하는 사람

03

다음 중 틀린 것은?

① "작업책임자"란 철도차량의 운행선로 또는 그 인근에서 철도시설의 건설 또는 관리와 관련한 작업의 협의 · 지휘 · 감독 · 안전관리 등의 업무에 종사하도록 철도운영자 또는 철도시설관리자가 지정한 사람이다.
② "철도준사고"란 철도안전에 중대한 위해를 끼쳐 철도사고로 이어진 사고로 국토교통부령으로 정한 것을 말한다.
③ "철도차량정비"란 철도차량(철도차량을 구성하는 부품 · 기기 · 장치를 포함)을 점검 · 검사, 교환 및 수리하는 행위를 말한다.
④ "철도차량 정비기술자"란 철도차량정비에 관한 자격, 학력 및 경력 등을 갖추어 철도안전법 제24조의2에 따라 국토교통부장관의 인정을 받은 사람을 말한다.

04

철도안전 종합계획의 수립 및 변경 절차로 틀린 것은?

① 자료제출 요구 : 국토교통부장관 → 관계 중앙행정기관의 장 또는 시 · 도지사
② 종합계획 수립 : 국토교통부장관
③ 협의 : 관계 중앙행정기관의 장 및 시 · 도지사 및 철도운영자등
④ 심의 : 철도산업위원회

05

철도안전 종합계획의 경미한 변경의 설명으로 틀린 것은?

① 철도안전 종합계획에서 정한 시행기한 내에 단위사업의 시행시기의 변경
② 철도안전 종합계획에서 정한 총사업비를 원래 계획의 100분의 10 이내에서의 변경
③ 법령의 개정, 행정구역의 변경 등과 관련하여 철도안전 종합계획을 변경하는 등 당초 수립된 철도안전 종합계획의 기본방향에 영향을 미치지 아니하는 사항의 변경
④ 안전과 관련된 업무를 수행하는 조직 부서명의 변경

06

국토교통부장관이 안전관리 체계 승인 후 승인취소나 6개월 이내 업무정지 제한을 할 수 있는 경우로 틀린 것은?

① 거짓이나 그 밖의 부정한 방법으로 승인을 받은 경우
② 변경승인, 변경신고를 하지 않고 안전관리체계를 변경한 경우
③ 안전관리체계를 지속적으로 유지하지 아니하여 철도운용이나 철도관리에 중대한 지장을 초래한 경우
④ 시정조치명령을 정당한 사유 없이 이행하지 아니한 경우

07

철도안전 우수운영자의 지정취소로 틀린 것은?

① 거짓이나 그 밖의 부정한 방법으로 철도안전 우수운영자를 지정받은 경우
② 안전관리체계의 승인이 취소된 경우
③ 계산의 착오, 자료의 오류 등으로 안전관리 수준평가 결과가 최상위 등급이 아닌 것으로 확인된 경우
④ 철도안전 우수운영자 지정 유효기간 6개월이 지난 경우

08

철도운영자등에 대한 안전관리 수준평가의 대상 및 기준에서 사고분야 대상 및 기준으로 틀린 것은?

① 철도교통사고 건수
② 철도안전사고 건수
③ 운행장애 건수
④ 사망자 수

09

철도운영자등의 안전관리체계 승인의 취소 또는 업무의 제한 · 정지 등의 처분기준과 관련된 내용으로 틀린 것은?

① "사망자"란 철도사고가 발생한 날부터 30일 이내에 그 사고로 사망한 경우를 말한다.
② "중상자"란 철도사고로 인해 부상을 입은 날부터 7일 이내 실시된 의사의 최초 진단결과 24시간 이상 입원 치료가 필요한 상해를 입은 사람(의식불명, 시력상실을 포함)을 말한다.
③ "재산피해액"이란 시설피해액(인건비와 자재비등 포함), 차량피해액(인건비와 자재비등 포함), 운임환불 등을 포함한 직접손실액을 말한다.
④ 과징금을 부과하는 경우에 사망자, 중상자, 재산피해가 동시에 발생한 경우는 각각의 과징금 중 최상위 금액만을 부과한다.

10

철도안전법의 다음 내용 중 틀린 것은?

① 시속 100킬로미터 이상으로 운행하는 철도시설의 검측장비 운전은 고속철도차량 운전면허, 제1종 전기차량 운전면허, 제2종 전기차량 운전면허, 디젤차량 운전면허 중 하나의 운전면허가 있어야 한다.
② 선로를 시속 200킬로미터 이상의 최고운행속도로 주행할 수 있는 철도차량을 고속철도차량으로 구분한다.
③ 동력장치가 집중되어 있는 철도차량을 기관차, 동력장치가 분산되어 있는 철도차량을 동차로 구분한다.
④ 철도장비 운전면허 소지자는 철도차량 종류에 관계없이 차량기지 내에서 시속 25킬로미터 이하로 운전하는 철도차량을 운전할 수 있다.

11

운전업무종사자의 정기 적성검사에 대한 설명으로 틀린 것은?

① 면허의 종류와 상관없이 적성검사 항목은 동일하다.
② 문답형 검사에는 일반성격, 안전성향, 스트레스 검사가 있다.
③ 주의력 검사에는 선택주의, 지속주의, 주의기능 검사가 있다.
④ 문답형 검사항목 중 안전성향 검사에서 부적합으로 판정된 사람과 반응형 검사항목 중 부적합(E등급)이 2개 이상인 사람은 불합격이다.

12

철도운영자에 소속되어 철도관련 업무에 종사한 경력이 3년 이상인 사람(철도관련업무 경력자)의 운전교육훈련 시간 및 과목에 관한 설명으로 옳은 것은?

① 디젤 또는 제1종 차량 운전면허 : 355시간
② 제2종 전기차량 운전면허 : 340시간
③ 철도장비 운전면허 : 235시간
④ 노면전차 운전면허 : 225시간

13

운전면허취소 · 효력정지 처분의 세부기준으로 틀린 것은?

① 두 귀의 청력을 완전히 상실한 사람 : 1차 위반 면허취소
② 운전면허증을 타인에게 대여한 경우 : 1차 위반 면허취소
③ 철도차량을 운전 중 고의 또는 중과실로 철도사고를 일으킨 경우(1천만원 이상 물적 해가 발생한 경우) : 2차 위반 면허취소
④ 운전면허의 효력정지 기간 중 철도차량을 운전한 경우 : 1차 위반 면허취소

14

운전면허를 받을 수 없는 운전면허 결격사유자를 잘못 설명한 것은?

① 19세 이하인 사람
② 철도차량 운전상의 위험과 장해를 일으킬 수 있는 정신질환자 또는 뇌전증환자로서 대통령령으로 정하는 사람
③ 두 귀의 청력 또는 두 눈의 시력을 완전히 상실한 사람
④ 운전면허가 취소된 날부터 2년이 지나지 아니하였거나 운전면허의 효력정지기간 중인 사람

15

여객열차 안에서의 금지행위로서 국토교통부령으로 정한 것으로 옳은 것은?

① 철도종사자와 여객 등에게 성적 수치심을 일으키는 행위
② 술을 마시거나 약물을 복용하고 다른 사람에게 위해를 주는 행위
③ 철도종사자의 허락 없이 여객에게 기부를 부탁하거나 물품을 판매·배부하거나 연설·권유 등을 하여 여객에게 불편을 끼치는 행위
④ 흡연하는 행위

16

철도 보호 및 질서유지를 위한 금지행위 중 벌금 또는 과태료가 가장 높은 것은?

① 철도차량을 향하여 돌이나 그 밖의 위험한 물건을 던져 철도차량 운행에 위험을 발생하게 하는 행위
② 국토교통부령으로 정하는 철도시설에 철도운영자등의 승낙 없이 출입하거나 통행하는 행위
③ 역시설 또는 철도차량에서 노숙(露宿)하는 행위
④ 정당한 사유 없이 열차 승강장의 비상정지버튼을 작동시켜 열차운행에 지장을 주는 행위

17

국토부령으로 정하는 출입금지 철도시설이 아닌 것은?

① 위험물을 적하하거나 보관하는 장소
② 신호·통신기기 설치장소 및 전력기기·관제설비 설치장소
③ 철도운전용 급수시설물이 있는 장소
④ 철도차량 정비시설

18

철도사고등의 발생 시 조치에 관한 설명으로 틀린 것은?

① 철도사고등이 발생하였을 때의 사상자 구호, 여객 수송 및 철도시설 복구 등에 필요한 사항은 국토교통부령으로 정한다.
② 사고수습이나 복구작업을 하는 경우에는 인명의 구조와 보호에 가장 우선순위를 둬야 한다.
③ 철도차량 운행이 곤란한 경우에는 비상대응절차에 따라 대체교통수단을 마련하는 등 필요한 조치를 하여야 한다.
④ 철도운영자등은 철도사고등이 발생하였을 때에는 사상자 구호, 유류품(遺留品) 관리, 여객 수송 및 철도시설 복구 등 인명피해 및 재산피해를 최소화하고 열차를 정상적으로 운행할 수 있도록 필요한 조치를 하여야 한다.

19

청문을 실시하여야 하는 경우로 틀린 것은?

① 운전적성검사기관의 지정취소
② 관제자격증명의 취소
③ 인증정비조직의 인증 취소
④ 철도운행안전관리자의 효력정지

20

2년 이하의 징역 2천만원 이하의 벌금이 아닌 것은?

① 거짓이나 그 밖의 부정한 방법으로 제작자승인의 면제를 받은 자
② 완성검사를 받지 아니하고 철도차량을 판매한 자
③ 업무정지 기간 중에 철도차량 또는 철도용품을 제작한 자
④ 종합시험운행 결과를 허위로 보고한 자

2교시 철도시스템 일반

01

팬터그래프의 기능 및 역할에 대한 설명으로 옳지 않은 것은?

① 전차선 높이는 고속선 5.2m, 일반선 5.08m이다.
② 정상운행 중에는 후부 동력차의 팬터그래프를 사용하고 고장 시나 상태확인 곤란 시에만 전부 동력차의 팬터그래프를 사용한다.
③ AC 25kV의 전차선 전원을 차량으로 받아들이는 집전장치이다.
④ 집전판 안에 압력공기를 넣어 마모나 파손을 검지한다.

02

고속차량의 객차대차에 대한 설명으로 옳지 않은 것은?

① 고정축거는 3m, 객차대차 간 중심거리는 18.7m이다.
② 대차프레임은 2개의 크로스빔, 튜브빔, 사이드프레임으로 구성되어 있다.
③ 2차 현가장치는 2개의 코일스프링, 오일댐퍼, 액슬로드로 구성되어 있다.
④ 8개의 제동디스크에 작용하는 8개의 제동통으로 구성되어 있다.

03

터널공법의 설명으로 옳지 않은 것은?

① ASSM - 굴착 시 터널 주변의 이완을 허용하지 않는다.
② NATM - 굴착 후 빠른 시간 내에 굴착면에 콘트리트 타설을 할 수 있다.
③ TBM - 소음과 진동이 없다.
④ 쉴드 - 연약한 토질이나 지하철 공사 시 사용하는 공법이다.

04

설명으로 옳지 않은 것은?

① 선로란 열차 또는 차량을 운행시키기 위한 운행통로를 말한다.
② 도시철도건설규칙에서 궤간은 레일의 맨 위쪽부터 14mm 아래 지점에 위치한 양쪽 레일 바깥쪽 간의 가장 짧은 거리를 말한다.
③ 표준궤는 1,435mm이다.
④ 광궤는 고속에 유리하고 차륜의 마모를 경감시킬 수 있다.

05

철도차량 유지보수규정에 의한 분류에서 설명이 옳지 않은 것은?

① 고속철도란 200km/h 이상으로 운행하는 열차를 말한다.
② 디젤전기기관차는 전후방에서 운전과 총괄제어가 가능하다.
③ 전기기관차는 동력집중식이다.
④ 전기동차는 전기를 동력원으로 하여 움직이는 구동차, 부수차, 제어차를 말한다.

06

차량용도에 따른 철도차량의 분류로 옳지 않은 것은?

① 디젤전기기관차
② 견인기관차
③ 순환열차
④ 광역전철

07

차체의 재료에 따른 철도차량의 분류로 옳지 않은 것은?

① 목제차
② 강제차
③ 스테인리스 강제차
④ 저항제어차

08

7600호대 디젤에 대한 설명으로 옳지 않은 것은?

① 견인마력 3,490 THP 디젤엔진을 사용한다.
② VVVF, IGBT를 사용한다.
③ 디젤차량, 전기기관차와 함께 운행 가능하다.
④ 화물열차와 여객열차 운행 목적이다.

09

7400호대 디젤의 동력 순서로 옳은 것은?

① DE – MG – TM – 피니온과 기어 – 동륜
② DE – MG – 피니온과 기어 – TM – 동륜
③ MG – DE – TM – 피니온과 기어 – 동륜
④ MG – DE – 피니온과 기어 – TM – 동륜

10

신호설비의 장점이 아닌 것은?

① 열차운용 효율 증대
② 선로용량 증대
③ 취급인력 감소
④ 차량고장 감소

11

신호발전에 대한 설명으로 옳지 않은 것은?

① 1825년 영국에서는 기마수가 깃발을 들고 달리며 선로의 이상유무를 파악했다.
② 1899년 대한민국 경인선 노량진~제물포 간 완목식 신호기와 통표폐색방식을 사용했다.
③ 1942년 영등포~대전 간 전기연동장치를 도입했다.
④ 1968년 중앙선 31개역에 열차집중제어장치를 개통했다.

12

선로시설 건설 및 유지보수에 관한 장비종류로 옳지 않은 것은?

① 궤도안정기
② 궤도검측차
③ 호퍼카
④ 가선작업차

13

철도장비 분류가 서로 다른 것은?

① 기초굴삭작업차
② 분진흡입열차
③ 콘크리트믹서차
④ 건주작업차

14

신형 전기기관차에 대한 설명으로 옳지 않은 것은?

① 1,350kW의 3상 교류전동기이다.
② VVVF, GTO 제어방식을 사용한다.
③ 최고속도는 160km/h이다.
④ HEP가 설치되어 있어 발전차가 필요 없다.

15

전기동차의 역사로 옳지 않은 것은?

① 1899년 5월 17일 서대문-청량리 간 25.9km 길이로 처음 생겨났다.
② 최초에는 8량의 회전의자식 개방차와 황실용 귀빈차 1량이 있다.
③ 개통 당시 4M4T로 총 8량 편성되었다.
④ 현재 전기동차의 진정한 시발점은 1974년 개통한 1호선 전기동차이다.

16

전기동차의 특징으로 옳지 않은 것은?

① 총괄제어가 가능하다.
② 동력 집중식이다.
③ 차량의 사용효율이 높다.
④ 견인력과 제동성능이 높다.

17

전기철도의 장점이 아닌 것은?

① 수송량 증대
② 차량고장 저하
③ 속도 향상
④ 에너지 유용 이용

18

객차 혼잡율에 대한 설명으로 옳지 않은 것은?

① 100% – 정원승차
② 120% – 어깨가 맞닿고 손잡이를 잡지 못하는 승객이 절반 이상
③ 200% – 몸 전체가 맞닿고 압박감을 느낌
④ 250% – 열차가 흔들릴 때마다 몸 전체가 기울어짐

19

유선전송 매체가 아닌 것은?

① 지상마이크로파
② 광섬유케이블
③ 꼬임선케이블
④ 동축케이블

20

통신방식에 대한 설명으로 옳지 않은 것은?

① 단방향 통신방식은 송수신 측이 결정되어 있다.
② 전이중 통신방식은 전용회선은 4회선이다.
③ 전이중 통신방식은 전송효율도 높고 회선비용도 높다.
④ 반이중 통신방식은 동시에 양방향 전송이 가능하다.

3교시 관제관련규정

01
철도종사자의 의무 중 틀린 것은?

① 관제기관으로부터 정보요구를 받았을 때에는 일정기간 내 정보를 제공하여야 한다.
② 급박한 경우 철도종사자가 관할 관제구역을 담당하는 관제업무종사자에게 전화로 구두보고를 할 수 있다.
③ 관제기관의 조치 및 지시를 따라야 하지만 특별한 사정으로 응할 수 없는 경우는 협의하여야 한다.
④ 비CTC 역의 운전취급자는 열차운행시각표 또는 관제기관 지시에 따라 진 · 출입열차에 대한 신호 및 폐색취급을 하고 열차의 도착 · 출발 · 통과시각을 정보교환시스템 또는 전화 등으로 보고하여야 한다.

02
관제기관 운영 및 관제시설의 운용에 대한 설명으로 틀린 것은?

① 관제업무수행자는 관제운영실에 철도운영자 등 직원을 배치시켜 업무를 시킬 수 있다.
② 관제업무수행자는 관제운영실에 선로작업시행자 직원을 배치시켜 업무를 시킬 수 있다.
③ 관제업무수행자는 관제시설의 관리업무를 위한 담당자를 지정하여야 한다.
④ 철도종사자는 철도운영자, 선로배분시행자 등과 정보교환시스템구축을 하여야 한다.

03
관제업무 승인사항 기록부의 사용시기로 옳지 않은 것은?

① 역 운전취급자의 요청에 의하여 승인할 때
② 기관사 및 장비운전자 등의 요청에 의하여 승인할 때
③ 국토교통부장관, 한국철도공사사장 등 지시에 의하여 승인이 필요할 때
④ 관제사가 업무수행상 필요에 의하여 지시가 필요할 때

04
관제시설 점검 및 관제업무의 지속성에 관한 설명 중 틀린 것은?

① 고장 · 장애 또는 테러 등의 발생으로 정상적인 관제업무 수행이 불가능한 경우에는 10분 이내에 국토교통부장관에게 보고하여야 한다.
② 근무교대 시 관제시설 등의 작동상태를 점검목록에 따라 점검하여야 한다.
③ 관제시설에 고장 · 장애 발생 시 즉시 유지보수자에게 복구될 수 있도록 조치를 하여야 한다.
④ 관제업무수행자는 관제시설에 치명적인 고장 · 장애가 발생한 경우와 테러, 지진 등 정상업무 불가 시 비상대응계획에 따라 관제업무를 수행할 수 있도록 하여야 한다.

05
기상특보의 종류가 아닌 것은?

① 홍 수
② 폭 설
③ 지 진
④ 태 풍

06

철도교통관제 운영규정에서 중점관리대상자 선정 기준으로 틀린 것은?

① 관제 취급부주의로 판명된 날부터 경과시간이 지나지 아니한 사람
② 관제업무 수행한 경력이 있는 자로서 3월 미만의 전입자
③ 관제업무 수행경력 6월 미만의 신규자
④ 관제업무 음주 2회 적발자

07

철도교통관제 운영규정에서 관제인력수급계획 수립 내용으로 틀린 것은?

① 계획 수립 시 고려할 요건으로는 '관제업무종사자 업무량 분석 결과'가 있다.
② 관제업무수행자는 관제인력의 안정적 수급을 위하여 최소 5년 이상의 관제인력수급계획을 수립하여야 한다.
③ 계획 수립 시 고려할 요건으로 '최근 5년 이상의 철도교통관제량과 관제인력 증감 추이' 항목이 있다.
④ 수립한 관제인력수급계획에 따른 다음연도 시행계획을 매년 10월까지, 전년도 시행계획의 추진실적은 매년 1월 말까지 국토교통부장관에게 제출하여야 한다.

08

철도교통관제 운영규정에서 약물 및 음주 제한 설명으로 틀린 것은?

① 중추신경계에 영향을 주는 약은 24시간이 경과하여도 보고하지 않는다.
② 심신 또는 업무수행상태 등으로 보아 관제업무를 수행하는 것이 부적절하다고 판단되는 사람은 관제업무를 일시 중지시켜야 한다.
③ 음주측정결과 혈중 알코올농도가 0.02퍼센트 이상인 경우 업무를 중지시킨다.
④ 약물을 복용할 경우에는 일정기간 관제업무를 중지시킬 수 있으며, 그 기간이 10일을 넘을 것으로 판단되는 경우에는 전문의사에게 자문하여야 한다.

09

철도교통관제 운영규정에서 "관제업무종사자"에 대한 용어의 정의를 바르게 설명하고 있는 것은?

① 철도차량의 운행을 집중 제어 · 통제 · 감시하는 사람
② 철도교통관제시설의 관리업무 및 관제업무를 위탁받아 수행하는 자
③ 열차의 운행을 집중 제어 · 통제 · 감시하는 사람
④ 관제업무수행자의 직원으로 관제기관에서 관제업무를 수행하는 사람

10

관제기관 또는 관제업무종사자가 '관제지시'를 내릴 수 있는 대상으로 잘못된 것은?

① 철도운영자
② 철도시설관리자
③ 철도시설의 유지보수시행자
④ 철도특별사법경찰

11

철도교통관제 관련 용어의 정의로 틀린 것은?

① 선로사용계획에는 열차운행계획과 선로작업계획이 포함된다.
② 선로작업계획은 선로 등의 건설과 개량 · 유지보수를 위한 선로사용계획을 말한다.
③ 선로사용자는 철도운영자 및 시설관리자를 말한다.
④ 열차운행시각표를 포함하여 열차운행계획이라고 한다.

12

철도교통관제 운영규정의 설명 중 틀린 것은?

① 관제업무수행자는 관제업무를 수행 중인 관제업무종사자에 대하여 관제업무 수행과 관련이 없는 휴대전화, 전자기기 등의 사용을 제한하여야 한다.
② 관제업무종사자는 열차통제 업무와 철도운영과 시설관리 등의 업무가 경합될 때에는 시설관리업무를 우선적으로 처리하되 열차에 지장이 최소화되도록 하여야 한다.
③ 국토교통부장관은 철도교통관제 운영 고시에 대하여 매 3년이 되는 시점에 그 타당성을 검토하여 개선 등의 조치를 하여야 한다.
④ 비상대응계획과 긴급연락 · 복구체계는 항상 최신화하여 관리하여야 한다.

13

열차의 최대연결차량수를 정할 때 고려사항이 아닌 것은?

① 가감속 성능
② 동력차의 견인력
③ 연결장치의 강도
④ 차량의 성능

14

철도차량운전규칙에서 여객열차의 연결제한에 관한 설명 중 틀린 것은?

① 파손차량, 동력을 사용하지 않는 기관차는 여객열차에 안전조치 후 여객열차에 연결이 가능하다.
② 여객열차에는 화차를 연결할 수 없다. 다만, 회송인 경우 가능하다.
③ 여객열차에 화차를 연결할 경우 화차를 객차의 중간에 연결하여서는 안 된다.
④ 2차량 이상에 무게를 부담시킨 화물을 적재한 화차는 여객열차에 연결하여서는 안 된다.

15

도시철도운전규칙에서 전호에 대한 설명으로 옳지 않은 것은?

① 승객안전설비를 갖추고 차장을 승무시키지 않은 경우 출발전호는 생략 가능하다.
② 비상사고가 발생한 경우 기적전호를 하여야 한다.
③ 퇴거전호는 주간에 녹색기를 좌우로 흔든다. 다만, 부득이한 경우에는 한 팔을 좌우로 움직이는 것으로 대신할 수 있다.
④ 정지전호의 야간에는 적색등을 흔든다.

16

철도차량운전규칙에서 지정된 선로의 반대선로로 열차를 운전할 수 있는 경우로 틀린 것은?

① 정거장 내의 선로를 운전하는 경우
② 정거장과 그 정거장 외의 측선 도중에서 분기하는 본선과의 사이를 운전하는 경우
③ 양방향 신호설비가 설치된 구간에서 열차를 운전하는 경우
④ 입환운전을 하는 경우

17

철도차량운전규칙에서 열차의 제동력에 대한 설명 중 틀린 것은?

① 열차는 차량의 종류 및 기관사의 운전습관에 따라 충분한 제동능력을 갖추어야 한다.
② 연결축수에 대한 제동축수의 비율이 100이 되도록 열차를 조성하여야 한다.
③ 모든 차량의 제동력이 균등하도록 차량을 배치하여야 한다.
④ 긴급상황 발생 등으로 인하여 열차를 조성하는 경우에는 연결축수에 대한 제동축수의 비율이 100이 되지 않도록 조성할 수 있다.

18

도시철도운전규칙에 관한 내용으로 틀린 것은?

① 국토교통부령으로 제정되었다.
② 도시철도운전규칙에 정하지 않은 사항이나 도시교통권역별로 서로 다른 사항은 법령의 범위에서 해당 시 · 도지사가 따로 정할 수 있다.
③ 도시철도운전규칙에서 시계운전이란 사람의 맨눈에 의존하여 운전하는 것을 말한다.
④ 도시철도운전규칙의 제정목적은 도시철도의 운전과 차량 및 시설의 유지, 보전에 필요한 사항을 정하여 도시철도의 안전운전을 도모하기 위함이다.

19

도시철도운전규칙이 아닌 것은?

① 신설구간의 시운전은 정상운전을 하기 전에 60일 이상 하여야 한다.
② 열차의 비상제동거리는 600미터 이상으로 한다.
③ 도시철도운영자는 대용폐색방식에 의하여 운전 시 운전속도를 제한하여야 한다.
④ 상용폐색방식은 자동폐색식 및 차내신호폐색식에 따른다.

20

도시철도운전규칙 중 도시철도운영자와 관련된 내용으로 틀린 것은?

① 도시철도운영자는 안전과 관련된 업무에 종사하는 직원에 대하여 신체검사와 정해진 교육을 하여야 한다.
② 도시철도운영자는 선로, 전차선로, 운전보안장치를 신설, 이설 또는 개조한 경우 정상운전을 하기 전에 60일 이상 시험운전을 하여야 한다.
③ 도시철도운영자는 응급복구에 필요한 기구 및 자재를 항상 적당한 장소에 보관하고 정비하여야 한다.
④ 도시철도운영자는 안전운전과 이용승객의 편의 증진을 위하여 장기, 단기계획을 수립하여 시행하여야 한다.

4교시 철도교통 관제운영

01

ATC의 불연속정보전송장치(ITL)의 전송내용이 아닌 것은?

① 절대정지 정보
② 터널 입출구 정보
③ 기상정보
④ 절연구간 정보

02

다음 보기에서 설명하는 용어로 옳은 것은?

계획상 실제로 운전이 가능한 편도 1일의 최대 총 열차횟수

① 운전시격
② 선로용량
③ 운전시분
④ 발착시각

03

전동차를 기동하거나 운전실 교환 시 제동핸들을 투입하면 ATS 초기설정값으로 옳은 것은?

① 0km/h
② 15km/h
③ 25km/h
④ 45km/h

04

MMI 화면 구성에 포함되지 않는 것은?

① 기능별 메뉴
② 화면돋보기
③ 알람로그창
④ 이벤트로그창

05

열차운행종합제어장치로 옳지 않은 것은?

① On-line TT
② LDP
③ 유지보수 콘솔
④ 운영자 콘솔

06

운전관제사의 주요업무에서 영업준비 상태 확인의 내용 중 옳지 않은 것은?

① 각 분야의 영업준비 상태
② 운행선 작업 업무협의 및 조정
③ 대형표시판 정상표출 여부
④ 열차운행 스케줄로딩 상태

07

CATS의 기능으로 옳지 않은 것은?

① 신호장치 감시 및 제어
② 자동진로 제어
③ 열차번호 관리
④ ATC, CBI, CATS와 인터페이스 관리

08

고속관제에서 기상 검지장치의 위치선정에 대한 설명으로 옳지 않은 것은?

① 열차의 영향을 최소화하기 위해 선로에서 20m 이상 이격하여 설치하여야 한다.
② 약 20km/h 간격으로 선로변에 기상설비 설치가 용이한 장소에 설치한다.
③ 강우 및 풍속 측정장치는 동일 장소에 설치해야 한다.
④ 적설검지기는 우리나라 기후여건을 고려하여 대구 이북지역에 설치한다.

09

수신기부 장치 설명으로 틀린 것은?

① 3TR : 3초 동안 비상제동을 억제하고 여자 시 비상제동이 체결된다.
② OSC : 상시 78kHz 주파수를 보내고 대역여과기를 통해 출력계전기를 여자시킨다.
③ STR : 제동핸들 투입 시 25km/h로 설정해 준다.
④ 대역여과기 : 검지된 신호주파수만 BPF를 통과시켜 해당되는 PR을 여자시킨다.

10

ATS에 관한 설명으로 틀린 것은?

① R1, R0 구간 모진 시 즉시 비상제동이 체결되고 알람벨 및 속도계 내 'R1', 'R0' 등이 점등되고 제동핸들 비상위치에서 15KS 또는 ATS 장치가 복귀된다.
② 속도초과 시 3초 이내 확인 제동취급하지 않는 경우에 제동핸들을 비상위치에서 7스텝 위치로 해야 비상제동은 완해된다.
③ 15KS를 누르면 알람벨이 울리고 설정되면 차임벨로 바뀌면 '15' 등이 점등된다.
④ 절대신호기 모진 등의 사유로 진입 시 ASOS를 취급하여야 하며 관제승인을 받을 수 없는 경우 짧은 기적을 수시로 울리면서 15km/h 이하의 속도로 주의운전한다.

11

수송량과 수송력에 관한 설명으로 옳지 않은 것은?

① 수송량은 인구권, 역세권으로 결정되어지고, 화물수송량은 산업의 형태, 화물발생인자 등을 기준으로 결정되어진다.
② 수송량에 영향을 미치는 인자로는 경제산업의 발달, 인구증가, 도시계획, 국가정책결정, 문화시설, 타 교통기관과의 관계 등이 있다.
③ 수송수요 예측방법으로는 최소자승법, GNP 회귀분석법, 인구 GNP 회귀분석법, GNP 탄성치에 의하는 방법이 있으며 현재는 인구 GNP 회귀분석이 채택되고 있다.
④ 일반적으로 가장 간단한 추정법으로는 최소자승법이 있다.

12

열차안전운행 및 원활한 운전을 위하여 충족할 조건으로 틀린 것은?

① 전후 열차는 진행신호 조건으로 운전
② 표준운전시분의 적정
③ 열차운행다이아의 탄력성
④ 수송파동의 대응력

13

지표와의 접촉 없이도 운행속도, 거리 및 방향을 계산하고 움직이는 차량의 속도를 측정하며 속도 분석은 km/h당 20Hz인 것은?

① 타코메타
② 도플러센서
③ ATS RX
④ ATS LU

14

무인운전 관제시스템의 용어설명으로 옳지 않은 것은?

① 가속도계 : 열차에 부착되어 열차의 가속도를 측정한다.
② ADU : 열차 운전자에게 열차운용 및 상태정보를 제공한다.
③ ATP : 안전한 열차 이동을 책임지는 ATC 내의 기능을 한다.
④ CAZ : 비상시 취급할 경우 선로 내 모든 궤도를 폐쇄하고 이때 운행 중인 열차는 비상제동이 체결된다.

15

열차제어시스템에서 경합을 검지할 수 있는 조건에 대한 설명으로 옳지 않은 것은?

① 경합 검지를 위해서는 CTC화되어 있어야 한다.
② ATO 방식이 아닌 신호조건이어야 한다.
③ 고정폐색방식이 아닌 이동폐색방식이어야 한다.
④ 열차가 궤도를 이동함에 따라 발생된 궤도정보를 이용하여 열차착발정보 자동진로, 열차 경합검지를 수행한다.

16

구배기동시험 실시상의 기본사항으로 옳지 않은 것은?

① 그 구간의 최소견인정수로 편성하여 시험한다.
② 곡선, 열차장을 고려하여 최악조건이 되는 지점을 선정하여 시행한다.
③ 조정조건의 취급속도와 완급, 압축인출, 자연인출을 명확히 한다.
④ 편성 기초수치를 측정한다.

17

ATP 시스템 운전모드가 아닌 것은?

① 트립 전 모드
② 책임모드
③ 완전모드
④ 시스템장애모드

18

다음 빈칸에 들어갈 내용으로 옳은 것은?

> 중앙비상정지버튼(CESB)은 위험 상황 대처수단으로 제공된다. (　)가 CESB가 작동 중임을 감지하면 모든 선로를 즉시 폐쇄한다. 제어대상 열차는 (　)이 체결된다.

① VCC / 비상제동
② VCC / 상용제동
③ ATS / 비상제동
④ ATS / 상용제동

19

열차자동방호장치(ATP) 시스템 운용 Level에서 열차의 상태 및 전방진로 등 열차의 운행정보는 ATP 화면표시기에 표시되고, 기관사는 통상의 지상신호기로 확인할 수 있는 Level은 무엇인가?

① Level 0
② Level STM
③ Level 1
④ Level 2

20

무인관제시스템의 방송 우선순위로 가장 높은 것은?

① 역사화재 방송
② 관리역 방송
③ 관제화재 방송
④ 관제 방송

5교시 비상시 조치 등

01

다음 보기가 설명하는 용어로 옳은 것은?

> • 개인의 사소한 위반이나 문제점을 방치하면 큰 문제로 이어질 가능성이 높다는 의미를 담고 있음
> • 인적오류의 가능성이 부분에서 전체로 확대되는 경향

① J.REASON의 스위스 치즈모델
② 하인리히 법칙
③ 깨진 유리창 이론
④ 파레토법칙

02

서울메트로 2호선 상왕십리역 전동열차 충돌-탈선사고의 문제점으로 옳지 않은 것은?

① 관제사와 기관사 교신 미흡
② 운전관제사 서행운전 미지시
③ 신호관제 신호체계 변경작업에 대한 작업통제 미실시
④ 구원열차에 고장열차의 정확한 정차위치 미통보

03

다음 괄호 안에 들어갈 내용으로 옳은 것은?

> 열차운행선을 지장하는 작업이나 공사를 하려는 자는 관제실장(　)이 발령한 운전명령을 득한 후 시행하여야 한다. 철도사고등으로 시급히 시행되어야 할 작업은 (　)의 승인을 받은 후 시행하여야 한다.

① 관제운영실장 포함 / 관제운영실장
② 관제운영실장 제외 / 관제운영실장
③ 관제센터장 포함 / 관제센터장
④ 관제센터장 제외 / 관제센터장

04

인적오류에 대한 내용 중 틀린 것은?

① 실수 : 작업 절차의 일부를 빠뜨림
② 망각 : 규정이 기억나지 않음
③ 착오 : 잘못된 규칙을 적용
④ 위반 : 잘못된 순서로 작업을 수행함

05

관제설비 고장 시 조치로 틀린 것은?

① CTC 장치 고장 시 관제운영실장에게 보고한다.
② 열차무선전화기 고장 시 지시사항은 최근 인접역을 통해 전달한다.
③ 관제전화설비 고장 시 철도전화설비 또는 휴대폰 등을 이용하여 관제업무를 수행하여야 한다.
④ 영상감시장치(CCTV) 고장이 발생한 경우에는 시종단역장 및 관계처에 고장내용을 통보한다.

06

위반행위 자체가 조직 내에서 또는 개인적으로 일반 관습이 된 경우 발생하는 위반은?

① 일상적 위반
② 상황적 위반
③ 예외적 위반
④ 고의가 아닌 위반

07

지적확인 환호응답에 대한 내용중 틀린 것은?

① 각종 기기를 점검 및 보수하거나 조작판 및 보안장치 등을 취급할 때에는 취급하기 전에 지적확인을 하고 취급한 후에는 이상 유무를 확인함과 동시에 환호를 해야 한다.
② 주체의 신호기와 보조신호기가 동시에 확인 가능한 경우에는 주체의 신호기에 대한 지적확인 환호응답만 시행한다.
③ 급박한 상황 발생 시에는 확인을 생략할 수 있다.
④ 단독으로 업무를 수행하는 경우에는 지적확인환호만 실시할 수 있다.

08

정거장 구내에서 사상사고 발생 시 주요조치로 옳지 않은 것은?

① 인접선 운행열차 즉시정차
② 전문구호 인력 도착 시까지 응급구호조치
③ 열차 착발선 변경 시 여객안내 철저 지시
④ 구조인력 및 구급차량에 대한 진입로 확보 지시

09

상용폐색방식이 아닌 것은?

① 자동폐색식
② 지도통신식
③ 통표폐색식
④ 차내신호폐색식

10

귀빈열차에 대한 운전정리 및 관계사항 조치에 대한 설명으로 옳지 않은 것은?

① 일반열차에 우선하며 귀빈열차의 이동상황에 대하여는 보안을 유지한다.
② 귀빈열차의 운행정리는 철도교통관제센터장이 지휘 · 통제한다.
③ 귀빈열차 운행관련 사항은 운행구간을 담당하는 관제사 상호 간 긴밀하게 협조하여 조치, 열차운행 상황을 특별히 감시한다.
④ 귀빈열차가 운행을 종료한 경우에는 운행종료 시각으로부터 1시간 뒤 운행에 관련된 내용은 모두 폐기한다.

11

건널목에서 열차 또는 철도차량과 도로를 통행하는 차마, 사람 또는 기타 이동수단으로 사용하는 기계기구와 충돌하거나 접촉한 사고로 옳은 것은?

① 열차사고
② 철도교통사상사고
③ 건널목사고
④ 철도안전사고

12

관제사의 운전취급에 관한 내용 중 가장 옳지 않은 것은?

① 열차에 대한 운전취급은 관제사가 CTC 취급하는 것이 원칙이다.
② 관제운영실장은 CTC 장치가 설치된 역 중 지정기준에 따라 상시로컬역으로 운영할 수 있다.
③ 선구별 시 · 종착역은 상시로컬역 지정기준에 해당된다.
④ CTC 구간 역에서 이례사항 발생으로 로컬취급이 유리하다고 관제사의 판단이 있는 경우 로컬취급을 할 수 있다.

13

2003년에 발생한 대구지하철 화재사고의 문제점으로 틀린 것은?

① 현장근무자, 관리자의 안전의식 결핍
② 대처방식의 교육 결여
③ 열차감시원 배치 누락
④ 안전기준 미달, 비상전력체제 취약

14

화재 발생 개소별 주요조치에 대한 설명으로 가장 옳지 않은 것은?

① 열차에 화재 발생 시 인접선을 지장할 경우 화재열차 정차지역 인근 열차는 구원준비 조치를 시킨다.
② 열차가 터널 내(지하구간 포함)에서 화재 발생 시 소화 및 승객유도 인력 긴급출동을 지시한다.
③ 동력차에 화재 발생 시 화재개소 분리가 가능할 경우 분리를 지시한다.
④ 철도시설물에 화재 발생으로 열차운행에 지장이 있을 경우 외부지원 차량의 사고현장 최단 접근로를 파악해야 한다.

15

비상상황 발생 시 조치로 가장 옳지 않은 것은?

① 경미한 부상자는 본선개통 후 응급조치
② 인명피해 및 재산피해의 최소화
③ 철도안전법령에 의한 조치사항 준수
④ 유류품 관리

16

자동폐색식 구간에서 지도통신식 시행시기에 대한 설명으로 가장 옳지 않은 것은?

① 정거장 외로부터 퇴행할 열차를 운전시키는 경우
② 출발신호기 고장으로 폐색표시등을 현시할 수 없는 경우
③ 분기기의 고장으로 자동폐색식에 따를 수 없는 경우
④ 자동폐색신호기 2기 이상 고장인 경우(구내폐색신호기 제외)

17

사고복구 장비 출동에 대한 설명으로 가장 옳지 않은 것은?

① 사고복구에 가장 유리한 소재의 장비를 출동 지시하여야 한다.
② 출동 지시 시각으로부터 30분 이내 배치소속에서 출동하여야 한다.
③ 기중기 연결 운행 시 견인기관차 바로 다음에 연결하는 것이 원칙이다.
④ 관제실장은 기중기 책임자(복구팀장)와 수시로 통화하여 사고 상황을 통보하여야 하며, 이동 중인 기중기 책임자와 통화를 할 수 없을 때에는 기중기 운행지점 인근 역장을 통해 사고 상황을 전달하여야 한다.

18

관제설비 고장 시 조치로 옳지 않은 경우는?

① CTC 장치 고장이 발생한 경우 관제권을 일시적으로 역장에게 이관해야 한다.
② 열차무선전화기 고장이 발생한 경우 관제운영실장에게 고장에 관한 보고를 해야 한다.
③ 관제전화설비 고장이 발생한 경우 철도전화설비 또는 휴대폰 등을 이용하여 관제업무 수행해야 한다.
④ 영상감시장치(CCTV) 고장이 발생한 경우에는 유지보수자에게 고장내용을 통보해야 한다.

19

집중호우로 인한 열차운행중지에 대한 설명으로 가장 옳지 않은 것은?

① 일연속 강우량 150mm 이상이고 시간당 강우량 60mm 이상일 때
② 고가 및 교량구간 시간당 강우량 70mm 이상일 때
③ 선로순회자 또는 열차감시원이 열차운행에 위험하다고 인정할 때
④ 물에 떠내려 오는 물체가 교량에 부딪혔을 때

20

폭발물 테러 발생 시 관제업무 절차에 대한 설명으로 가장 옳지 않은 것은?

① 사고복구반 출동 지시는 근무시간 내에 사고지역 지역본부 차량처장이 한다.
② 폭발물 발견역 정차열차 신속 출발 지시
③ 인근역 출발 열차 퇴행운전 지시
④ 진입열차 신속 통과 지시

제5회 | 모의고사

정답 및 해설 596쪽

1교시 철도관련법

01

철도안전법 중 대통령령으로 정하는 법령이 아닌 것은?

① 운전면허를 받은 사람이 운전할 수 있는 철도차량의 종류는 대통령령으로 정한다.
② 관제적성검사기관의 지정기준 및 지정절차 등에 필요한 사항은 대통령령으로 정한다.
③ 철도사고등이 발생하였을 때의 사상자 구호, 여객 수송 및 철도시설 복구 등에 필요한 사항은 대통령령으로 정한다.
④ 시행계획의 수립 및 시행절차 등에 관하여 필요한 사항은 대통령령으로 정한다.

02

철도안전법 중 국토교통부령으로 정하는 법령이 아닌 것은?

① 과징금을 부과하는 위반행위의 종류, 과징금의 부과기준 및 징수방법, 그 밖에 필요한 사항은 국토교통부령으로 정한다.
② 관제업무에 종사하려는 사람은 국토교통부령으로 정하는 바에 따라 실무수습을 이수하여야 한다.
③ 취소 및 효력정지 처분의 세부기준 및 절차는 그 위반의 유형 및 정도에 따라 국토교통부령으로 정한다.
④ 철도차량의 영상기록의 제공과 그 밖에 영상기록의 보관 기준 및 보관 기간 등에 필요한 사항은 국토교통부령으로 정한다.

03

관제적성검사의 항목 및 불합격 기준으로 틀린 것은?

① 반응형 검사 평가점수가 30점 미만인 사람은 불합격이다.
② 문답형 검사는 일반성격, 안정성향, 작업태도 검사가 있다.
③ 반응형 검사는 주의력, 인식 및 기억력, 판단 및 행동력 검사가 있다.
④ 문답형 검사항목 중 안전성향 검사에서 부적합으로 판정된 사람은 불합격이다.

04

신체검사를 받아야 하는 철도종사자로 틀린 것은?

① 여객승무원
② 운전업무종사자
③ 관제업무종사자
④ 정거장에서 철도신호기, 선로전환기, 조작판을 취급하는 업무를 수행하는 사람

05

철도차량정비 기술자의 인정취소 및 인정정지 사유 중 틀린 것은?

① 거짓, 그 밖의 부정한 방법으로 인정받은 경우
② 철도차량정비 업무수행 중 철도사고의 원인을 제공한 경우
③ 다른 사람에게 철도차량정비 경력증을 빌려 준 경우
④ 자격기준에 해당하지 아니하게 된 경우

06

철도시설 중 전기 · 신호 · 통신 시설 점검 · 정비 업무 종사자의 직무교육 내용으로 틀린 것은?

① 「철도안전법」 및 철도안전관리체계(전기분야 중심)
② 철도전기, 철도신호, 철도통신 일반
③ 변전 및 전차선 일반
④ 철도전기, 철도신호, 철도통신 실무

07

철도신호기 · 선로전환기 · 조작판 취급자의 직무교육 내용으로 틀린 것은?

① 신호관제 장치
② 관제 관련 규정
③ 전기 · 신호 · 통신 장치 실무
④ 선로전환기 취급방법

08

관제자격증명의 취소, 정지에 대하여 틀린 것은?

① 효력정지 기간 중 업무수행 – 취소
② 약물을 사용한 상태에서 관제업무수행 – 취소
③ 열차의 출발, 정차 및 노선변경 등 열차운행의 변경에 관한 정보 4회 위반 – 취소
④ 약물확인, 검사요구를 거부한 경우 – 취소

09

철도안전법에 관한 설명으로 틀린 것은?

① 운전적성검사에 불합격한 사람은 검사일로부터 3개월 기간 동안 운전적성검사를 받을 수 없다.
② 국토부장관은 5년마다 철도안전에 관한 종합계획을 수립하여야 한다.
③ 운전면허의 유효기간은 10년으로 한다.
④ 한국교통안전공단은 관제자격증명시험 응시원서 접수마감 14일 이내에 시험일시 및 장소를 한국교통안전공단 게시판 또는 인터넷 홈페이지 등에 공고하여야 한다.

10

운전면허의 갱신에 관한 설명으로 틀린 것은?

① 운전면허의 효력이 정지된 사람이 "대통령령으로 정하는 기간" 내에 운전면허 갱신을 받은 경우 해당 운전면허의 유효기간은 갱신받기 전 운전면허의 유효기간 만료일 다음 날부터 기산한다.
② 운전면허 취득자로서 유효기간 이후에도 그 운전면허의 효력을 유지하려는 사람은 운전면허의 유효기간 만료 전에 국토교통부령으로 정하는 바에 따라 운전면허의 갱신을 받아야 한다.
③ 국토교통부장관은 운전면허의 갱신을 신청한 사람이 국토교통부령으로 정하는 교육훈련을 받은 경우 운전면허증을 갱신하여 발급하여야 한다.
④ 운전면허 갱신의 조건에서 "국토교통부령으로 정하는 교육훈련을 받은 경우"란 운전교육훈련기관이나 철도운영자가 실시한 철도차량 운전에 필요한 교육훈련을 운전면허 갱신신청일 전까지 20시간 이상 받은 경우를 말한다.

11

안전교육을 받아야 하는 대상 종사자로 틀린 것은?

① 운전업무종사자
② 관제업무종사자
③ 열차의 조성업무를 수행하는 사람
④ 철도운행안전관리자

12

국토교통부령으로 정하는 구역 또는 시설로 폭발물 등 적치금지 구역이 아닌 것은?

① 철도차량 정비시설
② 철도역사
③ 철도교량
④ 정거장 및 선로(정거장 또는 선로를 지지하는 구조물 및 주변지역을 포함)

13

위해물품의 종류에 관한 설명으로 틀린 것은?

① 가연성고체 : 화기 등에 의하여 용이하게 점화되며 화재를 조장할 수 있는 가연성 고체
② 산화성 물질 : 다른 물질을 산화시키는 성질을 가진 물질로서 유기과산화물 외의 것
③ 방사성 물질 : 「원자력안전법」 제2조에 따른 핵물질 및 방사성물질이나 이로 인하여 오염된 물질로서 방사능의 농도가 킬로그램당 74 킬로베크렐(그램당 0.002마이크로큐리) 이상인 것
④ 고압가스 : 섭씨 50도 이하의 임계온도를 가진 물질

14

철도종사자의 음주 제한 등에 관한 설명 중 틀린 것은?

① 음주제한 철도종사자 : 작업책임자
② 음주제한 철도종사자 : 여객역무원
③ 술을 마시거나 약물을 사용한 상태에서 업무를 한 사람 : 3년 이하의 징역 또는 3천만원 이하의 벌금
④ 술을 마셨거나 약물을 사용하였는지 확인 또는 검사를 거부한 사람 : 2년 이하의 징역 또는 2천만원 이하의 벌금

15

운송취급주의 위험물로 옳은 것은?

① 점화 또는 점폭약류를 붙인 폭약
② 뇌홍질화연에 속하는 것
③ 인화성 · 산화성 등이 강하여 그 물질 자체의 성질에 따라 발화할 우려가 있는 것
④ 그 밖에 사람에게 위해를 주거나 물건에 손상을 줄 수 있는 물질로서 국토교통부장관이 정하여 고시하는 위험물

16

"사상자가 많은 사고 등 대통령령으로 정하는 철도사고등"으로 틀린 것은?

① 열차의 탈선사고
② 철도차량이나 열차의 화재 발생
③ 철도차량이나 열차의 운행과 관련하여 3명 이상 사상자가 발생한 사고
④ 철도차량이나 열차의 운행과 관련하여 5천만원 이상의 재산피해가 발생한 사고

17

벌칙 적용에 있어 공무원의 의제와 관련이 없는 것은?

① 관제적성검사 업무에 종사하는 관제적성검사 기관의 임직원
② 운전교육훈련 업무에 종사하는 운전교육훈련 기관의 임직원
③ 신체검사 업무에 종사하는 의료기관 임직원
④ 정비교육훈련 업무에 종사하는 정비교육훈련 기관의 임직원

18

국토교통부장관의 권한 중 시 · 도지사에게 위임한 사항으로 옳은 것은?

① 철도차량의 안전한 운행을 위하여 철도시설 내에서 사람, 자동차 및 철도차량의 운행제한 등 안전조치를 따르지 아니한 사람에 관한 과태료 부과 · 징수
② 술을 마셨거나 약물을 사용하였는지에 관한 확인 또는 검사
③ 철도보안정보체계의 구축 · 운영
④ 철도종사자의 직무상 지시에 따르지 아니한 사람에 관한 과태료 부과 · 징수

19

국토교통부장관이 한국교통안전공단에 위탁한 업무로 옳은 것은?

① 안전관리체계에 관한 정기검사 또는 수시검사
② 표준규격의 제정 · 개정 · 폐지 및 확인에 관한 처리결과 통보
③ 철도차량 개조승인검사
④ 손실보상과 손실보상에 관한 협의

20

"1년 이하의 징역 또는 1천만원 이하의 벌금" 벌칙에 해당 사항이 아닌 것은?

① 거짓이나 그 밖에 부정한 방법으로 운전면허를 받은 사람
② 관제업무 실무실습을 이수하지 아니하고 관제업무에 종사한 사람
③ 자신의 철도차량정비 경력증을 빌려준 사람
④ 안전관리체계의 승인을 받지 아니하고 철도운영을 하거나 철도시설을 관리한 자

2교시 철도시스템 일반

01

다음의 설명에 해당하는 장비는?

궤도에 살포된 자갈을 소정의 형태로 정리하고 자갈이 부족한 궤도에 자갈을 보충해주는 작업을 하며 선로 주변의 자갈을 정리하는 역할을 하는 밸러스트클리너 작업의 후속 장비이다.

① 멀티플타이탬퍼
② 밸러스트콤팩터
③ 밸러스트레귤레이터
④ 스위치타이탬퍼

02

2종 작업단의 장비로 옳지 않은 것은?

① 스위치타이탬퍼
② 궤도안정기
③ 모터카
④ 밸러스트클리너

03

용어의 정의로 옳지 않은 것은?

① 곡선반경이란 곡선의 크기를 표시하는 단위로서, 가능하면 곡선반경이 크면 클수록 좋다.
② 활주란 열차출발 혹은 가속 시 열차의 견인력이 점착력보다 클 때 차륜이 레일 위에 미끌리는 현상을 말한다.
③ 기지모드란 지상의 신호가 없는 구역에서 전동차를 수동으로 운전하는 모드이다.
④ 조가선이란 전차선을 지지하기 위해 행거이어 또는 드로퍼로서 매달기 위해 전차선 상부에 가선된 전선 또는 케이블이다.

04

전차선로의 구성이 아닌 것은?

① 임피던스본드
② 전차선
③ 급전선
④ 조가선

05

전기동차 출입문 관련 회로차단기가 아닌 것은?

① 전부 DILPN
② CRSN
③ DMVN 1, 2
④ DILP

06

시설에서 구배에 관한 설명으로 틀린 것은?

① 최급구배란 열차의 운전구간 중 가장 물매가 심한 구배를 말한다.
② 제한구배란 기관차의 견인정수를 제한하는 구배를 말한다.
③ 표준구배란 어느 구간 양단의 실제 고저차를 그 구간의 수평거리로 나눈 균일한 구배로써 노선 선정 시 하나의 목표치가 된다.
④ 사정구배란 어느 구간의 기관차 견인정수를 사정하기 위한 구배로써 열차장을 수평거리 단위로 하여 구한 최급구배이다.

07

시설에서 종곡선에 관한 설명으로 옳은 것은?

① 도시철도에서는 일반적으로 인접구배 4% 이상 차이가 날 때 R=3,000m의 종곡선을 삽입한다.
② 선로구배변환점을 통과하는 열차는 충격으로 승차감이 떨어지는데 이러한 영향을 최소화 시키기 위해 종단면 상에 두는 곡선을 말한다.
③ 종곡선이 있는 곳에는 차량의 상하동요가 증대되어 승차감을 악화시킨다.
④ 종곡선은 양옆 방향으로 압축력과 인장력이 작용하여 차량 연결기의 파손위험을 줄여주는 역할을 한다.

08

시설에서 선로전환기의 정위의 표준으로 옳지 않은 것은?

① 본선 상호 간에는 중요한 방향이나 단선의 상하 본선에서는 열차의 진입방향
② 본선과 측선에서는 본선의 방향
③ 본선, 안전측선의 상호 간에는 안전측선의 방향
④ 측선 상호 간에서는 중요한 방향, 탈선포인트가 있는 선은 차량을 탈선시키지 않는 방향

09

궤도의 구비조건으로 옳지 않은 것은?

① 열차의 충격하중을 견딜 수 있는 재료로 구성되어야 한다.
② 열차의 하중을 시공기면 이하의 노반에 광범위하고 균등하게 전달시켜야 한다.
③ 궤도틀림이 크고 틀림 진행이 완만해야 한다.
④ 유지보수가 용이하고 구성재료의 교환이 간편해야 한다.

10

신호제어설비의 구분이 다른 것은?

① 궤도회로장치
② 연동장치
③ 폐색장치
④ 열차집중제어장치

11

신호에서 주신호기가 아닌 것은?

① 원방신호기
② 유도신호기
③ 엄호신호기
④ 장내신호기

12

전기동차의 절연구간에 관한 설명으로 옳지 않은 것은?

① 직-교 절연구간 – 66M
② 교-교 절연구간 – 22M
③ 용산~이촌 절연구간 –107M
④ 구로~개봉 절연구간 –110M

13

CTC의 기능으로 옳지 않은 것은?

① 전 구간의 신호설비 및 열차운행상황 부분집중 감시
② 열차운행상황 자동 기록
③ 현장신호설비 자동 및 수동제어
④ 여객안내설비 등에 열차운행정보 제공

14

시설에서 분기기에 관한 설명 중 옳은 것은?

① 분기기는 포인트부, 리드부, 서브부의 3부분으로 구성된다.

② 차량이 고정크로싱의 대향분기를 통과할 때 다른 방향으로 진입하는 것을 막기 위한 것은 포인트이다.

③ 궤간선이 서로 교차하는 부분으로 V자형의 노스레일과 X자형의 윙레일로 구성되어 있는 것을 크로싱이라고 한다.

④ 특수분기기의 종류에는 편개, 양개, 진분, 내방, 외방 분기기가 있다.

15

전기에서 강체 조가방식에 관한 설명으로 옳지 않은 것은?

① 터널의 단면적이 좁아야 하는 가선식 지하철 등에서 이용된다.

② 단선의 위험이 없고 터널의 높이를 높게 할 수 있다.

③ 최근 건설된 과천선과 분당선에서 채택한 방식이다.

④ 지지물과 이격거리 확보가 곤란한 것을 해결할 수 있다.

16

보조급전구분소에 관한 설명으로 옳은 것은?

① 한국전력 변전소로부터 수전받아 변압기에 의해 전기차에 필요한 전압으로 변성시켜 전차선로에 공급하는 역할을 한다.

② 급전구간의 구분과 연장을 위하여 개폐장치를 설치한다.

③ 작업 시나 사고 시의 정전구간을 줄일 수 있다.

④ 땅속에 묻혀있는 수도관 등 배설물에 전류가 통하여 전기분해를 일으키기 위해 설치한다.

17

전차선 구비조건에 관한 설명으로 옳지 않은 것은?

① 기계적 강도가 커서 자중과 횡방향 하중, 수직방향 하중에 견딜 수 있어야 한다.

② 도전율이 작고 내열성이 좋아야 한다.

③ 굴곡에 강해야 한다.

④ 건설 및 유지비용이 적어야 한다.

18

통화 우선순위로 옳은 것은?

A. 작업통화 B. 비상통화 C. 일반통화 D. 관제통화

① D – B – C – A

② D – B – A – C

③ B – D – A – C

④ B – D – C – A

19

행선안내게시기의 종류가 아닌 것은?

① 중앙장치
② 보조장치
③ 역장치
④ 안내게시기

20

통신에서 ICP 장치 설명 중 틀린 것은?

① ZONE 내 개별로만 호출할 수 있다.
② 표시부에 통화구역, 열차번호, 통화순위, 통화상태 등이 나타난다.
③ 표시부는 영문, 숫자 표기가 되어 있다.
④ 조작반스위치는 시험기능에 의하여 이상 유무를 확인할 수 있다.

3교시 관제관련규정

01

도시철도운전규칙에서 차량을 검사 또는 시험하였을 때 기록하여야 하는 것으로 옳지 않은 것은?

① 검사 종류
② 검사자의 성명
③ 검사 시간
④ 검사 상태

02

도시철도운전규칙에서 정의가 옳지 않은 것은?

① "차량"이란 선로에서 운전하는 열차 외의 전동차, 궤도시험차, 전기시험차 등을 말한다.
② "선로"란 궤도 및 이를 지지하는 인공구조물을 말하며 열차의 운전에 상용되는 본선과 그 외의 측선으로 구분된다.
③ "운전사고"란 열차등의 운전으로 인하여 그 열차 등의 운전에 지장을 주는 것을 말한다.
④ "무인운전"이란 관제실에서의 원격조종에 따라 열차가 자동으로 운행되는 방식을 말한다.

03

도시철도운전규칙에서 선로 및 설비의 보전에 관한 설명으로 옳지 않은 것은?

① 선로는 열차 등이 국토교통부장관이 정하는 속도로 안전하게 운전할 수 있는 상태로 보전하여야 한다.
② 선로는 매일 한 번 이상 순회점검을 해야 한다.
③ 선로는 정기적으로 안전점검을 해야 한다.
④ 선로를 신설, 개조 또는 이설하거나 일시적으로 사용을 중지한 경우에는 이를 검사하고 시험운전을 하기 전에는 사용할 수 없다.

04

철도차량운전규칙상 상용폐색방식의 종류가 아닌 것은?

① 연동폐색식
② 자동폐색식
③ 통표폐색식
④ 통신폐색식

05

철도차량운전규칙상 무인운전 시의 안전확보를 위하여 무인운전 관제업무종사자가 정거장의 정지선을 지나쳐서 정차한 열차에 관한 조치가 아닌 것은?

① 무인운전 관제업무종사자에 의한 원격운전방식을 통해 자동으로 정지선으로 이동시킬 것
② 후속 열차의 해당 정거장 진입을 차단할 것
③ 철도운영자등이 지정한 철도종사자를 해당 열차에 탑승시켜 수동으로 열차를 정지선으로 이동시킬 것
④ 수동으로 열차를 정지선으로 이동시키기 어려운 경우 해당 열차를 다음 정거장으로 재출발시킬 것

06

철도차량운전규칙에서 운전방법 등에 관한 속도제한을 정하여 시행해야 하는 것이 아닌 것은?

① 서행신호 현시구간을 운전하는 경우
② 추진운전을 하는 경우(총괄제어법에 의하여 열차의 맨 앞에서 제어되는 경우 포함)
③ 쇄정되지 않은 선로전환기를 대향으로 운전하는 경우
④ 지령운전을 하는 경우

07

철도차량운전규칙의 입환신호기 신호현시방식에서 ⓐ, ⓑ에 들어갈 내용은?

종 류	신호현시방식		
	등열식	색등식	
		차내신호폐색 구간	그 밖의 구간
정지신호	ⓐ	적색등	적색등
진행신호	백색등열 좌하향 45도 무유도등 점등	ⓑ	청색등 무유도등 점등

① ⓐ 백색등열 수평, 무유도등 소등 / ⓑ 등황색등
② ⓐ 백색등열 좌하향 45도, 무유도등 소등 / ⓑ 등황색등
③ ⓐ 백색등열 수평, 무유도등 소등 / ⓑ 청색등
④ ⓐ 백색등열 좌하향 45도, 무유도등 소등 / ⓑ 청색등

08

철도차량운전규칙에서 주신호기가 진행신호를 현시할 경우 중계신호기의 색등식 신호로 옳은 것은?

① 적색등
② 주신호기가 진행을 지시하는 색등
③ 등황색등
④ 녹색등

09

철도차량운전규칙에서 임시신호기의 신호현시방법으로 옳지 않은 것은?

① 서행신호 주간 – 백색테두리를 한 등황색 원판
② 서행신호 야간 – 등황색등
③ 서행해제신호 야간 – 녹색등
④ 서행예고신호 주간 – 백색삼각형 3개를 그린 흑색삼각형

10

철도차량운전규칙에서 통표폐색장치의 기능으로 옳지 않은 것은?

① 통표는 폐색구간 양끝의 정거장 또는 신호소에서 협동하여 취급하지 아니하면 이를 꺼낼 수 없다.
② 폐색구간 양끝에 있는 통표폐색기에 넣은 통표는 1개에 한하여 꺼낼 수 있다.
③ 꺼낸 통표를 통표폐색기에 넣기 전이 아니면 다른 통표를 꺼내지 못한다.
④ 인접 폐색구간의 통표는 넣을 수 없다.

11

도시철도운전규칙의 상설신호기에 해당하지 않는 것은?

① 유도신호기
② 폐색신호기
③ 입환신호기
④ 차내신호기

12

철도차량운전규칙에서 장내신호기가 감속신호를 현시할 때 색등식 방식으로 옳은 것은?

① 적색등
② 상하위 등황색등
③ 녹색등
④ 상위는 등황색등, 하위는 녹색등

13

도시철도운전규칙에 관한 설명으로 옳지 않은 것은?

① 선로는 매일 한 번 이상 순회점검하여야 하며 필요한 경우 정비해야 한다.
② 전차선로는 매주 한 번 이상 순회점검을 해야 한다.
③ 열차에 편성되는 각 차량에는 제동력이 균일하게 작용하고 분리 시에 자동으로 정차할 수 있는 제동장치를 구비하여야 한다.
④ 차량은 열차에 함께 편성되기 전에는 정거장 외의 본선을 운전할 수 없다.

14

도시철도운전규칙에서 무인운전 시의 안전확보에 관한 설명으로 옳지 않은 것은?

① 관제실에서 열차의 운행상태를 실시간으로 감시 및 조치할 수 있어야 한다.
② 열차 내의 간이운전대에는 승객이 임의로 다룰 수 없도록 잠금장치가 설치되어야 한다.
③ 간이운전대의 개방이나 운전모드의 변경은 안전요원 입회하에 할 수 있다.
④ 무인운전이 적용되는 구간과 무인운전이 적용되지 아니하는 구간의 경계구역에서의 운전모드 전환을 안전하게 하기 위한 규정을 마련해 놓아야 한다.

15

도시철도운전규칙에서 폐색구간에서 둘 이상의 열차를 동시에 운전할 수 있는 경우로 옳은 것은?

① 하나의 열차를 합병하여 운전하는 경우
② 선로 불통으로 폐색구간에서 공사열차를 운전하는 경우
③ 고장난 열차가 있는 폐색구간에서 회송열차를 운전하는 경우
④ 다른 열차의 차선 바꾸기 지시 없이 차선을 바꾸기 위하여 운전하는 경우

16

다음 괄호에 들어갈 알맞은 말은?

철도관제운영규정에서 보존기간이 경과된 자료는 폐기하거나 ( )에서 교육자료로 이용하도록 할 수 있다.

① 철도심의위원회
② 안전진단기관
③ 정밀안전기관
④ 교육훈련기관

17

관제운영실장은 재해우려 또는 악천후 발생에 관한 보고를 종합 분석하여 철도기상특보를 발령하여야 한다. 철도기상특보의 기준이 되는 것으로 옳지 않은 것은?

① 기상청 기상특보 발표
② 국토교통부장관의 지시
③ 운행 중인 철도차량의 기관사, 승무원 및 역장의 보고
④ 기상검측기의 검측결과

18

관제업무종사자는 기상특보가 발령된 경우 몇 시간마다 해당 구간의 기상상황을 파악하여야 하는가?

① 1시간
② 2시간
③ 3시간
④ 4시간

19

관제업무수행자가 관제업무 수행을 일시중지시켜야 하는 관제업무종사자로 옳지 않은 것은?

① 중추신경계에 영향을 주는 약물을 복용한 사람
② 음주측정결과 혈중알코올농도가 안전법 제41조에서 정한 음주제한 기준을 초과한 사람
③ 심신 또는 업무수행상태 등으로 보아 관제업무를 수행하는 것이 부적절하다고 판단되는 사람
④ 관제업무종사자가 관제업무 수행 중 철도사고등을 유발한 경우

20

관제업무 승인사항 기록부의 사용방법으로 옳지 않은 것은?

① 승인번호는 월간 일련번호에 의하여 부여한다.
② 승인일시는 승인을 위한 최종협의 시간과 완료시각을 기록한다.
③ 승인내용은 승인한 사항(지시사항 포함)을 구체적으로 기록한다.
④ 승인요구자 및 승인자란은 해당사항을 기록한다.

4교시 철도교통 관제운영

01

열차자동방호장치(ATP) 시스템 운용 Level에서 비장착모드(Level 0)에서 허용된 최대속도는?

① 45km/h
② 60km/h
③ 70km/h
④ 80km/h

02

LATS의 주요기능으로 틀린 것은?

① 신호장치 감시 및 제어
② 자동진로 제어
③ 계획스케줄 및 실적관리
④ 열차번호 관리

03

도시철도 관제시스템의 통신시스템의 설명으로 틀린 것은?

① 열차무선설비 – 무인 운영되는 변전소 및 역사 전기실 출입을 통제 관리하기 위한 설비
② 디지털전송설비 – 각종 정보를 디지털 신호로 전환하여 신속, 정확하게 전송하기 위한 설비
③ 행선안내설비 – 승강장에서 열차 이용을 위하여 대기 중인 고객에게 열차운영정보 및 공지사항을 자동 또는 수동으로 조작하여 표출하여 주는 장치
④ 사령전화 – 종합관제실과 역무, 주요 기능실 간에 업무를 위해 직접 통화할 수 있도록 회선을 구성하기 위한 설비

04

다음 설명과 같은 기능을 수행하는 장치로 옳은 것은?

MMI – 주 컴퓨터에서 취득한 현장정보를 운영자가 편리하게 식별할 수 있도록 표출한 시스템으로 운영자가 급전계통을 감시, 제어 시 사용하는 주 설비이다.

① OTS
② FEP
③ CAD
④ MCS

05

무인운전 관제시스템에 관한 설명으로 틀린 것은?

① 신분당선 열차제어시스템은 유선통신기반 열차제어 시스템환경에서 이동폐색 원리를 사용한다.
② 이동폐색시스템은 향상된 위치식별장치를 통해 많은 선로용량을 제공한다.
③ VCC는 열차 사이의 간격을 안전이격거리로 유지하도록 제어한다.
④ ATC 시스템 구성에 STC가 포함된다.

06

차내화상 정보전송장치의 구성으로 틀린 것은?

① 차상화상설비
② 지상화상설비
③ 관제화상설비
④ 설비화상설비

07

차축온도 검지장치의 설명 중 옳지 않은 것은?

① 약 30km/h 간격으로 상 · 하행선에 설치
② 터널, 교량구간 및 상시제동 구간은 제외
③ 중간기계실로부터 5km 이내 설치
④ 유지보수가 용이한 개소에 설치

08

무인운전관제시스템 중 이동폐색시스템에서 연속적인 최신정보를 열차가 활용 가능하도록 하기 위해 통신은 주기적으로 업데이트되며 정의된 정보를 통해 안전하게 운행하는 연속적인 최신정보로 옳지 않은 것은?

① 선로구배
② 정지위치
③ 최소속도
④ 제동곡선

09

고속선의 경우 강우 시 열차운행을 중지시켜야 하는 경우로 옳지 않은 것은?

① 일연속 강우량이 150mm 이상이고 시간당 강우량이 60mm 이상일 때
② 고가 및 교량구간의 시간당 강우량이 70mm 이상일 때
③ 교량상판 아래 수위가 위험수위로 되었을 경우
④ 물에 떠내려오는 물체가 교량에 부딪혀 교량에 변형을 일으킨 경우

10

열차추적의 내용으로 옳지 않은 것은?

① 현장궤도 점유정보와 진로 설정정보를 추적한다.
② 열차번호, 위치정보 등을 바탕으로 열차의 운행방향과 운행위치를 판단하여 추적한다.
③ 열차위치 추적은 L/S 화면에서만 활용된다.
④ 추적을 표시할 L/S 화면을 선택하여야 한다.

11

다음 빈칸에 들어갈 내용으로 옳은 것은?

열차트립확인을 'YES' 터치 확인 취급하면 MMI는 트립 후 모드로 변경된다. 트립 후 모드 시 퇴행속도는 ( )km/h 이하이고, 최대 퇴행거리 ( )m이다.

① 15 / 10
② 10 / 15
③ 25 / 10
④ 25 / 15

12

ATS 구간 정지신호(R1) 진입 시 취급기기로 옳은 것은?

① 15KS
② ASOS
③ ATSCOS
④ LSBS

13

ATP 차상신호방식이 아닌 것은?

① 처리장치
② 차상신호표시반
③ 폐색장치
④ 수신안테나

14

다음 설명에 해당하는 용어로 옳은 것은?

지상의 각종 정보를 차상에 전달하는 수단으로 하나의 헤더와 다수의 패킷 및 패킷 255 정보 종료로 구성된다. 1개의 텔레그램 내에 변수 bit가 1,023이 넘으면 안 된다.

① 텔레그램
② 프로그래밍 테스트장치
③ 통신제어기
④ 차상안테나 유니트

15

도시철도 관제시스템에서 작업조정 및 통제, 이례상황 시 여객취급 업무, 장비의 이동 및 통제를 하는 관제는?

① 운전관제
② 설비관제
③ 여객관제
④ 전력관제

16

도시철도 관제시스템 중 종합관제실과 역무, 주요 기능실 간에 업무를 위해 직접 통화할 수 있도록 회선을 구성하기 위한 설비는?

① 사령전화
② 자동방송설비
③ 열차무선설비
④ 행선안내설비

17

도시철도 관제시스템에서 BHS 모니터링 시스템에 관한 내용으로 옳지 않은 것은?

① 수화물처리시스템이다.
② 중앙에서 모든 장비의 장비스케줄을 관리한다.
③ CCTV를 설치하여 통합 모니터링하는 시스템을 운영하고 있다.
④ 녹화, 감시, 재생 기능을 제공한다.

18

현장설비제어 중 상태정보를 재수신받는 기능은?

① 진로변경
② 베이스스캔
③ 프로그래머블 오토마타
④ 진로제어

19

서울교통공사와 철도공사 선로가 연결되는 지점으로 틀린 것은?

① 서울역 - 남영역
② 청량리역 - 회기역
③ 지축역 - 대화역
④ 남태령역 - 선바위역

20

ATC 운전취급 구분으로 옳지 않은 것은?

① 구내운전
② 속도초과 시 운전
③ ATC 차단운전
④ 본선운전

5교시 비상시 조치 등

01

비상상황 수보 시 단계별 조치 원칙 중 3단계가 아닌 것은?

① 승객에 대한 안전조치 지시
② 지방자치단체(시청, 도청)에 지원협조 요청
③ 복구조건을 고려하여 군 병력 및 장비지원 요청
④ 대체 수송방법 결정 및 시행(우회, 연계, 전환수송)

02

사고복구의 장비 출동은 언제로부터 출동해야 하는가?

① 출동지시 시각으로부터 30분 이내
② 신고 들어온 이후로부터 20분 이내
③ 신고 들어온 이후로부터 40분 이내
④ 출동지시 시각으로부터 50분 이내

03

급행여객열차에 해당하지 않는 것은?

① 무궁화호
② 누리로
③ ITX-청춘
④ 급행전동열차

04

건널목에서 열차 또는 철도차량과 도로를 통행하는 차마, 사람 또는 기타 이동수단으로 사용하는 기계기구와 충돌하거나 접촉한 사고는?

① 열차충돌사고
② 철도교통사상사고
③ 건널목사고
④ 철도안전사고

05

모의훈련 훈련평가를 통해 부적합 사항을 발굴하여 지속적인 개선을 하는 단계는?

① 예방단계
② 대비단계
③ 대응단계
④ 복구단계

06

관제승인에 대한 기록유지 관련 내용으로 옳지 않은 것은?

① 승인요구자 및 승인자란은 해당사항을 기록한다.
② 승인번호는 월간 일련번호에 의하여 부여한다.
③ 승인일시는 승인을 위한 최종협의시각과 완료시각을 기록한다.
④ 승인내용은 승인한 사항을 구체적으로 기록한다.

07

폭발물 테러 발생 시 관제업무 절차에 대한 설명으로 옳지 않은 것은?

① 본사 종합관제실 보고 및 지역본부 인사노무처 통보(야간 국토교통부 관련 과)
② 폭발물 발견역 정차열차 신속 출발 지시
③ 인근역 출발 열차 퇴행운전 지시
④ 진입열차 신속 통과 지시

08

자동폐색식 구간에서 지도통신식 시행시기에 대한 설명으로 옳지 않은 것은?

① 정거장 외로부터 퇴행할 열차를 운전시키는 경우
② 출발신호기 고장으로 폐색표시등을 현시할 수 없는 경우
③ 분기기의 고장으로 자동폐색식에 따를 수 없는 경우
④ 자동폐색신호기 2기 이상 고장인 경우(구내폐색신호기 제외)

09

관제설비 고장 시 조치에 대한 설명으로 옳지 않은 것은?

① 열차무선전화기 고장의 경우 관제사가 담당하는 구역의 시종단역장 및 관계처에 관제무선전화기 고장내용을 통보
② 열차무선전화기 고장의 경우 관제업무에 필요한 지시사항은 열차가 운행 중인 최근 인접역을 통해 전달
③ 관제전화설비 고장이 발생한 경우 철도전화설비 또는 휴대폰 등을 이용하여 관제업무 수행
④ CTC 장치 고장이 발생한 경우 관제사가 직접 신호 취급

10

수신호 현시 생략을 할 수 있는 선로로 옳지 않은 것은?

① 입환신호기에 진행신호를 현시할 수 있는 선로
② 완목식 신호기에 녹색등은 소등되었으나 완목이 완전하게 상승된 선로
③ 역 조작반(CTC 포함) 취급으로 신호연동장치에 의하여 진로를 잠글 수 있는 선로
④ 고장신호기와 연동된 선로전환기가 상시 잠겨있는 경우

11

지휘권 격상이 필요한 경우의 단계별 지휘권자 지정으로 옳지 않은 것은?

① 경미한 상황 및 각 사고의 초동단계 : 관제운영실장
② Yellow급 사고 : 관제운영실장
③ Orange급 사고 : 안전본부장
④ Red급 사고 : 부사장 또는 중앙사고수습지원본부장

12

통신식 시행 시 기본요령으로 옳지 않은 것은?

① 직통전화 사용 및 관제사 협의 후 시행
② 통신식 시행 시 양 역 사이에 반드시 1개 열차만 운행
③ 역장은 기관사에게 관제사 운전 명령번호를 전달
④ 기관사는 역간 열차 없음 및 선로상태 이상 없음을 확인 시 도중폐색신호기 현시상태를 무시하고 운전

13

전령법 시행시기로 옳지 않은 것은?

① 폐색구간을 분할하여 열차운전 시 재차 열차사고가 발생하였거나 또는 그 폐색구간으로 굴러간 차량이 있어 구원열차 운행 시
② 선로고장의 경우 전화불능으로 관제사의 지시를 받지 못할 경우와 인접 정거장 역장과 폐색구간의 분할에 관한 협의가 곤란한 경우
③ 현장에 있는 공사열차 이외에 재료수송 기타, 다른 공사열차를 운전할 경우
④ 전령법을 시행하여 회송열차를 운전 중 고장 · 기타 사유로 다른 회송열차를 동일 폐색구간에 운전할 필요가 있는 경우

14

지도통신식 기본요령으로 옳지 않은 것은?

① 지도표발행번호 1~10호까지 사용(적색종이에 흑색문자)
② 지도권 발행번호는 51~100호까지 사용(백색종이에 적색글자)
③ 정거장 외에서 퇴행할 열차는 지도권을 휴대
④ 지도권은 지도표가 존재하는 정거장 또는 신호소에서 발행

15

출발신호기에 대용하는 진행수신호 현시시기로 옳지 않은 것은?

① 격시법을 시행하는 구간의 시작정거장 또는 신호소에서 선발열차 출발 직후
② 폐색수속을 요하는 경우에는 폐색 취급을 한 후
③ 운전허거장을 요하는 경우는 이를 교부 또는 승차시킨 후
④ 단선자동폐색방식 시행구간에서는 인접선 출발신호기 또는 개통표시등을 취급하여 출발신호 방호구간에 열차 유무 확인한 후

16

입환 착수 전 확인사항으로 옳지 않은 것은?

① 본선지장 입환 시 그 본선에 대한 신호기는 정지신호 현시될 것
② 진입선로를 지장하거나 지장 우려가 있는 입환은 열차도착(통과) 5분 전(인력입환은 10분 전)까지 열차운전시행절차에서 지정한 정거장은 2분 전까지 완료할 수 있을 것
③ 탈선전철기 및 탈선기는 탈선시키는 방향으로 개통되어 있을 것
④ 여객이 승차하고 있는 차량은 관통 제동취급을 할 수 있을 것

17

신입근로자가 행하는 인적오류와 거리가 먼 것은?

① 예측할 수 있는 폭이 좁다.
② 계획대로 작업을 수행하지 않는다.
③ 전체 순서가 혼란스럽다.
④ 정보의 과잉으로 혼란을 일으킨다.

18

터널 사고 시 주요조치 및 상황파악에 대한 설명으로 옳지 않은 것은?

① 사고현장 부근 운행열차에 대한 안전조치 및 동력차승무원 사상유무 파악
② 외부 지원차량에 대한 사고현장에 가장 안전한 접근로 파악
③ 특수성을 고려한 현장정보 파악(터널 총길이, 조명설비, 사고지점과 터널종간의 이동거리)
④ 장대터널 내 사고 발생으로 배기가스에 의한 승객 방지 지시 : 기관정지 및 승객대피 유도

19

다음 상황에서 수신호 제한속도와 기관사가 지켜야 하는 제한속도의 설명이 연결된 것으로 옳지 않은 것은?

① 복선운전구간에서 반대선로로 운전한 경우에 진입선 또는 진출선 통보받은 경우 : 일단 정차 후 45km/h 이하로 운전
② 장내신호기에 대한 대용 수신호 취급 시 사전 통보 수보 시 : 일단정차 생략 25km/h 이하 진입
③ 장내신호기에 대한 대용 수신호 취급 시 사전 통보 미수보 시 : 현시상태를 확인해도 일단 정차 후 25km/h 이하 진입
④ 출발호기에 대한 대용 수신호 취급 시 다음 폐색신호기까지 열차 없음 확인 불가 시 : 최외방 다음 폐색신호기 통과 시까지 15km/h 이하

20

안전확보 긴급명령 또는 철도기상특보 발령 시 지휘 책임자는?

① 관제실장
② 관제운영실장
③ 철도교통관제센터장
④ 안전본부장

제1회 정답 및 해설

1교시 철도관련법

01	02	03	04	05	06	07	08	09	10
②	②	④	③	①	③	②	①	②	①
11	12	13	14	15	16	17	18	19	20
②	④	②	①	④	③	④	②	②	④

01 ② 철도사고, 철도준사고 및 운행장애가 발생한 현장에서 조사·수습·복구 등의 업무를 수행하는 사람(철도안전법 시행령 제3조)

02 ② 공시는 구축된 철도안전정보종합관리시스템과 해당 철도운영자의 인터넷 홈페이지에 게시하는 방법으로 한다(철도안전법 시행규칙 제1조의5).

03 ④ 사고 분야의 대상 및 기준에는 철도교통사고 건수, 철도안전사고 건수, 운행장애 건수, 사상자 수가 있다(철도안전법 시행규칙 제8조).

04 ③ 운전면허의 종류별로 운전교육훈련 업무를 수행할 수 있는 전문인력을 확보할 것(철도안전법 시행령 제17조)

05 ① 운전면허시험에 합격한 사람은 한국교통안전공단에 철도차량 운전면허증 (재)발급신청서를 제출(「정보통신망 이용촉진 및 정보보호 등에 관한 법률」 제2조 제1항 제1호에 따른 정보통신망을 이용한 제출을 포함)하여야 한다(철도안전법 시행규칙 제29조).

06 ③ 한국교통안전공단은 운전면허의 효력이 정지된 사람이 있는 때에는 해당 운전면허의 효력이 정지된 날부터 30일 이내에 해당 운전면허 취득자에게 이를 통지하여야 한다(철도안전법 시행규칙 제33조).

07 ② 철도장비 운전면허 소지자가 노면전차 운전면허를 취득하려는 경우 필기시험 과목은 철도관련법, 노면전차 시스템 일반, 노면전차의 구조 및 기능이다(철도안전법 시행규칙 별표 10).

08 전 기능 모의운전연습기의 권장기능(철도안전법 시행규칙 별표 8)
플랫홈시스템, 구원운전시스템, 진동시스템

09 ② 술을 마신 상태(혈중 알코올농도 0.02퍼센트 이상 0.1퍼센트 미만)에서 운전한 경우 1차–효력정지 3개월, 2차–면허취소이다(철도안전법 시행규칙 별표 10의2).

10 ① 철도사고 및 운행장애 등 비상시 응급조치 및 수습복구대책(철도안전법 시행규칙 별표 13의2)

11 ② 전문학사(3년제) 철도차량정비 관련 학과(15점), 철도차량정비 학과 외의 학과(8점)이다(철도안전법 시행령 별표 1의2).

12 시정조치명령을 정당한 사유없이 이행하지 않은 경우 3차 위반 – 업무정지 80일 – 9억 6천만원(철도안전법 시행규칙 별표 1, 철도안전법 시행령 별표 1)

13 ② 관제업무 실무수습을 이수한 사람으로서 관제업무를 수행할 구간 또는 관제업무 수행에 필요한 기기의 변경으로 인하여 다시 관제업무 실무수습을 이수하여야 하는 사람에 대해서는 별도의 실무수습 계획을 수립하여 시행할 수 있다(철도안전법 시행규칙 제39조).

14 ① 국가기술자격증 사본(자격별 경력점수에 포함되는 국가기술자격의 종목에 한정)(철도안전법 시행규칙 제42조)

15 ④ 철도사고등을 복구하기 위하여 열차운행이 중지된 선로에서 사고복구용 특수차량을 운전하여 이동하는 경우(철도안전법 시행령 제10조)

16 ③ 판막증은 포함되지 않는다(철도안전법 시행규칙 별표 2).

17 ④ 반응형 검사에서 인식 및 기억력 항목은 시각변별, 공간지각이다. 작업기억은 철도교통관제자격증명의 적성검사 항목이다(철도안전법 시행규칙 별표 4).

18 ② 지정기준에 맞지 아니하게 된 경우 : 3차 위반 – 업무정지 3개월(철도안전법 시행규칙 별표 6)

19 철도차량이 차량정비기지에서 출발하는 경우 운전제어와 관련된 장치의 기능, 제동장치 기능, 그 밖에 운전 시 사용하는 각종 계기판의 기능에 대하여 이상 여부를 확인해야 한다(철도안전법 시행규칙 제76조의4).

20 국토교통부령으로 정하는 여객출입 금지장소(철도안전법 시행규칙 제79조)

- 운전실
- 기관실
- 발전실
- 방송실

2교시 철도시스템 일반

01	02	03	04	05	06	07	08	09	10
②	④	②	③	②	④	①	③	④	②
11	12	13	14	15	16	17	18	19	20
①	③	②	④	①	③	②	④	②	①

01 ② 상용최고속도는 300km/h, 설계최고속도는 330km/h이다.

02 동력대차는 전기제동(회생제동 또는 저항제동) 및 공기제동(답면제동)을 사용하고, 객차대차는 공기제동(디스크제동)만이 사용된다.

03 ② 신형전기기관차의 차축 배열방식은 Bo–Bo이다.

04 단독제동핸들, 역전기, 주간제어기, 보조제어기는 “0” 중립위치이고, 제동핸들과 비상제동밸브는 완해위치여야 한다.

05 디젤엔진 → 주발전기 구동 → 3상 발전기 출력 생산 → 축전기 전력 정류기에서 DC 전력으로 출력 → 주인버터 및 보조인버터에 공급 → 각종 장치 공급

06 ④ 전기동차는 일괄개폐가 가능한 자동식 출입문이 많이 설치되어 단기간 내에 많은 승객들이 안전하고 신속한 승하차로 정차시분을 단축시켜 표정속도를 높일 수 있다.

07 장애물 감지차단스위치(DODBPS)는 1cm의 작은 장애물도 감지하여 자동으로 3회 재개폐동작을 시행한다. 출퇴근 시 승객이 출입문에 끼일 경우 개별출입문이 자동으로 재개폐 동작을 수행하여 열차지연이 초래될 경우를 대비하여 승객 밀집 시 장애물 감지기능을 차단하기 위한 장치이다.

08 ③ 출입문 고장 시 응급조치 후 해당 출입문 고장안내 스티커를 부착한다.

09 일반여객취급용은 고속철도객차, 새마을객차, 무궁화객차, 식당차 등이 있고, 업무용 및 기타 용도에는 시험차, 병원차, 발전차가 있다.

10 ② 하중이란 차량에 적재할 수 있는 안전한 무게로, 차축의 표준부담력을 초과하지 않는 중량을 말한다.

11 개착공법의 종류

- 전단면 개착공법 : 비탈면 개착공법, 토류벽식 개착공법, 역타공법
- 부분 개착공법 : 트랜치컷 공법, 아일랜드컷 공법

12 정위의 표준

- 본선 상호 간의 중요한 방향, 그러나 단선의 상하 본선에서는 열차의 진입방향
- 본선과 안전측선에서는 안전측선의 방향
- 본선과 측선에서는 본선의 방향
- 측선 상호간에서는 중요한 방향, 탈선 포인트가 있는 선은 탈선시키는 방향

13 ② 서행허용표지는 선로상태가 10/1,000 이상의 상구배에 설치된 자동폐색신호기 하위에 설치하여 폐색신호기에 정지신호가 현시되었더라도 일단 정지하지 않아도 좋다는 것을 표시하는 것이다.

14 상치신호기

- 주신호기 : 장내, 출발, 폐색, 유도, 엄호, 입환
- 종속신호기 : 원방, 통과, 중계
- 신호부속기 : 진로표시기

15 ② 밸러스트콤팩터 : 도상표면 및 도상어깨 다지기 작업 및 자갈의 청소 및 재살포

③ 밸러스트클리너 : 도상에 장기간 혼입된 토사 및 기타 불순물 제거

④ 밸러스트레귤레이터 : 궤도에 살포된 자갈을 소정의 형태로 정리 및 궤도에 자갈 보충 작업

16 전기철도는 전철변전소와 급전선로 및 전기차로 구성되어 있고 이를 다시 전기적인 등가회로로 구성하면 부하설비, 전철변전설비, 급전설비로 구성되어 있다.

17 직류식은 1,500V, 교류식은 60Hz, 25kV의 전압종별을 가지고 있다.

18 ④ 디지털신호의 단점으로 신호를 주고받을 때 동기가 맞아야 하며 같은 양의 정보를 보내는 데 2배의 주파수 대역이 필요하다.

19 열차 무선전화장치 통화의 우선순위

비상통화 → 관제통화 → 일반통화 → 작업통화

20 콘크리트 도상의 특징
- 궤도의 선형유지가 좋음
- 레일의 장대화 가능
- 궤도강도가 향상되어 비용 감소
- 시공높이가 낮아 구조물의 규모 감소
- 궤도의 세척과 청소 용이
- 열차속도 향상에 유리
- 궤도재료의 부식이 적어 수명 연장 가능

3교시 관제관련규정

01	02	03	04	05	06	07	08	09	10
③	③	③	①	②	③	③	①	①	①
11	12	13	14	15	16	17	18	19	20
②	④	③	③	②	②	④	①	④	③

01 ③ 관제사의 운전정리 사항에서는 임시열차 운전, 임시정차와 같이 기존에 정해지지 않았거나 정해졌지만 변경되는 사항들이 주로 해당된다. 따라서 일반열차의 착발선과 통과선의 지정은 해당되지 않는다.

02 ③ 열차의 맨 앞에서 운전해야 하는 경우의 예외사항에서 퇴행운전을 하는 경우가 포함되는 것은 도시철도운전규칙이다. 철도차량운전규칙에서는 퇴행운전 시에 맨 앞 차량의 운전실에서 운전해야 하는 경우의 예외를 두지 않는다.

03 ③ 관제운영실 : 철도사고 또는 운행장애가 발생한 경우에 철도사고등에 관한 상황보고, 전파, 대응 및 복구 지시 등의 업무를 수행하는 시설

① 철도교통관제센터 : 관제업무종사자가 관제업무를 수행하는 관제시설

② 예비철도교통관제실 : 관제센터가 지진, 테러 또는 피폭 등으로 정상적인 관제업무 수행이 불가능한 경우에도 관제업무를 계속 수행할 수 있도록 예비 철도교통관제시스템이 설치된 시설

04 관제설비란 국토교통부장관이 관제기관에 설치한 시설로 열차집중제어장치(CTC), 대형표시반(DLP), 주컴퓨터, 제어(관제)콘솔, 열차무선설비 및 관제전화설비 등을 말한다(철도교통관제 운영규정 제2조).

05 ② 관제업무는 기타 철도운영자 등이 철도차량의 안전운행 등을 위해 지시한 사항이 아니라 기타 국토교통부장관이 철도차량의 안전운행 등을 위하여 지시한 사항이 포함된다(철도교통관제 운영규정 제2조).

06 ③ 관제업무의 공정성을 확보하기 위해서는 관제업무에 대한 의사결정은 반드시 관제운영조직에 명시된 인원(철도운영자등에게 알려진)에 의하여 수행해야 한다(철도교통관제 운영규정 제5조).

07 선임관제업무종사자 지정 시 고려사항(철도교통관제 운영규정 제12조)
- 관제업무종사자 관리 능력
- 권역별 열차 운행조정 능력
- 열차 운행스케줄 관리 능력
- 문제해결 및 분석 능력
- 결정 및 판단 능력
- 의사소통 능력
- 대인관계 등

08 ① 철도종사자 등으로부터 철도사고등의 보고를 받은 때는 즉시 열차방호 조치 및 구호 · 구조기관 등 관계기관에 상황을 신고 · 통보하였는지 확인해야 하는 사람은 관제업무종사자이다(철도교통관제 운영규정 제39조).

09 ① 국토교통부장관은 관제업무종사자가 관제업무를 수행함에 있어 독립성과 공정성의 보장과 비상상황 발생 시 관제상황 파악 및 지도 · 감독업무 수행 등을 위하여 철도안전감독관 또는 관제업무 관련 전문가를 관제운영 감독관으로 지정 · 운영할 수 있다(철도교통관제 운영규정 제6조).

10 ① 관제업무 관련 전문가의 요건은 5년이 아니라 3년 이상의 관제업무의 근무경력이 있는 사람이다(철도교통관제 운영규정 제6조).

11 ② 국토교통부장관이 관제업무와 관련하여 지시한 사항(철도교통관제 운영규정 제7조)

12 ④ 관제권역 또는 관제구간을 일시적으로 합병하거나 분할할 수 있는 경우에는 열차운행 횟수 및 운행조건 등에 따라 관제업무량이 증감된 경우와 철도사고등의 발생으로 관제구역을 분할하여 관제업무를 수행하는 것이 안전하다고 판단되는 경우가 해당된다(철도교통관제 운영규정 제11조).

13 ③ 구내운전이란 정거장 내 또는 차량기지 내에서 입환신호에 의하여 열차 또는 차량을 운전하는 것을 말한다(철도차량운전규칙 제2조).

14 공사열차 · 구원열차 또는 제설열차를 운전하는 경우는 운전방향 맨 앞 차량의 운전실에서 운전하여야 하는 경우에서 예외된다(철도차량운전규칙 제13조).

15 신호현시의 정위(철도차량운전규칙 제85조)
- 장내신호기 : 정지신호
- 출발신호기 : 정지신호
- 폐색신호기(자동폐색 제외) : 정지신호
- 엄호신호기 : 정지신호
- 유도신호기 : 신호를 현시하지 아니 함
- 입환신호기 : 정지신호
- 원방신호기 : 주의신호

16 도시철도운전규칙상 하나의 폐색구간에 둘 이상의 열차가 동시에 운전할 수 있는 경우로는 고장난 열차가 있는 폐색구간에서 구원열차를 운전하는 경우, 선로 불통으로 폐색구간에서 공사열차를 운전하는 경우, 다른 열차의 차선 바꾸기 지시에 따라 차선을 바꾸기 위하여 운전하는 경우, 하나의 열차를 분할하여 운전하는 경우가 있다(도시철도운전규칙 제37조).

17 전령자는 백색 완장을 착용하여야 한다(도시철도운전규칙 제59조).

18 열차의 비상제동거리는 600미터 이하로 하여야 한다(도시철도운전규칙 제29조).

19 ④ 그 밖에 국토교통부장관이 특별히 지시한 사항(철도교통관제 운영규정 제13조).

20 관제업무수행자는 관제업무와 직접 관련 있는 관계자에게 관련 자료를 제공할 수 있다. 다만 다음의 내용은 공개하지 아니할 수 있다(철도교통관제 운영규정 제13조).
- 사고조사과정에서 관계인들로부터 청취한 진술
- 열차운행과 관계된 자들 사이에 행하여진 통신기록
- 철도사고 등과 관계된 자들에 관한 의학적인 정보 또는 사생활 정보
- 열차운전실 등의 음성자료 및 기록물과 그 번역물
- 열차운행관련 기록장치 등의 정보와 그 정보에 관한 분석 및 제시된 의견
- 철도사고 등과 관련된 영상 기록물

4교시 철도교통 관제운영

01	02	03	04	05	06	07	08	09	10
④	①	①	③	④	①	①	③	④	①
11	12	13	14	15	16	17	18	19	20
①	①	④	①	①	①	④	④	①	④

01 ④ 속도초과 시(45km/h) 즉시 알람벨이 울리며 속도계 내 '45'등이 점등된다.

02 ① ASOS는 관제사의 지시와 승인으로 R0 신호구간을 넘어서 진입하거나, R0 신호구간을 위반진입 후 운전재개 시 취급하는 스위치이다.

03 ① 본선 운행 중의 ATS 차상장치 고장이나 ATS에 의한 비상제동 풀기불능 및 대용폐색방식 취급 등에 의하여 ATS 개방의 필요가 있을 때에는 관제사의 승인을 받은 후 ATSCOS를 취급한다.

04 ③ ADU는 차내신호기의 약어로 막대형 ADU의 지령속도는 우측의 위로부터 아래로 적색 막대그래프로 표시된다.

05 ④ ATCCOS 취급운전은 반드시 관제사의 승인을 얻은 후 취급해야 한다.

06 ATP의 특징
- 열차이동 감독
- 기관사에게 통보 및 감독
- 기관사에게 위험상황 경고
- 필요시 강제제동
- 단순화된 지상신호
- 안전 측 방식

07 ① Level STM은 특정전송모듈이라고 하고 Level 0을 비장착 모드라고 한다.

08 ATC는 지상장치와 차상장치로 구분되고 차상장치에는 PICK UP COIL, 속도발전기, ATC RACK, ADU가 있다.

09 ④ 열차의 궤적을 거리에 따라 정확하게 기록하면 열차의 속도는 일정하지 않으므로 불규칙한 곡선이 된다.

10 열차경합의 종류

- 열차교행 경합 : 단선에서 계획된 교행이 사전계획에 따라 발생하지 않은 경우에 해당되며 교행역 변경, 열차대기 등으로 경합을 해소
- 운전시격 경합 : 운행선구에서 선행열차가 전방 운행선로 조건에 따라 감속(선로공사 등) 및 정차로 인한 지연(여객 승하차 지연 등)이 발생 시 선행열차와 후속열차와의 경합이 발생되며 이러한 경우에는 전 도착역의 도착선을 변경하거나 열차를 신호대기시켜 운행시각을 늦추어 경합을 해소
- 플랫홈할당 경합(2개선에서 1개선으로 열차진입 시) : 두 열차가 동일한 도착선을 요구할 시(열차지연으로 인한)에 발생되며 해당 역의 도착선 변경, 열차대기 등으로 경합을 해소

11 ① Local mode로의 전환요구사항을 관제사와 현장역 운전취급자 간에 전화로 협의, 확인한다.

12 ② 진로제어 : 운행열차에 대해 선로를 확보해주는 중요한 기능으로 해당 역의 진로를 선택적으로 설정 및 해정할 수 있음

③ 신호기정지 : 현장의 신호기가 진행상태일 때 신호기정지에 제어를 전송하여 신호기 정지를 수행

④ 역제어모드 설정 : 현장에서 제어권을 가지는 LOCAL, 관제실에서 제어권을 가지는 CCM, AUTO로 제어모드를 구분하며, 이에 관한 제어모드 전환을 MMI 및 L/S를 통해 설정할 수 있음

13 열차운행 제어방식은 TTC, CTC, LOCAL AUTO, LOCAL MANUAL 4가지로 구분된다.

14 ① 운영자의 조작에 의해 열차번호를 삽입, 삭제, 수정, 이동, 교환할 수 있다. 복사는 해당되지 않는다.

15 ① 열차위치 추적은 궤도점유정보와 진로설정정보, 열차번호 위치정보 등을 바탕으로 열차의 운행방향과 운행위치를 판단하여 추적하는 기능을 말한다.

16 ① 운행선 작업 업무협의 및 조정은 여객관제의 주요업무에 해당한다.

17 ④ 운전정리는 운전관제사의 주요업무에 해당한다.

18 여객관제 운용설비에는 운전취급설비, 영상감시설비, 무선통화장치, 사령전화, 방송설비장치, 야간작업 협의가 있다.

19 ① 운행휴지는 운전명령사항에 해당한다.

20 ④ 임시서행은 관제승인사항에 해당한다.

5교시 비상시 조치 등

01	02	03	04	05	06	07	08	09	10
③	④	①	③	①	③	①	④	④	④
11	12	13	14	15	16	17	18	19	20
②	③	④	②	①	④	④	④	①	③

01 인적오류는 분야를 막론하고 사고의 보통 70~90%가 인간행위에서 기인하며 철도사고에서는 40% 정도가 인적오류로 인해 발생한다.

02 인적오류는 오류와 위반으로 나눌 수 있는데 오류에는 착오, 망각, 실수가 포함되고 위반에는 위반만이 있다.

03 실수의 종류에는 작업절차의 일부를 빠뜨림, 잘못된 순서로 작업을 수행함, 타이밍을 제대로 맞추지 못함이 있다. 잘못된 규칙을 적용은 착오에 해당한다.

04 인적오류 중 의도한 행위는 위반과 착오로 나뉜다. 위반의 종류에는 일상적 위반, 상황적 위반, 예외적 위반, 고의가 아닌 위반, 즐기기 위한 위반이 있다. 착오란 행위는 계획대로 이루어졌지만 계획이 부적절하여 오류가 발생하는 경우를 말한다.

05 ① 정차역 통과는 가장 빈번하게 발생하는 인적오류이며, 통과열차로 착각하거나 정차역 지적확인 미시행, 정차역 통과방지 장치의 무효화, 열차시각 미확인 등으로 발생한다.

06 ③ 매표직원은 지적확인 환호응답의 이행대상자에 해당되지 않는다.

07 지적확인 환호응답의 필요성

- 열차 안전운행 확보
- 오감을 통한 정확도 향상
- 인적오류 사전감소
- 실수의 근원 방지
- 기기 취급 시 안전사고 사전예방
- 시력기능의 강화
- 신경자극을 통한 오류방지

08 ④ 기관사가 기기 및 장치를 사용하여 운전취급을 하는 경우나 양손으로 물건을 들고 이동을 하는 경우, 철도사고 발생 및 장애 등 급박한 상황 발생 시에는 지적동작은 생략하고 확인 및 환호만 시행할 수 있다.

09 지적확인 환호응답 이행 대상자

- 운행선 및 인접구간에서 근무하는 모든 직원
- 철도운영기관에서 종사하는 다음의 직원
  - 관제사
  - 열차승무원
  - 정거장의 열차운용원, 역무원(신호취급 및 수송업무 담당자에 한함)
  - 기관사, 부기관사
  - 선임장비관리장, 장비관리원
  - 건널목관리원
  - 선임전기장, 전기장, 전기원
  - 선임시설관리장, 시설관리장, 시설관리원
  - 선임차량관리장, 차량관리원
  - 선임건축장, 건축원

10 ④ 직장에서의 훈련 부족은 작업의 교육, 훈련, 교시의 문제에 해당된다.

11 ② 복구장비 및 복구요원은 출동지시 시각으로부터 30분 이내에 배치소속에서 출동하여야 한다.

12 ③ '정보의 선택이 계획대로 행해지지 않는다'에 해당하는 자는 신입근로자이다.

13 ④ 정거장 외 입환을 승인할 때는 'ㅇㅇ역 출발 정지'라고 환호용어를 하며 진입할 방향 정거장 출발신호 정지 상태 및 열차 없음을 확인하여야 한다.

14 ② 기능기반 행동 : 작업의 빈도가 높아 무의식적으로 행동할 수 있는 수준. 위험수준 매우 낮음
① 규칙기반 행동 : 작업빈도가 어느 정도 이상으로 행동을 위한 규칙이나 절차가 마련되어 있는 수준. 위험수준 중간
③ 지식기반 행동 : 작업의 빈도가 매우 낮거나 처음 해보는 행동으로 규칙이나 절차가 마련되어 있지 않은 수준. 위험수준 매우 높음

15 ① 열차자동정지장치는 물리적 방지벽에 해당한다.

16 ④ 지도통신식 시행시기에는 정거장 외로부터 퇴행할 열차를 운전시키는 경우가 포함된다.

17 폐색방식
- 상용폐색방식
  - 복선구간 : 자동폐색식, 차내신호폐색식, 연동폐색식
  - 단선구간 : 자동폐색식, 연동폐색식, 통표폐색식, 차내신호폐색식
- 대용폐색방식
  - 복선구간 : 지령식, 통신식
  - 단선구간 : 지령식, 지도통신식, 지도식

18 전령법 시행시기
- 폐색구간을 분할하여 열차운전 시 재차 열차사고가 발생하였거나 또는 그 폐색구간으로 굴러간 차량이 있어 구원열차 운행 시
- 선로고장의 경우 전화불능으로 관제사의 지시를 받지 못할 경우와 인접 정거장 역장과 폐색구간의 분할에 관한 협의가 곤란한 경우
- 현장에 있는 공사열차 이외에 재료수송, 기타 다른 공사열차를 운전할 경우
- 전령법을 시행하여 구원열차를 운전 중 고장 · 기타 사유로 다른 구원열차를 동일 폐색구간에 운전할 필요가 있는 경우

19 ① 폐색구간에 다른 열차가 있으면 그 폐색구간을 변경하지 않고 열차를 운행해야 한다.

20 ③ 구원요구 열차의 정차지점을 정확히 알면 구원지점 전방 1km 앞까지 45km/h 이하로 운전, 그 이후부터 50m 전방까지 25km/h 이하(기타 구간 25km/h 이하로 운전)로 운전해야 한다.

제2회 정답 및 해설

1교시 철도관련법

01	02	03	04	05	06	07	08	09	10
③	①	④	③	④	③	②	③	②	①
11	12	13	14	15	16	17	18	19	20
④	④	①	②	②	③	②	③	④	②

01 ③ 공공복리 증진에 이바지함을 궁극적 목적으로 하고 있다(철도안전법 제1조).

02 ① 철도차량의 운행선로 또는 그 인근에서 철도시설의 건설 또는 관리와 관련된 작업의 현장감독업무를 수행하는 사람(철도안전법 시행령 제3조)

03 ④ 국토교통부장관은 검사 결과 안전관리체계가 지속적으로 유지되지 아니하거나 그 밖에 철도안전을 위하여 필요하다고 인정하는 경우에는 국토교통부령으로 정하는 바에 따라 시정조치를 명할 수 있다(철도안전법 제8조).

04 ① 관제적성검사기관의 지정기준 및 지정절차 등에 필요한 사항은 대통령령으로 정한다.

② 관제적성검사의 방법, 절차, 판정기준 및 항목별 배점기준 등에 관하여 필요한 세부사항은 국토교통부장관이 정한다.

④ 관제적성검사기관은 1일 검사능력 50명(1회 25명)이상의 검사장($70m^2$ 이상이어야 한다)을 확보하여야 한다. 이 경우 분산된 검사장은 제외한다.

05 ④ 철도관련업무 경력자(철도운영자에 소속되어 철도관련 업무에 종사한 경력 3년 이상인 사람) 철도장비 운전면허 과정 : 215시간

06 ① 관제업무종사자는 열차의 출발, 정차 및 노선변경 등 열차운행의 변경에 관한 정보를 운전업무종사자, 여객승무원 등 관계자에게 제공하여야 한다.

② 운전업무종사자는 열차의 운행 중에 사전사용을 허가한 경우를 제외하고 휴대전화 등 전자기기를 사용하지 아니하여야 한다.

④ 철도운행안전관리자는 작업이 지연되거나 작업 중 비상상황 발생 시 작업일정 및 열차의 운행일정 재조정 등에 관한 조치를 하여야 한다.

07 ① 철도종사자(실무수습 중인 사람을 포함)는 술을 마시거나 약물을 사용한 상태에서 업무를 하여서는 아니 된다.

③ 철도차량의 점검 · 정비 업무에 종사하는 사람의 판단 기준은 혈중 알코올농도가 0.02퍼센트 이상인 경우이다.

④ 국토교통부장관 또는 시 · 도지사의 확인 또는 검사에 불응한 사람은 2년 이하의 징역 또는 2천만원 이하의 벌금에 처한다.

08 ③ 여객열차 밖에 있는 사람을 위험하게 할 우려가 있는 물건을 여객열차 밖으로 던지는 행위 3차 위반 : 과태료 450만원

09 ② 철도차량의 운행선로 또는 그 인근에서 철도시설의 건설 또는 관리와 관련한 작업의 협의 · 지휘 · 감독 · 안전관리 등의 업무에 종사하도록 철도운영자 또는 철도시설관리자가 지정한 사람은 법에서 정하는 철도종사자이다(철도안전법 제2조).

10 국토교통부장관에게 즉시 보고하여야 하는 철도사고등(철도안전법 시행령 제57조)
- 열차의 충돌이나 탈선사고
- 철도차량이나 열차에서 화재가 발생하여 운행을 중지시킨 사고
- 철도차량이나 열차의 운행과 관련하여 3명 이상 사상자가 발생한 사고
- 철도차량이나 열차의 운행과 관련하여 5천만원 이상의 재산피해가 발생한 사고

11 ④ 철도운영자는 지진, 태풍, 폭우, 폭설 등 천재지변 또는 악천후로 인하여 재해가 발생하였거나 재해가 발생할 것으로 예상되는 경우 열차운행을 일시 중지할 수 있다(철도안전법 제40조).

12 ④ 철도사고등이 발생하는 경우 여객 대피를 위한 필요한 조치 지시는 관제업무종사자의 조치내용이다(철도안전법 시행규칙 제76조의5).

13 "법 제21조의7에 따른 관제교육훈련은 모의관제시스템을 활용하여 실시한다"라고 하고 있다. 이는 실기교육만을 의미하며, 학과교육은 자율 취득하도록 하고 있다(철도안전법 시행규칙 제38조의2).

14 ② 고지혈증은 신체검사 항목에 없다.

15 ② 철도운행안전관리자는 안전교육의 대상자가 아니다.

16 ③ 문답형 검사항목 중 안전성향 검사에서 부적합으로 판정된 사람과 반응형 검사항목 중 부적합(E등급)이 2개 이상인 사람이 불합격이다(철도안전법 시행규칙 별표 13).

17 ② 관제교육훈련기관이나 철도운영자등이 실시한 관제업무에 필요한 교육훈련을 관제자격증명 갱신신청일 전까지 40시간 이상 받은 경우 갱신할 수 있다(철도안전법 시행규칙 제38조의15).

18 ③ 철도사고 및 운행장애 등 발생 시 국토교통부령으로 정하는 조치사항을 이행하지 않았을 때(2차 위반) : 자격증명 취소

19 ④ 최종보고는 없다.

20 ② 거짓이나 그 밖의 부정한 방법으로 관제교육훈련기관의 지정을 받은 경우 2년 이하의 징역 또는 2천만원 이하의 벌금에 처한다.

2교시 철도시스템 일반

01	02	03	04	05	06	07	08	09	10
③	①	④	②	②	④	①	①	②	④
11	12	13	14	15	16	17	18	19	20
②	④	②	①	②	①	②	④	④	②

01 ③ KTX에 장착된 컴퓨터는 주컴퓨터, 보조컴퓨터, 객차컴퓨터, 모터블록컴퓨터이다.

02 ① 팬터그래프의 기본프레임은 지붕에, 집전부는 가선에 위치한다.

03 절연구간의 거리
- 교직 절연구간 : 66m
- 교교 절연구간 : 22m(용산~이촌 간 107m)

04 ② 공전이란 열차출발 혹은 가속 시 열차의 견인력이 점착력보다 클 때 차륜이 레일 위에 미끌리는 현상을 말한다.

05 ① 광섬유케이블 : 낮은 정보 손실율과 외부 잡음에 강해 높은 보안성과 안정성 보장
④ 꼬임선케이블 : 전송과정에서 에러율이 높아 저속도 데이터통신에 사용

06 ① CH 4번 : 1호선 운행 중인 전동차
② CH 3번 : 일산선
③ CH 2번 : 관제사가 상대국 호출 시

07 비상통화의 호출을 수신한 모든 무선국들은 통화를 즉시 중지하고 비상호출자의 통화를 청취해야 한다.

08 ① 승객 휴대 라디오로 생활정보, 교통정보, 교양방송을 청취할 수 없다.

10 전기철도의 분류 방식에는 전기방식별 분류, 급전방식별 분류, 가선방식별 분류, 조가방식별 분류가 있다.

11 ① 전철변전소(SS) : 한국전력 변전소로부터 수전받아 변압기에 의해 전기차에 필요한 전압으로 변성하여 전차선로에 공급
③ 보조급전구분소(SSP) : 선로의 작업, 고장, 장애 또는 사고 시에 정전(단전)구간을 단축하기 위하여 급전계통의 분리에 필요한 개폐장치와 단권변압기 등을 설치한 장소

12 ④ 에어섹션은 전기적 구분장치이다.

13 ② 공기스프링을 적용하는 대차를 에어섹션 대차라고 하고 에어섹션 대차에는 세브론, 만, 쏘시미, KT 대차가 있다.

14 ① 건설비 측면에서 유리한 것은 차량의 폭이 좁아 차량의 시설물 규모가 적어도 되는 협궤의 장점이다.

15 평면곡선에는 단곡선, 복심곡선, 반향곡선, 완화곡선 등이 있으며 철도에서는 단곡선과 완화곡선이 많이 이용되고 구배의 변화점에는 종곡선을 삽입한다.

16 ① 레일의 구비조건에는 좁은 단면적으로 연직 및 수평방향의 작용력에 대하여 충분한 강도와 강성을 가질 것이 있다.

17 ② 마력당 중량이 가볍고, 실린더 번호는 조속기를 전단으로 우측이 1번이다.

19 ④ 출입문 대표 콕크는 차 안에 1개, 차 밖에 2개 모두 문이 열릴 수 있도록 설치되어 있다.

20 노스가동분기기

- 포인트부의 텅레일이 움직일 때 같이 연동하여 크로싱부의 노스가 좌우로 움직이는 형태로, 보통 속도향상을 위한 고속선에 부설되지만 최근 재래선에도 사용 중이다.
- 종 류
  - 탄성식 노스가동 크로싱
  - 관절식 노스가동 크로싱
  - 활절식 노스가동 크로싱

3교시 관제관련규정

01	02	03	04	05	06	07	08	09	10
①	③	③	④	③	②	①	③	①	④
11	12	13	14	15	16	17	18	19	20
④	④	②	①	④	③	②	④	①	①

01 국토교통부장관이 설치 · 운영하는 철도교통관제시설을 관제기관이라고 하고 관제기관에는 철도교통관제센터, 예비철도교통관제실, 관제운영실이 있다(철도교통관제 운영규정 제2조).

02 ③ 철도차량을 보수 · 정비하기 위한 차량정비기지에서 철도차량을 운행하는 경우는 관제구역에서 제외된다(철도교통관제 운영규정 제2조).

03 ③ 대피변경은 복선구간에서 열차의 대피정거장을 변경하는 것이다(철도교통관제 운영규정 제2조).

04 ④ 철도사고등이 발생한 현장에서 조사 · 수습 · 복구 등의 업무를 수행하는 사람이 철도종사자에 해당한다(철도교통관제 운영규정 제2조).

05 ③ 관제업무는 철도사고등 발생 시 사고복구를 지시하는 것이다(철도교통관제 운영규정 제2조).

06
- 관제업무종사자 : 관제업무수행자의 직원으로 관제기관에서 관제업무를 수행하는 사람
- 관제업무수행자 : 철도교통관제시설의 관리업무 및 관제업무를 위탁받아 수행하는 자

07 ① 관제업무수행자는 관제업무를 효율적으로 수행하기 위하여 본사에는 관제실과 관제운영실을 두고, 소속기관으로 관제센터를 운영하여야 한다(철도교통관제 운영규정 제10조).

08 관제지시란 관제기관 또는 관제업무종사자가 철도차량의 안전운행을 위하여 철도운영자, 철도시설관리자, 철도시설의 유지보수시행자, 철도종사자, 철도시설 내에서 운행하는 자동차의 운전자 등에게 지시 또는 필요한 조치를 하는 것을 말한다(철도교통관제 운영규정 제2조).

09 ① 관제구역의 관제업무총책임자로 관제센터장과 관제업무부책임자로 관제운영부장으로 구분한다(철도교통관제 운영규정 제12조).

10 ④ 관제설비란 제6호의 관제업무를 수행하기 위하여 국토교통부장관이 관제기관에 설치한 시설로 열차집중제어장치(CTC), 대형표시반(DLP), 주컴퓨터, 제어(관제)콘솔, 열차무선설비 및 관제전화설비 등을 말한다(철도교통관제 운영규정 제2조).

11 ④ 임시정차란 철도사고등의 발생, 부상자 긴급후송, 선로의 긴급수리 등을 위하여 열차를 임시로 정차시키는 것을 말한다(철도교통관제 운영규정 제2조).

12 ④ 철도운영자가 요구하는 사항이 아니라 그 밖에 관제업무수행자가 요구하는 사항이다(철도교통관제 운영규정 제15조).

13 관제업무수행자가 관제업무와 직접 관련 있는 관계자에게 공개하지 아니할 수 있는 내용(철도교통관제 운영규정 제13조)

- 사고조사과정에서 관계인들로부터 청취한 진술
- 열차운행과 관계된 자들 사이에 행하여진 통신기록
- 철도사고 등과 관계된 자들에 대한 의학적인 정보 또는 사생활 정보
- 열차운전실 등의 음성자료 및 기록물과 그 번역물
- 열차운행 관련 기록장치 등의 정보와 그 정보에 대한 분석 및 제시된 의견
- 철도사고등과 관련된 영상 기록물

14 철도운영자가 열차출발 상당시간 전 관제업무수행자에게 승인을 받고 변경해야 하는 사항(철도교통관제 운영규정 제15조)

- 열차의 시발역 출발시각 및 출발선로
- 열차의 편성형태 및 운전제한사항
- 도중 역에서 철도차량을 해결하는 경우 해결역 정차시간, 해결방법
- 관제업무종사자가 관제업무에 필요하다고 인정하는 사항

15 ④ 철도종사자 중 운전취급역 또는 열차집중제어장치(CTC)에 의하여 제어되지 아니하는(비CTC) 역에 배치된 역 운전취급자는 열차운행시각표 또는 관제기관의 지시에 따라 해당 역에 진 · 출입열차에 대한 신호 및 폐색취급을 하고 열차의 도착 · 출발 · 통과시각을 정보교환시스템 또는 전화 등으로 보고하여야 한다(철도교통관제 운영규정 제16조).

16 비상대응계획에 포함되어야 하는 사항(철도교통관제 운영규정 제21조)

- 관제시설 구성요소의 치명적인 고장 · 장애 시 관제업무의 지속성에 관한 사항
- 역 운전취급자 또는 예비관제실로 가장 안전하고 신속한 관제업무의 책임 이양
- 비상대응계획과 관련된 관계기관간 합의서(협약서)
- 군 · 경, 구조 · 구호기관 및 철도운영자, 유지보수자 등 관계기관 연락처
- 관제시설의 구성요소별 복구 우선순위 등

17 ② 비상대응연습 · 훈련을 실시한 후 결과를 평가하여 비상대응연습 · 훈련을 실시한 날부터 30일 이내에 국토교통부장관에게 제출하여야 한다(철도교통관제 운영규정 제21조).

18 관제업무종사자는 관제시설 고장 · 장애 또는 테러 등의 발생으로 정상적인 관제업무 수행이 불가능한 경우에는 즉시 발생일시, 피해사항, 발생경위 및 관제업무의 지속적 수행방안 등을 보고계통에 따라 전화 등 가능한 통신수단을 이용하여 국토교통부장관(철도운행안전과장)에게 보고하여야 한다(철도교통관제 운영규정 제24조).

19 ① 관제업무종사자는 열차통제 업무와 철도운영과 시설관리 등의 업무가 경합될 때에는 열차통제 업무를 우선적으로 처리하되 철도운영자등의 고유사무에 지장이 최소화되도록 처리하여야 한다(철도교통관제 운영규정 제26조).

20 ① 선로의 긴급보수는 선로작업시행자가 관제기관과 협의하고 승인받아야 하는 사항에 해당한다(철도교통관제 운영규정 제27조).

4교시 철도교통 관제운영

01	02	03	04	05	06	07	08	09	10
④	②	④	③	④	①	②	①	②	①
11	12	13	14	15	16	17	18	19	20
③	④	①	②	①	①	④	②	④	③

01 ④ 임시열차의 계획은 시각개정의 작업, 각종 공사를 위한 시각변경, 열차운전시각표와 함께 10분 단위 열차운행다이아에 포함된다.

02 ② 시발역에서 종착역까지 동일한 열차번호를 부여한다.

03 운전시험 중 구배기동 시 측정항목으로는 속도, 시간, 인장봉 인장력, 공전속도와 시기, 레일표면 상태, 가감간 등이 있다.

04 운전시험 중 주행저항 시험 측정항목으로는 속도, 인장봉 인장력, 자연풍속과 풍향이 있다.

05 폐색구간 분할 시 고려사항
- 공주거리
- 속도별 감속력 및 가속력
- 열차저항 및 열차장
- 각 역의 정차시간
- 선로형상 및 종단면 조건
- 종착역의 차량회송방식 및 역의 운전경로

06 열차경합의 종류에는 열차추월 경합, 열차교행 경합, 플랫홈할당 경합, 운전시격 경합이 있다.

07 ① TCC : 현장역으로부터 발생되는 모든 표시정보를 수신하여 신호설비의 상태표시, 열차번호 추적기능, 자동진로 제어기능을 수행하고 열차운행에 필요한 각종 정보를 콘솔에 표시한다.
③ DTS : 철도 교통관제센터 관제설비에서 하드웨어 구성의 정보전송장치에 해당한다.
④ CTC : 열차집중제어장치의 약어로 중앙컴퓨터 제어시스템에 의하여 서울에서 부산까지 전구간의 열차운행 상황을 한 곳에서 집중감시하면서, 컴퓨터에 입력된 스케줄에 따라 열차운행을 조정하고, 열차운행 상황을 자동으로 기록, 관리하기 위한 장치이다.

08 수송수요 예측방법의 종류
- 최소자승법
- GNP 회귀분석법
- 인구 GNP 회귀분석법
- GNP 탄성치에 의하는 방법

09 ① 평균속도 : 열차운전거리를 정차시분을 뺀 실제 주행한 시간으로 나눈 속도
③ 균형속도 : 동력차의 견인력과 열차의 각종 저항이 균형을 이루어 등속운전을 할 때의 속도
④ 제한속도 : 운전조건에 알맞게 최고속도의 한계를 정한 속도

10 제한속도의 종류에는 하구배의 제한속도, 분기기에 의한 제한속도, 곡선의 제한속도가 있다.

11 ③ ATS는 열차운행종합제어장치의 약어로 신분당에서 사용하는 무인운전 관제시스템의 관리설비이다.

12 ④ T채널이 아니라 M채널이 서울교통공사의 유지보수용 채널이다.

13 ① L/S에서 진로설정은 CCM 모드에서만 할 수 있다.

14 ① 철도교통관제센터는 서울, 영주, 대전, 부산, 순천 지역 관제실을 통합하여 열차의 운행을 집중관리하고 있다.
③ 상황실에 관한 설명이다.
④ SCADA실에 관한 설명이다.

15 ① CTC를 설치하는 구간의 폐색장치는 자동폐색으로 설치한다.

16 ① 도시철도 관제시스템의 운영자콘솔에서 L/S 제어화면의 플랫폼 정보에 해당하는 것은 SKIP 램프, PSD 상태, HOLD 램프, 정차시간 표시이다.

17 ④ PSD는 기계설비관제시스템과 PSD 통합모니터링시스템을 통해 이중으로 감시하고 있다.

18 ② TTC는 수송노선이 단순한 곳에 주로 사용한다.

19 ④ 터미널서버와 현장의 역 정보전송장치 사이에 정보교환을 위하여 통신전용회선을 이용한다.

20

신호현시	공진주파수	제한속도
진행(G)	98	Free
감속(YG)	98	Free
주의(Y)	106	45
경계(YY)	114	25
정지(R1)	122	0
정지(R0)	130	0
절연구간 검지	68	신호속도

5교시 비상시 조치 등

01	02	03	04	05	06	07	08	09	10
④	①	③	④	③	④	④	④	①	③
11	12	13	14	15	16	17	18	19	20
③	④	③	③	②	③	④	④	③	③

01 ④ 의도하지 않은 행위는 오류이며 보기 중 오류에 속하지 않은 것은 의도한 행위인 위반에 해당한다.

02 ① 진로취급 소홀은 기관사가 아니라 관제사 또는 로컬관제원의 인적오류에 해당한다.

03 ③ 지적확인 환호응답은 확신에서 오는 실수, 초조에서 오는 실수, 방심에서 오는 실수, 무지에서 오는 실수, 열심에서 오는 실수 등 실수의 근원을 사전에 방지할 수 있다.

04 ④ 비상상황 수보 시 4단계는 상황수보 및 보고이다.

05 ③ 비상시 조치에서 정하고 있는 관제업무 범위는 긴급한 선로작업을 포함한 열차운행선 지장작업에 대한 승인 및 통제에 해당한다.

06 ④ 기중기 및 사고복구용 비상차가 배치된 소속의 장은 매일 그 소재와 기능, 적재품 현황 및 기중기 책임자를 확인하여야 하며, 변동사항 발생 시 운영상황실장 및 관제센터장에게 보고해야 한다.

07 운전정리용 열차다이아에 기재하여야 할 사항
- 임시열차의 운전상황
- 정기열차의 운휴
- 열차의 시각 변경
- 선로차단공사의 시간
- 서행개소 및 서행속도
- 전철구간의 단전 및 급전시각
- 운행방식의 변경
- 그 밖의 이례적인 사항 및 운전정리에 필요한 사항

08 ④ 관제실장은 운전취급의 효율성 및 안전성 강화를 위해 CTC 장치가 설치된 역 중 상시로컬역 지정기준에 해당하는 역을 상시로컬역으로 지정하여 운영할 수 있다.

09 ① 철도사고등이 발생 시 열차통제 관련 지휘는 관제운영실장이 담당하고 있다.

10 ③ 진행보고는 복구지휘자 현장도착 즉시 및 수시로 보고가 진행되어야 한다.

11 철도교통장애는 사고 또는 차량고장에 해당하며, 자연재해는 풍수, 설해, 지진 및 이에 준하는 자연재해를 말한다.

12 사고대응체계의 적용원칙은 예방, 대비, 대응, 복구이다.

13 ③ 운영상황실의 각 상황반장은 자소속 주관본부, 단실장 및 핵심요원에게 유선으로 긴급 상황전파를 해야 한다.

14 비상대응훈련에는 도상훈련, 부분훈련, 종합훈련으로 구성되어 있다.

15 ② 테러열차에 접근한 인접선 열차는 긴급정차 조치를 해야 한다.

16 ③ 물에 떠내려오는 물체가 교량에 부딪혀 변형을 일으킬 우려가 있을 때, 세굴이 심할 때 집중호우로 인한 열차운행중지를 시켜야 한다.

17 ④ 전기, 시설사령 등 관계사령 이상 없음 확인 후 정상운행을 해야 한다.

18 ④ 반복선 또는 출발도움선에서 출발하는 열차일 때는 통표폐색방식 또는 지도통신식 시행군에서 폐색수속을 한 후, 운전허가증 교부 전이라도 진행수신호 현시 가능 시기에 해당한다.

19 ③ 여객이 승차하고 있는 차량은 관통제동 취급을 할 수 있어야 한다.

20 ③ 지진 발생 시 지진이 발생한 구간 내 열차의 운행을 일단 정지시킨다.

제3회 정답 및 해설

1교시 철도관련법

01	02	03	04	05	06	07	08	09	10
①	②	④	③	①	②	③	④	②	①
11	12	13	14	15	16	17	18	19	20
①	④	③	④	④	④	④	①	③	④

01 ① "열차"란 선로를 운행할 목적으로 철도운영자가 편성하여 열차번호를 부여한 철도차량을 말한다(철도안전법 제2조).

02 ② 국토교통부장관은 정기검사 또는 수시검사를 시행하려는 경우에는 검사 시행일 7일 전까지 검사계획을 검사 대상 철도운영자등에게 통보해야 한다. 다만, 철도사고, 철도준사고 및 운행장애의 발생 등으로 긴급히 수시검사를 실시하는 경우에는 사전통보를 하지 않을 수 있고, 검사 시작 이후 검사계획을 변경할 사유가 발생한 경우에는 철도운영자등과 협의하여 검사계획을 조정할 수 있다(철도안전법 시행규칙 제6조).

03 ④ 업무정지(업무제한) 60일, 과징금 720(백만원)

04 ③ 고압가스 : 섭씨 50도 미만의 임계온도를 가진 물질, 섭씨 50도에서 300킬로파스칼을 초과하는 절대압력(진공을 0으로 하는 압력을 말함)을 가진 물질, 섭씨 21.1도에서 280킬로파스칼을 초과하거나 섭씨 54.4도에서 730킬로파스칼을 초과하는 절대압력을 가진 물질이나, 섭씨 37.8도에서 280킬로파스칼을 초과하는 절대가스압력(진공을 0으로 하는 가스압력을 말한다)을 가진 액체상태의 인화성 물질(철도안전법 시행규칙 제78조)

05 국토교통부령으로 정하는 출입금지 철도시설(철도안전법 시행규칙 제83조)

- 위험물을 적하하거나 보관하는 장소
- 신호 · 통신기기 설치장소 및 전력기기 · 관제설비 설치장소
- 철도운전용 급유시설물이 있는 장소
- 철도차량 정비시설

06 ② 안전관리체계의 승인이 취소된 경우에는 철도안전 우수운영자 지정을 반드시 취소하여야 한다(철도안전법 제9조의5).

07 ③ 업무정지 기간 중 철도차량을 제작한 자는 2년 이하의 징역 또는 2천만원 이하의 벌금에 처한다(철도안전법 제79조).

08 ④ 국토교통부장관은 법 제8조 제3항에 따라 철도운영자등에게 시정조치를 명하는 경우에는 시정에 필요한 적정한 기간을 주어야 한다. 철도운영자등이 법 제8조 제3항에 따라 시정조치명령을 받은 경우에 14일 이내에 시정조치계획서를 작성하여 국토교통부장관에게 제출하여야 하고, 시정조치를 완료한 경우에는 지체 없이 그 시정내용을 국토교통부장관에게 통보하여야 한다(철도안전법 시행규칙 제6조).

※ 시정조치를 받은 경우 14일 이내 시정조

치계획을 제출하도록 되어 있지만, 시정 조치 기간을 정하고 있지 않다.

09 ② 운전교육훈련기관 운영규정(철도안전법 시행규칙 제21조)

10 ② 국토교통부장관은 신청인이 대통령령으로 정하는 자격, 경력 및 학력 등 철도차량정비기술자의 인정 기준에 해당하는 경우에는 철도차량정비기술자로 인정하여야 한다(철도안전법 제24조의 2).
③ 한국교통안전공단은 철도차량정비기술자의 인정신청을 받으면 철도차량정비기술자 인정기준에 적합한지를 확인 후 철도차량정비경력증을 신청인에게 발급해야 한다(철도안전법 시행규칙 제42조의2).
④ 인정의 신청, 철도차량정비경력증의 발급 및 관리 등에 필요한 사항은 국토교통부령으로 정한다(철도안전법 제24조의2).

11 ① 철도운행안전관리자의 준수사항이다(철도안전법 시행규칙 제76조의7).

12 ④ 철도운행안전관리자의 음주 기준 : 혈중 알코올농도가 0.03퍼센트 이상인 경우(철도안전법 제41조)

13 ③ 철도터널에 조명을 설치하는 행위는 포함되지 않는다(철도안전법 시행령 제48조).

14 ④ 철도종사자와 여객 등에게 성적(性的) 수치심을 일으키는 행위 : 500만원 이하의 벌금(나머지는 모두 과태료에 해당됨)(철도안전법 제79조)

15 ④ "직무장비"란 철도특별사법경찰관리가 휴대하여 범인검거와 피의자 호송 등의 직무수행에 사용하는 수갑, 포승, 가스분사기, 전자충격기, 경비봉을 말한다(철도안전법 제48조의5).

16 ④ 철도운전용 급유시설물이 있는 지역은 포함되지 않는다(철도안전법 시행령 제52조).

17 ④ 철도차량 운행이 곤란한 경우에는 비상대응절차에 따라 대체교통수단을 마련하는 등 필요한 조치를 할 것(비상대응계획은 절차의 상위개념)(철도안전법 시행령 제56조)

18 ① 사고 발생일시 및 장소(철도안전법 시행규칙 제86조)

19 ③ 철도차량정비기술자의 인정 취소(철도안전법 제75조)

20 ④ 철도사고등의 의무보고와 관련하여 사실 확인 등이 필요한 경우(철도안전법 제73조)

2교시 철도시스템 일반

01	02	03	04	05	06	07	08	09	10
②	①	②	③	③	①	①	④	①	①
11	12	13	14	15	16	17	18	19	20
③	④	④	②	④	③	②	①	④	④

01 KTX의 동력대차(전기제동)는 회생제동과 저항제동, 공기제동을 사용하고 객차대차는 전공제동을 우선적으로 사용하고 전공제동이 고장일 경우 순공기제동으로 운전을 가능하게 한다.

02 ① 운전자경계장치(VDS)에 관한 설명이다.

03 ② 역전기 작용위치가 S일 때 기관차 성능상태 점검 가능, 모든 기능 작동, 주행명령 차단이 가능하다.

04 1개의 견인전동기 고장 시 제동적용 방식

- 상용제동 : 기관차는 순수 전기제동(3개의 전동기로 제동)
- 비상제동 : TM 고장인 대차는 순수 공기제동, 다른 대차는 순수 전기제동

05 ③ 부분제동 위치가 아니라 전제동 위치가 있다. 이 위치에서는 기관차의 제동을 위하여 유용한 최대량의 제동을 체결하게 된다.

06 ① 전차선에는 서로 전원이 다른 구간을 연결하기 위하여 교직절연구간을 설치하였다.

07 조작방법에 의한 제동장치의 분류에는 상용제동, 비상제동, 보안제동, 주차제동, 정차제동 총 5개가 있다.

08 ④ 단속단 연결이란 정차와 운전을 반복하여 연결 시 충격을 방지하는 것으로 구원차 준비사항에 해당된다.

09 ② 예비차 : 검사 수선을 완료한 차량으로 역구내에 체류되어 있는 차량

③ 회송차 : 운용을 하기 위한 예비차나 검수를 하기 위하여 불량차를 목적지까지 회송하는 차량

④ 불량차 : 검사수선을 필요로 운용차량에서 해방을 당해 역장에게 통보한 차량

10 ② 쇄정 : 연결기가 완전히 연결된 상태

③ 개정 : 연결기가 연결되어 있는 경우 해방레버를 작용하여 연결기 내의 로크는 올라가 있으며 연결기 외형, 즉 너클은 쇄정위치로 있는 상태

④ 개방 : 너클을 완전히 열어놓은 상태

11 궤도는 레일, 침목, 도상과 그 부품으로 이루어져 있고, 그러한 궤도와 도상을 직접 지지하는 것이 노반이다.

12 구조에 의한 크로싱의 분류

- 고정크로싱 : 망간, 조립, 압접, 용접
- 가동크로싱 : 둔단가동, 노스가동, 윙가동

13 ① 열차정지표지 : 정차장에서 항상 그 열차의 정차할 한계를 표시할 필요가 있는 지점에 설치

② 차량정지표지 : 정차장에서 입환전호를 생략하고 입환차량을 운전하는 경우 운전구간의 끝지점을 표시할 필요가 있는 지점 또는 상시 입환차량의 정지위치를 표시할 필요가 있는 지점에 설치

③ 가선종단표지 : 가공 전차선로의 끝부분에 설치하여 전차선로의 종단을 표시

14 ① ATP : 열차자동방호장치
③ ATS : 열차자동정지장치
④ CTC : 열차집중제어장치

15 ④ 전차선로 점검은 2종 차단장비에 해당하는 작업이다.

16 ③ 전기철도는 에너지 이용효율을 증대시킨다.

17 ② 대용량 장거리 수송에 유리한 것은 교류식 전기철도의 특징이다.

18 ① 무선통신에서 사용하는 신호 형태는 모두 아날로그이다.

19 ④ 무선통화를 끝냈을 때에는 "통화 끝"이라 한다.

3교시 관제관련규정

01	02	03	04	05	06	07	08	09	10
③	④	④	①	②	②	③	③	③	②
11	12	13	14	15	16	17	18	19	20
①	①	③	④	②	④	①	④	③	①

01 ③ 도중 역에서 철도차량 해결하는 경우 해결 역 정차시간, 해결방법을 승인을 받아야 한다(철도교통관제 운영규정 제15조).

02 철도운영자등과 선로배분시행자 및 선로작업시행자가 관제업무수행자에게 사전제공해야 하는 것(철도교통관제 운영규정 제15조)
- 열차운행계획 및 선로작업계획
- 관제업무에 필요한 철도시설물의 위치, 구조 및 기능
- 철도차량의 구조 및 기능
- 그 밖에 관제업무에 필요하여 관제업무수행자가 요구하는 사항

03 선로작업시행자가 선로작업 시행 전 관제업무수행자의 승인을 받아야 하는 것(철도교통관제 운영규정 제15조)
- 작업구간, 작업내용 및 작업시간
- 장비 이동방법
- 관제업무종사자가 관제업무에 필요하다고 인정하는 사항

04 ① 관제업무 증가량에 따라 관계기관의 합병은 세부운영절차에 해당하지 않는다.

05 관제업무수행자는 관제업무종사자가 쉽게 이용 및 연구할 수 있도록 현행 적용규정, 업무지시, 합의서(협약서), 비상대응계획(처리절차), 선로사용자 등 관계기관 연락처(비상연락망), 관련 출판물 등을 관제실의 적당한 장소에 비치하여야 한다. 다만, 파일형태로 보관된 경우에는 관련목록을 작성하여 사용 가능한 컴퓨터 옆에 비치하여야 한다(철도교통관제 운영규정 제18조).

06 ② 관제업무수행자는 관제석 등에 비치된 각종 규정 및 절차서 등이 정상적인 상태(최신화된 상태)를 유지하도록 정비책임자를 지정하여 운영하여야 한다(철도교통관제 운영규정 제18조).

07 ③ 역 운전취급자 또는 예비관제실로 가장 안전하고 신속한 관제업무의 책임 이양(철도교통관제 운영규정 제21조)

08 관제업무와 관련 있는 기관 또는 사람이 시설방문을 요구하면 다음의 조건을 충족하는 경우에 한하여 허가할 것(철도교통관제 운영규정 제22조)

- 업무에 방해되지 않을 경우
- 보안 규정을 위반하지 않을 경우
- 인가된 인솔자가 동행할 경우

09 ③ 관제업무의 지속성을 위하여 국토교통부장관(철도운행안전과장)에게 보고하여야 할 사항에는 발생일시, 피해사항, 발생경위 및 관제업무의 지속적 수행 방안이 있다(철도교통관제 운영규정 제24조).

10 ② 사고복구를 위하여 운행하는 철도차량은 운전정리 사항에 해당되지 않는다(철도교통관제 운영규정 제25조).

11 ① 철도운영자등은 운전휴지, 철도차량의 운행순서, 운행선로, 운행시각 변경, 승객의 치료, 부상자 긴급후송 등을 위한 열차의 임시정차, 철도차량 합병, 특발, 구원열차 및 임시열차 운행, 그 밖에 열차운행에 관한 사항을 시행하고자 하는 경우에는 관제기관과 협의하고 승인을 받아야 한다(철도교통관제 운영규정 제27조).

12 ① 선로의 긴급보수는 선로작업시행자가 관제기관과 협의하고 승인을 받아야 하는 사항이다(철도교통관제 운영규정 제27조).

13 ③ 안개주의보는 관제센터장이 발령하고 관제운영실장에게 보고한다(해제도 동일)(철도교통관제 운영규정 제28조).

14 ④ 관제기관에서 음성으로 전달한 철도안전과 관련된 철도교통관제의 허가 또는 지시사항을 환호응답하여야 하는 사항에는 철도차량의 운행경로 허가사항, 착발선의 진입, 도착, 출발, 대기, 대피, 퇴행 등에 대한 허가 또는 지시사항, 사용선로, 운행속도, 선로작업 및 통행 방법 등 지시사항이 있다(철도교통관제 운영규정 제30조).

15 ② "복사 시 녹음원본의 내용과 같음"이라는 서약문(철도교통관제 운영규정 제40조)

16 ④ 관제업무종사자는 기상특보가 발령된 경우 2시간마다 해당 구간의 기상상황을 파악하여 기록을 유지해야 한다(철도교통관제 운영규정 제28조).

17 ① 관제업무수행자는 매월 관제실적을 작성하여 다음 달 15일까지 국토교통부장관에게 보고하여야 한다. 다만, 12월에는 해당 연도에 대한 전체 관제실적 통계를 작성하여 다음 해 2월까지 보고하여야 한다(철도교통관제 운영규정 제31조).

18 ④ 선로전환기 청소 및 전환시험을 수행하는 자는 철도차량운전규칙에서 교육 및 훈련을 받아야 하는 자에 해당하지 않는다(철도차량운전규칙 제6조).

19 ③ 해당 선로의 상태, 열차에 연결되는 차량의 종류, 철도차량의 구조 및 장치의 수준 등을 고려하여 열차운행의 안전에 지장이 없다고 인정되는 경우에는 운전업무종사자 외의 다른 철도종사자를 탑승시키지 않거나 인원을 조정할 수 있다(철도차량운전규칙 제7조).

20 ① 차량에는 차량한계(차량의 길이, 너비 및 높이의 한계를 말함)를 초과하여 화물을 적재 · 운송해서는 안 된다. 다만, 열차의 안전운행에 필요한 조치를 하는 경우에는 차량한계를 초과하는 화물(이하 "특대화물"이라 함)을 운송할 수 있다(철도차량운전규칙 제8조).

4교시 철도교통 관제운영

01	02	03	04	05	06	07	08	09	10
②	①	③	①	②	④	①	①	②	④
11	12	13	14	15	16	17	18	19	20
④	③	③	①	③	④	①	④	②	①

01 자동열차제어 ATC 장치는 차상으로 전송하여 기장석에 허용속도를 표시하고 열차의 운행속도가 허용속도 초과 시 자동으로 감속시키는 장치로 진입구간 선로의 제반 조건에 따라 열차 안전운행에 적합한 속도정보를 제공한다.

02 ① 특정 개소의 운전정보가 아니라 특정 구간의 열차제어정보를 전송한다.

03 ① IXL - 연동장치
② CTC - 열차집중제어장치
④ FEPOL - 역정보전송장치

04 ATC 관점에서의 공항철도 열차 운전모드

모드 선택 시	운전 방향	운전모드	
YARD	전 진	RM	차량기지에서 운영하며 ROS와 유사
	후 진	REV	역 정차위치를 지나쳤을 때 5M 이내에서 이동하는 데 사용
MANUAL	전 진	ROS	ATP에 의하지 않고 기관사가 운전하며 25km/h 초과 시 비상정지 체결
		MCS	ATP 보호하에 기관사가 운전
AUTO 1	전 진	FULL AUTO	열차가 자동으로 출발하고, 기관사의 개입 없이 운전됨
AUTO 2	전 진	AUTO	기관사에 의해 열차가 출발하고 ATP/ATO에 의해 자동운전

ATB	중 립	ATB	ATP/ATO에 의한 자동회차
EM	전진 혹은 후진	EM	열차가 ATP에 의해 보호되지 않음

05 5현시 방식은 G(진행) : 150km/h 이하, YG(감속) : 105km/h 이하, Y(주의) : 65km/h 이하, YY(경계) : 25km/h 이하, R(정지) : 0km/h이다.

06 ④ CTC 서버는 3개의 지역별로 구분된다.

07 응용소프트웨어에 포함되는 소프트웨어에는 CTC 기본 소프트웨어, 열차운행관리 소프트웨어, 열차운전 관련 데이터베이스, 업무지원 소프트웨어(선로용량계산)가 있다.

08 ② 2중계화 : 관제시스템의 제어 및 감시의 연속성을 갖기 위해서는 장치의 고장에 대비하여 중요한 장치는 back-up으로 동작할 수 있는 2중계여야 한다.
③ 결함허용 : 결함이 발생하여도 시스템의 임무를 연속적으로 수행할 수 있는 시스템이어야 한다.
④ 결함마스킹 : 오류가 시스템의 정보구조 속으로 유입되는 것을 방지할 수 있어야 한다.

09 ② 2선 단선 시 ATC 장치는 자동적으로 상·하행선 해당 궤도회로에 정지신호를 전송하여 진입하는 열차들을 정지시킨다. 1선 단전 시에는 운행열차를 자동으로 정지시키지는 않으나 CTC에 경보가 전송되어 관제사가 무선으로 기장에게 주의운전을 유도한다.

10 ④ 교차트랜스폰더 태그는 대략 25m 간격으로 지상에 위치한다.

11 ④ VOBC는 차상장치로 차상자동열차운행(ATO)과 차상자동열차방호(ATP) 기능을 차량에 제공하는 기능을 수행한다.

12 ③ STC가 아니라 DCS와의 이더넷 인터페이스가 옳다.

13 ③ 열차운행다이아상의 열차설정에 직·간접적으로 영향을 미치는 요인에는 선로보수작업 시간대가 포함된다. 사용되는 설비는 해당되지 않는다.

14 ① 신호기 외방에 일단 정차 후 운전관제에 보고해야 한다.

15 ③ F3 : 3,870Hz

16 ④ ATC는 지령속도 수신기능을 가지고 있다.

17 ② 가변정보전송장치 : 선로변제어유니트와 연결되어 선로변제어유니트에서 전송되는 가변정보를 송신하며, 만약 텔레그램이 수신되지 않으면 디폴트 텔레그램이 송신된다.
③ 인필정보전송장치 : 선로변제어유니트와 연결되어 있으며 선로변제어유니트에서 전송되는 정보를 송신하고 열차 전방의 신호가 변경되었을 때 속도 및 시간상의 이득을 얻기 위해 사용된다.

18 ④ 타코메타란 4개의 독립된 광학센서로 구성되어 있으며 회전축인 차축에 고정 장착하여 차축이 회전하는 회전수를 검지 속도 및 거리연산장치에 전달하고, 타코메타 1회전당 128펄스를 공급한다.

19 ② 15~40gal 미만은 녹색경보에 해당되며 조치사항이 없다.

20 ① 관제사는 해당 구간 양방향에 속도제한 90km/h 취급을 하고 통보받은 즉시 속도제한 조치를 우선 취급해야 한다.

5교시 비상시 조치 등

01	02	03	04	05	06	07	08	09	10
③	②	①	③	③	④	④	②	②	①
11	12	13	14	15	16	17	18	19	20
①	③	④	①	④	①	②	④	①	③

01 ③ 착오란 행위는 계획대로 이루어졌지만 계획이 부적절하여 오류가 발생하는 경우를 말한다.

02 위반의 종류

- 일상적 위반
- 상황적 위반
- 예외적 위반
- 고의가 아닌 위반
- 즐기기 위한 위반

03 인적오류의 유발요인

- 작업자의 개인적 특성
- 작업의 교육, 훈련, 교시의 문제
- 인간-기계체계의 인간공학적 설계상의 결함
- 업무숙달 정도

04 ③ 집중력 저하는 출입문 취급 소홀에 해당한다.

정차역 통과란 가장 빈번하게 발생하는 인적오류이며 통과열차로 착각하거나 정차역 지적확인 미시행, 정차역 통과방지장치의 무효화, 열차시각 미확인 등으로 발생한다.

05 ③ PTS란 비교적 실제 환경과 비슷하게 부분적으로 구현된 장치를 말하며 특정한 역할을 집중적으로 훈련, 조작절차의 훈련, 고장진단 등의 훈련을 시행한다. 자기주도적 학습 및 평가는 CAI에 해당한다.

06 ④ 훈련을 거치면 '지식기반 → 규칙기반 → 기능기반' 행동으로 이어지며 안전도가 향상된다.

07 시뮬레이터 훈련의 절차

훈련목표 선정 → 시나리오 구성 → 브리핑 → 훈련 실시 → 평가/강평

08 하인리히 법칙

1 : 29 : 300 = 중상자 : 경상자 : 잠재적 상해자

09 ② 인적오류는 제거할 수 없고 감소시키는 것에 해당한다.

10 ① 주체의 신호기와 보조신호기가 동시에 확인 가능한 경우에는 주체의 신호기에 대한 지적확인 환호응답만 시행하고, 주체의 신호기의 확인이 불가능하고 보조신호기의 신호확인만 가능한 경우에는 보조신호기에 대하여 지적확인 환호만 시행해야 한다.

11 ① 취급할 대상이 다수인 경우 관련 대상 모두에 대해 취급 완료 후 최후에 지적확인 환호해야 한다.

12 ③ 기중기 연결운행 시 견인기관차 바로 다음에 연결하는 것이 원칙이다. 다만, 지역본부장이 긴급출동 또는 사고수습에 유리하다고 판단하였을 때에는 예외다.

13 ④ 건널목사고는 철도교통사고의 종류에 해당된다.

14 운전정리용 열차다이아에 기재하여야 할 사항
- 임시열차의 운전상황
- 정기열차의 운휴
- 열차의 시각변경
- 선로차단공사의 시간
- 서행개소 및 서행속도
- 전철구간의 단전 및 급전시각
- 운행방식의 변경
- 그 밖의 이례적인 사항 및 운전정리에 필요한 사항

15 상시로컬역의 지정기준
- 선구별 분기되는 지점에 위치한 역
- 선구별 시·종착역
- 일간 입환 작업량이 100량 이상인 역
- 그 밖에 상시로컬역으로 운영함이 운전취급의 효율성 및 안전성 강화에 유리하다고 인정되는 역

16 ① 예방단계란 신속한 대응을 위한 각종 장비·시설·조직·임무의 숙지상태 등에 대하여 수시점검하는 것을 말한다.

17 ② 강설이 7cm 이상 14cm 미만 적재되었을 경우 230km/h 이하로 운행해야 한다.

18 전령법 시행시기
- 폐색구간을 분할하여 열차운전 시 재차 열차사고가 발생하였거나 또는 그 폐색구간으로 굴러간 차량이 있어 구원열차 운행 시
- 선로고장의 경우 전화불능으로 관제사의 지시를 받지 못할 경우와 인접 정거장 역장과 폐색구간의 분할에 관한 협의가 곤란한 경우
- 현장에 있는 공사열차 이외에 재료수송, 기타 다른 공사열차를 운전할 경우
- 전령법을 시행하여 구원열차를 운전 중 고장·기타 사유로 다른 구원열차를 동일 폐색구간에 운전할 필요가 있는 경우

19 ① 전령법을 시행할 때 폐색구간에 다른 열차가 있으면, 그 폐색구간을 변경하지 않고 열차를 운행해야 한다.

20 ③ 정거장 안 또는 밖 이외에서 발생한 경우 발생장소의 장 또는 발견자가 급보책임자에 해당한다.

제4회 정답 및 해설

1교시 철도관련법

01	02	03	04	05	06	07	08	09	10
③	②	②	③	④	③	④	④	④	④
11	12	13	14	15	16	17	18	19	20
③	②	③	①	③	①	③	①	④	④

01 ① "철도용품"이란 철도시설 및 철도차량 등에 사용되는 부품 · 기기 · 장치 등을 말한다.
② "선로"란 철도차량을 운행하기 위한 궤도와 이를 받치는 노반(路盤) 또는 인공구조물로 구성된 시설을 말한다.
④ "운행장애"란 철도사고 및 철도준사고 외에 철도차량의 운행에 지장을 주는 것으로서 국토교통부령으로 정하는 것을 말한다.

02 ② 관제업무종사자란 철도차량 운행을 집중제어 · 통제 · 감시하는 업무에 종사하는 사람이다(철도안전법 제2조).

03 ② "철도준사고"란 철도안전에 중대한 위해를 끼쳐 철도사고로 이어질 수 있었던 것으로 국토교통부령으로 정한 것을 말한다(철도안전법 제2조).

04 ③ 협의 : 관계 중앙행정기관의 장 및 철도운영자등(철도안전법 제5조)

05 철도안전 종합계획의 경미한 변경(철도안전법 시행령 제4조)
법 제5조 제3항 후단에서 "대통령령으로 정하는 경미한 사항의 변경"이란 다음의 어느 하나에 해당하는 변경을 말한다.

- 법 제5조 제1항에 따른 철도안전 종합계획에서 정한 총사업비를 원래 계획의 100분의 10 이내에서의 변경
- 철도안전 종합계획에서 정한 시행기한 내에 단위사업의 시행시기의 변경
- 법령의 개정, 행정구역의 변경 등과 관련하여 철도안전 종합계획을 변경하는 등 당초 수립된 철도안전 종합계획의 기본방향에 영향을 미치지 아니하는 사항의 변경

06 ③ 안전관리체계를 지속적으로 유지하지 아니하여 철도운영이나 철도시설의 관리에 중대한 지장을 초래한 경우(철도안전법 제9조)

07 우수운영자 지정의 취소(철도안전법 제9조의5)

- 거짓이나 그 밖의 부정한 방법으로 철도안전 우수운영자 지정을 받은 경우
- 안전관리체계의 승인이 취소된 경우
- 지정기준에 부적합하게 되는 등 그 밖에 국토교통부령으로 정하는 사유가 발생한 경우(계산 착오, 자료의 오류 등으로 안전관리 수준평가 결과가 최상위 등급이 아닌 것으로 확인된 경우, 국토교통부장관이 정해 고시하는 표시가 아닌 다른 표시를 사용한 경우)

08 ④ 사상자 수(철도안전법 시행규칙 제8조)

09 ④ 과징금을 부과하는 경우에 사망자, 중상자, 재산피해가 동시에 발생한 경우는 각각의 과징금을 합산하여 부과한다. 다만, 합산한 금액이 법 제9조의2 제1항에 따른 과징금 금액의 상한을 초과하는 경우에는 법 제9조의2 제1항에 따른 상한금액을 과징금으로 부과한다(철도안전법 시행령 별표 1).

10 ④ 철도차량 운전면허(철도장비 운전면허는 제외) 소지자는 철도차량 종류에 관계 없이 차량기지 내에서 시속 25킬로미터 이하로 운전하는 철도차량을 운전할 수 있다(철도안전법 시행규칙 별표 1의2).

11 ③ 주의력 검사에는 복합기능, 선택주의, 지속주의 검사가 있다(철도안전법 시행규칙 별표 13).

12 ① 디젤 또는 제1종 차량 운전면허 : 395시간
③ 철도장비 운전면허 : 215시간
④ 노면전차 운전면허 : 215시간

13 ③ 철도차량을 운전 중 고의 또는 중과실로 철도사고를 일으킨 경우(1천만원 이상 물적 피해가 발생한 경우) : 2차 위반 효력정지 3개월(철도안전법 시행규칙 별표 10의2)

14 ① 19세 미만인 사람(철도안전법 제11조)

15 국토교통부령으로 정하는 여객열차에서의 금지행위(철도안전법 시행규칙 제80조)

- 여객에게 위해를 끼칠 우려가 있는 동식물을 안전조치 없이 여객열차에 동승하거나 휴대하는 행위
- 타인에게 전염의 우려가 있는 법정 감염병자가 철도종사자의 허락 없이 여객열차에 타는 행위
- 철도종사자의 허락 없이 여객에게 기부를 부탁하거나 물품을 판매 · 배부하거나 연설 · 권유 등을 하여 여객에게 불편을 끼치는 행위

16 ① 철도차량을 향하여 돌이나 그 밖의 위험한 물건을 던져 철도차량 운행에 위험을 발생하게 하는 행위(3년 이하의 징역 또는 3천만원 이하의 벌금)
② 국토교통부령으로 정하는 철도시설에 철도운영자등의 승낙 없이 출입하거나 통행하는 행위(1회 150만원, 2회 300만원, 3회 이상 450만원 과태료)
③ 역시설 또는 철도차량에서 노숙(露宿)하는 행위(벌칙 및 과태료가 없음)
④ 정당한 사유 없이 열차 승강장의 비상정지버튼을 작동시켜 열차운행에 지장을 주는 행위(1회 150만원, 2회 300만원, 3회 이상 450만원 과태료)

17 ③ 철도운전용 급유시설물이 있는 장소(철도안전법 시행규칙 제83조)

18 ① 철도사고등이 발생하였을 때의 사상자 구호, 여객 수송 및 철도시설 복구 등에 필요한 사항은 대통령령으로 정한다(철도안전법 제60조).

19 ④ 철도운행관리자의 자격 취소(철도안전법 제75조)

20 ④ 종합시험운행 결과를 허위로 보고한 자에 대한 벌칙은 1년 이하의 징역 또는 1천만원 이하의 벌금이다.

2교시 철도시스템 일반

01	02	03	04	05	06	07	08	09	10
①	③	①	②	②	①	④	④	①	④
11	12	13	14	15	16	17	18	19	20
③	④	②	③	③	②	①	②	①	④

01 ① 전차선의 높이는 고속선 5.08m, 일반선 5.2m로 고속선이 더 낮아 고속선에서는 상승높이를 제한하는 장치가 있다.

02 ③ 1차 현가장치에 관한 설명이다.
2차 현가장치는 대차프레임과 차체 사이에 설치되어 있는 요댐퍼, 안티롤바, 횡댐퍼, 168L 공기통 부착 공기현가장치로 구성되어 있다.

03 ① 산악터널공법(ASSM)이란 굴착 시 터널 주변의 이완을 허용하여 이완된 지반에서 작용하는 하중을 강지보공 및 두꺼운 콘크리트로 라이닝을 형성시켜 지지하는 것이다.

04 ② 도시철도건설규칙에서 궤간은 레일의 맨 위쪽부터 14mm 아래 지점에 위치한 양쪽 레일 안쪽 간의 가장 짧은 거리를 말한다.

05 ② 디젤전기기관차가 아니라 디젤동차가 전후방에서 운전과 총괄제어가 가능하다.

06 ① 디젤전기기관차는 사용 목적에 따른 분류에 들어간다.

07 차체의 재료에 따른 분류
- 목제차
- 강제차
- 스테인리스 강제차
- 알루미늄 합금제차

08 ④ 7600호대 디젤전기기관차는 화물열차 운행 목적이다.

09 ① 디젤전기기관차는 디젤기관에서 발생한 원동력으로 주발전기를 구동하여 발전된 전원을 견인전동기에 공급하여 견인전동기로 하여금 동륜을 회전하게끔 설계된 기관차를 말한다.

10 신호설비의 장점
- 열차운용 효율 증대
- 선로용량의 증대
- 수송력의 증강
- 취급인력의 감소
- 철도 경영개선에 기여

11 ③ 1942년 영등포~대전 간 자동폐색신호를 설치하고 1955년 대구역 전기연동장치를 사용했다.

12 ④ 가선작업차는 전철시설 건설 및 유지보수 작업용 장비에 해당한다.

13 ② 분진흡입열차는 선로시설 건설 및 유지보수 작업용 장비에 해당되고 기초굴삭작업차, 콘크리트믹서차, 건주작업차는 전철시설 건설 및 유지보수 작업용 장비에 해당된다.

14 ③ 신형 전기기관차의 최고속도는 150km/h이다.

15 ③ 개통 당시 4M2T 6량 편성으로 철도청 구간과 서울시 지하철 구간을 겸용으로 이용했다.

16 ② 전기동차는 동력 분산식이다.

17 전기철도의 효과에는 수송능력 증강, 에너지 이용효율 증대, 수송원가 절감, 환경개선, 지역균형 발전 등이 있다.

18 혼잡율(%)

- 100 : 정원승차
- 150 : 어깨 맞닿음, 손잡이 못 잡는 승객 1/2 but 신문 읽기 가능
- 200 : 몸 전체 맞닿음, 주간지 읽기 가능
- 250 : 몸체나 손을 움직일 수 없음

19 ① 지상마이크로파는 무선전송 매체이다.

20 ④ 반이중 통신은 양방향 전송은 가능하나 동시에 양방향 전송은 불가능하다.

3교시 관제관련규정

01	02	03	04	05	06	07	08	09	10
①	④	③	①	②	④	④	④	④	④
11	12	13	14	15	16	17	18	19	20
③	②	①	①	③	②	①	②	②	①

01 ① 철도종사자는 관제기관으로부터 정보요구를 받았을 때에는 즉시 정보를 제공하여야 한다(철도교통관제 운영규정 제16조).

02 ④ 관제업무수행자는 철도운영자, 선로배분 시행자 등과 정보교환시스템을 구축하고 필요한 경우 상호 연계운영하여야 한다(철도교통관제 운영규정 제19조).

03 관제업무 승인사항 기록부의 사용시기

- 역 운전취급자의 요청에 의하여 승인할 때
- 기관사 및 장비운전자 등의 요청에 의하여 승인할 때
- 관제사가 업무수행상 필요에 의하여 지시가 필요할 때

04 ① 관제업무종사자는 관제시설 고장 · 장애 또는 테러 등의 발생으로 정상적인 관제업무 수행이 불가능한 경우에는 즉시 발생 일시, 피해사항, 발생경위 및 관제업무의 지속적 수행 방안 등을 보고계통에 따라 전화 등 가능한 통신수단을 이용하여 국토교통부장관(철도운행안전과장)에게 보고하여야 한다(철도교통관제 운영규정 제24조).

05 기상특보의 종류에는 호우, 홍수, 강풍, 태풍, 강설, 한파, 지진, 폭염, 안개가 있다(철도교통관제 운영규정 제28조).

06 ④ 중점관리대상자 선정에 음주는 포함되지 않는다(철도교통관제 운영규정 제33조).

07 ④ 관제업무수행자는 관제인력수급계획에 따른 다음연도 시행계획을 매년 10월까지, 전년도 시행계획의 추진실적은 매년 2월 말까지 국토교통부장관에게 제출하여야 한다(철도교통관제 운영규정 제34조).

08 ④ 약물복용기간이 14일 이상일 경우 전문의사에게 자문하여야 한다(철도교통관제 운영규정 제35조).

09 ① 철도차량의 운행을 집중 제어 · 통제 · 감시하는 사람은 철도안전법상 관제업무종사자를 말한다.

② 철도교통관제시설의 관리업무 및 관제업무를 위탁받아 수행하는 자는 관제업무수행자라고 한다.

10 '관제지시'란 관제기관 또는 관제업무종사자가 철도차량의 안전운행을 위하여 철도운영자, 철도시설관리자, 철도시설의 유지보수시행자, 철도종사자, 철도시설 내에서 운행하는 자동차의 운전자 등에게 지시 또는 필요한 조치를 하는 것을 말한다(철도교통관제 운영규정 제2조).

11 ③ 선로사용자란 철도운영자 및 선로작업시행자를 말한다(철도교통관제 운영규정 제2조).

12 ② 관제업무종사자는 열차통제 업무와 철도운영과 시설관리 등의 업무가 경합될 때에는 열차통제 업무를 우선적으로 처리하되 철도운영자등의 고유사무에 지장이 최소화되도록 처리하여야 한다(철도교통관제 운영규정 제26조).

13 열차의 최대연결차량수는 이를 조성하는 동력차의 견인력, 차량의 성능 · 차체(Frame) 등 차량의 구조 및 연결장치의 강도와 운행선로의 시설현황에 따라 이를 정하여야 한다(철도차량운전규칙 제10조).

14 파손차량, 동력을 사용하지 아니하는 기관차 또는 2차량 이상에 무게를 부담시킨 화물을 적재한 화차는 이를 여객열차에 연결하여서는 아니 된다(철도차량운전규칙 제12조).

15 ③ 퇴거전호는 주간에 녹색기를 상하로 흔든다. 다만, 부득이한 경우에는 한 팔을 상하로 움직이는 것으로 대신할 수 있다(도시철도운전규칙 제74조).

16 ② 정거장과 그 정거장 외의 본선 도중에서 분기하는 측선과의 사이를 운전하는 경우에는 지정된 선로의 반대선로로 열차를 운행할 수 있다(철도차량운전규칙 제20조).

17 ① 열차는 선로의 굴곡정도 및 운전속도에 따라 충분한 제동능력을 갖추어야 한다(철도차량운전규칙 제15조).

18 ② 도시철도의 운전에 관하여 이 규칙에서 정하지 아니한 사항이나 도시교통권역별로 서로 다른 사항은 법령의 범위에서 도시철도운영자가 따로 정할 수 있다(도시철도운전규칙 제2조).

19 ② 열차의 비상제동거리는 600미터 이하로 하여야 한다(도시철도운전규칙 제29조).

20 ① 도시철도운영자는 도시철도의 안전과 관련된 업무에 종사하는 직원에 대하여 적성검사와 정해진 교육을 하여 도시철도운전지식과 기능을 습득한 것을 확인한 후 그 업무에 종사하도록 하여야 한다(도시철도운전규칙 제4조).

4교시 철도교통 관제운영

01	02	03	04	05	06	07	08	09	10
③	②	④	②	①	②	④	①	③	④
11	12	13	14	15	16	17	18	19	20
③	②	②	④	③	①	①	①	③	③

01 불연속정보전송장치(ITL)는 절대정지 정보, 터널 입출구 정보, 고속선 진출입 정보, 절연구간 정보, 운행선로 변경정보를 차상으로 전송하는 장치이다.

02 ② 선로용량이란 계획상 실제로 운전이 가능한 편도 1일의 최대 총 열차횟수를 말하며, 이것은 어디까지나 유효하게 운전할 수 있는 최대 총 열차횟수로서 주·야간 구별 없이 운전할 수 있는 계산상의 최대 총 열차횟수는 아니다.

03 ④ ATS 운전취급에서 전동차를 기동하거나 운전실 교환할 때 제동핸들을 투입하면 ATS는 45km/h로 초기설정되고, 다음 신호기까지 45km/h 이하의 속도로 운전해야 한다.

04 MMI는 기능별 메뉴, 로그인표시, 기능별 단축버튼, 알람로그창, 이벤트로그창으로 구성된다.

05 열차운행종합제어장치는 운영자 콘솔, CATS SERVER, 관제팀장 콘솔, 유지보수 콘솔, Off-line TT, LDP로 구성된다.

06 ② 운행선 작업 업무협의 및 조정은 여객관제업무에 해당된다.

07 ④ ATC, CBI, CATS와 인터페이스 관리는 LATS의 주요기능이다.

08 ① 기상설비는 열차의 영향을 최소화하기 위하여 선로에서 10m 이상 이격하여 설치하여야 한다.

09 ③ STR(출발계전기)는 제동핸들 투입 시 45km/h로 설정해준다.

10 ④ 관제사의 지령을 받을 수 없는 경우 ASOS를 취급 후 짧은 기적을 수시로 울리면서 일어서서 10km/h 이하의 속도로 주의운전해야 한다.

11 ③ 현재는 경기변동을 감안할 수 있는 GNP 탄성치에 의하는 방법이 채택되고 있다.

12 열차운행다이아의 충족 조건

- 전후 열차는 진행신호 조건으로 운전
- 기준운전시분의 적정
- 열차운행다이아의 탄력성(회복운전 가능)
- 수송파동의 대응력
- 안전운전 조건

13 ① 타코메타 : 열차의 차축에 연결된 장치로 바퀴 회전 시에 다수의 진동을 발생시킨다. VOBC는 열차의 속도를 판단하기 위하여 이 진동들을 사용한다.

③ ATS RX : 열차가 지상자 위를 통과하는 경우 차상자에서 수신한 주파수를 신호현시로 디코딩하여 ATS 운전논리부로 전송한다.

④ ATS LU : ATS 로직에 의한 프로세서이며 속도를 감시하고 ATS 모드에서 필요시 열차에 제동을 체결한다.

14 ④ CAZ(충돌방지구역) : 오직 한 대의 열차만이 허용되는 가이드웨이의 한 구역이다. 이것은 열차들이 교착되는 것을 방지한다.

15 ③ 이동폐색방식이 아닌 고정폐색방식에서 경합검지가 가능하다.

16 ① 설정정수로 편성하여 시험해야 한다.

17 ATP 시스템 운전모드로는 무전원 및 차단모드, 대기모드, 입환모드, 책임모드, 완전모드, 트립 및 트립 후 모드, 시스템장애모드가 있다.

19 ① Level 0(비장착 모드 : Unfitted mode) : 정상적인 영업운행에는 사용되지 않고, 지상 ATP 시스템과 ATS 지상자가 모두 설치되지 않은 구간 또는 시운전 선로를 운행할 경우 사용

② Level STM : 열차가 지상 ATP가 없고 지상 ATS 지상자만 맞추어진 기존 선로에서 운행 시 사용한다.

④ Level 2 : 열차운행에 필요한 정보는 무선장치를 통해 전송하며 고정폐색 원리에 근거하여 허용된다.

20 ③ 관제화재 방송이 가장 높은 우선순위이며 화재 버튼 클릭 후 전체 역사에 최우선으로 화재 방송을 작동시켜야 한다.

5교시 비상시 조치 등

01	02	03	04	05	06	07	08	09	10
③	④	①	④	④	①	③	①	②	②
11	12	13	14	15	16	17	18	19	20
③	②	③	①	①	③	④	②	④	①

02 ④ 서울메트로 2호선 상왕십리역 전동열차 충돌-탈선사고는 선행열차 기관사가 안전문 조치 등으로 지연되고 있는 상황을 지체없이 보고해야 하나 하지 않았고, 관제사 또한 이를 후속열차에게 운전정보 제공을 하지 않았으며 신호 또한 문제가 있었던 사고였다. 따라서 오답인 구원열차에 고장열차의 정확한 정차위치 미통보는 해당하지 않는다.

03 열차운행선 지장작업의 통제

- 열차운행선을 지장하는 주는 작업이나 공사를 하려는 자는 관제실장(관제운영실장 포함)이 발령한 운전명령을 득한 후 시행하여야 한다.
- 철도사고 등으로 시급히 시행되어야 할 작업은 관제운영실장의 승인을 받은 후 시행하여야 한다.
- 열차운행선 지장작업 또는 공사 시행을 위한 세부작업절차 등은 공사 사규에 따른다.

04 ④ 잘못된 순서로 작업을 수행함에 해당하는 것은 실수이다.

05 ④ 영상감시장치(CCTV) 고장이 발생한 경우에는 유지보수자에게 고장내용을 통보해야 한다.

06 위 반

- 일상적 위반 : 위반행위 자체가 조직 내에서 또는 개인적으로 일반 관습이 된 경우 발생
- 상황적 위반 : 현재의 작업 상황이 절차를 위반하지 않으면 안 되는 경우 발생
- 예외적 위반 : 비상사태의 발생, 설비의 고장과 같은 예외적 상황에서 발생
- 고의가 아닌 위반 : 작업자 스스로 시행할 수 없는 절차를 통제하기 위해 발생한 경우, 작업자가 절차 또는 규칙을 모르거나 제대로 이해하지 못한 경우 발생
- 즐기기 위한 위반 : 오랜 시간의 단조로운 일로 생긴 지루함을 벗어나기 위해 또는 단순히 재미삼아 발생

07 ③ 기관사가 기기 및 장치를 사용하여 운전취급을 하는 경우나 양손으로 물건을 들고 이동을 하는 경우, 철도사고 발생 및 장애 등 급박한 상황 발생 시에는 지적확인은 생략하고 확인 및 환호만 시행할 수 있다.

08 정거장 구내에서 사상사고 발생

- 사고발생선로 착발예정열차에 내용 통보
- 사상자 조치 지시
  - 전문구호 인력 도착 시까지 응급구호조치
  - 이송차량 도착 시까지 사망자 안치 및 감시
- 구조인력 및 구급차량에 대한 진입로 확보 지시
- 열차 착발선 변경 시 여객안내 철저 지시

09 상용폐색방식

- 복선구간 : 자동폐색식, 차내신호폐색식, 연동폐색식
- 단선구간 : 자동폐색식, 연동폐색식, 통표폐색식, 차내신호폐색식

10 ② 귀빈열차의 운행정리는 관제운영실장이 지휘 · 통제해야 한다.

12 ② 관제실장은 운전취급의 효율성 및 안전성 강화를 위해 CTC 장치가 설치된 역 중 상시로컬역 지정기준에 해당하는 역을 상시로컬역으로 지정하여 운영할 수 있다. 다만, 특정시간대 운전취급 업무량이 집중되는 역은 로컬 취급시간을 별도로 지정하여 운영할 수 있다.

13 대구지하철 1호선 중앙로역 화재사고 문제점

- 현장근무자, 관리자의 안전의식 결핍
- 대처방식의 교육 결여
- 안전기준 미달, 비상전력체제 취약
- 조도가 불충분한 유도등, 전원 전환이 불량한 비상조명등 등 인적오류

14 ① 화재개소 인근 인접선 운행열차에 대한 즉시 정차 등 안전조치를 시행해야 한다.

15 사고복구의 우선순위

1. 인명구조 및 보호(병발사고 방지조치 포함)
2. 본선개통 및 증거확보
3. 민간 및 철도재산의 보호

16 지도통신식 시행시기

자동폐색식 구간에서는 다음의 어느 하나에 해당한다.

- 자동폐색신호기 2기 이상 고장인 경우. 다만 구내폐색신호기 제외
- 출발신호기 고장으로 폐색표시등을 현시할 수 없는 경우
- 제어장치 고장으로 자동폐색식에 따를 수 없는 경우
- 도중 폐색신호기가 설치되지 않은 구간에서 원인을 알 수 없는 궤도회로 장애로 출발신호기에 진행지시 신호가 현시되지 않은 경우
- 정거장 외로부터 퇴행할 열차를 운전시키는 경우

17 관제센터장은 기중기 책임자(복구팀장)와 수시로 통화하여 사고 상황을 통보하여야 하며, 이동 중인 기중기 책임자와 통화를 할 수 없을 때에는 기중기 운행지점 인근 역장을 통해 사고 상황을 전달하여야 한다.

18 ② 열차무선전화기 고장이 발생한 경우 관제사가 담당하는 구역의 시종단역장 및 관계처에 관제무선전화기 고장내용을 통보해야 한다.

19 집중호우로 인한 열차운행 중지

- 일연속 강우량 150mm 이상이고 시간당 60mm 이상일 때
- 고가 및 교량구간의 시간당 강우량 70mm 이상일 때
- 선로순회자 또는 열차감시원이 열차운행에 위험하다고 인정한 때
- 교량상판 아래 수위가 정지수위가 되었을 때
- 물에 떠내려오는 물체가 교량에 부딪혀 변형을 일으킬 우려가 있을 때
- 세굴이 심할 때

20 독가스/폭발물의 경우 긴급 장비 및 인력

동원 지시를 해야 하며 근무시간 내에는 사고지역 안전환경처장이 지시하고 근무시간 외에는 사고지역 지역본부 당직책임자가 지시한다.

제5회 정답 및 해설

1교시 철도관련법

01	02	03	04	05	06	07	08	09	10
①	①	②	①	②	③	②	③	④	④
11	12	13	14	15	16	17	18	19	20
④	①	④	②	③	②	③	①	①	④

01 ① 운전면허를 받은 사람이 운전할 수 있는 철도차량의 종류는 국토교통부령으로 정한다(철도안전법 시행령 제11조).

02 ① 과징금을 부과하는 위반행위의 종류, 과징금의 부과기준 및 징수방법, 그 밖에 필요한 사항은 대통령령으로 정한다(철도안전법 제9조의2).

03 ② 문답형 검사는 일반성격, 안정성향 검사가 있다(철도안전법 시행규칙 별표 4).

04 신체검사 등을 받아야 하는 철도종사자(철도안전법 시행령 제21조)

- 운전업무종사자
- 관제업무종사자
- 정거장에서 철도신호기 · 선로전환기 및 조작판 등을 취급하는 업무를 수행하는 사람

05 ② 철도차량정비 업무수행 중 고의로 철도사고의 원인을 제공한 경우(철도안전법 제24조의5)

06 ③ 변전 및 전차선 일반은 철도에 공급되는 전력의 원격제어장치 운영자의 교육내용이다(철도안전법 시행규칙 별표 13의3).

07 ② 관제 관련 규정은 관제업무 종사자의 교육내용이다(철도안전법 시행규칙 별표 13의3).

08 ③ 열차의 출발, 정차 및 노선변경 등 열차운행의 변경에 관한 정보 4회 위반 – 효력정지 4개월

09 ④ 한국교통안전공단은 관제자격증명시험 응시원서 접수마감 7일 이내에 시험일시 및 장소를 한국교통안전공단 게시판 또는 인터넷 홈페이지 등에 공고하여야 한다(철도안전법 시행규칙 제38조의10).

10 ④ "국토교통부령으로 정하는 교육훈련을 받은 경우"란 운전교육훈련기관이나 철도운영자등이 실시한 철도차량 운전에 필요한 교육훈련을 운전면허 갱신신청일 전까지 20시간 이상 받은 경우를 말한다(철도안전법 시행규칙 제32조).

11 ④ 철도운행안전관리자는 안전교육 대상자가 아니다(철도안전법 시행규칙 제41조의2).

12 폭발물 등 적치금지 구역(철도안전법 시행규칙 제81조)

- 정거장 및 선로(정거장 또는 선로를 지지하는 구조물 및 그 주변지역을 포함)
- 철도 역사
- 철도 교량
- 철도 터널

13 ④ 고압가스 : 섭씨 50도 미만의 임계온도를 가진 물질(철도안전법 시행규칙 제78조)

14 ② 음주제한 철도종사자 : 여객역무원은 포함되지 않는다.

15 ①·②·④ 운송위탁 및 운송금지 위험물이다(철도안전법 시행령 제44조).

16 ② 철도차량이나 열차에서 화재가 발생하여 운행을 중지시킨 사고(철도안전법 시행령 제57조)

17 ③ 신체검사 업무에 종사하는 의료기관 임직원은 포함되지 않는다(철도안전법 제76조).

18 ②·③·④ 철도특별사법경찰대장에게 위임된 사항이다(철도안전법 시행령 제62조).

19 ② 표준규격의 제정·개정·폐지 및 확인에 관한 처리결과 통보는 한국철도기술연구원에 위탁한다.
③ 철도차량 개조승인검사는 한국철도기술연구원에 위탁한다.
④ 손실보상과 손실보상에 관한 협의는 국가철도공단에 위탁한다.

20 ④ 안전관리체계의 승인을 받지 아니하고 철도운영을 하거나 철도시설을 관리한 자 : 3년 이하의 징역 또는 3천만원 이하의 벌금(철도안전법 제79조)

2교시 철도시스템 일반

01	02	03	04	05	06	07	08	09	10
③	①	②	①	④	③	②	④	③	③
11	12	13	14	15	16	17	18	19	20
①	④	①	③	②	③	②	④	②	①

01 ① 멀티플타이탬퍼 : 궤도의 틀림 상태를 정정하는 장비로서 방향 정정, 수평 정정, 양로 및 침목 다지기 작업을 하는 궤도보수의 주력장비로 사용
② 밸러스트콤팩터 : 도상표면 및 도상어깨 달고 다지기 작업 및 침목 상면에 흩어진 자갈의 청소와 궤도에 과다하게 살포된 자갈을 수거하여 도상어깨로 재살포하는 데 사용되며, 멀티플타이탬퍼 작업 후 이완된 도상의 응집력을 강화시키는 장비
④ 스위치타이탬퍼 : 궤도의 분기부 틀림 상태를 정정하는 장비로서 방향 정정, 수평 정정, 양로 및 침목 다지기 작업을 하는 장비. 주로 단독으로 작업 수행

02 ① 스위치타이탬퍼는 1종 차단장비이다.

03 ② 공전에 관한 설명이다. 활주는 열차 제동 시 정지하려는 힘이 레일과 차륜 사이에 작용하는 마찰력보다 클 때 차륜이 레일 위에 미끄리는 현상을 말한다.

04 전차선로의 구성에서 대표적인 3가지는 전차선, 급전선, 조가선이다.

05 ④ DILP는 발차지시등으로 출입문 연동스위치에 해당한다.

06 ③ 평균구배에 관한 설명이며, 표준구배는 열차운전 계획상 정거장 사이마다 조정된 구배를 말한다.

07 ① 도시철도에서는 일반적으로 인접구배 5‰ 이상 차이가 날 때 R=3,000m의 종곡선을 삽입한다.
③ 종곡선이 없는 곳에는 차량의 상하동요가 증대되어 승차감을 악화시킨다.
④ 종곡선은 전후 방향으로 압축력과 인장력이 작용하여 차량 연결기의 파손위험을 줄여주는 역할을 한다.

08 ④ 측선 상호 간에서는 중요한 방향, 탈선포인트가 있는 선은 차량을 탈선시키는 방향이 정위이다.

09 궤도의 구비조건
- 열차의 충격하중을 견딜 수 있는 재료로 구성할 것
- 열차하중을 시공기면 이하의 노반에 광범위하고 균등하게 전달시킬 것
- 열차의 동요와 진동이 적고 승차감이 좋게 주행할 수 있을 것
- 유지보수가 용이하고 구성재료의 교환이 간편할 것
- 궤도틀림이 적고 틀림 진행이 완만할 것
- 차량의 원활한 주행과 안전이 확보되고 경제적일 것

10 궤도회로장치, 연동장치, 열차집중제어장치는 열차진로제어설비에 해당하고 폐색장치는 열차간격제어설비에 해당한다.

11 ① 원방신호기는 종속신호기에 해당된다.

12 용산~이촌 구간을 제외한 교교 절연구간은 모두 22m이다.

13 CTC의 기능
- 전 구간의 신호설비 및 열차운행상황 일괄 감시
- 열차번호 및 열차위치 표시
- 궤도회로 점유, 전철기 동작상태 및 신호 현시 표시
- 진로 구성상태, 신호설비 고장상태 및 안전설비 상태 표시
- 현장신호설비 자동 및 수동제어
- 열차운행상황 자동 기록
- 여객안내설비 등에 열차운행 정보 제공

14 ① 분기기는 포인트부, 리드부, 크로싱부로 구성된다.
② 분기가드레일에 관한 설명이다.
④ 보통분기기의 종류에 관한 설명이다.

15 ② 강체 조가방식은 단선의 위험이 없고 터널의 높이를 낮게 할 수 있다.

16 ① 전철변전소에 관한 설명이다.
② 급전구분소에 관한 설명이다.
④ 직류급전계통에서 전식대책을 세우지 않았을 때 일어나는 일에 관한 설명이다.

17 전차선의 구비조건
- 기계적 강도가 커서 자중뿐 아니라 강풍에 의한 횡방향 하중, 적설결빙 등의 수직방향 하중에 견딜수 있을 것
- 도전율이 크고 내열성이 좋을 것
- 굴곡에 강할 것
- 건설 및 유지비용이 적을 것
- 마모에 강할 것

18 통화 우선순위

비상통화 → 관제통화 → 일반통화 → 작업통화

19 행선안내게시기의 구성내역은 중앙장치, 역장치, 안내게시기로 총 3개이다.

20 ① ICP 장치는 Zone 내 개별 또는 일제 호출할 수 있다.

3교시 관제관련규정

01	02	03	04	05	06	07	08	09	10
③	③	①	④	①	②	①	②	④	③
11	12	13	14	15	16	17	18	19	20
①	④	②	③	②	④	②	②	④	①

01 ③ 차량을 검사 또는 시험을 하였을 때에는 검사 종류, 검사자의 성명, 검사 상태 및 검사일 등을 기록하여 일정 기간 보존하여야 한다(도시철도운전규칙 제27조).

02 ③ "운전사고"란 열차등의 운전으로 인하여 사상자가 발생하거나 도시철도시설이 파손된 것을 말한다(도시철도운전규칙 제3조).

"운전장애"란 열차등의 운전으로 인하여 그 열차등의 운전에 지장을 주는 것 중 운전사고에 해당하지 아니하는 것을 말한다.

03 ① 선로는 열차등이 도시철도운영자가 정하는 속도로 안전하게 운전할 수 있는 상태로 보전하여야 한다(도시철도운전규칙 제10조).

04 폐색방식의 구분(철도차량운전규칙 제50조)

- 상용폐색방식 : 자동폐색식 · 연동폐색식 · 차내신호폐색식 · 통표폐색식
- 대용폐색방식 : 통신식 · 지도통신식 · 지도식 · 지령식

05 ① 무인운전 관제업무종사자는 열차가 정거장의 정지선을 지나쳐서 정차한 경우 철도운영자 등이 지정한 철도종사자를 해당 열차에 탑승시켜 수동으로 열차를 정지선으로 이동시켜야 한다(철도차량운전규칙 제32조의2).

06 ② 추진운전을 하는 때는 총괄제어법에 의하여 열차의 맨 앞에서 제어되는 경우를 제외해야 한다(철도차량운전규칙 제35조).

07 입환신호기의 신호현시방식(철도차량운전규칙 제84조)

종류	신호현시방식		
	등열식	색등식	
		차내신호 폐색구간	그 밖의 구간
정지신호	백색등열 수평 무유도등 소등	적색등	적색등
진행신호	백색등열 좌하향 45도 무유도등 점등	등황색등	청색등 무유도등 점등

08 중계신호기의 신호현시방식(철도차량운전규칙 제84조)

종 류	등열식		색등식
주신호기가 정지신호를 할 경우	정지중계	백색등열 (3등) 수평	적색등
주신호기가 진행을 지시하는 신호를 할 경우	제한중계	백색등열 (3등) 좌하향 45도	주신호기가 진행을 지시하는 색등
	진행중계	백색등열 (3등) 수직	

09 임시신호기의 신호현시방식(철도차량운전규칙 제92조)

종 류	주 간	야 간
서행신호	백색테두리를 한 등황색 원판	등황색 등 또는 반사재
서행예고신호	흑색삼각형 3개를 그린 백색삼각형	흑색삼각형 3개를 그린 백색등 또는 반사재
서행해제신호	백색테두리를 한 녹색 원판	녹색등 또는 반사재

10 ③ 꺼낸 통표를 통표폐색기에 넣은 후가 아니면 다른 통표를 꺼내지 못하는 것일 것이어야 한다(철도차량운전규칙 제55조).

11 ① 유도신호기는 철도차량운전규칙의 주신호기에 해당한다(철도차량운전규칙 제82조).

12 장내신호기 · 출발신호기 · 폐색신호기 및 엄호신호기의 신호현시방식(철도차량운전규칙 제84조)

종 류	신호현시방식					
	5현시	4현시	3현시	2현시		
	색등식	색등식	색등식	색등식	완목식	
					주 간	야 간
정지신호	적색등	적색등	적색등	적색등	완 · 수평	적색등
경계신호	• 상위 : 등황색등 • 하위 : 등황색등	–	–	–	–	–
주의신호	등황색등	등황색등	등황색등	–	–	–
감속신호	• 상위 : 등황색등 • 하위 : 녹색등	• 상위 : 등황색등 • 하위 : 녹색등	–	–	–	–
진행신호	녹색등	녹색등	녹색등	녹색등	완 · 좌하향 45도	녹색등

13 ② 전차선로는 매일 한 번 이상 순회점검을 하여야 한다(도시철도운전규칙 제14조).

14 ③ 간이운전대의 개방이나 운전모드 변경은 관제실의 사전승인을 받아야 한다(도시철도운전규칙 제32조의2).

15 폐색구간에서 둘 이상의 열차를 동시에 운전할 수 있는 경우(도시철도운전규칙 제37조)

- 고장난 열차가 있는 폐색구간에서 구원열차를 운전하는 경우
- 선로 불통으로 폐색구간에서 공사열차를 운전하는 경우
- 다른 열차의 차선 바꾸기 지시에 따라 차선을 바꾸기 위하여 운전하는 경우
- 하나의 열차를 분할하여 운전하는 경우

16 ④ 보존기간이 경과된 자료(차트 및 지도)는 폐기하거나 교육훈련기관에서 교육자료로 이용하도록 할 수 있다. 다만, 자료가 철도차량 기관사 또는 일반인에게 유포되거나 사용되지 않도록 하여야 한다(철도교통관제 운영규정 제13조).

17 관제운영실장은 기상청 기상특보 발표와 기상검측기의 검측결과, 운행 중인 철도차량의 기관사·승무원 및 역장 등으로부터 재해우려 또는 악천후 발생에 관한 보고를 종합 분석하여 철도기상특보를 발령하여야 한다(철도교통관제 운영규정 제28조).

18 ② 관제업무종사자는 기상특보가 발령된 경우 2시간마다 해당 구간의 기상상황을 파악하여 기록을 유지하고 관제센터장에게 보고하여야 하며, 관제센터장은 이를 관제운영실장에게 보고하여야야 한다(철도교통관제 운영규정 제28조).

19 ④ 관제업무종사자가 관제업무 수행 중 철도사고등을 유발한 경우 관제기관에 비치된 음주측정기를 사용하여 음주측정을 반드시 실시하여야 한다(철도교통관제 운영규정 제36조).

20 ① 승인번호는 연간 일련번호에 의하여 부여한다(철도교통관제 운영규정 서식 3).

4교시 철도교통 관제운영

01	02	03	04	05	06	07	08	09	10
③	③	①	①	①	④	③	③	③	③
11	12	13	14	15	16	17	18	19	20
①	①	③	①	③	①	②	②	③	③

01 ③ ATP 차상장치는 열차의 최대 설계속도와 비장착 영역에서 허용된 열차최대속도(70km/h) 이하를 제외하고는 어떠한 감시도 제공하지 않는다.

02 ③ 계획스케줄 및 실적관리는 CATS에 해당된다.

03 ① 열차무선설비(TRS)는 종합관제실과 운행 중인 열차승무원, 무전기사용자와 장소에 제한 없이 무선통화가 가능하게 하는 설비를 말한다.

04 ① OTS는 MMI와 같은 기능을 가지며 사전에 설계된 시나리오를 가지고 시뮬레이션을 구현한 교육용 훈련시스템이다. SMS 또한 MMI와 같은 기능을 가지고 있으며 배타적인 권리를 가진 시스템으로 전력관제설비, 유지보수용으로 사용할 수 있다. MMI 장애 시 사용 가능하다.

05 ① 신분당선 열차제어시스템은 무선통신기반 열차제어 시스템 환경에서 이동폐색 원리를 사용한다.

06 차내화상장치는 차상화상설비, 지상화상설비, 관제화상설비 총 3개로 구성되어 있다.

07 ③ 차축온도검지장치는 중간기계실로부터 2km 이내에 설치해야 한다.

08 열차의 안전운행을 위한 연속적인 최신정보 업데이트
- 최대속도
- 정지위치
- 제동곡선
- 선로구배

09 강우 시 운전취급
- 일연속 강우량 150mm 이상, 시간당 강우량 60mm 이상일 때
- 고가 및 교량구간의 시간당 강우량 70mm 이상일 때
- 열차운행에 위험하다고 열차감시원 또는 선로순회자가 인정할 때
- 세굴이 심할 때
- 물에 떠내려오는 물체가 교량에 부딪혀 교량에 변형을 일으킬 우려가 있을 때
- 교량상판 아래 수위가 정지수위로 되었을 때

10 ③ 열차추적은 MMI에서 활용할 수 있다.

12 ① R1 진입 시 15KS이며, R0 시 ASOS를 취급해야 한다.

13 ATP 차상신호방식에는 처리장치, 차상신호표시반, 데이터반, 수신안테나가 있다.

15 ① 운전관제 : 열차운행 감시 및 통제업무를 수행하고 열차제어시스템 및 통신시스템을 운용
② 설비관제 : 역사기계설비, 소방설비, 승강장안전문에 관한 감시 및 제어업무를 수행
④ 전력관제 : 전차선 및 송변전에 관한 감시 및 제어업무를 수행하고 SCADA 시스템을 운용

16 ② 자동방송설비(PA) : 각 역사 승장장에 열차운행에 관한 정보를 자동으로 방송, 필요시 수동으로 가능
③ 열차무선설비(CAD) : 종합관제실에서 비상시 TRS 시스템을 이용하여 지령을 하기 위한 시스템
④ 행선안내설비(PIS) : 승강장에서 열차이용을 위하여 대기 중인 고객에게 열차운영정보 및 공지사항을 자동 또는 수동으로 조작하여 표출

17 ② 중앙에서 모든 장비의 장비스케줄을 관리하는 것은 기계설비관제시스템이다.

19 서울교통공사와 철도공사의 선로가 연결되는 지점
- 1호선 : 서울역과 남영역, 청량리역과 회기역 사이
- 3호선 : 지축역과 일산선의 삼송역 사이
- 4호선 : 남태령역과 과천선의 선바위역 사이

20 ③ ATS와 달리 ATC는 구내운전(YARD), 본선운전, 속도초과 시 운전, 정지 후 진행운전, ATC 개방운전으로 구분된다.

5교시 비상시 조치 등

01	02	03	04	05	06	07	08	09	10
①	①	③	③	②	②	①	③	④	②
11	12	13	14	15	16	17	18	19	20
②	①	④	③	①	③	②	②	①	②

01 ① 승객에 대한 안전조치 지시는 2단계 병발사고 방지조치에 해당된다. 3단계는 대외협조 요청 및 승객 조치이다.

02 ① 복구장비 및 복구요원은 출동지시 시각으로부터 30분 이내에 배치소속에서 출동하여야 한다.

03 ③ ITX-청춘열차는 특급여객열차에 해당한다. 급행여객열차보다 상위열차이다.

04 ③ 건널목사고에 해당하는 설명이다.

05 ① 예방단계 : 신속한 대응을 위한 각종 장비 · 시설 · 조직 · 임무의 숙지상태 등에 대하여 수시점검
③ 대응단계 : 비상상황 초기단계로 사고현황 파악 및 보고와 복구수습체계 가동
④ 복구단계 : 다양한 시나리오를 기본으로 구축한 표준대응절차에 따라 신속한 복구 및 정상적인 열차운행 상태 회복

06 ② 승인번호는 연간 일련번호에 의하여 부여한다.

07 ① 야간에는 국토교통부 관련 과가 아니라 당직실에 보고해야 한다.

08 ③ 분기기 고장이 아니라 제어장치 고장으로 자동폐색식에 따를 수 없는 경우에 지도통신식을 시행할 수 있다.

09 ④ CTC 장치가 고장난 경우에는 관제사가 직접 신호취급을 할 수 없기 때문에 관제권을 일시적으로 역장하게 이관하고, 관제업무에 필요한 지시사항은 관제 직통전화 및 XROIS를 통해 해당 역에 지시해야 한다.

10 ② 완목식 신호기에 녹색등은 소등되었으나 완목이 완전하게 하강된 선로에서 수신호 현시 생략을 할 수 있다.

11 ② 지휘권 격상이 필요한 경우에는 한 단계씩 지휘권자가 올라가므로 Yellow급 사고 시 관제실장이 지휘권자로 지정된다. 지휘권 격상을 하지 않았을 경우에는 관제운영실장이 지휘책임자가 맞다.

12 ① 직통전화 사용 및 양 역장 협의 후에 시행해야 한다.

13 ④ 전령법을 시행하여 구원열차 운전 중 고장 · 기타 사유로 다른 구원열차를 동일 폐색구간에 운전할 필요가 있는 경우에 전령법을 시행해야 한다. 회송열차는 해당되지 않는다.

14 ③ 정거장 외에서 퇴행할 열차는 지도표를 휴대해야 한다.

15 ① 격시법을 시행하는 구간의 시작정거장 또는 신호소에서 선발열차 출발 직후가 아니라 소정시간이 지난 후에 출발신호기에 대응하는 진행 수신호를 현시해야 한다.

16 ③ 입환 착수 전에 탈선전철기 및 탈선기는 탈선시키지 않는 방향으로 개통되어 있어야 한다.

17 ② 계획대로 작업을 수행하지 않는 것은 업무 숙련자가 행하는 인적오류에 해당된다.

18 ② 터널에서 탈선 등 사고가 났을 때에는 외부 지원차량에 대한 사고현장 최단 접근로를 파악해야 한다.

19 ① 복선운전구간에서 반대선로로 운전한 경우에 진입선 또는 진출선 통보를 받으면 일단 정차하지 않고 45km/h 이하로 운전할 수 있다.

20 ② 안전확보 긴급명령 또는 철도기상특보 발령은 사고등급 안전경보에 해당되고 이의 지휘책임자는 관제운영실장이다.

2024 시대에듀 철도교통 관제자격증명 한권으로 끝내기

개정1판1쇄 발행	2024년 08월 30일 (인쇄 2024년 06월 10일)
초 판 발 행	2023년 04월 05일 (인쇄 2023년 02월 15일)
발 행 인	박영일
책 임 편 집	이해욱
저 자	김구영 · 김우영 · 이묘석
편 집 진 행	노윤재 · 장다원
표지디자인	김도연
편집디자인	장성복 · 홍영란
발 행 처	(주)시대고시기획
출 판 등 록	제10-1521호
주 소	서울시 마포구 큰우물로 75 [도화동 538 성지 B/D] 9F
전 화	1600-3600
팩 스	02-701-8823
홈 페 이 지	www.sdedu.co.kr

I S B N	979-11-383-7385-2 (13530)
정 가	40,000원

나는 이렇게 합격했다

당신의 합격 스토리를 들려주세요
추첨을 통해 선물을 드립니다

베스트 리뷰
갤럭시탭 / 버즈 2

상/하반기 추천 리뷰
상품권 / 스벅커피

인터뷰 참여
백화점 상품권

이벤트 참여방법

합격수기

시대에듀와 함께한 도서 or 강의 **선택** > 나만의 합격 노하우 정성껏 **작성** > 상반기/하반기 추첨을 통해 **선물 증정**

인터뷰

시대에듀와 함께한 강의 **선택** > 합격증명서 or 자격증 사본 **첨부**, 간단한 **소개 작성** > 인터뷰 완료 후 **백화점 상품권 증정**

이벤트 참여방법

다음 합격의 주인공은 바로 여러분입니다!

QR코드 스캔하고 ▷▷▶
이벤트 참여하여 푸짐한 경품받자!

합격의 공식
시대에듀